测土配方施肥理论与实践

——河南十五年回顾

（中册）

主　编　王志勇
副主编　郑　义　刘中平　易玉林

黄河水利出版社

图书在版编目(CIP)数据

测土配方施肥理论与实践:河南十五年回顾. 中册/王志勇主编. —郑州:黄河水利出版社,2010. 10

ISBN 978 - 7 - 80734 - 907 - 5

Ⅰ. ①测… Ⅱ. ①王… Ⅲ. ①土壤肥力 - 测定法 - 研究 ②施肥 - 配方 - 研究 Ⅳ. ①S158.2 ②S147.2

中国版本图书馆 CIP 数据核字(2010)第 185146 号

组稿编辑:雷元静　电话:0371 - 66024764

出 版 社:黄河水利出版社

地址:河南省郑州市顺河路黄委会综合楼 14 层　　邮政编码:450003

发行单位:黄河水利出版社

发行部电话:0371 - 66026940、66020550、66028024、66022620(传真)

E-mail:hhslcbs@126.com

承印单位:河南省瑞光印务股份有限公司

开本:787 mm × 1 092 mm　1/16

印张:31.5

字数:730 千字　　印数:1—1 000

版次:2010 年 10 月第 1 版　　印次:2010 年 10 月第 1 次印刷

定价:95.00 元

主　　编：王志勇
副 主 编：郑　义　刘中平　易玉林
编辑人员：程道全　刘玉堂　张　霞　闫军营

序

肥料是庄稼的粮食，也是重要的农业生产资料。我国化肥年施用总量达5 000多万t(折纯)，是世界上最大的化肥消费国。化肥的大量施用，一方面为促进粮食增产、农业增效、农民增收作出了极其重要的贡献，但另一方面，由于科学施肥水平整体不高，部分地区盲目施肥现象严重，不仅增加农业生产成本，降低生产效益，而且造成肥料资源的巨大浪费，导致农产品品质下降、土壤肥力衰退与环境污染，直接影响到农业可持续发展和农产品质量安全。

为解决上述问题，河南省在20世纪90年代开展配方施肥、平衡配套施肥的基础上，于1998年提出在全省组建测配站、推广配方肥，全面探索“测、配、产、供、施”一条龙服务模式。经过八年努力，到2005年全省已建测配站150多个，在实施区初步实现了测土、配方、配肥、供肥和施肥技术指导一条龙连锁服务，有力地推动了全省测土配方施肥技术推广工作开展，促进了肥料施用结构调整，收到了良好的经济、社会效益和生态效益。八年累计配制推广配方肥60多万t，在小麦、玉米、棉花、蔬菜等多种作物上推广测土配方施肥技术1 500多万亩次，增产粮食6亿kg，节约肥料30万t(实物量)，实现节本增效9亿元以上，直接受益农户已达300万户，较好地解决了测土配方施肥技术推广“最后一公里”断层问题，使测土配方施肥技术真正实现了落地入户，深受推广区广大群众的欢迎，同时也引起了各级领导的重视和媒体的关注，中央及省级等35家新闻媒体先后从不同侧面进行了80多次报道。

2005年，农业部为贯彻中央一号文件精神，在全国范围内组织开展了测土配方施肥春、秋季行动。同时，在国家财政支持下，启动实施了测土配方施肥补贴项目。我省作为农业大省，历来受到国家高度重视，从2005年开始，连续四年补贴资金数、实施项目县数都是全国最多的省份，累计投入资金1.834亿元，实施项目县增加到110个(含1个国有农场)，基本覆盖了全省95%以上的农业县(市、区)。其中，2005年度新建18个县，补贴资金1 800万元；2006年度新建27个县，续建18个县，投入资金3 600万元；2007年新建37个县，续建45个县，投入资金6 050万元；2008年新建28个县，续建64个县，巩固完善18个县，投入资金6 890万元。测土配方施肥补贴项目的启动实施，为我省测土配方施肥技术推广注入了新的活力，在全省上下共同努力下，测土配方施肥技术得到了大面积推广应用，2005～2007年度82个项目县三年累计推广 8 554 万亩，覆盖 28 426 个行政村，受益农户达 962 万户。

1998～2008 年，十年弹指一挥间，为在更大范围内推广测土配方施肥技术，让更多的农民朋友享用到测土配方施肥技术服务，同时系统总结我省测土配方施肥实践与经验，河南省土壤肥料站组织全省土肥系统近百人共同编撰了这本《测土配方施肥理论与实践》，分上、中、下三册出版。上册主要以 2005 年以前我省组建测配站、推广配方肥探索为主，侧重于配方肥的配制与推广，既有理论和实用技术规范，又有实践和实际运作经验；中册以 2005 年农业部启动实施测土配方施肥补贴项目为主，系统总结我省 2005、2006 年两个年度 45 个项目县项目实施开展情况、取得的主要经验和效果；下册以 2007、2008、2009 年三个年度测土配方施肥补贴项目县项目实施为主，兼顾全省整个项目实施情况。

希望通过本书的出版发行，对我省今后测土配方施肥工作起到指导和推动作用，为构建科学施肥长效机制、建设现代农业、创建资源节约型和环境友好型社会作出应有的贡献。

河南省农业厅厅长

2008 年 11 月

前　言

2005年,农业部在全国启动实施了测土配方施肥补贴项目,河南省当年在18个县进行试点,2006年新增27个项目县,实施项目县总数达45个。在全省上下共同努力下,经过三年的项目实施,45个县项目实施取得了社会普遍关注、领导高度重视、企业积极参与、农民真心欢迎的良好效果,在促进粮食增产、农业增效、农民增收方面发挥了积极作用。

为系统总结2005、2006年度项目县项目实施经验,为后续项目县提供指导和参考,在更大范围内推广测土配方施肥技术,让更多的农民朋友享用到测土配方施肥技术服务,河南省土壤肥料站组织2005、2006年度项目县共同编撰了这本《测土配方施肥理论与实践——河南十五年回顾》(中册)。中册主要是在上册的基础上,从2005年农业部启动实施测土配方施肥补贴项目开始,系统总结2005、2006两个年度45个项目县项目实施开展情况、取得的主要经验和效果。

全书共分五篇,各篇内容如下:

耕地地力篇:本篇主要通过对各项目县土样测试数据进行整理,分析耕地土壤现状、演变规律、与第二次土壤普查相比变化情况及主要障碍因素、培肥措施等。

农户施肥篇:本篇通过对项目县农户施肥现状调查,分析农户施肥中存在的主要问题及对策、措施等。

施肥指标篇:本篇结合土样测试、田间试验、当地主要作物目标产量等分析,探讨了各项目县主要农作物指标体系建立方法、途径及应用等。

效益分析篇:本篇通过对主要作物应用测土配方施肥效果调查,系统分析了测土配方施肥社会、经济效益和生态效益。

其他:本篇主要收录了各项目县在项目实施实践中总结出的有关土样测试分析方法改进、化验室建设、配方肥配制推广等方面的具体经验。

由于时间跨度较大,涉及大量数据,加之作者、编者水平有限,书中难免有疏漏和不当之处,敬请广大同仁和专家批评指正。

作　者

2010年8月

目　录

施肥指标篇

效益分析篇

其 他

耕地地力篇

中牟县县域耕地土壤养分分级及评价

陈东晖　张二顺　任志永　梅成刚　陈瑞鸽
邢晓丽　岳志红　武社梅　丁艳丽
（中牟县土壤肥料工作站·2009 年 6 月）

摘要：利用测土配方施肥项目取得的数据，对中牟县土壤耕层养分进行了分级和定量评价，获取了县域土壤肥力状况分布。结果表明，中牟县县域耕地土壤全氮、速效钾相对较为贫乏，有效磷总体适量，有机质相对丰富。综合评价表明，中牟县县域耕地肥力多在二级、三级，总体肥力水平中等偏上。

关键词：土壤养分　分级　评价

土壤养分是土壤质量评价的重要指标之一，亦是土壤肥力的核心部分。全面客观评价土壤实际养分水平是科学施肥的依据，也是农技推广和精准农业设施的基础。本文以中牟县县域耕地为研究对象，按照河南省土壤肥料站（以下简称土肥站）确定的土壤养分分级标准对其进行分级评价，旨在全面了解中牟县土壤肥料状况，为县域中、低产田改造及精准施肥提供一定的参考依据。

1　材料与方法

1.1　研究区域概况

中牟县地处中原腹地、河南省中部，豫西丘陵向豫东平原过渡地带，地理坐标为东经113°46′～114°12′，北纬 34°26′～34°56′。东邻开封市，西接郑州市，南与尉氏县、新郑市毗壤，北濒黄河，与原阳县隔河相望。县境南北最大长度 55 km，东西最大宽度 39 km，总土地面积 1 416.6 km^2，常年耕地面积 92 万亩。该地区地处北温带（暖温带）气候区，属于暖温带大陆性季风气候，海拔 73～154 m，常年平均气温 14.6 ℃，常年有效积温 4 649.5 ℃，全年平均日照时数 2 109.4 h，无霜期 213 d，常年降水量 581.2 mm。

1.2　样品采集与分析

在全县范围内布设采样点，采样点位置综合考虑全县土壤类型、土壤质地、种植制度等因素确定，采样点数量根据测土配方施肥项目要求确定。2006～2008 年共取样 6 362 个，每个样点均对 0～20 cm 耕层进行取样，为保证样品的代表性，每个样点均采用“S”形布点取样 10 个点以上，混合组成待测样品。每个采样点采用 GPS 技术定位，样品均在每年夏玉米等秋作物成熟后采集。测定项目包括有机质、全氮、有效磷、速效钾。土壤有机质采取油浴加热重铬酸钾氧化容量法测定，土壤全氮采取凯氏蒸馏法测定，土壤有效磷采取碳酸氢钠提取－钼锑抗比色法测定，土壤速效钾采取乙酸铵浸提－火焰光度计法测定。本文采用的土壤养分分级评价标准为河南省土肥站确定的用于耕地地力评价的分级标准,具体如表 1 所示。

表 1 土壤养分分级标准

养分指标	养分等级				
	极贫乏	贫乏	适量	较丰富	丰富
有机质(g/kg)	≤9.0	9.1~10.0	10.1~12.0	12.1~15.0	>15.0
全氮(g/kg)	≤0.50	0.501~0.75	0.751~0.850	0.851~1.000	>1.0
有效磷(mg/kg)	≤10.0	10.1~13.0	13.1~16.0	16.1~20.0	>20.0
速效钾(mg/kg)	≤50	51~100	101~150	151~200	>200

1.3 评价方法与数据处理

首先采用特尔菲法确定四项评价指标的权重,再利用四项土壤肥力评价指标及土壤肥力本身分级差异中间过渡的模糊性,通过建立各评价因素的隶属函数,求取各评价因素的隶属度,然后利用加权综合方法得到土壤肥力隶属度,即为土壤肥力综合评价指数(见表 2)。

表 2 中牟县县域耕地肥力评价指标权重和隶属度

评价指标	权重	隶属度						
有机质	0.33	含量(g/kg)	17	15	13	10	8	—
		分值	1	0.8	0.6	0.4	0.1	—
全氮	0.28	含量(g/kg)	3	2.5	2	1.5	1	0.5
		分值	1	0.9	0.8	0.6	0.3	0.1
有效磷	0.18	含量(mg/kg)	30	25	20	15	8	—
		分值	1	0.8	0.6	0.4	0.1	—
速效钾	0.21	含量(mg/kg)	120	100	85	75	60	—
		分值	1	0.8	0.6	0.4	0.1	—

2 结果与分析

2.1 描述性统计分析

表 3 列出了各土壤养分指标的统计特征值及其分级。可以看出,中牟县不同区域耕地养分含量差异较大,如速效钾的变化范围在 284~38 mg/kg,极差达 246 mg/kg;各养分指标的变异系数介于 20.96%~35.36%,总体呈中等变异强度,其中速效钾变异强度最大,有机质变异强度最小;从平均值来看,有机质、全氮、有效磷、速效钾含量分别为 11.69 g/kg、0.74 g/kg、14.1 mg/kg、102.34 mg/kg,全氮和速效钾总体上偏低;按土壤养分分级标准,中牟县县域耕地全氮、速效钾相对较为贫乏,有效磷总体适量,有机质相对丰富。由进一步分级结果可以看出,中牟县县域耕地养分状况较为乐观,仅有 21.04% 的土壤有机质≤10.0 g/kg,而较丰富的范围占 33.65%;有效磷总体适量,适量以下比例为 33.09%;全氮、速效钾相对贫乏,适量分别占 22.82% 和 35.47%,而贫乏则分别达 45.48% 和 46.14%。总体来看,中牟县县域耕地土壤有机质相对富余,磷素含量适中,全氮和速效钾相对偏低。

表3 耕层土壤养分的统计特征值及其分级

养分指标	平均值	最大值	最小值	变异系数(%)	养分分级(%)				
					丰富	较丰富	适量	贫乏	极贫乏
有机质(g/kg)	11.69	21.7	4.7	20.96	13.42	33.65	31.89	11.2	9.84
全氮(g/kg)	0.74	8.58	0.22	27.03	4.38	24.61	22.82	45.48	2.71
有效磷(mg/kg)	14.1	37	4.5	23.19	3.84	20.03	43.04	25.68	7.41
速效钾(mg/kg)	102.34	284	38	35.36	1.26	15.79	35.47	46.14	1.34

2.2 中牟县县域耕地土壤肥力的综合评价

按照以上方法和过程，计算出所有样点的土壤肥力综合评价指数，将中牟县县域耕地肥力等级分为四级，根据样点分布的频率，分别用土壤肥力综合评价指数 <0.337、0.337 ~0.436、0.436 ~0.62、≥0.62 划分为四级，其中，一级样点代表面积占全县耕地面积的22.8%，二级样点占27.7%，三级样点占31.5%，四级样点占18%。

3 结论

(1)中牟县县域耕地不同区域养分含量差异较大，其中有机质含量相对丰富，有效磷总体适量，全氮和速效钾相对贫乏。由分级结果可知，有机质含量偏低的占21.04%，土壤有效磷含量适量以上的比例为66.91%，土壤全氮含量 <0.75 g/kg 的占48.19%，47.48%的土壤速效钾较为贫乏；总体上，中牟县县域耕地有机质相对富余，有效磷含量适中，全氮和速效钾较为缺乏，因而应加强土壤培肥并根据需要补充氮素和钾素。

(2)评价结果显示，采样点养分水平多分布在二级、三级，一级、四级分布较少，说明中牟县县域耕地土壤肥力总体中等偏上，这与中牟县多年来种植制度调整关系密切，经济作物种植面积大，产出效益高，群众投入大。在以后生产中，可采用土壤肥力单养分评价结果和综合肥力评价结果相结合的方法，有针对性地确定不同区域土壤肥力定向培育的方向和具体措施。

内乡县耕地土壤养分现状、变化趋势与改良对策

董淑云 王春丽 吴永涛 王转玉
(内乡县农业局·2009年6月)

摘要：为了摸清内乡县土壤养分现状，采用常规分析法对全县6 360个土样进行化验分析，得出内乡县土壤养分现状为有机质、全氮、有效磷偏低，速效钾适宜，中微量元素填补了该项目的空白，为内乡县耕地地力评价工作创造了条件，为配方施肥提供了可靠的理论依据，在此基础上提出了指导内乡县科学施肥的主要措施。
关键词：土壤养分 变化趋势 改良对策

土壤养分是决定土壤肥力、反映其农业生产性能及潜在肥力的重要标志，也是制定土

壤改良利用方向及措施的重要依据。多年来,内乡县一直应用1982年第二次全国土壤普查的成果来指导农业生产,目前土壤养分状况已发生了明显变化,2006年实施了农业部测土配方施肥补贴项目,三年来对全县6 360个样点进行采样(深度为0~20 cm),进行化验分析,化验项目有有机质、大量元素、微量元素,采用常规化验分析法:有机质用油浴加热重铬酸钾氧化-容量法,全氮用凯氏蒸馏法,有效磷用碳酸氢钠提取-钼锑抗比色法,速效钾用乙酸铵浸提-火焰光度计法,微量元素有效铜、锌、铁、锰用DTPA浸提-原子吸收分光光度法等。通过化验分析,充分了解了各种营养元素的含量现状,取得了大量数据,为耕地地力评价创造了条件,为配方施肥提供了可靠的理论依据。

1　内乡县土壤养分现状

1.1　有机质

全县有机质平均值为14.38 g/kg,属于全国分级标准五级(10~20 g/kg),变化范围为5.7~26.2 g/kg,标准差2.97,见图1。

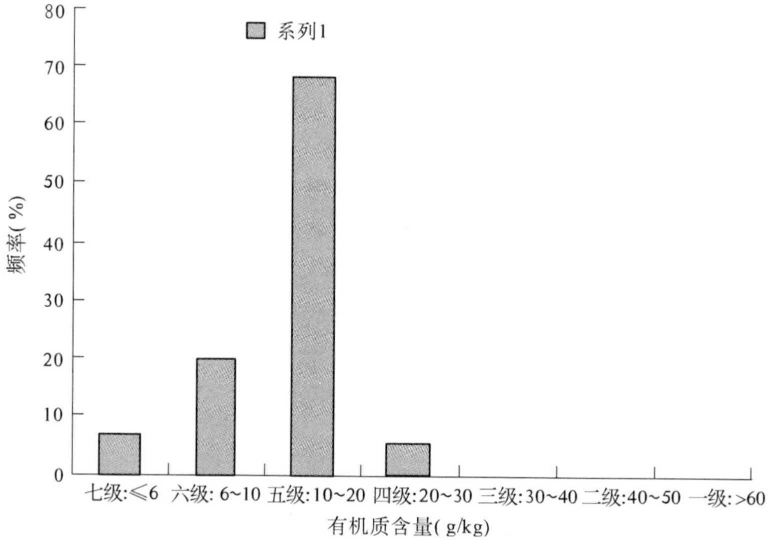

图1　内乡县耕地土壤有机质含量状况直方图

由内乡县耕地土壤有机质含量直方图可以看出,有机质含量属于全国分级标准四级(20~30 g/kg)占5.39%、五级(10~20 g/kg)占68.21%、六级(6~10 g/kg)占19.49%、七级(≤6 g/kg)占6.91%,全县土壤有机质含量集中分布在10~20 g/kg范围内,占68.21%。

1.2　全氮

全县土壤全氮平均值0.90 g/kg,属于全国分级标准六级(0.5~1 g/kg),变化范围为0.36~0.71 g/kg,标准差0.13。全县全氮含量情况见图2。由内乡县耕地土壤全氮含量直方图可以看出,属于全国分级标准五级(1~1.5 g/kg)占26.92%、六级(0.5~1 g/kg)占68.90%、七级(≤0.5 g/kg)占4.18%。全县土壤全氮含量集中分布在0.75~1.0 g/kg之间的占47.07%。

1.3　有效磷

全县有效磷平均值为19.79 mg/kg,属于全国分级标准五级(10~20 mg/kg),变化范

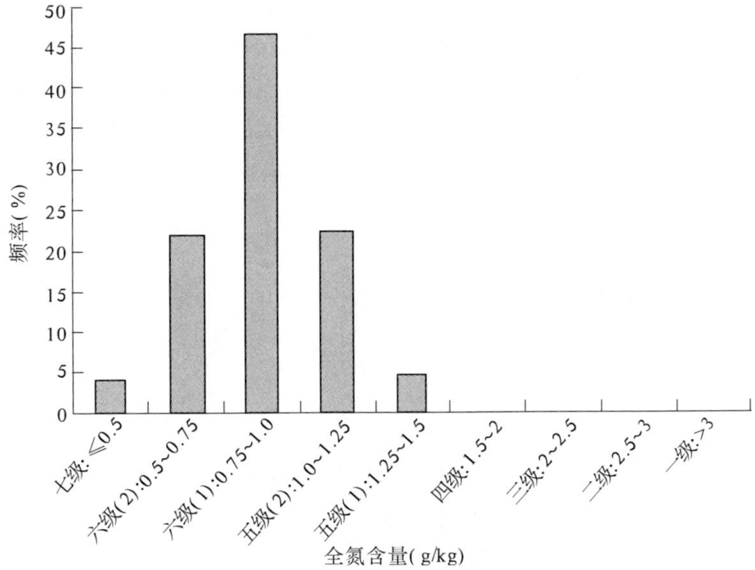

图2　内乡县耕地土壤养分全氮分布直方图

围为3.4～68.9 mg/kg，标准差8.74(见图3)。由内乡县耕地土壤有效磷含量直方图可以看出：属于全国分级标准二级(40～50 mg/kg)的占6.8%、三级(30～40 mg/kg)的占11.77%、四级(20～30 mg/kg)的占20.06%、五级(10～20 mg/kg)的占36.84%、六级(5～10 mg/kg)的占18.24%、七级(≤5 mg/kg)的占6.23%。全县土壤有效磷含量分布小于10 mg/kg的占24.27%。

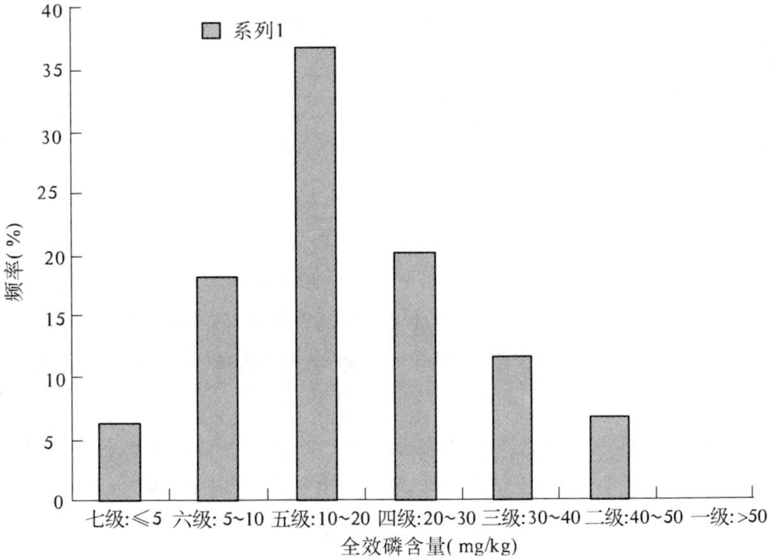

图3　内乡县耕地土壤有效磷含量状况直方图

1.4　速效钾

全县土壤速效钾平均值175.45 mg/kg，属于全国分级标准四级(150～200 mg/kg)，变化范围为 67 ~295 mg/kg，标准差 42. 34（见图 4）。由内乡县耕地土壤速效钾含量直方图可以看出：属于全国分级标准二级（250 ~ 300 mg/kg）的占 8. 34%、三级（200 ~ 250 mg/kg）的占 24. 50%、四级（150 ~200 mg/kg）的占 35. 11%、五级（100 ~ 150 mg/kg）的占 22. 79%、六级（50 ~ 100 mg/kg）的占 9. 19%。全县土壤速效钾含量大于 150 mg/kg 的占 67. 95%。

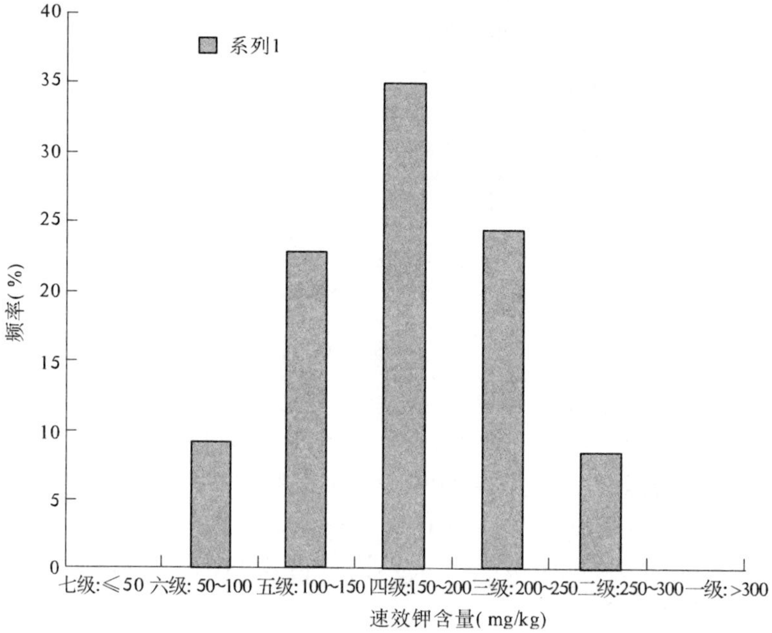

图 4　内乡县耕地土壤速效钾养分含量状况直方图

1. 5　有效铜

全县耕地土壤有效铜含量平均值为 1. 28 mg/kg，属于全国分级标准高级（1. 1 ~2. 0 mg/kg）。全县耕地土壤有效铜含量低于 0. 2 mg/kg 的占 7. 48%，属缺铜；中到高级（0. 20 ~2. 0 mg/kg）的占 85. 12%，极高级（大于 2. 0 mg/kg）的占 7. 40%。

1. 6　有效铁

全县耕地土壤有效铁含量平均值 22. 28 mg/kg，属于全国分级标准极高级（大于 20 mg/kg）的占 47. 01%，属于高级（10 ~ 20 mg/kg）的占 43. 22%，属于中级（小于等于 10 mg/kg）的占 9. 77%。有效铁含量大于 10 mg/kg 的占 90. 23%，说明土壤含铁量丰富。

1. 7　有效锰

全县耕地土壤有效锰含量小于 10 mg/kg 的土地面积占 31. 68%，10 ~20 mg/kg 的占 33. 19%，大于 20 mg/kg 的占 35. 13%，有效锰含量平均值为 18. 43 mg/kg。属于全国分级标准高级（15. 0 ~30. 0 mg/kg），说明有效锰含量较丰富。

1. 8　有效锌

全县耕地土壤有效锌含量平均值为 1. 14 mg/kg，属于全国分级标准中级（1. 1 ~2. 0 mg/kg）。耕地土壤有效锌含量小于 1. 00 mg/kg 的土地面积占 48. 07%；有效锌在 1. 1 ~ 2. 0 mg/kg 的占 40. 23%，属于适中；有效锌大于 2. 1 mg/kg 属于含锌量高，占 11. 6%。

1.9 有效硫

全县耕地土壤有效硫含量平均值为28.07 mg/kg,属于全国分级标准高级,说明硫含量丰富。

1.10 有效硼

全县耕地土壤有效硼含量平均值为0.26 mg/kg,属于全国分级标准低级(0.20～0.5 mg/kg),说明硼含量低。

1.11 有效钼

全县耕地土壤有效钼含量平均值为0.076 mg/kg,小于0.15 mg/kg,属于全国分级标准低级,说明钼含量极低。

1.12 pH 值

全县耕地土壤pH平均值为6.8,属于全国分级标准四级(6.6～7.5),其中属于全国分级标准二级(8.6～9)的土地面积占0.21%、三级(7.6～8.5)的占19.91%、四级(6.6～7.5)的占38.42%、五级(5.6～6.5)的占13.71%、六级(4.6～5.5)的占9.47%、七级(≤4.5)的占0.28%。土壤酸碱度属于中性偏酸。

2 土壤养分变化趋势

目前内乡县土壤养分现状与1982年第二次全国土壤普查结果比较,中微量元素填补了该项目的空白,常规六项化验呈现出三增二减的态势,即有机质含量增3.29 g/kg,增29.67%;全氮含量增0.09 g/kg,增11.11%;有效磷含量增3.39 mg/kg,增20.67%;速效钾含量减68.55 mg/kg,减28.09%;pH值降0.50,降6.85%(见表1)。

表1 2008年与1982年内乡县土壤养分变化情况

年份对比		土样数量(个)	有机质(g/kg)	全氮(g/kg)	有效磷(mg/kg)	速效钾(mg/kg)	缓效钾(mg/kg)	pH值
2008年平均值		6 360	14.38	0.90	19.79	175.45	1 100	6.80
1982年平均值		817	11.09	0.81	16.40	244.00	—	7.30
2008年比1982年	±	+5 543	+3.29	+0.09	+3.39	-68.55	—	-0.50
	(%)	+678.45	+29.67	+11.11	+20.67	-28.09	—	-6.85

从表1中可以看出,有机质稍增加,这主要是由于近10年来,养殖业迅速发展,畜禽粪大量增加以及大力推广秸秆还田的结果;土壤中氮的增加主要是部分农户在高肥地块过多施用氮肥的结果;土壤有效磷的增加主要是1982年土壤普查时,土壤磷的含量低制约着粮食产量,通过大力宣传增施磷肥,20多年来,农民大量施用二铵、硝酸磷肥、过磷酸钙的结果;土壤的速效钾减少主要是土壤富含钾,特别是西南部黄黏土速效钾的含量一般大于175 mg/kg,施钾肥增产效果不明显,农民不重视增施钾肥;pH值出现下降,主要是测量仪器精确度高,且与近几年酸性肥料使用较多有关。

3 耕地土壤的改良对策

(1)增施有机肥,有机无机肥配合施用。在增施有机肥、提倡秸秆还田的同时增施化肥，有机无机肥配合施用，既培肥地力，又提高了肥料的利用率，满足作物对各种养分的需求。

（2）减氮、增施磷钾肥，补施微肥，达到平衡施肥，推广配方肥。大量的土壤养分分析数据表明，有效磷比1982年第二次土壤普查以前有所增加，但是分布不平衡；加之农民不重视施钾肥，速效钾减少趋势明显。欲持续均衡增产，必须增施磷钾肥，微肥提倡因缺补施，达到平衡施肥的目的。小麦、玉米是内乡县的粮食主产作物，因此特制订如下施肥配方。

小麦施肥配方：

低产田250～350 kg/亩，亩施纯氮、磷、钾量（指纯N、P_2O_5、K_2O，以下同）分别为10 kg、4 kg、3 kg；

中产田350～400 kg/亩，亩施纯氮、磷、钾量分别为12 kg、5 kg、4 kg；

高产田400～500 kg/亩，亩施纯氮、磷、钾量分别为12 kg、6 kg、5 kg。

夏玉米施肥配方：

低产田250～350 kg/亩，亩施纯氮、磷、钾量分别为11 kg、3 kg、3 kg；

中产田350～450 kg/亩，亩施纯氮、磷、钾量分别为13 kg、4 kg、4 kg；

高产田450～550 kg/亩，亩施纯氮、磷、钾量分别为15 kg、5 kg、5 kg。

（3）防冲保土，改造坡耕地。内乡县坡耕地面积较大，在农业生产中占有举足轻重的位置。根据地形地貌、水文、土质、土壤抗蚀力等因素，因地制宜，可横坡筑坝，坡改梯，建立过渡梯田。修筑高1 m左右、上窄下宽的坝埂，阻挡水土流失，使坝内坡度减小，趋向平缓，沿岗丘坡脚和路旁开挖石砌流水沟，隔断外来水，充分保持水土，改良坡耕地。

（4）加深耕层，改善土壤物理性状。耕作层不仅是作物吸收养分的主要场所，同时也是接纳与保持水分的重要层次之一，应逐渐深耕，打破犁底层，并把深耕与增施有机肥结合起来，改良土壤理化性状，培肥土壤。

邓州市耕地有效态硫元素丰缺状况、产生原因及硫肥施用技术

张有成　李玉兰
（邓州市农业技术推广中心·2009年4月）

摘要：本文通过对邓州市2006～2007年连续两年所分析的4 700个土样有效态硫化验结果整理分析发现，邓州市目前30%耕地中有效态硫含量对禾谷类作物而言是缺乏的，有近60%的耕地中有效态硫含量对于种植十字花科、百合科、豆科等需硫较多的作物来说，属于潜在缺硫耕地。同时从施肥结构、种植结构变化方面详细分析了其产生的原因，并依据硫在植物体内移动状况、硫肥性状等因素提出相应对策。

关键词：有效态　硫元素　丰缺　对策

为摸清邓州市耕地有效态硫元素含量状况,从2006~2007年采集的5 800个土样中,依据不同乡(镇)耕地面积、不同土壤类型、不同种植模式,选取4 700个可以代表全市目前土壤状况的土样化验了有效态硫,结果统计分析如下。

1 邓州市耕地中有效态硫含量状况

1.1 邓州市耕地中有效态硫含量总体状况

对连续两年所采集的4 700个土样有效态硫结果统计分析发现,全市土壤有效态硫含量为5.4~110.7 mg/kg,平均值为35.3 mg/kg,极差为105.3 mg/kg,变异系数为59.7%。其中,砂姜黑土类土壤采集样品2 530个,平均有效态硫含量为44.7 mg/kg,变异系数为56.6%;潮土类土壤采集样品为472个,平均有效态硫含量为14.2 mg/kg,变异系数为45.4%;黄褐土类土壤采集样品为1 698个,平均有效态硫含量为27.6 mg/kg,变异系数为24.6%。总体表现为:砂姜黑土类土壤中有效态硫含量丰富,潮土中土壤中有效态硫含量较低,而黄棕壤土类中有效态硫含量居中。

1.2 邓州市耕地中有效态硫丰缺状况分析

对于4 700个土样有效态硫含量统计整理,含量在10 mg/kg以下的样品有51个,占样品总数的1.08%;含量在10~15 mg/kg的样品有1 110个,占样品总数的23.62%;含量在15~20 mg/kg的样品有1 414个,占样品总数的30.08%;含量在20~25 mg/kg的样品有1 079个,占样品总数的22.96%;含量在25~30 mg/kg的样品有852个,占样品总数的18.18%;含量在30 mg/kg以上的土样有194个,占样品总数的4.13%(见表1、图1)。

表1 邓州市土壤有效态硫含量概率统计

土壤硫含量(mg/kg)	频率数	概率(%)
0~10	51	1.09
10.0~15.0	1 110	23.62
15.0~20.0	1 414	30.09
20.0~25.0	1 079	22.96
25.0~30.0	852	18.13
>30	194	4.13
合计	4 700	100

对于谷物、玉米、棉花、牧草而言,土壤有效态硫的临界值范围为10~15 mg/kg,而测试样品有效态硫含量在15 mg/kg以下的土壤样品占样品总数的24.7%;对于十字花科、百合科、豆科等需硫较多的作物,土壤中有效态硫的临界值范围为20~25 mg/kg,而所化验样品有效态硫含量在25 mg/kg以下的占样品总数的77.74%。

从以上统计结果及不同作物需硫状况可以看出,目前,全市有近30%的耕地土壤有效态硫含量在缺硫临界值以下,有近40%的耕地属于潜在缺硫土壤,有20%的土壤含硫较为丰富。

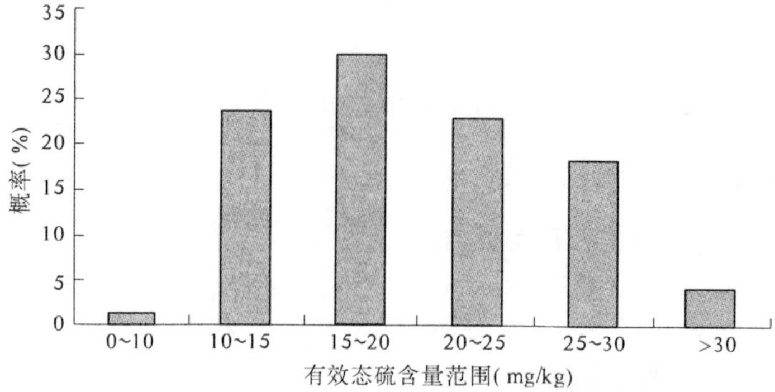

图1　邓州市土壤有效态硫含量概率分布

2　邓州市土壤有效态硫含量偏低的原因

2.1　与土壤类型有关

从对不同土壤类型分析结果来看,砂姜黑土类土壤样品有效态硫含量较为丰富,黄棕壤土壤有效态硫含量居中,潮土类土壤有效态硫含量较低,说明 SO_4^{2-} 离子在沙壤土中易于淋失,而在黏性较强的黄棕壤土壤中,SO_4^{2-} 离子容易被固定,易转化为无效态。

2.2　与种植结构变化有关

在2000年以前,邓州农业种植结构较为复杂,种植作物种类较多,尤其在前季种植冬小麦的情况下,后季多种植红薯、芝麻、烟叶等作物,耕地中施入的肥料种类较多,不仅有含氯肥料,也有含硫肥料,土壤硫基本可以维持动态平衡;2000年以后,种植结构逐步实现区域化,种植模式逐步固定,邓州市75%以上的耕地实行一年二熟种植,种植模式以小麦-玉米、小麦-大豆、小麦-花生为主。以小麦-玉米轮作的耕地、前后季多施用含氯肥料;以小麦-大豆、小麦-花生为轮作模式的耕地、前季多施含氯肥料;后季多不施肥料或施用很少,土壤中硫被带走的量远大于归还的量,土壤硫得不到及时补充,土壤有效态硫越来越低。

2.3　与施肥品种变化有关

随着肥料工业的发展,肥料品种逐步向浓缩化、复合化、配方化方向发展,一些低浓度、单质肥料逐渐退出市场。如在2000年以前,邓州市的肥料品种以碳铵、普钙、磷酸二铵、低浓度复合肥为主;施肥结构以氮、磷搭配为主,碳铵、普钙的施肥面积占全市种植面积的80%以上;2000年以后,普钙逐步退出市场,到2005年以后,市场上基本已无普钙产品了,取而代之的是高浓度复合肥,而生产高浓度复合肥的原料有含氯和含硫两种,含氯原料成本较低,含硫原料成本较高,因此市场上高浓度含氯复合肥价格比含硫复合肥价格要低得多。鉴于以上原因,农民施肥结构也发生了变化,目前,80%以上的耕地施用含氯复合肥与尿素或碳铵搭配,而普钙中硫含量为13.9%,15-15-15含硫复合肥中含硫量为5.3%,每施入耕地中50 kg普钙,可以补充耕地内6.95 kg硫;施入耕地中50 kg(15-15-15)含硫复合肥,可以补充耕地内2.65 kg硫;而含氯复合肥中几乎不含硫。因此,连续多年施用含氯复合肥,返还耕地中的硫越来越少,而随着产量水平的提高,带走和需要的硫却越来越多,最终使硫成为作物生长的限制因子。

3 下一步应变对策

硫作为作物生长必需的营养元素之一，在作物体内的作用基本同氮一样，需要量同 P_2O_5 一样，在有些作物上甚至超过 P_2O_5 的吸收量，但硫在作物体内移动性较小，一旦缺乏，容易发生作物营养障碍，对作物产量和品质影响很大，而追施硫效果不佳。因此，必须及时摸清当地耕地硫元素变化状况，在测土配方施肥技术推广过程中科学安排，及时应变，把补充硫作为测土配方施肥的一项重要内容来抓。

3.1 开展科学增硫行动

在测土配方施肥技术深入推广过程中，根据不同土壤类型硫丰缺状况，必须把及时增施硫肥作为测土配方施肥的一项重要内容来实施。一是扩大宣传，让农民了解硫肥的作用及当地土壤中硫元素的含量状况；二是在缺硫严重的乡（镇）或土壤类型中建立示范田，开展对比示范，让农民自己从肥料对比中看到增施硫肥的增产提质效果；三是根据推广区域及时调整施肥配方，在配方肥中增加硫元素。

3.2 科学选择硫肥品种

目前市场上能购买到的含硫肥料有硫磺（含硫 85% ~ 100%）、元素硫 + 斑脱土（90%）、液态 SO_2（50%）、硫铁矿（35%）、硫代硫酸铵（26%）、硫酸铵（24%）、硫酸镁（23%）、硫酸钾镁肥（22%）、石膏（19%）、硫酸钾（18%）、硫酸锌（15%）、过磷酸钙（13.9%）、硫衣尿素（11%）等品种。在施用硫肥时，可以根据这些硫肥品种的特性和所施土壤的特点，科学选择，科学施用。

由于有效硫如 SO_4^{2-} 离子在通透性较强的土壤中易淋失，因此对于潮土而言，硫肥品种尽可能选用石膏、硫磺等溶解度小的含硫肥料。在施用时，尽量把这类肥料碾碎、撒匀，并且在播种前 3 周施用，效果较佳；对于砂姜黑土类型的耕地，可选用过磷酸钙类肥料，增施磷的同时，硫也得到了补充，可以降低肥料成本；对黄棕壤而言，可选用硫酸钾肥料，在补充钾的同时补充硫。此外，在生产配方肥时，也可以在缺硫地区，选用含硫复合肥或硫酸钾作为生产原料生产配方肥，也可把硫磺、石膏等作为填充料进行配方肥生产。

4 结论

近年来，由于种植结构和肥料品种的变化，耕地中有效态硫含量越来越低，并逐渐成为农作物生长的限制因子，在测土配方施肥技术推广过程中，不仅要考虑氮、磷、钾等大量元素，也要考虑包括硫元素在内的中微量元素含量状况，科学运筹，平衡施肥，实现农业生产节本增效、优质环保、可持续发展。

潢川县耕地土壤养分现状与演变

谈昌国　胡传中　卢　鋆
（潢川县农业技术推广中心 · 2009 年 6 月）

摘要：2005 ~ 2008 年，潢川县共采集土样、化验土壤样品 3 876 个，累计达 3 万多项次，在统计分析基础上，与第二次土壤普查数据相比较，对潢川县土壤养分现状和演变进行分析与评价，并提出相应的农业生产管理措施，为潢川县农业发展规划及田间推荐施肥提供基础依据。

关键词：潢川县　土壤养分现状　分析与评价

1　土壤养分数据来源

1.1　土样的采集

根据全县耕地分布特点，在南部低山丘陵区每 80 ~ 100 亩、中部垄岗区每 100 ~ 150 亩、北部沿河平原每 200 亩布点一个，取样方法主要按“随机”、“等量”、“多点混合”的原则，以“S”形布点或五点采样。采样深度 0 ~ 20 cm，取 15 ~ 20 个样点，同时进行田间地块基本情况调查，如前茬作物的品种、产量及施肥情况等。

采集土壤样品时，为了提高效率，集思广益，采取用铁锹清理剖面，用木铲或竹铲整理后，取土样，手柄 20 cm 处带有刻度，可以准确取出 0 ~ 20 cm 的土样，取出的土样采用四分法，取出其中一份装袋。采样袋采用干净的自封口塑料袋，二层封装，采用纸质标签，用铅笔填写，内外各一张，标签内容填写完整。

1.2　土样测试

1.2.1　分析项目与方法

分析项目与方法是以《测土配方施肥技术规范》中所规定的必测项目和方法要求确定的。

样品分析项目包括 pH 值、有机质、全氮、有效磷、速效钾、缓效钾、有效态铜、有效态锌、有效态铁、有效态锰等。分析化验项目与方法见表 1。

1.2.2　分析测试质量控制

为了确保样品分析的质量，潢川县耕地地力评价的调查样品通过采取平行双样分析、质控样品分析和加标回收率试验等方法，保证所有项目分析测试的精密度和准确度。

对可以进行平行双样分析的项目，每批样品每个项目的分析均测定了 10% ~ 15% 的平行样品，要求每批样品平行双样分析测定的合格率均≥95%。

每批样品的项目分析均插入从国家标准物质中心购买的相应项目的质控样品，并进行质控样品的平行双样分析，在测定精密度合格的前提下，要求质控样品测定值必须落在质控样品保证值（95% 的置信水平）范围内，否则，该批样品的该项目分析无效，需要重新

表1 分析化验项目与方法

序号	项目	方法
1	土壤pH值	电位法测定
2	土壤有机质	油浴加热重铬酸钾氧化容量法测定
3	土壤全氮	凯氏蒸馏法测定
4	土壤有效磷	碳酸氢钠或氟化铵－盐酸浸提－钼锑抗比色法测定
5	土壤缓效钾	硝酸提取－火焰光度计、原子吸收分光光度计法或ICP法测定
6	土壤速效钾	乙酸铵浸提－火焰光度计、原子吸收分光光度计法或ICP法测定
7	土壤有效态硫	磷酸盐－乙酸或氯化钙浸提－硫酸钡比浊法测定
8	土壤有效态铜、锌、铁、锰	DTPA浸提－原子吸收分光光度计法或ICP法测定
9	土壤有效态硼	沸水浸提－甲亚胺－H比色法或姜黄素比色法或ICP法测定

进行分析测定。对于无质控样品的测定项目，采用加标回收试验来检查测定的准确度。在每批分析样品中，随机抽取10%～20%的样品进行加标回收测定，加标量视被测组分的含量而定。

2 土壤类型分布情况

潢川县位于信阳市中部，淮河南岸，大别山北侧，地处东经114°52′～115°21′、北纬31°52′～32°25′，总面积1 666.1 km^2，耕地面积130.38万亩。县境内南高北低，南部低山丘陵，成土母质为坡积残积物；中部垄岗，成土母质为下蜀系黄土；北部沿河平原，成土母质为河流沉积物。根据地质地貌及农业生产实际情况，将全县划分为三个类型区，即南部低山丘陵区、中部垄岗区、北部沿河平原区。

（1）南部低山丘陵区。该区主要包括双柳、仁和、江集、白店、卜集、传店等6个乡（镇），一般海拔在70～100 m，面积37.1万亩（其中水田25.16万亩），占全县总面积的28.45%。土壤以黄棕壤、水稻土为主，由于水稻种植历史悠久，特别是近年大力推广“旱改水”，大部分已经垦殖为水稻田。

（2）中部垄岗区。该区为潢川县的主要区域，包括张集、桃林、黄岗、伞陂、谈店、付店、隆古、黄湖、老城、定城、春申、弋阳12个乡（镇、场、办事处）及桂花岭园艺场，西部桂花岭、中部七里岗、东部黄寺岗三条带状垄岗，一般海拔为45～70 m，坡中被改造为水平梯田，耕地面积74.1万亩（其中水田49.58万亩）占全县56.83%。土壤以黄棕壤、水稻土为主，水稻土由人为水耕熟化而成。

（3）北部沿河平原区。本区面积较小，该区包括魏岗、来龙、踅孜等乡镇、白露河沿岸、小潢河中上游沿岸及三个农业场（水稻原种场、蚕种场、种猪厂），一般海拔在45 m以下。耕地面积19.18万亩（其中水田15.63万亩），占全县的14.72%，土壤主要为水稻土、潮土。

3 土壤养分等级划分及现状分析

3.1 土壤养分分级评价标准

2005～2008年通过对土壤养分化验结果进行分析汇总，根据“3414＋1”田间试验结果，确定了土壤养分丰缺指标(见表2)。

表2　土壤养分状况分级标准

肥力状况	极低	低	中	高	极高
相对产量(%)	<50	50~75	75~85	85~95	>95
土壤全氮(g/kg)	<0.7	0.7~1.0	1~1.5	1.5~2.0	>2.0
土壤有效磷(mg/kg)	<20	20~40	40~60	60~80	>80
土壤速效钾(mg/kg)	<50	50~90	90~130	130~170	>170

3.2　土壤养分现状分析

3.2.1　南部低山丘陵区

据参与统计的841个土样结果分析，该区耕地土壤养分含量(平均值)：有机质15.65 g/kg、全氮1.06 g/kg、有效磷17.23 mg/kg、速效钾75.21 mg/kg、缓效钾314.6 mg/kg，pH值6.35，见表3。

表3　南部低山丘陵区土壤养分统计特征值

项目	平均值	标准差	最小值	最大值	变异系数(%)
有机质(g/kg)	15.65	2.11	9.40	22.50	13.46
全氮(g/kg)	1.06	0.13	0.63	1.81	12.32
有效磷(mg/kg)	17.23	10.80	4.00	120.6	62.65
速效钾(mg/kg)	75.21	19.77	21.00	212.0	26.28
缓效钾(mg/kg)	314.6	32.66	182.0	427.0	10.38
pH值	6.35	0.14	5.9	6.8	2.13

(1)全氮。土壤全氮含量见表4。

表4　南部低山丘陵区土壤全氮含量特征值

等级	等级指标(g/kg)	土样(个)	频率(%)
极低	<0.7	102	12.13
低	0.7~1.0	405	48.16
中	1.0~1.5	308	36.62
高	1.5~2.0	26	3.09
极高	>2.0	0	0
合计		841	100

从表4得知，耕地土壤全氮含量小于1.0 g/kg处在低等水平的，占60.29%，中等水平占36.62%，高等水平大于1.5 g/kg仅占3.09%，整体看，全氮含量偏低。

(2)有效磷。化验结果表明，土壤中有效磷小于20 mg/kg的出现频率为79.79%，20~40 mg/kg的出现频率为15.93%，40~60 mg/kg的出现频率为2.50%，60~80 mg/kg的出现频率为0.83%，大于80 mg/kg的出现频率为0.95%，说明土壤严重缺磷(见表5)。

表5 南部低山丘陵区有效磷含量特征值

等级	等级指标(mg/kg)	土样(个)	频率(%)
极低	<20	671	79.79
低	20~40	134	15.93
中	40~60	21	2.50
高	60~80	7	0.83
极高	>80	8	0.95
合计		841	100

(3)速效钾。速效钾小于50 mg/kg的土样131个,占15.58%;50~90 mg/kg的土样577个,占68.61%;90~130 mg/kg的土样86个,占10.23%;130~170 mg/kg的土样31个,占3.68%;大于170 mg/kg的土样16个,占1.90%。说明耕地土壤缺钾情况严重,增施钾肥势在必行(见表6)。

表6 南部丘陵区土壤速效钾含量特征值

等级	等级指标(mg/kg)	土样(个)	频率(%)
极低	<50	131	15.58
低	50~90	577	68.61
中	90~130	86	10.23
高	130~170	31	3.68
极高	>170	16	1.90
合计		841	100

(4)pH值。南部低山丘陵区土壤pH值分级见图1。

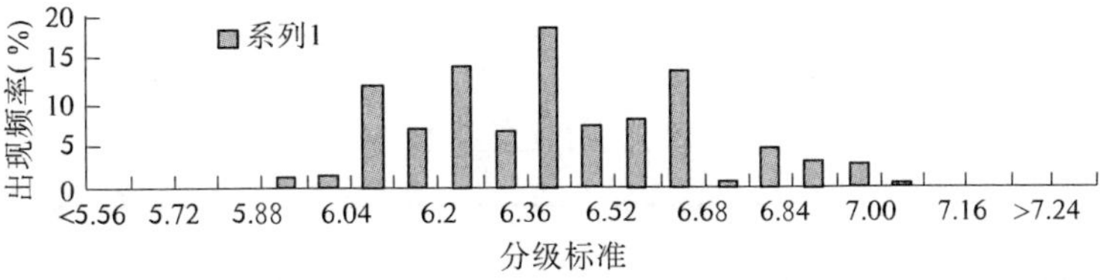

图1 南部低山丘陵区土壤pH值分级标准

3.2.2 中部垄岗区

据参与统计的2 389个土样结果分析,该区耕地养分含量(平均值)有机质16.32 g/kg,全氮1.05 g/kg,有效磷16.32 mg/kg,速效钾66.71 mg/kg,缓效钾289.38 mg/kg,pH值6.30,见表7。

(1)全氮。根据土壤养分分级标准,各级养分所占比例进行统计,全氮含量小于0.7 g/kg的土样有349个,出现频率为14.61%;0.7~1.0 g/kg的土样有652个,出现频率为27.29%;1.0~1.5 g/kg的土样有1 174个,出现频率为49.14%;1.5~2.0 g/kg的土样有214个,出现频率为8.96%,见表8。说明耕地土壤全氮含量属中等偏低水平,应增施氮肥。

表 7　中部垄岗区耕地养分统计特征值

测试项目	平均值	标准差	最小值	最大值	变异系数(%)
全氮(g/kg)	1.05	0.15	0.53	1.63	14.14
有机质(g/kg)	16.32	2.43	8.60	23.90	14.92
有效磷(mg/kg)	16.32	9.55	2.70	128.80	58.51
速效钾(mg/kg)	66.71	16.02	20.00	199.00	24.01
缓效钾(mg/kg)	289.38	35.89	164.00	455.00	12.40
pH 值	6.30	0.15	5.9	7.0	2.37

表 8　中部垄岗土壤全氮含量特征值

等级	等级指标(g/kg)	土样(个)	频率(%)
极低	<0.7	349	14.61
低	0.7~1.0	652	27.29
中	1.0~1.5	1 174	49.14
高	1.5~2.0	214	8.96
极高	>2.0	0	0
合计		2 389	100

(2)有效磷。土壤有效磷含量状况见表 9。

表 9　中部垄岗区土壤有效磷含量特征值

等级	等级指标(mg/kg)	土样(个)	频率(%)
极低	<20	1 794	75.09
低	20~40	426	17.83
中	40~60	81	3.39
高	60~80	46	1.93
极高	>80	42	1.76
计		2 389	100

从表 9 中可以看出,土壤有效磷含量处在极低和低等级水平的土样,分别占 75.09% 和 17.83%,说明该区土壤缺磷严重。

(3)速效钾。土壤速效钾的含量 <50 mg/kg 的占 29.47%。50~90 mg/kg 的占 48.97%,90~130 mg/kg 的占 14.36%,130~170 mg/kg 的占 5.65%,大于 170 mg/kg 的占 1.55%。说明该区耕地土壤缺钾严重,应该增施钾肥,见表 10。

(4)pH 值。中部垄岗区土壤 pH 值分级见图 2。

从直方图上可看出此区 pH 值含量在 5.8~6.8 分布最集中,平均为 6.30。

3.2.3　北部沿河平原区

据参与统计的 644 个土样结果分析,该区耕地土壤养分含量为(平均值):全氮 1.02 g/kg、有机质 16.61 g/kg、有效磷 18.26 mg/kg、速效钾 81.89 mg/kg、缓效钾 298.47

mg/kg、pH 值 6.36，见表 11。

表 10　中部垄岗耕地土壤速效钾含量特征值

等级	等级指标(mg/kg)	土样(个)	频率(%)
极低	<50	704	29.47
低	50~90	1 170	48.97
中	90~130	343	14.36
高	130~170	135	5.65
极高	>170	37	1.55
合计		2 389	100

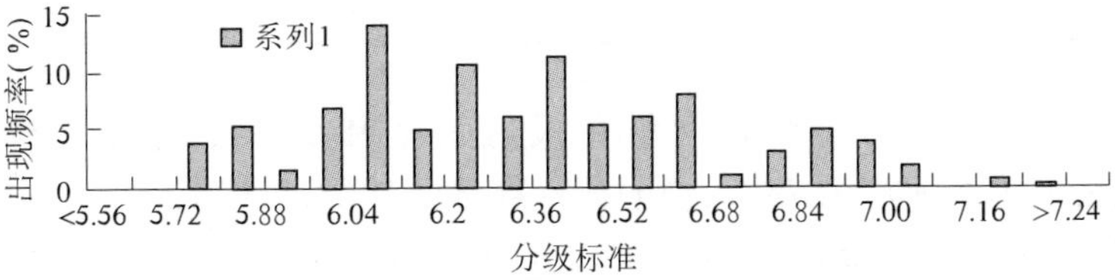

图 2　中部垄岗区土壤 pH 分级标准

表 11　北部沿河平原区耕地土壤养分含量特征值

项目	平均值	标准差	最小值	最大值	变异系数(%)
全氮(g/kg)	1.02	0.15	0.65	1.45	15.1
有机质(g/kg)	16.61	2.33	8.3	21.6	14.02
有效磷(mg/kg)	18.26	8.72	7.2	104.9	47.8
速效钾(mg/kg)	81.89	29.50	31	186	36.0
缓效钾(mg/kg)	298.47	24.91	223	476	8.3
pH 值	6.36	0.14	5.9	6.9	2.1

(1)全氮。据 644 个土样测定，该区耕地土壤全氮含量小于 0.7 g/kg 的土样有 92 个，出现频率为 14.28%；0.7~1.0 g/kg 的土样有 314 个，出现频率为 48.76%；1.0~1.5 g/kg的土样有 229 个，出现频率为 35.56%；1.5~2.0 g/kg 的土样有 9 个，频率为 1.40%，说明土壤缺氮较重，见表 12。

表 12　北部沿河平原区耕地土壤全氮含量特征值

等级	等级指标(g/kg)	土样(个)	频率(%)
极低	<0.7	92	14.28
低	0.7~1.0	314	48.76
中	1.0~1.5	229	35.56
高	1.5~2.0	9	1.40
极高	>2.0	0	0
合计		644	100

(2)有效磷。根据耕地土壤养分分级标准，各级养分含量所占比例进行统计，有效磷

含量小于20 mg/kg 的土样有492 个,占全部测定土样的76.40%;20~40 mg/kg 的土样有112 个,占17.39%;40~60 mg/kg 的土样有24 个,占3.73%;60~80 mg/kg 的土样有8个,占1.24%,大于80 mg/kg 的土样有8 个,占1.24%,见表13。

表13 沿河平原区耕地土壤有效磷含量特征值

等级	等级指标(mg/kg)	土样(个)	频率(%)
极低	<20	492	76.40
低	20~40	112	17.39
中	40~60	24	3.73
高	60~80	8	1.24
极高	>80	8	1.24
合计		644	100

从表13中可以看出,有效磷含量在极低水平和低水平等级,分别占76.40%、17.39%;中等水平等级才占3.73%,说明该区耕地土壤缺磷严重。

(3)速效钾。速效钾含量小于50 mg/kg 的土样有137 个,出现频率为21.27%;50~90 mg/kg 的土样有416 个,出现频率为64.60%;90~130 mg/kg 的土样有62 个,出现频率为9.63%;130~170 mg/kg 的土样有22 个,出现频率为3.42%;大于170 mg/kg 的土样有7 个,出现频率为1.08%,说明该区耕地土壤缺钾,见表14。

表14 北部沿河平原区耕地土壤速效钾含量特征值

等级	等级指标(mg/kg)	土样(个)	频率(%)
极低	<50	137	21.27
低	50~90	416	64.60
中	90~130	62	9.63
高	130~170	22	3.42
极高	>170	7	1.08
合计		644	100

(4)微量元素。微量元素特征值及分级标准见表15、图3~图7。

表15 潢川县土壤微量元素统计特征值

元素	平均值	标准差	最小值	最大值	变异系数(%)
锰(mg/kg)	56.673	35.30	0.98	236.90	58.69
锌(mg/kg)	1.260	1.33	0.02	23.89	106.00
铜(mg/kg)	3.202	1.08	0.00	7.94	39.18
铁(mg/kg)	67.827	46.26	0.05	416.96	81.27
硼(mg/kg)	0.381	0.21	0.00	1.29	64.46
硫(mg/kg)	17.638	6.03	2.24	37.24	32.13

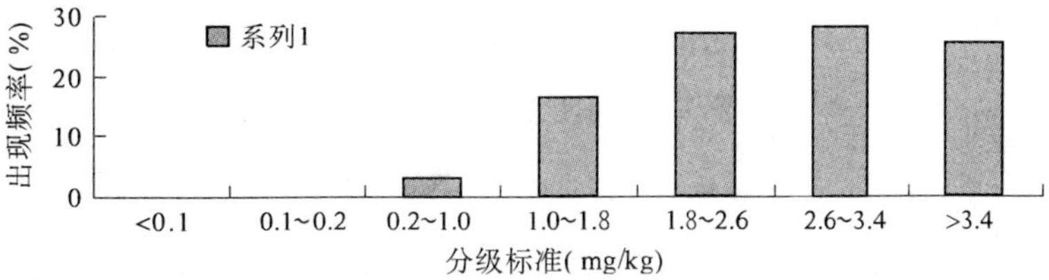

图3 潢川县土壤微量元素铜分级

从图3可看出,微量元素铜含量在1.8~3.4 mg/kg分布最集中,平均为3.202 mg/kg,处于含量丰富状态。

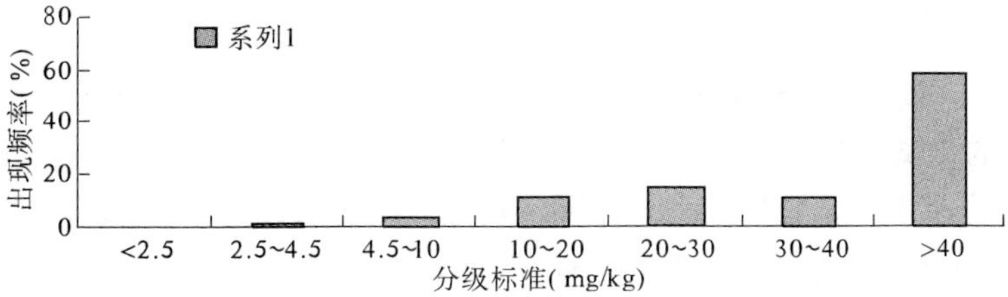

图4 潢川县土壤微量元素铁分级

从图4上可看出,微量元素铁含量在>40 mg/kg分布最集中,平均为67.827 mg/kg,处于丰富状态。

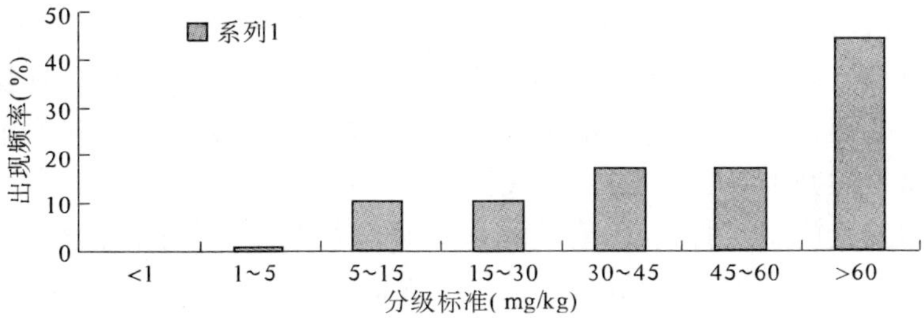

图5 潢川县土壤微量元素锰分级

从图5上可看出,微量元素锰含量在大于60 mg/kg分布最多,平均为56.673 mg/kg,处于含量丰富状态。

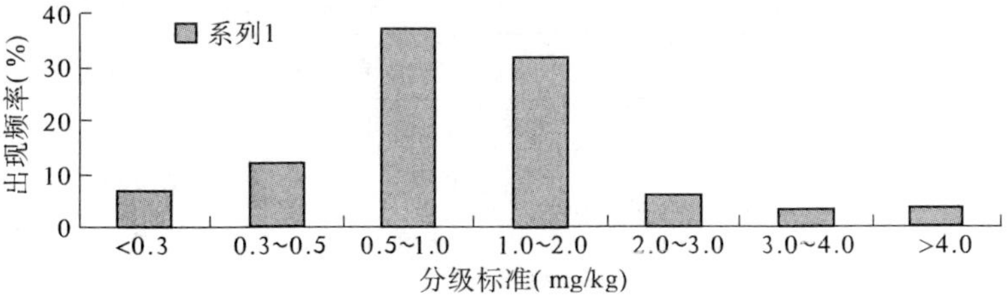

图6 潢川县土壤微量元素锌分级

从图6上可看出,微量元素锌含量在0.5~2.0 mg/kg分布最集中,平均为1.261 mg/kg,处于含量较低状态。

从图7上可看出,微量元素硼含量在0.2~0.5 mg/kg分布最集中,平均为0.381

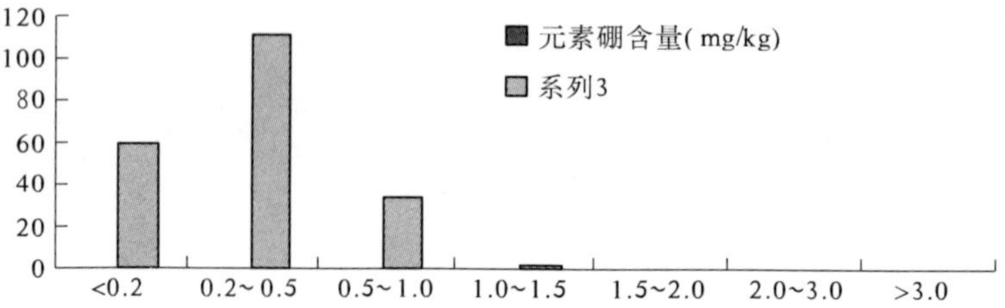

图 7　潢川县土壤微量元素硼分级

mg/kg,处于含量较低状态。

4　土壤养分评价

4.1　与第二次土壤普查结果相比较

根据 4 年的测试结果分析(见表 16),潢川县土壤养分的基本状况是(平均值):全氮 1.051 g/kg、有机质 16.22 g/kg、有效磷 16.84 mg/kg、速效钾 71.08 mg/kg、缓效钾 296.36 mg/kg、pH 值 6.3、微量元素锌 1.26 mg/kg、微量元素铜平均 3.202 mg/kg、铁平均 67.827 mg/kg、锰平均 56.673 mg/kg、有效硼 0.381 mg/kg、pH 值平均 6.323,与第二次土壤普查时相比较出现了五增二减的态势,其中有机质增加 2.02 g/kg、全氮增加 0.141 g/kg、有效磷增加 1.04 mg/kg、硼增 0.16 mg/kg、锌增加 0.80 mg/kg,速效钾减少 16.42 mg/kg、pH 值减少 0.20。该结果表明,随着近些年施肥技术的推广和种植结构的调整,土壤养分状况与第二次土壤普查时相比,已得到明显改善。连年的氮磷配合施用,使土壤全氮和有效磷含量均有所增加;有机质含量增加明显,这是重视绿肥生产、连年秸秆还田和过腹还田的客观反映;速效钾含量降低,这是由于随着农业新品种、新技术的应用,作物产量大幅度提高,从土壤带走的钾也不断增加,而农民钾肥的施用量增幅较小,近四年来,推广测土施肥后,农民慢慢接受施用钾肥。pH 值下降 0.2,偏酸性增大,这是由于多年绿肥和冬闲面积较大,部分田块由水旱轮作,变成只种植一季水稻,土壤腐殖质增加,形成偏酸性土壤。

微量元素各项指标的提高表明农民已认识到微量元素肥料的增产作用,也是农户推广使用配方肥的可喜成果,全县变化一致,但有效锌的增量明显与农民施肥量的增加不符,还需要进一步研究,找出原因。

表 16　潢川县 2005 ~ 2008 年耕地养分与第二次土壤普查结果对照

项目	2005 ~ 2008 年耕地养分	第二次土壤普查结果	增长量	增长率(%)
有机质(g/kg)	16.22	14.2	2.02	14.25
全氮(g/kg)	1.051	0.91	0.141	15.49
有效磷(mg/kg)	16.84	15.8	1.04	6.58
速效钾(mg/kg)	71.08	87.5	-16.42	-18.77
有效硼(mg/kg)	0.381	0.22	0.16	72.72
有效锌(mg/kg)	1.26	0.46	0.80	173.91
pH 值	6.30	6.50	-0.20	-3.08

4.2 各个区域养分相比较

潢川县根据地形地貌分为三大区，即南部低山丘陵区、中部垄岗区、北部沿河平原区。

南部低山丘陵区，地势较高，风化作用强烈，水土流失严重，水利条件差，土壤肥力较低，主要为黄棕壤、水稻土。属于泼河、双轮河、鲇鱼山水库灌区。但由于地处上游，多数需要1~2级提灌。

中部垄岗区，包括岗坡和垄岗冲畈。岗坡经多年旱改水，现已基本上种植水稻，但由于水土流失较重，水源条件不足，容易遭受旱灾。垄岗冲畈多为水平阶梯式条田，主要为黄棕壤、水稻土，肥力中上，是水稻、油菜主产区。

北部沿河平原区，地势平坦低洼，耕层较深，主要是潮土、水稻土，土壤养分较低，由于地势低洼，每逢洪水季节，河水上涨，积涝受淹，农业产量不稳，近年由于整修加固防洪排涝工程，已经成为潢川县小麦主产区。

南部低山丘陵区地力水平低，从土壤检测结果看，全氮、有机质含量较低，缓效钾、速效钾含量中等。此区地处潢川县南部，成土母质为页岩，钾含量较高，但土壤肥力较低，同时，当地农民施肥水平较低。

中部垄岗区土壤养分含量全氮、有机质、有效磷都比较高。主要原因是：中部垄岗区地质构造为第四纪下蜀系黄土，保水保肥，潜在养分较高，加上农民常年施用磷肥，含磷较高。

北部沿河平原区有机质、缓效钾、速效钾含量较低，原因是北部沿河平原区成土母质是河流沉积物，由于水流的作用，离河床越近，土壤颗粒越粗，该区土壤沙性大，漏水漏肥，保水保肥性差，土壤硝态氮、速效钾易随水流失，地力水平较低，特别是淮河滩区，过去连年受水灾，农民经济条件较差。随着近年水利设置的完善，北部沿河平原区成为潢川县小麦主产区。农作物产量和不断提高，也加快了土壤中钾的消耗。

另外，从三个区域土壤微量元素看基本符合本县总体养分变化趋势。

5 建议

（1）依据土壤养分现状，指导农户合理施肥。为改良土壤，应建立一套有利于培肥地力的耕作制度和施肥措施。对南部低山丘陵区应采用深耕措施，重施有机肥，大力推广秸秆还田和秸秆盖田技术，因地制宜发展绿肥，采用种地和养地相结合，改善土壤结构，培肥地力。对肥水条件较好的中北部区域应采取少量多次合理施用氮肥，减少氮肥的流失，同时要精细耕作，促进养分转化，重施有机肥，改良沙质化土壤，提高土壤综合生产能力。对速效钾含量较低的（50 mg/kg）应补施钾肥，重施有机肥，大力推广秸秆还田技术。对地力水平中等的中部垄岗区应不断调整农业结构，种植适合本地土壤的经济作物，采用豆科作物和禾本科作物轮作、间作，扩种绿肥，增施有机肥，改善土壤结构，提高土壤肥力。

（2）加强标准粮田建设和中低产田改造。潢川县作为粮食生产大县，标准粮田建设和中低产田改造投入大、任务重，根据耕地养分现状和变化规律，在中部、南部肥力较高的乡镇实施标准粮田建设，稳定粮食生产，确保高产稳产。在北部乡镇，实施中低产田改造，提高单产，增加农民收入。

（3）养分数据需要进一步充实完善。通过连续4年土壤的化验，初步摸清了潢川县土壤养分状况,但养分变化是一个动态的过程,各种不同种植施肥情况和轮作方式,造成土壤养分差别较大,要想真正摸清土壤养分状况,掌握土壤养分变化规律还需要长期监测、定点监控。

原阳县土壤养分现状、变化与分析

周福河　张铁栓　闫兴亚
(原阳县土壤肥料站·2009 年 9 月)

摘要:通过化验分析原阳县 6 300 个土壤样本,摸清了原阳县土壤养分现状,与第二次土壤普查养分情况进行比较,结果表明,土壤有机质含量有增加趋势,土壤有效磷含量大幅度提高,但土壤全氮、速效钾、有效锰(Mn)在近 20 多年中呈明显下降趋势。

关键词:养分现状　变化　分析

原阳县位于河南省北部,黄河北岸,面积 1 339 km^2,人口 64 万人,辖 17 个乡(镇),560 个行政村,农业人口 53 万人,农户 13.4 万户,现有耕地面积 118.8 万亩,农作物常年复种面积 194.24 万亩,常年化肥施用量 15 万 t,主要种植小麦、花生、玉米、水稻等。自 20 世纪 80 年代初进行了第二次土壤普查到现在经过了 20 多年的耕种、施肥、灌溉、种植结构调整等因素的影响,原阳县农田土壤肥力、养分发生了很大的变化。为了掌握原阳县农田土壤养分变化情况,原阳县自 2005 年开始结合国家测土配方施肥补贴项目实施,对全县土壤进行了布点取土化验,分析了主要农田土壤耕层养分现状和影响因素,为今后有效利用土壤资源、科学施肥、农业生产提供科学依据。

1　材料与方法

1.1　样点分布

样品采集布点按照土壤类型、肥力水平、轮作制度、作物类型等因素综合考虑,采用全球卫星定位系统(GPS)技术,以深度 20 cm,平均每 100 ~ 200 亩耕地采集 1 个土样,在原阳县境内共采集土壤样品 6 300 个,其中 2005 年 3 800 个、2006 年 2 000 个、2007 年 500 个。

1.2　分析方法

严格按照农业部《测土配方施肥技术规范》要求,进行了有机质、全氮、有效磷、速效钾、pH 值以及中微量元素等项目的测定,土壤 pH 值采取土液比 1∶2.5 的电位法测定,土壤有机质采取油浴加热重铬酸钾氧化容量法测定,土壤全氮采取凯氏蒸馏法测定,土壤有效磷采取碳酸氢钠提取 - 钼锑抗比色法测定,土壤速效钾采取乙酸铵浸提 - 火焰光度计法测定,土壤缓效钾采取硝酸提取 - 火焰光度计法测定,土壤有效铜、有效锌、有效铁、有效锰采取DTPA浸提 - 原子吸收分光光度计法测定。

2 结果与分析

土壤养分含量不仅与土壤类型有关，而且和人们的耕作措施有密切的关系。从2005～2007年土壤养分化验结果看（见表1），原阳县土壤含量3年平均值为有机质10.17 g/kg、全氮0.65 g/kg、有效磷17.33 mg/kg、缓效钾608.15 mg/kg、速效钾107.4 mg/kg、pH值7.9、有效铜2.3 mg/kg、有效铁23.86 mg/kg、有效锰23.82 mg/kg、有效锌1.08 mg/kg。

表1 原阳县2005～2007年土壤养分化验结果汇总

项目	最大值	最小值	中数	平均值	标准差
全氮(g/kg)	2.88	0.12	0.6	0.65	0.277
有机质(g/kg)	33.14	2.69	9.5	10.17	4.279
有效磷(mg/kg)	82.4	1.00	14.91	17.33	10.9
速效钾(mg/kg)	304.3	16.31	98.3	107.4	44.63
缓效钾(mg/kg)	1 367	50	602.79	608.15	164.41
pH值	8.98	7.20	7.96	7.9	0.234
有效铁(mg/kg)	91.67	0.13	17.63	23.86	17.27
有效锰(mg/kg)	90.51	0.1	19.69	23.82	15.24
有效铜(mg/kg)	8.57	0.022	1.882	2.3	1.455
有效锌(mg/kg)	16.03	0.144	0.908	1.08	0.829

（1）土壤有机质。土壤有机质含量多少，是土壤肥力高低的一项重要指标，土壤有机质不仅是土壤中各种营养元素特别是氮、磷的重要来源，而且土壤有机质使土壤具有保肥力和缓冲性，从而改善土壤的物理性质。原阳县土壤有机质含量测定结果表明，有机质含量差异大，平均含量为10.17 g/kg。主要分布在6～20 mg/kg，占80%（见图1）。

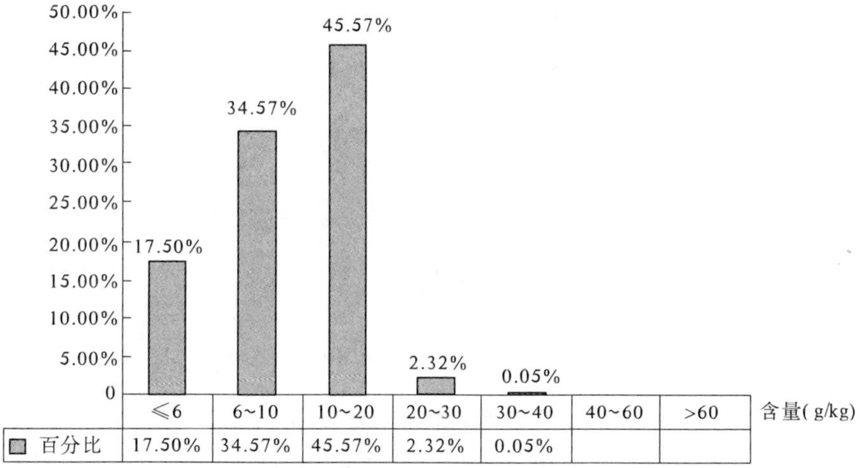

图1 原阳县土壤有机质分析

（2）土壤全氮。土壤全氮含量指标不仅能体现土壤氮素的基础肥力，而且还能反映土壤潜在肥力的高低,即土壤的供氮潜力。根据调查分析结果,原阳耕地土壤平均全氮含量为0. 65 g/kg,标准差为0. 277。根据全国统一标准把土壤养分划分为7 级,全县集中在0. 5 ~1. 0 g/kg 的约占50. 11%(见图2)。

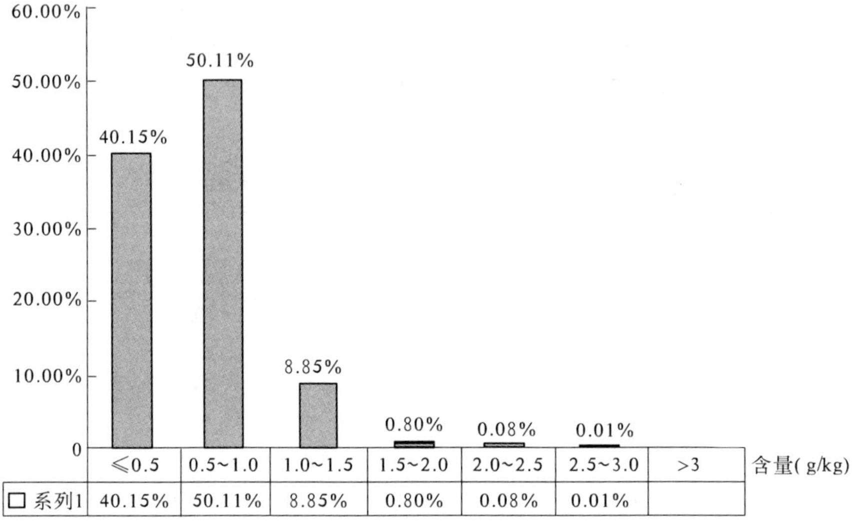

图2　原阳县土壤全氮分析

(3)土壤有效磷。了解土壤中有效磷供应状况,是科学施肥的前提,因为供当季作物吸收的磷素的形态,通常是土壤中的有效磷。测试结果,原阳县有效磷含量集中在10 ~30 mg/kg 的约占60%,土壤有效磷含量极不均匀,存在明显的地块间(空间)差异。平均值为17. 33 mg/kg(见图3)。

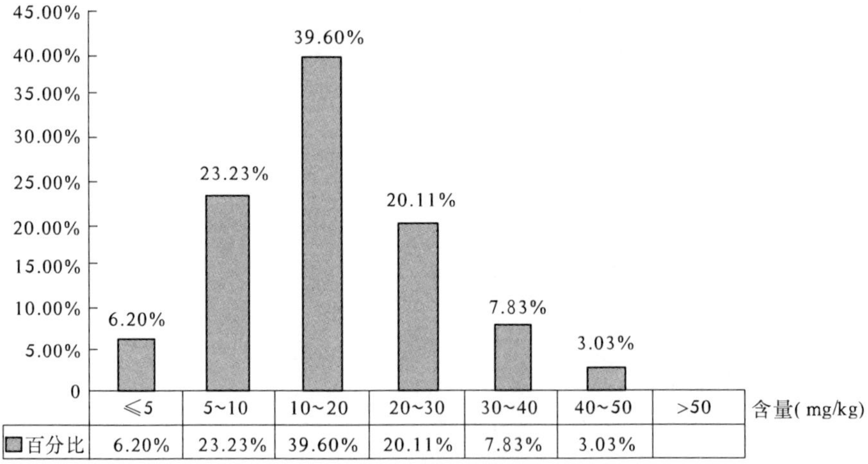

图3　原阳县土壤有效磷分析

(4)土壤速效钾。速效钾集中在50 ~150 mg/kg 的约占80%。平均值为107. 4 mg/kg,且东部西部数值差距较大(见图4)。

(5)土壤缓效钾。原阳县土壤缓效钾含量较高,大于400 mg/kg 的占95. 5%,平均值为608. 15 mg/kg(见图5)。

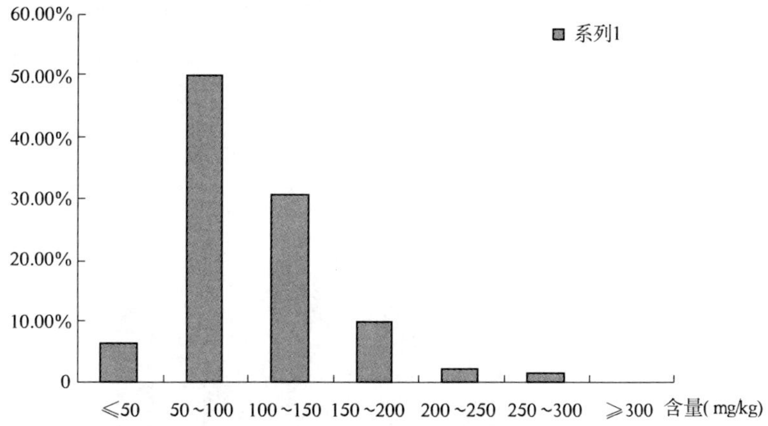

图4 原阳县土壤速效钾分析

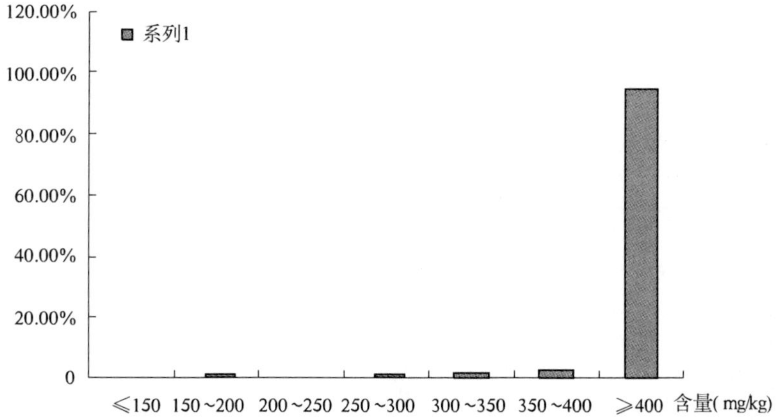

图5 原阳县土壤缓效钾分析

(6)土壤pH值。土壤pH值受成土母质影响,呈现偏碱性,平均值为7.9,标准差0.234。7.5~8.5的占86.94%,6.5~7.5的占13.06%,说明土壤适度偏碱(见图6)。

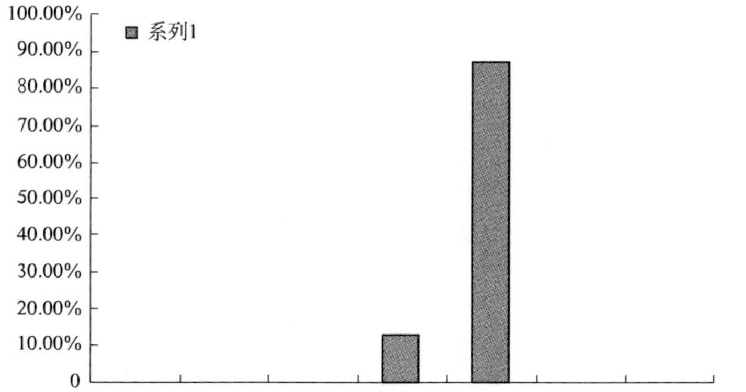

图6 原阳县土壤pH值分析

(7)土壤微量元素。微量元素,作物需量小,但对作物敏感。在植物体内它们多以酶、辅酶的形式存在,作用机制专一,不可缺少也不能代替。通过本次化验土壤有效锰含量平均值为1.44 mg/kg,有效铁含量平均值为24.86 mg/kg,土壤有效锌含量平均值为2.656 mg/kg,有效铜含量平均值为2.45 mg/kg(见图7～图10)。

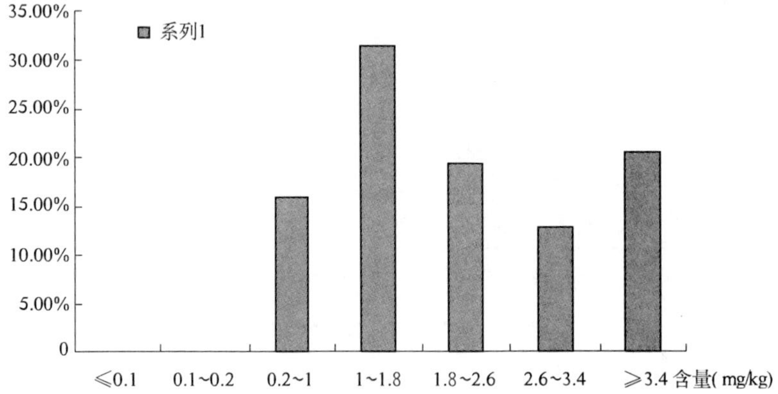

图7　原阳县土壤有效铜分析

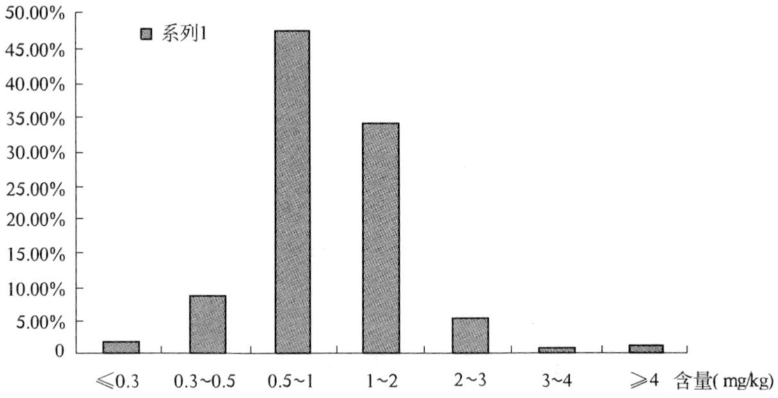

图8　原阳县土壤有效锌分析

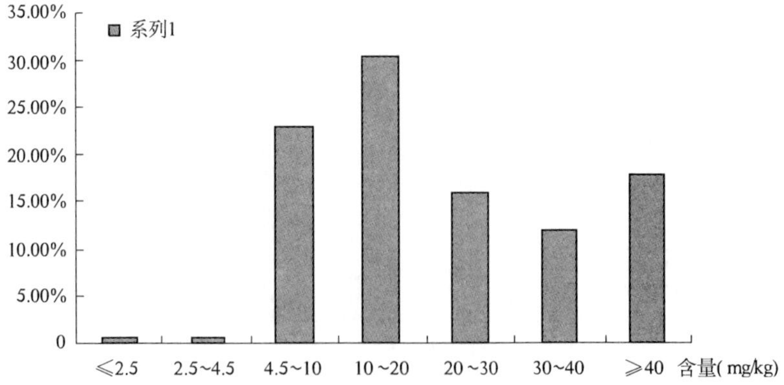

图9　原阳县土壤有效铁分析

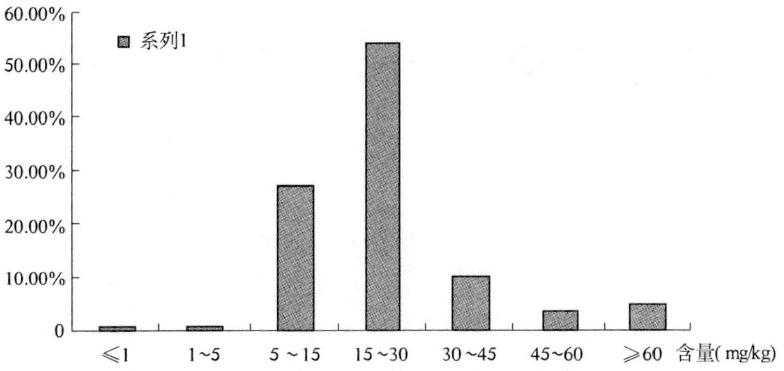

图10 原阳县土壤有效锰分析

3 土壤养分变化趋势分析

原阳县当前耕层土壤养分含量为磷差别大，中有机质、缺钾少微，有机质含量一般为6~20 g/kg，平均10.1 g/kg；pH值7.0~8.98，平均7.9；全氮含量一般为0.5~1.0 g/kg，平均0.64 g/kg；速效钾含量一般100~150 mg/kg，平均110 mg/kg；有效磷含量一般5.0~30 mg/kg，平均17 mg/kg。土壤有效锰含量平均值为1.44 mg/kg，比第二次土壤普查含量低5.93 mg/kg。作物临界值为1 mg/kg，低于1 mg/kg，占49.81%，因而全县有一半土壤有效锰含量不足；有效铁含量平均值为24.86 mg/kg，比第二次土壤普查含量高12.01 mg/kg，铁临界值为2.5 mg/kg，因而全县土壤不缺铁；土壤有效锌含量平均值为2.656 mg/kg，比第二次土壤普查含量高2.099 mg/kg，土壤有效锌含量低于1.25 mg/kg就表现缺锌，因而部分土壤表现缺锌，特别是水稻、玉米等作物；有效铜含量平均值为2.45 mg/kg，比第二次土壤普查含量降低0.23 mg/kg，临界值为0.2 mg/kg，因而在土壤中也不缺铜。

第二次全国土壤普查数据显示，原阳县总的养分特点是有机质贫乏，缺氮贫磷富钾。有机质平均含量0.782 g/kg，全氮平均含量0.5 g/kg，速效钾平均含量154.49 mg/kg，有效磷平均含量9.91 mg/kg。

4 小结

通过原阳县当前养分状况与第二次全国土壤普查数据比较可以看出，原阳县土壤养分中全氮、有机质、有效磷含量都明显提高，速效钾含量明显下降。

汤阴县土壤养分现状、变化与评价

贾政花　许进堂　贾增霞　温燕芳
（汤阴县土壤肥料站·2009 年 6 月）

摘要：通过对汤阴县 2006 ~ 2008 年土壤的不同区域、不同土壤类型的测定及分析，评价汤阴县土壤养分现状，确定全县土壤养分等级，提出主要作物肥料配方及施肥技术。

关键词：养分现状　变化　评价

汤阴县是 2006 年国家测土配方施肥项目县，项目区包括 10 个乡镇，298 个行政村，三年来对全县 69.81 万亩耕地 0 ~ 20 cm 耕层累计取土样 6 366 个次，分别对其有机质、全氮、有效磷、速效钾、缓效钾、pH 值及微量元素铁、锌、锰、铜、硫进行了化验，按不同的区域（分岗区、平原区）、不同土类（分潮土、褐土、砂姜黑土、风沙土）进行了分析、评价，找出全县不同区域、不同土类的养分变化规律。

1　全县土壤养分现状

1.1　土壤养分分级标准

按照《全国第二次土壤普查技术规程》中拟定的土壤养分分级标准，结合实际情况土壤养分含量共分六级，见表 1。

表 1　土壤养分状况分级标准

项目	六级	五级	四级	三级	二级	一级
有机质（g/kg）	≤6	6 ~ 10	10 ~ 20	20 ~ 30	30 ~ 40	40 ~ 50
pH 值	≤4.5	4.6 ~ 5.5	5.6 ~ 6.5	6.6 ~ 7.5	7.6 ~ 8.5	8.6 ~ 9
全氮（g/kg）	≤0.5	0.5 ~ 1	1 ~ 1.5	1.5 ~ 2	2 ~ 2.5	2.5 ~ 3
有效磷（mg/kg）	≤5	5 ~ 10	10 ~ 20	20 ~ 30	30 ~ 40	40 ~ 50
速效钾（mg/kg）	≤50	50 ~ 100	100 ~ 150	150 ~ 200	200 ~ 250	250 ~ 300
缓效钾（mg/kg）	≤150	150 ~ 200	200 ~ 250	250 ~ 300	300 ~ 350	350 ~ 400

由表 1、表 2 可知，全县土壤养分含量平均值从有机质、全氮、有效磷、速效钾四项指标来看，与 1985 年第二次土壤普查结果相比，表现为“两提高、两减少”，两提高是有机质在四级内提高，全氮在五级内提高；两减少是有效磷在四级内下降，速效钾由一级下降到三级。2006 ~ 2008 年 3 年全县耕地土壤有机质平均含量为 17.9 g/kg，与第二次土壤普查结果 12 g/kg 相比，增加了 5.9 g/kg，增加幅度为 49.2%；土壤全氮平均含量为 0.85 g/kg，与第二次土壤普查结果 0.82 g/kg 相比，增加了 0.03 g/kg，增加幅度为 3.66%；土壤有效磷平均含量为 16.78 mg/kg，与第二次土壤普查结果 18.1 mg/kg 相比，减少了 1.32 mg/kg，减

表2 汤阴县土壤养分结果与1985年的比较

养分	1985年第二次土壤普查值	2006~2008年三年平均值
有机质(g/kg)	12.0	17.9
全氮(g/kg)	0.82	0.85
有效磷(mg/kg)	18.1	16.78
速效钾(mg/kg)	211.4	124.84
缓效钾(mg/kg)		628.27
铜(mg/kg)		0.81
锌(mg/kg)		0.69
铁(mg/kg)		28.78
锰(mg/kg)		181.17
硫(mg/kg)		97.08

注:2006年化验数据3 816个,2007年化验数据2 024个,2008年化验数据526个。

幅为7.29%;土壤速效钾平均含量为124.84 mg/kg,与第二次土壤普查结果211.4 mg/kg相比,减少了86.56 mg/kg,减幅为40.95%。

1.2 不同养分等级现状

1.2.1 大量元素

由表3可以看出,土壤有机质大部分集中在四级,土壤全氮大部分集中在五级,土壤有效磷大部分集中在三级,土壤速效钾大部分集中在三级,土壤缓效钾大部分集中在一级。

表3 汤阴县土壤大量元素各养分分级现状

养分	等级标准		三年平均值	面积(亩)	频率(%)
有机质(g/kg)	一级	>40	42.95	2 211.02	0.32
	二级	30~40	32.49	21 814.88	3.13
	三级	20~30	23.2	204 726.13	29.32
	四级	10~20	15.83	429 763.3	61.55
	五级	6~10	8.54	31 585.34	4.53
	六级	≤6	3.71	7 632.99	1.10
全氮(g/kg)	一级	2.5~3			
	二级	2~2.5	2.23	182.94	0.000 2
	三级	1.5~2	1.68	1 770.50	0.26
	四级	1~1.5	1.11	100 603.6	14.41
	五级	0.5~1	0.8	474 050.95	67.91
	六级	≤0.5	0.4	120 868.13	17.29
有效磷(mg/kg)	一级	>40	58.06	108 662	15.57
	二级	30~40	35.38	75 557.15	10.83
	三级	20~30	23.66	150 303.95	43.06
	四级	10~20	15.03	286 909.15	41.1
	五级	5~10	8.47	73 956.87	10.60
	六级	≤5	4.86	2 444.45	0.35

续表 3

养分	等级标准		三年平均值	面积(亩)	频率(%)
速效钾(mg/kg)	一级	>250	323.09	43 282.2	6.2
	二级	200~250	217.2	47 221.64	6.73
	三级	150~200	167.37	229 492.25	32.88
	四级	100~150	122.36	297 670.6	25.99
	五级	50~100	83.43	94 847.8	13.59
	六级	≤50	36.58	14 269.32	2.04
缓效钾(mg/kg)	一级	>350	619.99	689 722.8	0.988
	二级	300~350	326.61	6 981	0.01
	三级	250~300	274.87	1 396.2	0.002
	四级	200~250			
	五级	150~200			
	六级	≤150			

1.2.2 微量元素

由表 4 可以看出,土壤中有效硫平均含量为 97.08 mg/kg;有效锰平均含量为 181.17 mg/kg,属于高等水平;有效锌平均含量为 0.69 mg/kg,属于中等水平;有效铜平均含量为 0.81 mg/kg,属于中等偏上;有效铁平均含量为 28.91 mg/kg,属于高等水平。

表 4 汤阴县土壤微量元素含量状况

项目	样本数	最大值	最小值	中数	平均值	标准值	变异系数(%)
有效硫(mg/kg)	598	951	0.75	91.60	97.08	88.66	83.30
有效锰(mg/kg)	595	70.65	15.57	27.78	181.17	4.78	16.53
有效锌(mg/kg)	595	1.19	0.15	0.69	0.69	0.12	17.39
有效铜(mg/kg)	595	1.13	0.23	0.81	0.81	0.11	13.6
有效铁(mg/kg)	595	223.92	83.23	182.65	28.91	14.62	8.07

2 土壤养分评价

2.1 不同区域养分评价

根据生产条件和地理位置可分为岗区、平原区。岗地包括韩庄乡、菜园镇、瓦岗乡、伏道乡、宜沟镇五个乡(镇)的部分村庄,共计为 20 万亩;平原区包括白营乡、任固镇、五陵镇、城关镇、古贤乡五个乡(镇)及韩庄乡、菜园镇、瓦岗乡、伏道乡、宜沟镇五个乡(镇)的部分村庄,耕地面积为 49.81 万亩。

由表 5、表 6 可知,岗区土壤有机质大部分集中在三、四级,土壤全氮大部分集中在四、五级,土壤有效磷大部分集中在四、五级,土壤速效钾大部分集中在三、四、五级,土壤缓效钾大部分集中在一级。平原区土壤有机质大部分集中在三、四级,土壤全氮大部分集中在四、五级,土壤有效磷大部分集中在三、四、五级,土壤速效钾大部分集中在三、四、五级,土壤缓效钾大部分集中在一级。

2.2 不同土壤类型养分评价

根据土壤分类标准,全县土壤分为潮土、褐土、砂姜黑土、风沙土四个土类(见表7)。从三年的测试结果可以看出,褐土类有机质和全氮含量较高,有效磷相对较低,属于中等水平,养分含量变幅较大;潮土和砂姜黑土养分含量平稳,但仍有一定的变幅。

表5 岗区土壤养分分级情况

养分	等级标准		三年平均值	样本数	频率(%)
有机质(g/kg)	一级	>40	44.62	35	1.91
	二级	30~40	32.52	70	3.85
	三级	20~30	23.08	582	31.89
	四级	10~20	16.63	1 072	58.78
	五级	6~10	8.58	43	2.335
	六级	≤6	3.6	22	1.235
全氮(g/kg)	一级	2.5~3			
	二级	2~2.5			
	三级	1.5~2			
	四级	1~1.5	1.11	663	36.36
	五级	0.5~1	0.8	1 110	60.83
	六级	≤0.5	0.42	51	2.81
有效磷(mg/kg)	一级	>40	51.16		
	二级	30~40	36.34	13	0.71
	三级	20~30	24.80	127	6.99
	四级	10~20	14.68	1 237	67.83
	五级	5~10	8.4	434	23.77
	六级	≤5	4.2	13	0.7
速效钾(mg/kg)	一级	>250			
	二级	200~250	213.84		
	三级	150~200	169.47	274	15.00
	四级	100~150	122.27	1 140	62.52
	五级	50~100	87.05	409	22.40
	六级	≤50		1	0.08
缓效钾(mg/kg)	一级	>350	594.26	1 814	99.45
	二级	300~350	316.11	5	0.28
	三级	250~300			
	四级	200~250			
	五级	150~200			
	六级	≤150		5	0.27

表 6　平原区土壤养分分级情况

养分	等级标准		三年平均值	样本数	频率(%)
有机质(g/kg)	一级	>40	42.53	12	0.275
	二级	30～40	32.53	138	3.04
	三级	20～30	23.24	1 321	29.08
	四级	10～20	15.7	2 807	61.795
	五级	6～10	8.53	215	4.74
	六级	≤6	4.11	49	1.07
全氮(g/kg)	一级	2.5～3			
	二级	2～2.5		5	0.11
	三级	1.5～2	1.71	17	0.38
	四级	1～1.5	1.11	1 021	22.47
	五级	0.5～1	0.80	3 176	69.93
	六级	≤0.5	0.40	323	7.11
有效磷(mg/kg)	一级	>40	59.64	104	2.3
	二级	30～40	35.44	132	2.91
	三级	20～30	23.71	742	16.33
	四级	10～20	15.1	2 805	61.75
	五级	5～10	2.25	754	16.60
	六级	≤5	4.84	5	0.11
速效钾(mg/kg)	一级	>250			
	二级	200～250	206.1		
	三级	150～200	167.40	777	17.10
	四级	100～150	121.73	2 575	56.70
	五级	50～100	83.18	1 091	24.03
	六级	≤50	36.16	99	2.17
缓效钾(mg/kg)	一级	>350	621.30	4 450	97.97
	二级	300～350	327.29	45	0.99
	三级	250～300	275.06	20	0.43
	四级	200～250		10	0.23
	五级	150～200		7	0.15
	六级	≤150		10	0.23

表 7　不同土壤类型的养分含量

土类	面积(万亩)	养分	三年平均值
潮土	40.12	有机质(g/kg)	17.79
		全氮(g/kg)	0.79
		有效磷(mg/kg)	17.75
		速效钾(mg/kg)	120.13
		缓效钾(mg/kg)	641.79

续表 7

土类	面积(万亩)	养分	三年平均值
褐土	22.44	有机质(g/kg)	19.27
		全氮(g/kg)	0.95
		有效磷(mg/kg)	15.87
		速效钾(mg/kg)	116.68
		缓效钾(mg/kg)	567.74
砂姜黑土	6.93	有机质(g/kg)	41.56
		全氮(g/kg)	0.94
		有效磷(mg/kg)	13.71
		速效钾(mg/kg)	122.42
		缓效钾(mg/kg)	588.35
风沙土	0.32	有机质(g/kg)	5.74
		全氮(g/kg)	0.8
		有效磷(mg/kg)	27.25
		速效钾(mg/kg)	88.49
		缓效钾(mg/kg)	546.49

由表 8 可以看出,潮土类土壤有机质大部分集中在三、四级,土壤全氮大部分集中在四、五、六级,土壤有效磷大部分集中在一、二、三、四、五级,土壤速效钾大部分集中在三、四、五级,土壤缓效钾大部分集中在一、二、三级。

表 8 潮土类土壤养分含量等级

养分	等级标准		三年平均值	样本数	占总数比例(%)
有机质(g/kg)	一级	>40	42.3	11	0.3
	二级	30~40	32.68	100	2.713
	三级	20~30	23.27	973	26.59
	四级	10~20	15.55	2 332	63.74
	五级	6~10	8.35	199	5.447
	六级	≤6	4.03	44	1.21
全氮(g/kg)	一级	2.5~3			
	二级	2~2.5		7	0.2
	三级	1.5~2		8	0.21
	四级	1~1.5	1.1	373	10.195
	五级	0.5~1	0.78	2 528	69.085
	六级	≤0.5	0.4	743	20.31
有效磷(mg/kg)	一级	>40	56.8	714	19.525
	二级	30~40	35.28	414	11.31
	三级	20~30	23.71	739	20.195
	四级	10~20	15.22	1 437	39.265
	五级	5~10	8.44	340	9.29
	六级	≤5	4.86	15	0.415

续表 8

养分	等级标准		三年平均值	样本数	占总数比例(%)
速效钾(mg/kg)	一级	>250		307	8.4
	二级	200~250	206.14	299	8.17
	三级	150~200	168.15	1 033	28.22
	四级	100~150	123.48	1 441	39.38
	五级	50~100	81.72	502	13.71
	六级	≤50	36.29	77	2.12
缓效钾(mg/kg)	一级	>350	646.5	2 020	55.21
	二级	300~350	327.93	500	13.66
	三级	250~300		583	15.945
	四级	200~250		269	7.355
	五级	150~200		124	3.38
	六级	≤150		163	4.45

由表 9 可以看出,褐土类土壤有机质大部分集中在三、四级,土壤全氮大部分集中在四、五、六级,土壤有效磷大部分集中在三、四、五级,土壤速效钾大部分集中在三、四、五级,土壤缓效钾大部分集中在一、二、三级。

表 9　褐土类土壤养分含量等级

养分	等级标准		三年平均值	样本数	占总数比例(%)
有机质(g/kg)	一级	>40		10	0.525
	二级	30~40		90	4.42
	三级	20~30		697	34.045
	四级	10~20	23.18	1 173	57.34
	五级	6~10	16.45	54	2.625
	六级	≤6	5.95	22	1.045
全氮(g/kg)	一级	2.5~3			
	二级	2~2.5			
	三级	1.5~2		6	0.26
	四级	1~1.5	1.11	446	21.81
	五级	0.5~1	0.85	1 364	66.67
	六级	≤0.5	0.4	230	11.26
有效磷(mg/kg)	一级	>40	47.64	198	9.675
	二级	30~40	35.1	207	10.11
	三级	20~30	23.42	320	15.64
	四级	10~20	14.95	1 023	50.01
	五级	5~10	8.53	290	14.19
	六级	≤5	4.6	8	0.375

续表 9

养分	等级标准		三年平均值	样本数	占总数比例(%)
速效钾(mg/kg)	一级	>250		27	1.355
	二级	200~250		111	5.425
	三级	150~200	161.42	656	32.05
	四级	100~150	120.15	942	46.04
	五级	50~100	86.51	291	14.21
	六级	≤50		19	0.92
缓效钾(mg/kg)	一级	>350	573.62	1 087	53.105
	二级	300~350	326.47	327	15.995
	三级	250~300	275.64	422	20.64
	四级	200~250		156	7.63
	五级	150~200		32	1.61
	六级	≤150		22	1.02

由表 10 可以看出,砂姜黑土类土壤有机质大部分集中在三、四级,土壤全氮大部分集中在四、五、六级,土壤有效磷大部分集中在一、二、三、四、五级,土壤速效钾大部分集中在三、四级,土壤缓效钾大部分集中在一、二、三级。

表 10 砂姜黑土类土壤养分含量等级

养分	等级标准		三年平均值	样本数	占总数比例(%)
有机质(g/kg)	一级	>40			
	二级	30~40		23	3.705
	三级	20~30	23.17	201	31.88
	四级	10~20	16.11	389	61.57
	五级	6~10		13	1.98
	六级	≤6		6	0.865
全氮(g/kg)	一级	2.5~3			
	二级	2~2.5	1.53	3	
	三级	1.5~2	1.13	138	0.49
	四级	1~1.5	0.82	406	21.83
	五级	0.5~1	0.42	85	64.3
	六级	≤0.5			13.38
有效磷(mg/kg)	一级	>40		53	8.415
	二级	30~40	37.68	65	10.25
	三级	20~30	24.13	157	24.84
	四级	10~20	14.17	288	45.585
	五级	5~10	8.41	69	10.91
	六级	≤5			

续表 10

养分	等级标准		三年平均值	样本数	占总数比例(%)
速效钾(mg/kg)	一级	>250	167.45 123.22 86.82	7	1.19
	二级	200～250		30	4.76
	三级	150～200		196	30.94
	四级	100～150		336	53.16
	五级	50～100		60	9.46
	六级	≤50		3	0.49
缓效钾(mg/kg)	一级	>350	594.32	365	57.71
	二级	300～350		95	15.075
	三级	250～300		97	15.32
	四级	200～250		56	8.95
	五级	150～200		15	2.33
	六级	≤150		4	0.615

由表 11 可以看出，风沙土类土壤有机质大部分集中在三、四、五级，土壤全氮大部分集中在五、六级，土壤有效磷大部分集中在一、二、三、四级，土壤速效钾大部分集中在三、五、六级，土壤缓效钾大部分集中在一、二、三级。

表 11　风沙土类土壤养分含量等级

养分	等级标准		三年平均值	样本数	占总数比例(%)
有机质(g/kg)	一级	>40	14.52		
	二级	30～40			
	三级	20～30		5	17.055
	四级	10～20		13	44.195
	五级	6～10		9	33.035
	六级	≤6		2	5.715
全氮(g/kg)	一级	2.5～3			
	二级	2～2.5			
	三级	1.5～2	0.77		
	四级	1～1.5	0.48	2	7.41
	五级	0.5～1		16	53.48
	六级	≤0.5		11	39.11
有效磷(mg/kg)	一级	>40	26.48	11	37.675
	二级	30～40		5	17.68
	三级	20～30		8	25.895
	四级	10～20		5	18.75
	五级	5～10			
	六级	≤5			

续表 11

养分	等级标准		三年平均值	样本数	占总数比例(%)
速效钾(mg/kg)	一级	>250	79.32		
	二级	200~250			
	三级	150~200		14	48.035
	四级	100~150		2	6.35
	五级	50~100		9	31.325
	六级	≤50		4	14.29
缓效钾(mg/kg)	一级	>350	559.48	15	53.125
	二级	300~350		5	15.625
	三级	250~300		7	25
	四级	200~250		2	6.25
	五级	150~200			
	六级	≤150			

3 土壤养分变化趋势

3.1 土壤有机质

全县耕地土壤有机质平均含量为 17.9 g/kg,与 1985 年第二次土壤普查结果 12.0 g/kg相比,增加了5.9 g/kg,增加幅度为49.2%,但整体上仍然属于偏低水平。其中,岗地土壤有机质含量比第二次土壤普查结果增加,集中在三、四级,属于稍中上等水平;平原区含量比第二次土壤普查结果增加,集中在三、四级,属中等水平。潮土、褐土、砂姜黑土有机质含量均比第二次土壤普查结果增加,集中在三、四级,属于中等水平;风沙土有机质含量和第二次土壤普查结果相比,增幅较大,集中在三、四、五级,属于中下等水平。

3.2 土壤全氮

全县土壤全氮平均含量为 0.85 g/kg,与 1985 年第二次土壤普查结果 0.82 g/kg 相比,增加了 0.03 g/kg,增加幅度为 3.66%,但整体上仍然属于偏低水平。其中,岗地、平原区土壤全氮含量和第二次土壤普查结果相比有所增加,集中在四、五级,属于稍中下水平; 潮土、褐土、砂姜黑土全氮含量和第二次土壤普查结果相比有所增加,集中在四、五、六级,属于稍中下水平;风沙土全氮含量和第二次土壤普查结果相比有所增加,集中在五、六级,属于稍中下水平。

3.3 土壤有效磷

全县耕地土壤有效磷平均含量为 16.78 mg/kg,与 1985 年第二次土壤普查结果 18.1 mg/kg 相比,减少了 1.32 mg/kg,减少幅度为 7.29%,仍然属于偏低水平。其中,岗地土壤有效磷含量和第二次土壤普查结果相比有所减小,集中在四、五级,属于稍中下水平;平原区含量和第二次土壤普查结果相比有所减小,集中在三、四、五级,属中等水平。潮土、褐土、砂姜黑土有效磷含量和第二次土壤普查结果相比有所减小,分布较广,为一、二、三、四、五级,属于高、中、低等水平;风沙土有效磷含量和第二次土壤普查结果相比有所减小,分布较广，为一、二、三、四级，属于高、中、低等水平。

3.4　土壤速效钾

全县耕地土壤速效钾平均含量为124.84 mg/kg，与1985年第二次土壤普查结果211.4 mg/kg相比，减少了86.56 mg/kg，增加幅度为40.95%，仍然属于偏低水平。其中，岗地、平原土壤速效钾含量和第二次土壤普查结果相比有所减小，集中在三、四、五级，属于稍中下水平。潮土、褐土含量和第二次土壤普查结果相比有所减小，集中在三、四、五级，属于稍中下水平；砂姜黑土速效钾含量和第二次土壤普查结果相比有所减小，集中在三、四级，属于稍中水平；风沙土速效钾含量和第二次土壤普查结果相比减小幅度较大，为三、五、六级，属于中、下等水平。

4　结果评价及应用

分析结果表明，汤阴县土壤有机质、全氮均有提高，有效磷含量适中，土壤速效钾下降明显。施肥上，要坚持以施有机肥为基础，合理划分施肥区域，增施钾肥，遏制土壤速效钾下降的趋势。

汤阴县土壤有效铁、有效锰含量相对比较高，目前能够满足作物生长需要，一般不需要施用；但在一些敏感作物上和个别缺素地块，还不能忽视其个性需求。

根据以上分析，制定了汤阴县小麦配方9个，氮磷钾肥比例分别为19－20－6、20－15－10、14－17－14、22－18－5、15－20－10、18－19－8、20－20－5、25－15－5、24－13－8；或目标产量>400 kg/亩低产区，底施纯氮8.3 kg/亩、有效磷4.5 kg/亩、速效钾4.5 kg/亩；目标产量400～450 kg/亩中产区，底施纯氮11.5 kg/亩、有效磷6.0 kg/亩、速效钾4.0 kg/亩；目标产量500～550 kg/亩高产区，底施纯氮14.6 kg/亩、有效磷7.5 kg/亩、速效钾5 kg/亩。玉米配方2个，氮磷钾比例分别为25－15－5、30－5－10。

新安县土壤耕层养分现状、变化及利用对策

贾建修

（新安县农业局·2009年6月）

摘要：通过对新安县耕层土壤样品的采集、化验，研究了新安县土壤耕层养分现状以及1984年全国第二次土壤普查以来新安县耕层土壤养分的变化状况，分析了土壤养分含量变化的原因，提出了利用对策。

关键词：耕层养分　现状　变化　利用对策

1984年新安县开展了第二次土壤普查，查明了土壤的养分含量、类型、数量和分布情况，为农业综合开发和农业结构调整提供了科学依据。20多年来，随着农村土地使用制度改革的深入以及农业的迅速发展，农村经营体制、耕作制度、作物品种、种植结构、产量水平、肥料和农药的使用等发生了巨大变革，导致土壤养分发生了变化。为此，结合测土

配方施肥补贴项目实施，于2006～2008年在新安县开展了耕层土壤养分调查，并与1984年耕层土壤养分化验结果比较，以掌握全县土壤养分现状、变化趋势，为土壤管理、农田科学施肥、降低农业生产成本、保护生态环境提供科学依据。

1 材料与方法

（1）土壤样品采集。采样前根据新安县的土壤类型，按照5～10 hm^2 一个采样点，在土地利用现状图上标好，绘制采样分布图，田间按“随机”、“等量”、“多点混合”的原则，以“S”形或五点对角线法，采集0～20 cm的耕层土壤15～20个点作为一个土壤样品，同时进行GPS定位，填写采样地块基本情况调查表，内容包括前茬作物的品种、产量及施肥情况等，三年共采集土壤样品6 363个，覆盖全县27 617 hm^2 耕地。

（2）土壤样品分析方法。按照农业部《测土配方施肥技术规范》土壤分析要求进行化验。全氮采用凯氏蒸馏法，有效磷采用碳酸氢钠提取－钼锑抗比色法，速效钾采用乙酸铵浸提－火焰光度计法，pH值采用电位法，有机质采用油浴加热重铬酸钾氧化－容量法，硼采用甲亚胺－H比色法，钼采用草酸－草酸胺浸提－极谱法，其他微量元素采用DTPA浸提－原子吸收分光光度法。其化验方法与第二次土壤普查的土壤样品分析方法相同。

（3）土壤养分分级标准。大量元素分级采用第二次全国土壤普查标准（见表1），微量元素分级标准见表2。

表1 土壤养分含量分级

养分	一级	二级	三级	四级	五级	六级
有机质(g/kg)	≥40	30.0～39.9	20～29.9	10～19.9	6～9.9	<6
全氮(g/kg)	≥2.0	1.5～1.99	1.0～1.49	0.75～0.99	0.5～0.74	<0.5
有效磷(mg/kg)	≥40	20～39.9	10～19.9	5.00～9.9	3.00～4.99	<3
速效钾(mg/kg)	≥200	150～199	100～149	50～99	30～49.9	<30
评价	丰	富	高	中	低	贫

表2 土壤微量元素有效含量丰缺指标 （单位：mg/kg）

微量元素	分级				
	很低	低	中	高	很高
锌(Zn)	<0.5	0.5～1.0	1.1～2.0	2.1～4.0	>4.0
硼(B)	<0.25	0.25～0.5	0.51～1.0	1.1～2.0	>2.0
钼(Mo)	<0.1	0.1～0.15	0.16～0.2	0.21～0.3	>0.3
锰(Mn)	<5	5.0～10.0	10.1～20	20.1～30.0	>30
铁(Fe)	<2.5	2.5～4.5	4.5～10	10～20	>20
铜(Cu)	<0.1	0.1～0.2	0.2～1.0	1.1～2.0	>2.0

2 结果与分析

2.1 耕层土壤养分含量现状

这次土壤养分含量（加权平均值）调查结果见表3，大量元素按六级分类均在四级以上,微量元素含量级别差距较大。

表 3 新安县土壤养分调查统计特征值

项目	单位	平均值	标准差	最大值	最小值	变异系数(%)
有机质	g/kg	17.92	3.75	36.6	7.8	20.91
全氮	g/kg	1.05	0.14	1.61	0.46	13.05
有效磷	mg/kg	9.58	2.96	33.5	1.60	30.91
速效钾	mg/kg	169.85	23.11	291.00	86	13.61
有效锌	mg/kg	1.93	0.32	3.78	1.36	16.50
水溶态硼	mg/kg	0.43	0.10	1.2	0.06	24.51
有效钼	mg/kg	0.16	0.03	0.28	0.11	16.88
有效锰	mg/kg	40.05	14.26	118.7	10.9	35.60
有效铁	mg/kg	12.96	3.75	34.4	4.3	28.95
有效铜	mg/kg	1.73	0.45	4.46	0.83	25.94
pH 值		7.84	0.39	8.9	5.2	4.97

(1)土壤有机质。土壤有机质是土壤的重要组成部分,对提高土壤保水保肥能力,改善土壤理化性状,调节土壤水、肥、气、热状况具有重要作用,是土壤养分的重要来源。土壤有机质含量的高低,是衡量土壤肥力水平的重要指标之一,在无障碍因素情况下,土壤有机质与土壤肥力呈正相关,有机质含量高土壤就比较肥沃。2006～2008 年,新安县耕层土壤有机质的含量范围在 7.8～36.6 g/kg,平均含量 17.92 g/kg,属四级,可见,新安县耕层土壤有机质含量属于中等水平。

(2)土壤全氮。土壤全氮是土壤中有机态氮与无机态氮的总和,其含量指标不仅能体现土壤氮素的基础肥力,而且还能反映土壤的供氮能力,其含量与土壤有机质含量呈正相关。本次耕层土壤养分含量化验结果范围在 0.46～1.61 g/kg,平均含量 1.05 g/kg,属三级,属于中等水平。

(3)土壤有效磷和土壤速效钾。土壤有效磷含量范围在 1.60～33.5 mg/kg,平均含量 9.58 mg/kg,属四级,属于中等水平。土壤速效钾含量范围在 86～291 mg/kg,平均含量 169.85 mg/kg,属二级,属于偏高富裕水平。

(4)耕层土壤微量元素。土壤有效锌含量范围在 1.36～3.78 mg/kg,平均含量 1.93 mg/kg,属中级;土壤水溶态硼含量范围在 0.06～1.20 mg/kg,平均含量 0.43 mg/kg,属低级,土壤表现为欠缺,在喜硼作物上施用是必要的;土壤有效钼含量范围在 0.11～0.28 mg/kg,平均含量 0.16 mg/kg,属中级;土壤有效锰含量范围在 10.9～118.7 mg/kg,平均含量 40.05 mg/kg,属很高级;土壤有效铁含量范围在 4.3～34.4 mg/kg,平均含量 12.96 mg/kg,属高级;土壤有效铜含量范围在 0.83～4.46 mg/kg,平均含量 1.73 mg/kg,属高级。

2.2 耕层土壤养分变化状况

将 2006～2008 年的耕层土壤养分化验结果与 1984 年的耕层土壤养分化验结果对比,土壤有机质、全氮、有效磷、有效锌、水溶态硼、有效钼、有效铜含量均有所上升,速效钾、有效铁含量下降(见表 4),耕层土壤养分的变化状况是:有效磷上升幅度最大,比 1984 年上升 40.88%,有机质与 1984 年相比上升 32.75%,全氮与 1984 年相比上升

23.53%,速效钾与1984年相比下降11.95%。耕层土壤水溶态硼上升86.95%,有效锌、钼、锰、铜上升幅度分别是232.76%、166.67%、212.89%、44.17%,有效铁含量下降4.71%,土壤pH值下降5.31%。

表4　新安县耕层土壤养分含量变化状况

项目	有机质	全氮	有效磷	速效钾	有效锌	水溶态硼	有效钼	有效锰	有效铁	有效铜	pH值
	(g/kg)		(mg/kg)								
1984年	13.5	0.85	6.8	192.9	0.58	0.23	0.06	12.8	13.6	1.2	8.28
2006~2008年	17.92	1.05	9.58	169.85	1.93	0.43	0.16	40.05	12.96	1.73	7.84
变幅(%)	32.75	23.53	40.88	-11.95	232.76	86.96	166.67	212.89	-4.71	44.17	-5.31

2.3　土壤养分变化的原因

(1)施肥量有所增加。自第二次土壤普查后,全县化肥使用总量呈上升趋势,总量由1984年的120.27 kg/hm^2 增加到2007年的291.11 kg/hm^2(见表5),使土壤氮、磷养分含量有不同程度的提高。尤其是土壤有效磷的含量增幅最大,比1984年增加40.88%。由于施用量超出了作物对磷的需求量,造成土壤有效磷含量增加。另外,随着化肥用量的增加,作物单产也随之提高,如新安县的粮食单产由1984年的2 835 kg/hm^2 增长到2007年的4 263.69 kg/hm^2,粮食产量的增加,作物秸秆也不断丰富,扩大了秸秆还田数量,使土壤有机质含量上升,土壤肥力上升。

表5　新安县历年化肥投入及粮食单产统计

年度	耕地面积 (hm^2)	化肥总用量 (t/a)	折纯 (kg/hm^2)	粮食单产 (kg/hm^2)
1982	42 270.47	4 178	71.58	2 407.5
1984	41 785.47	7 084.5	120.27	2 835
1988	40 700.6	7 549	191.9	2 895
2007	27 617	18 660	291.11	4 263.69

注:新安县统计年鉴资料。

(2)钾肥投入不足。近年来,农民主要以施用化肥来补充作物的营养需求,有机肥施用较少,第二次土壤普查时,新安县土壤的钾素含量丰富,农民就对钾元素肥料少施或不施,导致新安县土壤速效钾含量下降。

(3)土壤有机质、酸碱度的变化是耕层微量元素有效性变化的主要原因。近年来,新安县含钙化肥(钙镁磷肥、过磷酸钙等)及碳酸氢氨的施用,使土壤 $CaCO_3$ 含量增加。据研究土壤有效钼的含量随 $CaCO_3$ 含量的增加即递增。在石灰性土壤上,$CaCO_3$ 和 Fe 形成更难溶解的化合物,从而影响了铁的有效性。土壤硼、锌、锰、铜的有效性随pH值的降低而升高。土壤有机质的增长可提高微量元素的有效性,土壤有效硼、锌60%~80%来自有机质的分解,而且有机质可保护多种微量元素免遭固定和淋失。

3　利用对策

土壤养分作为土壤肥力的重要因素与作物产量有着非常密切的关系,土壤养分的变化,将影响作物的产量和品质,所以必须采取相应措施。

(1)重视有机肥施用,开展多种形式的秸秆还田。有机肥肥效稳、养分全、取材广泛、造价低廉,尤其对培肥地力、改良土壤结构具有不可替代的作用。在使用中,一是要注意农家肥的积制,加强改厕改圈,利用夏季高温多雨季节开展高温积肥;二是要进一步推广秸秆还田技术,合理利用作物秸秆,抓好小麦和玉米秸秆直接还田、过腹还田,小麦高留茬和秸秆覆盖,坚决杜绝焚烧秸秆现象;三是做好城镇有机肥的无害化处理,变废为宝,发挥作用。

(2)科学施用化肥,推广测土配方施肥技术。运用现代科技成果,根据作物的目标产量、需肥规律、土壤供肥性能与肥料效应,在使用有机肥的基础上,提出氮、磷、钾及中微量元素的施用数量、施用时期、施用方法,有效解决施肥过量或不足、养分比例不合理问题,以提高肥料利用率,减少肥料对环境的污染。

(3)普及科学施肥技术,提高农民科学种田水平。开展测土配方施肥技术培训,充分利用各种宣传媒体开辟测土配方施肥专栏,组织农技人员进村入户,采取田间指导等多种形式,把测土配方施肥技术知识普及到千家万户。另外,建立测土配方施肥示范方,展示测土配方施肥技术成果,让农民看有样板、学有榜样,从而加快科学施肥技术的推广。

(4)综合治理。采取工程改造与生物措施相结合,综合治理中低产田,培肥地力,提倡合理深耕,增加土壤耕层厚度,促进土壤养分分解。

(5)调节土壤酸碱平衡。进行科学合理施肥,在碱性土壤上尽量施用生理酸性肥料,减少或不用碱性、生理碱性肥料,调节土壤酸碱度,降低土壤 pH 值,防止土壤的碱性进一步增强,提高土壤养分的有效性。

孟州市耕地土壤养分资源调查与农业发展区划

张文华[1] 范合琴[2] 胡永平[1] 安翠娟[1]

(1. 孟州市农业技术推广中心 2. 焦作市土壤肥料工作站 · 2009 年 6 月)

摘要:通过四年来对孟州市不同区域、不同土壤类型、不同土壤质地的耕层土壤进行样品采集与养分测试,并分析不同区域、不同土壤类型、不同土壤质地土壤中氮、磷、钾及中微量元素养分含量,根据土壤养分资源状况,提出合理的提升土壤肥力措施和农业发展区划。

关键词:土壤养分 资源调查 农业发展区划

土壤养分资源是决定土壤肥力,反映其农业生产性能及潜在肥力的重要标志,也是制定土壤改良利用方向及措施的重要依据。孟州市农业技术推广中心从 2005 年承担国家测土配方施肥补贴项目以来,连续四年在全市不同区域、不同土壤类型采集耕层土壤样品 7 310 个,对全市耕地有机质、大量元素、微量元素以及土壤物理属性进行了测试分析,并统计分析了各个营养元素的含量状况及不同含量级别的面积分布,为耕地质量建设与合理利用提供了科学依据。

1 全市耕地土壤养分资源状况

1.1 土壤样品采集和布点方法

根据孟州市土壤图和土地利用现状图进行室内布点,依据室内预定采样点的位置,按行政区划图的区位,通过GPS导航,实地选择取土地块。平原区平均100亩采集1个土样,丘陵区平均60~80亩采集1个土样。采样时间在作物收获后或播种施肥前采集,一般在秋后;果园在果品采摘后第一次施肥前采集。采样深度一般为0~20 cm,果园为0~40 cm。采样路线在所确定的田块采用"S"法,按照"随机"、"等量"和"多点混合"的原则采取15~20个采样点,充分混合后,四分法留取1 kg,采样工具用不锈钢土钻或竹刀,四年来在全市采集耕层土壤样品7 310个。

1.2 分析项目与方法

(1)分析项目。主要分析土壤pH值、全氮、有机质、有效磷、速效钾、缓效钾、有效态微量元素(铜、锌、铁、锰)等10个项目。

(2)分析方法。分析方法见表1。

表1 土壤样品分析项目测定方法

分析项目	测定方法
pH值	玻璃电极法
全氮	凯氏蒸馏法
有机质	重铬酸钾-硫酸溶液-油浴法
有效磷	碳酸氢钠提取-钼锑抗比色法
速效钾	乙酸铵提取-火焰光度法
缓效钾	硝酸提取-火焰光度法
有效态铜、锌、铁、锰	DTPA提取-原子吸收光谱法

1.3 全市耕层土壤养分含量(平均值)

(1)有机质14.5 g/kg。

(2)大量元素:全氮0.96 g/kg,有效磷18.3 mg/kg,速效钾132 mg/kg,缓效钾589 mg/kg。

(3)微量元素:有效铜1.80 mg/kg,有效锌1.48 mg/kg,有效铁9.51 mg/kg,有效锰16.46 mg/kg。

(4)pH值8.18。

2 耕层土壤养分资源现状分析

2.1 土壤有机质

土壤有机质含量多少,是衡量土壤肥力高低的一项重要指标。土壤有机质不仅是土壤中各种营养元素,特别是氮、磷的重要来源,而且土壤有机质使土壤具有保肥力和缓冲性,从而改善土壤的物理性质。近四年测试结果表明,全市土壤有机质含量(见表2)平均为 14.5 g/kg(变幅 0.83 ~ 47.7 g/kg),标准差 4.32,变异系数 29.79%。有机质含量多集中在 10 ~ 20 g/kg,占总样品数的 78.36 %,代表面积 23 732.32 hm^2;6 ~ 10 g/kg 的占总样品数的 11.92%,代表面积 3 610.41 hm^2;≤6 g/kg 的占总样品数的 2.23%,代表面积 673.94 hm^2;大于 20 g/kg,仅占总样品数的 7.48%,代表面积 2 267.34 hm^2,孟州市耕地土壤有机质含量属中等水平(见表 3)。

表 2　孟州市耕层土壤养分现状(2005 ~ 2008 年四年平均)

土壤养分	统计特征值				
	平均值	最小值	最大值	标准差	变异系数(%)
有机质(g/kg)	14.5	0.83	47.7	4.32	29.79
全氮(g/kg)	0.96	0.08	2.62	0.59	61.45
有效磷(mg/kg)	18.3	0.5	91.0	10.68	58.43
速效钾(mg/kg)	132	14	427	48.86	37.11
缓效钾(mg/kg)	589	45	1 211	173.26	29.37
pH 值	8.18	7.06	9.16	0.23	2.79
有效铜(mg/kg)	1.80	0.18	21.48	1.15	63.95
有效锌(mg/kg)	1.48	0.03	12.40	1.05	71.26
有效铁(mg/kg)	9.51	0.88	32.71	3.96	41.63
有效锰(mg/kg)	16.46	0.36	35.79	3.44	20.90

表 3　孟州市土壤有机质含量现状　　(单位:g/kg)

统计特征值		分级标准	样品个数	占总样品数的百分比率(%)	代表面积(hm^2)
平均值	14.5	≤6	140	2.23	673.94
最小值	0.83	6 ~ 10	750	11.92	3 610.41
最大值	47.7	10 ~ 20	4 930	78.36	23 732.32
样品数	7 291	20 ~ 30	457	7.26	2 199.94
标准差	4.32	30 ~ 40	11	0.17	52.94
变异系数(%)	29.79	40 ~ 60	3	0.05	14.46
		≥60	0	0	0

2.1.1　不同土种有机质含量

孟州市不同土种有机质含量以浅位少量砂姜红黄土最低,仅 9.72 g/kg,以底沙两合土最高,达 19.8 g/kg(见表 4)。

2.1.2　耕层有机质含量与土壤质地的关系

耕层有机质含量与土壤质地有密切关系,一般黏土、两合土有机质含量较高,沙土含量较低。

2.1.3　提升有机质含量的途径

孟州市土壤有机质含量存在着不同土壤质地、土壤类型等方面的差别,同时也与当地的耕作制度有着密切的关系。土壤有机质是土壤肥力的重要指标,是作物良好生长发育

表4 孟州市不同土种有机质含量 （单位:g/kg）

土种名称	平均值	最大值	最小值	标准差	变异系数(%)
底壤淤土	15.49	19.80	9.50	2.60	16.79
底沙两合土	19.80	24.60	15.00	4.15	20.96
底沙小两合土	11.30	12.20	10.90	0.52	4.64
底沙淤土	15.04	18.70	11.10	2.47	16.42
底黏两合土	8.40	8.40	8.40	0.00	0.00
底黏小两合土	18.44	19.80	16.10	0.93	5.05
两合土	14.49	22.90	9.20	3.58	24.72
浅位厚壤淤土	13.75	14.20	13.30	0.64	4.63
浅位厚沙小两合土	15.30	18.50	9.80	3.52	23.02
浅位厚沙淤土	12.62	15.60	8.00	1.81	14.37
浅位壤沙潮土	19.70	20.30	19.10	0.60	3.05
浅位壤淤土	11.80	11.80	11.80	0.00	0.00
浅位沙两合土	11.93	12.40	11.60	0.42	3.49
浅位沙小两合土	19.16	19.80	18.30	0.45	2.37
浅位少量砂姜红黄土	9.27	15.30	5.00	2.95	31.86
沙壤土	16.80	16.80	16.80	0.00	0.00
沙质潮土	12.25	15.90	9.00	1.94	15.81
脱潮两合土	17.94	24.80	4.30	3.24	18.05
脱潮淤土	18.89	25.20	14.40	1.94	10.28
小两合土	13.03	19.80	8.20	2.95	22.63
淤土	11.17	12.00	10.30	0.85	7.62
黏质洪积石灰性褐土	17.50	18.00	17.00	0.42	2.40
中壤质黄土质石灰性褐土	14.50	25.00	6.10	3.31	22.81

的重要保证。推进农业现代化的诸多措施中，通过提升土壤有机质含量改良土壤是一项重要内容。针对孟州市的实际情况，提升土壤有机质的主要途径如下：

（1）继续进行秸秆还田。孟州市20年来的实践证明，秸秆还田是一项提升土壤有机质含量的既行之有效又简便易行的措施，今后还要继续坚持。一是坚持小麦、玉米秸秆双季直接粉碎还田，二是坚持花生、大豆、红薯秸秆进行牲畜过腹还田。

（2）大力发展养殖业。发展畜禽养殖是一项农业结构调整的重要内容，既可增加农民收入，推动农村经济增长，又可利用畜禽粪便进行沼气发电等，将沼渣施入农田，增加土壤有机质含量。

(3)实施土壤改良。虽然小浪底水库建设移民,对孟州黄河滩区进行了土壤改良,但仍有部分黄河滩区土壤中沙含量大、壤土层较浅,以至于漏水漏肥严重。对这类土壤应当由政府组织,在统一调查摸清现状的基础上,制定孟州市黄河滩区土壤改良方案,有计划有步骤地进行土壤改良,然后再通过增施有机肥、秸秆还田等措施,提高土壤有机质含量。

2.2　土壤氮、磷、钾

2.2.1　土壤全氮

土壤全氮含量指标不仅能体现土壤氮素的基础肥力，而且还能反映土壤潜在肥力的高低，即土壤的供氮潜力。孟州市耕地土壤平均全氮含量为0.96 g/kg(变幅0.08～2.62 g/kg),其变幅较大，标准差为0.59，变异系数为61.45%。其中含量在0.5～1.0 g/kg,占总样品数的57.24%,代表面积16 065.53 hm^2;≤0.5 g/kg的占总样品数的3.08%,代表面积865.53 hm^2;1.0～1.5 g/kg,占总样品数的38.94%,代表面积10 930.4 hm^2;大于1.5 g/kg的仅占总样品数的0.75%(见表5)。可见，孟州市耕地土壤全氮含量属中等偏低水平。土壤氮素的消长,主要决定于生物积累和分解作用的相对强弱,同时水热条件也会对其产生显著的影响。经统计分析，土壤氮素含量与土壤有机质含量呈正相关。

表5　孟州市土壤全氮含量现状　　(单位:g/kg)

统计特征值		分级标准	样品个数	占总样品(%)	代表面积(hm^2)
平均	0.96	≤0.5	194	3.08	865.53
最小值	0.08	0.5～1.0	3 601	57.24	16 065.53
最大值	2.62	1.0～1.5	2 450	38.94	10 930.4
样品个数	6 291	1.5～2.0	36	0.57	160.6
标准差	0.59	2.0～2.5	5	0.09	22.33
变异系数(%)	61.45	2.5～3.0	5	0.09	22.33
		≥3.0	0	0	0

(1)不同地力等级耕层土壤全氮含量。不同地力等级耕层土壤全氮含量为一级地>二级地>三级地>四级地,养分含量分别为1.13 g/kg、0.98 g/kg、0.89 g/kg、0.75 g/kg(见表6)。

表6　不同地力等级耕层土壤全氮含量　　(单位:g/kg)

统计特征值	地力等级			
	一级	二级	三级	四级
平均值	1.13	0.98	0.89	0.75
最大值	1.65	1.63	1.31	1.03
最小值	0.71	0.51	0.39	0.275
标准差	0.15	0.17	0.13	0.18
变异系数(%)	13.29	17.24	14.66	23.64

(2)不同土壤质地耕层全氮含量。不同土壤质地耕层全氮含量排列顺序为重壤土>中壤土>轻壤土>沙壤土,养分含量分别为1.04 g/kg、0.98 g/kg、0.86 g/kg、0.84 g/kg

(见表7)。

表7 不同土壤质地全氮含量 (单位:g/kg)

土壤质地	统计特征值				
	平均值	最大值	最小值	标准差	变异系数(%)
轻壤土	0.86	1.50	0.51	0.22	24.45
沙壤土	0.84	1.09	0.66	0.12	14.73
中壤土	0.98	1.65	0.34	0.19	19.57
重壤土	1.04	1.52	0.28	0.23	21.87

(3)不同土种耕层全氮含量。不同土种全氮含量:浅位沙小两合土含量最高,为1.42 g/kg,浅位少量砂姜红黄土含量最低,为0.63 g/kg(见表8)。

表8 不同土种全氮含量 (单位:g/kg)

土种名称	统计特征值				
	平均值	最大值	最小值	标准差	变异系数(%)
底壤淤土	1.02	1.25	0.62	0.17	16.61
底沙两合土	1.14	1.34	0.83	0.24	21.10
底沙小两合土	0.74	0.80	0.72	0.03	4.41
底沙淤土	0.99	1.18	0.71	0.17	17.22
底黏两合土	0.52	0.52	0.52	0.00	0.00
底黏小两合土	1.14	1.21	1.10	0.03	2.89
两合土	0.94	1.45	0.51	0.21	21.95
浅位厚壤淤土	0.94	0.97	0.90	0.05	5.20
浅位厚沙小两合土	0.84	1.04	0.67	0.13	15.09
浅位厚沙淤土	0.82	1.08	0.60	0.13	16.01
浅位壤沙潮土	1.07	1.09	1.04	0.02	2.23
浅位壤淤土	0.75	0.75	0.75	0.00	0.00
浅位沙两合土	0.80	0.82	0.78	0.02	2.33
浅位沙小两合土	1.42	1.50	1.34	0.05	3.71
浅位少量砂姜红黄土	0.63	1.03	0.28	0.22	34.40
沙壤土	0.92	0.94	0.91	0.02	2.38
沙质潮土	0.80	1.02	0.66	0.10	12.03
脱潮两合土	1.11	1.65	0.39	0.19	16.70
脱潮淤土	1.18	1.52	0.79	0.14	12.18
小两合土	0.83	1.31	0.51	0.16	19.76
淤土	0.79	0.86	0.75	0.07	8.42
黏质洪积石灰性褐土	1.11	1.15	1.06	0.03	2.84
中壤质黄土质石灰性褐土	0.96	1.63	0.34	0.17	18.10

2.2.2　土壤有效磷

了解土壤中磷素供应状况，是科学施肥的前提。因为供当季作物吸收的磷素形态，通常是土壤中的有效磷。孟州市耕层土壤有效磷含量平均为 18.3 mg/kg，变幅为 0.5～91.0 mg/kg，标准差为 10.68，变异系数为 58.43%。其中含量在 10～20 mg/kg 的占总样品数的 46.94%，代表面积 14 215.32 hm^2；含量在 20～30 mg/kg 的占总样品数的 25.27%，代表面积 7 653.994 hm^2；大于 30 mg/kg 的仅占 9.06%，代表面积 2 743.825 4 hm^2；小于 10 mg/kg 的占总样品数的 18.72%，代表面积 5 670.72 hm^2（见表 9）。因此，孟州市耕层土壤有效磷含量总体处于中等水平，但是还有 5 670.72 hm^2 田块处于较缺乏状态，需增施磷肥来提高产量。

表 9　孟州市耕层土壤有效磷含量现状　　（单位：mg/kg）

统计特征值		分级标准	样品个数	占总样品数的百分比率（%）	代表面积（hm^2）
平均	18.3	≤5	214	3.4	1 030.157
最小值	0.5	5～10	964	15.32	4 640.563
最大值	91.0	10～20	2 953	46.94	14 215.32
样本数	7 291	20～30	1 590	25.27	7 653.994
标准差	10.68	30～40	287	4.56	1 381.552
变异系数（%）	58.43	40～50	174	2.77	837.591 7
		>50	109	1.73	524.681 7

（1）不同地力等级耕层土壤有效磷含量。不同地力等级耕层土壤有效磷含量为一级地 > 三级地 > 二级地 > 四级地，养分含量分别为 17.18 mg/kg、16.67 mg/kg、16.56 mg/kg、13.45 mg/kg（见表 10）。

表 10　不同地力等级耕层土壤有效磷含量　　（单位：mg/kg）

统计特征值	地力等级			
	一级	二级	三级	四级
平均值	17.18	16.56	16.67	13.45
最大值	44.8	41.8	27.1	21.5
最小值	6.5	6.4	5.8	6.3
标准差	5.49	5.11	4.13	2.59
变异系数（%）	31.97	30.86	24.75	19.29

（2）不同土壤质地耕层有效磷含量。不同土壤质地耕层有效磷含量排序为中壤土 > 重壤土 > 轻壤土 > 沙壤土，养分含量分别为 16.52 mg/kg、16.44 mg/kg、15.66 mg/kg、13.96 mg/kg（见表 11）。

表11　不同土壤质地耕层有效磷含量　（单位:mg/kg）

土壤质地	统计特征值				
	平均值	最大值	最小值	标准差	变异系数(%)
轻壤土	15.66	44.8	7.9	7.02	44.81
沙壤土	13.96	21.5	10.1	2.75	19.72
中壤土	16.52	41.8	5.8	4.55	27.54
重壤土	16.44	28.6	6.3	4.45	27.07

(3)不同土种耕层有效磷含量。有效磷含量较高的土壤为浅位沙小两合土，平均达38.77 mg/kg，较低的为底黏两合土，含量为9 mg/kg(见表12)。

表12　孟州市不同土种有效磷含量　（单位:mg/kg）

土种名称	统计特征值				
	平均值	最大值	最小值	标准差	变异系数(%)
底壤淤土	16.03	28.10	10.30	5.53	34.46
底沙两合土	20.44	24.50	16.80	2.87	14.04
底沙小两合土	11.50	12.10	10.80	0.64	5.60
底沙淤土	15.19	18.80	12.90	1.93	12.67
底黏两合土	9.00	9.00	9.00	0.00	0.00
底黏小两合土	13.17	17.00	8.90	2.68	20.34
两合土	14.26	28.80	6.40	4.39	30.82
浅位厚壤淤土	24.00	24.10	23.90	0.14	0.59
浅位厚沙小两合土	12.22	15.30	8.60	2.80	22.90
浅位厚沙淤土	12.92	17.80	6.80	3.22	24.89
浅位壤沙潮土	10.50	10.80	10.10	0.36	3.43
浅位壤淤土	12.20	12.20	12.20	0.00	0.00
浅位沙两合土	14.63	15.40	14.10	0.68	4.65
浅位沙小两合土	38.77	44.80	33.80	3.95	10.19
浅位少量砂姜红黄土质	14.35	20.10	6.30	4.42	30.82
沙壤土	12.40	12.40	12.40	0.00	0.00
沙质潮土	14.58	21.50	10.10	2.65	18.20
脱潮两合土	16.56	31.20	8.60	4.17	25.18
脱潮淤土	17.93	28.60	11.30	4.30	23.99
小两合土	14.73	27.10	7.90	4.49	30.49
淤土	13.30	14.30	12.70	0.87	6.55
黏质洪积石灰性褐土	14.75	15.10	14.30	0.36	2.42
中壤质黄土质石灰性褐土	16.91	41.80	5.80	4.53	26.81

(4)提高土壤磷有效性的主要措施。

①增施有机肥。通过秸秆还田和增施农家粪、沼液沼渣等方式，向农田增施有机肥，一方面可以改善土壤理化条件，另一方面有机质的分解可以增加土壤中有机酸含量，有利于增强土壤中磷的活性。

②测土配方施肥。根据土壤养分状况进行配方施肥,可有效提高各种肥料养分的吸收利用。

③集中施用磷肥。耕后播种的作物如小麦、春花生、春棉花等磷肥应作为底肥,贴茬播种的作物如夏玉米、夏花生磷肥尽量于第一次施肥时施入。单质粉状磷肥与有机肥混合施或开沟集中施,不要撒施。

2.2.3　土壤速效钾

全市耕层土壤速效钾含量平均132 mg/kg,变幅为14～427 mg/kg,标准差48.86,变异系数37.71%。孟州市耕层土壤速效钾含量大多集中在100～150 mg/kg,占总样品数的55.06%,代表面积16 675.15 hm^2;大于150 mg/kg的占总样品数的21.81%,代表面积6 604.127 hm^2;50～100 mg/kg的占总样品数的22.46%,代表面积6 801.944 hm^2;<50 mg/kg的占总样品数的0.67%,代表面积202.204 6 hm^2(见表13)。表明孟州市耕层土壤速效钾含量处于中等偏高水平,76.87%以上的土壤不缺钾,所以经试验孟州市土壤中钾素利用率比较低。

表13　孟州市耕层土壤速效钾含量现状　(单位:mg/kg)

统计特征值		分级标准	样品个数	占总样品数的百分比率(%)	代表面积(hm^2)
平均	132	<50	42	0.67	202.204 6
最小值	14	50～100	1 413	22.46	6 801.944
最大值	427	100～150	3 464	55.06	16 675.15
样本数	6 291	150～200	734	11.67	3 533.365
标准差	48.86	200～250	419	6.66	2 016.579
变异系数(%)	37.11	250～300	186	2.96	895.354 2
		>300	33	0.52	158.828 8

(1)不同地力等级耕层土壤速效钾含量。不同地力等级耕层土壤速效钾含量为一级地>二级地>三级地>四级地,养分含量分别为169 mg/kg、158 mg/kg、150 mg/kg、135 mg/kg(见表14)。

表14　不同地力等级耕层土壤速效钾含量　(单位:mg/kg)

统计特征值	地力等级			
	一级	二级	三级	四级
平均值	169	158	150	135
最大值	261	253	276	218
最小值	112	90	90	81
标准差	29.74	19.77	25.36	22.18
变异系数(%)	17.63	18.86	16.94	16.41

(2)不同土壤质地耕层速效钾含量。以重壤土速效钾含量最高,平均达163 mg/kg,沙壤土速效钾含量最低,平均139 mg/kg(见表15)。

表 15 孟州市不同土壤质地速效钾含量 (单位:mg/kg)

土壤质地	统计特征值				
	平均值	最大值	最小值	标准差	变异系数(%)
轻壤土	156	276	89	33.67	21.60
沙壤土	139	175	109	16.22	11.67
中壤土	155	261	90	29.01	18.68
重壤土	163	235	81	30.98	19.02

(3)不同土种耕层速效钾含量。孟州市不同土种耕层速效钾含量以底沙两合土最高,平均达 189.20 mg/kg;以底黏两合土最低,平均仅 90 mg/kg(见表 16)。

表 16 孟州市不同土种速效钾含量 (单位:mg/kg)

土种名称	统计特征值				
	平均值	最大值	最小值	标准差	变异系数(%)
底壤淤土	155.43	224.00	109.00	31.27	20.12
底沙两合土	189.20	215.00	154.00	30.59	16.17
底沙小两合土	124.20	137.00	120.00	7.22	5.82
底沙淤土	161.89	216.00	116.00	24.51	15.14
底黏两合土	90.00	90.00	90.00	0.00	0.00
底黏小两合土	157.83	200.00	131.00	23.73	15.03
两合土	165.05	253.00	108.00	36.14	21.90
浅位厚壤淤土	152.50	154.00	151.00	2.12	1.39
浅位厚沙小两合土	131.00	161.00	109.00	17.24	13.16
浅位厚沙淤土	147.00	165.00	123.00	13.98	9.51
浅位壤沙潮土	117.00	123.00	109.00	7.21	6.16
浅位壤淤土	133.00	133.00	133.00	0.00	0.00
浅位沙两合土	152.67	156.00	151.00	2.89	1.89
浅位沙小两合土	170.29	174.00	166.00	2.98	1.75
浅位少量砂姜红黄土质	112.67	159.00	81.00	22.21	19.71
沙壤土	123.00	123.00	123.00	0.00	0.00
沙质潮土	143.45	175.00	116.00	14.37	10.02
脱潮两合土	160.12	261.00	112.00	26.41	16.49
脱潮淤土	178.51	235.00	134.00	24.86	13.92
小两合土	157.73	276.00	89.00	35.99	22.82
淤土	131.67	147.00	123.00	13.32	10.11
黏质洪积石灰性褐土	169.50	171.00	166.00	1.76	1.04
中壤质黄土质石灰性褐	152.75	253.00	90.00	27.36	17.91

(4)提高土壤钾有效性的主要措施。由于土壤中水溶性钾比较容易随水流失,在作物灌溉时要避免大水漫灌。同时干旱易使钾固定,施钾肥时应适当深施。

2.3 土壤微量元素

土壤微量元素是在土壤中含量很低而在作物正常生长发育中又必不可少的营养元

素，了解土壤微量元素的含量状况，对科学施肥、合理补施微肥具有重要意义。孟州市土壤肥料工作站于 2006 ~ 2007 年在全市不同土壤中采集土壤样品 2 500 个，经化验统计分析结果如下：

（1）有效铁。土壤中有效铁含量平均 9.51 mg/kg，变幅为 0.88 ~ 32.71 mg/kg，标准差为 3.96，变异系数为 41.63%。孟州市耕层有效铁含量大多集中在 4.5 ~ 10.0 mg/kg，占总样品数的 59.88%，代表面积 18 134.03 hm^2；10.0 ~ 20.0 mg/kg 的占总样品数的 33.56%，代表面积 10 163.32 hm^2；2.5 ~ 4.5 mg/kg 的占总样品数的 4.76%，代表面积 1 441.54 hm^2；≤2.5 mg/kg 的占总样品数的 0.24%，代表面积 72.65 hm^2；大于 20 mg/kg 的占总样品数的 1.56%，代表面积 472.46 hm^2。表明孟州市耕层土壤有效铁含量处于中等偏高水平，93.44% 以上的土壤不缺铁（见表 17）。

表 17　孟州市耕层土壤有效铁含量　（单位：mg/kg）

统计特征值		分级标准	样品个数	占总样品数的百分比率（%）	代表面积（hm^2）
平均	9.51	≤2.5	6	0.24	72.65
最小值	0.88	2.5 ~ 4.5	119	4.76	1 441.54
最大值	32.71	4.5 ~ 10.0	1 497	59.88	18 134.03
样本数	2 500	10.0 ~ 20.0	839	33.56	10 163.32
标准差	3.96	20.0 ~ 30.0	30	1.2	363.41
变异系数（%）	41.63	30.0 ~ 40.0	9	0.36	109.05
		>40	0	0	0

（2）有效锰。土壤中有效锰含量平均 16.46 mg/kg，变幅为 0.36 ~ 35.79 mg/kg，标准差为 3.44，变异系数为 20.90%。孟州市耕层土壤有效锰含量大多集中在 15.0 ~ 30.0 mg/kg，占总样品数的 73.92%，代表面积 22 385.65 hm^2；5.0 ~ 15.0 mg/kg 的占总样品数的 24.96%，代表面积 7 560.19 hm^2；小于 5.0 mg/kg 的占总样品数的 0.8%，代表面积 237.38 hm^2；大于 30 mg/kg 的占总样品数的 0.32%，代表面积 93.51 hm^2。表明孟州市耕层土壤有效锰含量处于偏高水平，98.88% 以上的土壤含有丰富的锰（见表 18）。

表 18　耕层土壤有效锰含量　（单位：mg/kg）

统计特征值		分级标准	样品个数	占总样品数的百分比率（%）	代表面积（hm^2）
平均	16.46	≤1.0	2	0.08	21.58
最小值	0.36	1.0 ~ 5.0	18	0.72	215.8
最大值	35.79	5.0 ~ 15.0	624	24.96	7 560.19
样本数	2 500	15.0 ~ 30.0	1 848	73.92	22 385.65
标准差	3.44	30.0 ~ 45.0	8	0.32	93.51
变异系数（%）	20.90	45.0 ~ 60.0	0	0	0.00
		>60.0	0	0	0.00

(3)有效铜。孟州市土壤中有效铜含量平均1.80 mg/kg,变幅为0.18～21.48 mg/kg,标准差为1.15,变异系数为63.95%(见表19)。孟州市耕层土壤有效铜含量大多集中在1.0～1.8 mg/kg,占总样品数的54%,代表面积16 353.32 hm^2;0.2～1.0 mg/kg的占总样品数的10.28%,代表面积3 113.20 hm^2;小于0.2 mg/kg的占总样品数的0.04%,代表面积12.08 hm^2;1.8～2.6 mg/kg的占总样品数的25.92%,代表面积7 849.58 hm^2;大于2.6 mg/kg的占总样品数的9.76%,代表面积2 955.72 hm^2。表明孟州市耕地土壤有效铜含量处于中等偏高水平,89.68%以上的土壤不缺铜。

表19 耕层土壤有效铜含量 (单位:mg/kg)

统计特征值		分级标准	样品个数	占总样品数的百分比率(%)	代表面积(hm^2)
平均	1.80	≤0.1	0	0	0
最小值	0.18	0.1～0.2	1	0.04	12.08
最大值	21.48	0.2～1.0	257	10.28	3 113.20
样本数	2 500	1.0～1.8	1 350	54	16 353.32
标准差	1.15	1.8～2.6	648	25.92	7 849.58
变异系数(%)	63.95	2.6～3.4	102	4.08	1 235.58
		>3.4	142	5.68	1 720.14

(4)有效锌。土壤中有效锌含量平均1.48 mg/kg,变幅为0.03～12.40 mg/kg,标准差为1.05,变异系数为71.26%(见表20)。孟州市耕层有效锌含量多集中在1.00～2.00 mg/kg,占总样品数的49.16%,代表面积14 887.61 hm^2;0.50～1.00 mg/kg的占总样品数的27.88%,代表面积8 443.18 hm^2;小于0.5 mg/kg的占总样品数的6.08%,代表面积1 841.28 hm^2;2.00～3.00 mg/kg的占总样品数的9.08%,代表面积2 749.80 hm^2;大于3.00 mg/kg的占总样品数的7.80%,代表面积2 362.15 hm^2。以上结果表明,孟州市耕层土壤有效锌含量有66.02%的土壤处于中等偏高水平,但是还有33.98%的土壤处于低和极低水平。

表20 耕层土壤有效锌含量 (单位:mg/kg)

统计特征值		分级标准	样品个数	占总样品数的百分比率(%)	代表面积(hm^2)
平均	1.48	≤0.30	55	2.2	666.25
最小值	0.03	0.30～0.50	97	3.88	1 175.03
最大值	12.40	0.50～1.00	697	27.88	8 443.18
样本数	2 500	1.00～2.00	1 229	49.16	14 887.61
标准差	1.05	2.00～3.00	227	9.08	2 749.80
变异系数(%)	71.26	3.00～4.00	94	3.76	1 138.71
		>4.00	101	4.04	1 223.44

3　提高耕地质量措施与农业发展区划建议

3.1　提高耕地质量措施

(1)科学施用化肥,推广测土配方施肥。长期以来,由于一年多种,产量逐年提高,耕地处于高负荷状态,农作物不断从土壤中携带走氮、磷、钾等营养元素,造成土壤中部分地块的氮、磷、钾缺乏,氮、磷、钾比例失调。因此,实施测土配方施肥,掌握土壤养分丰缺状况,确定合理施肥用量,调整氮、磷、钾的施用比例,合理布局区域化种植结构,实现因土、因作物配方施肥,提高肥料的使用效率。

(2)有机肥和无机肥配合施用,保持土壤有机质平衡。通过加大有机肥积造力度,推广秸秆还田,增加有机物肥料等措施,培肥地力。用地与养地相结合,提高耕地质量。通过调整农业产业结构,采用轮作、间作、套种方式,改革现有耕作制度和种植制度,大力推广绿肥种植,改善土壤理化性状,提高土壤肥力。

(3)普及科学施肥技术,提高农民种田水平。开展测土配方施肥技术培训,充分利用各种宣传媒体开辟测土配方施肥宣传专栏,组织农技人员进村入户,采取田间指导等多种形式,把测土配方施肥知识普及到千家万户。另外,建立测土配方施肥示范方,展示测土配方施肥技术成果,从而加快科学施肥技术的推广。

3.2　农业发展区划建议

根据孟州市土壤养分现状与土壤类型分布,提出以下农业结构调整规划建议:

(1)东部平原优质粮食蔬菜种植区。主要包括城伯镇、河阳办事处、南庄镇北部、谷旦镇及河雍办事处东部、大定及会昌办事处北部,该区土壤肥沃,以发展优质粮食生产和蔬菜生产为主。

(2)西部丘陵优质水果耐旱作物种植区。主要包括槐树乡、赵和镇、西虢镇北部和河雍办事处的西部,该区养分含量较高,水利资源匮乏,海拔高,昼夜温差大,但水果生产品质较好,以发展优质水果和耐旱作物为主。

(3)南部黄河滩区优质怀药经济作物种植区。包括化工镇全部、西虢镇以及会昌办事处、大定办事处、南庄镇的南部,土壤肥力较薄,土壤质地为沙壤,土质疏松,通气性好,适宜植物地下部分的生长,以发展生地、山药等怀药和棉花、花生等经济作物为主。

清丰县土壤养分现状、变化与评价

陈晓燕　刘东亮　杜继修

(清丰县土壤肥料工作站 · 2009 年 3 月)

摘要:清丰县通过对第二次土壤普查数据和测土配方施肥化验数据综合比较,掌握了清丰县土壤养分变化规律,并对全县土壤养分现状进行了分析与评价,提出了推荐施肥和土壤改良方面的建议。

关键词:清丰县土壤养分现状　分析与评价　土壤改良建议

清丰县20世纪80年代开展的第二次土壤普查,查明了土壤类型、数量和分布情况及土壤养分含量,为农业的综合开发和农业结构调整提供了科学依据。近20年来,由于种植制度、耕作措施、施肥水平等都发生了较大的变化,土壤养分状况也随之发生了较大变化。清丰县是粮食生产大县,及时了解土壤养分变化情况并分析其原因,对于提高当地的土地生产能力具有重要的意义。因此,结合第二次土壤普查数据和2005~2008年测土配方施肥补贴项目获取的大量数据,对县域土壤养分含量变化情况进行分析,为科学用肥、培肥土壤、合理利用改良土壤提供科学依据。

1 材料与方法

1.1 调查区概况

清丰县位于河南省东北部,冀、鲁、豫三省交界处,地处北纬35°46′49″~36°44′7″、东经114°56′50″~115°23′10″,辖17个乡(镇)、503个行政村。属潮土土类,包括典型潮土和脱潮土两个亚类,土壤质地有重壤土、轻壤土、沙壤土、中黏土、中壤土、紧沙土。

自2005年开始,清丰县每年秋收后、种麦前都采集土壤样品进行养分化验,其中,2005年采集化验土样3 800个,2006年2 000个,2007年500个,2008年1 000个。

1.2 方法

(1)样品采集。根据农业部《测土配方施肥技术规范》的要求,采用"S"形采样法均匀随机选取采样点,每个土壤样品采样点不低于10个;用铲刀或不锈钢土钻采样,采样土层深度为0~20 cm,各采样点土样充分混匀后,四分法留取1.5 kg作为代表样;采用GPS定位,记录经纬度,精确到0.1″。

(2)样品化验分析。按照全国统一规定的项目和方法进行了分析,土壤有机质用油浴加热重铬酸钾氧化-容量法,全氮用凯氏蒸馏法,有效磷用碳酸氢钠提取-钼锑抗比色法,缓效钾用硝酸提取-火焰光度法,速效钾用乙酸铵提取-火焰光度法,pH用电位法,有效铜、铁、锰、锌用DTPA浸提-原子吸收分光光度法。

2 结果与分析

2.1 土壤养分现状

2.1.1 全县土壤养分整体状况

根据2005~2008年清丰县土壤养分化验结果分析,全县土壤养分含量平均值为有机质13.36 g/kg,全氮0.803 g/kg,有效磷15.86 mg/kg,速效钾84.74 mg/kg,缓效钾604.40 mg/kg,pH值8.3,有效铜1.0 mg/kg,有效铁5.3 mg/kg,有效锰10.6 mg/kg,有效锌1.1 mg/kg(见表1)。

2.1.2 不同土壤类型养分现状

从不同土壤类型分析,清丰县紧沙土区面积4.55万亩,土壤养分含量平均值为全氮0.63 g/kg,有机质8.94 g/kg,有效磷14.81 mg/kg,速效钾64 mg/kg,缓效钾489 mg/kg,有效铁5.42 mg/kg,有效锰9.74 mg/kg,有效铜0.81 mg/kg,有效锌1.07 mg/kg ,pH值8.22;轻壤土区面积48.35万亩,土壤养分含量平均值为全氮0.76 g/kg,有机质11.38 g/kg,有效磷15.52 mg/kg,速效钾82 mg/kg,缓效钾638 mg/kg,有效铁5.36 mg/kg,有效

表1　2005～2008 年清丰县土壤养分化验结果汇总

项目	最大值	最小值	平均值	标准差	变异系数(%)
全氮(g/kg)	1. 131	0. 45	0. 803	0. 132	16. 44
有机质(g/kg)	26. 6	1. 01	13. 36	0. 003	18. 5
有效磷(mg/kg)	38. 3	0. 15	15. 86	7. 636	48. 34
速效钾(mg/kg)	163. 39	29. 09	84. 74	25. 63	30. 25
缓效钾(mg/kg)	881. 00	369. 00	604. 40	98. 95	16. 37
pH 值	8. 63	7. 96	8. 3	0. 1	1. 53
有效铁(mg/kg)	7. 6	3. 3	5. 3	0. 8	15. 25
有效锰(mg/kg)	14. 6	6. 5	10. 6	1. 7	16. 08
有效铜(mg/kg)	1. 6	0. 4	1. 0	0. 3	26. 25
有效锌(mg/kg)	1. 9	0. 56	1. 1	0. 2	21. 56

锰 10. 46 mg/kg,有效铜 0. 99 mg/kg,有效锌 1. 16 mg/kg,pH 值 8. 27;沙壤土区面积 11. 86 万亩,土壤养分含量平均值为全氮 0. 67 g/kg,有机质 9. 61 g/kg,有效磷 14. 51 mg/kg,速效钾 68 mg/kg,缓效钾 514 mg/kg,有效铁 5. 40 mg/kg,有效锰 9. 72 mg/kg,有效铜 0. 84 mg/kg,有效锌 1. 11 mg/kg ,pH 值 8. 26;中黏土区面积 2. 00 万亩,土壤养分含量平均值为全氮 0. 79 g/kg,有机质 12. 28 g/kg,有效磷 16. 54 mg/kg,速效钾 99 mg/kg,缓效钾 727 mg/kg,有效铁 5. 75 mg/kg,有效锰 10. 75 mg/kg,有效铜 1. 21 mg/kg,有效锌 1. 03 mg/kg,pH 值 8. 33;中壤土区面积 24. 98 万亩,土壤养分含量平均值为全氮 0. 76 g/kg,有机质 11. 40 g/kg,有效磷 16. 23 mg/kg,速效钾 85 mg/kg,缓效钾 673 mg/kg,有效铁 5. 46 mg/kg,有效锰 10. 26 mg/kg,有效铜 1. 08 mg/kg,有效锌 1. 18 mg/kg,pH 值 8. 27;重壤土区面积 0. 21 万亩,土壤养分含量平均值为全氮 0. 76 g/kg,有机质 10. 13 g/kg,有效磷 16. 93 mg/kg,速效钾 80 mg/kg,缓效钾 552 mg/kg,有效铁 5. 63 mg/kg,有效锰 8. 60 mg/kg,有效铜 0. 63 mg/kg,有效锌 1. 09 mg/kg,pH 值 7. 97(见表 2)。

表2　清丰县不同土壤类型土壤养分结果汇总

土壤质地	代表面积(万亩)	全氮(g/kg)	有机质(g/kg)	有效磷(mg/kg)	速效钾(mg/kg)	缓效钾(mg/kg)
紧沙土	4. 55	0. 63	8. 94	14. 81	64	489
轻壤土	48. 35	0. 76	11. 38	15. 52	82	638
沙壤土	11. 86	0. 67	9. 61	14. 51	68	514
中黏土	2. 00	0. 79	12. 28	16. 54	99	727
中壤土	24. 98	0. 76	11. 40	16. 23	85	673
重壤土	0. 21	0. 76	10. 13	16. 93	80	552

土壤质地	有效铁(mg/kg)	有效锰(mg/kg)	有效铜(mg/kg)	有效锌(mg/kg)	pH 值
紧沙土	5. 42	9. 74	0. 81	1. 07	8. 22
轻壤土	5. 36	10. 46	0. 99	1. 16	8. 27
沙壤土	5. 40	9. 72	0. 84	1. 11	8. 26
中黏土	5. 75	10. 75	1. 21	1. 03	8. 33
中壤土	5. 46	10. 26	1. 08	1. 18	8. 27
重壤土	5. 63	8. 60	0. 63	1. 09	7. 97

2.2 土壤养分评价

依照农业部《测土配方施肥技术规范》土壤养分分级标准进行统计分析。

2.2.1 土壤有机质

全县共参与土壤有机质含量分析的样品 5 492 个,有机质含量最大值为 26.6 g/kg,最小值为 1.01 g/kg,平均值为 13.36 g/kg,标准差 0.003,变异系数为 18.5%。四级(20 ~ 30 g/kg)的 19 个,出现频率为 0.35%,代表面积 0.32 万亩;五级(10 ~ 20 g/kg)的 4 199 个,出现频率为 76.46%,代表面积 70.3 万亩;六级(6 ~ 10 g/kg)的1 188个,出现频率为21.63%,代表面积19.89 万亩;七级(≤6 g/kg)的 86 个,出现频率为1.57%,代表面积1.44 万亩(见图1)。从图1看,土壤有机质含量在10 ~ 20 g/kg 范围内最集中,说明全县土壤有机质含量处于中低等级水平,仍需要增施有机肥。

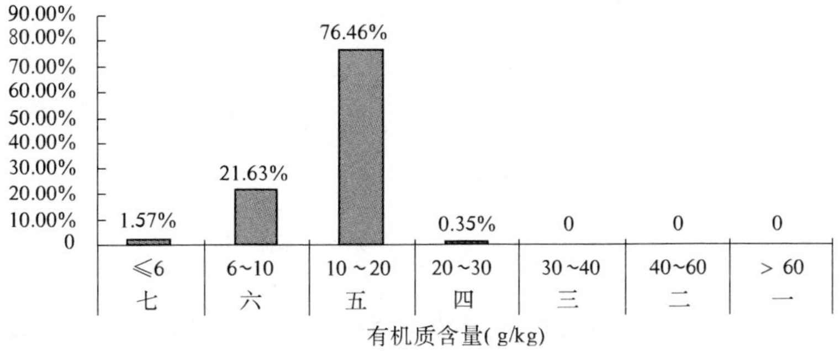

图1 不同有机质含量级别所占比率

2.2.2 土壤全氮

全县共参与土壤全氮含量分析的样品 5 736 个,最大值 1.131 g/kg,最小值 0.45 g/kg,平均值 0.803 g/kg,标准差 0.132,变异系数 16.44%。五级(1.0 ~ 1.5 g/kg)的 345 个,出现频率为 6.01%,代表面积 5.53 万亩;六级(0.5 ~ 1.0 g/kg)的 5 298 个,出现频率为 92.36%,代表面积 84.93 万亩;七级(≤0.5 g/kg)的 93 个,出现频率为 1.62%,代表面积 1.49 万亩(见图2)。从图2看,土壤全氮在 0.5 ~ 1 g/kg 范围内最集中,占总土壤面积的 92.36%,而一到四级都没有,处于中低级别状态,需要依靠施用氮肥来提高产量。

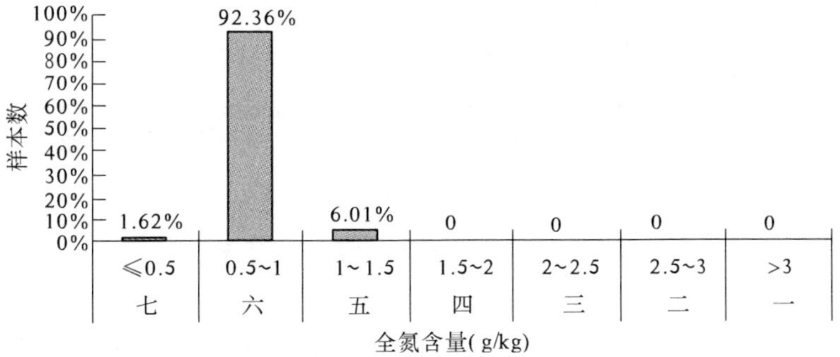

图2 不同全氮含量级别所占比率

2.2.3 土壤有效磷

全县共参与土壤有效磷含量分析的样品 5 733 个,最大值 38.3 mg/kg,最小值 0.15 mg/kg,平均值 15.86 mg/kg,标准差 7.636,变异系数 48.34%。三级(30 ~ 40 mg/kg)的

312 个,出现频率为 5.44%,代表面积 5.00 万亩;四级(20 ~ 30 mg/kg)的1 269个,出现频率为 22.14%,代表面积 20.35 万亩;五级(10 ~ 20 mg/kg)的 2 814 个,出现频率为 49.08%,代表面积 45.13 万亩;六级(5 ~ 10 mg/kg)的 1 038 个,出现频率为 18.11%,代表面积 16.65 万亩;七级(≤5 mg/kg)的 300 个,出现频率为 5.23%,代表面积 4.81 万亩(见图 3)。从图 3 看,有效磷含量大部分为四、五、六级(5 ~ 30 mg/kg),处于中等状态,需要依靠施用磷肥来提高产量。

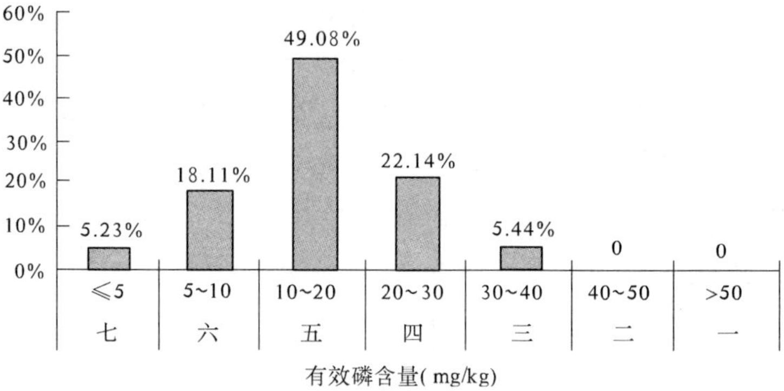

图 3　不同有效磷含量级别所占比率

2.2.4　土壤速效钾

全县共参与土壤有效钾含量分析的样品 5 757 个,最大值 163.39 mg/kg,最小值 29.09 mg/kg,平均值 84.74 mg/kg,标准差 25.63,变异系数 30.25%。四级(150 ~ 200 mg/kg)的 90 个,出现频率为 1.56%,代表面积 1.44 万亩;五级(100 ~ 150 mg/kg)的 1 344 个,出现频率为 23.35%,代表面积 21.47 万亩;六级(50 ~ 100 mg/kg)的 3 927 个,出现频率为 68.21%,代表面积 62.72 万亩;七级(≤50 mg/kg)的 396 个,出现频率为 6.88%,代表面积 6.32 万亩(见图 4)。从图 4 看,速效钾含量大部分为六级(50 ~ 100 mg/kg),占到总土地面积的 68.21%,处于严重缺乏状态,需要重视钾肥的补充使用。

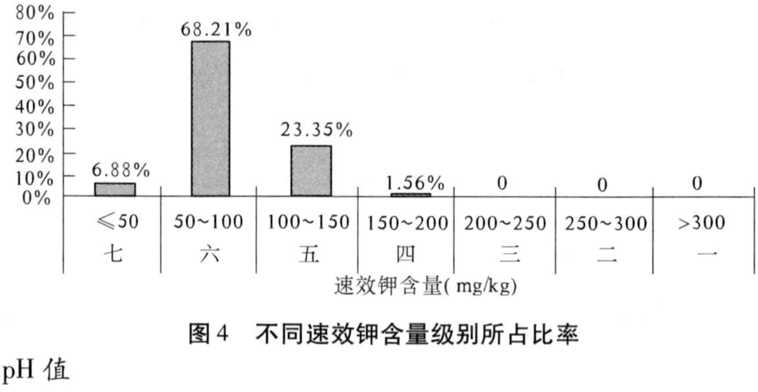

图 4　不同速效钾含量级别所占比率

2.2.5　土壤 pH 值

全县共参与土壤 pH 值含量分析的样品 6 038 个,最大值 8.63,最小值 7.96,平均值 8.3,标准差 0.1,变异系数 1.53%。二级(8.5 ~ 9)的 423 个,出现频率为 7%,代表面积 6.44 万亩;三级(7.5 ~ 8.5)的 5 615 个,出现频率为 93%,代表面积 85.51 万亩(见图 5),从图 5 看。pH 值含量大部分为三级(7.5 ~ 8.5),占到总土地面积的 93%,属于偏碱性土壤,适宜于酸性肥料的施用。

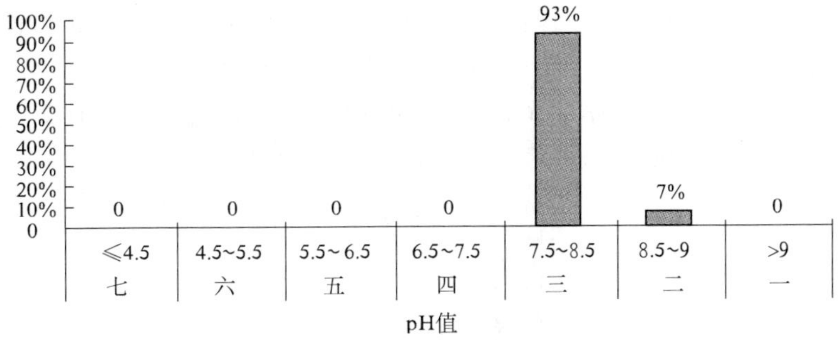

图5 不同pH值级别所占比率

2.2.6 土壤微量元素

(1)土壤有效铁。全县共参与土壤有效铁含量分析的样品2 312个,最大值7.6 mg/kg,最小值3.3 mg/kg,平均值5.3 mg/kg,标准差0.8,变异系数15.25%。五级(4.5~10 mg/kg)的1 942个,出现频率为84%,代表面积77.23万亩;六级(2.5~4.5 mg/kg)的370个,出现频率为16%,代表面积14.72万亩(见图6)。从图6看,有效铁含量大部分为五级(4.5~10 mg/kg),处于中低等含量状态,应注意在个别对铁元素比较敏感的作物上进行补充。

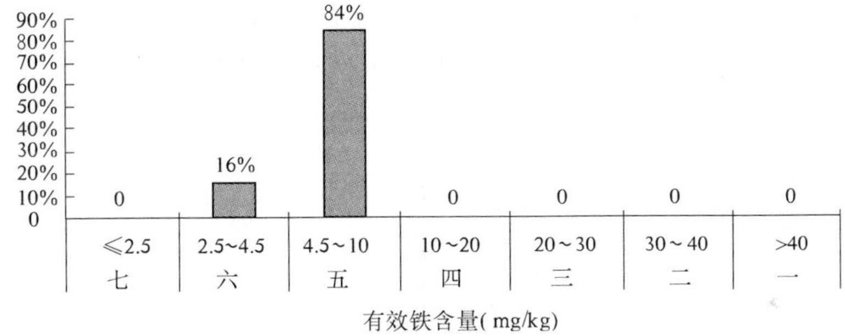

图6 不同有效铁含量级别所占比率

(2)土壤有效锰。全县共参与土壤有效锰含量分析的样品2 304个,最大值14.6 mg/kg,最小值6.5 mg/kg,平均值10.6 mg/kg,标准差1.7,变异系数16.08%。五级(5~15 mg/kg)的2 304个,出现频率为100%,代表面积91.95万亩(见图7)。

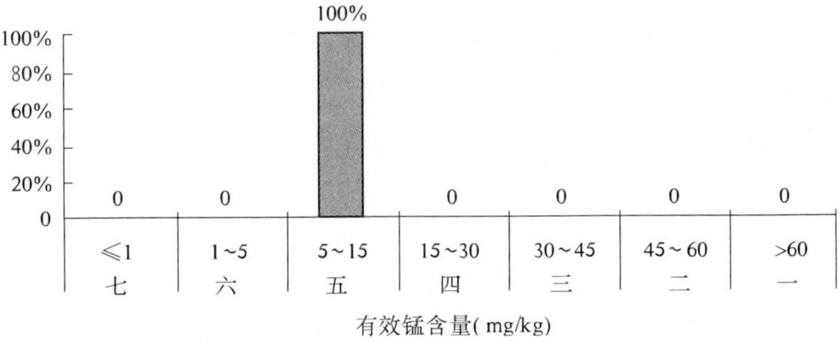

图7 不同有效锰含量级别所占比率

(3)土壤有效铜。全县共参与土壤有效铜含量分析的样品 2 307 个,最大值 1.6 mg/kg,最小值 0.4 mg/kg,平均值 1.0 mg/kg,标准差 0.3,变异系数 26.25%。四级(1 ~ 1.8 mg/kg)的 1 145 个,出现频率为 49.6%,代表面积 45.64 万亩;五级(0.2 ~ 1 mg/kg)的 1 162 个,出现频率为 50.4%,代表面积 46.31 万亩(见图 8)。

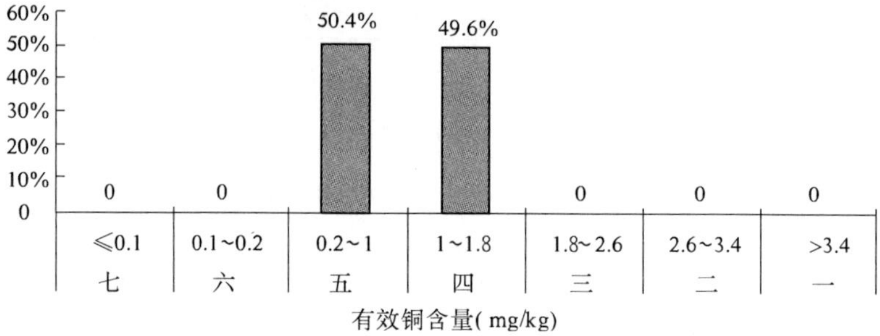

图 8　不同有效铜含量级别所占比率

(4)土壤有效锌。全县共参与土壤有效锌含量分析的样品 2 316 个,最大值 1.9 mg/kg,最小值 0.56 mg/kg,平均值 1.1 mg/kg,标准差 0.2,变异系数 21.56%。四级(1 ~ 2 mg/kg)的 1 482 个,出现频率为 64%,代表面积 58.85 万亩;五级(0.5 ~ 1 mg/kg)的 827 个,出现频率为 35.7%,代表面积 32.83 万亩;六级(0.3 ~ 0.5 mg/kg)的 7 个,出现频率为 0.3%,代表面积 0.28 万亩(见图 9)。从图 9 看,全县土壤锌元素偏低,要注意在玉米、小麦、果蔬等作物上对锌元素肥料补充施用。

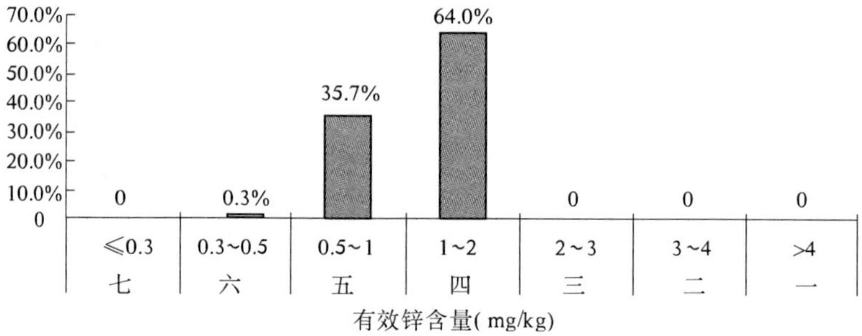

图 9　不同有效锌含量级别所占比率

2.3　与第二次土壤普查结果相比较

以 2005 ~2008 年测土配方施肥项目土壤化验平均数据,与 1985 年第二次土壤普查数据进行比较分析。土壤中全氮、有效磷、有机质、有效锰、有效锌含量比 1985 年有所增加,而速效钾、有效铁则大幅度下降。1985 年土壤普查:全氮平均养分含量 0.599 g/kg,有效磷 15.36 mg/kg,速效钾 167 mg/kg,有机质 8.3 g/kg,有效铁 10.5 mg/kg,有效锰 9.28 mg/kg,有效铜 1.29 mg/kg,有效锌 0.55 mg/kg,表明当时的土壤养分状况是,缺氮、少磷、钾有余,有机质不足。从近几年土壤样本化验数据看,土壤中全氮含量平均为 0.803 g/kg,比 1985 年增加 0.204 g/kg;有效磷 15.86 mg/kg,比 1985 年增加 0.5 mg/kg;速效钾 84.74 mg/kg,比 1985 年减少 82.26 mg/kg;有机质含量为 13.36 g/kg,比 1985 年增加 5.06 g/kg;有效铁 5.3 mg/kg,比 1985 年减少 5.2 mg/kg;有效锰 10.6 mg/kg,比

1985 年增加 1. 32 mg/kg；有效铜 1 mg/kg，比 1985 年减少 0. 29 mg/kg；有效锌 1. 1 mg/kg，比 1985 年增加 0. 55 mg/kg。说明随着耕作措施的不断改进和化肥投入的不断增加，目前清丰县土壤养分状况已经发生了一些新的变化（见图 10）。

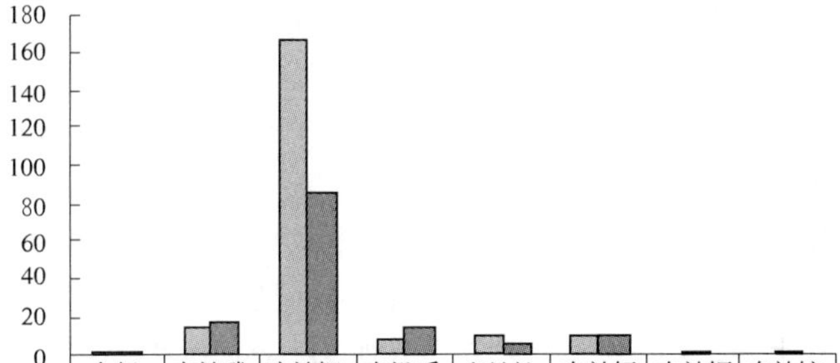

	全氮(g/kg)	有效磷(mg/kg)	速效钾(mg/kg)	有机质(g/kg)	有效铁(mg/kg)	有效锰(mg/kg)	有效铜(mg/kg)	有效锌(mg/kg)
1985年	0.599	15.36	167	8.3	10.5	9.28	1.29	0.55
2005~2008年	0.803	15.86	84.74	13.36	5.3	10.6	1	1.1

图 10 清丰县不同时期土壤养分含量（平均值）对比

2.4 土壤养分变化原因的分析

（1）耕作方式的影响。土地的耕作方式对于土壤养分含量的变化也有很大的影响。20 世纪 80 年代初期，清丰县土地耕作方式比较粗放，施肥不足，因此土壤养分含量较低。近年来，清丰县大力推行秸秆还田等耕作措施，2006 年秸秆还田大约 26 万 t，有机物还田量逐年增加，促进了土壤养分的积累；同时，不断地调整种植制度，采用轮作、间作、套种方式，农民用地养地的意识不断提高，培肥地力得到充分的重视，这些变化促使土壤中的有机质、氮、磷大量元素含量得到提高。

（2）化肥投入量逐年提高的影响。肥料是作物的粮食，是农业生产中最重要而且也是今后相当长一段时间内不可替代的生产资料。清丰县从 20 世纪 60 年代使用化肥以来，用量逐年增加，化肥的总投入量由 1985 年的 56 200 t 增加到 2006 年的 78 843 t，19 年的时间提高 22 643 t。目前，化肥的利用率低，氮肥的当季利用率为 30% ~35%，磷肥的当季利用率为 20% ~25%，虽然氮肥有一部分挥发和淋溶损失，但其余大部分残留在土壤中固定和吸收，随着时间的推移，土壤中氮、磷含量有所提高。

（3）有机肥投入增加的影响。近年来，随着畜牧业的迅速发展，优质有机肥的投入量也有所提高，无论是总用量还是单位用量都有了较大幅度的提高。据统计部门统计，2006 年全县牲畜总头数达 7. 8 万头，可积造优质有机肥 4. 1 万 t，以有效利用 85% 计算，每年投入农田的有机肥约为 3. 5 万 t。施用有机肥使土壤有机质增加，减少了土壤养分的流失，改善了土壤理化性状，土壤肥力得以提高。

（4）种植制度的影响。多年来，清丰县以种植营养摄取量多的小麦、玉米为主，两种作物面积保持在 100 万亩左右。虽然近年来有机肥用量加大，但农民主要还是以施用化肥来补充作物的营养需求。而化肥品种施用单一，主要以磷酸二铵和尿素为主，钾元素肥料施用较少或不施，造成钾素过量消耗。氮、磷、钾施用比例不合理是土壤内钾元素含量降低的主要原因。

3 施肥及土壤改良建议

3.1 大力推广测土配方施肥技术

通过实施测土配方施肥技术,掌握土壤养分丰缺指标,调整氮、磷、钾的比例,按照平衡施肥原则,确定合理的施肥用量,并根据不同土壤情况划分相应施肥区域,分区域确定适宜的施肥指标体系和相应的施肥方法,确定合理的施肥用量,合理布局区域化种植。

3.2 有机肥和无机肥配合施用

通过推广应用小麦高留茬与麦糠、麦秸覆盖技术,科学合理实施秸秆还田。充分利用人、畜、禽粪尿和推广施用工业生产的各种有机肥料及各种饼肥,进一步提高耕地土壤有机质含量,改善土壤结构,平衡土壤各养分肥力,培育沃土,充分发挥耕地自身生产能力,以减少化肥用量,提高农产品品质,减少面源污染,进一步提高农业生产效益。

3.3 用地与养地相结合

通过调整农业产业结构,采用轮作、间作、套种方式,改革现有耕作制度和种植制度,大力推广多种科学合理的种植方法,改善土壤理化性状,提高土壤肥力。

内黄县耕地土壤养分特征及变化研究

董运平　雷　敏

(内黄县土壤肥料站·2009 年 6 月)

摘要:通过化验分析了内黄县 6 300 个土壤样本,摸清了内黄县土壤养分现状:有机质和有效硫(S)含量中等;有效磷、有效锌(Zn)含量丰富;速效钾、有效铜(Cu)、有效铁(Fe)、有效锰(Mn)、有效硼(B)含量较低。将内黄县耕地土壤养分现状与第二次土壤普查(1981 年)养分情况进行比较,结果表明,土壤有机质含量有增加趋势,土壤有效磷含量大幅度提高,但土壤全氮、速效钾、有效铜(Cu)、有效铁(Fe)、有效锰(Mn)在近 23 年中呈明显下降趋势。

关键词:土壤养分　特征　变化研究

内黄县位于河南省北端,北邻河北省。全县耕地面积 109.3 万亩,是河南省 71 个国家优质粮食产业工程县之一。地貌属河流冲积平原的河漫滩,土壤全部为潮土,土质多为轻壤土、中壤土和沙壤土,还有部分沙土和黏土。全县均为水浇地。粮食作物以小麦、玉米为主,年有效积温 4 988 ℃左右,无霜期 221 d 左右,全年平均降水量 663.2 mm。地理优势使内黄大枣、花生、尖椒、西瓜享有盛名。20 世纪 80 年代,内黄县曾进行过第二次土壤普查,至今已有 20 多年。由于种植结构的调整,化学肥料的大量施用,必将对土壤养分含量产生影响。为适应促进农业持续高效发展,建设社会主义新农村的需要,利用测土配方施肥补贴项目土样测试结果,对内黄县耕地土壤养分特征及变化进行了分析研究,为今后有效利用土壤资源和科学施肥提供依据。

1 材料和方法

2005～2007年，内黄县农业局以构成基础地力要素的立地条件、土壤条件、农田基础设施条件等为依据，采用全球卫星定位系统(GPS)技术，在内黄县境内共采集土壤样品6 300个(其中2005年3 800个、2006年2 000个、2007年500个)。取样深度0～20 cm，并严格按照农业部《测土配方施肥技术规范》要求，化验分析了有机质、全氮、有效磷、速效钾、pH值以及中微量元素。有机质用重铬酸钾容量法测定，全氮用凯氏定氮法测定，有效磷用Olsen法测定，速效钾用火焰光度法测定，pH值用电位法测定(土水比1∶5)，土壤铜(Cu)、铁(Fe)、锰(Mn)、锌(Zn)用国际农化服务中心的ASI联合浸提液浸提，速效硼(B)、硫(S)用0.08 mol/L的磷酸钙溶液浸提。

2 结果与分析

2.1 土壤肥力评价

土壤肥力评价依据国家农业行业标准(NY/1391—2000)绿色食品产地环境质量标准中绿色食品产地土壤肥力分级指标(见表1)进行。内黄县处于温带季风气候区，具有明显的季节变化和季风特征，冬季干旱，春季多风，夏季多雨，秋高气爽，其生物、气候条件有利于有机质分解，因此土壤有机质含量不高，平均值为14.252 g/kg。农田土壤有机质属一级占25.4%，二级占34.29%，三级占39.95%，与第二次土壤普查相比，土壤有机质含量虽有一定程度的增加，但平均水平仍然不高，应当重视农村现有废弃物的收集和处理，人畜禽粪便的贮存，充分利用农作物秸秆沼气沤制还田和采取间作套种方式发展绿肥、饲草，以增加土壤有机质和培肥地力。

表1 绿色食品产地土壤肥力分级指标 (单位:g/kg)

农田类型	一级	二级	三级
旱地	>15	10～15	<10
水田	>25	20～25	<20

2.2 土壤氮、磷、钾及中微量元素养分含量与评价

土壤养分是土壤肥力的组成部分，土壤养分状况是合理施肥的依据，内黄县第二次土壤普查结果为：缺氮、少磷、钾有余。经过20多年大量施用氮肥，特别是近10年来施用磷酸二铵和磷酸一铵，内黄县土壤养分状况发生了较大变化。

根据对内黄县2005～2007年6 300个耕层(0～20 cm)土壤样品化验分析(见表2)，土壤有机质、全氮、有效磷、速效钾等大量元素含量分别在0.212～54.95 g/kg、0.04～9.37 g/kg、1.24～97.8 mg/kg、10.9～339.46 mg/kg，土壤pH值在6.95～8.98。土壤铜、铁、锰、锌、硼、硫等微量元素分别在0.006 6～4.98 mg/kg、0.106～8.247 8 mg/kg、0.006 8～26.209 mg/kg、0.005 3～6.695 mg/kg、0.349～1.83 mg/kg和0.125～91.77 mg/kg。

土壤全氮含量指标不仅能体现土壤氮素的基础肥力，而且还能反映土壤潜在肥力的高低，即土壤的供氮潜力。根据土壤分析结果，内黄县耕层土壤全氮含量总体较低，土壤

全氮含量平均值为0.658 g/kg。按照土壤养分含量丰缺评价指标,全县土壤全氮平均值属于五级(见表3)。所有样品中,全氮含量小于0.5 g/kg(五级)的占总样品数的27.84%,含量在0.5~0.75 g/kg(五级)的占39.74%,含量在0.75~1 g/kg(四级)的占20.06%,含量在1~1.5 g/kg(三级)的只占11.45%,1.5 g/kg以上(一、二级)的只占0.95%。说明全县土壤严重缺氮。

表2　内黄县2005~2007年土壤养分含量统计特征

项目	有机质(g/kg)	全氮(g/kg)	有效磷(mg/kg)	速效钾(mg/kg)	缓效钾(mg/kg)	pH值
平均值	14.252	0.658	25.39	110.75	673.15	7.87
最小值	0.212	0.04	1.24	10.90	9.97	6.95
最大值	54.95	9.37	97.8	339.46	1 819.16	8.98
观测数	6 293	6 271	6 288	6 200	6 209	6 202
项目	有效铜(mg/kg)	有效锰(mg/kg)	有效铁(mg/kg)	有效锌(mg/kg)	有效硼(mg/kg)	有效硫(mg/kg)
平均值	0.933	4.45	2.725	1.325	0.819 5	16.125
最小值	0.006 6	0.006 8	0.106	0.005 3	0.349	0.125
最大值	4.98	26.209	8.247 8	6.695	1.83	91.77

注:因各化验项目均有异常样剔除,所以各项目汇总样本不同。

表3　内黄县耕地土壤养分分级标准

分级标准	有机质(g/kg)	全氮(g/kg)	有效磷(mg/kg)	速效钾(mg/kg)	有效铜(mg/kg)
一级	>40	>2	>40	>200	>1.8
二级	30~40	1.5~2	20~40	150~200	1~1.8
三级	20~30	1~1.5	10~20	100~150	0.2~1
四级	10~20	0.75~1	5~10	50~100	0.1~0.2
五级	<10	<0.75	<5	<50	<0.1
分级标准	有效锰(mg/kg)	有效铁(mg/kg)	有效锌(mg/kg)	有效硼(mg/kg)	有效硫(mg/kg)
一级	>30	>20	>3	>2	>50
二级	15~30	10~20	1~3	1~2	30~50
三级	5~15	4.5~10	0.5~1	0.5~1	16~30
四级	1~5	2.5~4.5	0.3~0.5	0.25~0.5	10~16
五级	<1	<2.5	<0.3	<0.25	<10

土壤中有效磷含量是衡量土壤养分含量和供应强度的重要指标。第二次土壤普查以后,农民普遍大量施用磷肥,以及近年来蔬菜地面积不断扩大,农民磷酸二铵投入量大,导致耕层土壤有效磷含量提高幅度很大。内黄县有效磷平均值为25.39 mg/kg,属于丰富水平(见表3)。土壤化验分析的6 300个土样中,有效磷含量在20~40 mg/kg(二级)的有2 299个,占分析土样的36.57%;有效磷含量超过40 mg/kg(一级)的土壤样品有979

个,占总分析样数的15.57%。以田氏乡为例,田氏乡2005年共取土样457个,平均有效磷含量高达24.03 mg/kg。超过有效磷丰富指标临界值(20 mg/kg)4.03 mg/kg。其中有效磷含量超过有效磷丰富指标临界值(20 mg/kg)的土样共有454个,占分析样的97.15%。因此说明,内黄县土壤有效磷含量大部分属于丰富水平。

内黄县土壤速效钾平均含量为110.75 mg/kg,按照国家土壤养分分级标准属于较高水平(三级)。属于一级水平的有633个,占总样品数的10.21%;属于二级水平的有741个,占11.95%;属于三级水平的样品有1 437个,占23.18%;属于四级、五级、六级的样品分别为2 665个、621个和95个,分别占样品总数的42.59%、10.02%和1.53%。可见,在所有样品中,土壤速效钾含量属于三级以下的有3 381个,占总样品数的54.14%。这说明全县54.14%的土壤速效钾含量仍处于中低等水平。

缓效钾是速效钾的贮备库,全县缓效钾含量丰富,含量在9.97~1 819.16 mg/kg,平均值为673.15 mg/kg。

土壤pH值不仅影响作物的生长,还影响土壤微生物的活性、营养元素的形态和转化,是较为重要的土壤属性。内黄县由于常年比较干旱,使土壤富集盐基,全县土壤pH值的变化幅度处于7.5~8.5(碱性)的占90.82%,6.5~7.5(中性)的占8.5%。

微量元素是作物生长的必需营养元素,对作物生长起着重要作用,土壤微量元素测定了铜、锰、铁、锌、硼、硫共6项,测定显示,有效铜的平均含量是0.933 mg/kg(见表2),处于0.2~1 mg/kg之间,属于三级水平(见表3);锰的平均含量为4.45 mg/kg,处于1~5 mg/kg之间,属于四级水平;铁为2.73 mg/kg,处于2.5~4.5 mg/kg之间,属于四级水平;锌为1.33 mg/kg,处于1~33 mg/kg之间,属于二级水平;硼的平均含量为0.82 mg/kg属于三级水平;硫的平均含量为16.13 mg/kg。总体来说,微量元素除有效锌和有效硫含量达到高水平以外,其他各微量元素都处于三、四级状态,属于严重缺乏或缺乏状态。

2.3 土壤养分变化趋势分析

2.3.1 近三年的总体数据与第二次土壤普查时相比的变化趋势

从表4可知,近三年土壤有机质平均含量达到14.252 g/kg,与第二次土壤普查结果相比,增加7.292 g/kg,增幅为105%,年平均增加4.04%,增幅较大。但近三年土壤有机质含量平均含量还不够稳定,2006年土壤有机质平均含量(12.979 g/kg),比2005年(14.836 g/kg)下降1.857 g/kg,到2007年,土壤有机质平均含量又上升到14.944 g/kg,比2006年增加1.965 g/kg。

近三年土壤全氮平均含量为0.658 g/kg,较第二次土壤普查的平均含量0.884 g/kg减少了0.226 g/kg。减幅为26%。2005、2006、2007年土壤全氮平均含量分别为0.641 g/kg、0.667 g/kg、0.67 g/kg。2006年比2005年全氮含量增加0.026 g/kg,2007年比2006年含量又增加0.003 g/kg,可见,近三年土壤全氮呈稳定增长趋势。土壤有效磷含量平均值达到25.39 mg/kg,较第二次土壤普查时的13.8 mg/kg,提高了11.59 mg/kg,增幅达84%。土壤速效钾含量平均值为110.75 mg/kg,较第二次土壤普查时的177.3 mg/kg,下降了66.55 mg/kg,减幅为38%,年平均下降2.56 mg/kg。但近三年土壤速效钾含量分别为101.42 mg/kg、123.16 mg/kg和134.47 mg/kg,可见,近三年的速效钾含量在逐年增加,增加幅度分别为4.2%和11.4%。

近三年土壤有效铜的平均含量为 0.932 mg/kg，比第二次土壤普查时的 1.01 mg/kg 降低了 0.078 mg/kg。降幅为 8%；有效锰的平均含量 4.45 mg/kg，比第二次土壤普查时土壤有效锰降低 2.55 mg/kg，降幅为 36%。有效铁平均含量为 2.72 mg/kg，比第二次土壤普查时(6.04 mg/kg)降低 3.32 mg/kg，降幅达到 55%。但是，土壤有效锌、有效硼含量有显著提高，特别是有效锌含量比第二次土壤普查时增加 0.84 mg/kg，增幅达到 175%，有效硼平均含量为 0.819 mg/kg，比第二次土壤普查时的 0.613 mg/kg 增加 0.206 mg/kg，增幅为 34%。

近三年全县耕地土壤 pH 平均值为 7.87，与第二次土壤普查的 8.33 相比，下降 0.46，降幅为 6%。土壤 pH 值有所下降的原因是近几十年来，内黄县地下水位逐年降低、土壤改良和有机肥施用量增加等。

表 4　内黄县土壤现状与第二次土壤普查对比结果

养分项目	有机质(g/kg)	全氮(g/kg)	有效磷(mg/kg)	速效钾(mg/kg)	缓效钾(mg/kg)	pH 值
近三年数据	14.252	0.658	25.39	110.75	673.15	7.87
第二次土壤普查结果	6.96	0.884	13.8	177.3		8.33
增加值	7.292	-0.226	11.59	-66.55		-0.46
增幅(%)	105	-26	84	-38		-6
养分项目	有效铜(mg/kg)	有效锰(mg/kg)	有效铁(mg/kg)	有效锌(mg/kg)	有效硼(mg/kg)	有效硫(mg/kg)
近三年数据	0.932	4.45	2.72	1.32	0.819	16.12
第二次土壤普查结果	1.01	7	6.04	0.48	0.613	
增加值	-0.078	-2.55	-3.32	0.84	0.206	
增幅(%)	-8	-36	-55	175	34	

2.3.2　不同土壤类型近三年的数据与第二次土壤普查时相比变化趋势(见表 5)

沙土通透性好，有机物矿质化作用强，利于有机质的分解，所以沙土中有机质含量较低，为 11.39 g/kg，但比第二次土壤普查时的 9.41 g/kg 增加 1.98 g/kg，增幅为 21.04%；全氮含量与第二次土壤普查时土壤全氮含量相比，没有很大变化，其含量为 0.6 g/kg，比第二次土壤普查时的 0.544 g/kg 增加 0.056 g/kg，增幅为 1.1%；有效磷平均值 25.85 mg/kg，比第二次土壤普查时增加 12.56 mg/kg，增幅达 94.51%；速效钾呈上升趋势，土壤速效钾(K)含量上升 8.71%。

壤土的有机质、有效磷、速效钾含量分别为 14.29 g/kg、25.89 mg/kg、101.74 mg/kg，均呈现上升趋势，分别上升 2.02 g/kg、9.31 mg/kg、3.44 mg/kg，增幅分别为 16%、56% 和 3%。壤土全氮含量有所减少，下降幅度为 4%。

黏土中土壤通透性差，有机物腐化作用强，利于有机质的积累，所以有机质含量比其他土壤类型中有机质含量高。黏土中有机质、全氮、有效磷含量均高于第二次土壤普查黏土测试结果，其平均值分别为 15.75 g/kg、0.76 g/kg、22.66 mg/kg，增幅分别为 8%、10% 和 173%。黏土有效磷含量呈逐年剧增状态，年平均增幅达到 6.65%。速效钾含量与全县土壤速效钾变化趋势一致，呈下降趋势，下降10%。

盐碱土土壤有机质含量为14.4 g/kg，比第二次土壤普查时低0.4 g/kg，减小幅度为3%。速效钾含量也减少14%。有效磷含量也呈现剧烈上升趋势，上升幅度达136%。

四种土壤类型的pH值均呈下降趋势，沙土、壤土、黏土的pH值减小幅度分别为3%、3%和5%，盐碱土的pH值减小幅度最大，减幅达11%，说明第二次土壤普查以来，内黄县土壤理化性状有较大的改善，长期推广测土配方施肥、大造有机肥取得较好的效果。

表5 不同类型土壤耕作层养分含量统计

土壤类型		黏土	沙土	壤土	盐碱土
有机质(g/kg)	平均值	15.75	11.39	14.29	14.4
	最大值	64.59	41.20	59.14	36.48
	最小值	0.27	0.26	0.21	4.65
	观察数	1 569	1 609	3 070	52
	代表面积(亩)	226 925.90	154 577.40	592 715.40	7 519.20
	第二次土壤普查值	14.58	9.41	12.27	14.8
全氮(g/kg)	平均值	0.76	0.60	0.64	0.68
	最大值	9.37	1.53	3.29	1.31
	最小值	0.01	0.01	0.00	0.14
	观察数	1 568	1 595	3 083	50
	代表面积(亩)	203 056.00	206 552.50	526 707.00	6 475.00
	第二次土壤普查值	0.686	0.544	0.667	0.613
有效磷(mg/kg)	平均值	22.66	25.85	25.89	28.67
	最大值	127.55	177.72	174.17	72.11
	最小值	1.24	1.20	1.48	4.41
	观察数	1 564	1 593	3 090	53
	代表面积(亩)	202 899.20	206 134.20	529 246.00	6 837.00
	第二次土壤普查值	8.3	13.29	16.58	12.16
速效钾(mg/kg)	平均值	159.59	84.47	101.74	83.10
	最大值	439.46	337.50	343.12	333.26
	最小值	28.92	16.19	11.46	12.36
	观察数	1 535	1 609	3 104	52
	代表面积(亩)	202 615.08	207 384.01	528 964.52	6 702.28
	第二次土壤普查值	178.3	77.7	98.3	96.1
pH值	平均值	7.92	7.78	7.86	7.94
	最大值	9.00	8.80	8.89	8.37
	最小值	6.5	6.81	6.70	7.47
	观察数	1 540	1 608	3 099	53
	代表面积(亩)	203 156.99	207 271.20	64 321.10	6 831.70
	第二次土壤普查值	8.3	8	8.1	8.9

3 结论

(1)内黄县耕地的土壤肥力仍处于中等偏低水平，土壤有机质含量大部分属于三、四级，其含量不高，且分布不一致。土壤缺氮、少钾、少微肥现象仍然较为严重，氮、磷、钾含量有很大的差异，缺氮、缺钾较为严重。磷素供应水平较高，可以满足短期内磷素需求水平,但尚有小部分耕地的含量不足。对有效磷含量很高的土壤,应控制磷肥的施用,近几年内不要使用磷铵、硝酸磷肥、单体磷肥与含磷的复合肥,以减少磷酸根对微量元素锌等的拮抗作用,否则会使锌等微肥失去增产效果。土壤微量元素总体来说比较匮乏,除有效锌、硫外,其他中、微量元素含量都需增加。根据上述土壤养分状况,在农业上要大力推广秸秆还田,应用测土养分数据,针对不同农作物对氮、钾以及铜、铁、锰、钼、硼等微量元素科学配比,实施配方平衡施肥,达到节肥增产和保护生态的目的。

(2)不同土壤类型中,有机质含量以黏土最高。壤土、盐碱土次之,沙土含量最低。总体来说,土壤中有机质含量较低,虽然黏土中含量最高,其他土壤类型中的含量就都处于严重缺乏状态,所以要发挥土壤的潜力,必须重视有机肥的施用。土壤全氮含量以黏土含量最高,盐碱土、壤土次之,沙土最低,产生这种状况与土壤有机质分布原因相同,即盐碱土和黏土通透性差、沙土通透性最好。各种土壤类型中全氮含量均较低。土壤有效磷含量以黏土最高,壤土、盐碱土次之,沙土含量最低。但各种土壤类型中有效磷的总体水平较高,都在 20 ~ 40 mg/kg,达到二级水平,在今后的生产中,应该针对影响土壤磷素含量的因素,从提高土壤磷素有效性,适当补充,减少固定,满足作物需要的原则出发。土壤速效钾在不同土壤类型中的分布状况为黏土含量最高、壤土和沙土次之、盐碱土含量最低。除黏土中土壤速效钾含量 159. 59 mg/kg 处于 150 ~ 200 mg/kg(二级)外,其他土壤类型土壤中速效钾含量均处于三级及以下水平,所以要注重钾肥的施用,改善钾肥的供应水平。土壤缓效钾含量以黏土最高,壤土、盐碱土次之,沙土含量最低。

(3)与 1981 年第二次土壤普查比,目前内黄县耕地土壤有机质、有效磷、有效锌以及有效硼含量均有较大幅度的提高。全氮、速效钾、有效锰、有效铜、有效铁含量均有所降低。

邓州市耕地养分现状、变化特点及促进耕地可持续利用途径分析

李玉兰 张有成

(邓州市农业技术推广中心 · 2009 年 6 月)

摘要:以邓州市 2006 ~ 2007 年测土配方施肥项目土样化验结果为依据,结合生产实际,详细阐述了邓州市耕地养分现状、产生原因,并提出了改善耕地理化性状、促进耕地肥力不断提高的相关措施,以保障邓州耕地肥力的良性循环利用和邓州农业的可持续发展。

关键词:耕地养分 变化特点 可持续利用 途径

1 邓州市基本情况介绍

(1)邓州市地理位置及农业概况。邓州市位于北纬 32°22′22″ ~ 33°0′0″,东经

111°37′40″~112°20′26″,地处河南省西南边缘,南阳盆地西南部。辖区面积2 361.8 km^2,约占全省面积的1.4%;全市管辖28个乡(镇、办),总人口153万人,农业人口135万人。邓州市是一个传统的农业大市,现有耕地244万亩,种植制度为一年两熟或两年三熟,复种指数在185%以上。常年种植小麦、玉米、红薯、大豆、花生、芝麻、油菜、棉花、小椒、烟叶、蔬菜等多种作物,其中小麦常年种植面积在200万亩以上,夏玉米常年种植面积在80万亩以上,年产粮食100万t以上,是国家商品粮基地县(市)之一,目前又被国家定为国家核心粮食产区。

(2)邓州市耕地土壤类型及面积。土壤分布受生物气候带演变的影响,相应分布着地带性土壤——黄褐土;受中小地形和相应的水文地质条件等地域性因素变化的影响,形成地域性土壤——砂姜黑土与潮土。依据《全国第二次土壤普查工作分类暂行方案》和《河南省第二次土壤普查工作分类暂行方案》所规定的土壤分类系统,邓州市土壤包括4大类、5个亚类、10个土属、30个土种。其中,黄褐土类主要分布在本市西北垄岗状倾斜平原上,耕地面积120.4万亩,占全市耕地面积的48.7%;砂姜黑土主要分布于邓州市地势较低洼的湖积平原上,耕地面积121.3万亩,占全市耕地面积的49%;潮土土类主要分布于邓州市中部湍河两岸,面积5.4万亩,占全市耕地面积的2.2%;粗骨土土类主要分布于邓州市西部和北部山地,面积0.21万亩,占全市耕地面积的0.1%。

2 邓州市耕地养分现状

邓州市土壤养分分析结果见表1。

表1 邓州市土壤养分分析结果汇总

项目	化验土样数(个)	养分有效值范围	有效值个数	有效样占样品比例(%)	有效样平均值	极差	标准差	变异系数(%)
有机质(g/kg)	4 100	10.0~24	3 786	92.34	16.8	31.6	4.11	24.5
全氮(g/kg)	4 100	0.4~1.6	4 056	98.93	1.19	1.86	0.2	16.8
有效磷(mg/kg)	4 100	3~43	3 904	95.22	17.7	97.57	11.36	64.2
速效钾(mg/kg)	4 100	60~310	3 953	96.41	170.8	611	63	36.9
缓效钾(mg/kg)	4 100	400~1 350	3 970	96.83	850.3	1 846	238	28.0
有效硫(mg/kg)	4 100	5~85	3 908	95.32	40.1	261.6	22.6	56.4
有效硼(mg/kg)	4 100	0.6~1.5	3 696	90.19	1.02	9.69	0.43	42.2
有效铁(mg/kg)	4 100	3~81	3 905	95.24	40.05	190.2	20.87	52.1
有效铜(mg/kg)	4 100	0.4~3.0	3 906	95.27	1.57	22.65	0.95	60.5
有效锰(mg/kg)	4 100	2~80	3 884	94.73	38.1	190.5	20.26	53.2
有效锌(mg/kg)	4 100	0.05~1.8	3 856	94.05	0.76	8.27	0.58	76.3
pH值	4 100	5.1~8.5	4 100	100	6.6	5.33	0.36	5.5

(1)检测样品数量、检测项目、检测标准。邓州市测土配方施肥是河南省2006年度补贴项目。自2006年5月至今,按照农业部《测土配方施肥技术规范》,对全市不同土壤类型、不同种植模式上的耕地进行了采样、化验。目前,共采集、检测土样6 725个,基本涵盖了全市所有土壤类型和所有种植模式;检测方法采用农业部规定的常规分析方法,检测项目为有机质、全氮、有效磷、速效钾、缓效钾、有效硫、有效硼、有效铁、有效铜、有效锰、

有效锌、pH 值等 12 项。质量控制上采取平行测定、空白校正、标样对比与考核的办法；化验结果处理采取三倍标准偏差剔除异常值。

(2)邓州市耕地养分现状。利用统计学原理结合乡镇耕地面积与土壤类型面积，对化验结果处理并剔除异常值，得到 4 100 个可代表邓州耕地养分现状的样品，对这些样品检测结果统计分析，目前全市耕地养分总体表现为：有机质含量在 10 ~ 24 g/kg 的有3 786 个，占全部样品数的 92. 34%，其平均值为 16. 8 g/kg；全氮含量在 0. 4 ~ 1. 6 g/kg 的有 4 056个，占全部样品的 98. 93%，平均值为 1. 19 g/kg；有效磷含量在 3 ~ 43 g/kg 的有 3 904 个，占全部样品的 95. 22%，平均值为 17. 7 mg/kg；缓效钾含量在 400 ~ 1 350 mg/kg 的有3 970 个，占全部样品的 96. 83%，平均值为 850. 3 mg/kg；速效钾含量在 60 ~ 310 mg/kg 的有3 953个，占全部样品数的 96. 41%，平均值为 170. 8 mg/kg；有效硫含量在 5 ~ 85 mg/kg的有 3 908 个，占全部样品数的 95. 32%，平均值为 40. 1 mg/kg，有效硼含量在0. 6 ~ 1. 5 mg/kg 的有 3 696 个，占样品总量的 90. 19%，平均值为 1. 02 mg/kg；有效铁含量在3 ~ 81 mg/kg 的有 3 905 个，占总样品的 95. 24%，平均值为 40. 05 mg/kg；有效铜含量在0. 4 ~ 3. 0 mg/kg 的有 3 906 个，占样品总量的 95. 27%，平均值为 1. 57 mg/kg；有效锰含量在 2 ~ 80 mg/kg的有 3 884 个，占样品总量的 94. 73%，平均值为 38. 1 mg/kg；有效锌含量在 0. 05 ~ 1. 8 mg/kg 的有 3 856 个，占样品总量的 94. 05%，平均值为 0. 76 mg/kg。

3 邓州市耕地养分变化特点

邓州市不同乡（镇）土壤养分差异对比见表 2。

(1)不同土样样品间养分含量差异较大，高者奇高，低者奇低。从 12 项必测项目来看，不同样品单项养分差异极大，如反映土壤基础地力的有机质，含量从 5. 1 g/kg 到 36. 7 g/kg，极差为 31. 6，相差倍数为 7. 2，这种差异还是 12 项中最小的。12 项中差异倍数最大的要数锰，高达 800 倍，其他如有效铁、有效硫、有效硼差异也在 300 倍以上，平均差异 200 倍左右。变异系数除 pH 值和全氮外，其他均在 20% 以上。

(2)不同乡（镇）间耕地养分差异变小。化验结果按乡（镇）统计，不同乡（镇）间养分差异变得很小，单项养分极差较小，12 项平均差异倍数为 1. 57，而差异最大的锌，最大值与最小值的倍数仅为 1. 94，C_v 为 19. 77%，而差异最小的全氮，最大值与最小值的倍数为 1. 13，C_v 为 2. 71%。

(3)不同土壤类型间养分差异也在变小。土类间肥力差异小于亚类，亚类间差异小于土属。就不同土属而言，同一养分间的差异也远小于不同乡（镇）间的差异，12 项养分平均差异倍数为 1. 39，比不同乡（镇）间 12 项平均差异倍数 1. 57 较低，差异最大的有效锌的极差为 1. 9，比不同乡（镇）间最大极差 1. 97 要小。

(4)土壤有酸化倾向。耕地 pH 值集中在 6. 46 ~ 6. 79，平均值为 6. 6。比第二次土壤普查时的 6. 9 ~ 7. 1 下降了近 0. 4 个酸度单位，耕地有酸化倾向。

(5)中量元素有过剩趋势。作为中量元素的硫、钙，土壤中含量均较高，平均值都在 40 mg/kg 以上，基本可以满足作物生长所需。

(6)微量元素有丰有缺。耕地中微量元素分布尤为不均衡，基本上表现为铁、锰丰富，硼、铜、锌缺乏。与种植习惯和种植结构有很高的相关性，此问题有待今后进一步研究。

表 2　邓州市不同乡(镇)土壤养分差异对比

乡(镇)	有机质(g/kg)	全氮(g/kg)	有效磷(mg/kg)	速效钾(mg/kg)	缓效钾(mg/kg)	有效硫(mg/kg)	有效硼(mg/kg)	有效铁(mg/kg)	有效铜(mg/kg)	有效锰(mg/kg)	有效锌(mg/kg)	pH 值
白牛	15.96	1.04	20.77	160.2	814.1	49.08	1.08	31.97	1.46	35.46	0.67	6.67
东城	15.95	1.08	23.99	136.6	1 007	44.72	1.01	44.77	2.33	35.08	0.87	6.74
都司	18.17	1.11	26.05	183.8	750.4	41.38	0.97	46.49	1.63	48.38	0.75	6.47
高集	17.3	1.06	24.19	192	825.4	39.47	1.06	46.32	1.76	45.92	0.93	6.56
构林	18.04	1.04	25.01	152.5	830.9	40.22	1.06	36	1.89	41.61	0.94	6.54
汲滩	17.6	1.06	25.29	164.8	992.9	44.81	1.11	32.8	1.71	33.37	0.85	6.74
九龙	16.44	1.06	19.77	154.5	830.9	41.99	1.03	47.41	1.72	52.91	0.81	6.59
林扒	16.55	1.06	23.04	167.5	829.9	44.92	1.03	52.47	1.75	51.41	0.73	6.46
刘集	19.52	1.09	25.66	187.7	812.4	43.83	1.04	44.7	1.96	46.1	0.74	6.51
龙堰	17.27	1.09	26.61	181.8	871.7	40.89	1.03	47.71	1.89	48.45	0.88	6.51
罗庄	17.42	1.07	26.33	200.1	908.6	32.28	0.97	41.1	1.8	46.37	1.07	6.61
孟楼	17.71	1.08	23.02	159	892.2	40.34	1.04	47.64	1.75	53.7	0.91	6.48
裴营	16.54	1.05	20.01	154.4	786.5	47.77	1.1	33.74	1.69	38.95	1.1	6.72
彭桥	15.39	1.06	18.65	165.7	792.1	49.03	0.97	37.89	1.49	34.25	0.75	6.65
穰东	18.2	1.08	28.6	197	882.6	32.75	1.1	42.51	1.97	43.78	0.92	6.59
桑庄	18.01	1.05	21.33	156.5	938.2	42.89	1.16	43.26	2.16	42.35	0.75	6.57
十林	16.53	1.05	19.13	174.1	1 078	42.51	1.53	39.04	1.89	43.82	1.2	6.64
陶营	17.73	1.12	23.84	174.5	744.8	41.88	1.08	43.45	1.59	41.51	0.62	6.54
湍河	16.61	1.04	20.54	135.4	1 008	50.09	1.07	52.55	2.24	60.32	1.12	6.6
文渠	16.73	1.07	26.14	156.9	927.9	42.61	1.08	42.04	2.03	41.99	1.16	6.56
西城	18.74	1.15	20.38	106.2	955	37.32	0.95	52.62	1.82	33.8	1.18	6.79
夏集	16	1.04	22.91	156.7	777.1	46.21	1.2	35.09	1.59	37.02	0.69	6.65
杏山	18.16	1.11	23.84	165.7	897.3	39.79	0.92	38.84	2.17	33.52	1.2	6.61
杨营	19.34	1.07	28.94	206.3	947.6	42.06	1.06	49.82	2.11	42.71	0.84	6.55
腰店	17.88	1.06	22.6	166	965.8	42.84	1.08	38.6	2.03	41.34	1.1	6.64
张村	15.6	1.05	20.1	164.7	905.6	42.35	1.03	48.18	1.93	40.27	0.72	6.55
张楼	17.96	1.09	21.07	172.8	828.4	40.39	0.98	39.13	1.61	40.42	0.72	6.7
赵集	16.61	1.02	16.17	152.3	838.3	47.16	1.14	37.42	1.58	42.57	0.82	6.73
全市平均	17.28	1.07	23	165.9	880	42.56	1.07	42.63	1.84	42.76	0.89	6.61
方差	1.12	0	9.39	429	6 983	17.38	0.01	35.29	0.05	43.2	0.03	0.01
标准差	1.06	0.03	3.07	20.71	83.56	4.17	0.11	5.94	0.23	6.57	0.18	0.09
变异系数	6.12	2.71	13.33	12.48	9.5	9.8	10.25	13.94	12.29	15.37	19.77	1.31
最大	19.52	1.15	28.94	206.3	1 078	50.09	1.53	52.62	2.33	60.32	1.2	6.79
最小	15.39	1.02	16.17	106.2	744.8	32.28	0.92	31.97	1.46	33.37	0.62	6.46
极差	4.13	0.14	12.77	100.1	333.2	17.82	0.61	20.65	0.87	26.95	0.59	0.33

4 不同乡(镇)间耕地养分水平对比

为了比较各乡(镇)耕地养分水平,依据土壤养分同等重要性原理,把必测的 12 项中 11 项(pH 值除外)按 100 分均分,每一项占 9.09 分,以 9.09 除以 11 项平均值作为评价系数,分别乘以各乡(镇)11 项化验结果,累加得出耕地肥力综合指数。全市耕地养分平均值的综合指数为 100 分。综合指数越高,耕地肥力水平越好,反之,则不好。对分析结果排序发现,全市 28 个乡(镇、办),综合指数排在前五位的是湍河 107.92、杨营 106.97、十林 104.95、龙堰 102.45、文渠 102.44;排在后五位的是白牛 89.14、彭桥 89.29、夏集 91.66、赵集 92.09、张楼 92.80(见表 3)。依据以上原理,对有机质、全氮、有效磷、速效钾、缓效钾等五项大量元素进行评价,排在前五位的是杨营 113、穰东 109、刘集 108、都司 106、罗庄 106;排在后五位的是赵集 89、湍河 91、彭桥 92、张村 93、裴营 93。再对铁、铜、锰、锌、硼微量元素五项评价,排在前五位的是湍河 119、十林 112、文渠 105、孟楼 105、杨营 104;排在后五位的是白牛 81、彭桥 83、夏集 87、汲滩 87、张楼 87(见表 3)。

从以上分析可以看出,全市耕地养分表现为:空间均衡,局部差异;多数元素均衡,少数元素差异。具体为:丰铁锰,缺锌铜,硫硅剩,硼不足;大量元素磷缺乏、氮肥积累、钾不均,土壤酸化需改善,有效养分供应差。

5 造成邓州市耕地养分差异的原因

(1)施肥水平的不同造成耕地肥力差异。在促进作物增产的诸因素中,在农民心中似乎肥料的作用是无限量的,致使一些经济条件较好、注重农业生产的种田户,盲目增施化学肥料以求高产。这样,一方面加大农业投资,提高生产成本,降低农产品品质;另一方面,过分施肥,肥料利用率不高,淋失、挥发严重,造成农业的面源污染。这一部分农户所承包的耕地中有效养分有富集现象,含量表现异常,土壤酸化严重。另一部分农户则是不重视农业生产,以打工或经商为主要经济来源或经济困难的农户,把耕地仅作为一项副业来管理,农业生产处于靠天收的状况,不施肥或施肥量极少,对土地纯粹是一种掠夺式管理,致使耕地逐渐走向荒芜化、贫瘠化,有效养分极低,且处于不平衡状态。

(2)种植结构不同造成肥力的差异。在长期的农事生产中,不同土壤类型的耕地形成不同的种植结构。邓州市素有“东豆西芝麻、北烟南棉花”之说,近年虽有所改观,但一个地方的种植习惯是一定的。在未进行土壤化验前,普遍认为耕地“种啥会缺啥”,即某一耕地长期种某一作物,由于该作物对其有益元素的大量吸收,必会造成该类元素的缺失;而实际上却表现为“种什么不缺什么”,即种植某一作物,农民就会大量施用该作物所必需的各种营养元素,并在耕地中积累。

(3)施肥习惯不同造成耕地肥力水平的差异。在长期的农业生产中,各乡(镇)的农民形成了各自的施肥习惯,如东南各乡(镇)农户施肥量大且氮、磷、钾配合齐全,而西北各乡(镇)则不重视钾肥的施用,尤其是赵集、彭桥、孟楼、白牛等乡(镇)农户,在目前普钙已退出市场的情况下,仍在施用普钙,且施肥量与东南各乡(镇)农户比,数量明显不足。此外,按科学配方施肥的农户,肥料利用率较高,残留也较少。

(4)不重视有机肥,加速耕地酸化和板结。有机肥作为滋养中国五千年农业的肥料品种,随着化肥的推广而逐渐退出人们的视野;有机肥作为基础肥料具有补充土壤养分、改善土壤理化性状、提高土壤抗逆能力的作用。有机肥的退出、化肥的滥用加速了耕地的

表3 邓州市各乡(镇)土壤养分平均含量及评价

乡(镇)	有机质(g/kg)	全氮(g/kg)	有效磷(mg/kg)	速效钾(mg/kg)	缓效钾(mg/kg)	有效硫(mg/kg)	有效硼(mg/kg)	有效铁(mg/kg)	有效铜(mg/kg)	有效锰(mg/kg)	有效锌(mg/kg)	pH 值	评价系数
白牛	15.96	1.04	20.77	160.2	814.1	49.08	1.08	31.97	1.46	35.46	0.67	6.67	89.14
彭桥	15.39	1.06	18.65	165.7	792.1	49.03	0.97	37.89	1.49	34.25	0.75	6.65	89.29
夏集	16	1.04	22.91	156.7	777.1	46.21	1.2	35.09	1.59	37.02	0.69	6.65	91.66
赵集	16.61	1.02	16.17	152.3	838.3	47.16	1.14	37.42	1.58	42.57	0.82	6.73	92.09
张楼	17.96	1.09	21.07	172.8	828.4	40.39	0.98	39.13	1.61	40.42	0.72	6.7	92.80
陶营	17.73	1.12	23.84	174.5	744.8	41.88	1.08	43.45	1.59	41.51	0.62	6.54	94.52
裴营	16.54	1.05	20.01	154.4	786.5	47.77	1.1	33.74	1.69	38.95	1.1	6.72	94.67
张村	15.6	1.05	20.1	164.7	905.6	42.35	1.03	48.18	1.93	40.27	0.72	6.55	95.58
汲滩	17.6	1.06	25.29	164.8	992.9	44.81	1.11	32.8	1.71	33.37	0.85	6.74	96.04
构林	18.04	1.04	25.01	152.5	830.9	40.22	1.06	36	1.89	41.61	0.94	6.54	96.44
九龙	16.44	1.06	19.77	154.5	830.9	41.99	1.03	47.41	1.72	52.91	0.81	6.59	96.79
西城	18.74	1.15	20.38	106.2	955	37.32	0.95	52.62	1.82	33.8	1.18	6.79	97.02
都司	18.17	1.11	26.05	183.8	750.4	41.38	0.97	46.49	1.63	48.38	0.75	6.47	98.63
东城	15.95	1.08	23.99	136.6	1 007	44.72	1.01	44.77	2.33	35.08	0.87	6.74	98.8
全市平均	17.22	1.07	23.07	168.2	867.1	43	1.06	42.15	1.82	43.36	0.98	6.6	99.02
桑庄	18.01	1.05	21.33	156.5	938.2	42.89	1.16	43.26	2.16	42.35	0.75	6.57	99.09
杏山	18.16	1.11	23.84	165.7	897.3	39.79	0.92	38.84	2.17	33.52	1.2	6.61	99.51
林扒	16.55	1.06	23.04	167.5	829.9	44.92	1.03	52.47	1.75	51.41	0.73	6.46	99.63
高集	17.3	1.06	24.19	192	825.4	39.47	1.06	46.32	1.76	45.92	0.93	6.56	100.27
罗庄	17.42	1.07	26.33	200.1	908.6	32.28	0.97	41.1	1.8	46.37	1.07	6.61	100.68
孟楼	17.71	1.08	23.02	159	892.2	40.34	1.04	47.64	1.75	53.7	0.91	6.48	100.84
腰店	17.88	1.06	22.6	166	965.8	42.84	1.08	38.6	2.03	41.34	1.1	6.64	101.04
刘集	19.52	1.09	25.66	187.7	812.4	43.83	1.04	44.7	1.96	46.1	0.74	6.51	101.68
穰东	18.2	1.08	28.6	197	882.6	32.75	1.1	42.51	1.97	43.78	0.92	6.59	102.08
文渠	16.73	1.07	26.14	156.9	927.9	42.61	1.08	42.04	2.03	41.99	1.16	6.56	102.44
龙堰	17.27	1.09	26.61	181.8	871.7	40.89	1.03	47.71	1.89	48.45	0.88	6.51	102.45
十林	16.53	1.05	19.13	174.1	1 078	42.51	1.53	39.04	1.89	43.82	1.2	6.64	104.95
杨营	19.34	1.07	28.94	206.3	947.6	42.06	1.06	49.82	2.11	42.71	0.84	6.55	106.97
湍河	16.61	1.04	20.54	135.4	1 008	50.09	1.07	52.55	2.24	60.32	1.12	6.6	107.92

退化,造成耕地缓冲力下降,酸化严重,耕层板结。

6　提高耕地肥力,改善耕地营养状况,实现耕地可持续利用的途径

“民以食为天,粮以地为本”,人类生存以食物为基础,而生存所必需的食物——农产品又必须从耕地中获取营养。耕地肥力为农作物生长提供了各种营养原料,不合理利用耕地,耕地肥力会随着各种养分的减少、流失或遭受污染而衰退,耕地肥力也会随着人类的合理耕作而逐步提高,并实现良性循环。有机肥是一种经过长期风化、充分腐熟的全营养缓效肥料,含有多种营养元素和大量有机质,其长期施于沙壤土壤中,可以提高土壤黏度和团粒结构比例,增强保水保肥能力,减少水分和肥料流失;施于黏质土壤,通过有机质的熟化过程,可有效改良土壤理化性状,增加团粒结构,提高通透性,减少土壤对肥料离子的吸附,利于发挥肥料效力,肥料利用率显著提高;施于沙质土壤,土壤理化性状也会得到改良,通透性得到优化,漏水、漏肥现象得到改善,肥料利用率有所提高。推广测土配方施肥技术的核心就是增施有机肥,但在实际生产中,有机肥施用面积和数量却少之又少。目前,针对邓州市耕地养分状况,结合测土配方施肥技术推广实践,提出以下提高耕地肥力,改善耕地营养状况的技术措施。

(1)大力推广秸秆还田技术,充分发挥农田养分循环的肥源潜力。农作物秸秆中富含氮、磷、钾等多种营养元素,若焚烧或带出耕地,不仅会污染环境,破坏耕层生物结构,还会造成大量养分的损失,而施于耕地中,不仅能补充耕地养分,改善土壤理化性状,还可减少生产资料投入。仅按2007年邓州市农业资料计算,2007年邓州市仅小麦、玉米秸秆中可用于养分再循环的肥源潜力为3 830.37万kg(氮、磷、钾),相当于该年小麦施肥总量(折纯)的83%,相当于该年玉米施肥总量的1.79倍。因此,我们必须从土壤植物营养元素在农田中再循环利用的角度出发,结合全市生产实际,逐步建立低能源(化肥)投入、高养分循环与高作物产出的持续农业发展之路。这样,我们就要从方方面面抓起,对小麦秸秆实行禁烧和推广高留茬技术,对玉米秸秆推广直接还田或过腹还田技术,把农作物秸秆变废为宝,使之在改善耕地肥力和理化性状方面发挥更大的作用。

(2)推广应用精制有机肥和有机－无机肥料。精制有机肥和有机－无机肥料是工业化生产的有机肥,是对富含有机质原料的提炼、浓缩和加工,它和化肥一样,具有体积小、重量轻、易使用的特点,但同时它又具有有机肥的性质和作用,推广使用精制有机肥和有机－无机肥料可以说是目前生产条件下增施有机肥的一条行之有效的措施。

(3)依据耕地养分特点,合理调整氮、磷、钾肥料施用比例,实现平衡施肥。在小麦、玉米田间丰缺指标试验的基础上,建立小麦、玉米丰缺指标体系,在此基础上,分别把耕地有机质、有效磷、速效钾划分为三个等级,再把它们完全组合,组成高有机质高磷钾、高有机质高磷低钾等27种耕地养分类型,然后根据每种养分类型,结合土壤质地、种植作物、目标产量确定氮、磷、钾、微肥施用量以及施用比例和施用方法。利用这种分类配方施肥方法,针对性更强,配方更合理。

总之,在目前全市耕地肥力向两极方面退化的情况下,必须采取强有力措施,合理利用耕地,大力推广保护性耕作技术,落实秸秆还田、平衡施肥技术,科学合理地搭配有机肥施用比例,不断培肥土壤肥力;优化产业结构调整,因地制宜发展种植业,提高耕地产出效益,促进农业可持续发展。

方城县土壤养分现状、变化与评价

夏书贞

（方城县农业技术推广中心·2009年9月）

摘要：方城县农业技术推广中心2006~2008年承担农业部测土配方施肥项目，三年共取土壤样品6 300个，通过对测土配方施肥化验数据和第二次土壤普查数据综合比较，掌握了方城县土壤养分变化规律，并对方城县土壤养分现状进行了分析与评价，提出了推荐施肥和土壤改良方面的建议。

关键词：养分现状　变化　评价

20世纪80年代方城县开展了第二次土壤普查，查明了土壤类型、数量和分布情况及土壤养分含量，为农业的综合开发和农业结构调整提供了科学依据。近20年来，由于种植制度、耕作措施、施肥水平等都发生了较大的变化，促使土壤的养分状况发生了较大的变化。方城县是粮食生产大县，及时了解土壤养分的变化情况，分析其原因，对于提高土地生产能力具有重要的意义。因此，结合1982年第二次土壤普查数据和2006~2008年测土配方施肥项目所获取的大量数据，对土壤养分含量的变化进行分析。通过调查分析基本查清了全县的土壤肥力现况，为科学用肥、培肥土壤、合理利用改良土壤提供了科学依据。

1　材料与方法

1.1　调查区概况

方城县位于南阳盆地东北部边缘。地处北纬33°04′~33°37′，东经112°38′~130°24′，地貌多姿，全县山地、岗地、平地各占1/3。全县辖16个乡(镇)，557个行政村。土壤类型比较复杂，主要有黄褐土、砂姜黑土、黄棕壤、粗骨土、潮土五大类。土壤质地有重壤土、轻壤土、沙壤土、中黏土、中壤土、紧沙土。自2006年开始，方城县开始实施国家测土配方施肥补贴项目，每年秋收后、种麦前都采集土壤样品进行养分化验，其中，2006年采集化验土样3 800个，2007年2 000个，2008年500个。

1.2　方法

(1)样品采集。根据农业部《测土配方施肥技术规范》的要求，采用"S"形采样法均匀随机选取采样点，每个土壤样品采样点不低于10个；用铲刀或不锈钢土钻采样，采样土层深度为0~20 cm，各采样点土样充分混匀后，四分法留取1.5 kg作为代表样；采用GPS定位，记录经纬度，精确到0.1″。

(2)样品化验分析。按照全国统一规定的项目和方法进行了分析，土壤有机质用油浴加热重铬酸钾氧化－容量法，全氮用凯氏蒸馏法，有效磷用碳酸氢钠提取－钼锑抗比色法，缓效钾用硝酸提取－火焰光度法，速效钾用乙酸铵提取－火焰光度法，pH 值用电位法，有效铜、铁、锰、锌用 DTPA 浸提－原子吸收分光光度法，硫采用氯化钙浸提－硫酸钡比浊法，硼采用甲亚胺－H 比色法，钼采用草酸－草酸胺浸提－极谱法。

2　结果与分析

2.1　土壤养分现状

（1）全县土壤养分整体状况。根据 2006～2008 年方城县土壤养分化验结果分析，土壤养分含量平均值为：有机质 14.29 g/kg，全氮 0.94 g/kg，有效磷 13.79 mg/kg，速效钾 105 mg/kg，缓效钾 701 mg/kg，pH 值 6.86，有效铜 1.32 mg/kg，有效铁 22.36 mg/kg，有效锰 20.72 mg/kg，有效锌 1.78 mg/kg，水溶态硼 0.37 mg/kg，有效硫 21.1 mg/kg，有效钼 0.14 mg/kg（见表 1）。

表 1　方城县土壤样品各养分项目特征值统计结果

指标	有机质（g/kg）	全氮（g/kg）	有效磷（mg/kg）	速效钾（mg/kg）	缓效钾（mg/kg）	水溶态硼（mg/kg）
最大值	51.4	1.89	72.4	350	1 622	1.85
最小值	1.65	0.15	1.29	26	224	0.12
平均数	14.29	0.94	13.79	105	701	0.37
标准差	3.24	0.21	5.82	31.99	169.79	0.11
变异系数（%）	22.67	22.34	42.2	30.47	24.22	29.73
指标	有效硫（mg/kg）	有效钼（mg/kg）	有效铜（mg/kg）	有效锌（mg/kg）	有效铁（mg/kg）	有效锰（mg/kg）
最大值	45.56	0.46	4.98	7.81	65.4	68
最小值	1.79	0.01	0.21	0.42	2.8	5.3
平均数	21.1	0.14	1.32	1.78	22.36	20.72
标准差	2.95	0.06	0.37	0.73	7.27	5.64
变异系数（%）	13.98	42.86	28.03	41.01	32.51	27.22

（2）不同土壤类型养分现状。从不同土壤类型分析，全县紧沙土区面积 0.13 万亩，土壤养分含量平均值为全氮 0.91 g/kg，有机质 14.05 g/kg，有效磷 13.06 mg/kg，速效钾 96 mg/kg，缓效钾 768 mg/kg，有效铁 20.77 mg/kg，有效锰 20.36 mg/kg，有效铜 1.37 mg/kg，有效锌 1.81 mg/kg，有效硫 20.76 mg/kg，水溶态硼 0.38 mg/kg，pH 值 6.87；轻壤土区面积 8.83 万亩，土壤养分含量平均值为全氮 0.91 g/kg，有机质 13.79 g/kg，有效磷 13.56 mg/kg，速效钾 101 mg/kg，缓效钾 685 mg/kg，有效铁 22.55 mg/kg，有效锰 21.42 mg/kg，有效铜 1.31 mg/kg，有效锌 1.90 mg/kg，有效硫 21.66 mg/kg，水溶态硼 0.35 mg/kg，pH 值 6.84；轻黏土区面积 2.74 万亩，土壤养分含量平均值为全氮 0.96 g/kg，有机质 14.8 g/kg，有效磷 15.06 mg/kg，速效钾 110 mg/kg，缓效钾 708 mg/kg，有效铁 22.65 mg/kg，有效锰 21.39 mg/kg，有效铜 1.34 mg/kg，有效锌 1.71 mg/kg，有效硫 21.61 mg/kg，水溶态硼 0.39 mg/kg，pH 值 6.88；沙壤土区面积 0.20 万亩，土壤养分含量平均值为全氮 0.88 g/kg，有机质 13.69 g/kg，有效磷 14.77 mg/kg，速效钾 101 mg/kg，缓效钾 687

mg/kg，有效铁 20.74 mg/kg，有效锰 20.33 mg/kg，有效铜 1.30 mg/kg，有效锌 1.89 mg/kg，有效硫 20.51 mg/kg，水溶态硼 0.36 mg/kg，pH 值 6.91；中壤土区面积 94.07 万亩，土壤养分含量平均值为全氮 0.92 g/kg，有机质 14.05 g/kg，有效磷 13.63 mg/kg，速效钾 103 mg/kg，缓效钾 694 mg/kg，有效铁 22.21 mg/kg，有效锰 21.09 mg/kg，有效铜 1.34 mg/kg，有效锌 1.83 mg/kg，有效硫 21.27 mg/kg，水溶态硼 0.37 mg/kg，pH 值 6.86；重壤土区面积 55.76 万亩，土壤养分含量平均值为全氮 0.93 g/kg，有机质 14.02 g/kg，有效磷 13.59 mg/kg，速效钾 105 mg/kg，缓效钾 685 mg/kg，有效铁 21.78 mg/kg，有效锰 20.46 mg/kg，有效铜 1.29 mg/kg，有效锌 1.84 mg/kg，有效硫 21.58 mg/kg，水溶态硼 0.37 mg/kg，pH 值 6.89（见表 2）。

表 2　方城县不同土壤类型土壤养分含量汇总

土壤质地	代表面积（万亩）	有机质（g/kg）	全氮（g/kg）	有效磷（mg/kg）	速效钾（mg/kg）	缓效钾（mg/kg）	有效铁（mg/kg）
紧沙土	0.13	14.05	0.91	13.06	96	768	20.77
轻壤土	8.83	13.79	0.91	13.56	101	685	22.55
轻黏土	2.74	14.8	0.96	15.06	110	708	22.65
沙壤土	0.20	13.69	0.88	14.77	101	687	20.74
中壤土	94.07	14.05	0.92	13.63	103	694	22.21
重壤土	55.76	14.02	0.93	13.59	105	685	21.78

土壤质地	有效锰（mg/kg）	有效铜（mg/kg）	有效锌（mg/kg）	有效硫（mg/kg）	水溶态硼（mg/kg）	pH 值
紧沙土	20.36	1.37	1.81	20.76	0.38	6.87
轻壤土	21.42	1.31	1.90	21.66	0.35	6.84
轻黏土	21.39	1.34	1.71	21.61	0.39	6.88
沙壤土	20.33	1.30	1.89	20.51	0.36	6.91
中壤土	21.09	1.34	1.83	21.27	0.37	6.86
重壤土	20.46	1.29	1.84	21.58	0.37	6.89

2.2　土壤养分评价

依照农业部《测土配方施肥技术规范》土壤养分分级标准进行统计分析。

2.2.1　土壤有机质

全县共参与土壤有机质含量分析的样品 5 790 个，有机质含量变幅为 1.7 ~ 51.4 g/kg，平均 14.29 g/kg，四级（20 ~ 30 g/kg）的 232 个，出现频率为 4.01%，代表面积 3.88 万亩；五级（10 ~ 20 g/kg）的 5 297 个，出现频率为 91.49%，代表面积 88.67 万亩；六级（6 ~ 10 g/kg）的 235 个，出现频率为 4.06%，代表面积 3.93 万亩；七级（≤6 g/kg）的 12 个，出现频率为 0.21%，代表面积 0.2 万亩。从表 3 看，土壤有机质含量为 10 ~ 20 g/kg 的最集中，说明土壤有机质处于中低等级含量水平，土壤仍需要增施有机肥。

2.2.2　土壤全氮

全县共参与土壤全氮含量分析的样品 5 790 个，全氮含量变幅为 0.15 ~ 1.89 g/kg，平均含量 0.94 g/kg。四级（1.5 ~ 2.0 g/kg）的 423 个，出现频率为 7.31%，代表面积 7.08 万亩；五级（1.0 ~ 1.5 g/kg）的 867 个，出现频率为 14.97%，代表面积 14.51 万亩；六级

(0.5～1.0 g/kg)的4 485个,出现频率为77.46%,代表面积75.08万亩;七级(≤0.5 g/kg)的15个,出现频率为0.26%,代表面积0.25万亩。从表4可以看出,土壤全氮含量在0.5～2.0 g/kg范围最集中,占总土壤面积的99.74%,而一到三级没有,说明土壤全氮含量处于中低级别状态,需要依靠施用氮肥来提高产量。

表3　不同有机质含量级别

分级标准		样次	频率(%)	平均含量(g/kg)
等级	有机质(g/kg)			
一级	>50.0	1	0.02	51.4
二级	40.0～50.0	2	0.03	48.38
三级	30.0～40.0	11	0.19	34.04
四级	20.0～30.0	232	4.01	22.68
五级	10.0～20.0	5 297	91.49	14.12
六级	6.0～10.0	235	4.06	8.86
七级	≤6.0	12	0.21	4.43
合计/总平均		5 790	—	14.288

表4　不同全氮含量级别

分级标准		样次	频率(%)	平均含量(g/kg)
等级	全氮(g/kg)			
一级	>3.0	0	0	0
二级	2.5～3.0	0	0	0
三级	2.0～2.5	0	0	0
四级	1.5～2.0	423	7.31	1.53
五级	1.0～1.5	867	14.97	1.14
六级	0.5～1.0	4 485	77.46	0.85
七级	≤0.5	15	0.26	0.375
合计/总平均		5 790	—	0.94

2.2.3　有效磷

全县共参与土壤有效磷含量分析的样品5 790个,有效磷含量变幅为1.29～72.4 mg/kg,平均含量13.79 mg/kg。二级(40～50 mg/kg)的17个,出现频率为0.29%,代表面积0.28万亩;三级(30～40 mg/kg)的72个,出现频率为1.24%,代表面积1.21万亩;四级(20～30 mg/kg)的568个,出现频率为9.81%,代表面积9.51万亩;五级(10～20 mg/kg)的3 688个,出现频率为63.7%,代表面积61.74万亩;六级(5～10 mg/kg)的1 316个,出现频率为22.73%,代表面积22.03万亩;七级(≤5 mg/kg)的120个,出现频率为2.07%,代表面积2.00万亩。从表5看,有效磷含量大部分在四、五、六级别(5～30 mg/kg)范围内,处于中等偏下状态,需要依靠施用磷肥来提高产量。

2.2.4　速效钾

全县共参与土壤速效钾含量分析的样品5 790个,速效钾含量变幅为26～350 mg/kg,平均含量105 mg/kg。四级(150～200 mg/kg)的428个,出现频率为7.39%,代表面积7.16万亩；五级（100～150 mg/kg）的2 586个，出现频率为44.66%，代表面积43.29万亩；六级（50～100 mg/kg）的2 640个，出现频率为45.6%，代表面积44.19万亩；七级（≤50 mg/kg）的64个，出现频率为1.11%，代表面积1.07万亩。从表6看，速效钾含量大部分为五、六级（50～150 mg/kg），占到总土壤面积的68%，处于中等含量状态，需要重视钾肥的补充使用。

表5 不同有效磷含量级别

分级标准		样次	频率（%）	平均含量（mg/kg）
等级	有效磷（mg/kg）			
一级	>50.0	9	0.16	57.76
二级	40.0～50.0	17	0.29	42.72
三级	30.0～40.0	72	1.24	33.66
四级	20.0～30.0	568	9.81	23.13
五级	10.0～20.0	3 688	63.7	14.09
六级	5.0～10.0	1 316	22.73	8.08
七级	≤5.0	120	2.07	3.87
合计/总平均		5 790	—	13.79

表6 不同速效钾含量级别

分级标准		样次	频率（%）	平均含量（mg/kg）
等级	速效钾（mg/kg）			
一级	>300	7	0.12	322
二级	250～300	15	0.26	276
三级	200～250	50	0.86	213
四级	150～200	428	7.39	167
五级	100～150	2 586	44.66	117
六级	50～100	2 640	45.6	82
七级	≤50	64	1.11	44
合计/总平均		5 790	—	105

2.2.5 土壤微量元素

（1）土壤有效铜。如表7所示，土壤有效铜大部分处于四级（1.0～1.8 mg/kg）。全县土壤按全国土壤养分含量分级标准：土壤有效铜含量大于2 mg/kg的（很高），占全县耕地的16.9%；1～2 mg/kg的（高），占全县耕地的80.1%；0.2～1 mg/kg的（中），占全县耕地的3%。也就是说，全县耕地不缺铜元素营养，不需考虑施铜肥问题。

（2）有效锌。如表8所示，土壤有效锌大部分处于四级（1～2 mg/kg）。全县土壤有效锌含量变幅为0.42～7.81 mg/kg，平均含量为1.78 mg/kg。按全国土壤养分含量分级标准：土壤有效锌含量大于4 mg/kg的（很高），占全县耕地的5.6%；2～4 mg/kg的（高），占全县耕地的14.6%；1～2 mg/kg的（中），占全县耕地的23.7%；0.5～1 mg/kg的（低），占全县耕地的51.3%；小于0.5 mg/kg的（很低），占全县耕地的5%。也就是说，全县耕地一半以上为缺锌土壤，尤其是在玉米、大豆主产区，应注意补施锌肥。

表 7　不同有效铜含量级别

分级标准		样次	频率(%)	平均含量(mg/kg)
等级	有效铜(mg/kg)			
一级	>3.4	3	0.08	3.99
二级	2.6～3.4	39	1.03	2.87
三级	1.8～2.6	301	7.95	2.04
四级	1.0～1.8	2 995	79.05	1.3
五级	0.2～1.0	450	11.88	0.82
六级	0.1～0.2	—	—	—
七级	≤0.1	—	—	—
合计/总平均		3 788	—	1.32

表 8　不同有效锌含量级别

分级标准		样次	频率(%)	平均含量(mg/kg)
等级	有效锌(mg/kg)			
一级	>4.0	84	2.22	4.83
二级	3.0～4.0	148	3.91	3.42
三级	2.0～3.0	645	17.03	2.37
四级	1.0～2.0	2 767	73.05	1.51
五级	0.5～1.0	137	3.62	0.89
六级	0.3～0.5	7	0.18	0.44
七级	≤0.3	—	—	—
合计/总平均		3 788	—	1.78

(3)有效铁。如表 9 所示,土壤有效铁大部分处于三、四等级,全县土壤有效铁含量变幅在 2.8～65.4 mg/kg,平均含量为 22.36 mg/kg。按全国土壤养分含量分级标准:土壤有效铁含量大于 20 mg/kg 的(很高),占全县耕地的 65%;10～20 mg/kg 的(高),占全县耕地的 23%;4.5～10 mg/kg 的(中),占全县耕地的 10.1%;2.5～4.5 mg/kg 的(低),占全县耕地的 1.9%。也就是说,全县耕地土壤的有效铁能满足作物生长发育,不需考虑施铁肥问题。

表 9　不同有效铁含量级别

分级标准		样次	频率(%)	平均含量(mg/kg)
等级	有效铁(mg/kg)			
一级	>40.0	132	3.48	47.3
二级	30.0～40.0	283	7.47	34.32
三级	20.0～30.0	1 651	43.59	23.59
四级	10.0～20.0	1 693	44.69	17.46
五级	4.5～10.0	25	0.66	7.63
六级	2.5～4.5	4	0.11	3.43
七级	≤2.5	—	—	—
合计/总平均		3 788	—	22.36

（4）有效锰。如表 10 所示，土壤有效锰大部分属于四级（15.0～30.0 mg/kg），全县土壤有效锰含量变幅在 5.3～68 mg/kg，平均含量为 20.72 mg/kg。按全国土壤养分含量分级标准：土壤有效锰含量大于 30 mg/kg 的（很高），占全县耕地的 11.3%；20～30 mg/kg的（高），占全县耕地的 79%；10～20 mg/kg 的（中），占全县耕地的 6.7%；5～10 mg/kg 的（低），占全县耕地的 3%。也就是说，全县耕地不缺锰元素营养，不需要补施含锰肥料。

表 10　不同有效锰含量级别

分级标准		样次	频率（%）	平均含量（mg/kg）
等级	有效锰（mg/kg）			
一级	>60.0	3	0.08	64.93
二级	45.0～60.0	38	1	50.53
三级	30.0～45.0	124	3.27	36.03
四级	15.0～30.0	3 399	89.73	20.27
五级	5.0～15.0	224	5.91	13.39
六级	1.0～5.0	—	—	—
七级	≤1.0	—	—	—
合计/总平均		3 788	—	20.72

（5）水溶态硼。如表 11 所示，土壤有效硼大部分处于六级（0.2～0.5 mg/kg）。全县土壤有效硼含量变幅在 0.12～1.85 mg/kg，平均含量为 0.37 mg/kg。按照全国土壤养分含量分级标准：1～2 mg/kg 的（高），占全县耕地的 0.3%；0.5～1 mg/kg 的（中），占全县耕地的 29.7%；0.25～0.5 mg/kg 的（低），占全县耕地的 63%；低于 0.25 mg/kg 的（很低），占全县耕地的 7%。也就是说，全县耕地 70% 属于缺硼土壤。在种植双子叶作物，尤其是种植烟叶、油菜、大豆、花生等作物时，注意补施硼肥。

表 11　不同水溶态硼含量级别

分级标准		样次	频率（%）	平均含量（mg/kg）
等级	有效硼（mg/kg）			
一级	>3	0	0	—
二级	2.0～3.0	0	0	—
三级	1.5～2.0	0	0	—
四级	1.0～1.5	3	0.08	1.37
五级	0.5～1.0	374	9.87	0.58
六级	0.2～0.5	3 397	89.68	0.35
七级	≤0.2	14	0.37	0.17
合计/总平均		3 788	—	0.37

（6）有效硫。据此次土壤化验结果统计，全县土壤有效硫含量变幅在 1.79～45.56 mg/kg，平均含量为 21.08 mg/kg，按照全国土壤养分含量分级标准：土壤有效硫含量大于 45 mg/kg的（偏高），占全县耕地的 0.8%；30～50 mg/kg 的（丰富），占全县耕地的 10.2%；16～30 mg/kg 的（中等），占全县耕地的 86%；10～16 mg/kg 的（缺乏），占全县耕

地的0.8%。因此,全县土壤整体来讲硫含量属中等水平,要想进一步提高作物的产量,需增施硫肥。

(7)有效钼。据此次土壤化验结果统计,全县土壤有效钼含量变幅为0.01～0.46 mg/kg,平均含量为0.14 mg/kg。按全国土壤养分含量分级标准:土壤有效钼大于0.3 mg/kg的(很高),占全县耕地的3.1%;0.21～0.3 mg/kg的(高),占全县耕地的6.4%;0.16～0.2 mg/kg的(中),占全县耕地的28.7%;0.10～0.15 mg/kg的(低),占全县耕地的32.4%;小于0.10 mg/kg的(很低),占全县耕地的28.6%。也就是说,全县耕地有60%的土壤缺钼。在施肥中要考虑钼肥的施用,尤其在种植豆科作物和十字花科作物时更应注意施用钼肥。

2.3　与全国第二次土壤普查结果相比较

以2006～2008年测土配方施肥项目土壤化验平均数据,与1982年全国第二次土壤普查数据进行比较分析可以看出,大量元素有"三升一降"的趋势:有机质含量2006年平均值为14.29 g/kg,比1982年的9.75 g/kg增4.54 g/kg;全氮含量平均值为0.94 g/kg,比1982年的0.73 g/kg增0.21 g/kg;有效磷含量平均值13.79 mg/kg,比1982年的10.18 mg/kg增3.61 mg/kg;速效钾含量平均值105 mg/kg,比1982年的132.23 mg/kg减少27.2 mg/kg。说明随着耕作措施的不断改进和化肥投入的不断增加,全县土壤养分状况已经发生了一些新的变化(见图1)。

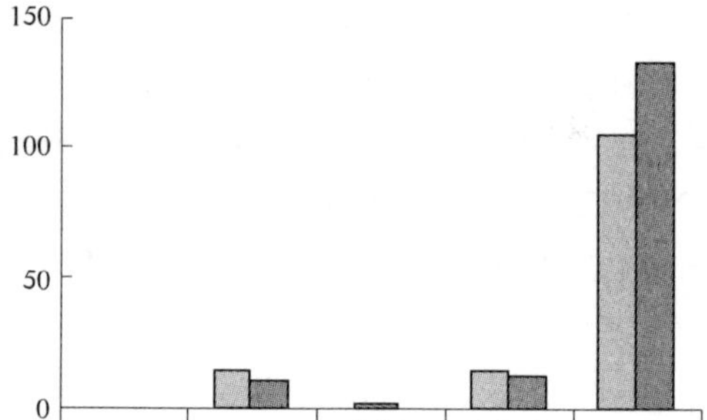

	项目	有机质(g/kg)	全氮(g/kg)	有效磷(mg/kg)	速效钾(mg/kg)
2006~2008年	(g/kg)	14.29	0.94	13.79	105
1982年		9.75	0.73	10.18	132.2

图1　1982年土壤普查值和2006～2008年国家级测土配方施肥项目土壤样化验数据比较

2.4　土壤养分变化原因的分析

(1)耕作方式的影响。土地的耕作方式对于土壤养分含量的变化也有很大的影响。随着农业产量的大幅度提高及经济的快速发展,农村"三料"(燃料、饲料、肥料)矛盾基本解决,农作物根茬、枯枝落叶大量残留归还土壤中,加之近些年机收面积扩大,人为的秸秆还田及过腹还田措施落实,同时,不断地调整种植制度,采用轮作、间作、套种方式,农民用地养地的意识不断提高,培肥地力得到充分的重视,这些变化促使土壤中有机质、氮、磷大量元素的含量大幅度提高。

(2)化肥投入量逐年提高的影响。肥料是作物的粮食,是农业生产中最重要而且也是今后相当长一段时间内不可替代的生产资料。方城县20世纪60年代使用化肥以来，用量逐年增加。目前，方城县化肥的利用率低，氮肥的当季利用率为30%左右。磷肥的利用率为20%左右，虽然氮肥有挥发和淋溶损失，但其余大部分残留在土壤中被固定和吸收，随着时间的推移，土壤中氮、磷含量有所提高。

(3)有机肥投入增加的影响。方城县在农业生产方面，历来就有积造施用有机肥的良好习惯。20世纪90年代前，县、乡各级政府在夏季都号召“高温积肥”。在农闲季节，农民的主要任务就是利用各种作物秸秆、杂草、枯枝败叶、人畜粪尿等原料积造有机肥，重点施用于小麦底肥和部分春作物基肥，每亩用量3 000 kg左右，全县施用面积80万亩以上。随着大型小麦收割机和秸秆还田机械的推广应用，全县麦秸、麦糠覆盖，小麦高留茬面积达到80万亩，秸秆还田量每亩350 kg左右；玉米秸秆还田面积5万亩，秸秆还田量每亩400 kg左右。连年的秸秆还田，使土壤有机质得到补充和提高。

(4)种植制度的影响。多年来，方城县以种植营养摄取量多的小麦、玉米为主，而且复种指数提高，虽然近年来有机肥用量加大，但农民主要还是以施用化肥来补充作物的营养需求，而且化肥品种单一，主要以磷酸二铵、过磷酸钙、钙镁磷、尿素、碳铵为主。钾元素肥料不施或少施，造成钾素和中微量元素过量消耗。根据土壤养分平衡率和最小养分率，氮、磷、钾比例不合理施用是导致土壤内钾元素含量降低的主要原因。

3 施肥及土壤改良建议

3.1 积极开展土壤改良与培肥

良好的土壤条件是测土配方施肥的基础。方城县各耕地资源类型区应广泛开展耕地土壤改良与培肥，广辟肥源，增施有机肥；推广秸秆粉碎还田与麦糠覆盖；黏土深翻，破除犁底层，改良土壤结构，促进团粒结构形成；沙土掺黏改土提高保水保肥性能。

3.2 加快推广测土配方施肥

测土配方施肥是依托土壤养分化验数据和肥料试验结果，根据作物需肥规律、土壤供肥特性和肥料利用效应，在施用有机肥的基础上，提出目标产量所需氮、磷、钾及中微量元素肥料用量与方法的施肥技术。通俗地讲，就是缺什么、施什么，缺多少、施多少。

3.3 建立测土配方施肥动态指标体系

通过方城县测土配方施肥与耕地地力评价项目的开展，全县已建立了主要农作物小麦、玉米的测土配方施肥指标体系。该技术已在农业生产中发挥了显著作用。为进一步提升全县施肥水平，提高农业效益，应该建立测土配方施肥动态指标体系。

(1)搞好土壤肥力监测。在完成国家、省、市土壤肥力监测任务基础上，设立方城县土壤肥力长期定位监测点，根据各耕地资源类型区农业主产品的类型与规模不同，每区可设立3～5个土壤肥力监测点，形成比较完善的全县土壤肥力监测系统。

(2)加强田间肥效试验。在完成农业部项目要求的肥效试验外，安排方城县测土配方施肥田间肥效长期试验，分耕地资源类型区、分作物设立，每区安排1～2个试验点。

(3)完善施肥指标体系。根据年度土壤肥力监测数据和田间肥效试验结果，组织有关农业专家及典型科技户，对已应用的施肥指标体系进行修正，使下年度的施肥指标更符合实际，发挥更大作用。

3.4　切实搞好服务,发挥测土配方施肥效益

测土配方施肥的最终目的是农作物施肥。土肥技术部门要与肥料生产、销售企业密切合作,各负其责。土肥技术部门按不同类型区、不同作物提供配方,肥料生产企业保质保量生产,肥料销售企业合理布点及时提供给农户,由农户按时施肥。通过良好的服务,充分发挥测土配方施肥的作用。

新郑市土壤养分现状、变化与分析

李建峰

(河南省新郑市土壤肥料站·2009 年 6 月)

摘要:新郑市自 2005 年开始实施农业部测土配方施肥项目,每年都要采集一定数量的土壤样品进行化验分析。通过对全市土壤养分现状的系统化验分析,表明新郑市土壤养分状况从整体上有很大改善,土壤有机质、全氮、有效磷含量有所提高,但区域之间或同一区域的不同地块之间差异大,存在的突出问题是土壤速效钾下降明显。

关键词:养分现状　变化　分析

自 20 世纪 80 年代初进行了第二次土壤普查到现在经过了 20 多年的耕种、施肥、灌溉、种植结构调整等因素的影响,新郑市农田土壤肥力、养分发生了很大的变化,为了掌握新郑市农田土壤养分变化情况,新郑市自 2005 年开始结合实施测土配方施肥项目,对全市土壤进行了布点取土化验,分析了主要农田土壤耕层养分现状和影响因素,为科学指导新郑市农业生产提供依据。

1　材料与方法

1.1　样点分布

样品采集布点按照土壤类型、肥力水平、轮作制度、作物类型等因素综合考虑。平均每 100 ~ 200 亩耕地采集 1 个土样(根据实际情况进行相应调整,丘陵山区 30 ~ 80 亩、平原区 100 ~ 500 亩采集 1 个土样),深度 20 cm。2005 年采集土壤样品 3 817 个,2006 年采集土壤样品 2 010 个,2007 年采集土壤样品 523 个,2008 年采集土壤样品 820 个。

1.2　分析方法

按照《测土配方施肥技术规范》要求,进行了 10 个项目的测定,土壤 pH 值采取土液比 1∶2.5 的电位法测定,土壤有机质采取油浴加热重铬酸钾氧化容量法测定,土壤全氮采取凯氏蒸馏法测定,土壤有效磷采取碳酸氢钠提取 – 钼锑抗比色法测定,土壤速效钾采取乙酸铵浸提 – 火焰光度计法测定,土壤缓效钾采取硝酸提取 – 火焰光度计法测定,土壤有效铜、锌、铁、锰采取 DTPA 浸提 – 原子吸收分光光度计法测定。

2 结果与分析

2.1 不同土壤的养分等级

新郑市共化验了2005年、2006年、2007年三个年度的土壤样品，为了便于说明，现以2005年度化验数据进行分析。

(1)土壤有机质。全市土壤有机质含量平均15.45 g/kg，标准差5.5 g/kg。从图1可以看出，大多数样品为10～20 g/kg，部分为6～10 g/kg。对照分级标准，新郑市土壤有机质含量目前处在中低水平。

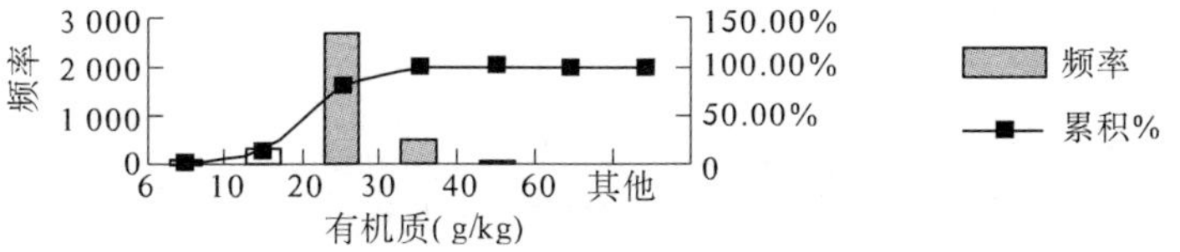

图1 新郑市2005年度土壤有机质分布

(2)土壤全氮。新郑市土壤全氮(N)平均含量为0.784 g/kg，标准差0.261 g/kg。从图2可知，含量在0.5～1.0 g/kg范围的占74.4%，小于0.5 g/kg的占11.7%，1.0～1.5 g/kg的占13.5%。总体看，新郑市土壤有机质含量普遍偏低。

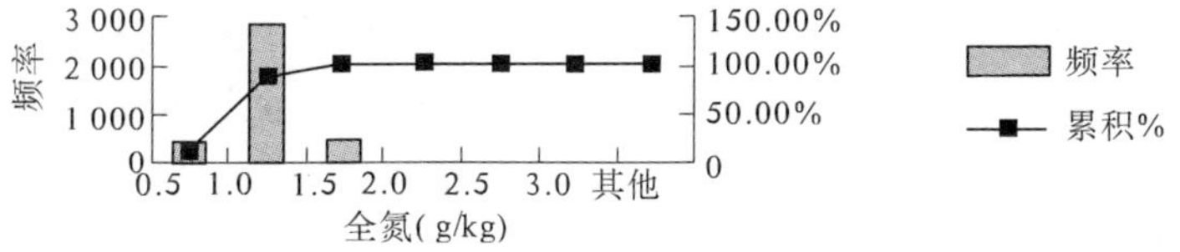

图2 新郑市2005年度土壤全氮分布

(3)土壤有效磷。新郑市土壤有效磷(P)平均含量为12.97 mg/kg，标准差9.8 mg/kg，可见土壤有效磷含量极不均匀，存在明显的地块间(空间)差异。从图3可知，有效磷在各个区间都有分布。统计表明：小于5 mg/kg的样品363个，占样品总数的9.51%；5～10 mg/kg的样品1 438个，占样品总数的37.69%；10～20 mg/kg的样品1 488个，占样品总数的38.99%；20～30 mg/kg的336个，占样品总数的8.8%；30～40 mg/kg的102个，占样品总数的2.68%。可以看出，新郑市土壤有效磷含量小于10 mg/kg的占47.2%，说明近半数土壤缺少磷，生产上应该注意磷肥的施用。

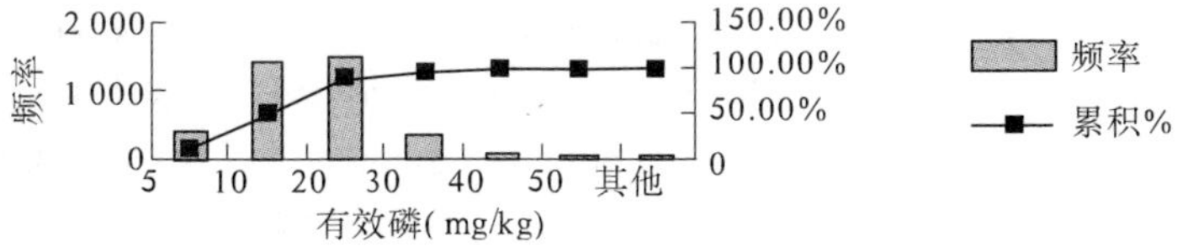

图3 新郑市2005年度土壤有效磷分布

(4)土壤速效钾。新郑市土壤速效钾(K)平均含量79.51 mg/kg，标准差34.56 mg/kg。从图4可知，小于50 mg/kg的样品401个，占样品总数的10.51%；50～100 mg/kg的样品2 793个，占样品总数的73.19%；100～150 mg/kg的样品486个，占样品总数的12.74%；150～200 mg/kg的样品89个，占样品总数的2.33%。可见，新郑市土壤速效钾含量处于中低水平。

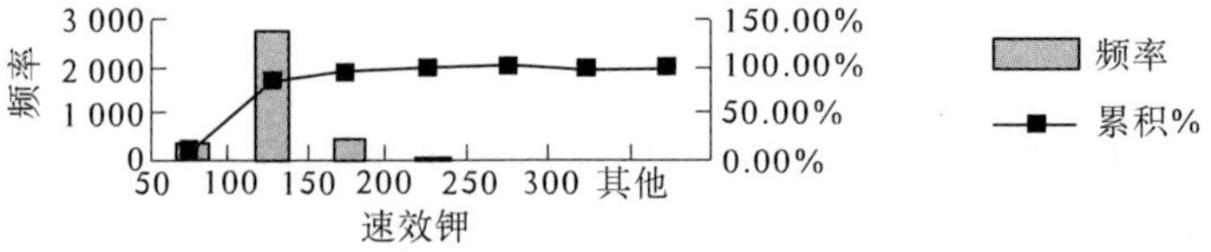

图 4　新郑市 2005 年度土壤速效钾分布

(5)土壤缓效钾。新郑市土壤缓效钾(K)含量较高,平均值 392. 59 mg/kg,标准差 209. 95 mg/kg。从图 5 可知,缓效钾含量超过 400 mg/kg 的样品 1 715 个,占样品总数的 44. 94%,说明新郑市土壤缓效钾含量处于较高水平。

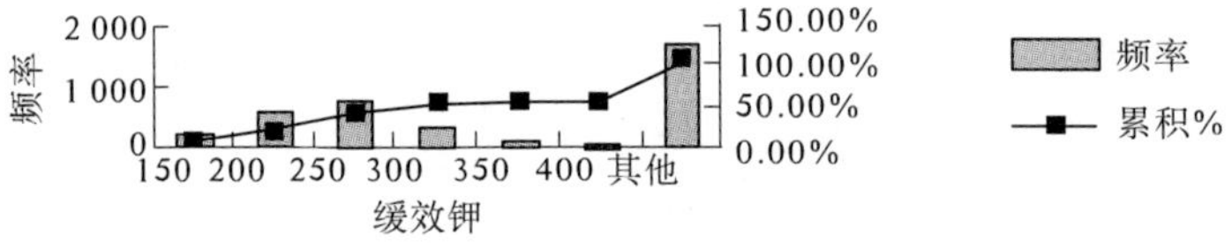

图 5　新郑市 2005 年度土壤缓效钾分布

2. 2　不同质地土壤养分分布状况

新郑市土壤质地按照《测土配方施肥技术规范》可分沙土、沙壤、壤土、黏壤、黏土五种。不同质地土壤养分分布情况见表 1。从表中可知,土壤全氮、有机质、速效钾、缓效钾含量都呈现出随质地变化而变化的趋势,即质地偏重的土壤上述几项含量就高,质地偏轻的土壤含量就低,即土壤含量沙土 < 沙壤 < 壤土 < 黏壤 < 黏土;有效磷含量与土壤质地没有相关关系,主要受人为影响较大。

表 1　新郑市土壤不同质地养分含量(2005 年度)

土壤质地	项目	全氮 (g/kg)	有效磷 (mg/kg)	速效钾 (mg/kg)	缓效钾 (mg/kg)	有机质 (g/kg)
沙土	平均值	0. 613 471 9	12. 549 862	60. 318 44	207. 966 2	11. 236 54
	标准差	0. 214 067 9	7. 652 637	21. 705 854	92. 342 08	3. 862 579
沙壤	平均值	0. 737 684 1	12. 824 136	73. 060 715	316. 539 7	14. 356 06
	标准差	0. 227 635 7	9. 057 693 1	31. 641 828	167. 448 4	5. 055 183
壤土	平均值	0. 859 733 3	13. 218 161	88. 371 314	486. 731 3	17. 162 47
	标准差	0. 277 244	10. 988 831	36. 419 797	205. 446 4	5. 559 512
黏壤	平均值	0. 864 516	12. 536 774	95. 420 584	592. 917 2	18. 546 65
	标准差	0. 222 725 9	10. 229 604	36. 030 575	170. 664 7	5. 655 008
黏土	平均值	0. 925 802	13. 994 175	99. 596 552	613. 045 8	18. 505 95
	标准差	0. 240 143 9	9. 755 831 1	30. 917 868	172. 536 2	4. 382 067
全市平均	平均值	0. 784 252 7	12. 973 419	79. 513 764	392. 587 6	15. 448 82
	标准差	0. 260 626 5	9. 815 607 2	34. 561 845	209. 953 3	5. 544 154

2. 3　土壤养分变化趋势分析

(1)土壤有机质变化趋势分析。土壤有机质的变化比较明显。1982 年全市平均土壤有机质8.5 g/kg,2005年全市平均土壤有机质15.44 g/kg,2005年比1982年高6.94 g/kg,这与多年来推广作物秸秆还田技术有密切关系。有机物的腐熟对改良土壤起到重要的作用。

(2)土壤有效磷变化趋势分析。土壤有效磷变化在过去的23年中,也是逐渐升高的趋势。1982年全市平均有效磷8.8 mg/kg,2005年全市平均有效磷12.97 mg/kg, 2005年比1982年高7.6 mg/kg。

(3)土壤速效钾变化趋势分析。土壤速效钾变化与上述两项正好相反,呈逐渐降低的趋势 。1982年全市平均土壤速效钾83.8 mg/kg,2005年全市平均土壤速效钾79.51 mg/kg,2005年比1982年低4.29 mg/kg,这可能是随着产量的大幅提高所带走的钾素也相应较多的缘故。

(4)土壤全氮变化趋势分析。土壤全氮变化趋势是在过去的23年中,土壤全氮逐步升高。1982年全市平均全氮0.49 g/kg,2005年全市平均全氮0.784 g/kg, 2005年比1982年高0.294 g/kg。土壤全氮变化趋势与土壤有机质的变化趋势基本吻合。

3 小结

通过对新郑市土壤养分监测化验,基本掌握了新郑市土壤耕层养分含量和盈亏情况。化验结果表明,新郑市土壤养分状况与第二次土壤普查相比,从整体上有很大改善,土壤有机质、全氮、有效磷含量有所提高,分别提高了6.94 g/kg、0.294 g/kg、7.6 mg/kg,但区域之间或同一区域的不同地块之间差异大,存在的突出问题是,土壤速效钾下降明显。因此,在推荐施肥上,坚持增施有机肥为基础,合理划分施肥区域,运用试验示范结果,为农户提供优质的个性化施肥技术服务。

滑县土壤养分现状与评价

刘红君　卢中民　赵冬丽　王冬梅
(滑县农业技术推广中心·2009年8月)

摘要:通过对滑县土壤养分的化验和系统分析,表明土壤有机质处于中低水平,半数以上土壤缺少磷,土壤全氮含量普遍偏低,土壤速效钾含量处于中低水平且呈下降趋势,土壤缓效钾比较充裕,土壤有效铜、有效铁、有效锰含量相对较高,一般不需要补充;有些地块缺硼,应注意根据实际情况施用硼肥,滑县土壤大多缺钼。生产上应该注意有机肥、氮肥、磷肥、硼肥、钼肥的配合施用。

关键词:土壤　养分　现状　评价

滑县地处豫北,是一个典型的农业县,耕地面积195万亩,常年粮食产量120万t。2005年以来,滑县每年都采集土壤样品进行化验分析,共采集化验土样8 300个(其中

2005 年采集化验土样 3 800 个、2006 年 3 000 个、2007 年 500 个、2008 年 1 000 个)。通过养分化验和分析,基本摸清了土壤养分现状,现将近年来滑县土壤养分现状、变化进行分析与评价。

1 滑县土壤养分现状

1.1 化验方法

土壤 pH 值采取土液比 1∶2.5 的电位法,土壤有机质采取油浴加热重铬酸钾氧化容量法,土壤全氮采取凯氏蒸馏法,土壤有效磷采取碳酸氢钠提取 - 钼锑抗比色法,土壤速效钾采取乙酸铵浸提 - 火焰光度计法,土壤缓效钾采取硝酸提取 - 火焰光度法,土壤有效硫采取氯化钙浸提 - 硫酸钡比浊法,土壤有效铜、锌、铁、锰采取 DTPA 浸提 - 原子吸收分光光度法,土壤有效硼采取沸水浸提 - 甲亚胺 - H 比色法,土壤有效钼采取草酸 - 草酸铵浸提 - 极谱法。

1.2 土壤养分现状

(1)土壤有机质。滑县土壤有机质含量平均为 13.19 g/kg,标准差 3.2 g/kg,大多数分布在 10 ~20 g/kg范围内。按照分级标准,滑县土壤有机质含量目前处于中低水平。

(2)土壤全氮。滑县土壤全氮(N)平均含量为 0.825 g/kg,标准差 0.179 g/kg。总体看滑县土壤全氮含量普遍偏低。

(3)土壤有效磷。滑县土壤有效磷(P)平均含量为 13.07 mg/kg,标准差 21 mg/kg。可见土壤有效磷含量极不均匀,存在明显的地块间(空间)差异。其中土壤有效磷含量小于 10 mg/kg 的面积占 54.9%,说明半数以上土壤缺磷,生产上应注意施用磷肥。

(4)土壤速效钾。滑县土壤速效钾(K)平均含量 96.4 mg/kg,标准差 66 mg/kg,其中小于 100 mg/kg 的占 72.7%。可见滑县土壤速效钾含量处于中低水平。

(5)土壤缓效钾。滑县土壤缓效钾(K)含量较高,平均值 630.7 mg/kg,标准差 105.6 mg/kg,有 98.7% 的土壤的缓效钾含量超过了 400 mg/kg,说明滑县土壤缓效钾含量处于较高水平。

(6)土壤 pH 值。滑县土壤 pH 值受成土母质影响,呈现偏碱性,平均值为 8.07,标准差 0.22,有 95.9% 的土壤 pH 值为 7.5 ~8.5,说明滑县土壤适度偏碱,适合作物生长发育。

(7)土壤有效铜。滑县土壤有效铜(Cu)含量平均为 1.083 mg/kg,标准差为 0.621 mg/kg,大部分在 0.2 ~1.8 mg/kg 范围内,说明滑县土壤目前不缺铜。

(8)土壤有效铁。滑县土壤有效铁(Fe)平均含量为 8.97 mg/kg,标准差 2.76 mg/kg。其中,4.5 ~10 mg/kg 的占 67.9%,说明滑县土壤绝大多数不缺铁,不需要施用铁肥。

(9)土壤有效锰。滑县土壤有效锰(Mn)平均含量为 14.22 mg/kg,标准差 4.01 mg/kg,说明滑县土壤有效锰含量较丰富。

(10)土壤有效锌。滑县土壤有效锌(Zn)平均含量为 0.98 mg/kg,标准差为 1.34 mg/kg,由此可见,变化幅度非常大。其中有效锌含量小于 0.3 mg/kg 极度缺锌的占 2%,有效锌含量为 0.3 ~0.5 mg/kg 的占 13.3%,说明除少部分地块和敏感作物外,一般不用施锌肥。

(11)土壤有效硫。滑县土壤有效硫(S)平均含量为29.72 mg/kg,标准差39.87 mg/kg,不同地块之间差异很大。

(12)土壤有效硼。滑县土壤有效硼(B)平均含量为0.725 mg/kg,标准差0.241 mg/kg,小于0.5 mg/kg的占15.5%,0.5~1.0 mg/kg的占72.4%,整个滑县基本上没有含硼很高的地块。生产上应注意施用硼肥。

(13)土壤有效钼。滑县土壤有效钼(Mo)平均含量为0.064 mg/kg,标准差为0.031 mg/kg。其中,小于0.1 mg/kg的占90.6%,0.1~0.15 mg/kg的占8.4%。可见,滑县土壤大多缺钼。

1.3 土壤养分分布

按照重壤、中壤、轻壤、沙壤四种土壤质地分布情况,土壤全氮、有机质、速效钾、缓效钾、有效铜、有效锰含量都与土壤质地变化呈正相关关系,即质地偏重的土壤上述几项含量就高,质地偏轻的土壤含量就低;有效磷含量与土壤质地没有相关关系,主要受人为影响较大;微量元素、土壤pH值与土壤质地关系不密切。

2 土壤养分评价

滑县各乡(镇)之间土壤养分含量存在较大差别。土壤全氮和有机质含量高的是道口、桑村、八里营、赵营,全氮含量最低的是半坡店,有机质最低的是高平和老店两个镇,这与土壤质地有一定关系;有效磷乡(镇)之间差别很大。

尽管近年采用了增加钾肥施用量、秸秆还田等措施,滑县速效钾下降趋势仍未得到彻底遏制。土壤缓效钾比较丰富和稳定,全县均处于较高的状态,22个乡(镇)平均含量都在400 mg/kg以上;土壤速效钾和缓效钾之间没有显著的相关关系。土壤pH值全县基本都在8上下,没有较大差别,过去的一些盐碱地也因地下水位降低和常年种植作物,pH值发生很大改善,目前全县土壤pH值都在7.9~8.3;土壤有效铜、有效铁、有效锰各乡(镇)差别不大,相对含量普遍较高,这可能主要与成土母质有关。但是,在个别作物的关键时期,仍有一些地块表现出微量元素供应不足的问题,如在花生盛花期,雨水过后,会有地块出现叶片发黄发白的现象,及时喷施含铁(Fe^{2+})肥料,很快发生好转;土壤有效硫含量各乡(镇)差异很大,这应该与施肥习惯有关;土壤有效硼乡(镇)之间差异不大,且普遍含量较高;滑县土壤有效钼含量很低,各乡(镇)之间差别也较大,而且没有一个乡(镇)平均值超过临界值的,所以生产上,尤其在十字花科作物上要注意应用钼肥。

3 土壤养分变化趋势分析

在过去的25年中,土壤全氮逐步升高,近3年趋于平稳,说明土壤全氮升高是一个循序渐进的过程,尽管每个年度变化不大,但是每年都在变化之中;土壤有效磷在过去的25年中,也是逐渐升高的趋势,但是,年度之间有小幅震荡。土壤速效钾变化与上述两项正好相反,从1990年以后持续走低,而且近年下降更为明显。这可能是因为随着产量的大幅提高,所带走的钾素也相应较多的缘故。土壤有机质的变化比较明显,25年提高了74.5%(见表1),这与多年来推广作物秸秆还田技术有密切关系。有机物的腐熟对改良土壤起到至关重要的作用。

滑县土壤微量元素含量变化情况见表2。从表中可以看出，土壤有效锌近年一直呈上升趋势，这与科学施用锌肥关系密切。多年来，我们一直坚持推广含锌微肥，尤其在玉米等对锌敏感的作物上，施用锌肥已经成为农民的习惯。就目前情况看，除了个别对锌敏感的作物以及个别缺锌的地块，一般可以不施锌肥。土壤有效硼变化也是逐渐上升，近11年含量没有变化，这是因为“补微工程”发挥了作用。多年来土壤有效钼一直处于临界值以下，缺钼严重，应注意补施钼肥，但是由于钼肥价格昂贵，市场上产品少，以后应该在花生等作物上，加大叶面喷施钼肥的推广力度。土壤有效铜、铁、锰含量相对比较高，目前能够满足作物生长需要，一般情况下，不需要施用这三种微量元素肥料。

表1　滑县土壤主要养分变化情况

项目	1982年	1990年	1995年	2005年	2006年	2007年
有机质(g/kg)	7.53	10.1	11.3	12.96	13.19	13.14
全氮(g/kg)	0.503	0.711	0.749	0.838	0.825	0.819
有效磷(mg/kg)	3.84	11.57	10.64	13.07	13.07	10.33
速效钾(mg/kg)	147.4	171.2	156.3	105.6	96.38	77.7

表2　滑县土壤微量元素含量变化情况

年度	有效铜(mg/kg)	有效铁(mg/kg)	有效锰(mg/kg)	有效锌(mg/kg)	有效硼(mg/kg)	有效钼(mg/kg)
1982	1.28	8.78	10.52	0.47	0.25	0.088
1990	1.16	6.79	7.03	0.53	0.45	0.021
1995	1.19	5.84	6.08	0.71	0.72	
2006	1.08	8.97	14.22	0.98	0.72	0.064

4　结论

(1)滑县土壤养分状况整体上有很大改善，土壤有机质、全氮、有效磷含量适中，但区域之间、不同地块之间差异大，土壤速效钾下降明显。

(2)施肥上，要坚持以增施有机肥为基础，合理划分施肥区域，为农户提供个性化施肥技术服务，对作物秸秆还田工作要常抓不懈，遏制土壤速效钾下降的趋势。

(3)滑县土壤缓效钾比较充裕，而国内外钾肥价格呈飞速上扬的形势，可以有目的地推广生物钾肥。

(4)滑县土壤有效铜、有效铁、有效锰含量相对比较高，目前，能够满足作物生长需要，一般不需要施用这三种微量元素肥料。但在一些敏感作物上和个别缺素地块，还不能忽视其个性需求。

扶沟县土壤养分现状、变化与评价

卢保善　张宝山　张艳霞　高会侠
（扶沟县农业技术推广中心·2008年10月）

摘要：通过对扶沟县2005～2008年不同区域、不同类型和不同种植制度耕地土壤样品的测定分析，在制定扶沟县土壤养分分级评价标准基础上评价了该县的土壤养分含量现状，对当前养分状况与历史数据进行比较，分析土壤养分变化趋势。

关键词：土壤养分现状　分级评价体系　变化趋势　扶沟县

1　概况

扶沟县地处豫东平原，黄泛区腹地，地处北纬34°06′～33°52′，东经114°19′～114°28′，现辖16个乡（镇、场），73万人，其中农业人口65.54万人，劳动力38.37万人，耕地面积113万亩，是个典型的农业大县。地貌属黄泛冲积平原，西北高东南低，无明显起伏。历年平均日照2 113.1 h，年积温5 128.2 ℃，平均气温14.25 ℃左右，无霜期234 d左右，全年平均降水量725.8 mm，自然气候条件适宜多种农作物的生长，尤其是充足的光、热资源条件，完全可以满足一年两熟、三熟农作物的需要。

全县粮食生产以小麦为主，自然播种面积98.2万亩，玉米16万亩，经济作物以棉花、瓜、菜为主，全县农业生产复种指数238%，是国家小麦生产基地县、优质棉生产基地县、无公害蔬菜生产基地县、全国果蔬生产十强县、农业科技入户工程示范县等，2005年扶沟县被农业部确定为首批测土配方施肥示范县。

1986年开展的第二次土壤普查，查明了土壤的养分含量、类型、数量和分布情况，为农业的综合开发和农业结构调整提供了科学依据。近20年来，由于种植制度、耕作措施、施肥水平等都发生了较大的变化，促使土壤的养分状况也发生了较大的变化。为了全面客观地评价扶沟县耕地土壤养分现状，为扶沟县推广测土配方施肥技术提供依据，我们于2005～2008年对扶沟县耕地资源养分状况进行了全面的调查研究。

2　材料与方法

2.1　样品采集

采用“S”法均匀随机选取采样点；用铲刀或不锈钢土钻采样，采样土层深度为0～20 cm，各采样点土样充分混匀后，四分法留取1.5 kg作代表样；采用GPS定位，记录经纬度，精确到0.1″。每200～300亩耕地采集1个土样，2005～2008年共采土样6 000余个。

2.2 样品测定分析

测试方法按农业部《测土配方施肥技术规范》规定的土壤养分常规测试方法进行。

土壤质地：国际制，全部样品均需采用手摸测定，质地分为沙土、沙壤、壤土、黏壤、黏土等五级；

土壤 pH：土液比 1∶2.5，电位法；

土壤有机质：油浴加热重铬酸钾氧化容量法；

土壤全氮：凯氏蒸馏法；

土壤有效磷：碳酸氢钠浸提－钼锑抗比色法测定；

土壤速效钾：乙酸铵浸提－火焰光度计测定；

土壤有效铜、锌、铁、锰：DTPA 浸提－原子吸收分光光度法。

3 结果与分析

3.1 扶沟县土壤养分现状分析

扶沟县土壤样品各养分项目特征值统计结果，见表 1。

表 1　扶沟县土壤养分含量统计

指标	有机质 (g/kg)	全氮 (g/kg)	有效磷 (mg/kg)	速效钾 (mg/kg)	有效铜 (mg/kg)	有效锰 (mg/kg)	有效锌 (mg/kg)	有效铁 (mg/kg)	pH 值
最大值	25.76	1.57	53.30	216.85	2.86	19.83	8.45	15.03	8.80
最小值	5.00	0.56	3.09	40.17	0.12	1.42	0.17	1.11	6.70
平均数	9.82	1.02	20.66	109.77	0.80	5.77	1.17	5.68	8.11
标准差	2.96	0.17	9.95	37.70	0.51	2.50	1.23	2.22	0.17
变异系数(%)	30.18	16.81	48.16	34.34	63.70	43.25	105.66	38.99	2.07

扶沟县土壤有机质含量最高为 25.76 g/kg，最低为 5.00 g/kg，平均含量为 9.82 g/kg；大量营养元素土壤全氮、有效磷和速效钾含量范围分别为 0.56～1.57 g/kg、3.09～53.30 mg/kg 和 40.17～216.85 mg/kg，平均含量为 1.02 g/kg、20.66 mg/kg、109.77 mg/kg；微量元素有效铜平均含量 0.80 mg/kg、有效锰含量平均含量为 5.77 mg/kg、有效锌平均含量为 1.17 mg/kg、有效铁平均含量为 5.68 mg/kg；而土壤 pH 值介于 6.7～8.8，平均为 8.11。

扶沟县土壤按照不同质地采样分为沙土、沙壤、壤土、黏壤和黏土，共 5 类，因此扶沟县土壤按照不同质地分类进行汇总，分析结果见表 2。

表 2　扶沟县不同土壤质地的土壤养分含量

质地	指标	有机质 (g/kg)	全氮 (g/kg)	有效磷 (mg/kg)	速效钾 (mg/kg)	有效铜 (mg/kg)	有效锰 (mg/kg)	有效锌 (mg/kg)	有效铁 (mg/kg)	pH 值
沙土	最大值	21.16	1.56	53.30	198.17	2.86	17.69	8.45	15.03	8.4
	最小值	5.07	0.56	3.09	41.55	0.12	1.63	0.17	1.11	7.2
	平均数	9.88	1.03	20.03	107.67	0.81	5.94	1.23	5.77	8.1
	标准差	3.03	0.18	10.48	36.48	0.53	2.55	1.33	2.22	0.13
	变异系数(%)	30.72	17.76	52.29	33.88	65.25	42.94	108.19	38.52	1.63

续表 2

质地	指标	有机质(g/kg)	全氮(g/kg)	有效磷(mg/kg)	速效钾(mg/kg)	有效铜(mg/kg)	有效锰(mg/kg)	有效锌(mg/kg)	有效铁(mg/kg)	pH 值
沙壤	最大值	14.63	1.25	36.56	199.07	2.36	9.75	2.69	9.15	8.3
	最小值	5.91	0.72	3.75	55.84	0.27	2.04	0.30	2.17	8.0
	平均数	10.21	1.03	17.25	120.69	0.85	5.24	1.09	4.66	8.12
	标准差	1.81	0.14	8.40	36.00	0.54	1.19	0.67	1.34	0.08
	变异系数(%)	17.69	13.95	48.70	29.82	63.84	22.73	61.86	28.65	0.98
壤土	最大值	25.76	1.42	47.60	216.85	2.26	19.83	7.88	13.34	8.4
	最小值	5.00	0.68	3.35	42.61	0.13	1.42	0.17	1.34	6.7
	平均数	9.91	1.00	22.29	110.26	0.74	5.93	1.17	6.01	8.1
	标准差	3.21	0.16	9.33	39.74	0.45	2.90	1.34	2.40	0.23
	变异系数(%)	33.05	15.86	41.84	36.04	60.97	48.95	114.46	39.95	2.89
黏壤	最大值	15.21	1.15	36.20	143.00	1.56	5.46	1.87	5.59	8.2
	最小值	6.60	0.89	8.90	73.50	0.36	3.78	0.59	3.88	7.9
	平均数	9.67	1.04	19.86	108.80	0.97	4.31	1.20	4.51	8.1
	标准差	2.94	0.10	10.58	28.74	0.47	0.61	0.48	0.66	0.10
	变异系数(%)	30.44	9.43	53.24	26.42	48.60	14.26	39.89	14.71	1.22
黏土	最大值	16.90	1.57	46.00	198.17	2.18	14.16	4.31	13.88	8.8
	最小值	5.70	0.72	5.16	40.17	0.19	1.55	0.27	3.12	7.5
	平均数	9.52	1.00	22.61	111.85	0.82	5.12	0.92	5.32	8.1
	标准差	2.63	0.15	8.45	39.45	0.49	1.74	0.63	2.04	0.17
	变异系数(%)	27.65	15.53	37.38	35.27	60.03	33.89	68.45	38.30	2.13

扶沟县土壤有机质含量较低,最高是壤土,为 25.76 g/kg,不同质地土壤平均含量排序为沙壤 > 壤土 > 沙土 > 黏壤 > 黏土;大量营养元素,土壤全氮、有效磷和速效钾含量分别为 0.56 ~ 1.57 g/kg、3.09 ~ 53.30 mg/kg 和 40.17 ~ 216.85 mg/kg;而土壤 pH 值为 6.7 ~ 8.8。

不同质地土壤中,微量元素有效铜含量分别为沙土 0.81 mg/kg、沙壤 0.85 mg/kg、壤土 0.74 mg/kg、黏壤 0.97 mg/kg、黏土 0.82 mg/kg;有效锰含量分别为沙土 5.94 mg/kg、沙壤 5.24 mg/kg、壤土 5.93 mg/kg、黏壤 4.31 mg/kg、黏土 5.12 mg/kg;有效锌含量分别为沙土 1.23 mg/kg、沙壤 1.09 mg/kg、壤土 1.17 mg/kg、黏壤 1.20 mg/kg、黏土 0.92 mg/kg;有效铁含量分别为沙土 5.77 mg/kg、沙壤 4.66 mg/kg、壤土 6.01 mg/kg、黏壤 4.51 mg/kg、黏土 5.32 mg/kg。

3.2 土壤养分评价

3.2.1 土壤有机质

土壤有机质含量多少,是土壤肥力高低的一项重要指标。土壤有机质不仅是土壤中各种营养元素特别是氮、磷的重要来源，而且土壤有机质使土壤具有保肥力和缓冲性，从而改善土壤的物理性质。

扶沟县土壤有机质含量测定结果（见表 3、表 4）表明，各样点有机质含量的差异较大，耕层土壤有机质平均含量为 11.02 g/kg。1986 年第二次土壤普查平均含量为 9.3 g/kg，增加了 1.72 g/kg，提高 18.49%。

表 3　扶沟县耕地土壤有机质含量状况（一）

分级标准		2005～2008 年数据		1986 年第二次土壤普查数据		
等级	有机质（g/kg）	频率（%）	平均含量（g/kg）	面积（亩）	占总面积（%）	平均含量（g/kg）
一级	>40.0	—	—			
二级	30.0～40.0	—	—			
三级	20.0～30.0	0.8	22.08			
四级	10.0～20.0	41.55	12.3	505 164	29.72	
五级	6.0～10.0	52.49	8.09	1 129 858	66.47	
六级	<6.0	5.17	5.52	648 43	3.31	
总平均		—	11.02			9.3

注：分级标准依照第二次全国土壤普查养分分级标准。

表 4　扶沟县耕地土壤有机质含量状况（二）

分级标准		频率（%）	平均含量（g/kg）
等级	有机质（g/kg）		
一级	>40	—	—
二级	40～60	—	—
三级	30～40	—	—
四级	20～30	0.80	22.08
五级	10～20	41.55	12.30
六级	6～10	52.49	8.09
七级	<6	5.17	5.52
总平均		—	11.02

注：分级标准依照农业部《测土配方施肥技术规范》土壤养分分级标准。

按照第二次土壤普查养分分级标准，达三级标准的占 0.8%，达四级标准和五级标准的分别占 41.55% 和 52.49%，达到六级标准的占 5.17%。可见，扶沟县耕地土壤有机质含量较低，且大部分耕有机质含量在 6～20 g/kg。

依照农业部《测土配方施肥技术规范》土壤养分分级标准进行统计分析（见表 4），与按照第二次土壤普查养分分级标准统计的结果差异不大。

3.2.2　土壤全氮

土壤全氮含量指标不仅能体现土壤氮素的基础肥力，而且还能反映土壤潜在肥力的高低，即土壤的供氮潜力。根据调查分析结果（见表 5、表 6），扶沟县耕地土壤平均全氮含量为1.02 g/kg(0.56~1.57 g/kg),其变幅较大,标准差分别为沙土0.18、沙壤0.14、壤土0.16、黏壤0.10、黏土0.15;变异系数对应为17.76%、13.95%、15.86%、9.43%和15.53%。

以第二次土壤普查养分分级标准划分,见表5,达到一级、二级标准的占1.59%,三级标准的占52.68%,四级标准的占41.15%,五级和六级标准的占4.57%。可见,扶沟县耕地土壤全氮含量属中等水平。与第二次土壤普查相比,扶沟县土壤全氮含量增长显著,平均含量由0.16 g/kg增长到1.02 g/kg,提高67.2%。由土壤氮素的消长,主要决定于生物积累和分解作用的相对强弱,同时水热条件也会对其产生显著的影响。

表5 扶沟县耕地土壤全氮含量状况(一)

分级标准		2005~2008年数据		1986年第二次土壤普查数据		
等级	有机质(g/kg)	频率(%)	平均含量(g/kg)	面积(亩)	占总面积(%)	平均含量(g/kg)
一级	>2.0	—	—			
二级	1.5~2.0	1.59	1.53			
三级	1.0~1.5	52.68	1.13	107 51	0.63	
四级	0.75~1.0	41.15	0.89	146 957	8.64	
五级	0.5~0.75	4.57	0.7	1 233 035	72.54	
六级	<0.5	—	—	309 122	18.19	
总平均		—	1.02			0.61

注:分级标准依照第二次全国土壤普查养分分级标准。

依照农业部《测土配方施肥技术规范》土壤养分分级标准进行统计分析(见表6)。

表6 扶沟县耕地土壤全氮含量状况(二)

分级标准		频率(%)	平均含量(g/kg)
等级	全氮(g/kg)		
一级	>3.0	—	—
二级	2.5~3.0	—	—
三级	2.0~2.5	—	—
四级	1.5~2.0	1.59	1.53
五级	1.0~1.5	52.68	1.13
六级	0.5~1.0	41.15	0.87
七级	<0.5	—	—
总平均		—	1.02

注:分级标准依照农业部《测土配方施肥技术规范》土壤养分分级标准。

3.2.3 土壤有效磷和速效钾

了解土壤中有效磷和速效钾的供应状况,是进行科学施肥的前提。因为供当季作物吸收的磷、钾素的形态,通常是土壤中的有效磷、速效钾形态。

测试结果(见表7、表8)表明,扶沟县耕地土壤有效磷含量的范围为3.09～53.30 mg/kg,平均15.66 mg/kg;沙土、沙壤、壤土、黏壤、黏土的标准差分别为10.48、8.40、9.33、10.58和8.45,变异系数分别为52.29%、48.70%、41.84%、53.24%和37.38%。

表7　扶沟县耕地土壤有效磷含量状况(一)

分级标准		2005～2008年数据		1986年第二次土壤普查数据		
等级	有效磷(mg/kg)	频率(%)	平均含量(mg/kg)	面积(亩)	占总面积(%)	平均含量(mg/kg)
一级	>40.0	3.58	46.28	6 188	0.37	
二级	20.0～40.0	44.93	27.68	35 545.5	2.09	
三级	10.0～20.0	36.98	14.82	258 638.5	15.21	
四级	5.0～10.0	12.72	8.03	805 428.5	47.38	
五级	3.0～5.0	1.79	3.81	474 992	27.94	
六级	<3.0	—	—	119 072.5	7.01	
总平均		—	15.66			8.4

注:分级标准依照第二次全国土壤普查养分分级标准。

表8　扶沟县耕地土壤有效磷含量状况(二)

分级标准		频率(%)	平均含量(mg/kg)
等级	有效磷(mg/kg)		
一级	>50	0.60	51.79
二级	40～50	2.98	45.17
三级	30～40	15.31	33.69
四级	20～30	29.62	24.58
五级	10～20	36.98	14.82
六级	5～10	12.72	8.03
七级	<5	1.79	3.81
总平均		—	15.66

注:分级标准依照农业部《测土配方施肥技术规范》土壤养分分级标准。

根据第二次土壤普查养分分级标准(表7),划为二至四级的土样占94.63 %;依照农业部《测土配方施肥技术规范》土壤养分分级标准(表8),划为三至六级的土样占94.63%;与第二次土壤普查相比,扶沟县土壤有效磷含量平均含量由8.4 mg/kg提高到15.66 mg/kg。因此,扶沟县耕地土壤磷素总体上处于不缺乏状态。

分析结果表明,扶沟县耕地土壤速效钾含量范围为40.17～216.85 mg/kg,平均109.77 mg/kg,见表9、表10。按第二次土壤普查养分分级标准,其不同等级含量范围的频次分布情况见表9,扶沟县耕地土壤速效钾含量大多集中在二至四级(共占98.41%)。

依照农业部《测土配方施肥技术规范》土壤养分分级标准(表10),划为四至六级的土样占98.41 %;表明耕地土壤速效钾含量处于中等偏高水平。与第二次土壤普查相比,全县土壤速效钾含量稍降低。

表 9　扶沟县耕地土壤速效钾含量状况(一)

分级标准		2005～2008 年数据		1986 年第二次土壤普查数据		
等级	速效钾(mg/kg)	频率(%)	平均含量(mg/kg)	面积(亩)	占总面积(%)	平均含量(mg/kg)
一级	>200	0.6	208.16	128 528	7.56	
二级	150～200	14.91	174.88	232 426	13.67	
三级	100～150	38.37	122.11	806 033	47.42	
四级	50～100	45.13	77.96	532 878	30.35	
五级	30～50	0.99	42.6			
六级	<30	—	—			
总平均		—	109.77			133

注:分级标准依照第二次全国土壤普查养分分级标准。

表 10　扶沟县耕地土壤速效钾含量状况(二)

分级标准		频率(%)	平均含量(mg/kg)
等级	速效钾(mg/kg)		
一级	>300	—	—
二级	250～300	—	—
三级	200～250	0.60	208.16
四级	150～200	14.91	174.88
五级	100～150	38.37	122.11
六级	50～100	45.13	77.96
七级	<50	0.99	42.60
总平均		—	109.77

注:分级标准依照农业部《测土配方施肥技术规范》土壤养分分级标准。

3.2.4　土壤微量元素

土壤中微量元素的有效含量也在一定程度上制约土壤肥力,因此土壤微量元素的分析测定为合理施肥提供科学依据。

表 11～表 14 分析结果表明,扶沟县耕地土壤有效铜和有效锌含量范围分别为 0.12～2.86 mg/kg 和 0.17～8.45 mg/kg,平均为 0.80 mg/kg 和 1.17 mg/kg。

根据河南省土壤养分分级标准(见表 11、表 13),土壤有效铜和有效锌在一级至三级占到了 96.62% 和 83.90%,表明扶沟县耕地土壤基本上不缺土壤有效铜和有效锌。

依照农业部《测土配方施肥技术规范》土壤养分分级标准(见表 12、表 14),土壤有效铜和有效锌在一级至五级占到了 96.62% 和 83.90%。

表 15～表 18 的分析结果表明,扶沟县耕地土壤有效锰和有效铁含量分别为 1.42～17.69 mg/kg 和 1.11～15.03 mg/kg,平均为 5.77 mg/kg 和 5.68 mg/kg。

表 11　扶沟县耕地土壤有效铜含量状况(一)

分级标准		频率(%)	平均含量(mg/kg)
等级	有效铜(mg/kg)		
一级	>1.8	7.36	2.17
二级	1.0~1.8	13.32	1.34
三级	0.2~1.0	75.94	0.60
四级	0.1~0.2	3.38	0.18
五级	<0.1	—	—
总平均		—	0.80

注:分级标准依照第二次全国土壤普查养分分级标准。

表 12　扶沟县耕地土壤有效铜含量状况(二)

分级标准		频率(%)	平均含量(mg/kg)
等级	有效铜(mg/kg)		
一级	>3.4	—	—
二级	2.6~3.4	0.20	2.86
三级	1.8~2.6	7.16	2.15
四级	1.0~1.8	13.32	1.34
五级	0.2~1.0	75.94	0.60
六级	0.1~0.2	3.38	0.18
七级	<0.1	—	—
总平均		—	0.80

注:分级标准依照农业部《测土配方施肥技术规范》土壤养分分级标准。

表 13　扶沟县耕地土壤有效锌含量状况(一)

分级标准		频率(%)	平均含量(mg/kg)
等级	有效锌(mg/kg)		
一级	>3.0	3.98	6.26
二级	1.0~3.0	32.80	1.58
三级	0.5~1.0	47.12	0.73
四级	0.3~0.5	11.33	0.41
五级	<0.3	4.77	0.25
总平均		—	1.17

注:分级标准依照第二次全国土壤普查养分分级标准。

表 14　扶沟县耕地土壤有效锌含量状况(二)

分级标准		频率(%)	平均含量(mg/kg)
等级	有效锌(mg/kg)		
一级	>4.0	3.38	6.77
二级	3.0~4.0	0.60	3.42
三级	2.0~3.0	8.75	2.25
四级	1.0~2.0	24.06	1.33
五级	0.5~1.0	47.12	0.73
六级	0.3~0.5	11.33	0.41
七级	<0.3	4.77	0.25
总平均		—	1.17

注:分级标准依照农业部《测土配方施肥技术规范》土壤养分分级标准。

表 15　扶沟县耕地土壤有效锰含量状况(一)

分级标准		频率(%)	平均含量(mg/kg)
等级	有效锰(mg/kg)		
一级	>30.0	—	—
二级	15.0~30.0	0.80	18.01
三级	5.0~15.0	53.28	7.05
四级	1.0~5.0	45.92	4.08
五级	<1.0	—	—
总平均		—	5.77

注:分级标准依照第二次全国土壤普查养分分级标准。

表 16　扶沟县耕地土壤有效锰含量状况(二)

分级标准		频率(%)	平均含量(mg/kg)
等级	有效锰(mg/kg)		
一级	>60.0	—	—
二级	45.0~60.0	—	—
三级	30.0~45.0	—	—
四级	15.0~30.0	0.80	18.01
五级	5.0~15.0	53.28	7.05
六级	1.0~5.0	45.92	4.08
七级	<1.0	—	—
总平均		—	5.77

注:分级标准依照农业部《测土配方施肥技术规范》土壤养分分级标准。

表 17　扶沟县耕地土壤有效铁含量状况(一)

分级标准		频率(%)	平均含量(mg/kg)
等级	有效铁(mg/kg)		
一级	>20.0	—	—
二级	10.0~20.0	4.17	12.06
三级	4.5~10.0	62.82	6.37
四级	2.5~4.5	30.62	3.70
五级	<2.5	2.39	1.93
总平均		—	5.68

注:分级标准依照第二次全国土壤普查养分分级标准。

表 18　扶沟县耕地土壤有效铁含量状况(二)

分级标准		频率(%)	平均含量(mg/kg)
等级	有效铁(mg/kg)		
一级	>40.0	—	—
二级	30.0~40.0	—	—
三级	20.0~30.0	—	—
四级	10.0~20.0	4.17	12.06
五级	4.5~10.0	62.82	6.37
六级	2.5~4.5	30.62	3.70
七级	<2.5	2.39	1.93
总平均		—	5.68

注:分级标准依照农业部《测土配方施肥技术规范》土壤养分分级标准。

根据河南省土壤养分分级标准(见表 15、表 17),土壤有效锰和有效铁在三级至五级占到了 99.20% 和 95.83%;依照农业部《测土配方施肥技术规范》土壤养分分级标准(见表 16、表 18),土壤有效锰和有效铁在五级至七级占到了 99.20% 和 95.83%。表明扶沟县耕地土壤中有效铜和有效锌含量较低。

3.2.5　土壤 pH 值

测试结果(见表 19、表 20)表明,扶沟县耕地土壤 pH 值的范围为 6.7~8.8,平均为 8.1;沙土、沙壤、壤土、黏壤、黏土的标准差分别为 0.13、0.08、0.23、0.10 和 0.17,变异系数分别为 1.63%、0.98%、2.89%、1.22% 和 2.13%。

根据河南省土壤养分分级标准(表 19),土壤 pH 值在四级的土样占 99.0%;而依照农业部《测土配方施肥技术规范》土壤养分分级标准(表 20)土壤 pH 值在五级的土样占 99.0%。因此,扶沟县耕地土壤在总体上呈弱碱性。

3.3　扶沟县土壤养分含量变化

将当前养分状况与历史数据,即第二次土壤普查时扶沟县耕地养分含量相比较,分析土壤养分变化趋势,见表 21。

表 19　扶沟县耕地土壤 pH 值状况(一)

分级标准		频率(%)	平均值
等级	pH 值		
一级	<5.5	—	—
二级	5.5~6.5	—	—
三级	6.5~7.5	0.8	7.0
四级	7.5~8.5	99.0	8.1
五级	8.5~9.0	0.2	8.8
六级	>9.0	—	—
总平均		—	8.1

注:分级标准依照第二次全国土壤普查养分分级标准。

表 20　扶沟县耕地土壤 pH 值状况(二)

分级标准		频率(%)	平均值
等级	pH 值		
一级	<4.5	—	—
二级	4.5~5.5	—	—
三级	5.5~6.5	—	—
四级	6.5~7.5	0.8	7.0
五级	7.5~8.5	99.0	8.1
六级	8.5~9.0	0.2	8.8
七级	>9.0	—	—
总平均		—	8.1

注:分级标准依照农业部《测土配方施肥技术规范》土壤养分分级标准。

表 21　扶沟县耕地土壤养分含量变化

调查年份	有机质(g/kg)	全氮(g/kg)	有效磷(mg/kg)	速效钾(mg/kg)	pH 值
1986	9.30	0.61	8.4	133	8.4
2006	11.02	1.02	15.66	109.77	8.1

此次调查与第二次土壤普查相比,土壤有机质含量呈增高趋势,比 1986 年平均增加了 1.72 g/kg,上升幅度达 18.49%;土壤全氮和有效磷含量比第二次土壤普查高 0.41 g/kg和 7.26 mg/kg,土壤全氮与 1986 年相比有所上升,而土壤有效磷含量明显上升;土壤速效钾含量则呈下降趋势,比第二次土壤普查降低了 23.23 mg/kg;本次土壤化验统计分析结果表明土壤 pH 介于 6.7~8.8,平均为 8.1,与第二次土壤普查相比下降 0.3,表明耕层土壤由原来的弱碱性逐渐向中性良性发展,这证明了长期推广配方施肥、高温积肥、小麦高留茬、秸秆还田等科技措施初显成效。

4　小结与建议

调查及分析结果表明,扶沟县耕地的土壤肥力较低,土壤有机质含量大部分属于四、五级,其含量较低且分布不一致;其氮、磷、钾含量也有很大的差异,从分析结果来看,氮素供应水平较适中,多为三、四级,可以满足短期内氮素需求水平,但尚有部分耕地的含量不足;全县耕地的磷素和钾素含量基本满足要求,但是个别区域还是存在土壤缺磷和土壤缺钾的问题。由此可见,土壤有机质含量低且分布不一致的现象较为严重,土壤氮素、磷素和钾素供应可满足短期需要,但是耕地基础生产能力还不够高,与当地的农业可持续发展不相适应。为此,提出以下技术措施:

(1)改变耕作制度,调整作物布局。实行不同轮作体系,调节土壤水气性状,促进土壤养分良性转化,有利于作物吸收养分,有利于土壤有益微生物的生长;调整作物布局,因地制宜,实现因土种植、因土管理,做到宜粮则粮、宜果则果、宜菜则菜、宜牧则牧、宜渔则渔,全面发展农业经济。

(2)增加土壤有机质。除大力推广秸秆还田技术外,还可充分利用绿肥资源,提高土壤有机质含量,以改善土壤结构。可以引导和鼓励扶沟县农民种植绿肥,利用生物肥制剂发酵熟化,沤制成为种植的基肥,改善土壤理化性状, 提高土壤肥力。

(3)大力推广测土配方施肥技术。引导农民科学施肥,通过实施测土配方施肥技术,掌握土壤养分丰缺指标,调整氮、磷、钾的比例,确定合理施肥用量,从而实现肥料资源合理配置,因土、因作物配方施肥,提高肥料的使用效率。

浚县土壤养分现状分析与评价

管云玲　董文全　姜玉琴　温俊凤　李绍丽
(浚县土壤肥料工作站 · 2009 年 5 月)

摘要:浚县土壤肥料工作站 2006 ~ 2007 年承担农业部测土配方施肥项目,两年共采集耕地和园地土壤样品 5 804 个,化验达 34 800 余项次。综合土壤检测结果,结合 1984 年第二次土壤普查数据,对浚县土壤养分现状进行了分析与评价,并提出了相应的农业生产措施。

关键词:土壤养分　现状　分析与评价

浚县 2006 ~ 2007 年在实施国家测土配方施肥补贴项目过程中,获取了大量的基础信息,在此基础上,结合第二次土壤普查数据,对浚县耕地和园地土壤养分含量的变化进行分析与评价,为指导科学用肥、培肥土壤、合理利用改良土壤提供了科学依据。

1　材料与方法

根据农业部《测土配方施肥管理与技术培训教材》的要求,以构成基础地力要素的立地条件、土壤条件、农田基础设施条件为依据,根据地形地势,避开路边、田埂、沟边、肥堆,远离村庄和公路,遵照"随机"、"等量"、"多点混合"的原则,采用"S"形路线,以农户的责任田地块为单位,用不锈钢土钻和不锈钢铲,进行 15 ~ 20 点取样,采样深度为 20 cm,土样上下均匀采取,15 ~ 20 个点混匀后,用四分法留土 1 kg,装在用白色棉布制作的布袋里。同时采用 GPS 全球卫星定位系统进行取土定位。两年共采集耕地和园地土样 5 804 个,每个土样平均代表耕地面积 9 hm^2(即 140 亩)左右,覆盖全县。按照农业部《测土配方施肥管理与技术培训教材》要求的土壤化验分析方法进行化验分析:土壤有机质用油浴加热重铬酸钾氧化－容量法，全氮用凯氏蒸馏法，有效磷用碳酸氢钠提取－钼锑抗比色法，缓效钾用硝酸提取－火焰光度法，速效钾用乙酸铵提取－火焰光度法，pH值用电位法。

2 结果与分析

2.1 土壤养分现状分析

2006~2007年5 804个土样化验结果（见表1）表明，土壤有机质含量平均为15.35 g/kg，全氮1.19 g/kg，有效磷15.06 mg/kg，缓效钾731 mg/kg，速效钾107 mg/kg，pH值8.10。

表1 浚县土壤化验结果汇总

指标	最大值	最小值	平均数	标准差	变异系数
有机质(g/kg)	26.00	4.30	15.35	3.02	0.197
全氮(g/kg)	2.41	0.61	1.19	0.20	0.163
有效磷(mg/kg)	42.70	5.50	15.06	5.83	0.387
速效钾(mg/kg)	274.00	34.00	107.00	36.34	0.339
缓效钾(mg/kg)	1 232.00	344.00	731.00	136.00	0.186
pH值	8.57	7.51	8.10	0.12	0.01

浚县不同土壤类型养分含量状况见表2。

表2 浚县不同土壤类型养分含量汇总

土壤类型	面积 (hm^2)	有机质 (g/kg)	全氮 (g/kg)	有效磷 (mg/kg)	速效钾 (mg/kg)	缓效钾 (mg/kg)	pH值
潮土	44 752.8	15.0	1.21	16.6	110.0	759.1	8.10
风沙土	253.7	10.4	1.01	25.4	65.5	609.2	8.25
褐土	15 466.6	16.5	1.15	10.6	101.6	662.2	8.10
合计(平均)	60 473.1	15.4	1.19	15.1	107.2	730.8	8.10

浚县各乡（镇）土壤养分含量状况见表3。

表3 浚县各乡（镇）土壤养分含量统计

乡(镇)	有机质 (g/kg)	全氮 (g/kg)	有效磷 (mg/kg)	速效钾 (mg/kg)	缓效钾 (mg/kg)	pH值
白寺乡	16.22	1.14	11.0	114	664	8.1
城关镇	17.31	1.47	16.4	126	767	8.2
黎阳镇	15.83	1.41	15.9	106	735	8.1
农场	15.92	1.36	12.4	139	873	8.1
善堂镇	11.01	1.10	22.2	75	665	8.2
屯子镇	16.52	1.12	10.4	97	666	8.1
王庄乡	13.65	1.21	18.8	86	780	8.2
卫贤镇	16.92	1.22	12.6	102	684	8.1
小河镇	16.86	1.27	15.6	143	952	8.1
新镇镇	16.86	1.12	13.7	141	733	7.9
平均	15.35	1.19	15.1	107	731	8.1

根据全国统一标准,把浚县土壤养分含量分为五级,见表4。

表4　浚县土壤养分分级标准

等级	五级	四级	三级	二级	一级
有机质(g/kg)	≤6.0	6.0~10.0	10.0~16.0	16.0~20.0	>20.0
全氮(g/kg)	≤0.75	0.75~1.00	1.00~1.25	1.25~1.50	>1.50
有效磷(mg/kg)	≤10.0	10.0~15.0	15.0~20.0	20.0~30.0	>30.0
速效钾(mg/kg)	≤50	50~100	100~150	150~200	>200
缓效钾(mg/kg)	≤600	600~690	690~790	790~950	>950
pH 值	≤7.90	7.90~8.00	8.00~8.10	8.10~8.20	>8.20

根据土壤养分分级标准,下面进行分项汇总分析。

2.1.1　土壤有机质

浚县土壤有机质平均含量为15.35 g/kg,标准差为3.02,变异系数为0.197。主要分布在10~30 mg/kg范围,面积55 188.6 hm^2,占总耕地面积的91.3%(见图1、表5、表6)。

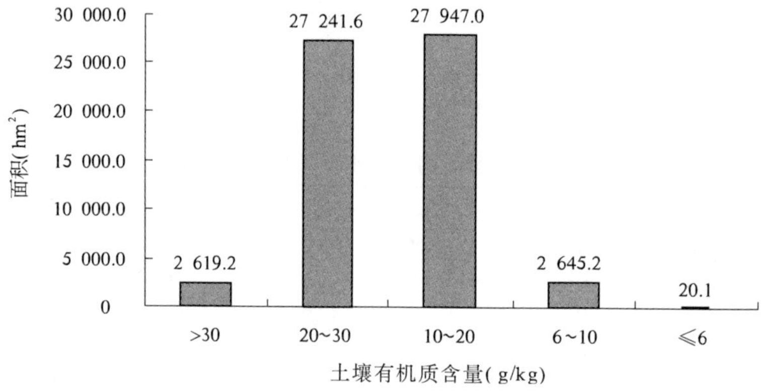

图1　土壤有机质含量分布

表5　浚县不同土壤类型有机质分级面积统计　(单位:hm^2)

土壤类型	一级	二级	三级	四级	五级	总计
潮土	1 988.4	17 727.2	22 522.1	2 504.5	10.5	44 752.8
风沙土			108.2	135.9	9.6	253.7
褐土	630.8	9 514.4	5 316.6	4.8		15 466.4
合计	2 619.2	27 241.6	27 947.0	2 645.2	20.1	60 473.0

表6　浚县不同乡(镇)有机质分级面积统计　(单位:hm^2)

乡(镇)	一级	二级	三级	四级	五级	总计
白寺乡	263.0	3 449.8	3 387.5	4.8		7 105.1
城关镇		454.1	205.2			659.4
黎阳镇	49.0	2 979.6	3 524.5	3.4		6 556.5
农场	1.0	804.0	87.7	0.1		892.8
善堂镇		38.5	5 586.6	2 564.0	20.1	8 209.2

续表 6

乡(镇)	一级	二级	三级	四级	五级	总计
屯子镇	270.8	6 087.3	2 413.9	14.3		8 786.2
王庄乡		688.8	6 645.1	58.6		7 392.5
卫贤镇	315.0	3 966.1	1 219.2			5 500.3
小河镇	758.7	3 716.2	2 553.6			7 028.5
新镇镇	961.6	5 057.3	2 323.8			8 342.6
合计	2 619.2	27 241.6	27 947.0	2 645.2	20.1	60 473.0

2.1.2 全氮含量

浚县土壤全氮含量平均为 1.19 g/kg，标准差为 0.20，变异系数为 0.163。全县土壤全氮含量集中在 1.00 ~ 1.25 g/kg，面积 32 092.3 hm^2，占总耕地面积的 53.1%（见图 2、表 7、表 8）。

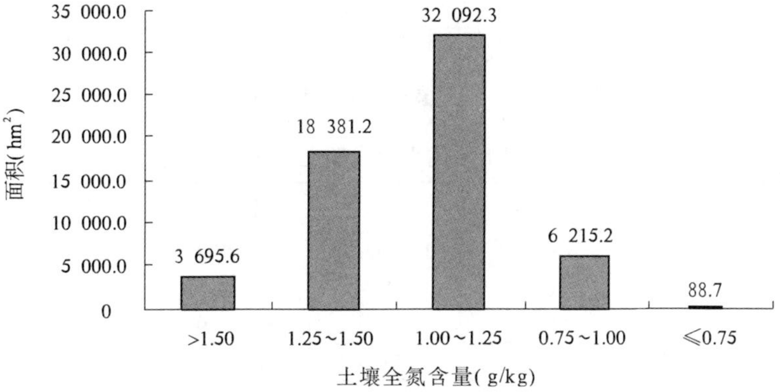

图 2 土壤全氮含量分布

表 7 浚县不同土壤类型全氮分级面积统计 （单位：hm^2）

土壤类型	一级	二级	三级	四级	五级	总计
潮土	3 496.9	15 084.9	21 702.1	4 389.9	79.1	44 752.8
风沙土		2.3	166.2	75.6	9.6	253.7
褐土	198.7	3 294.0	10 224.1	1 749.7		15 466.4
合计	3 695.6	18 381.2	32 092.3	6 215.2	88.7	60 473.0

表 8 浚县不同乡(镇)全氮分级面积统计 （单位：hm^2）

乡(镇)	一级	二级	三级	四级	五级	总计
白寺乡	133.2	1 684.0	4 402.5	885.4		7 105.1
城关镇	186.9	334.1	138.4			659.4
黎阳镇	2 135.3	3 689.4	726.1	5.7		6 556.5
农场	1.0	864.7	27.0			892.8
善堂镇	48.3	1 953.0	3 571.8	2 550.4	85.7	8 209.2
屯子镇	3.5	1 171.9	6 572.8	1 038.1		8 786.2
王庄乡	236.9	1 872.0	4 979.7	300.8	3.0	7 392.5
卫贤镇	55.0	2 240.0	2 962.3	243.1		5 500.3
小河镇	859.9	2 728.7	3 369.2	70.7		7 028.5
新镇镇	35.7	1 843.3	5 342.5	1 121.2		8 342.6
合计	3 695.6	18 381.2	32 092.3	6 215.2	88.7	60 473.0

2.1.3 土壤有效磷

浚县土壤有效磷含量平均为 15.06 mg/kg,标准差为 5.83,变异系数为 0.387。集中分布在 10～20 mg/kg,面积 42 908.8 hm^2,占总耕地面积的 71.0%(见图 3、表 9、表 10)。

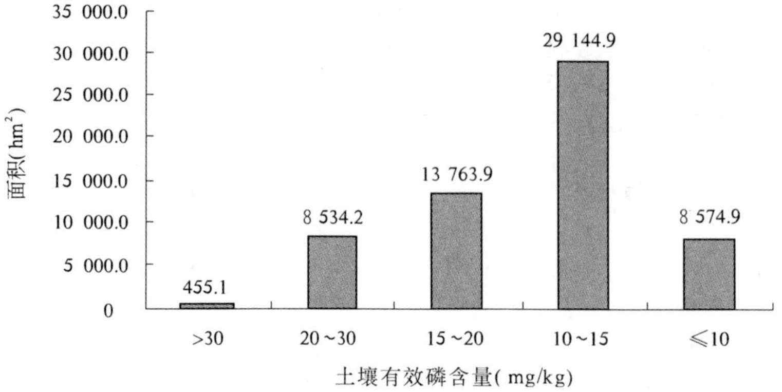

图 3 土壤有效磷含量分布

表 9 浚县耕地不同土壤类型全氮分级面积统计 (单位:hm^2)

土壤类型	一级	二级	三级	四级	五级	总计
潮土	418.3	8 293.4	13 132.1	20 548.8	2 360.1	44 752.8
风沙土	36.9	164.2	49.4	3.2		253.7
褐土		76.6	582.3	8 592.9	6 214.7	15 466.4
合计	455.2	8 534.2	13 763.9	29 144.9	8 574.8	60 473.0

表 10 浚县不同乡(镇)全氮分级面积统计 (单位:hm^2)

乡(镇)	一级	二级	三级	四级	五级	总计
白寺乡		67.4	282.3	4 171.7	2 583.7	7 105.1
城关镇		171.2	267.3	220.8		659.4
黎阳镇	16.5	1 090.5	2 349.4	2 873.9	226.2	6 556.5
农场			1.0	891.2	0.5	892.8
善堂镇	353.1	4 523.4	2 746.4	586.2		8 209.2
屯子镇		9.0	324.6	4 979.7	3 472.9	8 786.2
王庄乡	81.3	1 727.7	2 940.9	2 456.7	185.9	7 392.5
卫贤镇		134.0	639.2	4 161.5	565.7	5 500.3
小河镇	4.3	547.1	2 364.4	3 469.0	643.7	7 028.5
新镇镇		263.9	1 848.3	5 334.2	896.2	8 342.6
合计	455.2	8 534.2	13 763.9	29 144.9	8 574.8	60 473.0

2.1.4 土壤速效钾

浚县土壤速效钾含量平均为 107 mg/kg,标准差为 36.34,变异系数为 0.339。集中分布在 50～150 mg/kg,面积 50 876.4 hm^2,占总耕地面积的 84.1%(见图 4、表 11、表 12)。

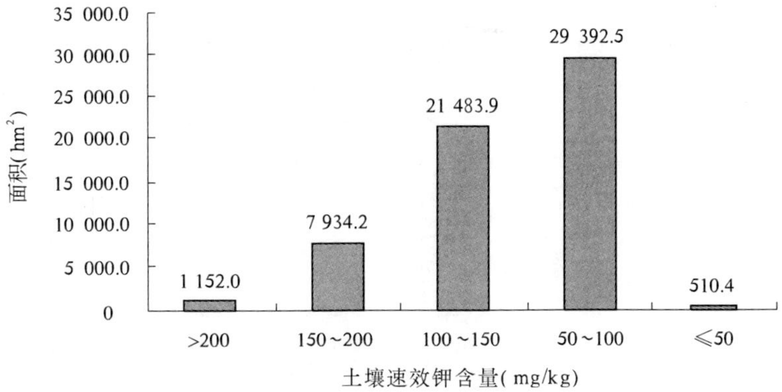

图4 土壤速效钾含量分布

表11 浚县不同土壤类型速效钾分级面积统计 (单位:hm²)

土壤类型	一级	二级	三级	四级	五级	总计
潮土	1 148.9	7 610.7	15 382.2	20 134.2	476.8	44 752.8
风沙土				220.1	33.6	253.7
褐土	3.1	323.5	6 101.7	9 038.3		15 466.4
合计	1 152.0	7 934.2	21 483.9	29 392.6	510.4	60 473.0

表12 浚县不同乡(镇)速效钾分级面积统计 (单位:hm²)

乡(镇)	一级	二级	三级	四级	五级	总计
白寺乡	183.9	1 375.4	3 048.1	2 497.8		7 105.1
城关镇	24.1	167.5	96.3	371.5		659.4
黎阳镇	32.8	678.3	2 155.5	3 689.9		6 556.5
农场		715.6	177.2			892.8
善堂镇		245.9	578.7	6 874.2	510.4	8 209.2
屯子镇	40.0	27.1	1 912.6	6 806.5		8 786.2
王庄乡			1 586.8	5 805.7		7 392.5
卫贤镇		174.6	3 223.8	2 102.0		5 500.3
小河镇	301.0	2 096.5	4 229.0	401.9		7 028.5
新镇镇	570.1	2 453.4	4 475.9	843.2		8 342.6
合计	1 152.0	7 934.2	21 483.9	29 392.6	510.4	60 473.0

2.1.5 土壤缓效钾

浚县土壤缓效钾含量平均为713 mg/kg,标准差为136.0,变异系数为0.186。集中分布在600~950 mg/kg,面积48 026.4 hm²,占总耕地的79.4%(见图5)。

2.1.6 土壤酸碱度

浚县土壤酸碱度含量平均为8.10,标准差为0.12,变异系数为0.01。集中分布在8.0~8.2,面积38 395 hm²,占总耕地的63.5%(见图6)。

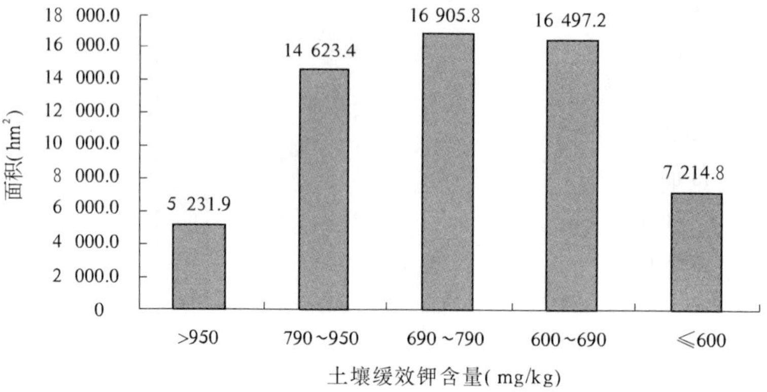

图5　土壤缓效钾含量分布

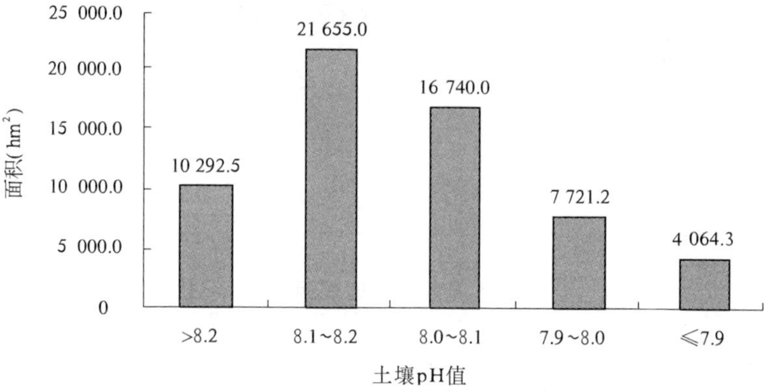

图6　土壤pH值分布

2.2　土壤养分评价

2.2.1　岗西平原区

该区为太行山前洪积－冲积平原，包括卫贤乡的绝大部分，耕地面积约5 480.3 hm^2，占全县总耕地面积的9.1%。全区为平原地区，地势稍有倾斜，海拔60～90 m。土壤母质由西往东依次是冲积、洪积母质，土壤类型主要有褐土化两合土、立黄土、潮褐土。土壤质地为中壤－重壤。土壤有机质含量平均值17.8 mg/kg、全氮含量1.27 g/kg、有效磷含量13.2 mg/kg、速效钾含量111 mg/kg、缓效钾含量801 mg/kg，均高于全县平均水平。本区土壤没有明显的障碍层次，土层深厚，土壤肥沃，农田设施齐全，水源充足，常年粮食产量在16 500～19 500 kg/hm^2。在农业生产上加大施肥的科学性，作物栽培、灌溉管理科学化，是本县粮食作物高产稳产区。

2.2.2　龙岗区

本区分布在县境中北部，由残山龙岗组成，包括屯子镇、白寺乡的大部分，卫贤、小河的少部分地区。耕地面积13 392.7 hm^2，占全县总耕地面积的22.1%。该区海拔90～120 m，因受地形和成土年龄的影响，土壤分布有明显差异，从残山顶部和岗部到岗前平原，依次分布着灰石土、褐土性土、白面土、立黄土等。土层厚度30～50 cm，夹有砾石和岩石碎屑，土壤质地多为中壤。土壤有机质含量平均值15.7 g/kg、全氮含量1.15 g/kg、有效磷含量10.7 mg/kg、速效钾含量91 mg/kg、缓效钾含量694 mg/kg，养分含量中等，主要限制因素是干旱缺水。常年粮食产量在12 750～17 250 kg/hm^2，各土壤类型粮食产量差异较大，是本县小杂粮生产基地。

2.2.3　卫共流域冲积平原区

此区包括新镇镇和小河镇全部及黎阳镇、王庄的部分地区，耕地面积23 733.3 hm^2，占全县总耕地面积的39.2%。西部以火龙岗为界，东部大体以滑内铁路为界，本区土壤是由卫河多次泛滥淤积而形成的潮土，土壤在水平方向上与河流呈平行带状分布，而沿河道两侧常受紧沙慢淤沉积规律的支配，由近及远分布着小两合土、两合土、淤土，沿河洼地分布着盐化潮土。土壤耕层质地轻壤－中壤，中下层是中壤－重壤。土壤有机质含量平均为16.6 g/kg、全氮1.17 g/kg、有效磷13.8 mg/kg、速效钾119 mg/kg、缓效钾865 mg/kg，养分含量都高于全县平均水平，有效磷的含量稍低。障碍层次不明显，部分农田土壤质地偏黏，适耕期短，粮食产量中等偏上，常年粮食产量在15 000～18 000 kg/hm^2，部分高产地块也有21 000 kg/hm^2 以上的，稳产性较好，是发展粮食和其他经济作物的重要产区。

2.2.4　黄河故道冲积平原区

浚县金堤以东大体为黄河故道冲积平原区，包括善堂乡和城关、王庄部分地区。耕地面积17 866.7 hm^2，占全县总耕地面积的29.5%。该区海拔53～60 m，地貌类型为平原，成土母质为冲积物、风积物。土壤类型为潮土、风沙土。平均有机质含量为13.4 g/kg、全氮1.13 g/kg、有效磷18.3 mg/kg、速效钾83 mg/kg、缓效钾697 mg/kg。有机质、速效钾的含量低于全县平均水平，但土壤有效磷含量较高，这与该区种植花生面积较大、磷肥用量较高有很大关系。本区土壤质地较轻，漏水漏肥，土壤肥力较低，常年粮食产量在10 500～12 000 kg/hm^2，作物产量低，是本县的花生、红枣主产区。

2.3　土壤养分变化趋势分析

2.3.1　当前土壤养分与1984年土壤普查对比

土壤有机质含量由1984年的10.5 g/kg，上升到2007年的15.35 g/kg，增加4.85 g/kg，增幅为46.2%；年递增为0.21 g/kg，年增幅为2.01%。土壤全氮由1984年的0.72 g/kg上升到2007年的1.19 g/kg，增加0.47 g/kg，增幅为65.3%；年递增为0.02 g/kg，年增幅2.84%。土壤有效磷由1984年的5.4 mg/kg，增加到2007年的15.06 mg/kg，增加了9.66 mg/kg，增幅达179%；年递增为0.42 mg/kg，年增幅7.78%。土壤速效钾含量由1984年的152.4 mg/kg，下降到2007年的107 mg/kg，下降了45.4 mg/kg，下降率为29.8%；年递减1.97 mg/kg，递减率为1.30%。土壤pH值由1984年的8.05上升到2007年的8.10，基本保持稳定。

综上所述，浚县土壤有机质、全氮、有效磷含量都明显提高，速效钾含量明显下降，全县土壤肥力属于中等偏下水平。

2.3.2　土壤养分变化的原因分析

（1）耕作方式。土地的耕作方式对于土壤养分含量的变化也有很大的影响。20世纪80年代初期，浚县土地耕作方式比较粗放，施肥不足，因此土壤养分含量较低。近年来，浚县大力推广集约化耕作方式，推行秸秆还田等耕作措施，每年秸秆还田50多万t，有机物还田量逐年增加，促进了土壤养分的积累；同时，不断地调整种植制度，采用轮作、间作、套种方式，农民用地养地的意识不断提高，培肥地力得到充分的重视，这些变化促使土壤中的有机质、氮、磷大量元素含量大幅度提高。

（2）化肥投入量逐年提高。浚县从20世纪60年代使用化肥以来，用量逐年增加，化肥的总投入量由1984年的12 910 t增加到2008年的39 813 t，24年的时间提高26 903 t。目前，全县的化肥利用率低，氮肥的当季利用率为30% ~35%，磷肥的当季利用率为10% ~20%，虽然氮肥有一部分挥发和淋溶损失，但其余大部分残留在土壤中固定和吸收，随着时间的推移，土壤中氮磷含量有所提高。

（3）有机肥投入增加。近年来，随着畜牧业的迅速发展，有机肥的投入量也大幅度提高。施用有机肥使土壤有机质增加，减少了土壤养分的流失，改善了土壤理化性状，土壤肥力得以提高。

（4）种植制度。多年来，浚县以种植营养摄取量多的小麦、玉米为主，两种作物面积维持在9万 hm^2 左右，占播种地面积的87%，虽然近年来有机肥用量加大，但农民主要还是以施用化肥来补充作物的营养需求。而化肥品种施用单一，主要以磷酸二铵和尿素为主，钾元素肥料少施或不施，造成钾素和微量元素过量消耗。氮、磷、钾比例不合理是土壤钾元素含量降低的主要原因。

2.4　土壤养分现状评价结果应用

2.4.1　依据土壤养分现状，指导农户合理施肥

随着测土配方施肥项目的实施，不仅摸清了全县土壤养分含量及变化趋势，为农业施肥提供了科学依据。通过对农户土样的检测，结合作物田间试验示范结果，制定了浚县不同区域施肥建议。

岗西平原高产区：该区土壤肥沃，小麦产量6 750 ~8 250 kg/hm^2，是全县的高产稳产田，但在施肥上仍存在着氮肥过量、钾肥投入不足的问题。因此，应在增施有机肥的基础上，全面实施秸秆还田，按照控氮、稳磷、补钾、增微的原则，要求每公顷施有机肥60 m^3 以上，纯氮150 ~180 kg，K_2O 90 ~120 kg，氮、磷比以1∶0.8为宜，锌肥15 ~22.5 kg。其中磷、钾一次底施，氮肥50% ~60%底施，其余40% ~50%在拔节初期追施。

卫共流域冲积平原区：该区地势平坦，增产潜力大，小麦产量6 000 ~7 500 kg/hm^2，但投肥结构不合理，重氮、少粪（有机肥）、轻磷。施肥重点是增施有机肥和磷、钾肥，逐步培肥地力。建议在每公顷施有机肥52.5 m^3 以上的基础上，施纯氮195 ~225 kg，K_2O 90 ~120 kg，氮、磷比以1∶(0.5 ~0.6)为宜，氮肥淤土地70%底施，沙土地40% ~50%底施，其余看苗施肥。土壤质地较轻的土壤保水保肥能力差，中后期易脱肥，可叶面喷施2%的尿素溶液750 kg/hm^2。

黄河故道冲积平原区：土壤质地较轻，漏水漏肥，土壤肥力较低。每公顷施有机肥45 m^3左右，施纯氮180 ~210 kg，K_2O 75 ~90 kg，氮、磷比为1∶(0.5 ~0.6)。锌肥15 ~22.5 kg/hm^2。施肥方式上要采取“多次少量”，氮肥50%底施，30%返青期追施，20%拔节期追施，磷肥、钾肥、微肥一次底施。

龙岗区：该区供水不足是突出问题，加之土壤肥力较低、耕层浅，致使个体弱、群体小、穗分化受影响，穗小粒少产量低。因此，旱地麦田首先要深耕，打破犁底层，增加耕层厚

度,增加蓄水保墒能力,要重施有机肥,增施磷肥,化肥深施,引导根系下扎。建议每公顷施有机肥52.5 m^3 以上,施纯氮120~150 kg,K_2O 60~90 kg,氮、磷比为1∶0.6~0.8,可用磷铵30~45 kg/hm^2 作底肥,改善浅层营养,用腐殖酸类肥料拌种,中后期用尿素加锌肥或磷酸二氢钾叶面喷施,增加抗旱能力,提高粒重。

2.4.2 改进耕作措施,培肥地力

为改良土壤,必须建立一套有利于培肥地力的耕作制度:对干旱缺雨、土壤贫瘠的龙岗区,应采用深耕措施,重施有机肥,大力推广秸秆还田和秸秆盖田技术,因地制宜发展绿肥,采用种地和养地相结合,改善土壤结构,培肥地力;对肥水条件较好的岗西平原高产区,应调整氮肥用量,减少硝态氮肥的流失,科学使用磷肥,氮、磷比例以1∶0.5为宜,同时要精细耕作,促进养分转化,重施有机肥,推广秸秆还田,提高土壤综合生产能力;对速效钾含量较低的黄河故道冲积平原区,应重施有机肥,大力推广秸秆还田技术;对地力水平中等的卫共流域冲积平原区,应不断调整农业结构,种植适合本地土壤的经济作物,采用豆科作物和禾本科作物轮作、间作,扩种绿肥,增施有机肥,改善土壤结构,提高土壤肥力。

3 结论与讨论

通过连续两年土壤养分的化验,初步摸清了全县土壤养分状况,但养分是一个动态变化的过程,再加上一家一户种植施肥情况各不相同,土壤养分差别较大,要想真正摸清土壤养分状况,掌握土壤养分变化规律需要长期监测、定点监控。

鹿邑县土壤养分现状及评价

魏 玲 尤 斌

(鹿邑县土壤肥料工作站·2009年6月)

摘要:为了进一步摸清鹿邑县土壤养分状况,科学指导农民合理施肥,根据测土配方施肥补贴项目采集土样分析结果,参考第二次土壤普查养分分级标准进行分级,对土壤有机质、全氮、有效磷、速效钾、缓效钾进行了分级及分析,并结合实际分不同区域、不同土壤类型、不同种植制度土壤养分现状及变化趋势,逐一进行了分析评价,找出了变化原因,提出了指导意见。

关键词:土壤 养分 现状 评价

鹿邑县自2006年承担国家测土配方施肥补贴项目以来,对全县土壤养分进行了大规模的测试调查。结果显示,随着粮食产量不断提高,种植制度、耕作制度、施肥水平的变化,土壤养分状况与第二次土壤普查时比较发生了较大变化。为及时了解变化情况,分析变化原因,科学指导农民合理施肥,实现粮食增产、农业增效,对鹿邑县土壤养分进行了分级、分析评价。

1 土样采集

根据《测土配方施肥技术规范》和《河南省测土配方施肥资金补贴项目实施方案》的要求，结合鹿邑县实际，综合考虑土壤类型、种植制度、土地利用现状，以具有代表性为原则确定取样单元和地块。三年来共取土样 6 680 个。

2 土壤样品化验

对 2006 年、2007 年、2008 年所取的 6 680 个土样全部进行了有机质、全氮、有效磷、速效钾、缓效钾、pH 值测试，以及有效铜、有效铁、有效锰、有效锌四种微量元素测试。

主要测试方法：全氮采用凯氏蒸馏法，有效磷采用碳酸氢钠提取 - 钼锑抗比色法，速效钾采用乙酸铵浸提 - 火焰光度计或原子吸收分光光度法，缓效钾采用硝酸提取 - 火焰光度计或原子吸收分光光度法，pH 值采用电位法，有机质采用油浴加热重铬酸钾氧化 - 容量法，微量元素有效铁、有效铜、有效锰、有效锌采用 DTPA 浸提 - 原子吸收分光光度法。

3 结果与分析

3.1 养分分级标准

鹿邑县按照土壤养分含量，结合土壤养分丰缺指标，参考第二次土壤普查养分分级标准的原则，对土壤有机质、全氮、有效磷、速效钾和缓效钾进行了分级（见表 1）。

表 1 鹿邑县土壤主要养分分级

项目	七级	六级	五级	四级	三级	二级	一级
有机质(g/kg)	<10	10 ~ 12	12 ~ 15	15 ~ 20	20 ~ 25	25 ~ 30	>30
全氮(g/kg)	<0.5	0.5 ~ 1	1 ~ 1.2	1.2 ~ 1.5	1.5 ~ 2	2 ~ 2.5	>2.5
有效磷(mg/kg)	<4	4 ~ 8	8 ~ 12	12 ~ 18	18 ~ 28	28 ~ 40	>40
速效钾(mg/kg)	<70	70 ~ 100	100 ~ 150	150 ~ 180	180 ~ 200	200 ~ 250	>250
缓效钾(mg/kg)	<200	200 ~ 300	300 ~ 400	400 ~ 500	500 ~ 600	600 ~ 700	>700

3.2 主要养分结果

2006 年、2007 年取样范围覆盖全县，取样点分布较为均匀，包括了所有土种。2008 年取样对象为科技入户工程指导户，样点分布不均，涉及土种较少。因此，仅单独列出 2006 年、2007 年两年的主要养分结果。同时列出三年养分测试的平均结果，列出第二次土壤普查时土壤养分结果，以便比较分析（见表 2 ~ 表 5）。

表 2 鹿邑县 2006 年土壤耕层养分

数别	有机质(g/kg)	全氮(g/kg)	有效磷(mg/kg)	速效钾(mg/kg)	缓效钾(mg/kg)	pH 值
最大值	32.213	2.215	76.2	645	2 804	9.12
最小值	6.339	0.464	4.5	52	234	7.29
平均值	16.388	1.08	17.64	204.5	880	7.99

表 3　鹿邑县 2007 年土壤耕层养分

数别	有机质(g/kg)	全氮(g/kg)	有效磷(mg/kg)	速效钾(mg/kg)	缓效钾(mg/kg)	pH 值
最大值	28.69	2.26	73.6	471	1 872	8.8
最小值	8.77	0.56	3.9	63	365	7.1
平均值	17.311	1.126	16.739	193.63	979	7.89

表 4　鹿邑县土壤耕层养分(三年测试结果)

数别	有机质(g/kg)	全氮(g/kg)	有效磷(mg/kg)	速效钾(mg/kg)	缓效钾(mg/kg)	pH 值	有效铁(mg/kg)	有效锰(mg/kg)	有效铜(mg/kg)	有效锌(mg/kg)
最大值	32.21	2.26	76.2	645	2 804	9.12	14.66	14.77	6.46	2.67
最小值	6.34	0.46	3.9	52	234	7.10	2.28	1.64	0.66	0.19
平均值	16.7	1.1	17.33	201	914	7.96	6.02	6.38	1.68	0.84

表 5　鹿邑县第二次土壤普查土壤耕层养分

数别	有机质(g/kg)	全氮(g/kg)	有效磷(mg/kg)	速效钾(mg/kg)	缓效钾(mg/kg)	pH 值	有效铁(mg/kg)	有效锰(mg/kg)	有效铜(mg/kg)	有效锌(mg/kg)
最大值	26.9	1.23	36.31	607			9	9.2	2.26	0.4
最小值	5.5	0.34	0.66	88.9			7.2	4.2	1.04	0.38
平均值	12.7	0.846	6.39	236.7			7.93	6.23	1.62	0.39

3.3　主要养分分级情况

鹿邑县土壤养分分级见表 6、表 7、表 8。

表 6　鹿邑县土壤养分分级面积统计

项目		七级	六级	五级	四级	三级	二级	一级
有机质	范围值(g/kg)	6 ~ 10	10 ~ 12	12 ~ 15	15 ~ 20	20 ~ 25	25 ~ 30	>30
	占比(%)	0.75	3.07	23.03	61.93	10.76	0.44	0.02
	面积(万亩)	0.93	3.807	28.557	76.793	13.342	0.546	0.025
全氮	范围值(g/kg)	<0.5	0.5 ~ 1	1 ~ 1.2	1.2 ~ 1.5	1.5 ~ 2	2 ~ 2.5	>2.5
	占比(%)	0.03	30.89	40.46	26.76	1.79	0.07	0
	面积(万亩)	0.037	38.304	50.17	33.182	2.22	0.087	0
有效磷	范围值(mg/kg)	<4	4 ~ 8	8 ~ 12	12 ~ 18	18 ~ 28	28 ~ 40	>40
	占比(%)	0.19	14.32	20.83	27.07	24.62	9.23	3.74
	面积(万亩)	0.236	17.757	25.829	33.567	30.529	11.445	4.638
速效钾	范围值(mg/kg)	<70	70 ~ 100	100 ~ 150	150 ~ 180	180 ~ 200	200 ~ 250	>250
	占比(%)	0.19	6.05	28.74	17.26	9.45	14.67	23.91
	面积(万亩)	0.236	7.502	35.638	21.402	11.718	18.191	29.648
缓效钾	范围值(mg/kg)	<200	200 ~ 300	300 ~ 400	400 ~ 500	500 ~ 600	600 ~ 700	>700
	占比(%)	0	0.05	1.25	5.04	5.82	7.66	80.18
	面积(万亩)	0	0.062	1.55	6.25	6.55	9.5	99.42

表7　鹿邑县2006年土壤养分分级面积统计

项目		七级	六级	五级	四级	三级	二级	一级
有机质	范围值(g/kg)	6~10	10~12	12~15	15~20	20~25	25~30	>30
	占比(%)	0.91	3.67	24.87	62.5	7.77	0.25	0.03
	面积(万亩)	1.128	4.551	30.839	77.5	9.635	0.31	0.037
全氮	范围值(g/kg)	<0.5	0.5~1	1~1.2	1.2~1.5	1.5~2	2~2.5	>2.5
	占比(%)	0.05	33.88	39.1	25.34	1.58	0.05	0
	面积(万亩)	6.2	42.011	48.484	31.422	195.92	6.2	0
有效磷	范围值(mg/kg)	<4	4~8	8~12	12~18	18~28	28~40	>40
	占比(%)	0	11.7	20.42	28.8	25.96	9.5	3.62
	面积(万亩)	0	14.508	25.321	35.712	32.19	11.78	4.489
速效钾	范围值(mg/kg)	<70	70~100	100~150	150~180	180~200	200~250	>250
	占比(%)	0.23	6.06	27.62	16.97	9.61	14.57	25.1
	面积(万亩)	0.285	7.514	34.249	21.043	11.916	18.067	31.124
缓效钾	范围值(mg/kg)	<200	200~300	300~400	400~500	500~600	600~700	>700
	占比(%)	0	0.08	1.86	7.66	8.67	10.46	71.27
	面积(万亩)	0	0.992	2.306	9.498	10.25	12.970	88.375

表8　鹿邑县2007年土壤养分分级面积统计

项目		七级	六级	五级	四级	三级	二级	一级
有机质	范围值(g/kg)	6~10	10~12	12~15	15~20	20~25	25~30	>30
	占比(%)	0.45	1.9	19.46	60.83	16.56	0.8	0
	面积(万亩)	0.558	2.356	23.13	75.429	20.534	0.992	0
全氮	范围值(g/kg)	<0.5	0.5~1	1~1.2	1.2~1.5	1.5~2	2~2.5	>2.5
	占比(%)	0	25.11	43.07	29.52	2.2	0.1	0
	面积(万亩)	0	31.136	53.407	36.605	2.728	0.124	0
有效磷	范围值(mg/kg)	<4	4~8	8~12	12~18	18~28	28~40	>40
	占比(%)	0.55	19.39	21.64	23.7	22.04	8.72	3.96
	面积(万亩)	0.682	24.044	26.834	29.388	27.33	10.813	4.910
速效钾	范围值(mg/kg)	<70	70~100	100~150	150~180	180~200	200~250	>250
	占比(%)	0.1	6.05	30.07	18.16	9.15	14.86	21.61
	面积(万亩)	0.124	7.502	37.287	22.518	11.346	18.426	26.796
缓效钾	范围值(mg/kg)	<200	200~300	300~400	400~500	500~600	600~700	>700
	占比(%)	0	0	0.05	0	0.3	2.25	97.4
	面积(万亩)	0	0	0.062	0	0.37	2.79	120.776

3.4 土壤养分现状评价

3.4.1 土壤养分及评价(2006年、2007年)

土壤有机质含量96%集中在12～25 g/kg,其中61.67%集中在15～20 g/kg。2006年土壤有机质含量12～15 g/kg、15～20 g/kg、20～25 g/kg的比例依次为24.87%、62.5%、7.7%;2007年土壤有机质含量12～15 g/kg、15～20 g/kg、20～25 g/kg的比例依次为19.46%、60.83%、16.56%。2007年略有上升,但变化不大。2006年、2007年两年的有机质测定结果能够反映目前土壤有机质现状,即全县土壤有机质含量90%以上为12～25 g/kg,其中62%左右为15～20 g/kg。属中等水平。

全氮含量98.01%集中在0.5～1.5 g/kg,其中41.1%集中在1～1.2 g/kg。全氮含量0.5～1 g/kg、1～1.2 g/kg、1.2～1.5 g/kg的比例2006年测定依次为33.88%、39.1%、25.34%;2007年测定依次为25.11%、43.07%、29.52%。2007年有所上升。2006年、2007年两年的全氮测定结果基本能够反映目前土壤全氮现状,即全县土壤全氮含量29.45%的地块为0.5～1 g/kg,41.1%的地块为1～1.2 g/kg,27.43%的地块为1.2～1.5 g/kg。属中等水平。

有效磷含量86.81%集中在4～28 mg/kg,其中71.26%集中在8～28 mg/kg。有效磷在4～8 mg/kg、8～12 mg/kg、12～18 mg/kg、18～28 mg/kg的比例2006年测定依次为11.7%、20.42%、28.8%、25.96%,2007年测定依次为19.39%、21.64%、23.7%、22.04%。2007年有所下降,但2006年、2007年两年的测定结果基本能反映有效磷现状,即全县土壤有效磷含量15.53%的地块为4～8 mg/kg,21.03%的地块为8～12 mg/kg,25.25%的地块为12～18 mg/kg,24%的地块为18～28 mg/kg。与养分丰缺指标对照,低、中、高比例依次为15.53%、47.28%、24%。全县土壤有效磷含量仍属中等水平。

速效钾含量大致出现两个峰值范围:一个峰值范围是100～200 mg/kg,一个峰值范围是大于250 mg/kg。两个峰值范围的比例2006年测定依次为61.2%、25.1%;2007年测定依次为58%、21.61%,2007年仍有所下降。但2006年、2007年两年的测定结果基本可以反映速效钾现状,即全县土壤速效钾含量60%左右的地块为100～200 mg/kg,20%左右的地块为250 mg/kg以上。按照土壤养分丰缺指标低、中、高比例依次为6.06%、46.41%、47.45%。土壤速效钾仍在中高水平。但要注意的是全县土壤速效钾平均含量较20世纪80年代初期下降了35.7 mg/kg,年平均下降1.5～1.6 mg/kg,且各种土壤均有不同程度的下降。采取有效措施防止土壤速效钾继续下降是施肥工作面临的一项新的任务。

3.4.2 不同区域土壤养分及评价

3.4.2.1 北部粮棉烟桐间作区土壤养分分析

该区包括枣集、马铺、贾滩、杨湖口、涡北5乡(镇)。其中枣集、马铺2乡(镇),中壤面积50%以上称为北部中壤主型区,贾滩、杨湖口、涡北3乡(镇),重壤面积70%以上称为北部重壤主型区。其养分分级比例比较见表9。

表 9　北部粮棉烟桐间作区土壤主要养分统计

项目			七级	六级	五级	四级	三级	二级	一级
北部粮棉烟桐间作区	有机质	范围(g/kg)	6~10	10~12	12~15	15~20	20~25	25~30	>30
		占比(%)	0.97	3.41	26.91	56.54	11.61	0.56	0
	全氮	范围(g/kg)	<0.5	0.5~1	1~1.2	1.2~1.5	1.5~2	2~2.5	>2.5
		占比(%)	0	36.23	37.69	24.62	1.49	0	0
	有效磷	范围(mg/kg)	<4	4~8	8~12	12~18	18~28	28~40	>40
		占比(%)	0.14	17.52	20.31	25.8	21.63	10.15	4.45
	速效钾	范围(mg/kg)	<70	70~100	100~150	150~180	180~200	200~250	>250
		占比(%)	0	7.02	8.67	45.78	8.56	12.1	17.87
	缓效钾	范围(mg/kg)	<200	200~300	300~400	400~500	500~600	600~700	>700
		占比(%)	0	0.21	0.76	3.48	4.45	9.9	81.92
北部中壤主型区	有机质	范围(g/kg)	6~10	10~12	12~15	15~20	20~25	25~30	>30
		占比(%)	1.15	4.96	39.69	48.47	5.54	0.19	0
	全氮	范围(g/kg)	<0.5	0.5~1	1~1.2	1.2~1.5	1.5~2	2~2.5	>2.5
		占比(%)	0	49.62	36.64	13.17	0.57	0	0
	有效磷	范围(mg/kg)	<4	4~8	8~12	12~18	18~28	28~40	>40
		占比(%)	0	16.03	21.95	26.91	80.13	9.54	3.44
	速效钾	范围(mg/kg)	<70	70~100	100~150	150~180	180~200	200~250	>250
		占比(%)	0	12.02	44.28	13.74	8.2	9.93	11.83
	缓效钾	范围(mg/kg)	<200	200~300	300~400	400~500	500~600	600~700	>700
		占比(%)	0	0.19	1.53	4.2	6.1	11.26	76.72
北部重壤主型区	有机质	范围(g/kg)	6~10	10~12	12~15	15~20	20~25	25~30	>30
		占比(%)	0.88	2.51	19.59	61.16	15.16	0.77	0
	全氮	范围(g/kg)	<0.5	0.5~1	1~1.2	1.2~1.5	1.5~2	2~2.5	>2.5
		占比(%)	0	28.56	38.29	31.18	1.97	0	0
	有效磷	范围(mg/kg)	<4	4~8	8~12	12~18	18~28	28~40	>40
		占比(%)	0.22	18.38	19.36	25.17	21.33	10.51	5.03
	速效钾	范围(mg/kg)	<70	70~100	100~150	150~180	180~200	200~250	>250
		占比(%)	0	4.16	35.45	16.95	8.76	13.35	21.33
	缓效钾	范围(mg/kg)	<200	200~300	300~400	400~500	500~600	600~700	>700
		占比(%)	0	0.22	0.33	3.06	3.5	7.99	84.9

北部粮棉烟桐间作区、北部中壤主型区、北部重壤主型区土壤有机质大于 15 g/kg 的比例依次为 68.71%、54.2%、77.09%，全氮大于 1 mg/kg 的比例依次为 63.8%、50.38%、71.44%，有效磷大于 8 mg/kg 的比例依次为 82.34%、84%、81.4%，速效钾大于 100 mg/kg 的比例依次为 92.98%、87.98%、95.84%，缓效钾大于 700 mg/kg 的比例依次为 81.92%、76.72%、84.9%。

北部粮棉烟桐间作区与全县土壤养分相比，有机质略低，全氮略低，有效磷略低，速效钾略低，缓效钾基本持平。较北部粮棉烟桐间作区，北部中壤主型区仅有效磷基本持平，其余养分均较低；北部重壤主型区仅有效磷基本持平，其余养分均较高，与全县土壤养分较为接近。

该区中壤主型区(马铺、枣集)土壤养分较低,以致影响了北部粮棉烟桐间作区的平均养分。分析原因,其中壤、轻壤面积较大,土壤质地类型较轻和部分土体中下部砂土层的影响是造成养分较低的主要原因。

3.4.2.2　中南部麦棉油桐林网区土壤养分分析

中南麦棉油桐林网区包括太清、郑集、王皮溜、观堂、生铁冢、城郊、赵村、邱集、穆店、玄武和张店乡东北部,为清水河以北涡河的南大部地带。其中城郊、太清、穆店、玄武四乡(镇)临涡河南岸,质地砂黏相间,土种复杂多变,为中南部涡南沿线区;邱集、赵村、生铁冢、观堂、王皮溜、郑集6乡(镇)和张店乡清水河以北部分,以淤土为主,质地较黏重,为中南部扇形重壤区。其土壤养分分级比较见表10。

表10　中南部麦棉油桐林网区土壤主要养分统计

项目			七级	六级	五级	四级	三级	二级	一级
中南部麦棉油桐林网区	有机质	范围(g/kg)	6～10	10～12	12～15	15～20	20～25	25～30	>30
		占比(%)	0.69	2.4	18.43	64.66	13.27	0.53	0.03
	全氮	范围(g/kg)	<0.5	0.5～1	1～1.2	1.2～1.5	1.5～2	2～2.5	>2.5
		占比(%)	0.07	25.96	39.15	32.42	2.33	0.07	0
	有效磷	范围(mg/kg)	<4	4～8	8～12	12～18	18～28	28～40	>40
		占比(%)	0.1	12.56	20.68	26.99	25.87	9.94	3.86
	速效钾	范围(mg/kg)	<70	70～100	100～150	150～180	180～200	200～250	>250
		占比(%)	0.35	4.72	22.94	17.2	9.58	15.78	29.43
	缓效钾	范围(mg/kg)	<200	200～300	300～400	400～500	500～600	600～700	>700
		占比(%)	0	0	1.01	5.35	5.87	6.92	80.85
中南部涡南沿线区	有机质	范围(g/kg)	6～10	10～12	12～15	15～20	20～25	25～30	>30
		占比(%)	1.33	3.24	21.62	62.5	10.47	0.76	0.1
	全氮	范围(g/kg)	<0.5	0.5～1	1～1.2	1.2～1.5	1.5～2	2～2.5	>2.5
		占比(%)	0.1	38.38	41.14	19.43	0.85	0.1	0
	有效磷	范围(mg/kg)	<4	4～8	8～12	12～18	18～28	28～40	>40
		占比(%)	0.29	17.16	22.59	25.55	23.35	8.1	2.96
	速效钾	范围(mg/kg)	<70	70～100	100～150	150～180	180～200	200～250	>250
		占比(%)	0.95	9.24	35.91	19.04	7.05	11.81	16
	缓效钾	范围(mg/kg)	<200	200～300	300～400	400～500	500～600	600～700	>700
		占比(%)	0	0	1.9	8.1	6.95	8.48	74.57

续表 10

项目			七级	六级	五级	四级	三级	二级	一级
中南部扇形重壤区	有机质	范围(g/kg)	6 ~ 10	10 ~ 12	12 ~ 15	15 ~ 20	20 ~ 25	25 ~ 30	>30
		占比(%)	0.33	1.91	16.63	65.87	14.88	0.38	0
	全氮	范围(g/kg)	<0.5	0.5 ~ 1	1 ~ 1.2	1.2 ~ 1.5	1.5 ~ 2	2 ~ 2.5	>2.5
		占比(%)	0.05	18.82	38.02	39.88	3.18	0.05	0
	有效磷	范围(mg/kg)	<4	4 ~ 8	8 ~ 12	12 ~ 18	18 ~ 28	28 ~ 40	>40
		占比(%)	0	9.91	19.59	27.81	27.31	11	4.38
	速效钾	范围(mg/kg)	<70	70 ~ 100	100 ~ 150	150 ~ 180	180 ~ 200	200 ~ 250	>250
		占比(%)	0	2.13	15.48	16.14	11.05	18.06	37.14
	缓效钾	范围(mg/kg)	<200	200 ~ 300	300 ~ 400	400 ~ 500	500 ~ 600	600 ~ 700	>700
		占比(%)	0	0	0.49	4.08	5.25	6.02	84.46

中南部麦棉油桐林网区、中南部涡南沿线区、中南部扇形重壤区土壤有机质大于 15 g/kg 的比例依次为 78.99%、73.83%、81.13%，全氮大于 1 g/kg 的比例依次为 73.97%、61.52%、81.13%，有效磷大于 8 mg/kg 的比例依次为 87.34%、79.55%、90.09%，速效钾大于 100 mg/kg 的比例依次为 94.93%、89.81%、97.87%，缓效钾大于 700 mg/kg 的比例依次为 80.85%、74.57%、84.46%。

中南部麦棉油桐林网区土壤养分与全县相比，有机质、全氮、有效磷含量均高，速效钾、缓效钾基本持平。与中南部麦棉油桐林网区相比，中南部涡南沿线区主要土壤养分偏低，中南部扇形重壤区主要土壤养分稍高。与全县土壤养分比较，中南部涡南沿线区有机质、缓效钾持平，全氮、有效磷、速效钾偏低；中南部扇形重壤区主要土壤养分则明显较高。

中南部麦棉油桐林网区面积较大，土壤养分含量较高，是全县粮棉高产区。其中仅涡南沿线区土壤养分稍低，主要仍是部分土壤耕层质地较轻、剖面中下层砂层影响造成。

3.4.2.3 西部麦棉豆林网区土壤养分分析

西部麦棉豆林网区包括辛集、任集、唐集、高集、试量 5 乡(镇)的全部和张店乡清水河以南部分，淤土面积较大，质地较为黏重。其主要土壤养分分级情况见表 11。

表 11 西部麦棉豆林网区主要土壤养分统计

项目		七级	六级	五级	四级	三级	二级	一级
有机质	范围(g/kg)	6 ~ 10	10 ~ 12	12 ~ 15	15 ~ 20	20 ~ 25	25 ~ 30	>30
	占比(%)	0.47	4.03	27.49	62.26	5.52	0.23	0
全氮	范围(g/kg)	<0.5	0.5 ~ 1	1 ~ 1.2	1.2 ~ 1.5	1.5 ~ 2	2 ~ 2.5	>2.5
	占比(%)	0	35.87	45.65	17.32	1.08	0.08	0
有效磷	范围(mg/kg)	<4	4 ~ 8	8 ~ 12	12 ~ 18	18 ~ 28	28 ~ 40	>40
	占比(%)	0.16	11.18	20.83	29.99	27.55	7.34	2.95
速效钾	范围(mg/kg)	<70	70 ~ 100	100 ~ 150	150 ~ 180	180 ~ 200	200 ~ 250	>250
	占比(%)	0	7.22	26.32	18.25	10.32	16.07	21.82
缓效钾	范围(mg/kg)	<200	200 ~ 300	300 ~ 400	400 ~ 500	500 ~ 600	600 ~ 700	>700
	占比(%)	0	0	2.48	7.38	8.15	8.78	73.21

西部麦棉豆林网区主要土壤养分：有机质大于 15 g/kg 的比例为 68.1%，全氮大于 1 g/kg的比例为 64.13%，有效磷大于 8 mg/kg 的比例为 88.66%，速效钾大于 100 mg/kg 的比例为 92.78%，缓效钾大于 700 mg/kg 的比例为 73.21%。与全县土壤养分相比，有机质、全氮、缓效钾偏低，有效磷、速效钾基本持平。其主要土壤养分接近或稍低于全县水平。分析原因，一是部分土壤剖面中下部有沙层影响，二是该区部分农户施用单质肥料的习惯较为突出。

3.4.3 不同土壤类型土壤养分现状及评价

鹿邑土壤涉及潮土、石灰性砂姜黑土两个亚类，壤质潮土（两合土）、黏质潮土（淤土）、黑底潮土、活黑老土四个土属，淤土、两合土等 12 个土种。现以土壤有机质、全氮、有效磷、速效钾、缓效钾为顺序分别列出各土种的分级情况，以便比较分析。

土壤有机质分土种情况统计见表 12。

表 12 土壤有机质分土种统计 （%）

土种	七级	六级	五级	四级	三级	二级	一级
	6～10 g/kg	10～12 g/kg	12～15 g/kg	15～20 g/kg	20～25 g/kg	25～30 g/kg	>30 g/kg
小两合土	7.25	7.97	40.58	36.95	7.25	0	0
体沙小两合土	12.5	20	30	37.5	0	0	0
两合土	1.39	5.24	31.55	53.58	7.32	0.92	0
底沙两合土	1.59	5.18	87.71	5.52	0	0	0
腰沙两合土	0	0	75	25	0	0	0
体沙两合土	0	15.13	40.77	36.23	7.69	0	0
淤土	0.36	2.18	19.56	64.78	12.53	0.56	0.03
底沙淤土	0.46	2.92	22.89	65.9	7.52	0.31	0
腰沙淤土	0	0	11.11	55.56	33.33	0	0
体沙淤土	0	2.9	23.19	60.87	13.04	0	0
黑底淤土	0	3.33	10	70	15.56	1.11	0
黏质厚覆灰质黑老土	0	3.49	22.09	67.44	6.98	0	0

土壤有机质含量大于 15 g/kg 比例在 70% 以上的有黏质厚覆灰质黑老土、黑底淤土、淤土、腰沙淤土、底沙淤土、体沙淤土，比例在 60%～70% 的有两合土，比例在 50% 以下的有小两合土、体沙两合土、体沙小两合土、腰沙两合土、底沙两合土。土壤有机质含量随耕层土壤质地加重和土壤剖面中沙层位置变深变薄有增高趋势。

土壤全氮分土种情况统计见表 13。

土壤全氮大于 1 g/kg 比例在 80% 以上的有淤土、黑底淤土、黏质厚复灰质黑老土，比例在 70%～80% 的有底沙淤土、体沙淤土，比例在 50%～60% 的有两合土、底沙两合土，比例在 50% 以下的有小两合土、腰沙淤土、体沙小两合土。随耕层土壤质加重和剖面砂层位置变深变薄，全氮含量有增高趋势。

表 13　土壤全氮分土种统计　(%)

土种	七级	六级	五级	四级	三级	二级	一级
	<0.5 g/kg	0.5～1 g/kg	1～1.2 g/kg	1.2～1.5 g/kg	1.5～2 g/kg	2～2.5 g/kg	>2.5 g/kg
小两合土	0	59.42	30.44	8.69	1.45	0	0
体沙小两合土	0	50	50	0	0	0	0
两合土	0	45.99	36.9	16.25	0.86	0	0
底沙两合土	0.4	46.21	40.24	11.56	1.19	0.4	0
腰沙两合土	0	75	25	0	0	0	0
体沙两合土	0	51.28	48.72	0	0	0	0
淤土	0	0.03	25.73	40.61	31.31	2.29	0.03
底沙淤土	0	29.03	44.40	25.19	1.07	0.31	0
腰沙淤土	0	55.56	33.33	11.11	0	0	0
体沙淤土	0	26.09	47.82	26.09	0	0	0
黑底淤土	0	8.89	50	38.89	2.22	0	0
黏质厚覆灰质黑老土	0	16.28	46.51	36.05	1.16	0	0

表 14　土壤有效磷分土种统计　(%)

土种	七级	六级	五级	四级	三级	二级	一级
	<4 mg/kg	4～8 mg/kg	8～12 mg/kg	12～18 mg/kg	18～28 mg/kg	28～40 mg/kg	>40 mg/kg
小两合土	0.72	15.22	18.12	34.78	21.02	7.97	2.17
体沙小两合土	0	37.5	25	25	12.5	0	0
两合土	0.43	18.61	19.78	24.39	24.81	8.88	3.1
底沙两合土	0.4	18.33	18.72	25.1	21.51	10.36	5.58
腰沙两合土	0	25	25	50	0	0	0
体沙两合土	0	23.08	15.38	35.9	17.95	5.13	2.56
淤土	0.14	13.15	20.95	27.06	25.41	9.21	4.08
底沙淤土	0	13.85	22.92	29.08	21.23	10.3	2.62
腰沙淤土	0	11.11	11.11	44.45	11.11	22.22	0
体沙淤土	0	14.49	26.09	23.19	21.74	8.69	5.8
黑底淤土	0	5.56	20	30	31.11	11.11	2.22
黏质厚覆灰质黑老土	0	9.3	22.1	27.9	32.56	4.65	3.49

土壤有效磷含量以 8～18 mg/kg 为中，18～28 mg/kg 为高(见表 14)。其高、中含量所占比例黑底淤土为 44.44%、50%，黏质厚覆灰质黑老土为 40.7%、50%，淤土为 38.7%、48%，腰沙淤土为 33.33%、55.56%，体沙淤土为 36.23%、49.28%，两合土为 36.8%、44.2%，底沙淤土为 34.15%、52%，底沙两合土为 37.45%、44%，小两合土为 31.36%、53.1%，体沙两合土为 25.64%、51.28%，腰沙两合土为 0.75%，体沙小两合土为 12.5%、50%。随耕层质地加重和剖面中砂层位置变深变薄，有效磷含量有增高趋势。

土壤速效钾分土种情况统计情况见表 15。

表15 土壤速效钾分土种统计 (%)

土种	七级	六级	五级	四级	三级	二级	一级
	<70 mg/kg	70~100 mg/kg	100~150 mg/kg	150~180 mg/kg	180~200 mg/kg	200~250 mg/kg	>250 mg/kg
小两合土	1.45	31.16	36.96	8.69	10.15	4.34	7.25
体沙小两合土	0	0	87.5	22.5	0	0	0
两合土	0.21	12.07	37.75	18.61	7.28	10.05	14.01
底沙两合土	1.99	15.14	42.23	13.55	3.98	11.95	11.16
腰沙两合土	0	25	50	25	0	0	0
体沙两合土	0	23	46.23	5.13	5.65	10.26	7.69
淤土	0	3.49	24.87	17.47	10.07	16.58	27.52
底沙淤土	0	3.38	28.42	18.58	9.68	13.67	26.27
腰沙淤土	0	11.11	44.45	11.11	11.11	11.11	11.11
体沙淤土	0	7.25	31.88	23.19	5.8	13.04	18.84
黑底淤土	0	0	15.56	12.22	18.89	11.33	42
黏质厚覆灰质黑老土	0	0	18.4	15.12	15.12	20.93	30.23

土壤速效钾以100~180 mg/kg为中,以大于180 mg/kg为高,以中、高含量之和的百分比来衡量,90%以上的有黑底淤土、黏质厚覆灰质黑老土、淤土、底沙淤土,80%~90%的有腰沙淤土、两合土、底沙两合土,70%~80%的有腰沙两合土、体沙两合土,70%以下的有小两合土、体沙小两合土。随土壤质地加重和剖面中沙层变深变薄速效钾含量有增加趋势。

土壤缓效钾分土种情况统计见表16。

表16 土壤缓效钾分土种统计 (%)

土种	七级	六级	五级	四级	三级	二级	一级
	<200 mg/kg	200~300 mg/kg	300~400 mg/kg	400~500 mg/kg	500~600 mg/kg	600~700 mg/kg	>700 mg/kg
小两合土	0	0	2.17	7.25	2.9	10.87	76.81
体沙小两合土	0	0	4.07	6.70	4.9	13.98	70.35
两合土	0	0.11	1.92	5.24	6.94	9.84	75.94
底沙两合土	0	0	0.4	8.38	9.5	5.65	76.47
腰沙两合土	0	0	0.5	8	8	8.5	75
体沙两合土	0	0	2.56	10.26	5.13	5.13	76.92
淤土	0	0	1.09	5.11	5.33	7.56	80.91
底沙淤土	0	0	1.54	5.07	6.29	7.38	79.72
腰沙淤土	0	0	0	11.11	6	6	76.89
体沙淤土	0	0	1.45	4.35	10.14	4.35	79.71
黑底淤土	0	0	0	4.44	4.45	3.33	87.78
黏质厚覆灰质黑老土	0	0	0	2.33	3.5	5.82	88.37

土壤缓效钾大于700 mg/kg 比例在80%以上的有黑底淤土、黏质厚覆灰质黑老土、淤土,其他土种的含量大于700 mg/kg 的比例大致在80%以下。土壤缓效钾比例仍呈现质地重含量高的趋势。

以上比较可以看出,鹿邑县土种之间养分含量存在着显著差异。以黑底淤土、黏质厚覆灰质黑老土、淤土养分含量较高。中壤质地类型次之,轻壤质地较低。表层、质地相同的土壤因剖面中沙层位置和沙层薄厚不同,对土壤养分产生的影响不同。一般沙层所处位置越深对土壤肥力影响越小,沙层厚度越薄对土壤肥力影响越小,就剖面中沙层所处位置和沙层厚度而言,一般情况沙层所处位置对土壤肥力的影响大于沙层厚度对土壤肥力的影响。

3.4.4　不同种植制度下土壤养分现状及评价

鹿邑县北部粮棉烟桐间作区常年烟叶种植3万亩左右,约占耕地面积的8.5%。中部麦棉油桐林网区常年小麦玉米轮作或小麦棉花轮作。西部麦棉豆林网区常年种植大豆8万亩左右,约占耕地面积的20%。不同的种植制度对土壤肥力的影响不同,其主要土壤养分现状和第二次土壤普查时养分状况比较见表17、表18。

表17　北、中、西部(不同种植制度)主要土壤养分统计

项目	北部(粮棉烟区)	中南部(粮棉区)	西部(粮豆棉区)
有机质(g/kg)	16.59	17.05	16.20
全氮(g/kg)	1.073	1.120	1.08
有效磷(mg/kg)	17.27	17.80	16.64
速效钾(mg/kg)	183.82	211.9	196.5
缓效钾(mg/kg)	913	924	883

表18　北、中、西部第二次土壤普查主要土壤养分统计

项目	北部(粮棉烟区)	中南部(粮棉区)	西部(粮豆棉区)
有机质(g/kg)	12.38	12.88	12.99
全氮(g/kg)	0.83	0.86	0.82
有效磷(mg/kg)	7.52	6.60	7.31
速效钾(mg/kg)	203.17	238.80	257.8
缓效钾(mg/kg)			

北部粮棉烟制度下,目前主要土壤养分接近全县水平,与第二次土壤普查比较,有机质、全氮、有效磷、速效钾分别提高4.21 g/kg、0.24 g/kg、9.75 mg/kg、-19.35 mg/kg。中部粮棉轮作制度下,目前主要土壤养分高于全县水平;较第二次土壤普查有机质、全氮、有效磷、速效钾分别提高4.17 g/kg、0.26 g/kg、11.2 mg/kg、-26.9 mg/kg。西部粮豆棉制度下,主要土壤养分低于全县水平,较第二次土壤普查,有机质、全氮、有效磷、速效钾分别提高3.21 g/kg、0.26 g/kg、9.33 mg/kg、-61.3 mg/kg。北部粮棉烟制度养分特点:有机质、全氮、有效磷变化与全县情况接近,速效钾下降低于全县,在三种制度中最小。主要原因是施用复合肥较普遍,特别是烟叶专用肥钾素含量较高,土壤钾得到较好补充。中部粮棉制度养分特点:有机质、全氮、有效磷含量高于全县,较第二次土壤普查时养分提高幅度

高于全县,速效钾下降幅度接近全县平均情况。主要原因:一是该区施用复合肥较普遍;二是常年大面积的小麦、玉米轮作,使作物根茬普遍还田,同时小麦、玉米秸秆还田面积较大;三是一定面积的棉田钾肥补充较多。西部麦豆棉制度养分特点:主要土壤养分均低于全县水平,较第二次土壤普查养分提高幅度低于全县,特别是速效钾下降幅度较大,下降了61.3 mg/kg,在三个种植类型区中速效钾由原来的最高降为最低。究其原因:一是该区复合肥施用欠普遍,相当部分农户施用以氮肥为主的单元肥料或氮磷二元肥料的习惯仍没得到彻底扭转;二是一定面积的麦豆轮作肥料施用量小,留在土壤中根系较少,秸秆还田量较少;三是土壤剖面中下部沙层有一定的影响。

3.5 土壤养分变化趋势分析

根据测土配方施肥项目技术总结的有关要求,鹿邑县制定了土壤养分分级评价标准。目前鹿邑县土壤养分(2006~2008年)中有机质、全氮、有效磷均处于中等水平,速效钾、缓效钾仍为高含量水平。通过2006年、2007年两年大面积多土种的土样化验分析,有机质、全氮稳中有升,有效磷稍有下降,速效钾仍在下降。若将三年的养分化验结果与第二次土壤普查养分结果相对照,有机质、全氮、有效磷均有大幅度提高,速效钾下降幅度较大,铜、铁、锰、锌四种微量元素,仅铁有所下降,但均在临界值以上。根据目前养分状况和养分变化趋势,施肥中要重视有机肥,采取有效措施保证有机肥的施用。配方施肥中要遵循"控氮、稳磷、衡量监控施钾"的原则,使土壤肥力在保持协调的基础上不断得到提高。

对土壤肥力变化原因进行分析,以下因素对肥力有较大影响。

一是耕作方式。20世纪80年代,土地的耕作比较粗放。耕地以畜拉步铧犁为主,耕深一般不足15 cm,秸秆还田是空白,土壤熟性差,团粒结构少,土壤结构欠优。随着大动力机械的使用,土壤耕深一般在16 cm以上,有的达20 cm,秸秆还田也有了相当程度的应用,土壤结构发生良性改变,熟化程度加强,团粒结构增多,从而促进了土壤肥力的提高。

二是化肥投入量的增加。鹿邑县从20世纪70年代末以来化肥用量逐年增加。2006年、2007年、2008年化肥用量分别达到85 730 t、89 294 t、92 445 t。化学肥料中部分或大部分养分被土壤吸附或被土壤固定,从而促进了土壤肥力的提高。

三是有机肥投入的增加。有机肥投入的增加主要表现在秸秆还田的数量和面积增加。20世纪80年代末期以来,大量作物根茬得到还田,秸秆覆盖还田、堆沤还田、直接还田力度逐年增大,促进了土壤有机质的提高,促进了土壤有益菌群的生长活动,促进了土壤肥力的提高。

四是种植制度。不同的种植制度对土壤养分的消耗不同。施肥的品种、数量、比例、方法不同,都会给土壤肥力造成很大影响。如北部粮、棉、烟制度下,由于施钾较多,速效钾下降幅度就小。西部粮、豆、棉制度下,由于大豆施肥少,根茬少,土壤养分下降明显,特别是速效钾由第二次土壤普查时的三种种植类型区的第一位下降为第三位。

五是质地类型和土体构型,中壤和重壤质地土壤养分因子协调,容易形成优良的土壤结构,保肥供肥性能较好,一般肥力较高。轻壤或沙壤质地土壤养分因子协调性差,土壤结构不良,保肥供肥性能较差,一般肥力较低。

4　土壤养分评价结果的应用

一是依照土壤养分评价结果开展测土配方施肥。通过土壤化验得知土壤养分，将土壤养分与丰缺指标相对照，进而在施肥指标体系中得到氮、磷、钾的施用数量和比例。

二是有机肥与无机肥配合施用。土壤有机质是土壤肥力的重要指标之一。一定数量的有机质是提高养分利用率和实现粮食高产的重要条件之一。根据全县有机肥资源情况，要加强进行秸秆还田的普及推广，加大秸秆还田力度，直至小麦、玉米秸秆全部实现还田。同时要加强堆沤肥和人畜粪便的科学化管理与施用工作，积极挖潜和开发利用新的有机肥资源。

三是种地养地相结合。通过养分化验和配方施肥建立一套种地养地的保障措施。将测土配方施肥与耕作方式的改变和种植方式的调整结合起来，使不同的耕作方式和种植方式均有相应的测土配方施肥措施配套。将测土配方施肥与农业高产创建相结合，在实现粮食高产的同时，确保耕地质量得到提高。

长垣县土壤养分现状分析与评价

马利明　王凤柱　陈广粉　吕　铭　吕聪峰

（长垣县农业技术推广站 · 2006 年 6 月）

摘要：本文通过对长垣县土样进行检测，并将检测结果与第二次土壤普查数据进行对比分析，从而找出了长垣县土壤耕层养分变化规律，提出了相应的农业生产对策。

关键词：土壤养分　现状　分析评价

土壤是在一定成土因素综合影响下形成的产物，是农业的主要生产资料，是客观存在的自然体。它在自然与人为的综合作用下，处于不断的变化与更新之中。土壤养分是作物营养的主要来源，是作物生长发育的物质基础，也是土壤化学性状及肥力的重要指标，是土壤的基本属性和本质特征。2006～2008 年，根据农业部《测土配方施肥技术规范》的要求，以构成基础地力要素的立地条件、土壤条件、农田基础设施条件为依据，采用 GPS 全球卫星定位系统，在全县范围内均匀布点取土，共取样 6 370 个，进行了化验分析。现将土壤养分现状、变化进行分析与评价。

1　土壤养分现状分析

土壤养分含量不仅与土壤类型有关，而且和人们的耕作措施有密切的关系。从2006～2008 年土壤养分化验结果（见表 1）看，长垣县土壤含量三年平均值为有机质 13.6 g/kg，全氮 0.89 g/kg，有效磷 24.9 mg/kg，缓效钾 752.78 mg/kg，速效钾 128.25 mg/kg，pH 值 8.38，有效铜 1.63 mg/kg，有效铁 4.31 mg/kg，有效锰 8.58 mg/kg，有效锌 0.71 mg/kg。

表 1 长垣县 2006 ~ 2008 年土壤养分化验结果汇总

项目	最大值	最小值	平均值	标准差
全氮(g/kg)	3.8	0.12	0.89	0.277
有机质(g/kg)	35.13	0.67	13.6	4.279
有效磷(mg/kg)	366.4	0.12	24.9	10.9
速效钾(mg/kg)	514.06	15.36	128.25	44.63
缓效钾(mg/kg)	1 728.57	117	752.78	164.41
pH 值	9.06	7.06	8.38	0.234
有效铁(mg/kg)	16.21	0.16	4.31	
有效锰(mg/kg)	17.39	3.16	8.58	15.24
有效铜(mg/kg)	10.94	0.06	1.63	1.455
有效锌(mg/kg)	7.1	0.06	0.71	0.829

根据全国统一标准,把土壤养分含量分为七级。下面以 2006 年土壤化验结果为例,与 1986 年第二次土壤普查数据进行比较分析。

1986 年土壤普查和 2006 年对全县 3 800 个土壤样本化验数据比较,土壤中全氮、有机质含量比 1986 年有所增加,有效磷的含量有所上升,而速效钾则大幅度下降。1986 年土壤普查结果:全氮平均含量 0.58 g/kg,有效磷 12.9 mg/kg,速效钾 211 mg/kg,有机质 8.88 g/kg。土壤养分状况的趋势是:缺氮、少磷、钾有余,有机质不足。但从 2006 年对全县 3 800 个土壤样本化验数据看,土壤中全氮含量平均为 0.88 g/kg,比 1986 年增加 0.3 g/kg;有效磷 24.9 g/kg,比 1986 年增加 12 mg/kg,增加了近 1 倍;速效钾128.24 mg/kg,比 1986 年减少 82.76 mg/kg;有机质含量为 13.59 g/kg,比 1986 年增加 4.71 g/kg。

1.1 土壤有机质

土壤有机质含量多少是土壤肥力高低的一项重要指标,土壤有机质不仅是土壤中各种营养元素特别是氮、磷的重要来源,而且使土壤具有保肥力和缓冲性,从而改善土壤的物理性质。长垣县土壤有机质含量测定结果表明,有机质含量差异大,平均含量为 13.59 g/kg,分布在 10 ~ 20 mg/kg 范围的占 77%(见图 1)。

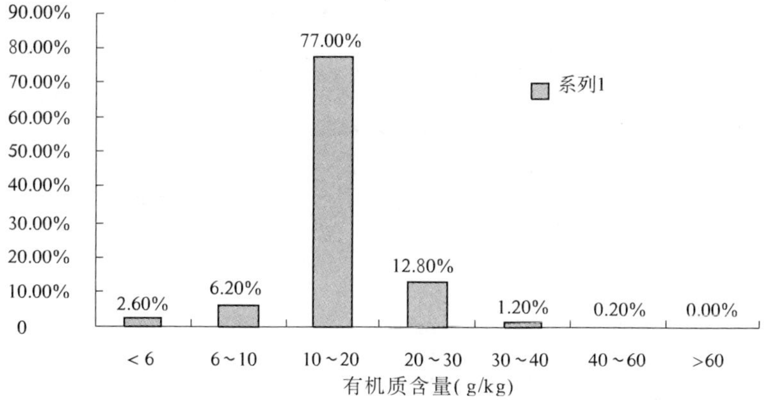

图 1 土壤有机质含量分布

1.2 全氮含量

土壤全氮含量指标不仅能体现土壤氮素的基础肥力,而且还能反映土壤潜在肥力的高低，即土壤的供氮潜力。根据调查分析结果，长垣耕地土壤平均全氮含量为 0.88 g/kg，标准差为 0.357。根据全国统一标准，把土壤养分划分为七级，分布在 0.5～1.0 g/kg 的约占 60%（见图 2）。

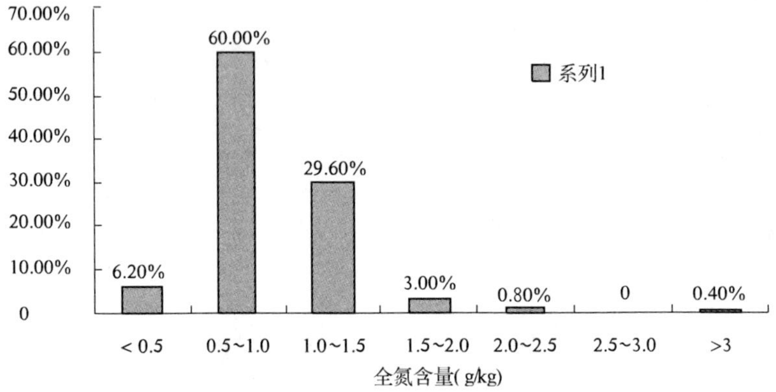

图 2　土壤全氮含量分布

1.3　土壤有效磷和速效钾

了解土壤中有效磷和速效钾的供应状况，是科学施肥的前提，因为供当季作物吸收的磷、钾素的形态，通常是土壤中的有效磷、速效钾。测试结果表明，长垣县有效磷含量集中分布在 5～30 mg/kg的约占 60%（见图 3）；速效钾集中在 50～150 mg/kg 的约占 66.60%（见图 4）。

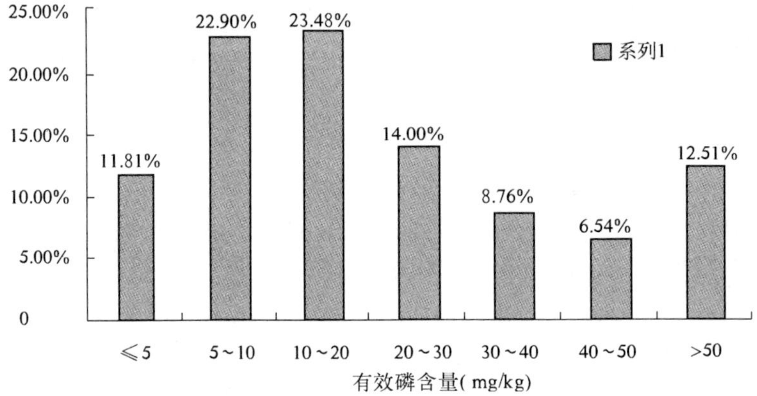

图 3　土壤有效磷含量分布

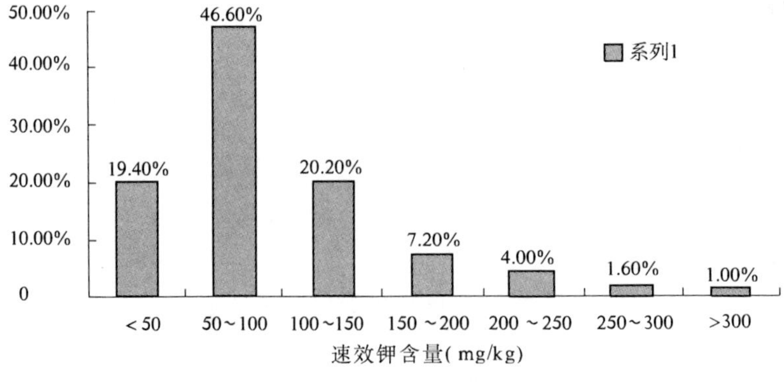

图 4　土壤速效钾含量分布

2 土壤养分变化趋势分析

长垣县当前耕层土壤养分含量大致为磷差别大,中有机质,缺钾少微,有机质含量一般为10~20 g/kg,平均15.2 g/kg;pH值8.0~8.8,平均8.44;全氮含量一般为0.5~1.0 g/kg,平均0.8 g/kg;速效钾含量一般为50~150 mg/kg,平均85.66 mg/kg;有效磷含量一般为5.0~30 mg/kg,平均14.64 mg/kg。境内多数耕地土壤的养分含量相当于全国养分分级标准的中下水平,土壤中微量元素含量硼充足,锌、锰、铜丰富,铁缺乏。

第二次全国土壤普查数据显示,长垣总的养分特点是有机质贫乏,缺氮、贫磷、富钾。有机质平均含量8.88 g/kg,全氮平均含量0.58 g/kg,速效钾平均含量211 mg/kg,有效磷平均含量12.9 mg/kg。

通过长垣县当前养分状况与第二次全国土壤普查数据比较可以看出,长垣县土壤养分中全氮、有机质、有效磷含量都明显提高,速效钾含量明显下降。对此,为了切实做到平衡配套施肥,我们必须重视有机肥,在施肥中要遵循"控氮、稳磷、增钾、补微"的原则,氮、磷、钾,中、微量元素配合施用。

2.1 耕作方式的影响

土地的耕作方式对于土壤养分含量的变化也有很大的影响。20世纪80年代初期,长垣县土地耕作方式比较粗放,施肥不足,因此土壤养分含量较低。近年来,长垣县大力推广集约化耕作方式,推行秸秆还田等耕作措施,有机物还田量逐年增加,促进了土壤养分的积累;同时,不断地调整种植制度,采用轮作、间作、套种方式,农民用地养地的意识不断提高,培肥地力得到充分的重视,这些变化促使土壤中的有机质和氮、磷大量元素含量大幅度提高。

2.2 化肥投入量逐年提高的影响

肥料是作物的粮食,是农业生产中最重要而且也是今后相当长一段时间内不可替代的生产资料。长垣县从20世纪60年代使用化肥以来,用量逐年增加,化肥的总投入量由1986年的约6万t增加到2006年的约13万t,20年的时间提高约7万t。目前,长垣县化肥利用率低,氮肥的当季利用率30%~35%,磷肥的当季利用率为10%~20%,虽然氮肥有一部分挥发和淋溶损失,但其余大部分残留在土壤中固定和吸收,随着时间的推移,土壤中氮、磷含量有所提高。

2.3 有机肥投入增加的影响

近年来,随着畜牧业的迅速发展,有机肥的投入量也大幅度提高,无论是总用量还是单位用量都有了较大幅度的提高。据统计部门统计,2006年全县牲畜总头数约30万头,可积造优质有机肥约18万t,以有效利用85%计算,每年投入农田的优质有机肥约为15.3万t。施用有机肥使土壤有机质增加,减少了土壤养分的流失,改善了土壤理化性状,土壤肥力得以提高。

2.4 种植制度的影响

多年来,长垣县以种植营养摄取量多的小麦、玉米、花生为主,两种作物面积维持在130万亩左右,占播种地面积的64%,虽然近年来有机肥用量加大,但农民主要还是以施用化肥来补充作物的营养需求。目前仍有相当多的农民不讲究科学施肥,不懂得平衡施肥，重施氮、磷肥，钾肥少施或不施，造成钾素和微量元素过量消耗。氮、磷、钾比例不合理施用是土壤内钾元素含量降低的主要原因。

3 结果应用

大力推广测土配方施肥技术。通过土壤化验，掌握土壤养分丰缺指标，调整氮、磷、钾的比例，确定合理施肥用量，合理布局区域化种植结构。有机肥和无机肥配合施用，保持土壤有机质平衡。通过加大有机肥积造力度，秸秆还田，增加有机物肥料等措施，培肥地力。用地与养地相结合，提高耕地质量。通过调整农业产业结构，采用轮作、间作、套种方式，改革现有耕作制度和种植制度，大力推广多种优秀种植方法，改善土壤理化性状。

博爱县土壤养分演变分析及施肥对策

王香枝　杨晓留　秦海兴　张晓敏　沈雪芳
（博爱县农业局 · 2009 年 5 月）

摘要：从 2006 年开始博爱县承担了国家农业部测土配方施肥项目，按照项目要求我们对全县的耕地进行了土壤养分检测分析。土壤养分状况反映了耕地的地力肥力水平，通过和 1980 年第二次土壤普查时比较，分析土壤养分变化趋势，根据演变状况及原因，我们提出科学合理的施肥指导意见，推广测土配方施肥技术，提高农业生产效益。

关键词：土壤养分含量　演变状况　测土配方施肥　施肥意见

博爱县位于河南省西北部，全县辖 7 镇 3 乡 233 个行政村，总人口 43.3 万人，其中农业人口 36.2 万人。全县总面积 490 km^2，耕地面积 32.9 万亩。1980 年全县开展了第二次土壤普查，查明了土壤养分含量、类型、数量和分布情况，为农业综合开发和农业结构调整提供了科学依据。20 多年来，种植制度、耕作措施、施肥水平等都发生了较大变化，土壤养分状况也发生了较大变化。2006 年开始实施国家测土配方施肥补贴项目，通过测土化验分析，及时了解土壤养分的变化情况，分析其原因，对指导当地农业生产能力具有重要意义。

1 土样采集与化验分析

在 9 ~ 10 月份，即玉米收获后小麦播种前，采用 GPS 全球卫星定位系统对全县地块进行取样，每点取样 15 ~ 20 个，取样深度 20 cm，2006 ~ 2007 年两年共取样 5 800 个。化验分析项目主要有有机质、全氮、有效磷、速效钾、缓效钾、pH 值等。

2 土壤养分现状分析

2.1 全县土壤养分含量结果分析

博爱县土壤养分含量状况见表 1。从土壤养分化验结果汇总结果看，博爱县土壤养分含量平均值为:有机质 17.89 g/kg,全氮 1.15 g/kg,有效磷 18.7 mg/kg,缓效钾 644 mg/kg,速效钾 162 mg/kg,pH 值 8.07。

表 1　博爱县土壤养分化验结果汇总结果

项目	平均值	最小值	最大值	标准差	变异系数(%)
有机质(g/kg)	17.89	2.71	50.7	6.67	37.28
全氮(g/kg)	1.15	0.19	4.33	0.34	29.56
有效磷(mg/kg)	18.7	0.3	159.9	15.67	83.79
速效钾(mg/kg)	162	48	480	40.35	24.91
缓效钾(mg/kg)	644	74	1 071	144.60	22.45
pH 值	8.07	6.7	8.9	0.15	1.86

根据全国统一标准,把土壤养分含量分为七级,现分别对各种养分进行叙述分析。博爱县土壤养分分级情况见表 2。

表 2　博爱县土壤养分分级

项目	级别	一级	二级	三级	四级	五级	六级	七级	合计
有机质	分级标准(g/kg)	≤6	6~10	10~20	20~30	30~40	40~60	>60	七级
	土样个数	58	471	3 464	1 463	323	21	0	5 800
	百分比(%)	1.00	8.12	59.73	25.22	5.57	0.36	0.00	100.00
	面积(万亩)	0.33	2.67	19.65	8.30	1.83	0.12	0.00	32.90
全氮	分级标准(g/kg)	≤0.5	0.5~1.0	1.0~1.5	1.5~2.0	2.0~2.5	2.5~3.0	>3.0	七级
	土样个数	90	1 846	3 036	763	58	7	0	5 800
	百分比(%)	1.55	31.83	52.34	13.16	1.00	0.12	0.00	100.00
	面积(万亩)	0.51	10.47	17.22	4.33	0.33	0.04	0.00	32.90
有效磷	分级标准(mg/kg)	≤5	5~10	10~20	20~30	30~40	40~50	>50	七级
	土样个数	490	1 422	2 039	887	466	237	259	5 800
	百分比(%)	8.45	24.52	35.16	15.29	8.03	4.09	4.46	100.00
	面积(万亩)	2.78	8.07	11.57	5.03	2.64	1.35	1.47	32.90
速效钾	分级标准(mg/kg)	<50	50~100	100~150	150~200	200~250	250~300	>300	七级
	土样个数	4	221	2 095	2 756	594	84	46	5 800
	百分比(%)	0	3.81	36.12	47.52	10.24	1.45	0.79	100
	面积(万亩)	0.00	1.25	11.88	15.65	3.37	0.48	0.26	32.90
缓效钾	分级标准(mg/kg)	<150	150~200	200~250	250~300	300~350	350~400	>400	七级
	土样个数	0	0	0	0	40	60	5 700	5 800
	百分比(%)	0.0	0.0	0.0	0.0	0.7	1.0	98.3	100.0
	面积(万亩)	0.00	0.00	0.00	0.00	0.23	0.34	32.33	32.90
pH 值	分级标准	≤4.5	4.6~5.5	5.6~6.5	6.6~7.5	7.6~8.5	8.6~9.0	>9.0	七级
	土样个数	0	0	0	21	5 771	8	0	5 800
	百分比(%)	0.00	0.00	0.00	0.36	99.50	0.14	0	100.00
	面积(万亩)	0.00	0.00	0.00	0.12	32.74	0.05	0.00	32.90

(1)土壤有机质。土壤有机质平均含量为 17.89 g/kg,标准差为 6.67,变异系数为 37.28%。主要分布在三级(10~20 g/kg)和四级(20~30 g/kg),总面积为 27.95 万亩,占总耕地面积的 84.94%。

（2）土壤全氮。土壤全氮平均含量为 1. 15 g/kg，标准差为 0. 34，变异系数为 29. 56%。主要分布在三级（1. 0 ~ 1. 5 g/kg），面积为 17. 22 万亩，占总耕地面积的 52. 34%。

（3）土壤有效磷。土壤有效磷平均含量为 18. 7 mg/kg，标准差为 15. 67，变异系数为 83. 79%。博爱县土壤有效磷含量有显著差异，高值和低值差异较大，中位数含量在三级（10 ~20 mg/kg）的面积为 11. 57 万亩，占总耕地面积的 35. 16%。

（4）土壤速效钾。土壤速效钾平均含量为 162 mg/kg，标准差为 40. 35，变异系数为 24. 91%。集中分布在三级（100 ~150 mg/kg）和四级（150 ~200 mg/kg），面积为 27. 53 万亩，占总耕地的 83. 64%。

（5）土壤缓效钾。土壤缓效钾含量较高，平均为 644 mg/kg，标准差为 144. 6，变异系数为 22. 45%。集中分布在 7 级（ >400 mg/kg），面积为 32. 33 万亩，占总耕地的 98. 3%。

（6）土壤 pH 值。博爱县土壤为中性偏碱，pH 值平均为 8. 07，标准差为 0. 15，变异系数为 1. 86%。全县土壤的酸碱度差异较小，大部分集中分布在五级（7. 6 ~8. 5），面积为 32. 74 万亩，占总耕地的 99. 5%。

2. 2　不同土壤类型的土壤养分状况分析

博爱县耕地土壤主要有潮土、褐土和红黏土三个类型，其中以潮土面积最大，约占全县总耕地面积的 73%，而褐土、红黏土只占 27%。在采集的 5 800 个土样中，潮土 4 210 个，褐土 1 305 个，红黏土 285 个，其土壤养分测试结果见表 3。

表 3　不同土壤类型的土壤养分含量情况

土类名称	土种数目	取样数目	有机质（g/kg）	全氮（g/kg）	有效磷（mg/kg）	速效钾（mg/kg）	缓效钾（mg/kg）	pH 值
褐土	5	1 305	20. 1	1. 25	19. 0	178	695	8. 04
红黏土	5	285	19. 0	1. 21	16. 0	147	678	8. 05
潮土	17	4 210	16. 4	1. 10	18. 2	156	633	8. 08
全县合计/平均	27	5 800	17. 7	1. 15	18. 7	162	644	8. 07

从表 3 中可以看出，褐土、红黏土的土壤养分含量较高，相对而言，潮土的土壤养分含量较低，但由于红黏土多分布在山区，水利条件较差，受水利及耕作条件限制，粮食产量较低，年粮食亩产量为 800 ~900 kg。潮土主要分布于山前洪积冲积平原上，虽然土壤养分含量较褐土、红黏土低，但由于平原地区水利条件好，农田基础设施好，便于耕作，因此粮食产量水平较高，年粮食亩产量在 1 000 kg 左右。

2. 3　不同耕地区域土壤养分状况分析

博爱县不同耕地主要可分为四个区域，即北部山区、中北部洪积平原区、中南部洪积平原区和南部冲积平原区。其土壤养分测试结果见表 4。

从表 4 中可以看出，中北部洪积平原区的土壤养分平均含量最高，这是全县历年粮食的高产区，其次是中南部洪积平原区。北部山区虽然土壤养分含量也较高，但是受水利条件和耕作条件、气候等因素的影响，粮食产量受到一定限制。南部冲积平原区土壤养分虽然较低，但由于水利、耕作等条件较好，农民在肥料方面也注意投资，粮食产量也较高。而且南部乡镇是蔬菜、果树、怀药等经济作物发展的重要区域。

表 4 不同耕地区域土壤养分含量情况

分区名称	土样数	有机质(g/kg)	全氮(g/kg)	有效磷(mg/kg)	速效钾(mg/kg)	缓效钾(mg/kg)	pH 值
北部山区	291	20.5	1.20	16.0	154	655	8.03
中北部洪积平原区	887	23.0	1.35	21.0	175	688	8.05
中南部洪积平原区	3 364	16.7	1.17	18.9	166	640	8.07
南部冲积平原区	1 258	14.5	0.90	15.6	144	621	8.09
全县合计/平均	5 800	17.7	1.15	18.7	162	644	8.07

3 土壤养分变化趋势分析

3.1 土壤养分现状及变化情况测试结果

博爱县的土壤养分含量现状和1980年土壤普查时土壤养分比较变化情况见表5。

表 5 土壤养分现状及变化情况

项目		土样数	有机质(g/kg)	全氮(g/kg)	有效磷(mg/kg)	速效钾(mg/kg)	缓效钾(mg/kg)	pH 值
2006 年		3 800	17.4	1.14	18.4	162	644	8.07
2007 年		2 000	18.3	1.16	19.2	163	645	8.07
两年平均		5 800	17.7	1.15	18.7	162	644	8.07
1980 年		399	15.9	0.79	6.2	153	—	8.25
两年平均与1980年比较	增减	+5 401	+1.8	+0.36	+12.5	+9	—	-0.18
	%		+11.3	+45.6	+202	+5.9	—	-2.2

3.2 变化趋势及原因分析

由表5中可以看出，全县5 800个土样养分的含量平均值为：有机质17.7 g/kg，全氮1.15 g/kg，有效磷18.7 mg/kg，速效钾162 mg/kg，缓效钾644 mg/kg，pH值8.07。1980年第二次土壤普查时的土壤养分含量平均值为：有机质15.9 g/kg，全氮0.79 g/kg，有效磷6.2 mg/kg，速效钾153 mg/kg，pH值8.25。现在和1980年普查数据相比较，出现四增一减趋势，即有机质、全氮、有效磷、速效钾增加，pH值下降。1980年土壤普查时，博爱县的土壤养分状况是“富钾、少磷、氮不匀”，当时，根据养分含量状况我们提出了“补氮、增磷”的施肥意见。经过技术推广宣传，二十多年来博爱县土壤的主要养分都在不断地提高，特别是土壤有效磷增加了2倍多，全氮增加了45.6%，使得土壤氮、磷、钾主要养分基本平衡，改变了1980年土壤普查时养分“富钾、少磷、氮不匀”的不良状况。

(1)有机质的变化。和1980年普查时比较，有机质含量稍有增加，增量为1.8 g/kg，增幅为11.3%。博爱县土壤的有机质含量属于中等偏高水平。这主要是由于近十余年来,养殖业迅速发展,畜禽粪大量增加,以及全面禁止秸秆焚烧,大力推广秸秆还田的结果。

(2)全氮的变化。土壤全氮含量平均为1.15 g/kg,属中等较上水平。和1980年土壤普查时比较,土壤全氮增加了0.36 g/kg,增幅为45.6%,增加幅度较大。1980年土壤普查时博爱县的土壤全氮含量为0.79 g/kg,属中等偏下水平,当时氮素是制约粮食产量的主要因子,且全氮的含量也不均衡,高低差异较大。针对这种情况,我们提出了合理配方施肥措施,即全氮含量高的地块适当减氮增磷,含量一般的稳氮增磷,含量低的地块应增氮增磷。这样,大部分全氮含量低的地块施用氮肥的量都增加了,而少部分全氮含量较高地块的氮肥施用量也受到了控制,这就减少了小麦、玉米等作物因氮肥施用过多而造成贪青晚熟、倒伏减产的影响。

(3)有效磷的变化。土壤有效磷平均含量为18.7 mg/kg。和1980年土壤普查时比较,土壤有效磷增加最多,增量为12.5 mg/kg,增幅为202%,还出现部分地块磷含量过高,但是也有少部分地块含磷量偏低的现象。这主要是1980年土壤普查时,土壤有效磷的含量偏低(为6.2 mg/kg),属于中下等肥力水平,土壤缺磷是制约粮食产量的主要因素。在第二次土壤普查成果应用中,各级领导和农业科技人员大力宣传土壤缺磷的严重性和限制粮食增产的客观性,提倡增施磷肥。近年来,在小麦播种前施底肥时,亩施过磷酸钙、钙镁磷肥50~100 kg,或硝酸磷肥40~50 kg,磷酸二铵20~30 kg。在瓜类、蔬菜等经济作物田,施磷肥量更多。在20世纪80年代至90年代,增施磷肥在博爱县提高农作物产量方面,确实起到了很大作用。而出现部分地块含磷量过高、少部分地块过低的状况,是因为部分农户连年大量施用磷肥,而极少部分农户仍然没有重视施用磷肥的结果。这两种极端都是不正确的,所以我们以后应继续加大测土配方施肥的工作力度,指导农民因地施肥。

(4)速效钾的变化。土壤速效钾含量为162 mg/kg,和1980年土壤普查时比较,增加了9 mg/kg,增幅为5.9%,变化不明显。1980年土壤普查结果,博爱县的土壤速效钾含量为153 mg/kg,属于高等肥力富钾水平。在当时土壤普查应用成果时,没有强调增施钾肥。但是,随着农业高产高效的逐步深入,农业、种植业结构的不断调整,农作物产量的逐年递增,1993年以来博爱县粮食年亩产连年保持吨粮,1996年小麦单产突破500 kg大关。为了摸清在连年高产情况下,土壤养分变化情况,2001年我们在全县采样355个进行化验分析,有机质含量为15.7 g/kg,碱解氮含量为74.4 mg/kg,有效磷含量为9.35 mg/kg,速效钾含量为131 mg/kg,和1980年相比碱解氮、有效磷都有增加,有机质基本持平,速效钾降低了22 mg/kg,降幅较大。针对这种情况,当时我们提出了对土壤增施钾肥,要求小麦亩施氯化钾或硫酸钾15~20 kg,或亩施含钾的复混肥(K_2O 6~8 kg)40~50 kg。通过近几年的生产实践,增施钾肥以后,粮食产量持续高产稳产,土壤速效钾的含量也有所提高。

(5)pH值。土壤pH值平均为8.07,和1980年土壤普查时比较,稍有下降,降低了0.18,减幅为2.2%。土壤酸碱度更接近中性。这主要是随着施肥水平的提高,我们加大了对中低产田的改造,以前的盐碱地得到了改良,土壤的碱性降低了,土壤更利于农作物生长。

4 施肥意见

根据地形地貌特征、土壤类型、土壤肥力基础、主要农作物常年产量及土壤养分测定结果，提出要在增施有机肥的基础上，稳氮、稳钾、控磷、增微的施肥措施，将全县主要粮食产区分四个配方施肥区域进行指导施肥。

(1)北部山区。本区地处县域北部山区，纬度为35°13′以上，海拔为280～600 m，包括寨豁乡全部和许良、月山、柏山三镇的山区部分，共有36个行政村、21 000亩耕地。主要土种属于褐土类和红黏土类。80%以上的土地没有水利条件，常年粮食亩产量为450～750 kg。本区制订配方施肥方案，小麦目标产量为400 kg/亩，亩施肥料量为N 12 kg、P_2O_5 4 kg、K_2O 5 kg(均为纯养分含量，下同)；玉米目标产量300～400 kg/亩，亩施肥料量为N 11.5 kg、P_2O_5 3.6 kg、K_2O 4 kg。

(2)中北部山前洪积平原。本区地处县域中北部山前洪积平原的上部，纬度在35°11′～35°13′，海拔为120～135 m，包括柏山、月山、许良3镇的山前平原，南至焦博公路、博许公路，共有48个行政村，耕地面积为45 000亩。主要土种属于褐土类的垆土、石灰性褐土和潮土类的淤土。本区水利条件较好，多数为河灌，少数为井灌，常年粮食亩产量在1 050 kg左右。本区人多地少，土壤肥沃，是全县土壤肥力最高的地区。制订配方施肥方案，设计小麦目标产量为600 kg/亩，在秸秆还田或亩施有机肥2 000 kg的基础上，亩施肥料量为N 16 kg、P_2O_5 6 kg、K_2O 8 kg；玉米目标产量为650 kg/亩，亩施肥料量为N 16.5 kg、P_2O_5 6.5 kg、K_2O 7 kg。

(3)中南部洪积平原。本区地处县域中南部山前洪积平原的下部，纬度在35°06′～35°11′，海拔为100～120 m，包括清化镇、苏家作乡的全部、许良镇博许公路以南、磨头镇(包括国营农场，不包括西南片)、阳庙镇(不包括东北片)以及孝敬镇、金城乡的北半部分，共有110个行政村和国营农场、县原种场，共有耕地178 000亩。主要土种有褐土类的垆土和潮土类的淤土、两合土和湿潮土等。本区水利条件很好，绝大多数耕地为井灌，少数为河灌，常年粮食亩产量为950～1 050 kg。本区地域广阔，土壤肥力较高。制订配方施肥方案，设计小麦目标产量为500～550 kg/亩，在秸秆还田或亩施有机肥2 000 kg的基础上，亩施肥料量为N 15 kg、P_2O_5 5 kg、K_2O 8 kg；玉米目标产量为550～600 kg/亩，亩施肥料量为N 16.1 kg、P_2O_5 6 kg、K_2O 7.5 kg。

(4)南部冲积平原区。本区地处县域南部沿沁河一带，纬度在35°02′～35°06′，海拔为78～100 m，包括孝敬镇、金城乡的南部、磨头镇的西南片，另外阳庙镇的东北片也与本区相同。共有40个行政村、85 000亩耕地。主要土种有潮土类的淤土、两合土、沙质潮土、脱潮土等。本区水利条件很好，地下水位较高，绝大部分属于井灌，土壤质地多沙质或壤质，耕性较好，土壤肥力稍偏低。常年粮食亩产量为850～1 050 kg。制订配方施肥方案，设计小麦目标产量为500～550 kg/亩，在秸秆还田或亩施有机肥2 000 kg的基础上，亩施肥料量为N 15 kg、P_2O_5 5 kg、K_2O 9 kg；玉米目标产量为550～600 kg/亩，亩施肥料量为N 16 kg、P_2O_5 6 kg、K_2O 6.5 kg。

农户施肥篇

杞县农户施肥情况调查与评价

刘轶群

（杞县农业局土壤肥料站·2009年6月）

摘要:通过对农户施肥情况调查信息(重点对200户农户施肥情况调查)的分析,了解了杞县农民传统施肥弊端和不同肥料使用现状,提出了主要农作物施肥建议。

关键词:农户　施肥情况　调查评价

杞县位于开封市东南,地处北纬34°13′~34°46′、东经114°36′~114°56′,是2006年测土配方施肥补贴项目县,农户施肥情况调查是测土配方施肥补贴项目实施中的一项重要工作内容。自2006年项目开展以来,杞县农业局技术人员在取土过程中,通过对农户施肥情况调查,获取了大量农户施肥信息。笔者就杞县2006~2008年3年的农户施肥情况调查(重点对200户农户施肥情况跟踪调查),从不同层面进行分析。

1　农户施肥现状分析

杞县近年农户施肥现状主要是:有机肥施用量较少,氮肥投入量过大,磷肥投入量一般,钾肥投入量不足,中微量元素肥料投入更少。

1.1　杞县农户施肥总体现状分析

根据杞县统计资料,2006年化肥用量为63 452 t(纯量,下同),2007年为64 100 t,2008年为64 830 t。2007年比2006年化肥用量增加648 t,增幅1.02%,2008年比2007年化肥用量增加730 t,增幅为1.14%,化肥施用量呈上升趋势(见表1)。

表1　杞县2006~2008年化肥施用情况分析

肥料种类	化肥用量(t)				
	2006年	2007年	增幅(%)	2008年	增幅(%)
氮肥(N)	27 706	25 063	-9.5	25 057	-0.024
磷肥(P_2O_5)	12 049	12 150	+0.84	13 246	+9.02
钾肥(K_2O)	8 624	9 230	+7.03	9 675	+4.82
复合肥	15 073	17 657	+17.1	16 852	-4.56
合计	63 452	64 100	+1.02	64 830	+1.14

在施肥总量增加的情况下,施肥结构发生了显著变化,其中氮肥用量呈下降趋势,2007年降幅9.5%,2008年降幅0.024%;磷、钾肥施用量呈上升趋势,其中钾肥2007年增幅7.03%,2008年增幅4.82%;复合肥(包括配方肥)用量2007年呈上升趋势,增幅17.1%,增幅较大,而2008年用量又呈下降趋势,降幅4.56%。据调查,其主要原因是

2008 年肥料价格上涨,尤其是复合肥价格涨幅太大,农民实际上是想用复合肥,而由于价格过高,只得选用尿素、碳酸氢铵、过磷酸钙、氯化钾这些价格较低的肥料品种。

1.2　杞县主要肥料品种施用现状分析

据调查,杞县肥料主要品种为有机肥、复合肥(或配方肥)、氮肥、磷肥、钾肥、中微量元素肥料。下面重点对 200 户中 447 亩耕地的农户施肥跟踪调查情况加以分析。

1.2.1　有机肥施用现状分析

有机肥又叫农家肥,主要来源于植物、动物,施于土壤以提供作物多种养分为主要功效的含碳物料。有机肥具有养分全、肥效长、成本低、来源广等特点。施用有机肥既能提供作物需要的各种养分,又可培肥土壤,改善土壤理化性状。有机肥一般都以底肥的方式施入土壤。杞县有机肥的主要品种有麦秆麦糠堆沤肥、秸秆直接还田、厩肥、土杂肥、沼气液肥、商品有机肥。

大蒜、小麦、玉米为杞县主要种植作物。所调查的 200 户中有代表性的地块 447 亩耕地,其中种植制度是"大蒜 - 玉米"的占 186 亩,"小麦 - 玉米"的占 261 亩。有机肥施用情况见表 2。

表 2　2008 年杞县有机肥施用抽样调查

项目			作物		
			大蒜	小麦	合计
种植面积(亩)			186	261	447
施有机肥料品种	玉米秸秆还田	面积(亩)	138	127	
		比例(%)	74.2	48.7	
	麦秸沤肥	面积(亩)	37	94	
		比例(%)	19.9	36.0	
	厩肥	面积(亩)	46	20	
		比例(%)	24.7	7.7	
	土杂肥	面积(亩)	9	25	
		比例(%)	4.8	9.6	
	沼气液肥	面积(亩)	7	0	
		比例(%)	3.8	0	
	商品有机肥	面积(亩)	24	18	
		比例(%)	12.9	6.9	
不施有机肥	面积(亩)		27	114	
	比例(%)		14.5	43.7	

由表 2 可以看出,大蒜施用有机肥的占 85.5%,不施有机肥的占 14.5%。其中施用比例最大的是玉米秸秆还田,占整个大蒜种植面积的 74.2%,其次是厩肥,占整个大蒜种植面积的 24.7%。据调查,大蒜种植户施用的厩肥有 80% 都是从养鸡场、养猪场等购买的。因为在杞县,大蒜也是一个主要经济作物,效益较高,农民种植大蒜的积极性非常高,又加上连年种植大蒜,若不施有机肥大蒜病虫害较重,影响产量,所以农民对大蒜投入较高,管理也较精心。但从 2007 年,大蒜价格一直很低,这也大大影响蒜农的积极性。2008 年种植大蒜面积有一定程度减少,并且 2008 年种植大蒜的肥料投入普遍低于往年,有机肥投入量也是如此。另外,种植大蒜所用的商品有机肥、麦秸沤肥、土杂肥、沼气液肥也有一定比例。

由表 2 可以看出，小麦施用有机肥的占 56.3%，不施用有机肥的占 43.7%。其中有机肥施用比例最大的是玉米秸秆还田，占整个小麦种植面积的 48.7%，其次是麦秸沤肥，占整个小麦种植面积的 36.0%。据调查，施入麦田的厩肥大都是自家养的畜禽产生的，一般农户不拿钱购买厩肥来施入麦田，只有个别经济条件较好的、科学种田意识较强的农户购买部分商品有机肥施入麦田。目前，杞县农民对小麦的投入不是太重视，其主要原因是大部分农民认为小麦经济效益不是很高，并且小麦不像大蒜那样对有机肥敏感，施不施有机肥对近期小麦的产量影响不大。另一方面，由于农民受打工思潮的影响，平时大部分时间在外打工或经商，只是在收、种季节才在家，所以对积造有机肥没有时间，而逐渐轻视了有机肥。

据调查，杞县有机肥的施用主要是用在大蒜、小麦底肥上，玉米因为贴茬播种，基本不施用有机肥。另外，饼肥和人粪尿肥在菜园或西瓜种植中施用量较大，但由于种植面积较小，在杞县有机肥施用上基本不具代表性，这里就不再具体分析。

有机肥的施用方法基本都是作为底肥撒施地表，耕翻入土。

1.2.2 氮肥施用现状分析

据调查，目前杞县施用的氮肥品种有碳酸氢铵、尿素、磷酸二铵、硝酸磷肥、复合（混）肥或配方肥。其中尿素施用量最大，除复合（混）肥外，尿素施用量占氮肥总量的 80% 左右，碳酸氢铵施用量呈逐年下降的趋势，目前仅占氮肥用量的 20% 左右。杞县 2006 年、2007 年、2008 年小麦每亩施氮（纯量，下同）量分别为 12.75 kg、11.69 kg、10.84 kg 左右，大蒜每亩施氮量分别为 22.96 kg、22.01 kg、21.17 kg 左右，玉米每亩施氮量分别为 14.52 kg、13.41 kg、12.96 kg 左右。氮肥施用量占化肥施用总量的 60%，远高于磷、钾肥的施用比例。氮肥施用情况见表 3。

表 3　2008 年杞县氮肥施用抽样调查

项目			作物		
			大蒜	小麦	玉米
种植面积（亩）			186	261	447
施氮肥品种	尿素	面积（亩）	48	164	312
		比例（%）	25.8	62.8	69.8
	碳酸氢铵	面积（亩）	12	31	53
		比例（%）	6.5	11.8	11.9
	复合（混）肥	面积（亩）	56	34	33
		比例（%）	30.1	13.0	7.4
	配方肥	面积（亩）	70	32	42
		比例（%）	37.6	12.3	9.4
不施氮肥	面积（亩）		0	0	7
	比例（%）		0	0	1.6

从表 3 可以看出，杞县氮肥施用品种主要是尿素和复合（混）肥或配方肥，碳酸氢铵施用量较少。从不同作物看，大蒜施用复合（混）肥和配方肥的占整个大蒜种植面积的67.7%。而小麦、玉米的氮肥施用品种主要是尿素，其小麦、玉米施用尿素的分别占62.8%、69.8%，复合（混）肥包括配方肥在小麦、玉米上施用的比例都比较小，小麦占25.3%，玉米占16.8%。另有个别农户在大蒜收获后种植玉米的地块不施氮肥，这些农户认为大蒜地底肥足，后劲

大,所以玉米不用施肥,但这只是个别农户,只占调查总数的1.6%。

据调查,氮肥的施肥时期因作物不同而有差别。

地膜大蒜:大蒜一生中一般施氮肥分为3次。第一次是底肥,底肥中氮肥的施用量占整个生育期施氮量的60%～70%,施肥方法为撒施地表,耕翻入土。来年3月底4月初进行第一次浇水冲肥,一般随水冲施肥料的品种是尿素或冲施肥(成分一般是硝酸铵钾等)。冲肥量占整个施氮肥量的20%左右。第二次浇水冲肥一般在蒜薹甩尾前进行,施肥方法也是随水冲施,冲肥品种仍是尿素或冲施肥,冲肥量占整个施氮量的15%左右。

小麦:小麦氮肥施肥时期有70%农户是底肥"一炮轰",30%的农户有追肥习惯。底肥施用方法仍是撒施地表,耕翻入土。追肥一般采用穴施或耧串追肥(沟施),但有个别农户直接将肥料随浇水顺水撒施。小麦追肥时期一般在返青拔节期。

玉米:玉米施肥方法80%是"一炮轰",只有个别农户有分次施肥的习惯。玉米施肥存在的问题更大,受某些肥料经销商的错误引导,再加上现在部分农户的懒惰思想作怪,近年"丢施肥"、"晒肥"已经在杞县市场出现,并且还有相当一部分农户相信。据调查:"丢施肥"、"晒肥"的主要成分是氯化铵,经销商要求只要丢在玉米棵附近,不必用土覆盖,照样能发挥肥效,并且"晒肥"越晒越有劲。这显然与化肥深施技术背道而驰,这种说法显然没有科学道理,需技术部门和执法部门加以扭转。玉米施肥存在另外一个问题就是施肥品种单一,有80%的农户只施氮素肥料,如尿素、碳酸氢铵,只有20%左右的农户在玉米上施复合肥(或配方肥)或施用磷肥和钾肥。

1.2.3　磷肥施用现状分析

据调查:目前杞县农业生产中磷肥的施用品种主要有过磷酸钙、磷酸二铵、硝酸磷肥、硝酸磷钾肥、复合(混)肥或配方肥。生产中过磷酸钙用量最大,几乎占磷肥用量的55%,其他复合肥或配方肥大约占磷肥用量的45%。

杞县2006年、2007年、2008年大蒜生产中磷肥亩用量平均为12.04 kg、13.18 kg、13.99 kg。小麦生产中磷肥亩用量平均分别为6.00 kg、6.75 kg、7.04 kg,玉米生产中磷肥亩用量平均分别为2.36 kg、2.78 kg、3.52 kg。磷肥施用量占化肥施用量的23%,仅次于氮肥施用量。磷肥施用情况见表4。

表4　2008年磷肥施用情况调查

项目			作物		
			大蒜	小麦	玉米
种植面积(亩)			186	261	447
磷肥品种	过磷酸钙	面积(亩)	60	195	39
		比例(%)	32.3	74.7	8.7
	复合(混)肥	面积(亩)	56	34	33
		比例(%)	30.1	13.0	7.4
	配方肥	面积(亩)	70	32	42
		比例(%)	37.6	12.3	9.4
不施磷肥	面积(亩)		0	0	333
	比例(%)		0	0	74.5

从表 4 可以看出,杞县磷肥施用品种主要是过磷酸钙和复合(混)肥或配方肥。从不同作物看,大蒜施用复合(混)肥或配方肥的比例较大,占整个大蒜种植面积的 67.7%,其余 32.3% 施用的是过磷酸钙。小麦施用的磷肥品种主要是过磷酸钙,小麦有 74.7% 施用过磷酸钙,只有 25.3% 用的是复合(混)肥或配方肥。玉米施用磷肥较少,74.5% 的玉米不施磷肥,另有 8.7% 的玉米施过磷酸钙,16.8% 的玉米施复合(混)肥或配方肥。

据调查,磷肥施用时期一般作底肥,但因作物不同其施肥时期略有差异。

地膜大蒜:底肥中 100% 施磷肥,施肥方法仍是撒施地表,耕翻入土。另有 20% 左右农户在来年 3 月底 4 月初浇水冲肥时冲施硝酸磷钾或复合(混)肥等冲施肥,但冲施肥中一般含磷量较低,只占 3% ~5%,还有 5% 左右农户冲施磷酸二氢钾 + 尿素。

小麦:小麦磷肥的施肥时期都是作底肥一次施入。只有 10% 左右农户在小麦返青后追施含磷复合(混)肥,还有个别农户(约 5%)叶面喷施磷酸二氢钾。

玉米:玉米施磷肥的较少。有 74.5% 的地块不施磷肥,有 16.8% 的农户施复合(混)肥或配方肥,另外有 8.7% 的地块施过磷酸钙。磷肥的施用方法,农民一般是在玉米 5 ~7 叶期条施或穴施,但近年也有个别农户将磷肥撒施地表。

1.2.4 钾肥施用现状分析

目前,杞县农业生产上常用的钾肥品种有氯化钾、硫酸钾、草木灰、复合(混)肥或配方肥。钾肥中用量最大的是氯化钾,其次是复合(混)肥或配方肥,复合(混)肥或配方肥中用的大多也是氯化钾。总的来说,氯化钾占整个钾肥用量的 80% 左右,硫酸钾约占 12%,草木灰约占 4%,其他占 4%。

杞县 2006 年、2007 年、2008 年钾肥的用量大致是:地膜大蒜钾肥平均亩施肥量分别为 11.96 kg、13.07 kg、13.86 kg,小麦生产中钾肥平均亩施肥量分别为 2.15 kg、3.86 kg、4.51 kg,玉米生产中钾肥平均亩施肥量分别为 2.06 kg、3.75 kg、4.14 kg。杞县钾肥主要用于大蒜生产,大蒜田钾肥的用量约占整个钾肥用量的 70%。钾肥是继氮、磷肥之后的第三大肥料。钾肥施用情况见表 5。

表 5　2008 年杞县钾肥施用抽样调查

<table>
<tr><th colspan="3" rowspan="2">项目</th><th colspan="3">作物</th></tr>
<tr><th>大蒜</th><th>小麦</th><th>玉米</th></tr>
<tr><td colspan="3">种植面积(亩)</td><td>186</td><td>261</td><td>447</td></tr>
<tr><td rowspan="10">施钾肥品种</td><td rowspan="2">氯化钾</td><td>面积(亩)</td><td>34</td><td>57</td><td>23</td></tr>
<tr><td>比例(%)</td><td>18.3</td><td>21.8</td><td>5.1</td></tr>
<tr><td rowspan="2">硫酸钾</td><td>面积(亩)</td><td>16</td><td>23</td><td>0</td></tr>
<tr><td>比例(%)</td><td>8.6</td><td>8.8</td><td>0</td></tr>
<tr><td rowspan="2">草木灰</td><td>面积(亩)</td><td>2</td><td>9</td><td>10</td></tr>
<tr><td>比例(%)</td><td>1.1</td><td>3.4</td><td>2.2</td></tr>
<tr><td rowspan="2">复合(混)肥</td><td>面积(亩)</td><td>56</td><td>34</td><td>33</td></tr>
<tr><td>比例(%)</td><td>30.1</td><td>13.1</td><td>7.4</td></tr>
<tr><td rowspan="2">配方肥</td><td>面积(亩)</td><td>70</td><td>32</td><td>42</td></tr>
<tr><td>比例(%)</td><td>37.6</td><td>12.3</td><td>9.4</td></tr>
<tr><td rowspan="2">不施钾肥</td><td colspan="2">面积(亩)</td><td>8</td><td>106</td><td>339</td></tr>
<tr><td colspan="2">比例(%)</td><td>4.3</td><td>40.6</td><td>75.9</td></tr>
</table>

从表 5 可以看出，杞县钾肥的施肥品种主要是氯化钾和复合（混）肥或配方肥，复合（混）肥或配方肥中的钾一般都是氯化钾。从不同作物看，大蒜施用复合（混）肥和配方肥的占 67.7%，施用氯化钾的占 18.3%，施用硫酸钾的占 8.6%，施用草木灰的占 1.1%，不施用钾肥的占 4.3%。而小麦不施钾肥的占 40.6%，其他有的是通过复合（混）肥或配方肥施入钾肥，另有 21.8% 施氯化钾，8.8% 施硫酸钾，3.4% 施草木灰。玉米不施钾肥的面积更大，占 75.9%，其他施复合（混）肥和配方肥的占 16.8%，施氯化钾的占 5.1%，施草木灰的占 2.2%。

据调查，钾肥施用时期一般作底肥，但因作物不同其施肥时期也有差异。钾肥的施肥时期与磷肥基本相同。

1.2.5 中微量元素肥料施肥现状分析

目前，杞县农业生产上施用中微量元素肥料的面积不大，主要是通过配方肥里的微肥包或叶面肥，另外就是通过增施各类有机肥和秸秆还田等措施对中微量元素加以补充。从 2006 年、2007 年两年对土壤微量元素的化验结果看，杞县土壤中微量元素有效铜平均值为 1.53 mg/kg，有效锌平均值 1.06 mg/kg，有效铁平均值 9.34 mg/kg，有效锰平均值为 14.71 mg/kg，均处于中等水平，但是具体含量不同地块也有差异，但一般差异较小。由于目前都是一家一户耕种，由于施微量元素肥料水平不同，极个别地块差别较大。

2 测土配方施肥对农户施肥的影响

自 2006 年测土配方施肥项目实施 3 年来，通过全社会的共同努力，杞县农民在施肥观念上有了很大转变，大部分农民已从盲目施肥转为测土配方施肥，从只重视氮、磷肥转为也重视钾、微肥的施用，从忽视有机肥转为重视有机肥，从施用单元素肥料转为施用配方肥料。农民的施肥结构逐步合理，施肥方法逐步科学，通过 3 年项目实施，杞县的氮、磷、钾施肥比例由项目实施前的 1∶0.34∶0.22 调整为目前的 1∶0.48∶0.3，化肥利用率提高 3.8 个百分点。下面就杞县项目实施以来，对农户施肥的影响从以下几个方面进行分析。

2.1 施肥数量的影响

杞县目前耕地仍是家庭联产承包责任制，农民以前对自己耕地的土壤养分状况及所种植作物的需肥特点知之甚少，更谈不上作物最佳施肥量和最高经济效益施肥量。农民长期困惑于化肥用量增加了，而作物产量却增幅不大，并且还引发了病虫害的加剧。配方施肥项目实施和配方肥的推广，使农民真正体验到了配方施肥的好处。

杞县葛岗镇晁村村，2006 年 300 亩地膜大蒜田施用配方肥，大蒜（干蒜）平均亩产 1 509 kg，其他没有施用配方肥的大蒜病虫害严重，每亩平均产量只有 1 423 kg，而且施用配方肥的肥料用量还减少了 9 kg（纯量）。其他小麦、玉米施用配方肥和不施配方肥的都有鲜明对比，所以现在大多农民都知道，种地化肥不是越多越好，只有按土、按作物施肥，才能以较少的投资取得较大的效益。

2.2 施肥品种的影响

全国第二次土壤普查，为杞县农业的发展作出了历史性贡献，通过第二次土壤普查发现，杞县土壤养分中有效磷含量不足，平均 14 mg/kg，速效钾呈“富钾”状态，平均含量 130

mg/kg,所以以后相当长一段时间农民只重视对磷肥的投入,而忽视了钾肥的应用,致使2006年全县3 820个土样的土壤化验结果中有效磷含量达到16.2 mg/kg,速效钾含量降到平均91 mg/kg。通过2006年以来的项目实施,杞县相当一部分农民都认识到了单施某一元素肥料,投入再多也不能高产,只有测土配方施肥,才是科学施肥的唯一途径。现在的农民手里多了一张建议卡,购买化肥时不是看别人买什么肥料就买什么肥料,广告什么肥料就买什么肥料,而是看肥料养分含量、配比是否符合自己土地的需求,按照科技人员指导进行购肥,盲目施肥的现象得到了有效改变。

2.3 施肥次数、施肥方法的影响

杞县农民长期以来在大蒜生产中较重视,一般整个生育期3次施肥,而在小麦、玉米生产中却贪图省事,往往一次施入过量肥料,也就是所说的"一炮轰"。据调查,小麦、玉米"一炮轰"现象占70%以上,另外表面撒施现象严重,玉米生产中"丢施肥"、"晒肥"应用较广。

通过测土配方施肥项目的开展,通过技术人员宣传培训,发放技术资料,更主要的是,在示范农户的带动下,农民逐渐知道了作物的需肥规律,分次施肥能减少肥料浪费,提高肥料利用率,分次施肥即使减少部分施肥量也照样能增产。在施肥方法上,通过技术人员的宣传培训,使农民了解了不同肥料具有不同特性:氮肥应该深施覆土,磷肥应该沟施、穴施、集中施,减少固定,大大提高了肥料利用率。

3 农户施肥情况评价与施肥建议

杞县农民相当一段时间在施肥结构中存在一定问题:轻视有机肥,重视化肥的施用;轻视钾肥、微肥,重视氮、磷肥的施用;轻视中微量元素肥料,重视大量元素肥料。另外,施肥方法和施肥时期也有一定弊端。所以,通过项目实施,土肥技术人员针对小麦、玉米这两种施肥存在问题较大的作物,给农民提出了科学施肥的方法和措施。

3.1 小麦施肥技术

(1)创造条件增施有机肥。因为有机肥不仅提供作物养分,还能培肥地力,改善土壤的理化性状。

(2)氮肥要分期施,改变"一炮轰"的施肥方式,提倡化肥深施,提高肥料利用率。

(3)稳施磷肥,增施钾肥。要求一般每亩施P_2O_5 6~7 kg、K_2O 2~4 kg,氮、磷、钾三要素之比达到1:0.5:0.3,达到培肥地力、增产、提高小麦品质三重目的。

3.2 玉米施肥技术

(1)根据目标产量和土壤供肥能力确定施肥量,避免只施氮肥而忽视磷、钾肥,提倡施用配方肥或玉米专用肥。

(2)分期施肥,玉米5~7叶期,进行第一次追肥,追肥数量占总施肥量的2/3,大喇叭口期、9~10叶期,进行第二次施肥,追肥数量占总施肥量的1/3。

(3)所有化肥都要求穴施或条施,施后覆土,严禁撒施,墒情不好要及时浇水。

(4)麦秸麦糠盖田。麦秸麦糠盖田能蓄水保墒,培肥地力,改善土壤结构,减少杂草滋生,提高玉米产量。一般在6月下旬至7月上旬,每亩垄间均匀撒施麦糠或麦秸150 kg左右。

(5)对于高产地块,在上述施肥措施的基础上,于玉米抽雄期进行第三次追肥,以满足高产需要。

唐河县农户施肥情况调查与评价

樊　骅　李　璞

(唐河县农业技术推广中心·2009 年 6 月)

摘要:结合测土配方施肥补贴项目实施,组织专业技术人员,采用随机和定点调查相结合的方法,对唐河县部分农户施肥情况进行调查、分析与评价,找到了农户施肥中存在的问题,提出了改进对策与措施。

关键词:农户　施肥情况　调查评价

唐河县位于河南省西南部,南阳盆地东缘,是一个典型的农业大县,全县总人口 130 万人,其中农业人口 116.7 万人,耕地面积 245.2 万亩,常年粮食种植面积 300 万亩,粮食总产量 113 万 t。粮食作物主要以小麦和玉米为主,小麦种植面积 200 万亩,玉米种植面积 60 多万亩。自 2005 年唐河县实施测土配方施肥补贴项目以来,取得了显著的经济、社会效益和生态效益。为全面总结测土配方施肥项目取得的技术成果,为今后进一步推广测土配方施肥技术提供参考,按照全国农业技术服务中心(农技土肥水函[2008]22 号文件)的要求,组织专业技术人员,采用随机和定点调查相结合的方法,对部分农户施肥情况进行调查、分析与评价。

1　农户施肥现状分析

1.1　在小麦施肥方面

1.1.1　底肥施用情况

突出表现为"四个增强":①农民秸秆还田意识增强,秸秆还田得到了广大农民的认可,还田面积占麦播面积的 95% 以上。加上农家肥的施用,土壤有机质呈逐年上升趋势。②农民复合肥施用意识增强,项目区农民已由单施碳铵或碳铵和磷肥配合施用的做法转变为接受农业技术人员指导施用配方肥,绝大多数施用基本符合小麦生长需求。③配方肥施用量呈快速增长趋势,2005 ~ 2007 年全县配方肥施用量逐年以 50% 的增长幅度,快速增长。2007 年仅小麦配方肥施用面积达 30.5 万亩。④微肥的施用意识增强,其中施用锌肥和硼肥面积由 2004 年的 2 万亩增加到 2007 年的 32 万亩。

1.1.2　追肥施用情况

受气候条件和生产条件影响,项目实施前全县小麦很少追肥,但随着项目实施,氮肥后移的追肥方法已经被部分农户接受。2007 年度全县小麦追肥面积较上年增加 15% 左右。

1.2 在玉米施肥方面

通过项目实施，项目区“一炮轰”的施肥和过量施肥现象得到了根本性的改变，玉米二次追肥现象较为普遍。在玉米拔节期追肥时，氮、磷、钾相结合的复合肥料施用量连年增加，单质氮肥尿素或碳铵的施用量逐年减少，绝大多数农民开始重视对锌肥的施用。项目区玉米施肥投入产出3年加权平均数为1∶9.4，非项目区玉米施肥投入产出比3年加权平均数为1∶8.1。

2 测土配方施肥对农户施肥的影响

通过测土配方施肥补贴项目实施，广大农民充分认识到了科学施肥对节本增效、增产增收的重要性，改变了长期以来单施化肥、不施有机肥，单施氮肥、不施钾肥和微肥，只施氮肥和磷肥、不施钾肥和微肥，以及过量施肥、盲目施肥的习惯，由过去的凭经验施肥，转变为主动测土、按施肥建议卡施肥。2005～2007年度，全县共推广配方肥料3.063万t，配方肥推广应用面积达76.58万亩；发放施肥建议卡15.2万份，建议卡入户率达到100%；先后为11.39万个农户提供免费测土配方施肥技术服务。受测土配方施肥补贴项目的影响，全县农户的施肥数量、品种、施肥次数、施肥方法等方面都发生了根本性变化。

2.1 施肥数量

全县小麦整个生育期亩施肥量由项目实施前的21 kg变为2007年的18.1 kg，比项目实施前下降了2.9 kg。全县玉米整个生育期亩施肥量由项目实施前2004年度的17 kg变为2007年的18.5 kg，比项目实施前增加了1.5 kg，肥料种类由单纯施用氮肥转变为氮、磷、钾肥混合施用。

2.2 施肥品种

在小麦上主要表现为底肥品种的变化，由项目实施前以碳铵配磷肥施用或只施碳铵为主，项目实施后以施用氮、磷、钾复合肥为主；在玉米上表现为拔节期施肥的变化，由项目实施前以氮肥为主，项目实施后施肥品种以施用氮、磷、钾复合肥为主，在玉米灌浆期补施氮肥。

2.3 施肥次数

在小麦上受气候因素影响，施肥次数变化不大，一般仍以底施为主，部分有水浇条件或天气变化小麦拔节期有降雨时增加了追肥。在玉米上增加了一次施肥（苗期）或二次施肥（苗期和灌浆期）。

2.4 施肥方法

小麦底肥由随犁掩底变为撒施，玉米拔节期施肥由撒施变为开沟施肥。

3 农户施肥情况评价

根据农户施肥情况调查结果分析，农户施肥表现为以下规律性：

（1）农户施肥水平明显提高，项目区农民在小麦作物上3年加权平均每亩施纯N 10.11 kg、P_2O_5 3.9 kg、K_2O 3.34 kg，非项目区农民在小麦作物上3年加权平均每亩施纯N 11.38 kg、P_2O_5 4.29 kg、K_2O 2.72 kg，项目区农民在小麦作物上平均每亩施纯N下降1.27 kg、P_2O_5 下降0.39 kg、K_2O 上升了0.62 kg。项目区农民在玉米作物上3年加权平均每亩施纯 N 13.01 kg、P_2O_5 3.5 kg、K_2O 3.28 kg，非项目区农民在玉米作物上 3 年加权平均每亩施纯 N 13.7 kg、P_2O_5 5.33 kg、K_2O 2.17 kg，项目区农民在玉米作物上平均每亩施纯 N 下降 0.69 kg、P_2O_5 下降 1.83 kg、K_2O 增加 1.11 kg。

(2)农户的施肥结构得到优化，项目区农户小麦作物上施肥氮、磷、钾比例为 2.59∶1∶0.86，非项目区农户在小麦作物上施肥氮、磷、钾比例为 2.65∶1∶0.63，氮肥的底追肥比例为 9∶1 或 8.5∶1；项目区农户在玉米作物上施肥氮、磷、钾比例为 3.71∶1∶0.94，非项目区农户在玉米作物上施肥氮、磷、钾比例为 2.57∶1∶0.41。

(3)施肥方法得到改进，小麦底肥撒施符合玉米秸秆还田的技术要求，小麦留高茬后阻碍肥料与土壤接触，玉米拔节期开沟深施恰好弥补了这个不足，提高了肥料养分利用率。

4 测土配方施肥区的施肥效益分析

在 2005 ~ 2007 年的测土配方施肥项目实施中，取得显著的经济、社会、生态效益，测土配方施肥项目在小麦和玉米上的效益情况见表 1。

表 1 常规施肥和测土配方施肥的效益比较

项目			单位	2005 年		2006 年		2007 年
				小麦	玉米	小麦	玉米	小麦
常规施肥区	面积		万亩	148.74	31.76	155.4	16.1	157.8
	亩产		kg/亩	373	304.2	398	291.7	336
	单价		元/kg	1.44	1.4	1.44	1.4	1.5
	化肥	面积	万亩	148.74	31.76	155.4	16.1	157.8
		平均用量	kg/亩	17.73	21.5	18.9	20.6	18.9
测土配方施肥项目区	面积		万亩	25.35	15.85	47.1	18.5	49.2
	亩产		kg/亩	403	354.4	424	323.4	405
	单价		元/kg	1.44	1.4	1.4	1.4	1.5
	化肥	面积	万亩	25.35	15.85	47.1	18.5	49.2
		平均用量	kg/亩	16	19.05	17.3	18.5	18.1
效益	增产		kg/亩	35	50.2	26	31.7	69
	节肥		kg/亩	1.3	2.45	1.6	2.1	0.8
	增收 + 节支		元/亩	55.6	80.08	42.8	52.7	107.5

从表 1 可以看出：①在 2005 ~ 2007 年的小麦生产上，按 3 年加权平均数每亩节肥 1.21 kg，3 年共节肥 738.4 t；3 年平均亩增产小麦 36.21 kg，3 年共增产小麦 2.2 万多 t；亩增收节支 716.63 元，3 年共增收节支 8 713.92 万元。②在 2005 ~ 2006 年的玉米上，亩均节肥 2.26 kg，两年共节肥 388.4 t；两年亩增产玉米 40.24 kg，两年共增产玉米 6 910.6 t；亩增收节支 65.35 元，两年共增收节支 2 244.63 万元。同时，由于减少了化肥的用量，减轻了化肥对土壤环境的污染，促进了生态系统的良性循环。

综上所述，通过这次对农户施肥情况调查与评价，可以肯定测土配方施肥项目对唐河县农业起到了巨大的推动作用。但由于该项目的技术性强,农民完全掌握测土配方施肥技术还需要漫长的过程,仍需在今后的工作中,通过技术培训与技术指导提高农民科技素质和科学施肥意识。

尉氏县农户施肥情况调查与评价

宋志平　李卫莲　张东生　朱志伟

(尉氏县土壤肥料站·2009 年 6 月)

摘要:尉氏县从 2006 年起连续 3 年对所辖的 17 个乡(镇)、515 个行政村、5 834 个农户的主要农作物的施肥情况进行了调查,发现了一些施肥方面的问题,并对主要农作物施用的有机肥和氮、磷、钾及中微量元素肥料的品种、数量、施肥时期、施肥方法等进行了分析,提出了提高农民科学施肥意识的方法和措施。

关键词:农户施肥情况　调查　评价

收集农户施肥数据进行分析是评价测土配方施肥效果与技术准确度的重要手段,也是反馈修正肥料配方的基本途径。因此,农户施肥调查对测土配方施肥技术的推广将起到很好的助推作用。根据国家测土配方施肥项目的要求,尉氏县从 2006 年起连续 3 年对所辖的 17 个乡(镇)、515 个行政村、5 834 个农户的主要农作物的施肥情况进行了调查,发现了一些施肥方面的问题,并对主要农作物施用的有机肥和氮、磷、钾及中微量元素肥料的品种、数量、施肥时期、施肥方法等进行了分析,提出了提高农民科学施肥意识的方法和措施。

1　农户施肥现状分析

1.1　尉氏县施肥总体现状及分析

根据尉氏县统计资料,在种植业结构、粮食作物面积基本不变而肥料价格上涨的情况下,尉氏县化肥用量 2005 年为 39 390 t(纯量,下同),2006 年达到 42 115 t,2007 年为 41 355 t。2006 年化肥用量增加 2 725 t,增幅为 6.92%,2007 年化肥用量减少了 760 t,减幅为 1.8%,2007 年肥料用量的减少主要与肥料价格的持续上涨有关。3 年来全县施肥总量呈波浪式上升,其中 2006 年氮肥施用量呈上升趋势,增幅为 3.66%,磷肥减幅为 2.65%,钾肥减幅为 0.61%,复合肥增幅为 6.52%,2007 年与 2006 年相比,氮肥降幅为 1.16%,磷肥降幅为 0.22%,钾肥降幅为 0.07%,复合肥降幅为 0.35%。虽然 3 年来的施肥量有回有落,但施肥结构出现了显著变化,施肥比例更趋合理,由 2005 年氮、磷、钾、复合肥的比例为1∶0.24∶0.05∶0.22,改变为 2006 年、2007 年的氮、磷、钾、复合肥的比例为 1∶0.19∶0.06∶0.30(见表 1、图 1)。

表 1　尉氏县化肥施用情况分析

肥料种类	2005 年(t)	2006 年(t)	2007 年(t)	2006 年与 2005 年比		2007 年与 2006 比	
				±t	±%	±t	±%
氮肥	25 650	27 090	26 601	1 440	3.66	-489.00	-1.16
磷肥	6 250	5 207	5 113	-1 043	-2.65	-94.00	-0.22
钾肥	1 960	1 719	1 688	-241	-0.61	-31.00	-0.07
复合肥	5 530	8 099	7 953	2 569	6.52	-146.00	-0.35
合计	39 390	42 115	41 355	2 725	6.92	-760.00	-1.80
氮:磷:钾:复合肥	1:0.24:0.05:0.22	1:0.19:0.06:0.30	1:0.19:0.06:0.30				

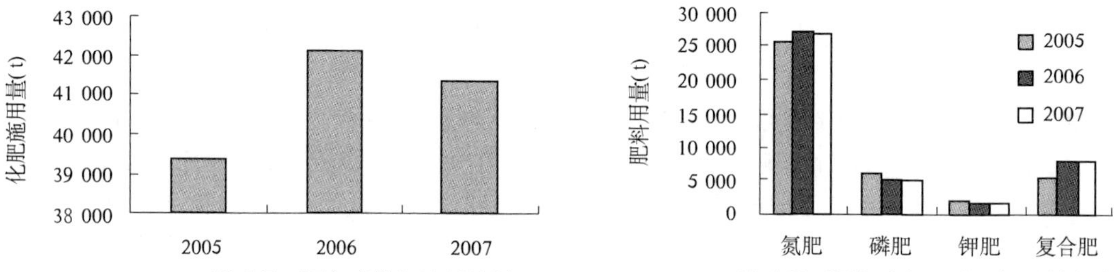

(a)尉氏县不同年度化肥施用总量　　(b)尉氏县不同年度氮、磷、钾用量变化

图 1　尉氏县肥料施用总量及氮、磷、钾用量变化

1.2　农户施肥品种分析

从 2006 年起至 2007 年,我们对尉氏县 17 个乡(镇)515 个行政村 5 834 个农户肥料的购买和使用情况进行了调查,从调查结果得知,尉氏县施用的肥料种类发生了明显变化:复合肥和配方肥所占比重明显增加,所占比重由 2006 年的 45.4% 增加到 2007 年的 58.2%,增长 43%;单质肥料使用明显减少,其中尿素使用量明显减少,由 2006 年的 35.9% 降低到 2007 年的 34.3%,降幅 5.6%,碳酸氢铵由 2006 年的 5.1% 降低到 2007 年的1.1%,过磷酸钙由 2006 年的 7.2% 降低到 2007 年的 2.2%(见表 2)。

表 2　尉氏县 2006 年、2007 年农户施肥情况调查(实物量)

肥料品种	总实物量(kg)		所占比例(%)	
	2006 年	2007 年	2006 年	2007 年
尿素	60 611.4	28 475.0	35.9	34.3
碳酸氢铵	8 672.0	920.0	5.1	1.1
磷酸一铵	327.0	258.5	0.2	0.3
磷酸二铵	3 337.5	945.0	0.2	1.1
氯化钾	2 763.6	673.6	1.6	1.0
硫酸钾	690.9	168.4	0.4	0.8
过磷酸钙	12 201.0	1 790.0	7.2	2.2
硝酸磷肥	3 112.0	1 407.5	1.8	1.7
复混肥料	76 558.4	48 346	45.4	58.2
其他	429.0	122	0.3	0.1
合计	168 702.8	83 106		

1.3 小麦施肥现状分析

尉氏县常年小麦种植面积 90 万亩左右，是尉氏县重要的粮食作物，2006 年、2007 年对全县 5 140 户农户小麦的施肥情况进行了调查，其结果为：2006 年小麦亩施纯 N 14 kg、P_2O_5 3 kg、K_2O 3 kg，2007 年亩施纯 N 11.58 kg，P_2O_5 4.8 kg，K_2O 3.76 kg。

1.3.1 小麦有机肥料施用现状

尉氏县有机肥施用种类有以下几种：饼肥、堆沤肥类、粪尿类、秸秆类、杂肥类。其中饼肥亩用量平均为 263.3 kg，使用户数 126 户，占 2.5%；堆沤肥亩用量 933.3 kg，使用户数1 028户，占 20%；粪尿类亩用量平均为 933.3 kg，使用户数 340 户，占 6.6%（见表 3）。

表 3 2006 年、2007 年小麦有机肥施用情况调查

品种	亩用量(kg)	户数	占比例(%)	施用方式
饼肥	263.3	126	2.5	全部底施
堆沤肥类	933.3	1 028	20.0	全部底施
粪尿类	933.3	340	6.6	全部底施
秸秆类	1 200	1 360	26.5	全部底施
杂肥类	900	630	12.3	全部底施

调查显示，目前尉氏县在小麦生产中，不使用有机肥的农户占 32.1%，使用传统有机肥的农户不多，使用量也不多，原因主要是随着农业机械化程度的提高，传统有机肥的生产和施用占用工时较多，农民逐渐放弃了传统有机肥的生产和施用。秸秆直接还田成为小麦有机肥施用的主要途径，小麦秸秆还田率达 90% 以上，玉米秸秆还田率达 70% 以上。据统计，每年尉氏县有 54.1 万 t 秸秆还田，同时，随着沼气在尉氏县的普及，沼气肥的施用逐年增加，由于数量少，在生产中的份额十分小，饼肥在菜园、西瓜田等经济作物中使用量较大，在粮田中施用的份额十分有限。

1.3.2 小麦氮肥施用现状分析

尉氏县在小麦生产中施用的氮肥主要有碳酸氢铵和尿素。其中尿素在生产中配合复合肥或者配合磷、钾肥作基肥施用，有 3 973 户，平均亩用量 10.43 kg，占总数比例 77.3%，用量稍大。另外，用尿素作追肥的户数有 1 246 户，占总数比例 24.2%，追肥于小麦返青拔节期施入。碳酸氢铵在小麦生产中主要是配合磷、钾肥施用，亩用量 42.8 kg，占总户数的 1.9%，全部作底肥（见表 4）。

表 4 2006 年、2007 年小麦氮肥施用调查

品种	基肥			追肥		
	亩用量(kg)	户数	占比例(%)	亩用量(kg)	户数	占比例(%)
尿素	10.43	3 973	77.3	8	1 246	24.2
碳酸氢铵	42.8	112	10.0	0	0	0

尉氏县 2006 年、2007 年小麦纯 N 亩施用量分别为 14 kg、11.58 kg，氮肥施用渐趋合理，但氮肥用做追肥量少，由于小麦生育期较长，应把更多氮肥用于追肥上。

1.3.3 小麦磷肥施用现状分析

目前，尉氏县小麦生产中磷肥施用的品种主要有过磷酸钙和钙镁磷肥。过磷酸钙亩用量 45 kg,施用农户数 246 户,占农户总数的 4.8% ,全部用做基肥。钙镁磷肥亩用量 45 kg,施用农户数 124 户,占农户总数的 2.4% ,全部用做基肥(见表 5)。

表 5　2006 年、2007 年小麦磷肥施用调查

品种	亩用量(kg)	户数	占比例(%)
过磷酸钙	45.0	246	4.8
钙镁磷肥	45.0	124	2.4

尉氏县小麦生产中 P_2O_5 亩用量 2006 年、2007 年分别为 3 kg、4.8 kg,磷的用量较低,农户对磷肥的施用是次于氮肥的第二大肥料,且大多农户都知道氮、磷配合施用有明显的增产作用,但由于过磷酸钙和钙镁磷肥含量较低,且粉状肥料在施用时易散发,而颗粒磷肥不易完全溶解,加之配方施肥技术的推广,单质磷肥在尉氏县使用量逐年减少。

1.3.4　小麦钾肥施用现状分析

目前,尉氏县小麦生产上常用的钾肥种类有氯化钾、硫酸钾、碳酸钾。氯化钾亩用量 15.4 kg,施用农户数 103 户,占农户总数的 2% ,全部用做基肥;硫酸钾亩用量 12.5 kg,施用农户数 34 户,占农户总数的 0.7% ,全部用做基肥;碳酸钾亩用量 15 kg,施用农户数 22 户,占农户总数的 0.4% ,全部用做基肥(见表 6)。

表 6　2006 年、2007 年小麦钾肥施用调查

品种	亩用量(kg)	户数	占比例(%)
氯化钾	15.4	103	2
硫酸钾	12.5	34	0.7
碳酸钾	15.0	22	0.4

尉氏县 2006 年、2007 年小麦生产中 K_2O 平均亩施用量为 3 kg、3.76 kg,与小麦合理施肥结构相比,钾用量低。但是近几年来尉氏县小麦秸秆还田率达到 90% 以上,玉米秸秆还田率达到 70% 。由于秸秆含有大量的钾养分,加上复合钾肥的大量施用,目前尉氏县土壤速效钾含量平均达到 107.58 mg/kg,钾含量属中等,与第二次土壤普查相比略有降低,因此在今后农业生产中对钾肥投入必须加以重视。

1.3.5　小麦复合肥施用现状分析

目前,尉氏县小麦复合肥施用种类主要有二元复合肥、三元复合肥,使用最多的是三元复合肥,复合肥种类主要有磷酸一铵、磷酸二铵、硝酸磷、配方肥、中浓度复合肥、高浓度复合肥。配方肥亩用量 40 kg,施用农户数 800 户,占农户总数的 15.6% ;中浓度复合肥亩用量 40 kg,施用农户数 776 户,占农户总数的 14.8% ;高浓度复合肥亩用量 36.7 kg,施用农户数 348 户,占农户总数的 6.8% ;硝酸磷亩用量 40 kg,施用户数 44 户,占总数 0.9% ;磷酸一铵亩用量 16.6 kg,施用农户数 76 户,占农户总数的 1.5% ;磷酸二铵亩用量 16.6 kg,施用户数 84 户,占农户总数 1.6% 。复合肥在小麦上主要用做基肥,仅有不足 0.5% 的农户用来追肥(见表 7)。

表7　2006年、2007年小麦复合肥施用调查

品种	亩用量(kg)	户数	占比例(%)
配方肥	40	800	15.6
中浓度复合肥	40	776	14.8
高浓度复合肥	36.7	348	6.8
硝酸磷	40	44	0.9
磷酸一铵	16.6	76	1.5
磷酸二铵	16.6	84	1.6

1.3.6　小麦微量元素肥料施用现状分析

目前,小麦生产上常用的中微量元素种类有硫酸锌、硫酸亚铁和硼砂等。在施肥调查中得知,主动施用微量元素作基肥的极少,但由于80%的农户于小麦返青至拔节期进行2~4次叶面喷施微肥,加之秸秆还田的大面积推广和配方肥中施用微肥包,微量元素得到了有效补给,目前尉氏县小麦生产中没有出现十分突出的微量元素缺乏症状。

1.4　玉米施肥现状分析

尉氏县常年玉米种植面积28万亩左右,是尉氏县重要的粮食作物,随着施肥水平和栽培措施的提高,玉米产量呈逐年上升的趋势,2006年、2007年对全县2 024户农户玉米的施肥情况进行了调查,在玉米上不施有机肥,施用单质磷肥、单质钾肥的极少,施用复合肥、单质氮肥的较多,且全部用做追肥,因此在玉米施肥现状分析中仅分析这两种肥料,其结果为:2006年玉米亩施纯N用量16.45 kg、P_2O_5用量2 kg、K_2O用量1.5 kg,2007年亩施纯N用量15.63 kg、P_2O_5用量2.79 kg、K_2O用量1.52 kg。

1.4.1　玉米氮肥施用现状分析

目前,尉氏县在玉米生产中使用的氮肥主要有碳酸氢铵、尿素和硝铵。尿素亩用量27.5 kg,施用户数1 009户,占总数的49.9%,用尿素一次追肥农户706户,亩用量25 kg,占总数的34.8%,用尿素二次追肥的农户303户,亩用量30 kg,占总数的15%;碳酸氢铵亩用量57.5 kg,施用户数304户,占总户数的15%,用碳酸氢铵一次追肥农户178户,亩用量50 kg,占总数的8.8%,碳酸氢铵二次追肥农户126户,亩用量65 kg,占总数的6.2%;硝铵亩用量35 kg,施用户数12户,占总户数的0.6%,用硝铵一次追肥农户5户,亩用量30 kg,占总数的0.2%,用硝铵二次追肥农户7户,亩用量40 kg,占总数的0.3%。采用一次追肥农户大都于玉米小喇叭口期一次性开沟施入;采用二次追肥法第一次于苗期开沟追入,第二次于大喇叭口期开沟追入。由此可知,在玉米上单质氮肥施用总量达65.5%,且一次追肥农户占总数的43.8%,二次追肥农户占总数的21.5%。同时,在调查中还发现有撒施现象,撒施肥料主要是“懒汉肥”,据调查,“懒汉肥”的主要成分是氯化铵,经销商要求只要丢在玉米棵附近,不用盖土,照样能发挥肥效,这极大地吸引了农民,占农户总数的1%(见表8)。

1.4.2　玉米复合肥施用现状分析

目前,尉氏县玉米复合肥施用种类主要有二元复合肥、三元复合肥,使用最多的是三元复合肥,复合肥种类主要有硝酸磷、配方肥、中浓度复合肥、高浓度复合肥。配方肥亩用量40 kg,施用农户数218户,占农户总数的10.8%,用配方肥一次追肥农户182户,占总数的9%,用配方肥二次追肥农户36户,占总数的1.8%,中浓度复合肥亩用量40 kg,施用农户数254户,占农户总数的12.5%,中浓度复合肥一次追肥占11.5%,二次追肥占

1%；高浓度复合肥亩用量 40 kg，施用农户数 89 户，占农户总数的 4.4%，一次追肥占 3.2%，二次追肥占 1.2%；硝酸磷亩用量 40 kg，施用农户 46 户，占农户总数的 2.3%，一次追肥占 1.8%，二次追肥占 0.5%。一次追肥均于玉米小喇叭口期施入，二次追肥于大喇叭口期施入。由分析可知，复合肥有 30% 用于玉米上，一次追肥所占比例大，为 25.5%，二次追肥仅占 4.5%（见表 9）。

表 8　2006 年、2007 年玉米氮肥施用调查

品种	追肥			一次追肥			二次追肥		
	亩总用量（kg）	户数	占比例（%）	亩用量（kg）	户数	占比例（%）	亩用量（kg）	户数	占比例（%）
尿素	27.5	1 009	49.9	25	706	34.8	30	303	15.0
碳酸氢铵	57.5	304	15.0	50	178	8.8	65	126	6.2
硝铵	35	12	0.6	30	5	0.2	40	7	0.3
合计		1 325	65.5		889	43.8		436	21.5

表 9　2006 年、2007 年玉米复合肥施用调查

品种	亩用量（kg）	户数	占比例（%）	一次追肥			二次追肥		
				亩用量（kg）	户数	占比例（%）	亩用量（kg）	户数	占比例（%）
配方肥	40	218	10.8	40	182	9.0	40	36	1.8
中浓度复合肥	40	254	12.5	40	233	11.5	40	21	1.0
高浓度复合肥	40	89	4.4	40	64	3.2	40	25	1.2
硝酸磷	40	46	2.3	40	36	1.8	40	10	0.5
合计					515	25.5		92	4.5

1.5　棉花施肥现状分析

尉氏县常年棉花种植面积 30 万亩左右，是尉氏县重要的经济作物，2006 年、2007 年对全县 1 408 户农户棉花的施肥情况进行了调查，其结果为：2006 年亩施纯 N 19.27 kg、P_2O_5 8 kg、K_2O 5.42 kg，2007 年亩施纯 N 16.21 kg、P_2O_5 4.98 kg、K_2O 7.4 kg。

1.5.1　棉花有机肥料施用现状

尉氏县棉花有机肥施用种类有以下几种：饼肥、堆沤肥类、粪尿类、草木灰。调查显示：尉氏县在棉花生产中，有机肥一般用做基肥施用，用量根据农户有机肥数量来定，一般亩施 400 kg 左右。传统有机肥的施用量不多，同时小麦留高茬和秸秆还田技术的推广，弥补了有机肥施用不足。

1.5.2　棉花氮肥施用现状分析

尉氏县在棉花生产中施用的氮肥主要有碳酸氢铵和尿素。氮肥主要用做苗肥，在小麦收获后，视棉花苗情追肥，也有农户在棉花生长中后期看到棉花早衰，追施氮肥的。尿素亩用量 12.5 kg，施用户数 656 户，占总数的 46.6%；碳酸氢铵亩用量 25 kg，施用户数 82 户，占总数的 5.8%（见表 10）。

尉氏县 2006 年、2007 年棉花纯氮肥使用量分别为 19.27 kg、16.21 kg，虽然 2006 年和2007年通过测土配方施肥项目的实施,化肥价格的上涨,氮肥施用的绝对量有所下降,但是棉花施氮量偏高,下降空间还有1~2 kg纯氮。

表10 2006年、2007年棉花氮肥施用调查

品种	亩用量(kg)	户数	占比例(%)
尿素	12.5	656	46.6
碳酸氢铵	25	82	5.8

1.5.3 棉花磷肥施用现状分析

目前,尉氏县棉花生产中磷肥施用的品种主要有过磷酸钙和钙镁磷肥。农户或用做基肥或用做追肥,但是近年来,尉氏县单质磷肥用于棉花上的面积不大。

1.5.4 棉花钾肥施用现状分析

目前尉氏县棉花生产上常用的钾肥种类有氯化钾、硫酸钾、碳酸钾。氯化钾亩用量10 kg,施用农户数123户,占农户总数的8.7%,全部用做基肥;硫酸钾亩用量10 kg,施用农户数42户,占农户总数的3.0%,全部用做基肥;碳酸钾亩用量10 kg,施用农户数11户,占农户总数的0.1%,全部用做基肥(见表11)。

表11 2006年、2007年棉花钾肥施用调查

品种	亩用量(kg)	户数	占比例(%)
氯化钾	10	123	8.7
硫酸钾	10	42	3.0
碳酸钾	10	11	0.1

尉氏县2006年、2007年棉花生产中钾肥平均亩施用量为2.78 kg、4.61 kg,2007年钾肥施用量占化肥施用总量的14%,是氮、磷之后排第三位的肥料。

1.5.5 棉花复合肥的施用现状分析

目前,复合肥是尉氏县棉花生产中的主要肥料品种,施用种类主要有二元复合肥、三元复合肥,施用最多的是三元复合肥,复合肥种类主要有硝酸磷、配方肥、中浓度复合肥、高浓度复合肥。配方肥亩用量31.4 kg,施用农户数371户,占农户总数的26.3%;中浓度复合肥亩用量30 kg,施用农户数373户,占农户总数的26.5%;高浓度复合肥亩用量28.3 kg,施用农户数272户,占农户总数的19.3%;硝酸磷亩用量40 kg,施用农户数27户,占农户总数的1.9%;尉氏县农户施用复合肥作基肥占25.8%,亩用肥量占总量的30%,追肥一次,于棉花花铃期追施,亩用量占总量的70%。不施用复合肥作基肥的农户有74.2%,但追肥二次,第一次于棉花现蕾期追入,用量占总用量的40%,第二次于棉花花铃期追入,用量占总用量的60%(见表12)。

表12 2006年、2007年棉花复合肥施用调查

品种	亩用量(kg)	户数	占比例(%)
配方肥	31.4	371	26.3
中浓度复合肥	30.0	373	26.5
高浓度复合肥	28.3	272	19.3
硝酸磷	40	27	1.9
合计		1 043	74

1.5.6　棉花微量元素肥料施用现状分析

目前,棉花生产上常用的中微量元素种类有硫酸锌、硫酸镁和硼砂等。在施肥调查中得知,主动施用微量元素作基肥的极少,100%的农户于棉花现蕾期以后喷施2~6次微量元素叶面肥,对微量元素得到了有效补给。目前,尉氏县棉花生产中没有出现十分突出的微量元素缺乏症状。

1.6　花生施肥现状分析

尉氏县常年花生种植面积28.1万亩左右,其中夏花生6万亩,春花生22万亩。花生是尉氏县西部沙区重要的经济作物,近年来,随着花生经济效益提高,春花生面积逐年增长,种植制度为一年一熟,春花生区群众用肥量大,夏花生仅追肥,地膜花生既施基肥,也追肥。施肥结构更趋合理,而夏花生区农户施肥量少,加之面积少,因此我们仅以647户农户春花生的施肥情况进行分析,在花生上施用单质磷肥、单质钾肥的极少,施用复合肥、单质氮肥的较多,因此在花生施肥现状分析中仅分析这两种肥料,其结果为:2006年亩施纯N 9.16 kg、P_2O_5 5.63 kg、K_2O 5.22 kg,2007年亩施纯N 8.29 kg、P_2O_5 5.48 kg、K_2O 5.22 kg。

1.6.1　花生氮肥施用现状分析

根据尉氏县农户施肥调查统计,目前尉氏县在花生生产中使用的氮肥主要有碳酸氢铵、尿素,尿素亩用量12.5 kg,施用户数212户,占总数比例32.8%;尿素一般用做追肥,开沟施入占90%,撒施占10%,尿素或者配合复合肥作基肥施用。碳酸氢铵亩用量50 kg,施用户数40户,占总户数的6.2%,作基肥施用(见表13)。

表13　2006年、2007年花生复合肥施用调查

品种	亩用量(kg)	户数	占比例(%)
尿素	12.5	212	32.8
碳酸氢铵	50	40	6.2

1.6.2　花生复合肥施用现状分析

目前,尉氏县花生复合肥施用种类主要是二元复合肥、三元复合肥,施用最多的是三元复合肥,复合肥种类主要有配方肥、中浓度复合肥、高浓度复合肥、磷酸一铵、磷酸二铵。磷酸一铵、磷酸二铵主要是配合尿素作基肥施用,配方肥亩用量45 kg,施用农户140户,占农户总数的21.6%;中浓度复合肥亩用量45 kg,施用农户280户,占农户总数的43.3%;高浓度复合肥亩用量40 kg,施用农户133户,占农户总数的20.6%。80%农户一次性追施,20%农户于花生盛花期追入(见表14)。

表14　2006年、2007年花生复合肥施用调查

品种	亩用量(kg)	户数	占比例(%)
配方肥	45	140	21.6
中浓度复合肥	45	280	43.3
高浓度复合肥	40	133	20.6
硝酸磷	40	6	0.9

2 测土配方施肥对农户施肥的影响

2.1 对施肥数量的影响

尉氏县现在的耕地以家庭为单位进行耕作,农民对自己耕地的土壤养分状况、作物需肥特点知道的很少,更谈不上作物最佳施肥推荐指标的掌握和运用。农民长期以来困惑于化肥的用量增长了,而粮食的产量增幅不大,瓜不甜、果不香,还引发了病虫害发生的加剧。通过测土配方施肥技术的推广,农民真正体验到了测土配方施肥的好处,施肥数量明显减少。

2.2 对施肥品种的影响

通过测土配方施肥项目的开展,农民大都知道单一施肥不能使农作物高产,要配方施肥,因此施用单质肥料的农户明显减少,施用复合肥、配方肥的农户逐年增多。

2.3 施肥次数、方法得到有效改变

长期以来,尉氏县农民在效益高的经济作物中施肥较重视,比较科学,但在小麦、玉米生产中却贪图省事,往往一次施入肥料,也就是所说的"一炮轰"。据调查,小麦、玉米"一炮轰"现象占70%以上,另外,在追肥时表面撒施现象严重,尤其是玉米生产中撒施现象最为严重。通过测土配方施肥项目的开展,通过技术人员宣传培训,通过示范农户的带动,农民逐渐知道了分次施肥能减少肥料浪费,分次施肥即使减少部分施肥量也照样能增产,由此,施肥方法、施肥次数得到了改变,不同作物按不同的配方施肥,极大地提高了肥料利用率。

3 农户施肥情况评价

3.1 施肥结构的评价

尉氏县不同作物施肥结构情况的变化,从2006年、2007年两年来调查的结果中可以清楚地反映出来。在小麦生产中氮肥用量从2006年起呈下降趋势,磷、钾肥明显增加。2006年小麦亩施肥平均水平为:氮肥14 kg、磷肥3 kg、钾肥3 kg,结构比例为氮: 磷: 钾为1:0.21:0.21。2007年小麦亩施肥平均水平为:氮肥11.58 kg、磷肥4.8 kg、钾肥3.76 kg,结构比例为氮: 磷: 钾为1:0.42:0.32。与尉氏县小麦合理的施肥结构1:0.6:0.5接近。2006年玉米亩施肥量为:氮肥16.45 kg、磷肥2.0 kg、钾肥1.5 kg,结构比例为氮: 磷: 钾为1:0.12:0.09。2007年玉米亩施肥平均水平为:氮肥15.63 kg、磷肥2.79 kg、钾肥1.52 kg,结构比例为氮: 磷: 钾为1:0.18:0.10。与玉米合理的施肥结构1:0.4:0.4差距较大,需进一步改进,需增加磷肥、钾肥的用量(见表15)。

表15 尉氏县主要农作物施肥量分析 (单位:kg)

项目	2006年				2007年			
	小麦	玉米	棉花	花生	小麦	玉米	棉花	花生
纯N亩用量	14.0	16.45	19.27	9.16	11.58	15.63	16.21	8.29
P_2O_5亩用量	3.0	2.0	8.0	5.63	4.80	2.79	4.98	5.48
K_2O亩用量	3.0	1.5	5.42	5.22	3.76	1.52	7.40	5.22
合计	20.0	19.95	32.69	20.01	20.14	19.94	28.59	18.99

3.2　提高农民科学施肥意识的方法和措施

根据尉氏县农户施肥调查中存在的突出问题和测土配方施肥项目实施中取得的丰硕成果,针对尉氏县种植的主要作物提出了科学的施肥方法。

3.2.1　小麦

(1)创造条件增施有机肥,施肥上与化肥并重,二者配合施用,做到互为补充,实现结构合理、供需平衡,在肥源上,重点做好大力推广作物秸秆还田。

(2)稳定磷、钾肥施用量,每亩施 P_2O_5 4 ~5 kg、K_2O 5 ~6 kg 为宜。

(3)改变"一炮轰"的施肥方式,通过减少基肥中氮的用量,通过追肥分期施入提高氮肥的利用率,适量减少氮肥的用量,三要素之比达到1:0.5:0.6,达到培肥地力、增产和提高小麦品质三重目的。

3.2.2　玉米

玉米具有生育期短、生长迅速、需肥集中、耐水肥等特点,根据尉氏县玉米的实际施肥现状,今后玉米施肥从以下几个方面进行改进:

(1)根据目标产量和土壤供肥能力确定合理施肥量,在肥料种类上重点推广施用配方肥或玉米专用复合肥。

(2)采用二次追肥法,避免撒施现象。第一次追肥在玉米定苗后,追肥数量占总施肥量的1/3;第二次在玉米大喇叭口期,追肥数量占总施肥量的2/3。所有化肥都要求穴施或条施,施后覆土,避免撒施,墒情不好时要及时浇水。

(3)麦秸麦糠覆盖。麦秸麦糠覆盖能蓄水保墒,培肥地力,改善土壤结构,减少杂草滋生,提高玉米产量,一般在5月下旬至6月上中旬,小麦收获后,在玉米行间,垄间均匀撒施麦糠或麦秸150 kg/亩左右。

(4)对于高产示范田块,在上述施肥的基础上,于玉米抽雄期还要第三次追肥,以满足高产需要。

3.2.3　棉花

根据尉氏县棉花的实际施肥现状,今后棉花施肥从以下几个方面进行改进:

(1)根据目标产量和土壤供肥能力确定合理施肥量,在肥料种类上重点推广施用配方肥或棉花专用复合肥。

(2)棉花蕾期,进行第一次追肥,大约在6月中旬,追肥数量占总施肥量的1/3。花铃期进行第二次追肥,追肥数量占总施肥量的2/3。所有化肥都要求穴施或条施,施后覆土,避免撒施,墒情不好时要及时浇水。

(3)麦秸麦糠覆盖。麦秸麦糠覆盖能蓄水保墒,培肥地力,改善土壤结构,减少杂草滋生,提高棉花产量,一般可在6月上旬,每亩垄间均匀撒施麦糠或麦秸。

3.2.4　花生

根据尉氏县花生的实际施肥现状,今后花生施肥要注意:根据目标产量和土壤供肥能力确定合理施肥量,在肥料种类上重点推广施用配方肥或复合肥,常年种植花生区土壤缺钙严重,要注意补充钙肥。

长垣县农民施肥情况调查与分析

陈广粉[1] 吕聪峰[1] 刘 志[2]

(1. 长垣县农业技术推广站；2. 长垣县种子管理站 · 2009 年 6 月)

摘要:通过对长垣县 7 000 个农户施肥品种、施肥数量、施肥方式、有机肥积造、秸秆还田等大量细致的深入调查,摸清全县农民施肥水平、施肥习惯,有针对性地提出了科学施肥技术,指导长垣农业生产。

关键词:农民施肥情况 调查 分析

1 施肥情况调查

长垣县农民施肥水平和施肥习惯与土地的数量、旱涝保收能力、土质及产量有着很大的关系,整体施肥习惯和施肥水平与上述诸因子成正相关关系,从施用类型、施用数量和施肥方式看,西部最好,中部次之,东部最差。

1.1 西部粮食高产区

西部粮食高产区包括樊相镇、常村镇、南蒲区、蒲北区、丁栾东南部、满村西部、张三寨部分地区。从 7 000 份调查表的统计结果上看,该区人均土地多在 1.5 亩以上,排涝、抗旱能力强,土质多为淤土和两合土,土壤基础条件优良,小麦产量多在 500 kg/亩以上,玉米产量多在 600 kg/亩以上。产量高的原因除自然因素外,主要是当地群众地多、产量高,群众土地农业收入高,群众重视农业生产。因而群众的施肥水平高,施肥习惯好。

该区 85% 的群众在小麦种植上一般亩施纯氮 14 kg,60% 底施,40% 追施,亩施纯磷 7 kg和纯钾 4 kg,主要作底施,一次性在播种耕地时随犁筏撒入,翻耕在土壤中;有 15% 的群众不用钾肥,主要施用二铵、一铵和尿素、碳铵,也是深耕埋入土壤中。在玉米施肥时,有 10% 的群众在播玉米种时一次性施入氮、磷、钾营养含量为 40% 的复合肥 40 kg/亩左右,在玉米穗期,根据长势再追适量尿素;70% 的群众在玉米施肥时用纯氮 15 ~ 17 kg/亩,纯磷 4 kg/亩,纯钾 4 kg/亩,播种时施入 30% 的氮肥和磷、钾肥,剩余 70% 的氮肥在播后 25 天至大喇叭口期一次性施入,20% 的群众在播后 25 天左右一次性施入 40% 的复合肥 30 ~ 40 kg/亩或尿素 35 ~ 40 kg/亩。

该区群众使用复混肥的比例在小麦上达到 90% ,玉米上达到 80% ,秸秆还田率达到 95% 以上,深耕达到 100% ,35% 的群众利用酷暑冬闲有积造有机肥的习惯并能较好地利用圈肥,90% 的群众在施肥时采取沟施和条施。

1.2 中部粮食中产区

中部粮食中产区包括魏庄北部、蒲东区、佘家乡、丁栾西北部、满村东部、孟岗南部、芦岗西部、张三寨及方里部分地区。从调查统计结果看,本区土质多为两合土,有小部分沙土。小麦产量在400～500 kg/亩,玉米400～600 kg/亩。该区50%的群众小麦玉米施用复合肥,20%的群众混合施用二铵、一铵、尿素,30%的群众小麦施用碳铵、尿素、过磷酸钙和钙镁磷肥,玉米施用尿素、碳铵;40%的群众采用沟施、条施,施后浇水,秸秆还田约70%,深耕60%;20%群众积造有机肥并利用圈肥。

1.3 东部背河洼及黄河漫滩区

东部为背河洼及黄河漫滩区,主要包括芦岗东部、苗寨乡、恼里镇、武邱乡、赵堤镇、方里大部分等。该区防腐、起重、卫材业发达,劳务输出,从调查统计结果上看,本区土质多为沙土和两合土,盐碱面积相对较大。小麦产量300～500 kg/亩,玉米350～500 kg/亩,水稻400～550 kg/亩,花生150～300 kg/亩,大豆150～250 kg/亩。因受灌排条件限制,易形成干旱,秋作物易受涝灾,平均每年秋作物受涝面积在5万亩以下,特殊年份更高。该区35%的群众小麦底肥施用复合肥,25%的群众玉米、花生施用复合肥,其余多为尿素、碳酸氢铵、过磷酸钙、钙镁磷肥等单质肥料。在施肥方式上10%的群众采用条施和沟施,秸秆还田50%以上,深耕50%。20%群众积造施用有机肥。

从时间上看,随着农业技术的宣传推广,长垣县农民群众在复合肥应用面积和比例,钾肥和微量元素的使用面积与比例都呈上升趋势。

2 农户施肥情况分析

2.1 农户肥料使用存在的问题

从7 000多户的施肥调查和分区统计来看,长垣县在肥料使用方面存在一些突出问题:

(1)农民用肥结构不合理,存在重化肥轻有机肥,重氮、磷肥轻钾肥,重大量元素肥料轻中、微量元素肥料的"三轻三重"现象,复合肥施用比例小,但复合肥施用量总体呈上升趋势。

(2)施肥方法不得当,表施、撒施现象较为普遍,条件好的多施,条件差的少施。

(3)有机肥积造少,用量小,有的甚至不用有机肥。

(4)中、东部地区秸秆还田比例不高。

2.2 施肥不合理造成的影响

(1)肥料的利用率低下,肥料的利用率为30.2%,仅仅利用了1/3。

(2)农产品质量品质下降,产量受限。

(3)环境污染严重,对水资源、大气、土壤产生负面影响。

(4)增大了农业投入成本,农业收益不高,农民种田的积极性下降。

3 测土配方施肥技术的推广提高了农民科学施肥意识和水平

2006年国家在长垣县实施测土配方施肥项目,3年来项目安排了田间肥效试验、校正试验、氮肥用量试验、丰缺指标试验,通过试验,建立了主要农作物施肥指标体系;取土化验7 000余个,基本摸清了县域土壤营养状况;发放测土配方施肥技术小册子约15 000本,张贴测土配方施肥技术挂图500份,瓷片宣传画100套,电视讲座30期,发放施肥建议卡27万份,项目区建议卡入户率达100%,覆盖450个行政村,涉及10万农户,推广各种配方肥 32 800 t，配方肥施用面积达 100 万亩。测土配方施肥技术项目的实施对农业增产农民增收、宣传培训和促使农民施肥观念转变三个方面，取得了明显的成效。

3.1 增产节支效果明显

3 年来，通过测土化验，发放测土配方施肥建议卡或推广使用配方专用肥的形式，广泛推广测土配方施肥技术，推广积选应用有机肥，实行用养结合，培肥地力。同时，开展测土配方施肥，实行营养调控，减轻了作物病虫害的发生。据统计，3 年来共减少不合理施肥量(纯量)5 417 t，增产节支 12 891 万元，增产粮食 8.2 万 t。

3.2 培养了一批技术应用带头人

通过技术培训、印发技术资料、开展宣传报道、办示范片、设置对比试验等，使 10 万户农民在应用测土配方施肥过程中，学到了配方施肥技术，为农民科学施肥起到了很好的示范作用

3.3 农民施肥观念有了进一步的改变

农民在应用测土配方施肥技术过程中，改变了施肥观念，从盲目施肥改为测土配方施肥，从多种作物一配方转为按土壤按作物需肥量，实行测土配方施肥，从单一肥料转为氮、磷、钾、微量复混肥料，从撒施到埋施，从不重视到重视。总体上长垣县化肥利用率由 30.1% 提高到 34.5%。

4 施肥建议

为了提高农民科学施肥意识，促使粮食高产稳产，走农业可持续发展道路。结合实际情况，在施肥当中应该采取以下措施：

(1)增施有机肥。近几年，长垣县小麦生产创出了亩产 550 kg 以上的高产示范田，最高亩产超 680 kg，分析起来，这些地块耕层土壤有机质含量都在 1.2% 以上，氮、磷、钾比例合理。玉米、小麦秸秆中都含有丰富的有机质、氮、磷、钾和多种微量元素，秸秆还田后可提高土壤中有机质含量，培肥地力，改良土壤，提高作物抗逆能力。在秸秆还田时要注意：秸秆长度不超过 10 cm；增施速效氮肥，加速秸秆腐熟；结合深耕，及时浇水，没有秸秆还田的地块，农户要广辟有机肥源，争取使亩施有机肥 3 m^3 以上。

(2)测土配方施肥。目前，化肥使用中存在重氮、磷肥，轻钾、微肥现象，氮肥用量过多，氮、磷、钾配比不合理，施肥方法不恰当等问题，造成化肥浪费，利用率低。要解决这个问题就要搞好测土配方施肥，在施肥中应注意减氮、稳磷、增钾、普施微肥。

(3)深施肥料。为了提高化肥利用率，要全面推广化肥深施，撒后深耕或撒于犁沟内。

(4)增加秸秆还田的比例，提高土壤有机质和土壤中的钾元素含量。

(5)加大土地深耕深松技术的推广力度，改善耕地地力生产环境。

随着国家对农业农民的政策和激励措施的增加与完善，长垣县农民的科学施肥意识将逐步增加，为长垣农民增收、农业增效、农业可持续发展打下坚实的基础。

潢川县农户施肥情况调查与肥料效应分析

胡传忠　张育红

（潢川县农业技术推广中心 · 2009 年 6 月）

摘要：通过连续 4 年对农户种植主要作物的施肥品种、数量、时期、施用方法等情况的调查，对农户施肥情况、施肥投入产出情况进行肥料效应分析评价，分析测土配方施肥对农户施肥习惯的影响，提出转变农民科学施肥意识和提高施肥技术水平的方法与措施。

关键词：农户　施肥情况　肥料效应　分析

1　开展农户施肥调查的必要性

几十年来形成的“施肥越多越好”、“人哄地，地哄人”、“粪大水勤，不用问人”的落后观念，“人不识货钱识货”的做法已经根深蒂固。农民不知道当地土壤养分含量，不明白不同作物的需肥特点，盲目施肥、过量施肥、不合理施肥现象普遍存在，通过收集农户施肥数据进行分析，可详细了解当地施肥现状，及时反馈修正肥料配方，针对性地解决农民施肥中存在的问题。

2　调查农户的抽样方法及数据获取方法

严格按照农业部《测土配方施肥技术规范》的要求，调查农户采用随机取点、对称等距抽样方法，在全县范围内，在采集土样的同时进行农户调查。2005 ~ 2008 连续 4 年共调查农户 7 458 户，同时还抽取了 3 个乡（镇）9 个目标村 131 个农户作长期跟踪。分别代表县域南部低山丘陵区、中部垄岗区、北部沿河平原区，对进行土样采集的农户采用一次性调查方法，填写调查表格；对被抽取的 131 个调查农户采用跟踪调查的方法，跟踪年限为 5 年，调查员由县农业技术推广中心技术人员和当地经培训的技术人员担任，确保农户施肥情况调查数据的真实性和准确性。

3　农户施肥现状分析

3.1　主要作物

潢川县种植的主要粮食作物为小麦、水稻，其他粮食作物有油菜、大豆、花生等，本次施肥调查主要是针对小麦、水稻。

3.2　土壤类型分布情况

潢川县土壤分布随海拔由低到高表现了明显的规律性，具有清晰的地带性，展示了各土壤亚类间的过渡性。由高到低，从南到北总的分布趋势、分布情况是：南部主要是黄沙石土—砾质红黏土—麻岗土—黄胶土—白散土—壤黄土—灰沙土。由于常年种植水稻，经人工熟化又形成黄棕壤性淹育型水稻土—漂洗型水稻土—潮土性水稻土。

3.3 主要作物施肥调查情况

(1)潢川县2005～2008年氮、磷、钾肥料施用品种数量见表1。

表1 2005～2008年施肥品种及数量 (单位:折纯,万t)

年度	尿素	碳酸氢铵	普钙	磷酸一铵	配方肥料	磷酸二铵	氯化钾	复混肥料
2005	6 900	11 169	4 404	2 200	3 600	228	36	480
2006	7 590	9 758	3 072	3 300	5 625	57	120	240
2007	8 188	5 814	1 512	4 400	5 850	57	360	240
2008	7 544	3 587	1 560	5 500	8 640	31	360	240

(2)主要作物施肥量。

水稻、小麦不同产量水平施肥量见表2～表4。

表2 主要作物施肥数量 (单位:kg/亩)

主要作物	样本数	项目	磷酸一铵	配方肥	复合肥	尿素	碳酸氢铵	有机肥
水稻	2 652	最小值	15	20	20	10	30	0
		最大值	20	35	35	20	50	2 000
		平均值	17.5	25	25	15	40	1 000
小麦	2 423	最小值	15	25	20	10	40	0
		最大值	30	40	35	20	50	2 000
		平均值	25	32.5	32.5	15	45	1 000

表3 潢川县水稻不同产量水平施肥量 (单位:折纯,kg/亩)

项目	<550 kg/亩			550～600 kg/亩			>600 kg/亩		
	N	P_2O_5	K_2O	N	P_2O_5	K_2O	N	P_2O_5	K_2O
最小值	2.3	1.2	0	4.6	2.4	0	4.6	2.4	2.4
最大值	20	9.2	1.2	20	6.0	6.0	20	8	8
平均值	10.3	4.8	0.5	11.2	4.5	2.1	11.8	4.5	3.2
样本数	162	162	162	323	323	323	167	167	167

表4 潢川县小麦不同产量水平施肥量 (单位:折纯,kg/亩)

项目	<250 kg/亩			250～300 kg/亩			>300 kg/亩		
	N	P_2O_5	K_2O	N	P_2O_5	K_2O	N	P_2O_5	K_2O
最小值	2.7	1.6	0	4.6	2.4	0	7.8	2.4	2.4
最大值	20	7.5	1.2	20.0	7.5	6.0	20	7.0	8.0
平均值	10.4	4.8	0.5	11.1	4.5	2.1	11.3	4.5	3.1
样本数	127	127	127	223	223	223	73	73	73

水稻不同产量水平氮、磷、钾施肥数量分级见表5～表7、图1～图3。

表 5　水稻产量小于 550 kg/亩施肥量分级(折纯)

N		P_2O_5		K_2O	
分级指标(kg)	频率(%)	分级指标(kg)	频率(%)	分级指标(kg)	频率(%)
<5	10.71	<2	5.32	<2	100
10	39.29	4	29.45	4	0
15	47.02	6	47.37	6	0
>15	2.98	>6	17.86	>6	0

表 6　水稻产量 550 ~ 600 kg/亩施肥量分级(折纯)

N		P_2O_5		K_2O	
分级指标(kg)	频率(%)	分级指标(kg)	频率(%)	分级指标(kg)	频率(%)
<5	9.56	<2	6.14	<2	29.39
10	28.36	4	26.45	4	52.38
15	55.56	6	53.55	6	18.03
>15	6.52	>6	13.86	>6	0

表 7　水稻产量大于 600 kg/亩施肥量分级(折纯)

N		P_2O_5		K_2O	
分级指标(kg)	频率(%)	分级指标(kg)	频率(%)	分级指标(kg)	频率(%)
<5	2.96	<2	1.14	<2	24.30
10	23.49	4	20.45	4	59.11
15	47.02	6	50.55	6	11.23
>15	7.68	>6	27.86	>6	5.36

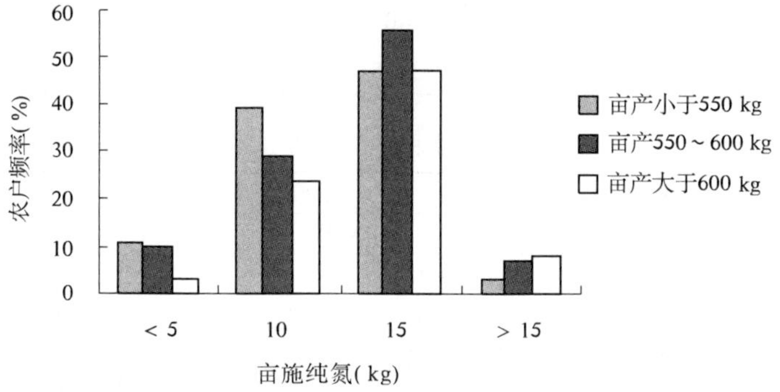

图 1　不同水稻产量水平氮肥施用量分级

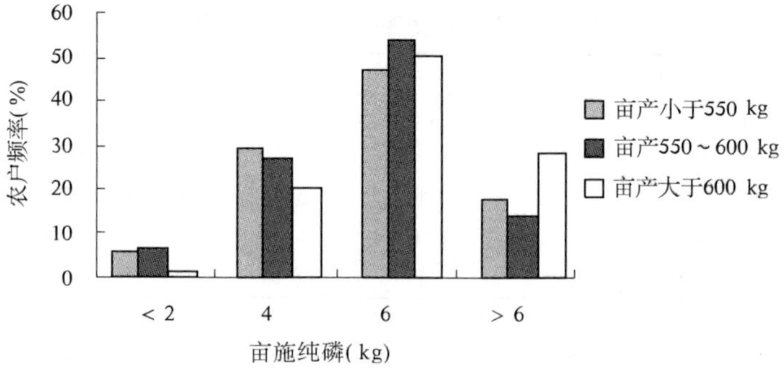

图 2　不同水稻产量水平磷肥施用量分级

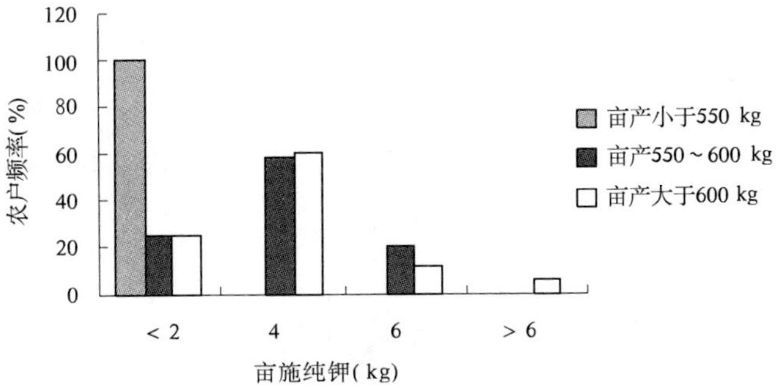

图3 不同水稻产量水平钾肥施用量分级

小麦不同产量水平氮、磷、钾施肥数量分级见表8～表10、图4～图6。

表8 小麦产量小于250 kg/亩施肥量分级(折纯)

N		P_2O_5		K_2O	
分级指标(kg)	频率(%)	分级指标(kg)	频率(%)	分级指标(kg)	频率(%)
<5	15.71	<2	6.53	<2	100
10	42.30	4	50.68	4	0
15	41.99	6	38.62	6	0
>15	0	>6	4.17	>6	0

表9 小麦产量250～300 kg/亩施肥量分级(折纯)

N		P_2O_5		K_2O	
分级指标(kg)	频率(%)	分级指标(kg)	频率(%)	分级指标(kg)	频率(%)
<5	9.56	<2	9.12	<2	65.85
10	28.36	4	29.68	4	28.52
15	55.56	6	53.55	6	5.63
>15	6.52	>6	13.86	>6	0

表10 小麦产量大于300 kg/亩施肥量分级(折纯)

N		P_2O_5		K_2O	
分级指标(kg)	频率(%)	分级指标(kg)	频率(%)	分级指标(kg)	频率(%)
<5	0	<2	1.14	<2	26.56
10	18.57	4	22.45	4	53.85
15	71.75	6	65.76	6	13.23
>15	9.68	>6	10.65	>6	6.36

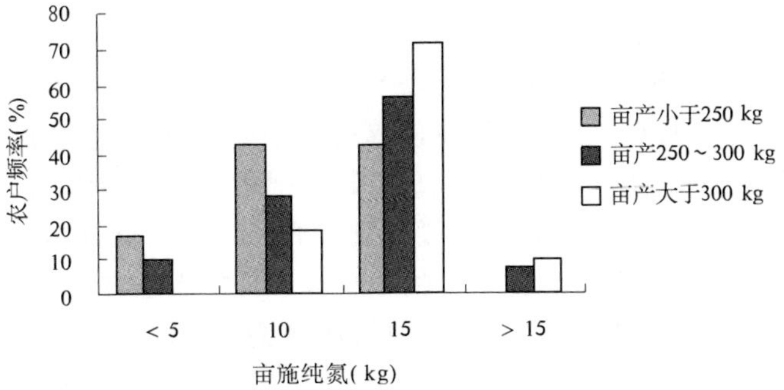

图4 不同小麦产量水平氮肥施用量分级

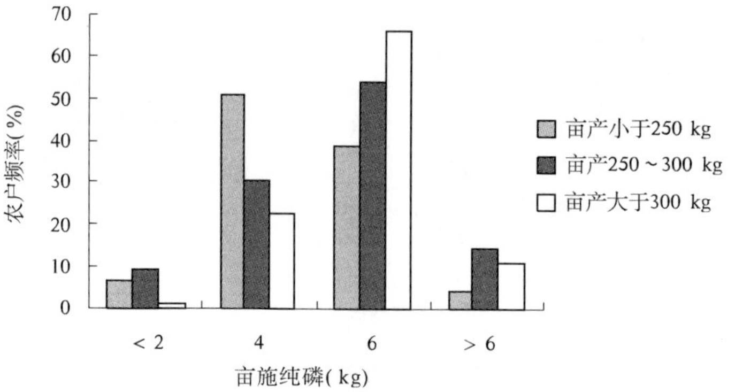

图5　不同小麦产量水平磷肥施用量分级

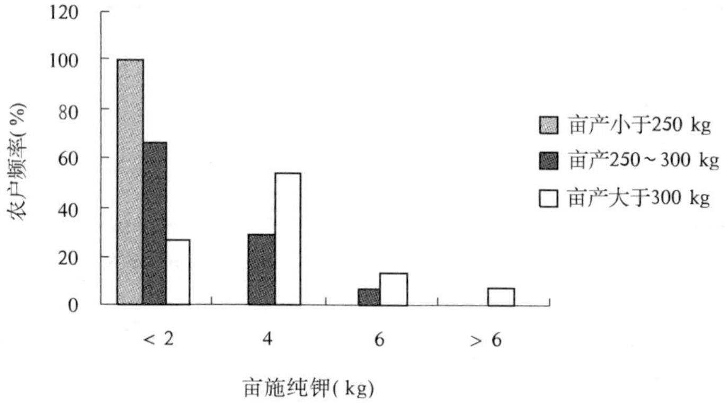

图6　不同小麦产量水平钾肥施用量分级

(3)潢川县2005～2007年氮、磷、钾施肥比例见表11。

表11　2005～2007年全县氮、磷、钾肥施用量　　(单位:折纯,t)

年份	N	P_2O_5	K_2O	$N:P_2O_5:K_2O$
2005	19 770	7 848	1 865	10.6:4.2:1
2006	19 901	7 792	2 090	9.5:3.7:1
2007	16 843	7 185	2 374	7.1:3.0:1
2008	15 120	9 022	3 320	4.5:2.7:1

(4)主要作物施肥情况分析。

①施肥品种、数量情况分析。从表4、表5及表10可以看出,潢川县施肥品种主要以单质肥为主。2005年的数据显示,全年尿素、碳酸氢铵、普钙占总用肥量的77.5%,低含量的碳酸氢铵、普钙占总施用量的52.8%,其中氮肥占总施用量的67.1%,配方肥仅占12.4%;2006年,尿素、碳酸氢铵、普钙占总用肥量的67.6%,低含量的碳酸氢铵、普钙占总施用量的44.2%,其中氮肥占总施用量的66.8%,配方肥增加到18.9%;2007年尿素、碳酸氢铵、普钙占总用肥量的58.7%,其中氮肥占总施用量的63.7%,配方肥增加到22.2%。2008年尿素、碳酸氢铵、普钙占总用肥量的46.2%,其中氮肥占总施用量的55.1%,配方肥增加到31.5%。有机肥施用量总体偏低。

由此可见，在实施测土配方施肥项目之前，农民传统施肥观念十分严重，重单质肥轻复合肥，重低含量轻高含量，重氮轻钾。但随着项目的实施，施肥观念逐步转变，从2005年到2008年，全县N: P_2O_5: K_2O 由10.6:4.2:1变为4.5:2.7:1。

②水稻施肥品种、数量情况分析。由表2、表3、表5、表6、表7可看出，水稻不同产量水平氮、磷、钾施用量不同，比例也不同。

水稻亩产小于550 kg：亩施氮、磷、钾的平均数量(折纯)分别为10.3 kg、4.8 kg、0.5 kg，N: P_2O_5: K_2O 为20.6:9.6:1，其中亩施氮量小于5 kg所占比例为10.71%，这些都是种植绿肥的田块，基本基肥不施氮肥，仅用尿素作追肥用，亩施氮量5~10 kg所占比例为39.29%、10~15 kg所占比例为47.02%；亩施磷量2~4 kg所占比例为29.45%、4~6 kg所占比例为47.37%，6 kg以上的所占比例为17.86%；亩施钾量0~2 kg所占比例为100%，大部分田块基本不施用钾肥。

亩产550~600 kg：亩施氮、磷、钾的平均数量(折纯)分别为11.2 kg、4.5 kg、2.1 kg，N: P_2O_5: K_2O 为5.3:2.1:1，其中亩施氮量小于5 kg，所占比例为9.56%、5~10 kg所占比例为28.36%、10~15 kg所占比例为55.56%；亩施磷量2~4 kg所占比例为26.45%、4~6 kg所占比例为53.55%、6 kg以上所占比例为13.86；亩施钾量0~2 kg所占比例为29.39%、2~4 kg所占比例为52.38%、4~6 kg所占比例为18.03%。

水稻亩产600 kg以上：亩施氮、磷、钾的平均数量(折纯)分别为11.8 kg、4.5 kg、3.2 kg，N: P_2O_5: K_2O 为3.7:1.4:1，其中亩施氮量5~10 kg所占比例为23.49%、10~15 kg所占比例为47.02%、15 kg以上的所占比例为7.68%；亩施磷量2~4 kg所占比例为20.45%、4~6 kg所占比例为50.55%；亩施钾量0~2 kg所占比例为24.30%、2~4 kg所占比例为59.11%，4~6 kg所占比例为11.23%。

从以上结果可以看出，潢川县水稻高、中、低产田氮肥、磷肥施用量变化不大，增施钾肥，可以提高水稻产量。

③小麦施肥品种、数量情况分析。由表2、表4、表8、表9、表10可以看出，小麦不同产量水平氮、磷、钾施用量不同，比例也不同。这也与水稻施肥模式基本相同，反映出潢川县总体施肥习惯和施肥水平。

小麦亩产小于250 kg：亩施氮、磷、钾的平均数量(折纯)分别为10.4 kg、4.8 kg、0.5 kg，N: P_2O_5: K_2O 为20.8:9.6:1，其中亩施氮量小于5 kg所占比例为15.71%，基本基肥不施氮肥，仅用尿素作追肥用；亩施氮量5~10 kg所占比例为42.30%、10~15 kg所占比例为41.99%；亩施磷量2~4 kg所占比例为50.68%、4~6 kg所占比例为38.62%，6 kg以上的所占比例为4.17%；亩施钾量0~2 kg所占比例为100%，大部分田块基本不施用钾肥。

小麦亩产250~300 kg：亩施氮、磷、钾的平均数量(折纯)分别为：11.1 kg、4.5 kg、2.1 kg，N: P_2O_5: K_2O 为5.3:2.1:1，其中亩施氮量小于5 kg，所占比例为9.56%、5~10 kg所占比例为28.36%、10~15 kg所占比例为55.56%；亩施磷量2~4 kg所占比例为29.68%、4~6 kg所占比例为53.55%、6 kg以上所占比例为13.86；亩施钾量0~2 kg所占比例为65.85%、2~4 kg所占比例为28.52%、4~6 kg所占比例为5.63%。

小麦亩产300 kg以上：亩施氮、磷、钾的平均数量(折纯)分别为11.3 kg、4.5 kg、3.1

kg(3.6∶1.5∶1),其中亩施氮量 5 ~ 10 kg 所占比例为 18.57%、10 ~ 15 kg 所占比例为 71.75%、15 kg 以上的所占比例为 9.68%;亩施磷量 2 ~ 4 kg 所占比例为 22.45%、4 ~ 6 kg 所占比例为 65.76%;亩施钾量 0 ~ 2 kg 所占比例为 26.56%、2 ~ 4 kg 所占比例为 53.85%、4 ~ 6 kg 所占比例为 13.23%。

从结果可以看出,潢川县小麦高、中、低产田氮肥、磷肥施用量变化不大,增施钾肥,可以提高小麦产量。

(5)水稻、小麦施肥时期及使用方法。小麦有机肥、磷肥、钾肥、锌肥,在播种前整地时作基肥一次施入,氮肥部分作底肥、部分作追肥,追肥一般在小麦拔节期进行,高产田及中产田将氮肥总量的 60% ~70% 作底肥,40% ~30% 作追肥。水稻中低产田磷肥、钾肥及 70% 的氮肥在水稻移栽前作基肥施入,余下 30% 的氮肥在移栽 5 ~7 天施用;水稻高产田磷肥、钾肥及 60% 的氮肥在水稻移栽前作基肥施入, 30% 的氮肥在移栽 5 ~7 天施用, 10% 作穗肥施用。对缺锌土壤每亩补施锌肥 1 kg 作基肥施用。

4　测土配方施肥对农户施肥的影响

自 2005 年测土配方施肥项目实施以来,随着测土配方施肥项目实施的不断开展,农户的测土配方施肥意识逐渐形成,配方施肥已经成为大多数农户的正确选择,测土配方施肥面积逐年加大,实行测土配方施肥农户(地块)经济效益明显增加,说明测土配方施肥对农户的影响极大,主要是对农户施肥习惯的影响,包括施肥数量、品种、施肥模式等情况的影响较大。

4.1　潢川县 2005 年农户施肥情况调查

4.1.1　水稻

习惯施肥:低产田施用 17% 碳酸氢铵,亩用量为 40 ~50 kg,12% 普钙 30 ~40 kg,追施尿素 5 ~7.5 kg,部分农户,基肥不施用普钙,仅施用碳酸氢铵;中产田施用 17% 碳酸氢铵,亩用量为 45 ~50 kg,12% 普钙 30 ~40 kg,追施尿素 5 ~7.5 kg;高产田 45% 的复合肥或配方肥(15∶15∶15 或 13∶17∶15),亩用量为 25 ~35 kg, 追施尿素 7.5 kg。部分农户基肥不施用普钙,仅施用碳酸氢铵,绿肥田茬口,基肥中施用氮肥较少。中、微量元素肥极少使用。

配方施肥:53% 的配方肥(21∶16∶16 或 20∶15∶18),高产田亩用量为 35 ~40 kg,追施尿素 7.5 ~10 kg;中低产田亩用量为 30 ~35 kg,追施尿素 5 ~7.5 kg。配方肥全部作基肥施用。

从以上农户施肥调查情况可以看出,多数农户施肥品种多而杂,复合肥施肥比例不适宜,配方不科学,水稻施肥时期、方法不合理。

4.1.2　小麦

习惯施肥:低产田施用 17% 碳酸氢铵,亩用量为 40 ~50 kg,12% 普钙 30 ~40 kg,追施尿素 5 ~7.5 kg,部分农户,基肥不施用普钙,仅施用碳酸氢铵;中产田施用 17% 碳酸氢铵,亩用量为 45 ~50 kg,12% 普钙 30 ~40 kg,追施尿素 5 ~7.5 kg;高产田 45% 的复合肥或配方肥(15∶15∶15 或 13∶17∶15),亩用量为 25 ~35 kg, 追施尿素 7.5 kg。有机肥亩用量平均 1 000 kg,中、微量元素肥极少使用。

配方施肥：一般推荐53%的配方肥(21∶16∶16或20∶15∶18)，高产田亩用量为35～40 kg，追施尿素7.5～10 kg；中低产田亩用量为30～35 kg，追施尿素5～7.5 kg。配方肥全部作基肥施用。

从以上农户施肥调查情况可以看出，多数农户施肥模式基本与水稻相近。

4.2 实施测土配方施肥对农户施肥的影响

自2005年实施测土配方施肥项目4年以来，潢川县委、县政府对测土配方施肥项目工作高度重视，4年来，通过狠抓宣传培训，采取多种手段下乡进村入户发放施肥建议卡，开展多层次、多形式、多渠道的技术服务、水稻小麦田间试验示范，让广大农户切实感受并看到了测土配方施肥的实际效果，实施测土配方施肥对农户施肥产生了极大的影响，农户的施肥观念发生了明显转变，配方肥的使用量逐年加大、单一施肥的现象逐渐减少。

5 测土配方施肥准确度评价

5.1 从农民执行测土配方施肥后的产量、增产率、增收情况进行评价

根据对测土配方施肥农户(131户)与常规施肥农户调查表的汇总分析，从农民执行测土配方施肥后的产量、增产率、增收情况进行评价。

小麦执行测土配方施肥后平均产量296.3 kg/亩，比常规施肥增产22 kg/亩，增产率为8.0%，增收33元/亩。水稻执行测土配方施肥后平均产量591.4 kg/亩，比常规施肥增产37.2 kg/亩，增产率为6.7%，增收55.8元/亩。

5.2 从农民执行测土配方施肥后的产投比进行评价

根据对测土配方施肥农户(147户)与常规施肥农户调查表的汇总分析，从农民执行测土配方施肥后的产投比进行评价。小麦执行测土配方施肥后，产投比为3.4∶1，常规施肥产投比为2.6∶1，测土配方施肥比常规施肥产投比高，说明氮磷钾配比合理。水稻执行测土配方施肥后，产投比为4.0∶1，常规施肥产投比为2.9∶1，测土配方施肥高于常规施肥产投比，说明氮、磷、钾配比基本合理。

6 提高农民科学施肥意识的方法和措施

建立健全测土配方施肥技术队伍体系，提高技术人员专业素质，是做好测土配方施肥一切工作的基础；创新技术推广服务模式，采取多形式、多渠道、多层次的测土配方施肥技术宣传培训，是提高测土配方施肥技术入户率、加大配方肥推广力度的必要手段，通过田间试验示范树立样板田，使农民切实看到测土配方施肥的应用效果，从而提高农民科学施肥的意识，引导农民科学施用配方肥。

7 结论

从农户施肥情况调查与分析可以看出，实行测土配方施肥后，农户施肥观念有了很大改变，氮、磷、钾的施肥比例更趋合理，单一施肥，重施氮肥、单质肥、低含量肥的现象逐渐减少，施肥模式进一步完善，施肥时期也由原来的一次施肥改为基肥追肥配合施用，农民对于使用有机肥、微量元素有了进一步的认识，科学施肥的氛围逐步形成。

清丰县农户施肥情况调查与评价

陈晓燕　刘东亮　杜继修

（清丰县土壤肥料工作站 · 2009 年 6 月）

摘要：通过对农户种植主要作物的施肥品种、数量、时期、施用方法等情况的调查，对农户施肥情况、施肥投入产出情况进行分析评价，分析测土配方施肥对农户施肥习惯的影响，提出提高农民科学施肥意识的方法和措施。

关键词：施肥现状　施肥评价　提高科学施肥意识

清丰县是全国粮食生产百强县和河南省产粮先进县。常年种植粮食面积 109.6 万亩，其中小麦 70.1 万亩，玉米 39.5 万亩，2008 年粮食总产 46.8 万 t，年化肥用量约 3.5 万 t，其中氮肥 2.6 万 t，磷肥 0.44 万 t，钾肥 0.43 万 t。按照测土配方施肥补贴项目要求，清丰县每年对部分农户开展施肥情况调查，4 年共调查普通农户 7 300 户，并选出 100 户进行逐年跟踪调查。

1　农户施肥情况调查与分析

1.1　2005 年前施肥调查

1.1.1　施肥量的确定

2005 年前，43% 的农民选择“凭经验”施肥。农民在进行施肥时，没有技术依据可循，对土壤养分含量及作物需肥规律也不清楚，只能根据种植作物的常年施肥经验确定施肥品种和施肥量，虽然能够取得一定的产量，但并不是最佳产量和最佳投入产出效益。除凭经验施肥外，根据肥料包装说明、经销商的建议施肥也是农民常用的方法，分别占 18%、8%，按农技人员的指导施肥只占到了 28%。

1.1.2　冬小麦施肥

2003 ~ 2005 年，清丰县小麦平均产量 414.3 kg/亩，整个生育期平均投入化肥纯氮（N）13.96 kg/亩，磷肥（P_2O_5）7.4 kg/亩，钾肥（K_2O）1.48 kg/亩，氮、磷、钾比例为 1∶0.45∶0.1，氮肥底追比为 5.66∶4.34（见表 1）。施用钾肥的农户很少，仅占被调查总数的 16%。可以看到小麦产量水平虽然不低，但投入较大，生产效益不高（见表 2）。小麦施肥中，存在的主要问题是底施氮、磷、钾比例失调，氮素投入多，钾相对较少，基肥氮素一次投入 8.7 kg/亩，存在极大的氮素损失风险。小麦生产对土壤要求较高，增施有机肥是增产的重要手段，然而，在调查中农民施用有机肥的数量相对较少。

1.1.3　夏玉米施肥

2003 ~ 2005 年，夏玉米平均产量 534 kg/亩，整个生育期平均投入化肥纯氮（N）19.8 kg/亩，磷肥（P_2O_5）1.13 kg/亩，钾肥（K_2O）0.26 kg/亩，氮、磷、钾比例为 1∶0.06∶0.013。

普遍存在氮肥一次施用过量，并且施用方法简单，多以氮肥"一炮轰"的方法为主，肥料利用率低，过量的氮肥流失还会造成环境污染。而钾肥的施用严重不足，肥料品种单一，对钾肥和复合肥的了解非常有限(见表3)。

表1　2003～2005年清丰县冬小麦不同土壤质地施肥及产量水平汇总

土壤类型	代表面积（万亩）	产量（kg/亩）	基肥				追肥
			有机肥比例(%)	氮肥（kg/亩）	磷肥（kg/亩）	钾肥（kg/亩）	氮肥（kg/亩）
沙壤	12.8	396	28.1	6.9	8.5	2.1	7.4
轻壤	42.3	419	26.8	6.9	6.8	1.4	6.9
中壤重壤	11.6	418	25.6	7.3	6.9	1.1	6.9

表2　2003～2005年冬小麦不同土壤质地经济效益参数

土壤类型	化肥投入量（kg/亩）			产量（kg/亩）	亩投入化肥成本(元)	生产每千克小麦化肥成本(元)	亩产值与肥料投入比	投入每千克化肥小麦生产量(kg)
	N	P	K					
沙壤	14.3	8.5	2.1	396	121.33	0.306	5.22	15.9
轻壤	13.8	6.8	1.4	419	106.4	0.254	6.3	19.1
中壤重壤	14.2	6.9	1.1	418	107.14	0.256	6.24	18.8

表3　2003～2005年清丰县夏玉米不同土壤质地施肥和产量水平汇总

土壤类型	代表面积（万亩）	产量（kg/亩）	施肥		
			氮肥(kg/亩)	磷肥(kg/亩)	钾肥(kg/亩)
沙壤	2.8	466	18.4	1.1	0.2
轻壤	28.2	539	19.8	1.3	0.3
中壤重壤	4	512	21.2	0	0

1.2　测土配方施肥对农户施肥的影响

自2005年清丰县实施测土配方施肥项目以来，测土配方施肥技术得到大面积推广，农民科学施肥意识逐步提高。根据2007年对测土配方施肥项目区与非项目区农户的跟踪调查，清丰县农民施肥习惯已有明显改善。

1.2.1　施肥量的确定

凭经验和看包装的农户逐渐减少，而看杂志书籍的农户由原来的3%上升到8%，技术人员指导的农户则占到了62%。

1.2.2　小麦施肥

小麦施肥调查表明(见表4)，2007年清丰县测土配方施肥项目区，小麦平均产量434.5 kg/亩，整个生育期平均投入纯氮(N)12.26 kg/亩，磷肥(P_2O_5)6.19 kg/亩，钾肥(K_2O)3.18 kg/亩，氮、磷、钾比例为1:0.5:0.26。氮肥的底追比例为4.97:5.03，施肥结构逐渐合理。与2005年前比较施肥量每亩减少纯氮(N)1.7 kg(折尿素3.69 kg)，减少磷肥(P_2O_5)1.21 kg，折普钙7.56 kg，每亩增施钾肥(K_2O)1.7 kg。小麦增产20.2 kg，亩节本增效37.22元，小麦肥料成本由每千克0.267元降到0.249元，下降0.018元。施肥方法得到改进，使用氮肥后移，分底、追两次施肥，合理使用磷、钾肥比例。整体效益明显提高(见表5)。

表 4　2007 年项目区冬小麦不同土壤质地施肥及产量水平汇总

土壤类型	代表面积（万亩）	产量（kg/亩）	有机肥比例（%）	底肥 氮肥（kg/亩）	底肥 磷肥（kg/亩）	底肥 钾肥（kg/亩）	追肥 氮肥（kg/亩）	施肥比例 N	施肥比例 P	施肥比例 K
沙壤	13.5	436	36.3	7.6	6.8	3.5	6.9	1	0.47	0.24
轻壤	48.4	424	38.0	6.4	6.4	3.2	5.75	1	0.53	0.26
中壤 重壤	9.1	442	35.0	6.4	6.8	3.8	6.9	1	0.47	0.26

表 5　2007 年项目区冬小麦不同土壤质地经济效益参数

土壤类型	化肥投入量（kg/亩） N	化肥投入量（kg/亩） P	化肥投入量（kg/亩） K	产量（kg/亩）	亩投入化肥成本（元）	生产每千克小麦化肥成本（元）	亩产值与肥料投入比	投入每千克化肥小麦生产量（kg）
沙壤	12.5	6.4	3.2	436	120.96	0.285	5.6	17.09
轻壤	17.1	4.0	3.5	428	106.45	0.244	6.5	20.05
中壤 重壤	13.3	6.8	3.8	442	117.06	0.265	6.04	18.49

1.2.3　玉米施肥

调查表明（见表 6），2007 年清丰县测土配方施肥项目区玉米平均产量 576.4 kg/亩，整个生育期平均投入纯氮（N）17.46 kg/亩，磷肥（P_2O_5）2.26 kg/亩，钾肥（K_2O）1.98 kg/亩。氮、磷、钾比例为 1∶0.13∶0.11。78% 的农户追施复合肥或配方肥，且实施两次追肥的方法，按玉米生长需肥规律进行施肥。玉米平均亩产较 2005 年前增加 42 kg。22% 的农户采用习惯的氮肥一次集中施用的方法，且氮用量偏高。生产每千克玉米的肥料成本为0.179元。在玉米施肥方面，整体施肥量还不存在超量问题，施肥结构还需改善，要提高磷、钾的施用量，提高玉米亩产量及经济效益。

表 6　2007 年项目区夏玉米不同土壤质地地块施肥和产量水平汇总

土壤类型	代表面积（万亩）	产量（kg/亩）	一次追肥 氮肥（kg/亩）	一次追肥 磷肥（kg/亩）	一次追肥 钾肥（kg/亩）	二次追肥 氮肥（kg/亩）
沙壤	6.8	568	6.25	2	1.75	9.2
轻壤（高产区）	21.2	597	10	3.2	2.8	6.9
轻壤（低产区）	8	529	20.7	0	0	0

2　农户施肥情况评价

通过农户施肥调查分析，在小麦生产中有 26% 的农户施肥超量，主要是氮素肥料超量；有 12% 的农户施肥不足，影响着小麦产量及经济效益的提高。在玉米生产方面，也普遍存在施肥结构不合理现象，在调整施肥结构的前提下，合理增加施肥量，还有较大的增产潜力，施肥超量问题在玉米生产中没有明显表现。

3　提高农民科学施肥意识的方法及措施

针对清丰县主要农作物生产当中习惯施肥现象还普遍存在，农民施肥没有指标可依据，有机肥投入少或不投入，氮、磷、钾比例不合理等情况，提出以下提高农民科学施肥意识的方法和措施。

(1)县、乡、村各级领导要充分认识科学施肥的重要性，建立测土配方施肥的领导机制，专人负责测土配方施肥技术推广的指导工作，切实把提高农民科学施肥技术水平、提高农业生产效益、增加农民收入放在心上。

(2)土肥技术部门要把推广宣传测土配方施肥技术当做首要任务常抓不懈，如在电视台设立测土配方施肥技术讲座，在各个作物的施肥环节进行详细讲解、宣传，让广大农民随时掌握施肥技术、方法，并加以利用，把科学技术变成生产力，充分发挥其社会效益。不误农时地把测土配方施肥技术编印成技术宣传单和施肥建议卡，发放到农民手中，让他们作为施肥依据、方法。对县、乡、村农技人员、农业干部、肥料经营企业的负责人进行长期充分的技术培训，让他们掌握测土配方施肥技术知识，充分发挥宣传服务的各自优势，形成对测土配方施肥技术服务网络，把测土配方施肥技术全面宣传到广大农民中去，充分发挥社会各界的服务能力。

(3)肥料生产经营企业要发挥自身优势，建立测土配方施肥技术推广网络。在县级建立配方肥配送中心，乡级建立分中心，村庄建立配方肥推广服务网点，把配方肥直接供应给农户施用，形成测、配、产、供、施一条龙的服务链，让配方肥以优质、优价、针对性强的形式，让广大农民用上放心肥。同时还要对测土配方施肥技术进行多种形式的宣传服务，进一步扩大宣传面。

(4)县级土肥部门，要对定点企业提供科学合理的肥料配方，按配方生产，按区域供应，监督配方肥产品质量，对配方肥料质量进行检查，保证供应到农民手中的肥料不发生质量问题。

汤阴县农户施肥情况调查与评价

贾改花　吴东辉　贾增霞　索自斌　温燕芳

(汤阴县土壤肥料站·2009 年 6 月)

摘要:通过对农户施肥情况的调查，发掘出群众施肥中存在的问题，同时为测土配方施肥补贴项目实施提供针对性的依据，便于在生产实践中发挥功效。

关键词:农户施肥　调查　评价

肥料是农业生产的主要投入品，作物产量很大一部分是通过施肥获得的。为了解决长期以来施肥不合理和随意性造成的肥料利用率低、浪费严重的问题，推广先进的测土配方施肥技术，根据国家测土配方施肥补贴项目的要求，汤阴县从 2006 年起连续 3 年对所辖 10 个乡(镇)297 个行政村 5 000 多个农户的主要农作物有机肥、氮、磷、钾及中微量元素肥料的施用品种、数量、施肥时期、施肥方法，以及施肥投入、产出情况等进行了调查分析，对照有关施肥历史资料，从中总结出了许多施肥方面的成功经验，为汤阴县今后制订可行的施肥技术指导方案，对农业生产实践中肥料投入方面的宏观指导和先进施肥技术的应用将起到良好的促进作用。

1　农户施肥现状调查分析与评价

汤阴县地处中原地区，土壤肥沃，常年种植作物有小麦、玉米、棉花、花生等多种作物，土地复种面积 106.5 万亩左右，年粮食产量 42 万 t 以上，在影响粮食产量和质量的诸多因素中，施肥在粮食生产中起着重要作用。

汤阴县自 2006 年承担国家测土配方施肥补贴项目以来，非常重视农户施肥情况调查，获得了大量农户施肥方面的信息，下面就农户施肥的调查情况，从不同层次进行分析和评价。

1.1　汤阴县施肥总体现状及其分析

1.1.1　汤阴县农户施肥总体现状

根据汤阴县统计资料，在种植业结构、粮食作物面积基本不变而肥料价格上涨的情况下，汤阴县化肥用量 2007 年比 2006 年减少 1 250 t，减少幅度为 6.08%；2008 年化肥用量减少 200 t，减少幅度为 0.97%，施肥总量减少幅度不显著（见表 1）。

表 1　汤阴县化肥施用情况分析

肥料种类	化肥用量(t)				
	2006 年	2007 年	比 2006 年增减(%)	2008 年	比 2006 年增减(%)
氮肥	16 550	10 500	-36.56	11 070	-33.11
磷肥	4 000	5 850	46.25	6 165	54.125
钾肥	0	2 950	—	3 115	—
合计	20 550	19 300	-6.08	20 350	-0.97

在施肥总量减少的情况下，施肥结构出现了显著变化，其中氮肥施用量呈下降趋势，2007 年降幅为 36.56%，2008 年降幅为 33.11%；磷、钾肥施用量呈增长趋势，其中 2007 年磷肥增幅 46.25%，2008 年达到 54.125%（见图 1）。

从表 2 可以看出，2007 年、2008 年与 2006 年相比，作物播种面积增加，但化肥施用量却减少。

在肥料施用方法上小麦施肥 60% 氮肥底施，返青期追肥量只占 40%；玉米施氮肥 30% 在返青期追施，70% 在大喇叭口期追施。

1.1.2　汤阴县施肥总体现状分析

汤阴县通过测土配方施肥项目的实施，农户施肥情况出现了明显变化，逐渐从偏施氮肥的误区中走出，注重了氮、磷、钾配合施用。在目前化肥价格居高不下、粮价上涨空间有限的条件下，促进增粮增收目标的实现，加强以耕地产出能力为核心的农业综合生产能力的建设，必须进一步从科学施肥、合理施肥上下工夫。

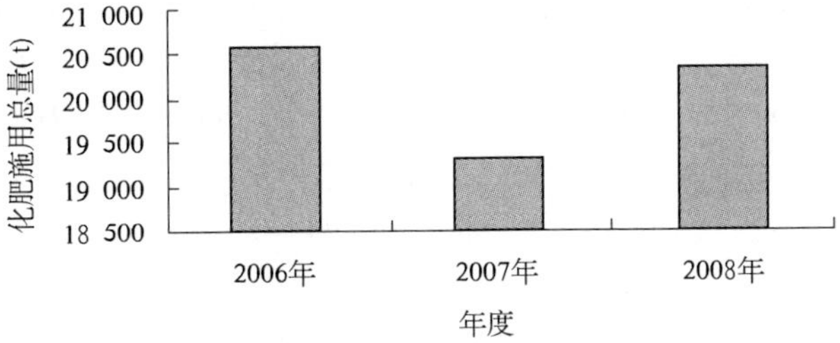

(a) 汤阴县不同年度化肥施用量

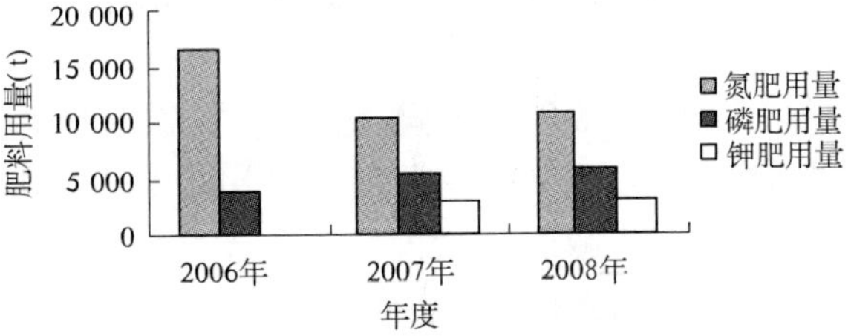

(b) 汤阴县不同年度氮、磷、钾用量变化

图 1 汤阴县肥料施用总量及氮、磷、钾用量变化

表 2 汤阴县主要农作物施肥量分析

项目	2006 年		2007 年		2008 年	
	小麦	玉米	小麦	玉米	小麦	玉米
氮肥(kg/亩)	17	23	11.5	12.5	11.5	12.5
磷肥(kg/亩)	8.1	0	6	7.5	6	7.5
钾肥(kg/亩)	0	0	4	2.5	4	2.5
合计(kg/亩)	25.1	23	21.5	22.5	21.5	22.5
播种面积(万亩)	50	35	50	38	53	39.8

1.2 汤阴县有机肥料施用现状及分析

1.2.1 汤阴县有机肥施用现状

有机复合肥是近几年来新兴的一个肥料品种,但在汤阴县的推广情况不是很好。近几年来,秸秆还田率呈逐年上升趋势,其中小麦秸秆还田率达到100%,玉米秸秆还田率在98%以上。

1.2.2 汤阴县有机肥施用现状分析与评价

汤阴县目前有机肥施用以秸秆还田为主,辅以其他极少有机肥品种。大量研究和实践表明,有机肥养分全面,肥效持久,能改善土壤理化性状,提高土壤肥力。可就地取材,就地施用,来源广,成本低,相应地也降低了化肥的用量,从而降低了施肥成本,是农业节本增效的重要措施之一。

根据汤阴县目前的农业生产现状,今后有机肥的施用,在指导思想上应强调与化肥并重,二者配合施用,做到互为补充,实现结构合理、供需平衡。

1.3 汤阴县氮肥施用现状及分析

1.3.1 汤阴县氮肥施用现状

根据汤阴县农户施肥调查情况,目前汤阴县生产中施用的氮肥有尿素、氯化铵、磷酸二铵、硫酸铵,其中复合氮肥占氮肥施用量的 70%,尿素占氮肥施用量的 20%,其他氮肥合计占氮肥施用量的 10%。

汤阴县 2006 年、2007 年、2008 年小麦纯氮肥亩施用量分别为 17 kg、11.5 kg、11.5 kg,玉米纯氮肥亩施用量分别为 23 kg、12.5 kg、12.5 kg。氮肥施用量占化肥施用总量的 81%,远远高于磷肥(19%)、钾肥(0%)的使用比例。

1.3.2 汤阴县氮肥施用情况分析与评价

汤阴县氮肥的施用量目前已经达到一个较高的水平,通过测土配方施肥项目的实施,氮肥施用的绝对量有所下降,但目前的施氮水平与作物产量相比,氮肥施用量依然偏高,汤阴县氮肥的下降空间每亩 1.5 kg 左右。

应根据不同农作物、不同需肥规律和不同氮肥品种在施肥方法上进行改进与提高,保持土壤氮养分的供需平衡,充分发挥氮肥在农业生产中的增产作用,最大限度地克服氮肥盲目施用的不良习惯,做到减氮不减产。

1.3.3 具体在氮肥施用中注重的技术环节

(1)根据各种氮肥特性加以区别对待。碳酸氢铵易挥发,宜作基肥深施;硝态氮肥在土壤中移动性强,肥效快,是旱田的良好追肥;能保证灌溉的农田追肥可用铵态氮肥或尿素。在汤阴县西部岗区的旱作区,硝态氮肥的淋失问题不突出,因此以施用硝态氮肥较合适,在降雨季节,以施用铵态氮肥和尿素较好。

(2)氮肥深施。氮肥深施可以减少肥料的直接挥发、随水流失、硝化脱氮等方面的损失。深层施肥还有利于根系发育,使根系深扎,扩大营养面积。

1.4 汤阴县磷肥施用现状及分析

1.4.1 汤阴县磷肥施用现状

目前汤阴县农业生产中磷肥施用中,复合磷肥占磷肥总量的 95%。

汤阴县 2006 年、2007 年、2008 年小麦生产中磷肥亩施用量平均为 8.1 kg、6 kg、6 kg。玉米生产中磷肥亩施用量平均为 0、7.5 kg、7.5 kg,磷肥施用量占化肥施用总量的 19%。

1.4.2 汤阴县磷肥施用情况分析与评价

近几年来,由于含磷复合肥的大量施用,土壤缺磷的状况得到有效改善,这也是粮食产量能持继增产的重要因素,但在磷肥施用中全县不均衡的状况非常突出,土壤中的磷一般不能满足作物的需要,必须通过施肥来补充。因此,虽然磷的需求量没有氮大,但也十分重要,只有合理施用磷肥,才能达到预期的施肥效果。

1.5 汤阴县钾肥施用现状及分析

1.5.1 汤阴县钾肥施用现状

目前,汤阴县农业生产上常用的钾肥种类有硫酸钾、氯化钾、复合钾肥和草木灰等。复合肥用量较大的是氯化钾,占钾肥施用量的 90% 以上。

汤阴县 2006 年、2007 年、2008 年小麦生产中钾肥平均亩施用量为 0、4 kg、4 kg,玉米生产中钾肥亩平均施用量为 0、2.5 kg、2.5 kg。

1.5.2 汤阴县钾肥施用情况分析与评价

由于秸秆中含有大量的钾养分,加上复合钾肥的大量施用,汤阴县土壤速效钾含量平均达到 176 mg/kg,钾含量相对氮、磷呈富有状态。

根据汤阴县目前的施肥现状特提出以下钾肥的施用对策：

(1)增施有机肥。因为有机肥中速效钾含量较高，含量一般在130 mg/kg左右，它是提高土壤速效钾含量的传统方法。

(2)大力推广秸秆还田技术。因为秸秆中富含钾素，推广秸秆还田可使土壤速效钾恢复回升，据化验，每亩还田麦秸500 kg，玉米秸600 kg，可使土壤钾素提高3～5 mg/kg。

1.6 汤阴县中微量元素肥料施用现状及分析

1.6.1 汤阴县微量元素肥料施用现状

在施肥调查中主动施用微量元素肥料的极少，但由于秸秆还田的大面积推广和配方肥中施用微肥包，对微量元素得到了有效补给，目前，汤阴县生产中没有出现十分突出的微量元素缺乏症状。

1.6.2 汤阴县微量元素肥料施用情况分析与评价

从土壤化验结果分析可以看出，汤阴县土壤中的微量元素总体呈富有状态，但由于施用微肥和秸秆还田发展的不平衡，地区差别很大，在今后的肥料施用对微量元素必须采取有效措施坚持进行推广。

汤阴县近几年来，通过对微肥研究并在配方肥大面积推广应用中，在配方肥中把中、微量元素与氮、磷、钾常量元素复合，既减少了施肥的麻烦，又可将常量元素作为中微量元素的载体或稀释剂，让配方肥发展成为“全元素肥料”。

2 测土配方施肥对农户施肥的影响分析

国家测土配方施肥补贴项目是我国重大的科技推广补贴项目，对我国农业生产施肥的影响将是长远的。就汤阴县而言，要改变目前不合理施肥的现状，需要大量的实际工作要做，其中推动测土配方施肥补贴项目向深处发展是一项重要的内容。

现就汤阴县测土配方施肥补贴项目实施以来，对农户施肥的影响作如下分析。

2.1 注重了对肥料品种的选择

现在农民手里多了一张施肥建议卡，购买化肥时，不是看别人买什么肥料就买什么肥料，而是看肥料的养分含量、配比是否符合自己土地的要求，盲目购肥施肥的情况得以有效改变。

2.2 “一炮轰”的肥料施用方法有效改变

长期以来，汤阴县在小麦、玉米生产中施肥方法单一，追求施肥方法的简便，一次施入过量肥料，也就是群众说的“一炮轰”，贪图省事，没有做到根据农作物的需肥规律分次施用肥料。另外，表面撒施现象严重，导致肥料利用率低下。

通过测土配方施肥项目的开展，以及示范农户的带动，农民清楚了作物对肥料的需求规律，分次施肥能有效提高肥料的利用率，减少肥料施用量，提高产量。

2.3 秸秆还田率提高

通过测土配方施肥项目的开展，农民认识到了有机肥的重要性。秸秆还田是容易实现的补充土壤有机质的有效手段。秸秆还田的推广达到了培肥土壤、提高地力、提高作物品质、降低生产成本的目的。

3　农户施肥情况调查在测土配方施肥项目中的重要作用分析

汤阴县测土配方施肥的目标不仅仅是提高粮食产量，而是向优质高产、资源高效、环境保护和提高耕地质量等综合目标转变。其中完善与提高农户施肥调查方法，开展多层次的施肥分析是校验测土配方施肥创新成果、提高肥料配方可用性的重要手段。

通过农户施肥调查，从宏观上了解当地施肥现状，从技术上了解农户施肥问题，如施肥量、施肥时期、施肥品种等；根据农民施肥量与产量的关系判断配方肥的增产效果，比较肥料配方与农民实际施肥之间的差距，验证配方肥是否解决了目前农民施肥中存在的问题。进行配方校正试验，也是测土配方施肥效果评价的需要。

内乡县农户施肥调查与分析评价

董淑云　吴永涛　王转玉

（内乡县农业局·2009 年 7 月）

摘要：通过对内乡县 200 个农户施肥现状调查和测土配方施肥农户与传统施肥农户的对比，系统分析了该县目前农户施肥特点、存在的问题，提出了指导农民科学施肥的措施。

关键词：农户施肥　调查　分析评价

农户是测土配方施肥的具体应用者，通过收集农户施肥数据进行分析是评价测土配方施肥效果与技术准确度的重要手段，也是反馈修正肥料配方的基本途径。内乡县在测土施肥补贴项目实施过程中，按照农户施肥调查的要求，选择了本县湍东、余关、赵店 3 个相对集中的典型乡镇，每个乡镇调查 3 个村，每个村调查 20 ~ 23 户，共调查 200 户。

1　农户施肥现状分析

农户施肥现状调查结果表明，肥料投入实物量呈下降趋势，其中有机肥施用量减少，化肥投入数量基本稳定；农田养分投入结构仍不合理，有机养分与化学钾肥用量低，氮、磷、钾比例不合理；化肥品种变化明显，高浓度复合（混）肥料用量虽明显提高，但低养分含量的单质化肥仍然是主要品种，作物施肥量夏收作物明显高于秋收作物。

1.1　肥料投入结构特点

1.1.1　化肥使用比重大，有机肥投入相对不足

据调查统计，平均肥料投入中有机肥 423.25 kg/亩，化肥 98.63 kg/亩（实物量），氮、磷、钾肥的有机无机比例分别为 0.14∶1、0.25∶1 和 2.90∶1，除钾肥以有机肥为主外，氮、磷肥均以无机肥为主。

1.1.2 肥料使用结构不合理

平均每亩投入总纯养分21.47 kg(折纯磷为P_2O_5、钾为K_2O,下同),其中氮、磷、钾分别为10.86 kg/亩、5.46 kg/亩、5.15 kg/亩。其氮、磷、钾比例即N∶P_2O_5∶K_2O为1∶0.50∶0.47,其中化肥投入中氮、磷、钾分别为9.35 kg/亩、5.10 kg/亩、3.52 kg/亩,施用的化肥的N∶P_2O_5∶K_2O为1∶0.55∶0.38。

1.1.3 复合(混)肥用量增加

亩均化肥(实物)施用量为98.63 kg,其中氮肥46.63 kg/亩,占47.28%;磷肥20.06 kg/亩,占20.33%;钾肥2.01 kg/亩,占2.04%;复合(混)肥(含氮、磷、钾的肥料)29.93 kg/亩,占30.35%。复合(混)肥占化肥用量的比例明显提高。

1.2 不同作物和不同季节肥料的投入状况

夏收作物用肥量高于秋收作物,夏收作物有机肥投入423.25 kg/亩(实物量),占年用量的100%,化肥54.56 kg/亩,占年用量的55.32%。夏收作物小麦,104个农户统计,肥料施用中氮、磷、钾(折纯)分别为9.35 kg/亩、5.46 kg/亩和5.15 kg/亩。N∶P_2O_5∶K_2O为1∶0.58∶0.55。

烟草46个农户统计,平均亩施烟草复合肥45.27 kg,氮、磷、钾(折纯)分别为4.53 kg/亩、5.43 kg/亩、8.15 kg/亩。

秋收作物上平均亩施化肥44.07 kg,占年用量的45.68%。

玉米104个农户统计,仅施化肥,平均为50.32 kg/亩。化肥施用中以氮肥为主(占97.38%),磷钾肥用量很小,其中氮、磷、钾(折纯)分别为17.66 kg/亩、0.62 kg/亩和0.035 kg/亩。

花生13个农户统计,仅施化肥,平均为15.37 kg/亩,其中氮、磷、钾(折纯)分别为4.08 kg/亩、2.9 kg/亩和3.34 kg/亩。

1.3 施肥的时期与方法

夏收作物一般采用整地时一次施入底肥,施肥方法采用条施,施后覆土,如小麦在整地前把有机肥均匀撒施后掩底,化肥在犁地时条施覆土。秋收作物采用苗期追肥,施肥方法采用穴施或条施,施后覆土。如秋作物玉米低产田采用"一炮轰"施肥法,即在玉米定苗后采用穴施或条施的方法,一次施入全部肥料;中、高产田一般采用"前轻后重"式施肥方法,即在苗期施入40%的化肥、大喇叭口期施入60%的化肥,施肥方法是穴施或条施,施后覆土。花生在团棵期一次施入,施肥方法采用穴施或条施,花期、结果期采用叶面喷肥的方法施尿素、磷酸二氢钾溶液补充养分。

2 测土配方施肥对农户施肥的影响

表1为测土配方施肥农户47户与习惯施肥农户47户的调查表的汇总分析。

从表1中可以看出:小麦测土配方施肥比农民习惯施肥亩增产34.2 kg,增幅9.73%,亩增收51.3 kg,亩节支5元,亩节本增收56.3元,小麦配方施肥产投比为3.40,农民习惯施肥产投比为3.01。玉米测土配方施肥比农民习惯施肥亩增产48.5 kg,增幅12.67%,亩节本增收72.75元,产投比:配方施肥为5.10,农民习惯施肥为4.53。花生测土配方施肥比农民习惯施肥亩增产55.3 kg,增幅24.57%。亩节本增收199.08元,花生配方施肥产投比为 14.42,农民习惯施肥产投比为 11.58。

表 1　测土配方施肥与习惯施肥农户的对比分析

项目		单位	小麦	玉米	花生
农民习惯施肥	单产	kg/亩	351.5	383.2	225.1
	单价	元/kg	1.5	1.5	3.6
	氮肥	kg/亩	50	117	30
	磷肥	kg/亩	25	10	0
	复合肥	kg/亩	25	0	10
配方施肥	单产	kg/亩	385.7	431.7	280.4
	单价	元/kg	1.5	1.5	3.6
	氮肥	kg/亩	42	47	10
	磷肥	kg/亩	0	0	0
	复合肥	kg/亩	32	20	15
效益	亩增产	kg/亩	34.2	48.5	55.3
	增产率	%	9.73	12.67	24.57
	亩增收	元/kg	51.2	72.75	199.08
	亩节本增收	元/kg	56.3	72.75	199.08
	产投比 配方施肥		3.40	5.10	14.42
	产投比 习惯施肥		3.01	4.53	11.58

由此可见,测土配方施肥比农民习惯施肥不但节省了肥料,而且增加了产量和提高了效益。

3　农户施肥情况评价及科学施肥措施建议

3.1　农户施肥情况评价

(1)农民科技种田水平相对较低,还处于传统农业向现代化农业转轨中,需要进行长期的科技培训,以提高广大农民的科学种田水平。

(2)在施肥的结构上化肥施用比重大,有机肥投入相对不足。在化肥的施用中,部分农户还存在着重施氮肥,轻施磷、钾肥,不施微肥的现象。在不同作物和不同季节氮、磷、钾的施用量也不相同。在夏收作物中,如小麦、烟草,通过测土配方施肥项目的实施,明显呈现减氮、稳磷、增钾,氮、磷、钾用量趋于平衡态势;在秋收作物中,如玉米农民习惯只重施氮肥,少施磷、钾肥,制约了秋收作物产量的进一步提高。

(3)测土配方施肥项目的实施前后比较,在测土配方施肥项目实施后,复合(混)肥用量增加,年亩均化肥(实物)施用量为 98.63 kg,复合(混)肥 29.93 kg/亩,占 30.35%,项目实施前复合(混)肥用量占 23.08%。明显呈现减氮、稳磷、增钾,氮、磷、钾用量趋于平衡态势,如小麦施氮、磷、钾(折纯)分别为 9.35 kg/亩、5.46 kg/亩和 5.15 kg/亩($N:P_2O_5:K_2O$ 为 1:0.58:0.55),项目实施前氮、磷、钾用量分别为 8.15 kg/亩、4.33 kg/亩和 2.30 kg/亩($N:P_2O_5:K_2O$ 为 1:0.53:0.28)。

(4)投资不平衡性,在施肥上重施经济作物,轻施粮食作物。

3.2 提高农民科学施肥的措施

(1)进一步动员组织广大农民群众大积大造有机肥,努力增加有机肥用量,充分发挥有机肥对耕地的持续培肥作用。

(2)强力推广测土配方施肥技术,调整施肥结构,控氮、增磷、补钾、增微,实现土壤各种养分供需均衡,从而有效提高肥料的利用率,提高作物产量和品质。

(3)大力开展技术培训,做到一个村举办一期培训班,一个农户发放一张施肥建议卡,一个村民小组赠送一张技术光盘。通过测土配方施肥技术培训,使农民做到"三个会":一是会选肥,能够根据专家推荐,合理选择肥料品种;二是会配肥,能够根据施肥建议卡,简单配比不同品种肥料;三是会施肥,能够根据种植的作物,基本掌握合理的施肥数量、时期和方法。

新郑市农户施肥情况调查与分析

李建峰

(新郑市土壤肥料站 · 2009 年 6 月)

摘要:新郑市是一个传统的农业县(市),农业资源较为丰富,盛产小麦、玉米等粮食作物,常年粮食种植面积 80 万亩。通过对农户施肥情况的调查与分析,对照有关施肥历史资料,从中总结出了许多施肥方面的成功经验,对今后制订可行的施肥技术指导方案提供了可靠的基础数据,对今后农业生产在肥料投入方面的宏观指导和先进施肥技术的应用将起到良好的促进作用。

关键词:农户施肥　情况调查　分析

新郑市是一个传统的农业县(市),农业资源较为丰富,盛产小麦、玉米等粮食作物,常年粮食种植面积 80 万亩。新郑市从 2005 年起每年对所辖的 12 个乡(镇)325 个行政村一定数量农户的主要农作物使用的有机肥、氮、磷、钾及中微量元素肥料的施用品种、数量、施肥时期、施肥方法以及施肥投入产出情况等进行跟踪调查,对照有关施肥历史资料,从中分析总结农户施肥变化趋势,发现并帮助农户解决施肥方面存在的问题,对制订可行的施肥技术指导方案提供可靠的基础数据。

1 农户施肥情况调查

为了获得科学、真实的农户施肥情况数据,在借鉴以前农户施肥情况调查经验的基础上,根据农业部测土配方施肥补贴项目要求,从准备阶段开始,到农户施肥情况调查样点的抽取、填表、最后数据的汇总分析,采取了一些新的思路和方法,快速准确地完成了农户施肥情况调查工作。

1.1 组织准备

在具体工作中根据农作物区域种植布局特点,把全市分为6个区域进行。以6个区域中心为基础,组织了70多人的工作队伍,每组配备了一辆农业科技服务车,访问农户,填写施肥调查表6 000多份,并对项目区农户覆盖情况登记在册,详细记录了地块生产条件和环境状况。

1.2 资料收集

收集包括交通图、土壤图、大比例尺地形图等资料,供制作采样工作图和标注采样点位用。

收集土类、成土母质等土壤信息资料。

收集土壤历史资料。

收集农业生产化肥施用情况资料。

1.3 样品抽取

按照"随机"和"等量"原则进行抽取。具体如下:

(1)采样点的均衡分布。采样之前先在地图上确定采样点大体位置和数量,也就是采样点平面分布是均衡的。

(2)简单随机采样。在目标采样点区域,具体定哪块地,或抽取哪家农户是随机的。

(3)等量原则。一个乡、一个村的采样样点数量确定是根据其耕地面积兼顾土壤类型确定下来的,乡(镇)耕地面积与采样点数量比率为200:1,也就是乡(镇)范围内200亩一个采样点严格控制。落实到具体村组时,要兼顾到土壤类型,可以对采样数量上下浮动20%。

1.4 调查内容

现场农户施肥情况调查分三部分:

(1)施肥相关情况调查项目。生长季节作物名称、作物品种 、播种日期、收获日期产量水平 、生长期内降水次数、生长期内降水总量、生长期内灌水次数、生长期内灌水总量等信息。

(2)实际施肥情况调查项目。实际产量、实际的肥料成本,化肥及有机肥施肥施用明细等信息。

(3)推荐施肥情况调查项目。目标产量、推荐的肥料及明细等情况。

这三部分内容涵盖了有关施肥情况的详细相关信息,即相互独立又相互联系,形成数据的有效链接,为数据的分析和利用打下了坚实的基础。

2 农户施肥情况调查数据整理与数据库建立

根据农业部测土配方施肥项目要求,同时也是为了对测土配方施肥项目产生的数据能够运转和有效管理,建立了新郑市级测土配方施肥数据库,并及时、规范、准确上传到省和农业部。其中施肥调查情况是数据库中重要的组成部分。

2.1 施用情况数据整理与数据库建立中计算机技术的运用

新郑市2005年一次性购入具有GPS功能的PDA设备3台,全部预装有北京天创大地科技有限公司根据农业部测土配方施肥补贴项目开发的"测土配方施肥采集调查系统”软件,该系统分为PDA使用的PPC软件和台式机使用的PC软件,PDA和台式机软件能实现数据的有效传递,具有数据库建立、数据库整理等非常强大的功能。

2.2 数据库建立

新郑市在确保施肥调查数据的完整性和有效性的前提下,利用先进的计算机技术,将庞大的农户施肥情况调查数据以数据库文件的形式进行保存,并且有效上报到省和农业部。

3 农户施肥现状调查分析与评价

新郑市属豫西山区向豫东平原的过渡地带,境内地貌多姿,浅山、丘陵、平原、沙岗兼而有之,分为平原水肥区、丘陵旱作区和沙岗间洼区三个不同生态类型区,属暖温带大陆性气候,雨量较充沛。

肥料是作物的粮食,是增产的物质基础。据新郑市有关资料统计,化肥在新郑市粮食增产中的作用,包括当季肥效和后效,平均增产效果为54%,低于全国平均57.8%的水平。新郑市自2005年测土配方施肥项目开展以来,非常重视农户施肥情况调查。

3.1 新郑市农户氮肥施用现状及分析

3.1.1 新郑市氮肥施用现状

目前,我国最常见的氮肥品种有复合氮肥、碳酸氢铵、尿素、硝酸铵、氯化铵、硫酸铵、氨水等。这些氮肥都是合成铵加工而成的。新郑市目前生产中使用的氮肥有碳酸氢铵、尿素、硝酸铵、氯化铵、硫酸铵,其中尿素的施用量最大,除复合氮肥外,占氮肥施用量的70%,碳酸氢铵占氮肥施用量的20%,硝酸铵、氯化铵、硫酸铵合计占氮肥施用量的10%。

3.1.2 主要作物氮肥施用情况分析与评价

新郑市粮食作物以小麦、玉米为主,油料作物以花生为主。

3.1.2.1 小麦

目前新郑市小麦播种面积维持在40万亩,产量水平在400 kg/亩左右。由于小麦的生长期较长,通常需要追肥,主要是追施氮肥。

在调查的390户农户施肥情况调查表中,有300户农户接受了测土配方施肥技术,有90户作为常规施肥的代表。在300户测土配方施肥户中,有295户种植了小麦,在90户常规施肥的户中有87户种植了小麦。配方户实际用氮肥(折纯)7.97 kg/亩,而常规施肥户实际用氮肥(折纯)8.38 kg/亩,比配方户实际多用氮肥(折纯)0.41 kg/亩。

农户施用氮肥集中在7~10 kg/亩。在295户中施用氮肥小于7 kg/亩的有46户,占15.65%;施用氮肥7~8.5 kg/亩的有206户,占69.83%;施用氮肥8.5~10 kg/亩的有21户,占7.12%。

3.1.2.2 玉米

新郑市玉米种植主要以夏玉米为主,少量种植春玉米,夏玉米播种面积37万亩左右,产量水平在450 kg/亩左右。

在300户测土配方施肥户中,有255户种植了玉米,在90户常规施肥的户中有87户种植了玉米。农户施用氮肥集中在15 kg/亩之上。在255户中施用氮肥小于7 kg/亩的有24户,占9.5%;施用氮肥7~9 kg/亩的有38户,占14.9%;施用氮肥9~11 kg/亩的有

38 户，占 14.9%；施用氮肥量大于 15 kg/亩有 137 户，占 53.7%。

3.1.2.3　花生

新郑市花生种植主要以地膜花生为主，少量种植夏播花生和麦套花生，花生播种面积 12 万亩左右，产量水平在 250 kg/亩左右。

在 300 户测土配方施肥户中，有 45 户种植了花生，在 90 户常规施肥的户中有 3 户种植了花生。农户施用氮肥集中在 7～9 kg/亩。在 45 户中施用氮肥小于 5 kg/亩的有 3 户，占 6.8%；施用氮肥 5～7 kg/亩的有 9 户，占 20%；施用氮肥 7～9 kg/亩的有 20 户，占 44.4%；施用氮肥量大于 11 kg/亩的有 12 户，占 26.7%。

3.2　新郑市磷肥施用现状及分析

3.2.1　新郑市磷肥施用现状

新郑市农业生产中磷肥施用的品种主要有过磷酸钙、重过磷酸钙、磷酸二氢钾、磷酸铵、钙镁磷肥、磷酸二铵、硝酸磷和复合磷肥。过磷酸钙、重过磷酸钙、钙镁磷肥用量很少，生产中复合磷肥占磷肥总量的 95%。磷肥施用量占化肥施用总量的 23%，是次于氮肥的第二大肥料。

3.2.2　主要作物磷肥施用情况分析与评价

3.2.2.1　小麦

配方户实际用磷肥（折纯）7.45 kg/亩，而常规施肥户实际用磷肥（折纯）6.67 kg/亩，比配方户实际少用磷肥（折纯）0.78 kg/亩。农户施用磷肥集中在 7～8 kg/亩。在 295 户中施用磷肥小于 5 kg/亩的有 12 户，占 4.1%；施用磷肥 5～6 kg/亩的有 40 户，占13.6%；施用磷肥 6～7 kg/亩的有 9 户，占 3.1%；施用磷肥 7～8 kg/亩的有 218 户，占73.9%；施用磷肥大于 9 kg/亩的有 12 户，占 4.1%。

3.2.2.2　玉米

在新郑市的玉米生产中，过去很少施用磷肥。最近几年推广科学施肥、配方施肥等，农民群众才开始在玉米上施用磷肥。在玉米生产中，配方户实际用磷肥（折纯）2.5 kg/亩，而常规施肥户实际用磷肥（折纯）2.2 kg/亩，比配方户实际少用磷肥（折纯）0.3 kg/亩。农户施用磷肥集中在 9 kg/亩之下（折纯）。在 255 户中施用磷肥小于 3 kg/亩的有 175 户，占 68.6%；施用磷肥 3～5 kg/亩的有 21 户，占 8.2%；施用磷肥 5～7 kg/亩的有 27 户，占 10.6%；施用磷肥 7～9 kg/亩的有 23 户，占 9.0%；施用磷肥大于 11 kg/亩的有 6 户，占 2.3%。

3.2.2.3　花生

在新郑市的花生生产中，过去施用磷肥的量很少。最近几年推广科学施肥、配方施肥等，农民群众才开始大量使用磷肥。在花生生产中，配方户实际用磷肥（折纯）6.41 kg/亩，而常规施肥户实际用磷肥（折纯）4.8 kg/亩，比配方户实际少用磷肥（折纯）1.61 kg/亩。农户施用磷肥集中在 7～9 kg/亩（折纯）。在 45 户中施用磷肥小于 3 kg/亩的有 10 户，占 22.2%；施用磷肥 3～5 kg/亩的有 2 户，占 4.4%；施用磷肥 5～7 kg/亩的有 6 户，占 13.3%；施用磷肥 7～9 kg/亩的有 21 户，占 46.7%；施用磷肥大于 9 kg/亩的有 6 户，占 13.3%。

3.3 新郑市钾肥施用现状及分析

3.3.1 新郑市钾肥施用现状

目前新郑市农业生产上常用的钾肥种类有硫酸钾、氯化钾、复合钾肥和草木灰等。钾肥施用量占化肥施用总量的17%，是氮、磷之后排第三位的肥料。其中用量较大的是氯化钾，占钾肥施用量的50%，硫酸钾、复合钾肥占45%，草木灰用量较少，占5%左右。

3.3.2 主要作物钾肥施用情况分析与评价

3.3.2.1 小麦

在小麦生产中，配方户实际用钾肥（折纯）7.1 kg/亩，而常规施肥户实际用磷肥（折纯）7.2 kg/亩，比配方户实际多用磷肥（折纯）0.1 kg/亩。农户施用钾肥集中在7～8 kg/亩。在295户中施用钾肥小于5 kg/亩的有18户，占6.1%；施用磷肥5～6 kg/亩的有40户，占13.6%；施用磷肥6～7 kg/亩的有9户，占3.1%；施用磷肥7～8 kg/亩的有218户，占73.9%；施用磷肥大于9 kg/亩的有6户，占2%。

3.3.2.2 玉米

在新郑市的玉米花生生产中，过去很少施用钾肥。最近几年推广科学施肥、配方施肥等，农民群众才开始在玉米上施用钾肥。在玉米生产中，配方户实际用钾肥（折纯）2.6 kg/亩，而常规施肥户实际用钾肥（折纯）2.3 kg/亩，比配方户实际少用钾肥（折纯）0.3 kg/亩。农户施用钾肥集中在9 kg/亩之下（折纯）。在255户中，施用钾肥小于3 kg/亩的有145户，占57.5%；施用钾肥3～5 kg/亩的有51户，占20%；施用钾肥5～7 kg/亩的有27户，占10.6%；施用钾肥7～9 kg/亩的有23户，占9.0%；施用钾肥大于11 kg/亩的有6户，占2.3%。

3.3.2.3 花生

在新郑市的花生生产中，过去施用钾肥的量很少。最近几年推广科学施肥、配方施肥等，农民群众才开始大量施用钾肥。在花生生产中，配方户实际用钾肥（折纯）10.6 kg/亩，而常规施肥户实际用钾肥（折纯）1 kg/亩，比配方户实际少用钾肥（折纯）9.6 kg/亩。农户施用钾肥集中在7～9 kg/亩（折纯）。在45户中，施用钾肥小于3 kg/亩的有13户，占28.9%；施用钾肥3～5 kg/亩的有2户，占4.4%；施用钾肥5～7 kg/亩的有5户，占11.1%；施用钾肥7～9 kg/亩的有20户，占44.4%；施用钾肥大于9 kg/亩的有6户，占13.3%。

3.4 新郑市有机肥料施用现状及分析

新郑在20世纪90年代以前，有机肥的施用以堆肥、沤肥、厩肥为主，亩均施用量在3 m^3 以上，从90年代开始，伴随着化肥施用量的不断增加，以上有机肥施用量逐年减少。近年来以前的堆肥、沤肥、厩肥基本上由秸秆还田取而代之，其中小麦秸秆还田率达到90%以上，玉米秸秆还田率达50%，并呈逐年上升趋势。

新郑市目前有机肥施用以秸秆还田为主，辅以其他极少有机肥品种，有机肥的施用量与相对作物产量严重不足，其原因一方面是农民对化肥的依赖性过强，忽视了有机肥的作用；另一方面由于农村劳动力大量转向打工或经商，从事农业的劳动力总量不足，而有机肥的生产和施用占用工时较多，造成农民放弃生产和施用有机肥。

3.5 新郑市中微量元素肥料施用现状

目前，新郑市农业生产上常用的中微量元素肥料主要有硫酸锌、硫酸亚铁和草木灰等。

新郑市20世纪80年代曾连续多年推广施用微肥包，加上近几年来秸秆还田的推广，中、微量元素得到有效补充，从土壤化验结果分析可以看出，新郑市土壤中的中、微量元素总体呈富有状态。但由于施用微肥和秸秆还田发展的不平衡，地区差别很大，在今后的肥料施用对中、微量元素必须采取有效措施进行推广。

4　新郑市测土配方施肥对农户施肥的影响分析

国家测土配方施肥补贴项目是我国重大的科技推广补贴项目，对我国农业生产施肥的影响将是长远的。就新郑市而言，要改变目前不合理施肥的现状，需要大量的实际工作要做，其中推动测土配方施肥补贴项目向深处发展是重要的一项内容。

新郑市测土配方施肥补贴项目从2005年开始，目前还处于巩固完善阶段，现在取得的成果还是局部的，但随着测土配方施肥补贴项目的深入开展，必将为新郑市带来一场施肥技术的革新，对新郑市农业生产的影响将是长远的。

4.1　施肥数量的重新认识

新郑市现在耕地以家庭为单位进行耕作，农民对自己的耕地土壤养分状况、所用作物品种特殊的施肥技术要求知道的很少，更谈不上作物最佳施肥推荐指标的掌握和运用。农民长期以来困惑于化肥的用量增长了，而粮食的产量增幅不大，过量化肥的施用，还引发了病虫害发生的加剧。

4.2　注重了对肥料品种的选择

20世纪80年代进行的第二次全国土壤普查，为新郑市农业的发展作出了历史性的贡献，通过土壤普查发现了新郑市土壤主要障碍因子是磷养分严重不足，通过氮、磷或氮、磷、钾合理配施达到符合当时的生产条件下的科学施肥，通过化肥的使用作物产量大幅度提高。农民对化肥的热情一直持续到现在。现在农民手里多了一张施肥建议卡，购买化肥时，不是听别人说什么肥料好就买什么，而是看肥料的养分含量、配比是否符合自己土地的要求，盲目购肥施肥的情况得以有效改变。

4.3　“一炮轰”式肥料施用方法得到有效改变

新郑市以前盲目施肥还表现在，施肥方法单一，追求施肥方法的简便，一次施入过量肥料，也就是群众说的“一炮轰”，贪图省事、省力，没有做到根据农作物的需肥规律分次施用肥料，另外，表面撒施现象严重，导致肥料利用率低下。

通过测土配方施肥补贴项目的实施，以及示范农户的带动，农民清楚了作物对肥料的需求规律，分次施肥能有效提高肥料利用率，减少肥施用量，不但不减产，还能增产。

4.4　秸秆还田率提高

以前农民对化肥的重视，忽视了有机肥的重要性，不施或少施有机肥现象普通存在。通过测土配方施肥项目的开展，农民认识到了有机肥的重要性，但由于劳动力、原料等诸多因素的影响，传统有机肥的获得与施用有一定的困难。秸秆还田相当于施用有机肥，是容易实现的补充土壤有机质的有效手段。秸秆还田的推广达到了培肥土壤、提高地力、增加作物产量、提高作物品质、降低生产成本的目的。

鹿邑县农户施肥情况调查与评价

魏 玲 尤 斌

（鹿邑县土壤肥料工作站·2009年6月）

摘要：鹿邑县2006～2008年对6 680个农户施肥情况进行了系统调查，同时对135个农户进行施肥专项调查和施肥跟踪调查，包括主要农作物有机肥、氮、磷、钾及中微量元素肥料的施用品种、数量、施肥时期、施肥方法以及施肥投入产出情况等，并对照有关施肥历史资料，总结出了许多施肥方面的成功经验，同时也发现了一些施肥方面的问题，对鹿邑县今后制订可行的施肥技术指导方案提供了可靠的基础数据。

关键词：农户 施肥情况 调查 评价

鹿邑县位于河南东部，地处北纬33°43′～34°51′和东经115°25′～115°37′，海拔37.4～46.5 m。属豫东平原区。年日均温度14.4 ℃，常年平均积温3 178.4 ℃，无霜期220天，年平均降水量739.6 mm，地下水埋深在4～6 m。全县辖25个乡（镇、办事处、工业园区），552个行政村，总人口117万人，农业人口107万人，农业人口占总人口的91.45%。现有耕地124万亩，农业人均耕地1.16亩。2008年农作物播种面积273万亩，复种指数220%。粮食作物面积185万亩，粮食总产596 836 t，其中小麦面积110万亩，总产583 660 t，玉米面积75万亩，总产13 176 t，自2006年测土配方施肥补贴项目实施以来，全县推广测土配方施肥210万亩，补贴资金200万元。

长期以来，鹿邑县肥料利用率一直在低水平徘徊，不仅造成了养分的浪费，增加农业生产成本，而且带来环境污染，影响农产品品质。因此，采取必要的措施，提高鹿邑县农业科学施肥水平，提高肥料利用率已经势在必行。通过开展农户施肥和肥料效应状况调查工作，摸清肥料使用现状，掌握肥料效应变化趋势，为优化配置肥料资源、推广科学施肥技术、提高肥料利用率提供依据。从2006年起，鹿邑县从项目区抽出类型乡镇（城郊、赵村、穆店），每乡（镇）抽出3个自然村（朱桥、前罗楼、小张楼、薛庄、赵东、小赵、宋新、徐楼、张少楼），每个自然村抽出15户共135户进行施肥专项调查和施肥跟踪调查。专项跟踪调查户由3名资深技术人员负责。2006～2008年共开展系统调查6 680户，开展专项调查405户。对农户的主要农作物有机肥、氮、磷、钾及中微量元素肥料的施用品种、数量、施肥时期、施肥方法以及施肥投入产出情况等进行了调查与分析，对照有关施肥历史资料，从中总结出了许多施肥方面的成功经验，同时也发现了一些施肥方面的问题，对鹿邑县今后制订可行的施肥技术指导方案提供了可靠的基础数据，对今后农业生产在肥料投入方面的宏观指导和先进施肥技术的应用将起到良好的促进作用。

1 鹿邑县农户施肥现状

鹿邑县全年化肥施用量92 445 t，其中复合肥18 325 t，单质化肥74 093 t（氮肥59

589 t,磷肥 10 695 t,钾肥 3 809 t)。

1.1 鹿邑县农户主要施肥结构现状

在 2006～2008 年 3 年间,对鹿邑县 21 个乡(镇)的 400 个农户肥料的购买和使用情况进行了跟踪调查,从调查结果得知,鹿邑县施用的肥料结构发生了明显变化。氮肥中尿素、碳酸氢铵等施用量逐年减少。磷肥品种中单一磷肥施肥比例也在逐年减少,正在向高含量磷肥过渡,磷酸一铵、磷酸二铵所占比例有增加趋势。钾肥施用量在施肥总量中占的比例比较小。在施用肥料中,复合肥料、复混肥料、配方肥料变化最为明显,复合肥料所占比重由 2006 年的 30.5% 增加到 2008 年的 45%。配方肥料由 2006 年的 10% 增长到 30%。因此,从 2006 年以来,农民的施肥品种逐步由单一肥料过渡到复合肥料、配方肥料。

1.1.1 鹿邑县氮肥主要品种及施用现状

根据鹿邑县农户施肥调查情况,据统计,目前农业生产中使用的氮肥有尿素、碳酸氢铵、磷酸一铵、磷酸二铵等,其中尿素的施用量最大,占氮肥总量 80% 以上,碳酸氢铵占氮肥施用量的 15%,其他氮肥合计占氮肥施用量的 5%,氮肥总施用量为 59 589 t。但目前的施氮水平与作物产量相比,氮肥施用量依然偏高,根据鹿邑县目前的农业生产现状,今后氮的施用要根据不同的作物不同的产量水平进行总量控制,防止偏施氮肥,并且根据不同农作物不同的需肥规律和不同氮肥品种在施肥方法上进行改进与提高,保持土壤氮养分的供需平衡,充分发挥氮肥在农业生产中的增产作用,最大限度地克服氮肥盲目施用的不良习惯,做到减氮不减产。

1.1.2 鹿邑县磷肥主要品种及施用现状

目前鹿邑县农业生产中磷肥施用的品种主要有过磷酸钙、磷酸一铵、钙镁磷肥、磷酸二铵、硝酸磷和复合磷肥。过磷酸钙用量在磷肥施用中占一定比例,占磷肥施用量的 50% 左右,生产中复合磷肥如磷酸一铵、磷酸二铵占磷肥总用量的 50% 以上,磷肥总用量为 10 695 t。但目前的施磷水平与作物产量相比,磷肥施用量偏低,根据鹿邑县目前的农业生产现状,今后磷肥的施用,要根据不同的作物,不同的产量水平进行分类施用,同时要注意氮、磷的平衡与配比,对缺磷的沙质土壤要进一步加大磷肥的施用量,以增加作物的分蘖能力,增强作物的抗旱、抗寒、抗病能力。

1.1.3 鹿邑县钾肥主要品种及施用现状

目前鹿邑县农业生产上常用的钾肥种类有硫酸钾、氯化钾、复合钾肥等。除复合肥外,用量较大的是氯化钾,占钾肥施用量的 75%,其他钾肥占 25%,鹿邑县钾肥总用量为 3 809 t。因为鹿邑县是富钾县,速效钾含量的平均值为 201 mg/kg,所以根据鹿邑县目前的农业生产现状,今后钾肥的施用,要根据不同的作物,不同的产量水平进行分类施用,如对喜钾作物、棉花后期要加强对钾肥的补施,以增强棉花的抗病能力。对小麦、玉米作物注意底施钾肥,以增强小麦玉米的抗倒伏能力和抗病能力。对易缺钾土壤,如轻壤土要加大钾肥的施用量。

1.1.4 鹿邑县中微量元素肥料施用现状

目前鹿邑县农业生产上常用的中微量元素肥料种类有硫酸锌、硫酸亚铁、硫酸锰及其他微肥增效剂等。鹿邑县从 20 世纪 90 年代开始就开展“补微工程”,利用底施、喷施等多种方法补施微肥,土壤微量元素得到有效补充,根据铁、锰、铜、锌四种微量元素测定分析,其含量均在临界值以上。目前鹿邑县生产中没有出现十分突出的微量元素缺乏症状。

1.1.5 鹿邑县有机肥料施用现状及分析

鹿邑县有机肥有农家肥、作物秸秆、养殖场有机废弃物。若按旧的划分,养殖场有机废弃物仍属农家肥料范畴,故有机肥主要有农家肥料和作物秸秆两类。

农家肥料年资源量 1 739 397 t(见表 1),其中堆肥、沤肥 791 826 t,主要养分含量为:N 0.32%,P_2O_5 0.26%,K_2O 0.18%,氮、磷、钾养分含量为:N 2 534 t,P_2O_5 2 059 t,K_2O 1 425 t;厩肥 365 615 t,主要养分平均含量为:N 0.57%,P_2O_5 0.47%,K_2O 0.44%;厩肥除堆沤肥、沼气生产等项使用外,可提供 N 830 t,$P_2O_5$685 t,K_2O 604.5 t;禽粪 94 706 t,主养分含量为:N 1.65%,P_2O_5 1.54%,K_2O 0.85%,除堆沤肥、沼气生产等项使用外可提供 N 280.5 t,P_2O_5 262 t,K_2O 144.5 t,沼渣 96 000 t,主要养分含量为:N 0.66%,P_2O_5 0.46%,K_2O 0.45%;提供氮、磷、钾养分为:N 634 t,P_2O_5 442 t,K_2O 432 t;沼液 200 000 t,主要养分含量为:N 0.015%,P_2O_5 0.01%,K_2O 0.01%,提供氮、磷、钾养分为:N 30 t,P_2O_5 20 t,K_2O 20 t。农家肥料氮、磷、钾养分总量为:N 4 308.5 t,P_2O_5 3 468 t,K_2O 2 642 t。

表 1 鹿邑县农家肥资源利用调查

项目	资源总量(t)	总用量(t)	施用面积(亩)	用量(kg/亩)
合计	1 739 397	1 611 897	934 526.9	1 338
堆肥、沤肥	791 826	791 826	791 826	1 000
厩肥	365 615	365 615	145 571	1 000
禽粪	94 706	94 706	17 000	1 000
人粪尿	191 250	63 750	用于堆沤肥	
沼渣	96 000	96 000	96 000	1 000
沼液	200 000	200 000	13 300	3 000
禽粪	94 706	94 706	17 000	1 000

鹿邑县作物秸秆有小麦、玉米、大豆、棉花、薯类、杂粮类、油菜、花生、瓜类、菜用瓜类、烟类、麻类,年资源量为 624 025 t。秸秆直接还田 251 769 t,堆沤还田 48 885 t,过腹还田 89 128 t,作燃料使用 221 678 t,深加工 10 619 t。小麦、玉米、棉花、大豆秸秆数量均在 1 万 t 以上。小麦、玉米秸秆产量 499 444 t,占秸秆总量的 80% 还多,若以小麦、玉米秸秆养分均值代表秸秆养分平均值,其主要养分平均含量约为:N 0.51%,P_2O_5 0.32%,K_2O 0.63%;作物秸秆可提供氮、磷、钾养分为:N 3 183 t,P_2O_5 1 997 t,K_2O 3 931 t。

鹿邑县养殖场有机废弃物年资源量 142 216 t。其中猪场提供 115 518 t,禽场提供 18 000 t,牛场提供 1 080 t,羊场提供 7 480 t,兔场提供 135 t。有 112 124 t 用于堆沤肥,29 552 t以鲜粪状态施用。主要养分含量加权值为 N 0.549%,P_2O_5 0.41%,K_2O 0.228%;可提供 N 780.8 t,P_2O_5 583.09 t,K_2O 324.25 t。鹿邑县有机肥资源丰富,营养丰富,有机肥的使用已经为农业增产增收发挥了重要作用。

在有机肥的利用方面,还是沿用老的传统模式。其中有 1/3 的农户将人粪尿直接施到田里,另外 2/3 的农户将人粪尿与其他秸秆、土杂肥等简单地堆沤再施到田里。畜禽粪尿有1/3的农户将其直接施用到田里,2/3的农户经过一定时间堆沤再用到田里。沼气肥一般都是直接施入到田间,使用面积及数量逐步增大。秸秆还田随着农业机械的快速发展,随着国家在这方面资金投入的加大,秸秆还田面积在逐年增加,特别是玉米秸秆还田率大幅度提高。鹿邑县目前之所以在有机肥制造使用方面还沿用老的方法,其主要原因一是化肥工业发展迅速,各种各样的配方肥、化肥、复混肥、微肥的出现,促使了农业产量的高产、稳产,某些方面取代了有机肥;二是农家肥加工、沤制、使用费工费时,且又脏又累效益低,与目前的高效、省工、节时的需求不相适应,所以,90%以上的农户不在有机肥加工使用上狠下工夫,只是运用过去的粗放加工使用方法来简单从事这项工作;三是农业生产效益低,多数人不是从长远用地养地的观点出发,对农业生产还是粗放型管理,不注意狠抓有机肥的使用;四是随着农民经济收入的增加,对农业的化肥投入也逐步加大,大多数农民对化肥的使用舍得投资,而减少了有机肥的使用;五是农民只注重眼前效益,而不注意长远利益,使用无机肥效果明显,使用有机肥效果缓慢,过去增施有机肥是为了省钱,现在增施化肥是为了省劲增产。

1.1.5.1　有机肥应用存在的问题

(1)秸秆资源浪费现象仍然严重。由于历史原因,鹿邑县广大农村有用作物秸秆当燃料烧火的习惯。目前每年仍有221 678 t秸秆用于做饭燃烧,占秸秆总量的36%。若依养分量折算,相当于1 150 t尿素,720 t过磷酸钙,1 420 t氯化钾,总价值约601.4万元。

(2)养殖场有机废弃物合理利用有待研究开发。随着产业结构调整和人们生活水平提高,饲养业发展很快,以畜禽粪便为主的有机废弃物已成为与秸秆资源并重的两大有机肥资源。与此同时,养殖场有机废弃物也给环境造成污染。生产中由于对养殖场有机废弃物的正确利用缺乏调查研究和指导,致使出现因施用禽粪猪粪过量造成减产现象。如小麦底施4 000～5 000 kg禽粪或猪粪,小麦表现抗旱性差,青干现象较重,千粒重降低3～5 g。而玉米苗期围根施用等量禽粪或猪粪,则茎叶茂盛,成熟正常,籽粒饱满,增产明显。对此现象有待试验调查,以便指导畜禽粪便在大田条件下的正确施用。再者,利用畜禽粪便生产有机肥和有机无机复合肥鹿邑县还是空白,需加以开发。

1.1.5.2　有机肥应用的现状及评价

根据鹿邑县目前的农业生产现状,今后有机肥的施用,在指导思想上应强调与化肥并重,二者配合施用,做到互为补充,实现结构合理、供需平衡;在施用方法上主要用做底肥,结合耕翻全层施用,腐熟好的优质农家肥用做追肥,在肥源上,加快商品有机肥的推广,重点做好大力推广作物秸秆还田技术,同时要充分挖掘利用人粪尿、畜禽粪尿、作物秸秆、杂草、落叶及一切农业生产的废弃物,充分利用草木灰、土杂肥、饼肥,因地制宜地保持和扩大有机肥的施用量。

1.2　鹿邑县主要作物的施肥现状

目前鹿邑县种植的主要作物有小麦、玉米、棉花、大豆等,其中小麦和玉米种植面积较大,是河南省也是国家重要的商品粮生产基地。下面就鹿邑县主要的农作物小麦、玉米的施肥现状进行分析与评价。

1.2.1　鹿邑县小麦施肥现状及分析

小麦是鹿邑县的主要粮食作物,全县小麦播种面积维持在110万亩,3年来,随着测土配方施肥项目的开展,小麦施肥水平有了一定程度的提高,促进了小麦产量的提高。为客观评价小麦施肥情况,我们选择了 150 户进行了小麦施肥调查,涉及面积 760 亩。

1.2.1.1 小麦有机肥施用现状

小麦在有机肥施用方面,小麦有机肥料的施用主要是秸秆还田、土杂肥等,有机肥随着秸秆还田和有机肥施用技术推广应用,施用量逐年增加。在施用方式上,小麦有机肥施用基本上作为底肥一次施用,在调查中发现,20% 的农户没有进行秸秆还田和施用有机肥,有 30% 的农户在实践中认为秸秆还田和施用有机肥对于提高小麦后期的生长能力以及保证后期小麦生长不脱肥、提高抗逆性方面都有显著作用。

针对小麦实际施用有机肥的现状,今后鹿邑县的小麦生产要上一个新台阶,还必须积极创造有利条件,适当增加施用有机肥,保证每亩有机肥及秸秆还田量不低于 2 000 kg。

1.2.1.2 小麦氮、磷、钾肥的施用现状

根据鹿邑县 3 年施肥情况调查统计,全县小麦氮肥平均亩施用量为 10 ~ 15 kg(纯氮),施肥品种主要有配方肥、复合肥、尿素、碳酸氢铵、一铵、二铵等。在氮肥使用方法上小麦施肥 60% ~70% 的农户将氮肥一次性施入,返青期追肥的占 20% ~30%;从调查中发现,部分农户氮肥用量偏高,并且一次性施入的现象突出,农户反映小麦前期长势较好,分蘖率高,但后期出现易倒伏,并且病虫害发生率较高。

鹿邑县小麦生产中,应注意氮肥的使用,目前鹿邑县小麦产量水平在 450 ~ 500 kg/亩,亩施肥氮素供应量应维持在 10 ~ 15 kg。由于小麦的生长期较长,氮肥需要量大,在小麦的产量构成中氮肥的作用十分重大。氮肥的施用要与土壤肥力和基肥数量以及土壤水分状况相结合。鹿邑县大部分农田土壤肥力水平较高,化学氮肥应主要用做追肥,并进行氮肥后移,在部分土壤肥力不高和没有灌溉条件的农田,可进行一次性施用氮肥。同时,在氮肥施用方法上,不同氮肥品种采取不同的施用方法,如碳酸氢铵宜作基肥深施;硝态氮肥在土壤中移动性强、肥效快,是旱田的良好追肥;能保证灌溉的农田追肥可用铵态氮肥或尿素,尿素、碳酸氢铵对种子有毒害,不宜作种肥。

在磷、钾肥施用上,根据鹿邑县 3 年施肥情况调查统计,全县小麦磷肥平均亩施用量为 5 ~8 kg(P_2O_5)、钾肥平均亩施用量为 3 ~5 kg(K_2O),磷钾肥施肥品种主要有配方肥、复合肥、一铵、二铵、氯化钾、硫酸钾等。而氮磷钾比例大约为 1∶0.5∶0.3。从比例可知,氮、磷、钾比例趋向合理。

根据鹿邑县小麦的实际施肥现状,建议今后小麦施肥必须做到:一是创造条件增施有机肥,因为有机肥不仅提供作物养分还能培肥地力;二是稳定磷、钾肥施用量,每亩施 P_2O_5 5 ~8 kg、K_2O 3 ~5 kg 为宜。三是改变"一炮轰"的施肥方式,通过减少基肥中氮的用量,通过追肥分期施入提高氮肥的利用率,适量减少氮肥的用量,三要素之比达到 1∶0.6∶0.5,达到培肥地力、增产和提高小麦品质的目的。

1.2.2 鹿邑县玉米施肥现状及分析

鹿邑县常年玉米种植面积 75 万亩,产量水平在 400 ~500 kg/亩,3 年来,随着玉米施肥量的加大和施肥结构的调整,以及推广测土配方施肥和小麦秸秆直接还田,全县玉米总产逐年增加,单产稳步上升。我们在全县 150 户对玉米生产施肥投入进行了调查,涉及面

积 550 亩。

从玉米有机肥施用上看，亩有机肥施用量较低，但随着小麦秸秆综合利用的宣传以及推广的小麦高留茬和小麦秸秆粉碎直接还田以及堆沤还田等措施的推广应用，3 年来玉米施用有机肥的量还是逐年上升的。但从玉米施用有机肥的品种看，玉米施用有机肥主要依靠小麦秸秆还田，在调查中发现单一施用商品有机肥和土杂肥的农户极少。

从玉米施用氮、磷、钾肥的情况看，根据鹿邑县 3 年施肥情况调查统计，玉米亩均施肥为：氮肥 12 ~ 16 kg、磷肥 3 ~ 4 kg、钾肥 3 ~ 5 kg。玉米氮、磷、钾肥品种主要有配方肥、尿素、高氮型复合肥、碳酸氢铵等，在氮肥的施用方式上，氮肥普通作为追肥使用，约 30% 在 3 ~ 5 叶期用耧串追施或沟施，50% 在 7 叶期至大喇叭口期一次性追肥，两次追肥的不足农户的 20%。

玉米具有生育期短、生长迅速、需肥集中、耐水肥等特点，根据鹿邑县玉米的实际施肥现状，今后玉米施肥从以下几个方面进行改进：一是根据目标产量和土壤供肥能力确定合理施肥量，在肥料种类上重点推广施用配方肥或玉米专用复合肥。二是在玉米 5 ~ 7 叶期，叶龄指数 30%，进行第一次追肥，大约在 6 月 25 日前后，追肥数量占总施肥量的 2/3。大喇叭口期，叶龄指数 70% 时，进行第二次追肥，追肥数量占总施肥量的 1/3。所有化肥都要求穴施或条施，施后覆土，避免撒施，墒情不好时要及时浇水。三是进行麦秸麦糠覆盖。麦秸麦糠覆盖能蓄水保墒，培肥地力，改善土壤结构，减少杂草滋生，提高玉米产量，一般可在 6 月下旬至 7 月上中旬，每亩垄间均匀撒施麦糠或麦秸 150 kg 左右。

2　鹿邑县测土配方施肥对农户施肥的影响分析

2.1　农民传统施肥观念发生转变

通过免费为农民测土、发放施肥建议卡、技术指导及开展多形式的宣传培训活动，项目区广大农民传统的施肥观念发生了变化，增强了测土施肥、配方施肥和施配方肥的科技意识。项目区不少农民主动要求农技人员进行取土，有些农民还积极主动送土样到县土肥站要求化验，按化验结果开具的配方进行施肥。

2.2　肥料施用结构进一步优化

据全县对农户施肥跟踪调查统计，农户施肥上出现了“控氮、增磷、稳钾”的明显变化，施肥结构得到进一步优化，其中配方肥施用比例进一步加大，氮、磷、钾比例趋于合理，实现了平衡施肥，避免和减轻因施肥不科学带来的浪费和环境污染，保护了生态环境。

2.3　测土配方施肥良好社会氛围已经形成

鹿邑县从 2006 年开展测土配方施肥项目以来，采取多种形式广泛宣传测土配方施肥对提高农业综合生产能力、促进粮食增产、农业增效、农民增收、促进农业可持续发展的重大意义，县委、县政府领导高度重视，多次召开会议部署测土配方施肥工作，从而扩大了测土配方施肥的社会影响，在全县掀起了测土配方施肥行动舆论高潮，提高了各级政府部门对测土配方施肥重要性的认识，形成了推广应用测土配方施肥的良好社会氛围。此外，农民普遍认识了配方施肥，在使用肥料中都施用配方肥，在一些科技意识强的农户的带领下，测土配方施肥在这些乡（镇）已经成为自觉行为。全县 2006 ~ 2008 年测土配方施肥项目实施中,全县推广测土配方施肥 210 万亩,增产粮食 84 500 t,增产增收 12 482 万元,总计增效 12 730 万元。其中小麦亩均增产 37.85 kg,亩节肥(折纯)0.69 kg,亩增效 60.02 元,实现增效 10 800 万元;玉米亩均增产 53.87 kg,亩增肥(折纯)2.59 kg,亩增效 63.25 元,实现增效 1 930 万元。

2.4 注重了对肥料品种的选择

化肥价格持续高涨,解决的根本出路在于加快推广测土配方施肥技术,帮助农民选好肥、施好肥,达到节本增效的目的。现在通过实施测土配方施肥,实现测土到田、宣传到村、配方施肥卡到户,农民手里多了一张施肥建议卡,购买化肥时,不是看别人买什么肥料就买什么肥料,听别人说什么肥料好就买什么,而是看肥料的养分含量、配比是否符合自己土地的要求,盲目购肥施肥的情况得以有效改变。选用肥料结合了自己农田的实际,达到了肥料品种优化的目的。

2.5 秸秆还田率提高

以前农民对化肥的重视,忽视了有机肥的重要性,不施或少施有机肥现象普通存在。通过测土配方施肥补贴项目的开展,农民认识到了有机肥的重要性,但由于劳动力、原料等诸多因素的影响,传统有机肥的获得与施用有一定的困难。

秸秆还田是补充土壤有机质的有效手段,鹿邑县秸秆还田从 2003 年大面积推广以来,已经发展到目前小麦秸秆还田率 70%、玉米秸秆还田率 30%的可喜成绩,这一方面得益于秸秆还田机械的更新与普及,另一方面就是测土配方施肥补贴项目开展以来,农民认识到了有机肥的重要作用。

2.6 施肥方式及方法得到改进

通过推广测土配方施肥技术,鹿邑县农民在施用肥料方式及施肥方法得到进一步改进,如过去在肥料应用中碳酸氢铵、尿素普遍地表撒施,在施肥方式上更是追求施肥方法的简便,一次施入过量肥料,也就是群众说的“一炮轰”,贪图省事、省力,没有做到根据农作物的需肥规律分次施用肥料,另外,表面撒施现象严重,导致肥料利用率低下。

通过测土配方施肥项目的开展,以及示范农户的带动,农民清楚了作物对肥料的需求规律,分次施肥能有效提高肥料的利用率,减少肥施用量, 不但不减产,还能增产。

3 农户施肥情况调查在测土配方施肥项目中的重要作用分析

鹿邑县测土配方施肥的目标不仅仅是提高粮食产量,而是向优质高产、资源高效、环境保护和提高耕地质量等综合目标转变。要实现这个目标,鹿邑县测土配方施肥补贴项目在今后的工作中还有许多工作要做。其中完善与提高农户施肥调查方法,开展多层次的施肥分析是校验测土配方施肥创新成果、提高配方可用性的重要手段。

通过农户施肥调查,从宏观上了解当地施肥现状,从技术上了解农户施肥问题,如施肥量、施肥时期、施肥品种等,可以为制定配方提供参考,根据农民施肥量与产量的关系判断配方的预期效果,比较配方与农民实际施肥之间的差距,比较推荐产量与相近施肥量农民实际产量的吻合度,配方是否解决了目前农民施肥中存在的问题,根据比较结果,进行配方调整;可以进行配方校验,也是测土配方施肥效果评价的需要。

开封县农户施肥情况调查与评价

李爱梅

（开封县农业局土壤肥料站 · 2009 年 6 月）

摘要：通过连续 3 年对开封县所辖的 15 个乡（镇）325 多个行政村 6 000 多个农户的主要农作物有机肥、氮、磷、钾及中微量元素肥料的施用品种、数量、施肥时期、施肥方法以及施肥投入产出情况等进行了调查与分析，对照有关施肥历史资料，总结出了许多施肥方面的成功经验，同时也发现了一些施肥方面的问题，并提出了施肥指导意见。

关键词：农户施肥　调查　评价

开封县地处豫东平原，紧靠古都开封，自 1983 年撤销行署，实行市带县体制，属开封市辖县之一。开封县东与兰考县、杞县交界，南与通许县、尉氏县接壤，西与中牟县毗邻，东北以黄河为界，隔河与封丘县相望。全县东西长 55 km，南北宽 40.8 km，2005 年初，土地总面积为 1 449.2 km^2，占全省土地总面积的 0.87%。全县地形西北高、东南低，海拔在 89.3 ~ 62.5 m，平均坡降 1/5 000 到 1/6 000。境内水资源丰富，潜水量大，大小河流有 32 条，水源充足。现辖 6 个镇、9 个乡，335 个行政村。全县总人口 70.05 万人，农户数 16.29 万户。现有耕地总面积 95 952.34 hm^2，种植的主要农作物有小麦、玉米、棉花、花生、水稻、蔬菜等。

根据国家测土配方施肥补贴项目要求，开封县从 2005 年起连续 3 年对所辖的 15 个乡（镇）325 多个行政村 6 000 多个农户的主要农作物有机肥、氮、磷、钾及中微量元素肥料的施用品种、数量、施肥时期、施肥方法以及施肥投入产出情况等进行了调查与分析，对照有关施肥历史资料，从中总结出了许多施肥方面的成功经验，同时也发现了一些施肥方面的问题，对今后制订可行的施肥技术指导方案提供了可靠的基础数据，对今后农业生产在肥料投入方面的宏观指导和先进施肥技术的应用将起到良好的促进作用。

1　农户施肥现状分析

农户是对各种作物施肥的直接实施者，代表对不同作物的不同施肥水平。收集农户施肥数据进行分析，是评价测土配方施肥效果与技术准确度的重要手段，也是反馈修正肥料配方的基本途径。20 年来，开封县农民施肥方式、大田作物产量水平、栽培技术、土壤肥力水平等都有很大变化。随着农业生产发展的不断扩大，开展测土配方施肥，改进传统的施肥方法和建立新的施肥指标体系是适应新的农业生产形势的需要。为此，了解当前主要农作物施肥现状是开展测土配方施肥的重要基础，结合土壤样品采集工作，3 年来对 6 300 个农户进行了施肥情况调查，并且选出 100 户进行逐年跟踪调查。

这次施肥调查覆盖全县所有行政村，涉及县境全部土壤类型和主要农作物品种。

1.1 施肥量的确定

调查结果表明,2005 年前 50% 的农民选择"凭经验"施肥(见图 1)。农民在进行施肥时,没有技术依据可循,对土壤养分含量及作物需肥规律也不清楚,只能根据种植作物的常年施肥经验确定施肥品种和施肥量,虽然能够取得一定的产量,但并不是最佳产量和最佳投入产出效益。除了凭经验施肥外,根据肥料包装说明、经销商的建议施肥也是农民常用的方法,分别占 20%、8%,按农技人员的指导施肥只占到了 22%。

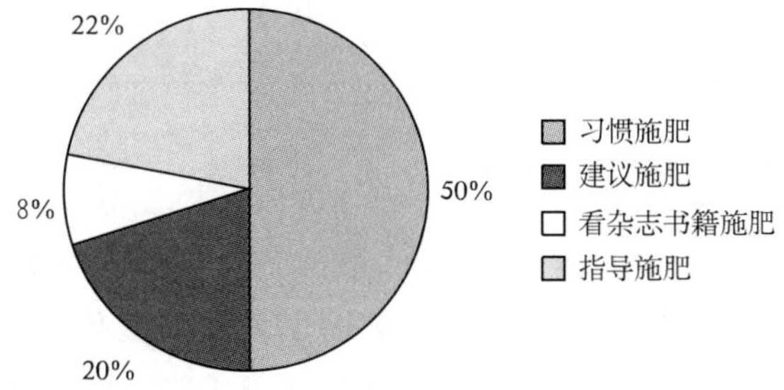

图 1 2005 年前农户施肥情况

1.2 冬小麦施肥

调查表明(见表 1),开封县小麦平均产量 398 kg/亩,整个生育期平均投入化肥纯氮(N)15.5 kg/亩,磷肥(P_2O_5)5.5 kg/亩,钾肥(K_2O)1.8 kg/亩,N、P、K 比例为 2.8∶1∶0.3,氮肥底追比为 6∶4。施用钾肥的农户很少,仅占被调查总数的 20%。可以看到小麦产量水平虽然不低,但投入较大,生产效益不高(见表 2)。小麦施肥中,存在的主要问题是底施氮、磷、钾比例失调,氮素投入多,钾相对较少,存在极大的氮素损失风险。小麦生产对土壤要求较高,增施有机肥是增产的重要手段,然而,在调查中施用有机肥的农户少。

表 1 开封县冬小麦不同土壤质地施肥及产量水平汇总

土壤类型	代表面积(万亩)	产量(kg/亩)	基肥				追肥
			有机肥比例(%)	氮肥(kg/亩)	磷肥(kg/亩)	钾肥(kg/亩)	氮肥(kg/亩)
沙土、沙壤	56.5	325	18	7.3	6	2.1	4.8
壤土	23.5	430	19.7	9.9	4.7	1.4	6.6
黏壤	45	473	25.6	10.7	5.9	1.1	7.2

表 2 项目区冬小麦不同土壤质地经济效益参数

土壤类型	化肥投入量(kg/亩)			产量(kg/亩)	亩投入化肥成本(元)	生产每千克小麦化肥成本(元)	亩产值与肥料投入比	投入每千克化肥小麦生产量(kg)
	N	P	K					
沙土、沙壤	12.1	6	2.1	325	80.8	0.25	6.03	16.1
壤土	16.5	4.7	1.4	430	90.4	0.21	7.13	19
黏壤	17.9	5.9	1.1	473	99.6	0.21	7.12	19

1.3 夏玉米施肥

夏玉米平均产量 503 kg/亩,整个生育期平均投入化肥纯氮 15.7 kg/亩(见表 3)。在玉米施肥中普遍存在氮肥一次施用过量，肥料利用率低，过量的氮肥流失还会造成环境污染。而磷、钾肥的施用严重不足，肥料品种单一，对钾肥和复合肥的了解非常有限。

表 3　开封县夏玉米不同土壤质地施肥和产量水平汇总

土壤类型	代表面积(万亩)	产量(kg/亩)	施肥		
			氮肥（kg/亩）	磷肥（kg/亩）	钾肥（kg/亩）
沙壤	26.5	410	13.8	0	0
壤土	23.5	480	14.9	0	0
黏壤	45	570	18.4	0	0

2　测土配方施肥对农户施肥的影响

自 2005 ~ 2008 年，对开封县 15 个乡(镇)25 个行政村 200 个农户肥料的购买和使用情况进行跟踪调查，结果得知，施用的肥料种类发生了明显变化，复合肥和配方肥所占比重明显增加，农户逐渐从偏施氮肥的误区中走出，注重了氮、磷、钾的配合使用，但在施肥方法上变化不大。通过测土配方施肥补贴项目的实施，测土配方施肥技术得到大面积推广，农民科学施肥意识逐步增强。根据 2007 年对测土配方施肥项目区与非项目区农户的跟踪调查，农民施肥习惯已有明显改善。

2.1　施肥量的确定

调查结果表明(见图 2)，凭经验和看包装施肥的农户逐渐减少，而看杂志书籍施肥的农户由原来的 8% 上升到 15%，按技术人员指导施肥的农户则占到了 60%。

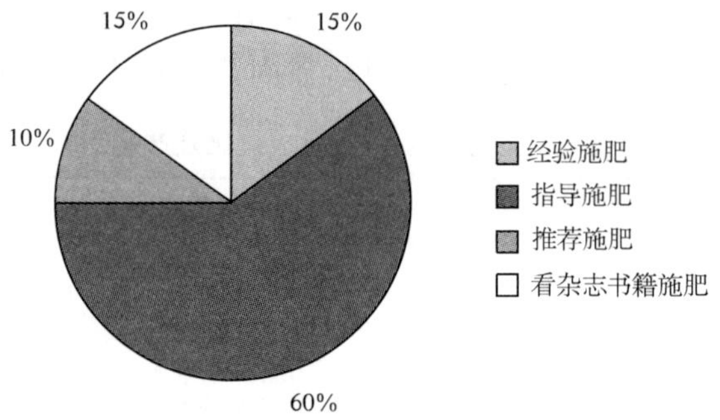

图 2　2007 年项目区农民施肥情况

2.2　小麦施肥

小麦施肥调查表明(见表 4)，2007 年开封县测土配方施肥项目区，小麦平均产量 434 kg/亩，整个生育期平均投入纯氮(N)11.3 kg/亩，磷肥(P_2O_5)7 kg/亩，钾肥(K_2O)8 kg/亩，N、P、K 比例为 1∶0.6∶0.7。氮肥的底追比例为 5∶5，施肥结构逐渐合理。与 2005 年前比较施肥量每亩减少纯氮(N)4.2 kg，增施磷肥(P_2O_5)1.5 kg，增施钾肥(K_2O)6.2 kg。施肥方法得到改进，使用氮肥后移，分底、追两次施肥，合理使用磷、钾肥比例。整体效益明显提高(见表 5)。

表 4　项目区冬小麦不同土壤质地施肥及产量水平汇总

土壤类型	代表面积（万亩）	产量（kg/亩）	底肥				追肥	施肥比例		
			有机肥比例(%)	氮肥（kg/亩）	磷肥（kg/亩）	钾肥（kg/亩）	氮肥（kg/亩）	N	P	K
沙壤、沙土	56.5	367	32	5	5.5	6.5	5	1	0.55	0.65
壤土	23.5	474	38.0	5	6.5	7.5	5	1	0.65	0.75
黏壤	45	497	37	6	8	8.5	6	1	0.8	0.85

表 5　项目区冬小麦不同土壤质地经济效益参数

土壤类型	化肥投入量（kg/亩）			产量（kg/亩）	亩投入化肥成本(元)	生产每千克小麦化肥成本(元)	亩产值与肥料投入比	投入每千克化肥小麦生产量(kg)
	N	P	K					
沙壤、沙土	10	5.5	6.5	367	88	0.24	6.26	16.68
壤土	10	6.5	7.5	474	96	0.20	7.4	19.75
黏壤	12	8	8.5	497	114	0.23	6.54	17.44

2.3　玉米施肥

调查表明(见表 6)，2007 年开封县测土配方施肥项目区玉米平均产量 544 kg/亩，整个生育期平均投入纯氮(N)13 kg/亩，磷肥(P_2O_5)6.3 kg/亩，钾肥(K_2O)8 kg/亩。N、P、K 比例为 1∶0.48∶0.62。70% 的农户追施复合肥或配方肥，部分农民实施两次追肥的方法，按玉米生长需肥规律进行施肥。玉米平均亩产较 2005 年前增加 41 kg。30% 的农户采用习惯的氮肥一次集中施用的方法，且氮用量偏高。

表 6　项目区夏玉米不同土壤质地地块施肥和产量水平汇总

土壤类型	代表面积（万亩）	产量（kg/亩）	一次追肥			二次追肥
			氮肥（kg/亩）	磷肥（kg/亩）	钾肥（kg/亩）	氮肥(kg/亩)
沙壤	26.5	465	3.6	6	7	8.4
壤土	23.5	537	3.6	6	8	8.4
黏壤	45	629	4.5	7	9	10.5

3　农户施肥情况评价

通过农户施肥调查分析，在小麦生产中有部分的农户施肥超量，主要是氮素肥料超量，还有个别的农户施肥不足，影响着小麦产量及经济效益的提高。在玉米生产方面，也普遍存在施肥结构不合理现象，在调整施肥结构的前提下，合理增加施肥量，还有较大的增产潜力，施肥超量问题在玉米生产中没有明显表现。现针对开封县主要农作物生产当中习惯施肥现象还普遍存在，农民施肥没有指标可依据，有机肥投入少或不投入，氮、磷、钾比例不合理等情况，提出以下提高农民科学施肥意识的方法和措施。

(1)县、乡、村各级领导要充分认识科学施肥的重要性，建立测土配方施肥的领导机制，要专人负责测土配方施肥技术推广的指导工作，切实把提高农民科技施肥技术水平、提高农业生产效益、增加农民收入放在心上，充分发挥测土配方施肥技术在农业生产中的潜力，确保农业生产连续增产增效。

(2)土肥技术部门要把推广宣传测土配方施肥技术当做首要任务常抓不懈,如在电视台设立测土配方施肥技术讲座,在各个作物的施肥环节进行详细讲解、宣传,让广大农民随时掌握施肥技术、方法,并加以利用,把科学技术变成生产力,充分发挥其社会效益。县级土肥技术部门要不误农时地把测土配方施肥技术编印成技术宣传单和施肥建议卡,发放到农民手中,让他们作为施肥依据、方法。县级土肥技术部门要对县、乡、村农技人员、农业干部、肥料经营企业的负责人进行长期充分的技术培训,让他们掌握测土配方施肥技术知识,充分发挥宣传服务的各自优势,形成测土配方施肥技术服务网络,把测土配方施肥技术全面宣传到广大农民中去,充分发挥社会各界的服务能力。

(3)肥料生产经营企业要发挥自身优势,通过项目带动,建立测土配方施肥技术推广网络。在县级建立配方肥配送中心,乡级建立分中心,村庄建立配方肥推广服务网点,把配方肥直接供应给农户施用,形成测、配、产、供、施一条龙的服务链,让配方肥以优质、优价、针对性强的形式,让广大农民用上放心肥。同时,还要对测土配方施肥技术进行多种形式的宣传服务,进一步扩大宣传面。

(4)县级土肥部门,要对定点企业提供科学合理的肥料配方,让其按配方生产、按区域供应,监督配方肥产品质量,并对配方肥料质量进行检查,保证供应到农民手中的肥料不发生质量问题,不让肥料这种重要的农业生产资料损害农民的利益。

淮滨县农户施肥情况调查与分析

何　伟　符靖华　李善友　刘晓妹

(淮滨县农业技术推广站·2009年9月)

摘要:2006～2008年通过对农户种植主要作物的施肥品种、数量、时期、施用方法等情况的调查,对农户施肥情况、施肥投入产出情况进行分析评价,分析测土配方施肥对农户施肥习惯的影响,提出提高农民科学施肥意识的方法和措施。

关键词:农户施肥　情况　调查分析

淮滨县位于河南省东南边陲,大别山与黄淮平原接合部,四面环河,西以闾河与息县交界,东北两面隔洪河与安徽省相望,南有白露河与固始、潢川为邻,而淮河由西向东横贯中部,境内地势平坦,土层深厚,土壤肥沃,农业发达,全县辖17个乡(镇)289个行政村,总人口72万人,其中农业人口53.5万人,农业户数16.09万户,耕地面积112.31万亩,农作物播种面积196.04万亩,粮食总产量522 435 t,全年化肥用量10多万t,其中尿素1.96万t,碳酸氢铵4.9万t,复合肥3.92万t,主要种植的农作物有水稻、小麦、玉米、油菜等,是我国重要的商品粮生产基地和商品油基地县。

淮滨县从2006年起连续3年对淮滨县所辖的17个乡(镇)289个行政村5 000多个农户的主要农作物有机肥、氮、磷、钾的施用品种、数量、施肥时期、施肥方法以及施肥投入产出情况等进行了调查与分析,对照有关历史资料,从中总结出了许多施肥方面的成功经验,同时也发现了一些施肥方面存在的问题,对淮滨县今后制订可行的施肥技术指导方案提供了可靠的基础数据,提出了提高农民科学施肥意识的方法和措施。

1 淮滨县施肥总体现状及分析

1.1 淮滨县农户施肥总体现状

根据淮滨县统计资料,淮滨县化肥用量 2006 年为 35 280 t(纯量,下同),2007 年达到 35 809 t,2008 年达到 36 596 t。2007 年化肥用量比 2006 年增加 529 t,增幅为1.5%;2008 年化肥用量比 2007 年增加 787 t,增幅为 2.2%(见表 1)。

表 1 淮滨县化肥施用情况分析

肥料种类	2006 年施用量(t)	2007 年施用量(t)	2008 年施用量(t)	2007 年与 2006 年比		2008 年与 2007 年比	
				±t	±%	±t	±%
氮肥	23 520	23 500	23 249	-20	-0.085	-251	-1.07
磷肥	5 800	5 900	5 829	100	0.02	-71	-1.2
钾肥	5 960	6 409	7 518	449	7.5	1 109	17.3
合计	35 280	35 809	36 596	529	1.5	787	2.2

在施肥总量增加的情况下,施肥结构出现了显著变化,其中氮肥施用量呈下降趋势,2007 年降幅为 0.085%,2008 年降幅为 1.07%;磷肥 2007 年增幅为 0.02%,2008 年呈下降趋势,降幅达到 1.2%;钾肥 2007 年增幅为 7.5%,2008 年增幅达到 17.3%(见图 1)。

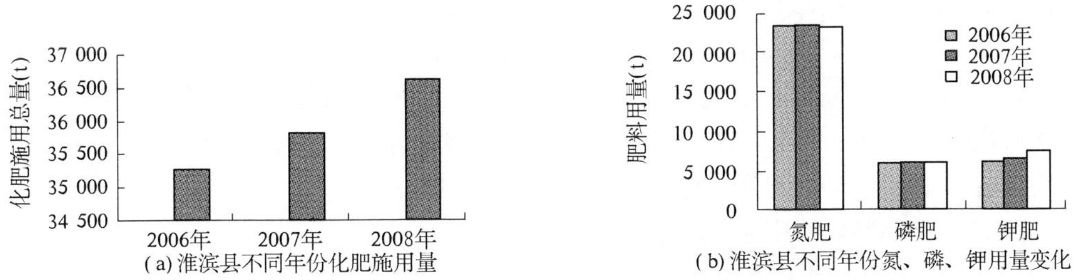

图 1 淮滨县肥料使用总量及氮、磷、钾用量变化

从 2006 ~ 2008 年,先后对淮滨县 17 个乡(镇)51 个行政村 300 个农户肥料的购买和使用情况进行了跟踪调查,从调查结果得知,淮滨县施用的肥料种类发生了明显变化,复合肥所占比重明显增加,所占比重由 2006 年的 36.3% 增加到 2008 年的 40.5%。单质肥料使用明显减少,碳酸氢铵使用量明显减少,由 2006 年的 45.5% 降低到 2008 年的 40%(见表 2)。

表 2 淮滨县 2006 ~ 2008 年农户施肥情况调查(实物量)

肥料品种	总实物量(万 t)			所占比例(%)		
	2006 年	2007 年	2008 年	2006 年	2007 年	2008 年
尿素	1.96	2.19	2.39	18.2	19.7	19.5
碳酸氢铵	4.9	4.64	4.35	45.5	42.3	40
复合肥	3.92	4.18	4.524	36.3	38	40.5
合计	10.78	11	11.264	100	100	100

淮滨县施肥情况的变化从农作物种植占主导地位的小麦生产中可以清楚地反映出来。根据淮滨县2006年、2007年、2008年3年施肥情况调查统计，在小麦生产中氮肥用量从2007年起呈下降趋势，钾肥明显增加。2008年小麦施肥平均水平为：氮肥10.5 kg/亩、磷肥6.32 kg/亩、钾肥6.2 kg/亩。结构比例为氮：磷：钾为1：0.54：0.5（见表3），与淮滨县小麦合理施肥结构1：0.6：0.6接近。在肥料使用方法上，小麦施肥90%以底肥犁底一次性施入，返青期追肥量只占10%。由此可见，在实施测土配方施肥补贴项目之前，农民传统施肥观念十分严重，重单质肥轻复合肥，重低含量轻高含量，重氮轻钾，但随着项目的实施，施肥观念逐步转变。

表3　淮滨县主要农作物施肥量分析

项目	2006年			2007年			2008年		
	小麦	水稻	玉米	小麦	水稻	玉米	小麦	水稻	玉米
氮肥施用量（kg/亩）	12.1	12.4	12.75	11.9	11.96	11.79	10.5	11.04	10.98
磷肥施用量（kg/亩）	6.0	4.54	2.93	6.28	5.28	3.48	6.32	6.4	4.06
钾肥施用量（kg/亩）	5.84	5.88	2.9	5.96	6.0	3.67	6.2	6.12	3.93
合计（kg/亩）	23.94	22.82	18.58	24.14	23.24	18.94	23.02	23.56	18.97
面积（万亩）	78	50	10	78.6	50.8	10	79.8	52	10

1.2　淮滨县施肥总体现状与分析

淮滨县通过测土配方施肥补贴项目的实施，农户传统施肥习惯出现了明显变化。逐渐从偏施氮肥的误区中走出，注重了氮、磷、钾配合施用，但在施肥方式上变化不大。据调查，小麦、玉米“一炮轰”现象占90%以上，另外，在追肥时表面撒施现象严重，肥料浪费严重，肥料的有效利用率不高，有待进一步改进和提高。在目前化肥价格居高不下、粮价上涨空间有限的条件下，加强以耕地产出能力为核心的农业综合生产能力的建设，促进农民增产增收，必须进一步从科学施肥、合理施肥上下工夫。

1.3　淮滨县有机肥料施用现状及分析

1.3.1　淮滨县有机肥料种类

有机肥也叫农家肥，淮滨县有机肥种类有以下几种：

作物秸秆、堆肥、沤肥、厩肥、沼气肥、草木灰、绿肥、饼肥、泥肥。2007年对淮滨县200个农户有机肥的使用情况进行了抽样调查。种植作物为小麦、水稻和玉米。调查显示，目前淮滨县在小麦、水稻和玉米生产中，传统有机肥的使用量极少，秸秆还田成为有机肥施用的主要途径（见表4）。

表4　2007年淮滨县有机肥施用调查结果　（单位：亩）

作物	合计	秸秆还田	堆肥	沤肥	厩肥	草木灰
小麦	500	440	30	20	5	5
水稻	500	443	21	15	10	11
总计	1 000	883	51	35	15	16

1.3.2　淮滨县有机肥施用现状及分析与评价

近几年来，有机复合肥是新兴的一个肥料品种，在淮滨县的推广情况不是很好。但秸秆还田率呈逐年上升趋势，其中2008年小麦秸秆还田率达80%以上，水稻秸秆还田率达95%以上，玉米秸秆还田率在35%以上。

表5　淮滨县实施秸秆还田情况统计

年度	主要作物秸秆	调查户数(户)	秸秆还田户数(户)	秸秆还田户数占调查户数(%)
2006	小麦	2 000	1 550	77.5
2007	玉米	800	299	36.25
2008	水稻	2 000	1 943	97

目前淮滨县有机肥施用以秸秆还田为主，辅以其他极少有机肥品种，其主要原因是农村劳动力大量外出打工或经商，从事农业生产的劳动力总量不足，而传统有机肥的生产和施用占用工时较多，且施用化肥省工省时，农民对化肥的依赖性过强，农民逐渐放弃了传统有机肥的生产和施用。

大量研究和实践表明，有机肥养分丰富，肥效持久。有机肥能改良土壤结构，改善土壤理化性状，提高土壤肥力，可促进土壤微生物的活动。有机肥可就地取材，就地施用，来源广，成本低，通过增施有机肥不仅可以增加养分，提高地力，提高化肥的利用率，相应地也降低了化肥的用量，从而降低了施肥成本，是农业节本增效的重要措施之一。

根据淮滨县目前的农业生产现状，今后有机肥的施用，应强调有机肥与化肥并重，二者搭配施用，互为补充；在施用方法上主要用做底肥，结合深耕施用；腐熟好的优质农家肥、草木灰也可用做追肥，在肥源上，重点推广秸秆还田，同时要充分挖掘利用人粪尿、畜禽粪尿、杂草、落叶及一切农业生产的废弃物，增加有机肥的施用量。

1.4　淮滨县氮肥施用现状及分析

1.4.1　淮滨县氮肥施用现状

根据淮滨县农户施肥调查情况，据统计，目前淮滨县生产中使用的氮肥有碳酸氢铵、尿素、复合肥，其中碳酸氢铵的施用量最大，除复合氮肥外，占氮肥施用量的52%，尿素占氮肥施用量的48%（见表2）。

淮滨县2006年、2007年、2008年小麦纯氮肥亩施用量分别为12.1 kg、11.9 kg、10.5 kg，水稻纯氮肥亩施用量分别为12.4 kg、11.96 kg、11.04 kg，玉米纯氮肥亩施用量分别为12.75 kg、11.79 kg、10.98 kg(见表3)。氮肥施用量占化肥施用总量的62%，远远高于磷肥18%、钾肥20%的使用比例(见表1)。

1.4.2　淮滨县氮肥施用情况分析与评价

氮肥对作物生长起着非常重要的作用，它是植物体内氨基酸的组成部分、是构成蛋白质的成分，也是植物进行光合作用起决定作用的叶绿素的组成部分。氮还能帮助作物分殖。一旦植物缺氮，具体表现就是叶片退绿，颜色越来越淡，植物生长弱小，抗病虫力差。淮滨县氮肥施用品种中碳酸氢铵和尿素是主要品种，占氮肥施用量的75%以上(见表2)。氮肥的施用量在2006年已经达到一个较高的水平，2008年通过测土配方施肥项目的实施，氮肥施用的绝对量有所下降，但目前的施氮水平与作物产量相比，氮肥施用量依然偏高，淮滨县氮肥的下降空间还有每亩1～2 kg(纯量)。

根据淮滨县目前的农业生产现状，今后氮肥的施用，要根据不同的作物，不同的产量水平进行总量控制，防止偏施氮肥，并且根据不同农作物不同的需肥规律和不同氮肥品种在施肥方法上进行改进与提高，保持土壤氮的供需平衡，充分发挥氮肥在农业生产中的增产作用，最大限度地克服氮肥盲目施用的不良习惯，做到减氮不减产，达到节本增效的目的。

1.4.3　氮肥施用中应注重的技术环节

（1）因地制宜，根据各种氮肥特性加以区别对待。碳酸氢铵易挥发，宜作基肥深施，深施可以减少氮的直接挥发、随水流失、硝化脱氮等方面的损失，深层施肥还有利于根系发育，使根系深扎，扩大营养面积。能保证灌溉的农田追肥可用铵态氮肥或尿素。尿素、碳酸氢铵对种子有毒害，不宜作种肥。

（2）合理配施其他肥料，做到氮、磷、钾合理搭配。氮肥与有机肥配合施用对夺取作物高产、稳产和品质优良，降低成本具有重要作用，这样做不仅可以更好地满足作物对养分的需要，而且还可以培肥地力。氮肥与磷肥配合施用，可提高氮、磷两种养分的利用效果，尤其在土壤肥力较低的土壤上，氮、磷肥配合施用效果更好。在速效钾含量不足的土壤上，氮肥与钾肥配合施用，也能提高氮肥的效果。

（3）根据作物的目标产量和土壤的供氮能力，确定氮肥的合理用量，并且合理掌握基肥、追肥比例及施用时期，这要因具体作物而定，并与灌溉、耕作等农艺措施相结合。

1.4.4　淮滨县小麦、水稻和玉米生产中氮肥施用的控制措施

1.4.4.1　小麦生产中氮肥的控制措施

目前淮滨县小麦播种面积在 75 万亩以上，产量平均 325 kg/亩，由于小麦的生长期较长，氮肥需要量大，在小麦的产量构成中氮肥的作用十分重大。氮肥的施用要与土壤肥力及基肥数量以及土壤水分状况相结合。淮滨县大部分农田土壤肥力水平较低，氮肥应主要用做基肥，追肥不当容易产生贪青倒伏，反而减产。

1.4.4.2　水稻生产中氮肥的控制措施

目前淮滨县水稻播种面积在 50 万亩以上，水稻中低产田 70% 的氮肥在水稻移栽前作基肥施入，余下 30% 的氮肥在移栽 5 ~7 天施用；水稻高产田 60% 的氮肥在水稻移栽前作基肥施入，30% 的氮肥在移栽 5 ~7 天施用，10% 作穗肥施用。

1.4.4.3　玉米生产中氮肥的控制措施

淮滨县玉米种植主要以夏玉米为主，少量种植春玉米，夏玉米播种面积 10 万亩左右，产量水平在 400 kg/亩左右。

玉米是高耐水肥且需氮肥量大的高产作物，每生产 100 kg 玉米约需从土壤中吸收氮平均量为 2.57 kg（纯量）。玉米对氮肥很敏感，在配施农家肥和磷肥的基础上，1 kg 尿素可增产 6 ~11 kg 玉米。玉米生产中氮肥的施用应以提高氮肥利用率作为主要努力方向，具体就是落实“前重后轻”的施肥方法，即拔节肥（5 ~6 叶期）应占总施氮量的 2/3，喇叭肥（10 ~11 叶期）占 1/3，改变拔节期大量一次追肥的不良习惯。

1.5　淮滨县磷肥施用现状及分析

1.5.1　淮滨县磷肥施用现状

目前淮滨县农业生产中磷肥主要由氮、磷、钾三元复合肥提供。淮滨县 2006 年、2007 年、2008 年小麦生产中磷肥亩施用量平均为 6.0 kg、6.28 kg、6.32 kg。水稻生产中磷肥

亩施用量平均为 4.54 kg、5.28 kg、6.4 kg。玉米生产中磷肥亩施用量平均为 2.93 kg、3.48 kg、4.06 kg(见表 3),磷肥施用量占化肥施用总量的 18%(见表 1)。

1.5.2 淮滨县磷肥施用情况分析与评价

磷是植物营养三要素之一,磷直接参与光合作用中二氧化碳的固定和还原,氨基酸的活化,蛋白质、核酸、糖类的形成,为植物所需养料的主动吸收提供所需的能量。磷又是作物体内许多代谢过程中的重要催化剂,能加强碳水化合物的合成与运转,有利于糖、淀粉的形成和累积。土壤中的磷一般不能满足作物的需要,必须通过施肥来补充。因此,虽然磷的需求量没有氮大,但其重要性十分突出,只有适量合理施用磷肥,农作物才能高产优质,达到预期的施肥效果。淮滨县近几年来,由于含磷复合肥的大量施用,对磷元素得到有效补充,土壤缺磷的状况得到有效改善,这也是淮滨县粮食产量能持继增产的重要因素。

在今后磷肥施用中,要根据作物的需磷特点合理施用,重点注重氮、磷肥配合施用。氮、磷肥配合施用表现出强烈的连应效果,其增产幅度在 1.5 倍以上,特别是在中、下等肥力的土壤上进行氮、磷肥配合施用,其增产幅度更大。由于作物对氮、磷营养要求不同,对氮、磷肥配合的要求也有差别。一般来说,小麦、水稻、玉米等需氮较多的作物,氮、磷肥配合施用时,氮的用量要大于磷,而豆科作物及绿肥作物氮、磷肥配合施用时则应磷的施用量大于氮,以充分发挥这些作物的生物固氮作用。

1.6 淮滨县钾肥施用现状及分析

1.6.1 淮滨县钾肥施用现状

目前淮滨县农业生产上常用的钾肥种类有由氮、磷、钾三元复合肥、作物秸秆和草木灰等。淮滨县 2006 年、2007 年、2008 年小麦生产中钾肥平均亩施用量为 5.84 kg、5.96 kg、6.2 kg,水稻生产中钾肥亩平均施用量为 5.88 kg、6.0 kg、6.12 kg,玉米生产中钾肥亩平均施用量为 2.9 kg、3.67 kg、3.93 kg(见表 3),2008 年钾肥施用量占化肥施用总量的 20%(见表 1),是氮、磷之后排第三位的肥料。

1.6.2 淮滨县钾肥施用情况分析与评价

钾是植物必需的大量营养元素之一。钾对农作物的正常生长发育、产量形成、抗逆性及品质等均有重要影响。试验结果表明,作物施钾的增产率与土壤速效钾含量呈显著的相关性。而钾肥必须在施用氮肥的条件下,才能充分发挥增产效应,氮、钾之间存在明显的互促作用。近几年来淮滨县小麦、水稻秸秆还田率达到 80% 以上,玉米的秸秆还田率达到 35%。由于秸秆含有大量的钾养分,加上复合肥的大量施用,淮滨县土壤速效钾含量平均达到 115 mg/kg。但由于生产中作物从土壤中带走的钾素远远大于归还量,加上土地的复种指数的增加和集约化程度的提高,作物对钾素的耗竭速度将加快,高产品种的推广,也增加了作物对土壤钾素的吸收量,因此在今后农业生产中对钾肥投入一样必须加以重视。根据淮滨县目前的施肥现状特提出以下钾肥的施用对策:

(1)推广测土配方施肥技术。增加钾肥投入,使氮、磷、钾肥投入比例符合农业生产要求。

(2)大力推广秸秆还田技术。因为秸秆中富含钾素,推广秸秆还田可使土壤速效钾恢复回升,据化验,每亩还田麦秸 500 kg,玉米秸 600 kg,可使土壤钾素提高 3 ~5 mg/kg。在秸秆腐解过程中,通过养分的转化及对土壤养分的活化,可改善土壤养分的供给状况。

因此，秸秆还田可以代替钾肥，如果将其还田，基本可以满足一般作物需求，只要连年还田，可以节约大量化学钾肥的投入。

(3)增施有机肥。因为有机肥中速效钾含量较高，含量一般在 130 mg/kg 左右，它是提高土壤速效钾含量的传统方法。

(4)深翻晒垡。这一措施可改良土壤结构，协调土壤水、肥、气、热状况，有利土壤钾素释放。

2　测土配方施肥对农户施肥的影响分析

测土配方施肥项目是我国重大的科技推广补贴项目，对我国农业生产的影响将是长远的。就淮滨县而言，要改变目前不合理施肥的现状，需要大量的实际工作要做。淮滨县的测土配方施肥项目从 2006 年开始仅实施了 3 年，现在取得的成果还是局部的，但随着测土配方施肥项目的深入开展，必将为淮滨县带来一场施肥技术的革新。现就淮滨县测土配方施肥项目开展以来对农户施肥的影响作如下分析。

2.1　注重了对肥料品种的选择

20 世纪 80 年代进行的第二次全国土壤普查，为淮滨县农业的发展作出了历史性的贡献，通过土壤普查发现了淮滨县土壤主要障碍因子是钾养分严重不足，通过氮、磷、钾合理配施达到符合当时的生产条件下的科学施肥，通过化肥的使用作物产量大幅度提高。农民对化肥的热情一直持续到现在。

现在农民手里有了一张施肥建议卡，购买化肥时，不用看别人买什么肥料就买什么肥料，听别人说什么肥料好就买什么，而是看肥料的养分含量、配比是否符合自己土地的要求，盲目购肥施肥的情况得以有效改变。

2.2　对施肥量有了重新认识

实行家庭联产承包以后，农民对自己的耕地土壤养分状况、作物品种特殊的施肥技术要求知道的很少，更谈不上作物最佳施肥指标的掌握和运用。农民长期以来困惑于化肥的用量增长了，而粮食的产量增幅不大，过量化肥的施用，还引发了病虫害发生的加剧。通过测土配方施肥技术的推广，农民真正体验到了测土配方施肥的好处，施肥数量明显减少，平均亩增产 30 kg，减少肥料用量 5 kg，亩节本增效 65 元。

2.3　施肥次数、方法得到有效改变

长期以来，淮滨县农民在效益高的经济作物和水稻中施肥较重视，比较科学，但在小麦、玉米生产中施肥方法单一，追求简便的施肥方法，一次施入过量肥料，也就是群众说的“一炮轰”现象占 70% 以上，贪图省事，没有做到根据农作物的需肥规律分次施用肥料，另外表面撒施现象严重，导致肥料利用率低下。

随着测土配方施肥项目的深入开展，通过技术人员宣传培训，通过示范农户的带动，农民逐渐清楚了作物对肥料的需求规律，知道了分次施肥能提高肥料的利用率，减少肥料浪费，分次施肥即使减少部分施肥量也照样能增产。因此，不同作物按不同的配方施肥，施肥方法、施肥次数得到了改变，极大地提高了肥料利用率。

2.4　秸秆还田率提高

以前农民种地过分依赖化肥，完全忽视了有机肥的重要性，不施或少施有机肥现象普

通存在。通过测土配方施肥项目的深入开展,农民认识到了有机肥的重要性,但由于农村劳动力大量外出打工或经商,从事农业生产的劳动力总量不足等诸多因素的影响,传统有机肥的获得与施用有一定的困难。

秸秆还田相当于施用有机肥,是容易实现的补充土壤有机质的有效手段。秸秆还田的推广达到了培肥土壤、提高地力、增加作物产量、提高作物品质、降低生产成本的目的。

淮滨县秸秆还田从2005年大面积推广以来,已经发展到目前小麦秸秆还田率达80%以上,水稻秸秆还田率达95%以上,玉米秸秆还田率在35%以上的可喜成绩,这一方面得益于新型农业机械的普及,另一方面就是测土配方施肥项目开展以来,农民认识到了有机肥的重要作用。

3 农户施肥情况调查在测土配方施肥项目中的重要作用分析

测土配方施肥的目标不仅仅是提高粮食产量,而是以科学发展观为指导,按照发展现代农业,扎实推进社会主义新农村建设的部署和要求,紧紧围绕发展环境友好型、资源节约型农业战略目标,坚持统筹规划、分级负责、整体推进和技术指导、企业参与、农民受益的原则,以提高科学施肥技术入户率、到位率、覆盖率,提升耕地综合生产能力,促进农业增长方式转变,确保粮食生产稳定发展,提高肥料利用效率,减轻农业面源污染为主攻方向,逐步建立科学施肥技术推广长效机制,深入开展测土配方施肥工作。要实现这个目标,淮滨县测土配方施肥项目在今后的工作中还有许多工作要做。其中完善与提高农户施肥调查方法,开展多层次的施肥分析是校验测土配方施肥创新成果、提高肥料配方可用性的重要手段。

通过农户施肥调查,从宏观上了解当地施肥现状,从技术上了解农户施肥问题,如施肥量、施肥时期、施肥品种等,可以为科学施肥提供参考,根据农民施肥量与产量的关系判断配方肥的增产效果,比较肥料配方与农民实际施肥之间的差距,比较推荐施肥量与农民实际产量的吻合度,配方肥是否解决了目前农民施肥中存在的问题,根据比较结果,进行配方调整;进行配方校正试验,也是测土配方施肥效果评价的需要。

淮滨县测土配方施肥方兴未艾,在今后的工作中我们一定一如既往地做好农户施肥调查工作,并根据需要,对调查内容、方法进行有效调整,推动淮滨县测土配方施肥项目向深层次发展,让国家这项惠民工程发挥出最大的经济效益和社会效益。

施肥指标篇

扶沟县田间肥效试验及施肥指标体系建立探讨

张宝山　卢保善　齐立志　高会侠

（扶沟县农业技术推广中心·2008年10月）

摘要:通过对扶沟县2005～2007年主要粮食作物(冬小麦－夏玉米)37个“3414＋1”正规田间试验数据分析,确定了扶沟县冬小麦－夏玉米的施肥模型、最佳施肥量、最高施肥量及技术参数,研究了土壤养分含量状况,建立了基于常规测试方法条件下的不同土壤氮、磷、钾养分极低、低、中、高4级养分丰缺指标,提出了扶沟县推荐施肥建议,为推广测土配方施肥技术奠定了基础。

关键词:田间试验　施肥指标体系　建立　探讨

在国家测土配方施肥补贴项目的支持下,2005～2007年扶沟县共安排了冬小麦－夏玉米“3414＋1”田间试验37个,试验田块覆盖了扶沟县不同土壤类型,旨在建立冬小麦－夏玉米两大粮食作物施肥指标体系,为长期推广应用测土配方施肥提供技术支撑。

1　材料与方法

1.1　试验设计

在扶沟县代表高、中、低三个不同地力水平,不同土质(沙、壤、黏)有代表性(地面平整,地力均匀一致,排灌方便,远离村庄、道路、沟渠)的10个地块,小区面积为6 m×5 m,统一规划为单行或双行排列。

冬小麦供试品种为偃展4110,夏玉米供试品种为郑单958。

试验采用“3414”完全实施方案“＋1”设计。“3414”是指3因素、4水平、14个处理的试验。包括3因素即氮(N)、磷(P_2O_5)、钾(K_2O);4水平(0、1、2、3),0水平为不施肥,2水平为当地最佳施肥量的近似值,1水平为2水平的0.5倍,3水平为2水平的1.5倍(为过量施肥水平);“3414＋1”田间肥效试验中“1”为只施有机肥,不施化肥,即为不施肥＋有机肥($N_0P_0K_0$＋OM),共14＋1个处理。各处理不设重复,试验地周围设1 m保护行。冬小麦－夏玉米试验方案见表1。

同时,根据扶沟县冬小麦－夏玉米两大粮食作物生产水平和试验区产量现状,确定了高、中、低3个产量类型设计(见表2)和各处理施肥量,每个施肥等级分别见表3、表4。

表3、表4中,前14个处理,在不施用有机肥的基础上进行,第15个处理为在不施化肥基础上亩施3 000 kg有机肥,为不施肥＋有机肥($N_0P_0K_0$＋OM)。

施肥品种:氮肥选用尿素(含N 46%),磷肥选用过磷酸钙(含P_2O_5 12%),钾肥选用进口氯化钾(含K_2O 60%)。10个试验点按3∶4∶3分布在高、中、低不同肥力土壤上。

表1　冬小麦－夏玉米"3414+1"试验方案

试验编号	处理	氮	磷	钾
1	$N_0P_0K_0$	0	0	0
2	$N_0P_2K_2$	0	2	2
3	$N_1P_2K_2$	1	2	2
4	$N_2P_0K_2$	2	0	2
5	$N_2P_1K_2$	2	1	2
6	$N_2P_2K_2$	2	2	2
7	$N_2P_3K_2$	2	3	2
8	$N_2P_2K_0$	2	2	0
9	$N_2P_2K_1$	2	2	1
10	$N_2P_2K_3$	2	2	3
11	$N_3P_2K_2$	3	2	2
12	$N_1P_1K_2$	1	1	2
13	$N_1P_2K_1$	1	2	1
14	$N_2P_1K_1$	2	1	1
15	$N_0P_0K_0$+OM	0	0	0

表2　主要作物产量水平划分　（单位:kg/亩）

作物	高	中	低
冬小麦	500	400	300
夏玉米	650	400～450	300～400

表3　扶沟县冬小麦"3414+1"试验不同肥力水平各因素施肥量　（单位:kg/亩）

施肥水平	N			P_2O_5			K_2O		
	高	中	低	高	中	低	高	中	低
0	0.0	0.0	0.0	0.0	0.0	0.0	0.0	0.0	0.0
1	6.0	5.0	4.0	4.0	3.0	2.0	4.0	3.0	2.0
2	12.0	10.0	8.0	8.0	6.0	4.0	8.0	6.0	4.0
3	18.0	15.0	12.0	12.0	9.0	6.0	12.0	9.0	6.0

表4　扶沟县夏玉米"3414+1"试验不同肥力水平各因素施肥量　（单位:kg/亩）

施肥水平	N			P_2O_5			K_2O		
	高	中	低	高	中	低	高	中	低
0	0.0	0.0	0.0	0.0	0.0	0.0	0.0	0.0	0.0
1	8.0	7.0	6.0	3.0	2.5	2.0	3.0	2.5	2.0
2	16.0	14.0	12.0	6.0	5.0	4.0	6.0	5.0	4.0
3	24.0	21.0	18.0	9.0	7.5	6.0	9.0	7.5	6.0

冬小麦基追比与时间依据产量水平而定。高产水平磷肥、钾肥及60%的氮肥底施，

拔节期追施 40% 的氮肥；中、低产量水平，磷肥、钾肥及 70% 的氮肥底施，拔节期追施 30% 的氮肥。

1.2 测定项目与方法

1.2.1 土壤样品的采集与测定

整地施肥前，每个试验田多点采集耕层土壤样品，测试方法按农业部《测土配方施肥技术规范》规定的土壤养分常规测试方法进行。

土壤有机质测定：油浴加热重铬酸钾氧化容量法。

土壤全氮测定：凯氏蒸馏法。

土壤有效磷测定：碳酸氢钠浸提，钼锑抗比色法。

土壤速效钾测定：乙酸铵浸提－火焰光度计法。

1.2.2 植株样品的采集与测定

冬小麦采样，适当避开中心测产区，每个处理随机选 5 行，每行随机取 20 cm 长的样段，将冬小麦植株样品自基部剪掉根。根据取样数量计算单位面积的地上部鲜重、风干重，籽粒、秸秆（除籽粒外的地上部分）风干重及水分，籽茎比，秸秆、籽粒样品加标签保存备用；冬小麦收获时，收取中间 3 个 3 m^2 计产。

夏玉米采样，从小区中取能代表本处理生长水平的，均匀夏玉米植株 10 株，根据取样数量计算单位面积的地上部鲜重、风干重，籽粒、秸秆（除籽粒外的地上部分）风干重及水分，籽茎比，秸秆、籽粒样品加标签保存备用；夏玉米收获时，每小区采样去边行后全收，脱粒计产。

测试方法按农业部《测土配方施肥技术规范》规定的植株养分常规测试方法进行。

全氮、全磷、全钾测定：硫酸－过氧化氢消煮，或水杨酸－锌粉还原，硫酸－加速剂消煮，全氮采用蒸馏滴定法测定；全磷采用钒钼黄或钼锑抗比色法测定；全钾采用火焰光度法或原子吸收分光光度计法测定。

2 结果与分析

2.1 施肥模型的建立

通过“3414＋1”设计建立 NPK 三元二次、二元二次、一元二次肥料效应模型，通过对全县两大粮食作物的 37 个试验（其中冬小麦试验 20 个，夏玉米试验 17 个）的产量与施肥量分别进行回归分析，结果表明，通过三元二次方程拟合性检验冬小麦成功率为 25%，夏玉米为 40%；通过一元二次方程拟合性检验冬小麦 N 成功率为 65%、P 为 75%、K 为 60%，夏玉米 N 成功率为 82%、P 为 71%、K 为 65%，见表 5。

表 5 扶沟县 2005～2007 年冬小麦－夏玉米“3414＋1”田间试验结果方程拟合情况

作物名称	试验个数	三元二次方程拟合通过率（%）	一元二次方程拟合通过率（%）		
			N	P	K
冬小麦	20	25	65	75	60
夏玉米	17	40	82	71	65

通过一元二次方程拟合建立施肥模型，见图 1 ~ 图 6。

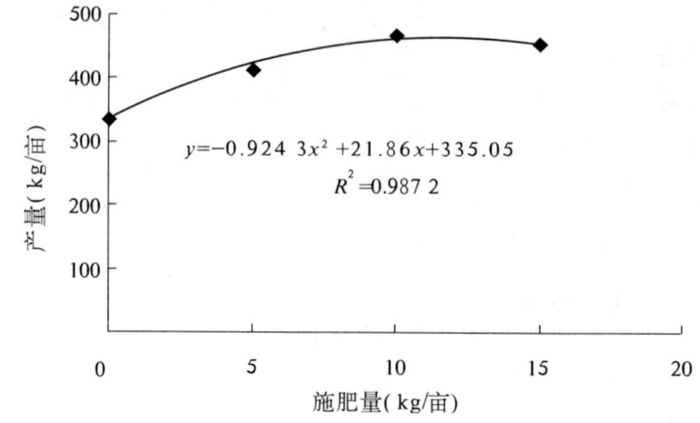

图 1　N 一元二次肥料效应拟合图(冬小麦)

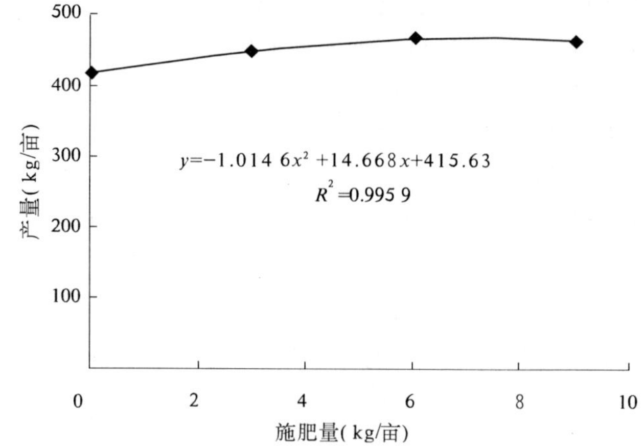

图 2　P 一元二次肥料效应拟合图(冬小麦)

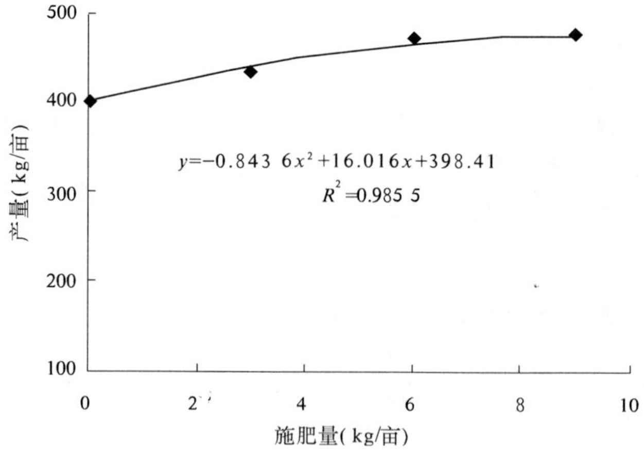

图 3　K 一元二次肥料效应拟合图(冬小麦)

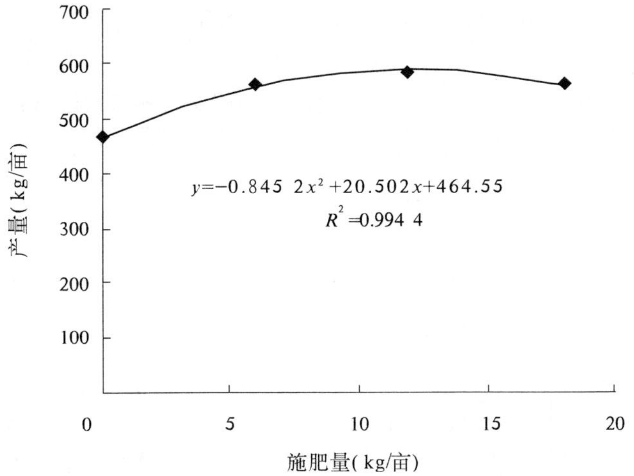

图4　N一元二次肥料效应拟合图(夏玉米)

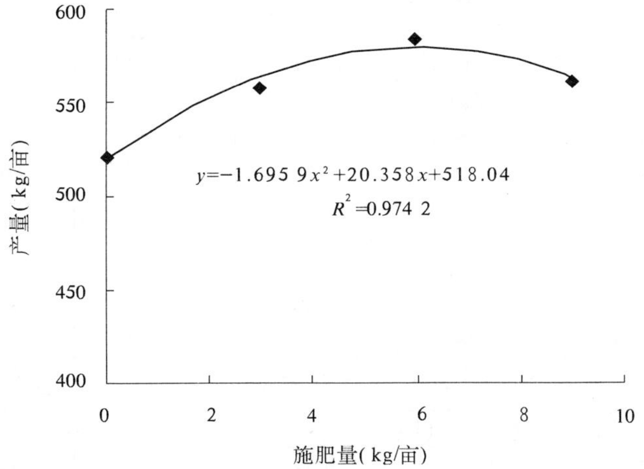

图5　P一元二次肥料效应拟合图(夏玉米)

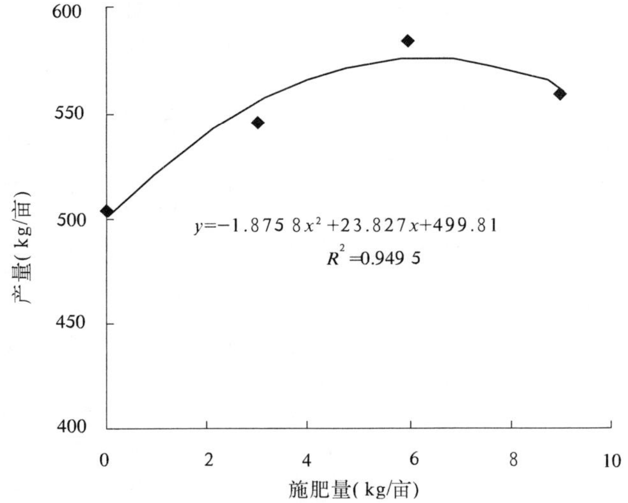

图6　K一元二次肥料效应拟合图(夏玉米)

根据经济学原理,通过边际分析计算经显著性检验的每个试验点最高施肥量、最佳施肥量,并按不同肥力水平分类统计汇总,见表6、表7。

表6　2005～2007年冬小麦"3414+1"试验不同肥力水平最高(佳)施肥量数据汇总

肥力水平	最高产量施肥量(kg/亩)			最佳经济效益施肥量(kg/亩)		
	N	P_2O_5	K_2O	N	P_2O_5	K_2O
高		8.15		12.52	7.11	
高	15.52		7.13		8.81	
高	16.33	7.03	8.38	13.85	6.24	8.07
高		7.47				7.2
高	16.92	6.4	2.56	16.45	6.01	
中	13.15	7.76		13.03	6.09	
中	12.45	6.44			6.24	7.18
中	12.82	6.68	7.98	12.13	6.27	7.68
中	12.66	6.29			6.04	
中	17.11	6.84		13.78		6.37
中		7.12		13.27	6.11	
中	16.11	8.1	6.44	12.54	6.59	
中		11.85			6.49	7.4
中	14.63	7.04		12.87	6.73	8.77
低	14.83	6.59	5.58	12.77	6.4	6.7
低	13.1		6.51		6.19	6.32
低	14.75		6.69	12.19		6.13
低	14.19	11.23	6.3	12.76		6
低			5.39		8.92	6.11
低	12.01	6.76		12.23		

表7　2005～2007年夏玉米"3414+1"试验不同肥力水平最高(佳)施肥量数据汇总

肥力水平	最高产量施肥量(kg/亩)			最佳经济效益施肥量(kg/亩)		
	N	P_2O_5	K_2O	N	P_2O_5	K_2O
高	20.49	7.47	8.83	19.88	5	9.43
高	22.13	8.78		20.51	35	
高			8.64	21.86	5.87	6.88
高			7.52	22.23		7.23
高	23.59	8.28	8.53	23.48		9.12
中	19.69	7.18	7.72	18.08	7.24	9.38
中	21.04	8.14	8.71	20.75	8.06	6.82
中	20.5	6.23	8.16	19.33		
中	19.12	8.53	7.01			
中	23.66	6.82	7.75	18.28	5	5.48
中		7.18				9.96
中	19.55	6.35	6.12		4.43	5.8
低	19.28	7.98	6.26	15.12	5.61	
低	18.05	7.29	7.6	17.54	5.52	3.47
低			6.75	17.84	4.91	
低	19.89	7.89		18.63	5.85	8.51
低	18.21		7.03	15.25	1.46	

对表 6 进行统计分析，可以得出：冬小麦达到最高产量时的 N、P_2O_5、K_2O 施肥量分别为 14.44 kg/亩、7.61 kg/亩、6.30 kg/亩，达到最佳产量时分别为 13.11 kg/亩、6.68 kg/亩、6.99 kg/亩。

对表 7 进行统计分析，可以得出：夏玉米达到最高产量时的 N、P_2O_5、K_2O 施肥量分别为 20.40 kg/亩、7.55 kg/亩、7.62 kg/亩，达到最佳产量时分别为 19.20 kg/亩、7.83 kg/亩、7.46 kg/亩。

根据试验汇总结果，结合当地生产提出不同肥力水平下的最佳施肥量（见表 8）。

表 8　冬小麦－夏玉米不同肥力水平下氮、磷、钾最佳施肥量

作物名称	肥力水平	最佳施肥量		
		N(kg/亩)	P_2O_5(kg/亩)	K_2O(kg/亩)
冬小麦	高	15	10	10
冬小麦	中	13	8	7
冬小麦	低	12	7	5
夏玉米	高	15	7	9
夏玉米	中	13	6	4
夏玉米	低	12	5	3

2.2　供试土壤养分含量状况

土壤养分丰缺指标建立在土壤养分测试值和田间试验基础之上，因此土壤养分测定的准确性，直接影响到与作物产量的相关性和指标划分的准确性。为了保证土壤养分测试的准确性，我们通过每批加标准物质和平行双样对测定结果进行质量控制，共测试 37 个土样，获得分析数据 148 个（见表 9）。

表 9　"3414＋1"试验田耕层土壤养分汇总

冬小麦					夏玉米				
肥力水平	有机质(g/kg)	全氮(g/kg)	有效磷(mg/kg)	速效钾(mg/kg)	肥力水平	有机质(g/kg)	全氮(g/kg)	有效磷(mg/kg)	速效钾(mg/kg)
高	18.5	1.09	24.12	120	高	14.2	1.12	11.56	99.78
高	17.1	0.92	11.57	73	高	9.8	1.12	3.8	111
高	17.5	0.95	12.61	80	高	11.32	1.02	11.54	95
高	16.1	1.02	16.7	99	高	10.47	0.95	25.58	81
高	13.6	0.97	15.6	103	高	7.39	1.02	32.12	109
中	11.7	0.92	20.94	58	中	7.7	0.88	5.52	45.1
中	13.6	0.82	9.37	95	中	8.9	0.92	8.9	99
中	16.1	0.92	14.19	103	中	9.94	0.91	22.4	87
中	16	0.96	16.19	133	中	10.22	0.83	8.8	203
中	15.2	1.14	16.2	101	中	10.2	0.94	7.35	109
中	15.6	1.04	15.4	112	中	9.7	1.04	18.06	117

续表 9

冬小麦					夏玉米				
肥力水平	有机质(g/kg)	全氮(g/kg)	有效磷(mg/kg)	速效钾(mg/kg)	肥力水平	有机质(g/kg)	全氮(g/kg)	有效磷(mg/kg)	速效钾(mg/kg)
中	14.1	0.76	15.2	78	中	10.4	0.85	5.44	66
中	14.7	0.89	22.4	99	低	12.1	0.97	11.4	97
中	15.4	0.92	13.98	62	低	9.13	0.78	26.2	69.9
低	14.1	0.11	15.57	34	低	10	0.98	19.48	103
低	14.7	0.83	36.38	99	低	10.3	0.82	8.34	50
低	16.7	0.89	14.74	54	低	10.49	0.94	1.4	57
低	15.7	0.89	14.74	57					
低	14.2	0.87	18.6	99					
低	14.9	1.02	13.87	78					

从表 9、表 10 可见，供试土壤有机质含量平均为 12.91 g/kg，变异系数 23.04%；全氮含量平均为 0.94 g/kg，变异系数 10.70%；有效磷含量平均为 15.87 mg/kg，变异系数 42.57%；速效钾含量平均为 87.26 mg/kg，变异系数 26.44%。

表 10　播前耕层土壤养分状况

测定指标	有机质(g/kg)	全氮(g/kg)	有效磷(mg/kg)	速效钾(mg/kg)
最大值	18.5	1.14	32.12	120
最小值	7.39	0.71	5.44	34
平均值	12.91	0.94	15.87	87.26
C_v(%)	23.04	10.70	42.57	26.44

2.3　技术参数总结

2.3.1　单位产量养分吸收量(100 kg 籽粒吸收量)

对主要粮食作物(冬小麦 - 夏玉米)单位产量养分吸收量(100 kg 籽粒吸收量)进行汇总(见表 11)。

对表 11 进行统计分析，可以得出：冬小麦不施肥区 N、P_2O_5、K_2O 100 kg 籽粒吸收量最高分别为 2.96 kg、1.11 kg、3.03 kg，最低分别为 1.49 kg、0.42 kg、1.40 kg；合理施肥区 N、P_2O_5、K_2O 100 kg 籽粒吸收量最高分别为 3.21 kg、0.95 kg、3.15 kg，最低分别为 1.53 kg、0.41 kg、1.00 kg；不施肥区平均为 2.27 kg、0.70 kg、2.40 kg，合理施肥区平均为 2.31 kg、0.64 kg、2.07 kg。

对表 11 进行统计分析，可以得出：夏玉米不施肥区 N、P_2O_5、K_2O 100 kg 籽粒吸收量最高分别为 2.96 kg、1.37 kg、2.43 kg，最低分别为 1.59 kg、0.44 kg、1.32 kg；合理施肥区 N、P_2O_5、K_2O 100 kg 籽粒吸收量最高分别为 2.60 kg、0.91 kg、3.21 kg，最低分别为 1.48 kg、0.29 kg、1.46 kg；不施肥区平均为 2.06 kg、0.88 kg、1.80 kg，合理施肥区平均为 1.95 kg、0.71 kg、2.10 kg。

表 11　主要粮食作物 100 kg 籽粒吸收量汇总　（单位:kg）

作物名称	肥力水平	不施肥			合理施肥		
		N	P_2O_5	K_2O	N	P_2O_5	K_2O
冬小麦	高	2.85	1.03	2.32	2.95	0.92	3.15
冬小麦	高	2.96	1.11	2.39	3	0.69	3.03
冬小麦	高	2.77	1.01	2.99	3.17	0.78	2.4
冬小麦	高	2.38	0.92	2.71	2.49	0.69	2.94
冬小麦	高	2.52	1.08	2.32	2.38	0.95	2.88
冬小麦	中	2.75	0.49	2.38	3.21	0.66	1.86
冬小麦	中	2.11	0.44	3.03	2.33	0.74	1.93
冬小麦	中	2.33	0.55	2.87	2.75	0.55	2.15
冬小麦	中	2.74	0.47	2.92	2.44	0.52	1.63
冬小麦	中	2.68	0.76	2.57	1.86	0.68	1.76
冬小麦	中	1.92	1.04	2.9	2	0.73	1.81
冬小麦	中	1.99	0.63	2.55	2.34	0.52	2.29
冬小麦	中	2.55	0.79	2.44	2.42	0.42	2.54
冬小麦	中	1.72	0.61	2	1.64	0.45	2.07
冬小麦	低	1.58	0.46	1.4	1.67	0.46	1.27
冬小麦	低	2.26	0.54	1.67	2.04	0.56	1.86
冬小麦	低	1.49	0.72	2.16	1.99	0.79	1.82
冬小麦	低	1.84	0.42	2.21	1.9	0.57	1.88
冬小麦	低	2.39	0.52	2.45	2.11	0.41	1
冬小麦	低	1.55	0.45	1.62	1.53	0.78	1.2
夏玉米	高	2.02	1.06	2.43	2.27	0.87	2.74
夏玉米	高	2.96	0.85	2.13	2.05	0.72	2.44
夏玉米	高	2.24	0.44	1.66	1.8	0.82	1.78
夏玉米	高	2.66	1.08	1.91	1.57	0.69	1.91
夏玉米	高	2.69	1.03	1.6	2.6	0.59	2.39
夏玉米	中	2.25	0.84	2.19	2.42	0.48	3.21
夏玉米	中	2.11	0.77	1.79	2.05	0.89	2.37
夏玉米	中	2.03	0.97	1.92	1.95	0.76	2.66
夏玉米	中	1.74	1.37	2.07	2.06	0.62	1.64
夏玉米	中	1.69	0.64	1.36	1.63	0.61	1.46
夏玉米	中	1.7	1.26	2.22	1.62	0.59	2.04
夏玉米	中	1.82	0.82	1.87	1.68	0.86	1.81
夏玉米	低	2.57	0.84	1.36	2.36	0.62	2.08
夏玉米	低	1.72	0.78	1.38	2.4	0.85	2.1
夏玉米	低	1.61	0.63	1.47	1.6	0.91	1.63
夏玉米	低	1.68	0.94	1.88	1.48	0.29	1.77
夏玉米	低	1.59	0.58	1.32	1.58	0.82	1.71

从表 12 统计分析可以得出：冬小麦高产田不施肥区 N、P_2O_5、K_2O 100 kg 籽粒吸收量分别为 2.70 kg、1.03 kg、2.55 kg，合理施肥区 N、P_2O_5、K_2O 100 kg 籽粒吸收量分别为 2.80 kg、0.81 kg、2.88 kg；中产田不施肥区分别为 2.31 kg、0.64 kg、2.63 kg，合理施肥区分别为 2.33 kg、0.59 kg、2.00 kg；低产田不施肥区分别为 1.85 kg、0.52 kg、1.92 kg，合理施肥区分别为 1.87 kg、0.60 kg、1.51 kg。

表 12　冬小麦 100 kg 籽粒吸收量　　(单位:kg)

肥力水平	不施肥			合理施肥		
	N	P_2O_5	K_2O	N	P_2O_5	K_2O
高	2.70	1.03	2.55	2.80	0.81	2.88
中	2.31	0.64	2.63	2.33	0.59	2.00
低	1.85	0.52	1.92	1.87	0.60	1.51
平均	2.29	0.73	2.36	2.33	0.66	2.13

从表 13 看出，夏玉米高产田不施肥区 N、P_2O_5、K_2O 100 kg 籽粒吸收量分别为 2.51 kg、0.89 kg、1.95 kg，合理施肥区 N、P_2O_5、K_2O 100 kg 籽粒吸收量分别为 2.06 kg、0.74 kg、2.25 kg；中产田不施肥区分别为 1.91 kg、0.95 kg、1.92 kg，合理施肥区分别为 1.92 kg、0.69 kg、2.17 kg；低产田不施肥区分别为 1.83 kg、0.75 kg、1.48 kg，合理施肥区分别为 1.88 kg、0.70 kg、1.86 kg。

表 13　夏玉米 100 kg 籽粒吸收量　　(单位:kg)

肥力水平	不施肥			合理施肥		
	N	P_2O_5	K_2O	N	P_2O_5	K_2O
高	2.51	0.89	1.95	2.06	0.74	2.25
中	1.91	0.95	1.92	1.92	0.69	2.17
低	1.83	0.75	1.48	1.88	0.70	1.86
平均	2.08	0.87	1.78	1.95	0.71	2.09

2.3.2　农学参数

通过汇总扶沟县主要粮食作物三区产量(测土配方施肥区产量、习惯施肥区产量、空白区产量)，计算其增产率和单位肥料投入增产量。

2.3.2.1　增产率

$$增产率(\%)=\frac{测土配方施肥区产量-习惯施肥区产量}{习惯施肥产量}\times 100\%$$

通过表 14 分析得出：冬小麦增产率最小值为 3.0%，最大值为 14.75%，平均值为 8.32%；夏玉米增产率最小值为 5.22%，最大值为 9.79%，平均值为 8.04%(见表 15)。

表 14 主要粮食作物农学参数汇总

冬小麦				夏玉米			
肥力水平	增产率(%)	单位肥料投入增产量		肥力水平	增产率(%)	单位肥料投入增产量	
		习惯施肥	配方施肥			习惯施肥	配方施肥
低	8.35	5.06	6.57	低	9.79	7.23	10.61
低	12.80	4.07	6.65	中	5.22	4.95	6.84
低	8.89	4.86	6.39	中	9.16	3.93	6.79
中	6.30	5.48	6.62	中	7.44	4.61	7.21
中	14.75	2.41	5.03	高	8.58	5.81	8.78
中	6.09	2.37	3.43				
中	8.79	6.30	7.98				
中	3.00	5.57	6.57				
高	10.36	5.86	8.31				
高	3.81	5.98	7.16				

表 15 主要作物增产率分析

作物名称	最小值(%)	最大值(%)	平均值(%)	样本数	标准差
冬小麦	3.00	14.75	8.32	10	3.71
夏玉米	5.22	9.79	8.04	5	1.80

2.3.2.2 单位施肥量投入增产量

单位施肥量投入增产量是通过分别对配方施肥、习惯施肥进行单位肥料投入比较得出。结果表明:冬小麦配方施肥单位肥料投入增产量比习惯施肥单位肥料投入增产量高 1.67%(见表 16);夏玉米配方施肥单位肥料投入增产量比习惯施肥单位肥料投入增产量高 1.65%(见表 17)。

表 16 冬小麦单位肥料投入增产量

项目	最小值(kg/kg)	最大值(kg/kg)	平均值(kg/kg)	样本数	标准差
习惯施肥	2.37	5.98	4.80	10	1.34
配方施肥	3.43	8.31	6.47	10	1.32

表 17 夏玉米单位肥料投入增产量

项目	最小值(kg/kg)	最大值(kg/kg)	平均值(kg/kg)	样本数	标准差
习惯施肥	3.93	7.23	5.31	5	1.13
配方施肥	6.79	10.61	8.05	5	1.47

2.3.3 经济参数

对主要粮食作物(冬小麦 - 夏玉米)的施肥经济效益和产投比等经济参数进行汇总,见表 18。

其中,化肥价格:N 4.6 元/kg,P_2O_5 5.2 元/kg,K_2O 5.4 元/kg;

粮食价格:冬小麦 - 夏玉米 1.6 元/kg。

表 18　主要粮食作物经济参数汇总

冬小麦				夏玉米			
施肥经济效益(元/亩)		产投比		施肥经济效益(元/亩)		产投比	
习惯施肥	配方施肥	习惯施肥	配方施肥	习惯施肥	配方施肥	习惯施肥	配方施肥
63.52	105.28	1.70	2.12	157.84	265.20	2.32	3.45
33.28	107.84	1.37	2.14	70.48	132.24	1.59	2.22
57.44	100.00	1.64	2.06	31.44	130.64	1.26	2.21
89.76	129.32	1.80	2.13	57.52	145.52	1.48	2.34
-23.20	70.92	0.79	1.62	103.60	200.56	1.87	2.85
-24.80	12.20	0.78	1.11				
120.00	179.40	2.07	2.57				
115.40	149.84	1.81	2.12				
128.84	225.20	1.90	2.68				
134.44	175.44	1.94	2.31				

2.3.3.1　施肥经济效益

通过分析得出:冬小麦配方施肥经济效益为 125.54 元/亩,习惯施肥经济效益为 69.47 元/亩,配方施肥比习惯施肥经济效益高 56.07 元/亩;夏玉米配方施肥经济效益为 174.83 元/亩,习惯施肥经济效益为 84.18 元/亩,配方施肥比习惯施肥经济效益高 90.65 元/亩(见表 19、表 20)。

表 19　冬小麦施肥经济效益

项目	最小值(元/亩)	最大值(元/亩)	平均值(元/亩)	样本数	标准差
习惯施肥	-24.80	134.44	69.47	10	56.38
配方施肥	12.20	225.20	125.54	10	57.56

表 20　夏玉米施肥经济效益

项目	最小值(元/亩)	最大值(元/亩)	平均值(元/亩)	样本数	标准差
习惯施肥	31.44	157.84	84.18	5	43.55
配方施肥	130.64	265.20	174.83	5	51.87

2.3.3.2　产投比

从表 21、表 22 可以得出:冬小麦配方施肥产投比比习惯施肥产投比大 0.51,夏玉米配方施肥产投比比习惯施肥产投比大 0.91。

表 21　冬小麦产投比

项目	最小值	最大值	平均值	样本数	标准差
习惯施肥	0.78	2.07	1.58	10	0.44
配方施肥	1.11	2.68	2.09	10	0.43

表 22　夏玉米产投比

项目	最小值	最大值	平均值	样本数	标准差
习惯施肥	1.26	2.32	1.70	5	0.36
配方施肥	2.21	3.45	2.61	5	0.48

2.3.4　养分效益参数

对主要粮食作物(冬小麦－夏玉米)的肥料利用率进行汇总,见表 23。

表 23　主要粮食作物肥料利用率数据汇总

冬小麦				夏玉米			
肥力水平	N(%)	P_2O_5(%)	K_2O(%)	肥力水平	N(%)	P_2O_5(%)	K_2O(%)
高	26.22	15.80	15.47	高	18.10	6.78	27.77
高	17.38	15.15	16.02	高	18.15	4.08	22.20
高	20.01	19.41	17.85	高	20.08	15.47	21.67
高	19.17	20.24	15.48	高	23.35	34.56	16.56
高	24.23	11.82	21.99	高	20.44	22.83	18.53
中	19.43	15.59	14.33	中	17.36	10.31	25.13
中	25.56	14.68	15.60	中	19.23	10.11	26.40
中	21.83	14.53	21.55	中	13.40	9.03	17.61
中	25.33	20.42	20.85	中	24.81	13.27	16.17
中	11.87	16.75	28.21	中	23.25	14.81	20.84
中	26.61	13.41	22.43	中	20.07	11.57	25.46
中	19.56	18.86	20.27	中	21.95	15.86	23.58
中	29.83	11.11	21.53	低	16.85	15.90	28.19
中	26.06	13.39	17.48	低	19.74	35.21	28.81
低	22.86	15.66	17.00	低	15.71	11.24	29.26
低	20.14	14.03	16.23	低	24.91	20.01	20.29
低	30.71	19.27	23.27	低	35.47	20.84	34.11
低	37.95	18.31	22.98				
低	34.39	16.99	14.46				
低	21.15	11.56	22.80				

通过对 37 个试验数据汇总分析,得出冬小麦肥料利用率,包括氮肥利用率、磷肥利用率和钾肥利用率,分别为 24.01%、15.85% 和 19.29%;夏玉米分别为 20.76%、15.99% 和 23.68%(见表 24)。

表 24　主要粮食作物肥料利用率

作物	样本数	N(%)	P_2O_5(%)	K_2O(%)
冬小麦	20	24.01	15.85	19.29
夏玉米	17	20.76	15.99	23.68

2.3.5　空白产量与养分吸收量的关系

空白产量与养分吸收量的关系见图 7～图 12。

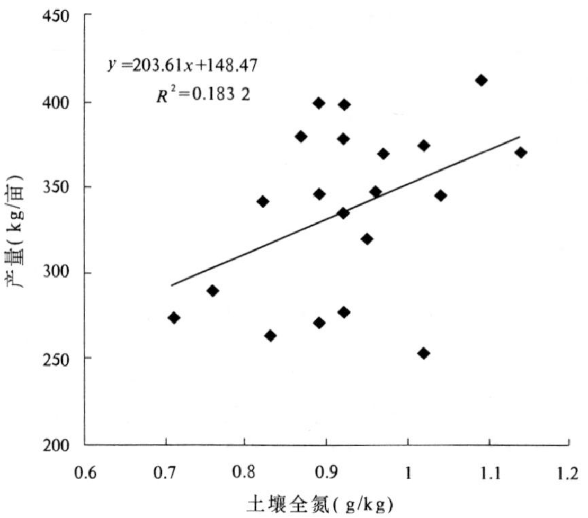

图 7　无氮区基础产量与土壤基础供氮量的关系（冬小麦）

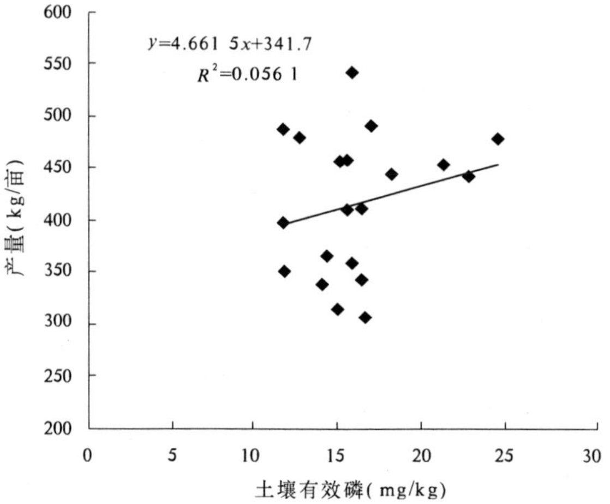

图 8　无磷区基础产量与土壤基础供磷量的关系（冬小麦）

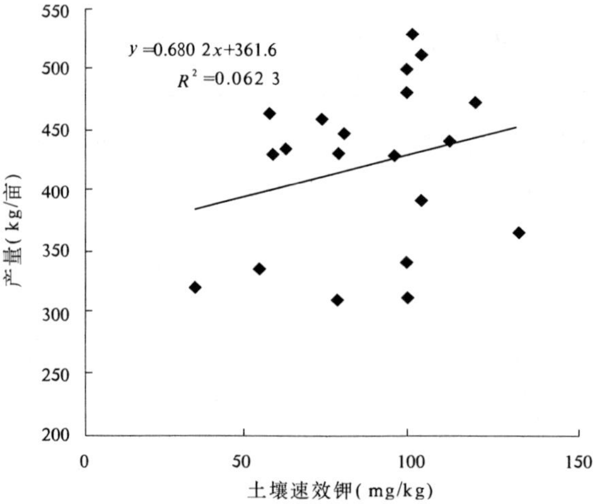

图 9　无钾区基础产量与土壤基础供钾量的关系（冬小麦）

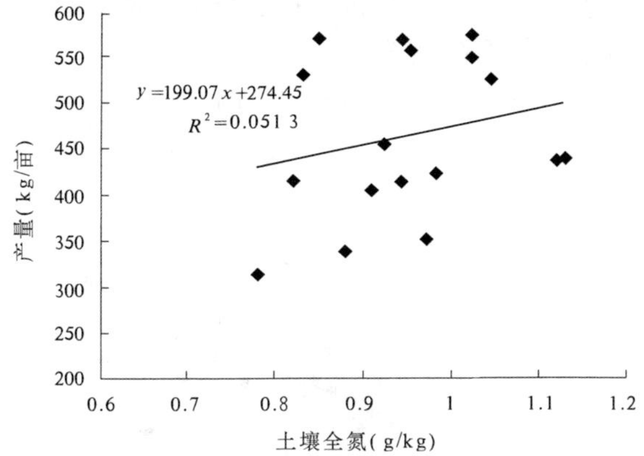

图 10　无氮区基础产量与土壤基础供氮量的关系（夏玉米）

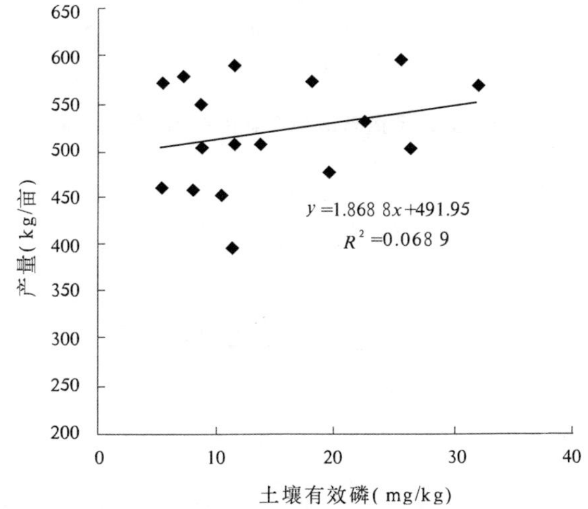

图 11　无磷区基础产量与土壤基础供磷量的关系（夏玉米）

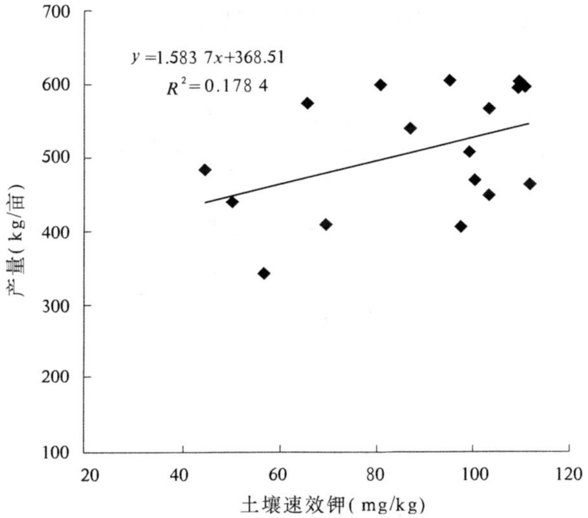

图 12　无钾区基础产量与土壤基础供钾量的关系（夏玉米）

从图 7～图 12 可以得出:养分吸收量随着基础产量的增大而增大。

2.3.6　空白产量与最高(佳)产量的关系

空白产量与最高(佳)产量的关系见图 13～图 16。

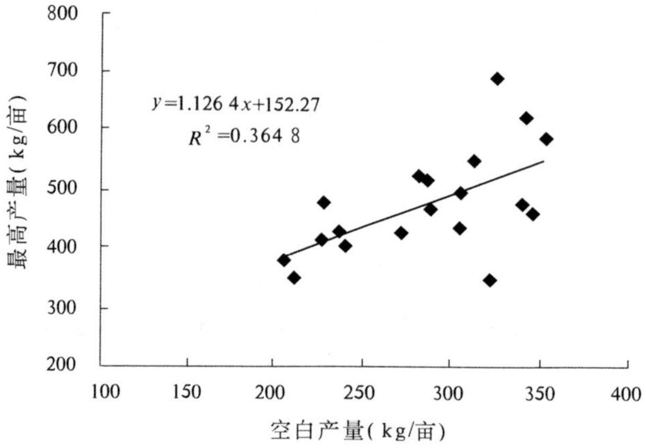

图 13　空白产量与最高产量的关系(冬小麦)

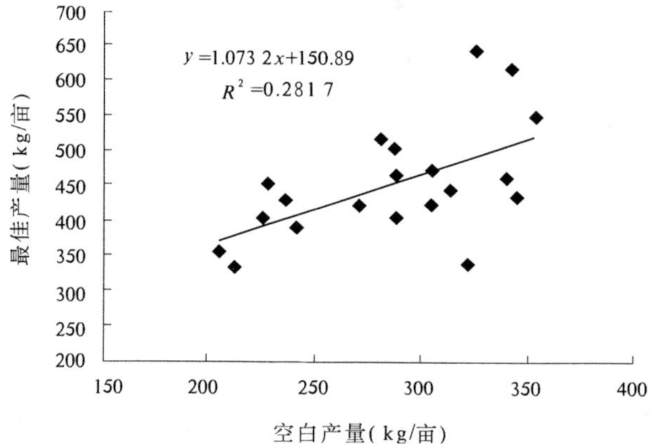

图 14　空白产量与最佳产量的关系(冬小麦)

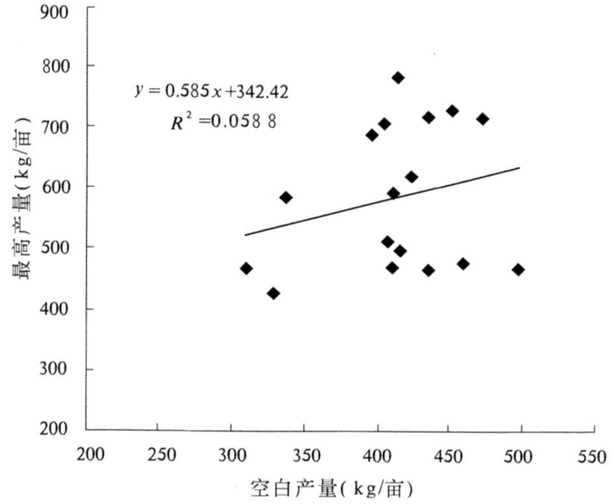

图 15　空白产量与最高产量的关系(夏玉米)

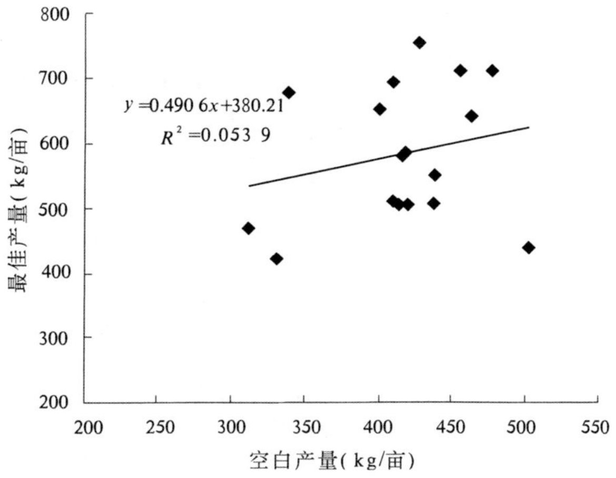

图 16　空白产量与最佳产量的关系(夏玉米)

从图 13 ~ 图 16 中,可以得出土壤基础产量与最高(佳)产量关系密切,土壤基础产量高低影响最高(佳)产量的高低。

2.4　施肥指标体系的建立

根据“3414 + 1”试验设计中的 4、6、8 处理所获得的产量计算相对产量和试验点的特点,建立磷、钾养分丰缺指标。计算相对产量的公式:

磷的相对产量 = 处理 4($N_2P_0K_2$)产量/处理 6($N_2P_2K_2$)产量 × 100%

钾的相对产量 = 处理 8($N_2P_2K_0$)产量/处理 6($N_2P_2K_2$)产量 × 100%

由磷、钾相对产量与相对应的基础土壤养分磷、钾测试验值建立相关关系,其散点分布符合对数曲线模型($y = b\ln x + a$),经方程拟合,分别配置土壤有效磷、速效钾的对数方程式(见图 17、图 18)。

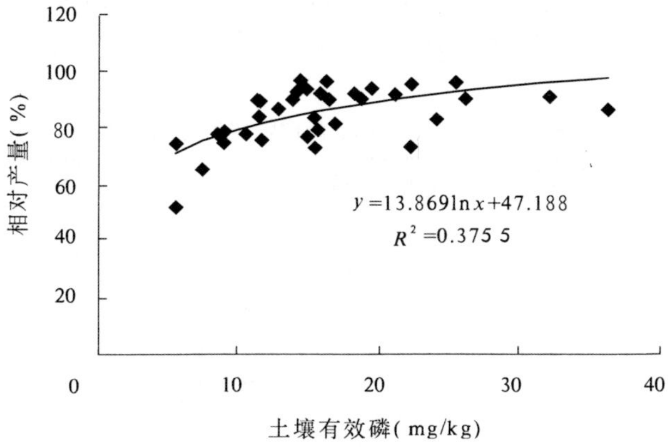

图 17　土壤有效磷含量与作物相对产量的关系

方程经拟合性检验,达到显著水平。以相对产量小于 50%、50% ~ 75%、75% ~ 95%、大于 95% 为划分标准,把土壤养分丰缺分为极低、低、中、高 4 级。具体为相对产量小于50% 时,所对应的土壤养分值为极低养分等级;相对产量在50% ~ 75% 范围内为低

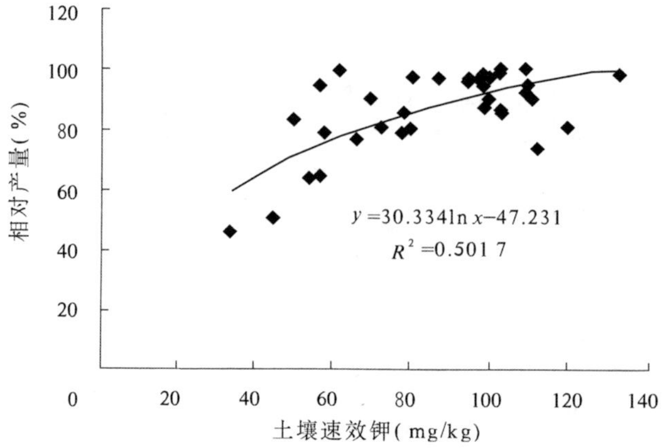

图 18　土壤速效钾含量与作物相对产量的关系

养分等级;相对产量在 75% ~95% 范围内为中等养分等级;相对产量大于 95% 为高养分等级,即土壤有效磷、速效钾丰缺指标,见表 25。

表 25　土壤有效磷、速效钾养分丰缺指标

作物	项目	极低	低	中	高
冬小麦	相对产量(%)	<50	50 ~ 75	75 ~ 95	>95
	土壤有效磷(mg/kg)	<6	6 ~ 15	15 ~ 22	>24
	土壤速效钾(mg/kg)	<40	40 ~ 90	90 ~ 140	>140
夏玉米	土壤有效磷(mg/kg)	<8	8 ~ 15	15 ~ 20	>20
	土壤速效钾(mg/kg)	<50	50 ~ 80	80 ~ 120	>120

2.5　扶沟县主要粮食作物施肥建议

根据三元二次方程、一元二次方程的拟合结果、土壤丰缺指标,并结合扶沟县主要粮食作物生产现状和农户施肥调查结果,以及生产实践,提出扶沟县主要粮食作物施肥指标体系(见表 26)。

表 26　扶沟县主要粮食作物施肥指标体系

肥力水平	相对产量(%)	土壤有效磷丰缺指标(mg/kg)	P_2O_5 用量(kg/亩)		土壤速效钾丰缺指标(mg/kg)	K_2O 用量(kg/亩)	
			夏玉米	冬小麦		冬小麦	夏玉米
低	<75	<15	7	6	<90	6	8
中	75 ~ 95	15 ~ 22	5	5	90 ~ 140	5	6
高	>95	>24	3	4	>140	4	4

3　讨论

3.1　土壤养分状况

土壤有机质含量平均 12.91 g/kg,变异系数 23.04%;全氮含量平均 0.94 g/kg,变异系数 10.70%;有效磷含量平均 15.87 mg/kg,变异系数 42.57%;速效钾含量平均 87.26 mg/kg,变异系数 26.44%。

3.2 技术参数比较

通过汇总技术参数，得出配方施肥与习惯施肥之间的差异，配方施肥比习惯施肥有很大的推广价值。

3.3 主要粮食作物配方施肥建议

通过田间试验汇总分析得出：冬小麦高产田推荐施肥量 P_2O_5 3 kg/亩、K_2O 4 kg/亩，中产田为 P_2O_5 5 kg/亩、K_2O 5 kg/亩，低产田为 P_2O_5 7 kg/亩、K_2O 6 kg/亩；夏玉米高产田推荐施肥量为 P_2O_5 4 kg/亩、K_2O 4 kg/亩，中产田为 P_2O_5 5 kg/亩、K_2O 6 kg/亩，低产田为 P_2O_5 6 kg/亩、K_2O 8 kg/亩。

3.4 建立施肥指标体系

建立施肥指标体系，全面指导扶沟县测土配方施肥技术推广工作。

3.5 存在问题与讨论

（1）土壤肥力水平定位和准确性直接影响肥料效应。部分试验点对土壤肥力的估计不够准确，肥料效应没有充分发挥，在低肥水平土壤上采用高肥力施肥设计，造成肥料浪费。而在高肥力土壤上使用低肥力水平设计，没达到报酬递减区域。扶沟县有效试验 37 个，方程拟合的通过率较低。

（2）"3414"试验中第二水平（相对合理施肥量）的确定。对 37 个田间肥效试验点，进行方程拟合，有部分方程出现最佳施肥量外推的情况（最佳施肥量超出第三水平），也存在施肥水平离最佳施肥量太远，不能准确地捕捉到最佳施肥量，这主要是由于第二水平确定不准造成的。应大量、系统地归纳和总结近年来的田间试验结果，并根据试验田可能获得的目标产量来设计第二个水平。

（3）土壤养分不是唯一因素。作物产量是综合作用的结果，建立指标体系时要充分考虑这一点，试验结果表明，在土壤养分基本相同的不同试验点上，相对产量各异。在试验的设置上土壤养分与作物产量水平应共同作为选点依据。

豫北潮土小麦高产区合理施氮量研究

张文华　杨明贵　卢红林　胡永平　安翠娟　高　丽

（孟州市农业技术推广中心·2009 年 6 月）

摘要：根据省土肥站试验安排要求，孟州市在潮土类型区安排了 5 个氮肥不同用量试验。通过对优质小麦新麦 18 不同施氮量的研究，结果表明：小麦产量随氮肥施用量的增加而增加，而后随氮肥施用量的增加产量又有所下降，产投比随氮肥施用量的增加而下降。通过回归计算得出最佳产量施肥量为 16.64 kg/亩，小麦产量为 511.1 kg/亩。

关键词：潮土　小麦高产区　合理施氮量　研究

氮、磷、钾肥料对提高小麦单产起到了重要作用，但随着施肥量的增加，肥料利用率降低、经济效益下降等问题日益突出，确定适宜的氮肥用量是小麦高产优质高效栽培的重要措施。为了摸清豫北小麦高产区氮肥最佳施肥量和最高产量施肥量，进一步完善豫北小麦施肥指标体系，近年来，根据测土配方施肥项目实施方案和省土肥站要求，在豫北潮土小麦高产区安排了氮肥用量试验。

1　材料与方法

1.1　试验地点

试验设在孟州市谷旦镇禹寺村。土壤类型为潮土，母质为河流冲积物。试验地前茬为玉米，秋作物收获后及时采集土壤耕层基础土样，土壤养分测试方法根据《测土配方施肥技术规范》进行常规分析，土壤养分状况见表1。

表1　试验地基础土壤养分状况

地点	土壤类型	pH值	OM	N	P	K	Mn	Fe	Cu	Zn	S	Mo	B
			g/kg		mg/kg								
孟州禹寺	潮土	8.1	19.4	1.19	10	245	14.32	6.62	1.31	1.69	34	0.10	0.51

1.2　试验材料

1.2.1　供试肥料

氮肥用尿素（46%）、磷肥用过磷酸钙（12%）、钾肥用加拿大产氯化钾（60%）。

1.2.2　供试品种

优质小麦品种新麦18，播种量为9 kg/亩。

1.2.3　试验方法

试验设5个处理，见表2。试验小区面积30 m^2，重复3次，各小区随机排列。田间管理按丰产田要求，所有小区耕作、浇水等管理措施一致，并记载生物学性状。小区之间设畦埂，重复处理之间设走道。试验按小区单收，折算成亩产，并用最小显著极差法（LSR - SSR）进行差异显著性检验。

表2　试验处理　　（单位：kg/亩）

序号	处理	N		P_2O_5	K_2O
		底肥	追肥（返青期）	底肥	底肥
1	$N_0P_6K_6$（CK）	0	0	6	6
2	$N_7P_6K_6$	2.8	4.2	6	6
3	$N_{14}P_6K_6$	5.6	8.4	6	6
4	$N_{21}P_6K_6$	8.4	12.6	6	6
5	$N_{28}P_6K_6$	11.2	16.8	6	6

2　结果与分析

2.1　不同施肥对优质冬小麦产量的影响

孟州市谷旦镇禹寺村冬小麦氮素用量试验结果经方差分析，*F* 值达到5%和1%显著水平。在5个处理中以 $N_{21}P_6K_6$ 处理产量最高，达531.9 kg/亩，利润为695.04元/亩，产投比5.5，产量除与3处理相比差异不显著外，与其他各个处理相比达到5%和1%显著水平。其次为 $N_{14}P_6K_6$ 处理，产量达511.1 kg/亩，利润为689.72元/亩，产投比为6.4。其三为 $N_{28}P_6K_6$ 处理，产量为490.4 kg/亩，利润为600.64元/亩，产投比为4.3。其四为 $N_7P_6K_6$ 处理，产量为431.9 kg/亩，利润为591.04元/亩，产投比为6.9。不施氮肥处理产量最低，为352.6 kg/亩，利润也最低，为492.16元/亩，产投比为最高7.8。

冬小麦产量随氮肥施用量的增加而增加，达到一定量后，又随氮肥施用量的增加产量又有所下降。产投比随氮肥施用量的增加而下降。氮肥施用水平分别为0 kg/亩、7 kg/亩、14 kg/亩、21 kg/亩、28 kg/亩；冬小麦的产量分别为：352.6 kg/亩、431.9 kg/亩、511.1 kg/亩、531.9 kg/亩、490.4 kg/亩。处理2、3、4、5每千克氮素增产冬小麦分别为：11.33 kg、11.32 kg、8.54 kg和4.92 kg。处理1、2、3、4、5的产投比分别为7.8、6.9、6.4、5.5、4.3（见表3）。

表3 优质冬小麦新麦18籽粒产量与效益分析

序号	处理	产量平均（kg/亩）	显著性		增（减）产		经济分析（元/亩）				产投比
			5%	1%	kg	%	产值	肥料成本	利润	与最佳差	
1	$N_0P_6K_6$（CK）	352.6	d	D	-158.5	-31.0	564.16	72	492.16	208.88	7.8
2	$N_7P_6K_6$	431.9	c	c	-79.2	-15.5	691.04	100	591.04	104	6.9
3	$N_{14}P_6K_6$	511.1	ab	AB	—	—	817.76	128	689.72	5.28	6.4
4	$N_{21}P_6K_6$	531.9	a	a	20.8	4.1	851.04	156	695.04	—	5.5
5	$N_{28}P_6K_6$	490.4	b	B	-20.7	4.1	784.64	184	600.64	94.4	4.3

注：价格N 4元/kg、P_2O_5 5元/kg、K_2O 7元/kg、小麦1.60元/kg。

2.2 优质冬小麦氮肥用量效应函数的建立及施肥量推荐

由冬小麦产量和氮肥施用量通过回归计算出氮肥用量和小麦产量的回归效应方程：

$$Y = 345.59 + 17.61X - 0.44X^2 \quad R^2 = 0.979$$

由方程计算出最高产量施肥量为20.01 kg/亩，小麦产量为521.79 kg/亩。最佳产量施肥量为16.46 kg/亩，小麦产量为516.24 kg/亩。最佳产量施肥量16.46 kg/亩比最高产量施肥量20.01 kg/亩，施肥量减少3.55 kg/亩，每千克氮肥价格为4元，每亩少投入14.2元。而最高施肥量产量仅比最佳施肥量增产5.55 kg，小麦价格每千克1.6元，增加效益为每亩8.88元，远比每亩肥料投入要少。因此，本地氮肥用量推荐为16.46 kg/亩较为合适，又经济又增产。

2.3 不同施肥对冬小麦经济性状的影响

从经济性状调查来看（见表4），生育期全程不施氮肥处理的成穗数、穗粒数明显偏

表4 经济性状调查结果

处理	株高（cm）	穗长（cm）	亩穗数（万头）	穗粒数（粒/穗）	千粒重（g）
$N_0P_6K_6$（CK）	72.3	6.1	32.6	32.4	44.2
$N_7P_6K_6$	74.3	6.7	38.4	33.2	42.8
$N_{14}P_6K_6$	75.4	6.8	37.9	34.5	44.4
$N_{21}P_6K_6$	75.6	6.8	37.9	34.6	43.4
$N_{28}P_6K_6$	76.3	6.9	38.4	34	42.7

低，随着施氮量的增加，株高、穗长、亩穗数、穗粒数都有增加趋势。千粒重不施氮肥处理较高，有可能是群体小、通风透光好的缘故。

3　小结

（1）冬小麦产量随氮肥施用量的增加而增加，而施氮量达到一定水平后，产量随氮肥用量的增加又有所下降。

（2）氮肥施用水平分别为0、7 kg/亩、14 kg/亩、21 kg/亩和28 kg/亩，冬小麦的产量分别为352.6 kg/亩、431.9 kg/亩、511.1 kg/亩、531.9 kg/亩、490.4 kg/亩。每千克氮素增产小麦为11.33 kg、11.32 kg、8.54 kg和4.92 kg。

（3）由回归效应方程，计算得出氮素最高产量施肥量为20.01 kg/亩，冬小麦产量为521.79 kg/亩。最佳产量施肥量为16.46 kg/亩，冬小麦产量为516.24 kg/亩。

灵宝市冬小麦施肥指标体系建立及应用

安项虎　郑香玲　左占民　陈蔚蔚

（灵宝市土壤肥料站 · 2009 年 7 月）

摘要：根据“3414”肥料效应田间试验统计分析结果，得出冬小麦不同地力水平下最高产量施肥量与最佳经济施肥量，建立了灵宝市冬小麦土壤养分丰缺指标和不同肥力水平的推荐施肥指标。

关键词：冬小麦　施肥指标　建立　应用

测土配方施肥是根据土壤供肥性能、作物需肥规律、肥料效应及目标产量，提出肥料的施用数量、养分比例、施用时期和施用方法的技术，以达到增产、节本、提高化肥利用率、改善农产品品质、防止农业资源污染的目的。

1　试验基本情况

灵宝市冬小麦“3414”田间肥效试验从 2005 年 10 月开始，到 2008 年 6 月结束，共进行3 个年度，全市项目区共安排冬小麦“3414”试验 20 个点、冬小麦丰缺指标试验 5 个点、冬小麦氮肥用量试验 5 个点、冬小麦校正试验 30 个。

2　试验材料

供试作物冬小麦品种为豫麦 49；氮肥选用尿素 ，含量 46.3%；磷肥选用普通过磷酸钙 ，含量 12%；钾肥选用加拿大进口氯化钾 ，含量 60% 。

3　试验设计

“3414”完全实施方案设计，即氮、磷、钾 3 因素，每个因素分 0、1、2、3 为 4 水平，共 14

个处理。4 个水平的含义:0 水平指不施肥(即空白处理),2 水平指当地最佳施肥量的近似值,1 水平 =2 水平 ×0.5,3 水平 =2 水平 ×1.5(该水平为过量施肥水平)。各处理不设重复,小区面积 20 ~30 m^2。试验小区周围设 1 m 保护行。

养分丰缺指标试验方案:分为 5 个处理,3 次重复。处理 1:$N_0P_0K_0$;处理 2:$N_0P_8K_6$;处理 3:$N_{14}P_0K_6$;处理 4:$N_{14}P_8K_0$;处理 5:$N_{14}P_8K_6$。

氮肥用量试验方案:分为 5 个处理,3 次重复。处理 1: $N_0P_6K_6$;处理 2:$N_7P_6K_6$;处理 3:$N_{14}P_6K_6$;处理 4:$N_{21}P_6K_6$;处理 5;$N_{28}P_6K_6$。

质量控制:严格按照《测土配方施肥技术规范》田间试验操作规程和“河南省测土配方施肥肥料效应田间试验方案”进行筛选地块、布置试验、田间管理、记载、调查、收获、考种。

4 试验方法

根据河南省土壤肥料站的要求和灵宝市冬小麦生产现状,将灵宝市划分为三个肥力水平,分别为高(500 kg/亩)、中(400 kg/亩)、低(300 kg/亩),依据肥力等级设计不同的氮、磷、钾肥用量,高、中、低各肥力等级上 2 水平的氮肥(纯 N)施用量分别为 12 kg/亩、10 kg/亩、8 kg/亩;磷肥(P_2O_5)的用量分别为 8 kg/亩、6 kg/亩、4 kg/亩;钾肥(K_2O)的用量与磷肥相同。

在肥料施用方式上,基追比例与时间依据产量水平和小麦发育期而定,高产量水平田磷肥、钾肥及 50% 的氮肥于播种时底施,3 月中旬追施剩余 50% 的氮肥;中、低产量水平田磷肥、钾肥及 60% 氮肥播种前底施,3 月上中旬追施剩余 40% 的氮肥。

5 试验结果统计分析

5.1 “3414”试验

根据 2005 ~2008 年“3414”试验数据汇总表,对求出的三元二次和一元二次肥料效应方程分别进行 *F* 值显著性检验(见表 1),对检验显著且系数等基本符合生产意义的方程的值予以确认,求出其指导施肥的参数值。

表 1 “3414”试验肥料效应方程拟合

试验地点	方程式	显著性检验			最大施肥量(kg/亩)	最大施肥量产量(kg/亩)	最佳施肥量(kg/亩)	最佳施肥量产量(kg/亩)	备注
		F 值	标准值	是否显著					
川口乡横渠村	$Y=-0.295N^2+9.709N+401.163$	64.66	$F_{(2,1)0.10}=49.5$	显著	16.47	481.14	11.63	474.21	高产区
故县镇神底村	$Y=-6.830P^2+51.880P+194.344$	14 533.8	$F_{(2,1)0.01}=4\,999.5$	极显著	3.80	292.85	3.59	292.56	低产区
函谷关镇梁村	$Y=-0.317N^2+0.186P^2-0.220K^2+26.526N+9.184P-2.211K-1.928NP-0.673NK+1.881PK+245.270$	28.065 66	$F_{(9,4)0.01}=14.659\,13$	极显著	N 12.66 P_2O_5 7.27 K_2O 6.67	439.24	N 9.64 P_2O_5 7.33 K_2O 5.08	432.75	中低产

共测检方程76个，检验显著的9个，统计学检验显著且具有生产实际意义可以应用的6个，综合分析后可给出“3414”试验指导生产参数(见表2)。

表2　“3414”试验指导中、低产田参数

产量水平区	养分	最大施肥量(kg/亩)	理论最大施肥量产量(kg/亩)	养分	最佳施肥量(kg/亩)	理论最佳施肥量产量(kg/亩)
低产区	N	8.44	315.4	N	7.8	314.08
	P_2O_5	3.82	366.5	P_2O_5	3.56	365.97
	K_2O	1.75	315.4	K_2O	1.98	314.08
中产区	N	12.66	439.24	N	9.64	432.75
	P_2O_5	7.27	439.24	P_2O_5	7.33	432.75
	K_2O	6.17	467.25	K_2O	5.12	463.64

5.2　氮肥用量试验

根据氮肥用量试验数据汇总表，对求出的一元二次肥料效应方程进行统计学假设测验和符合生产实际意义筛选，最终给出氮肥用量施肥参数(见表3)。

表3　氮肥用量试验一元二次拟合

产量类型区	试验地点	方程式	显著性检验	不同处理间方差分析结果	最高产量施肥量(kg/亩)	最高施肥量产量(kg/亩)	最佳经济施肥量(kg/亩)	最佳施肥量产量(kg/亩)
高产区	川口乡北庄村	$Y=-0.14X^2+6.06X+414.59$	$F=25.41928$ $F_{(2,2)0.05}=19$ 显著	$F=1.321429$ $F_{(4,10)0.05}=3.47805$ 不显著	21.64	480.17	10.48	462.73
中产区	尹庄镇留村	$Y=-0.17X^2+8.12X+403.23$	$F=57.93034$ $F_{(2,2)0.05}=19$ 显著	$F=3.173967$ $F_{(4,10)0.05}=3.47805$ 不显著	23.88	500.19	14.69	485.83
低产区	五亩乡项城村	$Y=-0.43X^2+16.59X+207.07$	$F=25.07078$ $F_{(2,2)0.05}=19$ 显著	$F=23.49407$ $F_{(4,10)0.01}=5.99$ 极显著	19.29	367.09	15.66	361.41

高产区最高产量施氮量为21.64 kg/亩，对应理论产量480.17 kg/亩；最佳经济施氮量为10.48 kg/亩，对应理论产量为462.73 kg/亩；中产区最高产量施氮量为23.88 kg/亩，对应理论产量为500.19 kg/亩；最佳经济施氮量为14.69 kg/亩，对应理论产量为485.83 kg/亩；低产区最高产量施氮量为19.29 kg/亩，对应理论产量为367.09 kg/亩；最佳经济施氮量为15.66 kg/亩，对应理论产量为361.41 kg/亩。不同处理间方差分析结果表明，本试验高、中产区不同施氮水平的产量差异不显著，而在低产区存在极显著差异。

5.3　配方校正

根据配方校正试验数据汇总表进行进一步分析比较，明确不同产量水平区校验配方的效果。结果表明：

(1)施配方肥的效果总体是显著的，产量较低区的效果优于产量较高区。

(2)高产区校验的三个配方中,(N)12 、(P_2O_5)5、(K_2O)9 的效果较好,基本上是可行的,另外两个配方的效果是不行的。

(3)中产区校验的三个配方中,(N)9.2、(P_2O_5)4、(K_2O)2.8,(N)12、(P_2O_5)5、(K_2O)3 在生产上是积极可行的 ,另外一个配方的效果是不行的。

(4)低产区校验的三个配方在生产上都是可行的,(N)8.05、(P_2O_5)3.5、(K_2O)2.45 的效果优于(N)9.6、(P_2O_5)4、(K_2O)2.4,(N)9.6、(P_2O_5)4、(K_2O)2.4 的效果优于(N)9、(P_2O_5)4、(K_2O)4。

6 施肥技术参数指标体系建立

进一步整理分析丰缺指标数据汇总表 ,即得小麦施肥技术参数各指标。

6.1 基础产量(即空白产量)和目标产量

依据丰缺指标数据确定基础产量和目标产量,见表 4。

表 4 依据丰缺指标数据确定基础产量和目标产量

产量类型	基础产量平均值(kg/亩)	目标产量平均值(kg/亩)	备注
高产区	365.8	500 左右或以上	目标产量(即按照地力以地定产所需计划达到的产量)。根据田间肥效试验空白田产量情况、综合地力平均状况和生产实际等确定的平均参考目标
中产区	271.96	400 左右或以上	
低产区	271.96	300 左右或以上	

6.2 单位产量养分吸收量和土壤供肥量

依据丰缺指标确定单位产量养分吸收量和土壤供肥量,见表 5。

表 5 依据丰缺指标确定单位产量养分吸收量和土壤供肥量

产量类型	单位产量养分吸收量(kg/100 kg)			土壤供肥量(kg/亩)		
	N	P_2O_5	K_2O	N	P_2O_5	K_2O
高产区	2.99	0.49	2.88	10.403	1.54	12.515
中产区	2.81	0.4	3.22	6.808	1.101	8.542
低产区	2.93	0.37	3.07	6.813	0.882	7.34

6.3 肥料利用率和土壤养分校正系数

依据丰缺指标确定土壤有效养分校正系数、肥料利用率见表 6。

表 6 依据丰缺指标确定土壤有效养分校正系数、肥料利用率

产量类型	土壤有效养分校正系数			肥料利用率(%)		
	N	P_2O_5	K_2O	N	P_2O_5	K_2O
高产区	0.075 8	0.685 8	0.486 8	23.364 2	10.188 7	23.796 5
中产区	0.061	0.363 8	0.402 5	36.242 1	9.273 5	13.801 3
低产区	0.051	0.43	0.515 1	37.344 5	11.368 4	25.384 3

6.4　建立土壤养分丰缺指标和不同肥力水平的推荐施肥指标

分别以丰缺指标数据汇总表中对应的基础土样养分含量为自变量，以对应的二水平和最高产量相对产量百分率(%)为因变量建立相对产量与土壤养分测试值的数学关系式;利用假设测验检验显著的方程式，以相对产量70%、80%和90%为标准，获得土壤养分丰缺指标表(见表7、表8)。

表7　依据“3414”试验所建立的有效磷丰缺指标体系

作物	肥力等级	相对产量(%)	有效磷(mg/kg)
冬小麦	较低	<70	<16
	低	70~80	16~18
	中	80~90	18~21
	高	>90	>21

表8　依据“3414”试验所建立的速效钾丰缺指标体系

作物	肥力等级	相对产量(%)	速效钾(mg/kg)
冬小麦	较低	<70	<144
	低	70~80	144~165
	中	80~90	165~185
	高	>90	>185

7　探讨及应用

7.1　配方制定

配方设计的依据和过程主要有以下六点:

一是“3414”肥效试验确定的最高产量施肥量与最佳经济效益施肥量结果及肥料配比参数;二是肥料配方校正试验中的较好配方;三是当地群众施肥水平、主要方法及习惯;四是不同区域的土壤肥力现状与目前生产条件下的产量现状;五是用地与养地相结合，科学施肥，挖掘和提高肥料生产潜力的可能空间;六是项目技术专家组论证会讨论结果。

在冬小麦上设计推广的配方主要有:高产区(N)12、(P_2O_5)6、(K_2O)9，(N)14、(P_2O_5)6、(K_2O)6;中产区(N)12、(P_2O_5)5、(K_2O)3，(N)10、(P_2O_5)5、(K_2O)3;低产区(N)9、(P_2O_5)4、(K_2O)3，(N)10、(P_2O_5)5、(K_2O)2.5。

7.2　配方肥开发与推广

在科学确定配方的基础上，通过加强领导、强化宣传、创新机制、严格管理四项措施，推进配方肥开发。一方面通过电视讲座、举办培训班、入户施肥建议卡等形式指导农民应用;另一方面招标定点企业生产专用配方肥，定任务、定目标、定奖惩，建立样板田，通过农技推广系统开发应用。严格加强肥料市场监管和配方肥定点企业的质量监督控制，实施科学抽样化验，确保农民用上放心配方肥。

通过冬小麦测土配方施肥指标体系建立及应用，建议继续坚持大配方小调整，建立测、配、产、供长效机制，继续搞好肥料试验示范，逐步完善优化肥料配方，使其在生产上发挥更大的社会效益及经济效益。

滑县夏玉米施肥指标体系研究

刘红君　卢中民　王冬梅　赵冬丽

（滑县农业技术推广中心·2009年6月）

摘要：滑县土肥站经过3年试验，建立了县域范围内夏玉米的施肥指标体系，全氮含量小于0.6 g/kg肥力等级为低，0.6~1.0 g/kg为中，大于1.0 g/kg为高；土壤有效磷含量小于5 mg/kg肥力等级为低，5~18 mg/kg为中，大于18 mg/kg为高；土壤速效钾含量小于50 mg/kg肥力水平为低，50~120 mg/kg为中，大于120 mg/kg为高。

关键词：夏玉米　施肥指标体系　研究

滑县每年种植夏玉米5 500 hm^2 以上，是河南省夏玉米的集中产区。但是长期以来缺乏对夏玉米施肥指标体系研究，农民盲目施肥现象突出。为此，滑县土肥站于2006~2008年安排夏玉米“3414+1”试验20个，对县域范围内夏玉米施肥指标体系进行研究，建立了夏玉米施肥指标体系。

1　材料与方法

1.1　试验材料

试验分别在滑县高、中、低三种不同的土壤肥力水平上进行（供试土壤养分含量见表1），其中高肥力水平试验点6个，中肥力水平试验点8个，低肥力水平试验点6个。供试作物为夏玉米，品种为郑单958，亩播量3.5 kg。试验用氮肥为安阳化学工业集团有限责任公司生产的尿素（含N 46%）、磷肥为安宁昆铁磷化工厂生产的“铁龙花”牌过磷酸钙（含 P_2O_5 16%），钾肥为俄罗斯粉状氯化钾（含 K_2O 60%），锌肥为山东邹平长永化工厂生产的硫酸锌（含 $ZnSO_4$ 96%）。

1.2　试验设计

试验采用“3414”完全实施方案+“1”（“1”为最佳施肥量+锌1 kg/亩）设计，共设15个处理（见表2），田间排列采用三列制，列间有走道，周围设有保护行，各处理随机排列，小区面积45 m^2（3×15）。试验在不施有机肥的基础上进行，试验用磷肥、钾肥、锌肥及30%的氮肥在定苗后施用，余下的70%的氮肥在玉米大喇叭口期施用，其他管理措施同大田。

2　试验结果统计分析

高肥力地块试验结果三元二次方程和氮肥的一元二次方程均拟合不成功，但可以得到磷的一元二次效应方程：

表 1　供试土壤养分含量

试验点	肥力类型	有机质(g/kg)	全氮(g/kg)	有效磷(mg/kg)	速效钾(mg/kg)
留固镇周村	高	13.8	0.73	16.6	168
城关镇孔庄村	高	14.3	0.75	35.0	116
留固镇小营村	高	14.5	0.87	12.2	121
城关镇贾古村	高	14.6	0.94	52.4	107
枣村乡温庄村	高	14.3	0.91	11.2	104
枣村乡油坊村	高	14.3	1.04	12.6	111
万古镇范寨村	中	13.8	0.93	15.9	92
四间房乡南呼村	中	15.1	0.93	10.7	82
高平镇后侯村	中	12.0	0.78	17.4	86
八里营乡黄琉璃村	中	11.7	0.85	30.0	167
上官镇陶家村	中	11.4	0.75	6.8	54
上官镇上官村	中	13.6	1.01	8.9	68
万古镇御驾庄村	中	14.3	0.95	7.9	86
白道口镇桃园村	中	11.2	1.02	16.8	91
老店镇马庄村	低	9.2	0.64	4.3	49
王庄镇后王庄村	低	12.7	0.73	24.2	54
老店镇刘庄村	低	11.4	0.73	28.4	39
慈周寨乡柿园村	低	11.0	0.75	15.9	71
高平镇高平村	低	11.8	0.76	15.1	54
焦虎乡齐营村	低	10.6	0.71	22.3	55

表 2　“3414 + 1”试验施肥设计

试验编号	处理	N	P	K	$ZnSO_4$
1	$N_0P_0K_0$	0	0	0	0
2	$N_0P_2K_2$	0	2	2	0
3	$N_1P_2K_2$	1	2	2	0
4	$N_2P_0K_2$	2	0	2	0
5	$N_2P_1K_2$	2	1	2	0
6	$N_2P_2K_2$	2	2	2	0
7	$N_2P_3K_2$	2	3	2	0
8	$N_2P_2K_0$	2	2	0	0
9	$N_2P_2K_1$	2	2	1	0
10	$N_2P_2K_3$	2	2	3	0
11	$N_3P_2K_2$	3	2	2	0
12	$N_1P_1K_2$	1	1	2	0
13	$N_1P_2K_1$	1	2	1	0
14	$N_2P_1K_1$	2	1	1	0
15	$N_2P_2K_2 + Zn$	2	2	2	1

$Y=578.61+14.303P-1.325P^2$（可决系数 $R^2=0.998\ 36$，F 值 $=304.498$）

$F_{0.05}=199.5<F$ 值 $=304.498<F_{0.01}=4\ 999.5$，达显著水平，可见所获得的肥料效应方程与实际情况拟合较好，夏玉米产量与磷肥施用量之间存在显著的回归关系。依据施肥模型，建议高肥力地块夏玉米最高产量磷肥适宜用量为：P_2O_5 90 kg/亩，最高产量 9 300 kg/hm^2。最佳经济施磷量为：P_2O_5 75 kg/hm^2，对应产量 9 240 kg/hm^2，同时也可得到钾的一元二次效应方程

$Y=612.485+18.328K-2.703K^2$（可决系数 $R^2=0.999\ 59$，F 值 $=1\ 226.538$）

$F_{0.05}=199.5<F$ 值 $=1\ 226.538<F_{0.01}=4\ 999.5$，达显著水平，可见所获得的肥料效应方程与实际情况拟合较好，夏玉米产量与钾肥施用量之间存在显著的回归关系。依据施肥模型，建议高肥力地块夏玉米最高产量钾肥适宜用量为：K_2O 60 kg/ hm^2，最高产量 9 660 kg/hm^2。最佳经济施钾量为：K_2O 45 kg/hm^2，对应产量 9 645 kg/hm^2。

将中肥力地块产量进行计算，得到中肥力地块夏玉米产量与氮（N）、磷（P_2O_5）、钾（K_2O）施用量效应方程为：

$Y=369.027+11.101N+30.497P+12.45K-0.897N^2-3.254P^2-1.043K^2+1.084NP+1.208NK-3.066PK$（可决系数 $R^2=0.986$，F 值 $=31.200\ 4$）

F 值 $=31.200\ 4>F_{0.01}=14.66$，达极显著水平，可见所获得的肥料效应方程与实际情况拟合较好，夏玉米产量与氮、磷、钾施肥量之间存在显著的回归关系。依据施肥模型，建议中肥力地块夏玉米最高产量氮、磷、钾适宜用量为：N 225 kg/hm^2、P_2O_5 30 kg/hm^2、K_2O 165 kg/hm^2，最高产量 8 325 kg/hm^2。最佳经济施量为：N 150 kg/hm^2、P_2O_5 60 kg/hm^2、K_2O 75 kg/hm^2，对应产量 8 100 kg/hm^2。

将低肥力地块产量进行计算，得到低肥力地块夏玉米产量与氮（N）、磷（P_2O_5）、钾（K_2O）施用量效应方程为：

$Y=420.728+10.845N+1.766P+14.032K-0.32N^2-1.38P^2-0.406K^2+0.63NP-0.821NK-0.023PK$（可决系数 $R^2=0.986\ 8$，F 值 $=33.216$）

F 值 $=33.216>F_{0.01}=14.66$，达极显著水平，可见所获得的肥料效应方程与实际情况拟合较好，夏玉米产量与氮、磷、钾施肥量之间存在显著的回归关系。依据施肥模型，建议低肥力地块夏玉米最高产量氮、磷、钾适宜用量为：N 135 kg/hm^2、$P_2O_5$45 kg/hm^2、K_2O 120 kg/hm^2，最高产量 7 950 kg/hm^2。最佳经济施量为：N 150 kg/hm^2、P_2O_5 30 kg/hm^2、K_2O 60 kg/hm^2，对应产量 7 800 kg/hm^2。

3 土壤养分丰缺指标

经过对试验结果进行回归分析，做出土壤养分含量与作物相对产量的散点图，得出不同养分的丰缺指标。

3.1 土壤全氮丰缺指标

根据试验结果（见图 1、表 3），结合专家意见，滑县土壤全氮含量小于 0.6 g/kg 肥力等级为低，0.6 ~ 1.0 g/kg 为中，大于 1.0 g/kg 为高。

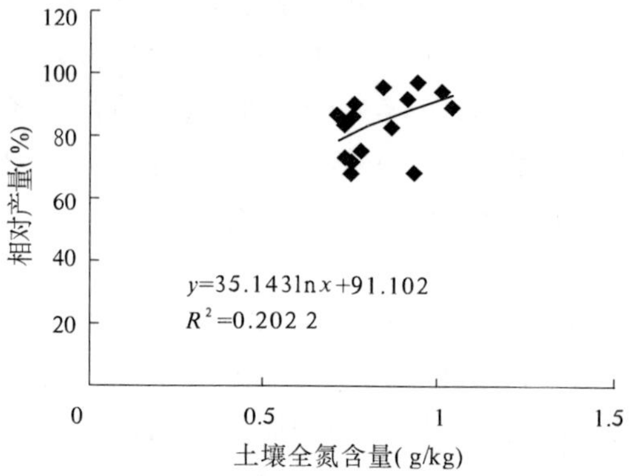

图 1　土壤全氮测定值与夏玉米相对产量的散点图

表 3　全氮丰缺指标

肥力等级	相对产量(%)	全氮(g/kg)
低	<75	<0.6
中	75~90	0.6~1.0
高	>90	>1.0

3.2　土壤有效磷丰缺指标

根据试验结果(见图 2、表 4),结合专家意见,滑县土壤有效磷含量小于 5 mg/kg 肥力等级为低,5~18 mg/kg 为中,大于 18 mg/kg 为高。

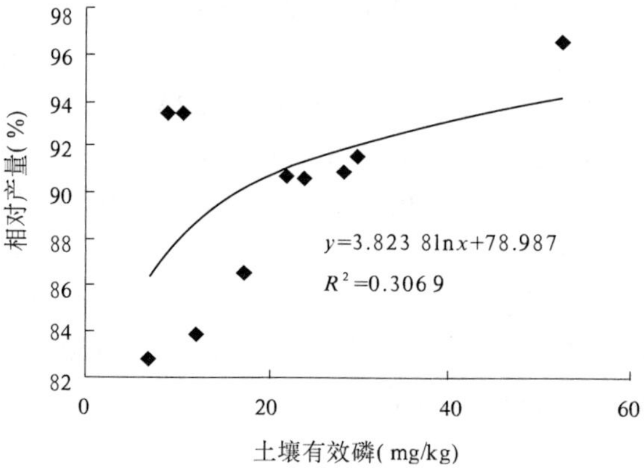

图 2　土壤有效磷测定值与夏玉米相对产量的散点图

表 4　有效磷丰缺指标

肥力等级	相对产量(%)	有效磷(mg/kg)
低	<85	<5
中	85~90	5~18
高	>90	>18

3.3 土壤速效钾丰缺指标

根据试验结果(见图3、表5),结合专家意见,滑县土壤速效钾含量小于50 mg/kg肥力等级为低,50~120 mg/kg为中,大于120 mg/kg为高。

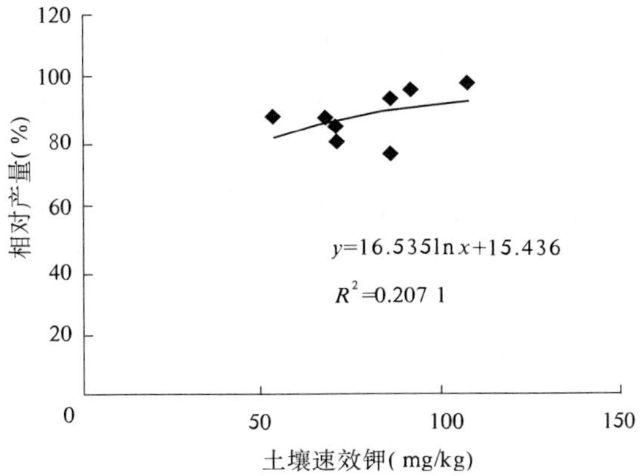

图3 土壤速效钾测定值与夏玉米相对产量的散点图

表5 速效钾丰缺指标

肥力等级	相对产量(%)	速效钾(mg/kg)
低	<80	<50
中	80~95	50~120
高	>95	>120

4 小结

(1)夏玉米产量与氮、磷、钾施肥量之间呈二次相关关系,即在不施肥料基础上,夏玉米产量随肥料用量的增加而提高,当肥料用量达到一定程度,夏玉米产量保持平稳或呈递减趋势。

(2)氮、磷、钾三种肥料合理配合施用可以获得较大的经济效益。

(3)滑县土壤全氮含量小于0.6 g/kg肥力等级为低,0.6~1.0 g/kg为中,大于1.0 g/kg为高;土壤有效磷含量小于5 mg/kg肥力等级为低,5~18 mg/kg为中,大于18 mg/kg为高;土壤速效钾含量小于50 mg/kg肥力等级为低,50~120 mg/kg为中,大于120 mg/kg为高。

潢川县小麦－水稻施肥指标体系建立方法与施肥建议

谈昌国　胡传中　李劲松

(潢川县农业技术推广中心·2009年6月)

摘要:在总结4年来土壤养分测定结果、田间试验的基础上,结合当地生产实践,确定潢川县小麦－水稻施肥指标,制定6个小麦和9个水稻施肥配方及施肥模式,初步建立施肥技术体系。

关键词:小麦－水稻　施肥指标体系　施肥建议

为了应用测土配方施肥取得的技术成果,充分发挥肥料增产效应,促进粮食增产、农业增效、农民增收,根据土壤测试结果和田间试验示范数据,针对潢川县不同地域、不同土壤、不同产量水平、不同作物,建立施肥技术体系,提出针对性施肥配方,指导农民科学合理施肥。

1　施肥技术体系建立的依据

1.1　依据土壤养分化验结果

根据2005～2008年4年的7 458个土样测试结果分析,潢川县土壤养分的基本状况是(平均值):全氮1.05 g/kg、有机质16.22 g/kg、有效磷16.84 mg/kg、速效钾71.08 mg/kg、缓效钾296.36 mg/kg、pH值6.3、微量元素锌1.26 mg/kg 。

其中南部低山丘陵区耕地土壤养分含量:有机质15.65 g/kg、全氮1.06 g/kg、有效磷17.23 mg/kg、速效钾75.21 mg/kg、缓效钾314.6 mg/kg、pH值6.35,见表1。

表1　南部低山丘陵区土壤养分统计特征值

项目	平均值	标准差	最小值	最大值	变异系数(%)
全氮(g/kg)	1.06	0.13	0.63	1.81	12.32
有机质(g/kg)	15.65	2.11	9.40	22.50	13.46
有效磷(mg/kg)	17.23	10.80	4.00	120.6	62.65
速效钾(mg/kg)	75.21	19.77	21.00	212.0	26.28
缓效钾(mg/kg)	314.6	32.66	182.0	427.0	10.38
pH值	6.35	0.14	5.9	6.8	2.13

中部垄岗区耕地养分含量:有机质16.32 g/kg、全氮1.05 g/kg、有效磷16.32 mg/kg、速效钾66.71 mg/kg、缓效钾289.38 mg/kg、pH值6.30,见表2。

表 2 中部垄岗区耕地养分含量特征值

测试项目	平均值	标准差	最小值	最大值	变异系数(%)
全氮(g/kg)	1.05	0.15	0.53	1.63	14.14
有机质(g/kg)	16.32	2.43	8.60	23.90	14.92
有效磷(mg/kg)	16.32	9.55	2.70	128.80	58.51
速效钾(mg/kg)	66.71	16.02	20.00	199.00	24.01
缓效钾(mg/kg)	289.38	35.89	164.00	455.00	12.40
pH 值	6.30	0.15	5.9	7.0	2.37

北部沿河平原区耕地土壤养分含量为:全氮 1.02 g/kg、有机质 16.61 g/kg、有效磷 18.26 mg/kg、速效钾 81.89 mg/kg、缓效钾 298.47 mg/kg、pH 值 6.36,见表 3。

表 3 北部沿河平原区耕地土壤养分含量特征值

项目	平均值	标准差	最小值	最大值	变异系数(%)
全氮(g/kg)	1.02	0.15	0.65	1.45	15.1
有机质(g/kg)	16.61	2.33	8.3	21.6	14.02
有效磷(mg/kg)	18.26	8.72	7.2	104.9	47.8
速效钾(mg/kg)	81.89	29.50	31	186	36.0
缓效钾(mg/kg)	298.47	24.91	223	476	8.3
pH 值	6.36	0.14	5.9	6.9	2.1

1.2 依据“3414 + 1”、肥效校正试验结果

2005 ~ 2008 年在小麦、水稻共安排“3414 + 1”田间试验 34 个,肥效试验 30 个,肥效校正试验 64 个。根据“3414 + 1”田间试验结果得出:小麦、水稻 100 kg 籽粒吸收量、小麦 - 水稻不同肥力水平氮、磷、钾最佳施肥量,土壤有效磷、速效钾养分丰缺指标,在此基础上建立了潢川县主要粮食作物施肥体系,提出了潢川县主要粮食作物配方施肥建议(见表 4 ~ 表 6)。

表 4 100 kg 产量(籽粒)吸收量 (单位:kg/kg)

产量水平	不施肥			合理施肥		
	N	P_2O_5	K_2O	N	P_2O_5	K_2O
水稻	2.12	1.01	2.68	2.23	1.10	3.01
小麦	2.89	0.98	2.54	3.0	1.05	2.75

表 5 土壤有效磷、速效钾养分丰缺指标

肥力状况	极低	低	中	高	极高
相对产量	<50	50 ~ 75	75 ~ 85	85 ~ 95	>95
土壤全氮	<0.7	0.7 ~ 1	1 ~ 1.5	1.5 ~ 2	>2
土壤有效磷	<7	7 ~ 14	14 ~ 30	30 ~ 40	>40
土壤速效钾	<70	70 ~ 100	100 ~ 160	160 ~ 200	>200

表 6　小麦－水稻不同肥力水平氮、磷、钾最佳施肥量　（单位：kg/亩）

作物名称	肥力水平	最佳施肥量		
		N	P_2O_5	K_2O
小麦	高	11	7	6
	中	10	6	4
	低	9	5	4
水稻	高	14	6	5
	中	12	5	4
	低	11	4	4

2　建立小麦－水稻施肥指标体系

2.1　小麦施肥指标体系建立

2.1.1　小麦氮肥用量

小麦氮肥用量采用以产定氮法（见表 7）。

表 7　潢川县小麦氮肥推荐用量

级别	目标产量（kg/亩）	氮肥用量（kg/亩）
低	300	9
中	400	9～10.5
高	500	10.5～12

（1）400 kg/亩目标产量需氮量为：400 × 3/100 = 12（kg/亩）

土壤供氮量为：空白产量 125 × 3/100 = 3.75（kg/亩）

氮素损失都按（30%）3 kg/亩 计算，小麦根系吸收量与土壤残留氮量相抵消。

400 kg产量施氮量 = 目标产量需氮量 + 氮素损失量 － 土壤供氮量 = 11.25（kg）

（2）300 kg/亩目标产量需氮量为：300 × 3/100 = 9（kg/亩）

土壤供氮量为：空白产量 100 × 3/100 = 3（kg/亩）

300 kg 产量施氮量 = 目标产量需氮量 + 氮素损失量 － 土壤供氮量 = 9（kg）

2.1.2　小麦磷肥用量

小麦磷肥用量采用测土定磷（恒量监控）。目标产量 400 kg/亩，根据“3414”试验结果最佳施磷量（P_2O_5）为 4 kg/亩。对于磷肥管理来说，当土壤有效磷（Olsen－P）低于 20 mg/kg（P），磷肥管理的目标是通过增施磷肥提高作物产量和土壤有效磷含量，磷肥用量为作物带走量的 2 倍，施磷量（P_2O_5）为 8 kg/亩；有效磷（Olsen－P）介于 20～40 mg/kg（P），磷肥用量为作物带走量的 1.5 倍，施磷量（P_2O_5）为 6 kg/亩；当土壤有效磷在 40～60 mg/kg（P）时，磷肥管理的目标是维持现有土壤有效磷水平，磷肥用量等于作物的带走量，施磷量（P_2O_5）为 4 kg/亩；当土壤有效磷介于 60～80 mg/kg 时，磷肥管理的目标是减少施磷量，磷肥用量等于作物的带走量 0.5 倍，施磷量（P_2O_5）为 2 kg/亩；当土壤有效磷大于 80 mg/kg 时，施磷肥的增产潜力不大，不建议施用磷肥。同样，可以建立目标产量 350 kg/亩及 300 kg/亩施肥指标体系（见表 8）。

表 8　潢川县小麦不同目标产量磷肥施肥指标体系

肥力等级	Olsen – P (mg/kg)	投入/产出	目标产量(kg/亩)		
			400	350	300
极低	<20	2	8	7.0	6
低	20 ~ 40	1.5	6	5.3	4.5
中	40 ~ 60	1	4	3.5	3
高	60 ~ 80	0.5	2	2	1.5
极高	>80	0	0	0	0

注:表中"投入/产出"指作物施肥量比养分带走量。

2.1.3　小麦钾肥用量

小麦钾肥用量采用肥料效应函数法。

(1)高产田。根据"3414"试验建立肥料效应方程拟合图见图 1。

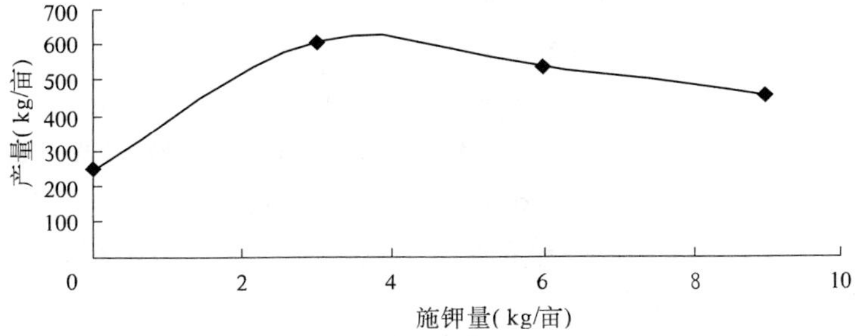

图 1　小麦高产田($r = 0.93, n = 8$)K 一元二次方程拟合图

(2)中产田。根据"3414"试验建立肥料效应方程拟合图见图 2。

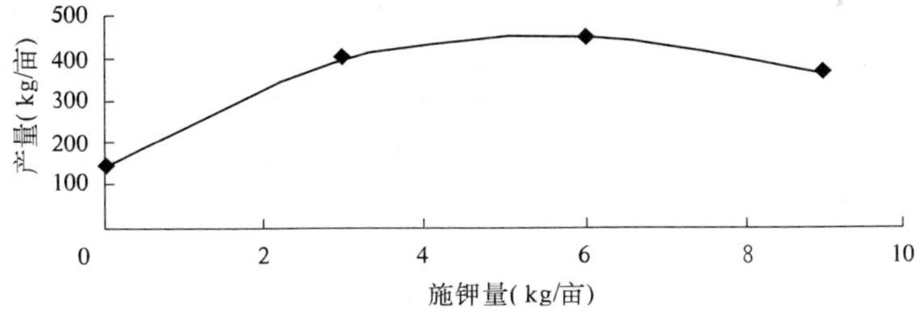

图 2　小麦中产田($r = 0.96, n = 8$)K 一元二次方程拟合图

肥力等级划分及对应施钾量见表 9。

表 9　潢川县小麦不同目标产量钾肥施肥指标体系

肥力等级	速效钾(mg/kg)	投入/产出	目标产量(kg/亩)	
			400	350
极低	<50	2	12	8
低	50 ~ 90	1.5	9	6
中	90 ~ 130	1	6	4
高	130 ~ 170	0.5	3	2
极高	>170	0	0	0

2.1.4　微肥用量的确定

考虑到生产中硫、锌对小麦的增产效果，对缺锌土壤每亩施 1 kg 硫酸锌（纯度要求在 95% 以上）。

2.2　水稻施肥指标体系建立

2.2.1　水稻氮肥用量

水稻氮肥用量采用以产定氮法。

施氮量 = 目标产量需氮量 + 氮素表观损失 + 土壤氮素残留 - 土壤养分供应

(1) 目标产量 650 kg 产量需氮量：650 × 2.3/100 = 15.0（kg/亩）

土壤供氮量为：空白产量 250 × 2.3/100 = 5.8（kg/亩）

氮素损失都按(30%) 3 kg/亩 计算：

650 kg 产量施氮量 = 目标产量需氮量 + 氮素损失量 - 土壤供氮量 = 12.2（kg）

(2) 目标产量 600 kg 产量需氮量：600 × 2.3/100 = 13.8（kg/亩）

土壤供氮量为：空白产量 225 × 2.3/100 = 5.2（kg/亩）

施氮量 = 目标产量需氮量 + 氮素损失量 - 土壤供氮量 = 11.6 kg

(3) 目标产量 550 kg 产量需氮量为：目标产量 550 × 2.6/100 = 12.7（kg/亩）

土壤供氮量为：空白产量 200 × 2.6/100 = 5.4（kg/亩）

则 550 kg 产量施氮量 = 目标产量需氮量 + 氮素损失量 - 土壤供氮量 = 10.3（kg）

潢川县水稻氮肥推荐用量见表 10。

表 10　潢川县水稻氮肥推荐用量

级别	目标产量（kg/亩）	氮肥用量（kg/亩）
低	550	10 ~ 11
中	600	11 ~ 12
高	650	12 ~ 14

氮肥施用方法为总量控制，分期调控，即每亩施氮总量的 60% 作为基肥施入，总量的 30% 作为分蘖肥、10% 作为穗肥施入。

2.2.2　水稻磷肥用量

水稻磷肥用量采用测土定磷法。目标产量 650 kg/亩，需磷量（P_2O_5）为 7.2 kg/亩。对于磷肥管理来说，当土壤有效磷（Olsen - P）低于 20 mg/kg(P)，磷肥管理的目标是通过增施磷肥提高作物产量和土壤有效磷含量，磷肥用量为作物带走量的 2 倍，施磷量（P_2O_5）为 14.4 kg/亩；有效磷（Olsen - P）介于 20 ~ 40 mg/kg(P)，磷肥用量为作物带走量的 1.5 倍，施磷量（P_2O_5）为 10.8 kg/亩；当土壤有效磷在 40 ~ 60 mg/kg(P)时，磷肥管理的目标是维持现有土壤有效磷水平，磷肥用量等于作物的带走量，施磷量（P_2O_5）为 7.2 kg/亩；当土壤有效磷介于 60 ~ 80 mg/kg 时，磷肥管理的目标是减少施磷量，磷肥用量等于作物带走量的 0.5 倍，施磷量（P_2O_5）为 3.6 kg/亩；当土壤有效磷大于 80 mg/kg 时，施磷肥的增产潜力不大，不建议施用磷肥。同样，可以建立目标产量 600 kg/亩及 550 kg/亩施肥指标体系（见表 11）。

表 11 潢川县水稻不同目标产量磷肥施肥指标体系

肥力等级	Olsen－P (mg/kg)	投入/产出	目标产量(kg/亩)		
			650	600	550
极低	<20	2	14.4	13.2	12
低	20～40	1.5	10.8	9.9	9
中	40～60	1	7.2	6.5	6
高	60～80	0.5	3.6	3.3	3
极高	>80	0	0	0	0

2.2.3 水稻钾肥用量

水稻钾肥用量采用肥料效应函数法。

根据“3414”试验建立肥料效应方程拟合图见图 3。

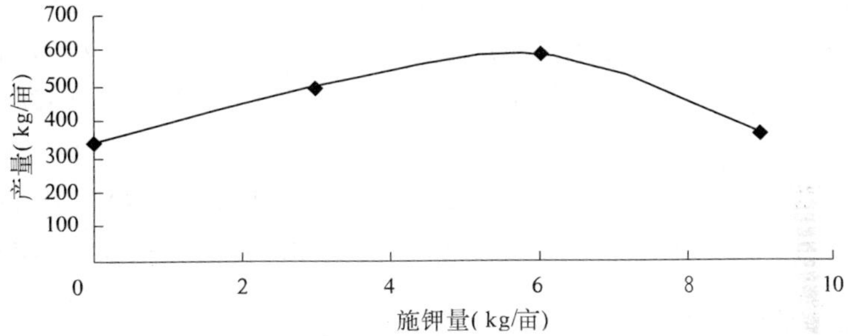

图 3 水稻中产田 K 一元二次方程拟合图

水稻中产田钾肥施肥指标体系见表 12。

表 12 潢川县水稻中产田钾肥施肥指标体系

肥力等级	速效钾(mg/kg)	投入/产出	钾肥用量(K_2O, kg/亩)
极低	<50	2	8
低	50～90	1.5	6
中	90～130	1	4
高	130～170	0.5	2
极高	>170	0	0

微量元素采取因缺补缺原则,具体施肥情况见表 13。

表 13 微量元素(因缺补缺)

元素	提取方法	临界指标(mg/kg)	基施用量(kg/亩)
锌	DTPA	0.5	硫酸锌:1～2
硼	沸水	0.5	硼砂:0.5～0.75

3 主要作物施肥建议

3.1 小麦施肥配方

(1)亩产 400 kg 以上产量水平:①北部沿河平原区:20－16－17、19－16－18 配方肥 35～40 kg/亩;②中部垄岗区:18－16－19 配方肥 30～40 kg/亩。

(2)亩产 300～400 kg 产量水平:①北部沿河平原区:21－16－16 配方肥 30～35

kg/亩;②中部垄岗区:20－16－17配方肥30～35 kg/亩;③南部丘陵区:22－15－16配方肥30～35 kg/亩。

(3)亩产300 kg以下产量水平:①中部垄岗区:20－16－20配方肥25～30 kg/亩;②南部丘陵区:20－17－19配方肥20～30 kg/亩。

3.2 水稻施肥配方

(1)亩产650 kg以上产量水平:①北部沿河平原区:19－16－18配方肥40～50 kg/亩;②中部垄岗区:20－15－18配方肥40～50 kg/亩;③南部丘陵区:19－17－17配方肥40～50 kg/亩。

(2)亩产600～650 kg产量水平:①北部沿河平原区:19－15－19配方肥35～40 kg/亩;②中部垄岗区:21－14－18配方肥35～40 kg/亩;③南部丘陵区:21－15－17配方肥35～40 kg/亩。

(3)亩产550～600 kg产量水平:①北部沿河平原区:19－16－18配方肥35～40 kg/亩;②中部垄岗区:20－15－18配方肥35～40 kg/亩;③南部丘陵区:20－16－17配方肥35～40 kg/亩。

(4)亩产500～550 kg产量水平:①北部沿河平原区:20－15－18配方肥30～40 kg/亩;②中部垄岗区:22－13－18配方肥30～40 kg/亩;③南部丘陵区:19－16－18配方肥30～40 kg/亩。

(5)亩产500 kg以下产量水平:①北部沿河平原区:18－16－19配方肥30～35 kg/亩;②中部垄岗区:20－15－18配方肥30～35 kg/亩;③南部丘陵区:18－17－18配方肥30～35 kg/亩。

4 主要作物施肥指导意见

4.1 小麦

4.1.1 存在问题

有机肥用量少,氮肥用量偏高,基、追比例不合理,钾肥用量偏少。

4.1.2 施肥原则

(1)增施有机肥,有机、无机相结合。

(2)控制氮肥总量,调整基、追比例,减少前期氮肥用量。

(3)基肥深施,追肥“以水带氮”。

4.1.3 施肥建议

(1)产量水平400 kg/亩:有机肥料施用量每亩2 000 kg左右,氮肥(N)总用量控制在11～12 kg/亩,磷肥(P_2O_5)4～7 kg/亩,钾肥(K_2O)3～5 kg/亩。

(2)产量水平300～400 kg/亩:有机肥料施用量每亩1 500 kg左右,氮肥(N)10～11 kg/亩,磷肥(P_2O_5)5～7 kg/亩,钾肥(K_2O)3～5 kg/亩。

(3)产量水平300 kg/亩以下:有机肥料施用量每亩1 500 kg左右,氮肥(N)9～10 kg/亩,磷肥(P_2O_5)5～6 kg/亩,钾肥(K_2O)3～4 kg/亩。

氮肥基肥占35%～40%,蘖肥占40%～50%,穗肥占15%～20%;有机肥、磷肥、钾肥全部基施。缺锌土壤每亩施用硫酸锌1 kg。

4.2 水稻

4.2.1 存在问题

当前水稻施肥上存在氮肥基肥施肥量较大、对缺锌土壤不注重锌肥施用、影响肥料应用效果等突出问题。

4.2.2 施肥原则

(1)调整追肥比例,减少前期氮肥用量,实行氮肥后移,多次追肥。

(2)有效磷、速效钾含量高的地块,可以少施或不施磷、钾肥,充分利用前茬磷、钾肥后效。

(3)小麦秸秆全部还田,扩大绿肥种植面积。

(4)推广应用高产品种,适当降低水稻种植密度,促大穗,充分发挥肥料效果。

4.2.3 施肥建议

(1)产量水平 550 kg/亩以下:氮肥(N)10 ~12 kg/亩,磷肥(P_2O_5)0 ~4 kg/亩,钾肥(K_2O)0 ~3 kg/亩。

(2)产量水平 550 ~600 kg/亩:氮肥(N)12 ~14 kg/亩,磷肥(P_2O_5)3 ~5 kg/亩,钾肥(K_2O)2 ~5 kg/亩。

(3)产量水平 600 ~650 kg/亩:氮肥(N)13 ~14 kg/亩,磷肥(P_2O_5)5 ~6 kg/亩,钾肥(K_2O)4 ~5 kg/亩。

(4)产量水平 650 kg/亩以上:氮肥(N)13 ~14 kg/亩,磷肥(P_2O_5)5 ~6 kg/亩,钾肥(K_2O)4 ~5 kg/亩。

磷肥、钾肥及 60% 的氮肥作为基肥施入,总量的 30% 作为分蘖肥、10% 作为穗肥施入。对缺锌土壤每亩补施锌肥 1 kg。

孟津县冬小麦 - 夏玉米施肥指标体系建立与分区施肥指导意见

李玛瑙 秦传锋

(孟津县土壤肥料工作站 · 2009 年 6 月)

摘要:通过对孟津县 2005 ~2007 年主要粮食作物(冬小麦 - 夏玉米)37 个“3414 +1”田间试验数据分析,结合土壤养分含量状况,建立了基于常规测试方法条件下的不同土壤氮、磷、钾养分丰缺指标,提出了孟津县推荐施肥建议,为推广测土配方施肥技术奠定了基础。

关键词:田间试验 施肥模型 最佳施肥量 最高施肥量 施肥指标体系

建立测土配方施肥指标体系是提高测土配方施肥技术水平的重要基础,也是长期推广应用测土配方施肥的技术支撑。2005 ~2007 年孟津县共安排了冬小麦 - 夏玉米“3414 +1”田间试验 37 个,试验田块覆盖了孟津县不同土壤类型,旨在建立两大粮食作物施肥指标体系,为孟津县测土配方施肥提供依据。

1　试验方法

1.1　试验设计

试验采用“3414 + 1”设计。试验方案包括 3 因素即氮(N)、磷(P_2O_5)、钾(K_2O),4 水平(0、1、2、3);0 水平为不施肥,2 水平为当地最佳施肥量的近似值,1 水平为 2 水平的 0.5 倍,3 水平为 2 水平的 1.5 倍(为过量施肥水平),冬小麦“3414 + 1”田间肥效试验中“ + 1”为只施有机肥,夏玉米“3414 + 1”田间肥效试验中“ + 1”为全肥 + 锌($N_2P_2K_2$ + Zn),共14 + 1 个处理;各处理不设重复,小区面积 30 m^2,试验地周围设 1 m 保护行。“3414 + 1”田间试验方案分别见表 1、表 2。

表 1　冬小麦“3414 + 1”试验方案

试验编号	处理	氮	磷	钾
1	$N_0P_0K_0$	0	0	0
2	$N_0P_2K_2$	0	2	2
3	$N_1P_2K_2$	1	2	2
4	$N_2P_0K_2$	2	0	2
5	$N_2P_1K_2$	2	1	2
6	$N_2P_2K_2$	2	2	2
7	$N_2P_3K_2$	2	3	2
8	$N_2P_2K_0$	2	2	0
9	$N_2P_2K_1$	2	2	1
10	$N_2P_2K_3$	2	2	3
11	$N_3P_2K_2$	3	2	2
12	$N_1P_1K_2$	1	1	2
13	$N_1P_2K_1$	1	2	1
14	$N_2P_1K_1$	2	1	1
15	$N_0P_0K_0$ + M	0	0	0

表 2　夏玉米“3414 + 1”试验方案

试验编号	处理	氮	磷	钾
1	$N_0P_0K_0$	0	0	0
2	$N_0P_2K_2$	0	2	2
3	$N_1P_2K_2$	1	2	2
4	$N_2P_0K_2$	2	0	2
5	$N_2P_1K_2$	2	1	2
6	$N_2P_2K_2$	2	2	2
7	$N_2P_3K_2$	2	3	2
8	$N_2P_2K_0$	2	2	0
9	$N_2P_2K_1$	2	2	1
10	$N_2P_2K_3$	2	2	3
11	$N_3P_2K_2$	3	2	2
12	$N_1P_1K_2$	1	1	2
13	$N_1P_2K_1$	1	2	1
14	$N_2P_1K_1$	2	1	1
15	$N_2P_2K_2$ + Zn	2	2	2

1.2 施肥量

根据孟津县冬小麦－夏玉米两大粮食作物生产水平和试验区产量现状，确定了高、中、低3个产量类型设计（见表3）和各处理施肥量，每个施肥等级分别见表4、表5。

表3 主要作物产量水平划分 （单位：kg/亩）

作物	高	中	低
冬小麦	500	400	300
夏玉米	650	400～500	300～400

表4 孟津县冬小麦“3414＋1”试验不同肥力水平各因素施肥量

施肥水平	N			P_2O_5			K_2O		
	高	中	低	高	中	低	高	中	低
0	0.0	0.0	0.0	0.0	0.0	0.0	0.0	0.0	0.0
1	6.0	5.0	4.0	4.0	3.0	2.0	4.0	3.0	2.0
2	12.0	10.0	8.0	8.0	6.0	4.0	8.0	6.0	4.0
3	18.0	15.0	12.0	12.0	9.0	6.0	12.0	9.0	6.0

表5 孟津县夏玉米“3414＋1”试验不同肥力水平各因素施肥量

施肥水平	N			P_2O_5			K_2O		
	高	中	低	高	中	低	高	中	低
0	0.0	0.0	0.0	0.0	0.0	0.0	0.0	0.0	0.0
1	8.0	7.0	6.0	3.0	2.5	2.0	3.0	2.5	2.0
2	16.0	14.0	12.0	6.0	5.0	4.0	6.0	5.0	4.0
3	24.0	21.0	18.0	9.0	7.5	6.0	9.0	7.5	6.0

表4、表5中，前14个处理，在不施用有机肥的基础上进行，冬小麦“3414＋1”田间肥效试验第15个处理只施有机肥，夏玉米“3414＋1”田间肥效试验第15个处理为全肥＋锌（$N_2P_2K_2+Zn$）。供试肥料由孟津县土肥站统一提供，氮肥选用尿素（含N 46%），磷肥选用过磷酸钙（含P_2O_5 12%），钾肥选用进口氯化钾（含K_2O 60%）。10个试验点按3∶4∶3分布在高、中、低不同肥力土壤上。

冬小麦供试品种为温麦6号，夏玉米供试品种为郑单958。

整地施肥前，每个试验田多点采集耕层土壤样品，测试土壤有机质、全氮、有效磷、速效钾、缓效钾，微量元素锌、铜、铁、锰、硼。测试方法按农业部《测土配方施肥技术操作规程》规定的土壤养分常规测试方法进行。

2 结果与分析

2.1 供试土壤养分含量状况

土壤养分丰缺指标是建立在土壤养分测试值和田间试验基础上，因此土壤养分测定的准确性，直接影响到与作物产量的相关性和指标划分的准确性。为了保证土壤养分测试的准确性，我们通过每批土样加标准物质和做平行样对测定结果进行质量控制，共测试37个土样，获得分析数据148个。从表6可见，供试土壤有机质平均16.01 g/kg，变异系数21.10%；全氮平均0.963 g/kg，变异系数11.70%；有效磷平均14.64 mg/kg，变异系数

52.18%；速效钾平均138 mg/kg，变异系数19.70%。以上结果表明，土壤养分变异较大。

表6　播前耕层土壤养分状况

测定指标	有机质(g/kg)	全氮(g/kg)	有效磷(mg/kg)	速效钾(mg/kg)
最小值	10.1	0.75	3.9	91
最大值	26.4	1.176	39.6	249
平均值	16.01	0.963	14.64	138
变异系数(%)	21.10	11.70	52.18	19.70

2.2　土壤磷、钾养分丰缺指标的建立

根据“3414＋1”试验设计中的4、6、8处理所获得的产量计算相对产量和试验点的特点，建立磷、钾养分丰缺指标。计算相对产量的公式：

磷的相对产量＝处理4($N_2P_0K_2$)产量/处理6($N_2P_2K_2$)产量×100%

钾的相对产量＝处理8($N_2P_2K_0$)产量/处理6($N_2P_2K_2$)产量×100%

由磷、钾相对产量与相对应的基础土壤养分磷、钾测试值建立相关关系，其散点分布符合对数曲线模型($y=b\ln x+a$)，经方程拟合，分别配置土壤有效磷、速效钾的对数方程式(见图1、图2)。

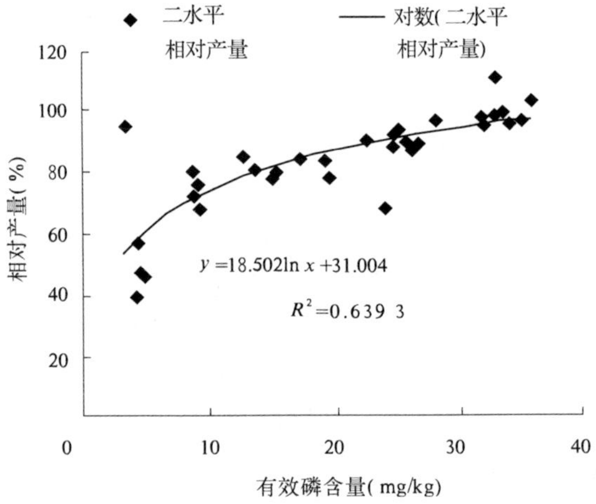

图1　土壤有效磷含量($r=0.80,n=37$)与作物相对产量的关系

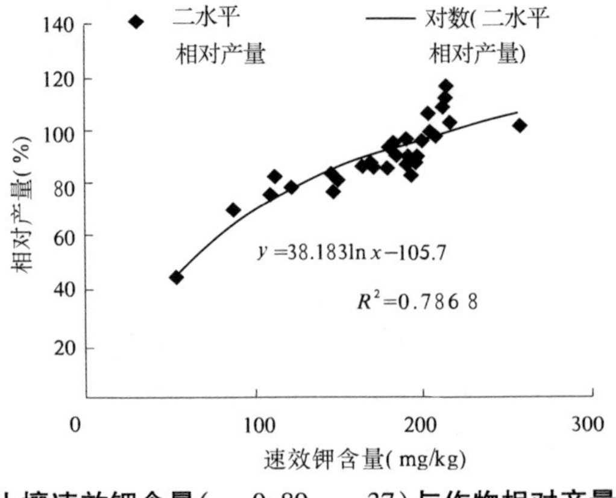

图2　土壤速效钾含量($r=0.89,n=37$)与作物相对产量的关系

方程经拟合性检验，达到极显著水平。以相对产量小于50%、50% ~75%、75% ~85%、85% ~95%、大于95%为划分标准，把土壤养分丰缺分为极低、低、中、高、极高5级。具体为相对产量小于50%时，所对应的土壤养分值为极低养分等级；相对产量在50% ~75%范围内为低养分等级；相对产量在75% ~85%范围内为中等养分等级；相对产量在85% ~95%范围内为高养分等级；相对产量大于95%为极高养分等级。土壤速效磷、钾丰缺指标见表7。

表7 土壤有效磷、速效钾养分丰缺指标

肥力状况	极低	低	中	高	极高
相对产量(%)	<50	50 ~75	75 ~85	85 ~95	>95
土壤有效磷(mg/kg)	<7	7 ~14	14 ~30	30 ~40	>40
土壤速效钾(mg/kg)	<70	70 ~100	100 ~160	160 ~200	>200

2.3 施肥模型的建立

通过"3414 +1"设计建立NPK三元二次、二元二次、一元二次肥料效应模型，通过对全县两大粮食作物的37个试验(其中冬小麦试验20个、夏玉米试验17个)的产量与施肥量分别进行回归分析，结果表明，通过三元二次方程拟合性检验冬小麦通过率为15%，夏玉米为41.17%；通过一元二次方程拟合性检验冬小麦N为75%、P为80%、K为80%，夏玉米N为35.29%、P为35.29%、K为47.05%(见表8)。

表8 孟津县2005 ~2007年冬小麦 - 夏玉米"3414 +1"田间试验结果方程拟合情况

作物名称	总试验个数	三元二次方程拟合通过率(%)	一元二次方程拟合通过率(%)		
			N	P	K
冬小麦	20	15	75	80	80
夏玉米	17	41.17	35.29	35.29	47.05

根据经济学原理，通过边际分析，计算经显著性检验的每个试验点的最高施肥量、最佳施肥量，并按不同肥力水平分类统计汇总。根据试验汇总结果，结合当地生产实践，提出不同肥力水平条件下的最佳施肥量(见表9)。

表9 冬小麦 - 夏玉米不同肥力水平条件下氮、磷、钾最佳施肥量

作物名称	肥力水平	最佳施肥量(kg/亩)		
		N	P_2O_5	K_2O
冬小麦	高	11	7	6
冬小麦	中	9	6	4
冬小麦	低	7	4	3
夏玉米	高	14	6	5
夏玉米	中	11	5	4
夏玉米	低	9	4	3

2.4 根据"3414"试验结果，建立主要粮食作物施肥体系

2.4.1 冬小麦施肥指标体系建立

冬小麦氮肥用量采用以产定氮法(见表10)，即

施氮量 = 目标产量需氮量 + 氮素表观损失 + 土壤氮素残留 - 土壤养分供应

表 10　孟津县冬小麦氮肥推荐用量

级别	目标产量(kg/亩)	氮肥用量(kg/亩)
高	500	10.5 ~ 12
中	300 ~ 400	9 ~ 10.5
低	< 300	9

磷肥用量采用测土定磷(恒量监控):目标产量 500 kg/亩时,需磷量(P_2O_5)为 7 kg/亩;目标产量 300 ~ 400 kg/亩时,需磷量(P_2O_5)为 6 kg /亩;目标产量 300 kg/亩时,需磷量(P_2O_5)为 4 kg /亩。对于磷肥管理来说,当土壤有效磷(Olsen - P)低于 7 mg/kg(P),磷肥管理的目标是通过增施磷肥提高作物产量和土壤有效磷含量,磷肥用量为作物带走量的 2 倍;有效磷(Olsen - P)介于 7 ~ 14 mg/kg(P),磷肥用量为作物带走量的1.5倍;当土壤有效磷在 14 ~ 30 mg/kg(P)时,磷肥管理的目标是维持现有土壤有效磷水平,磷肥用量等于作物的带走量;当土壤有效磷介于 30 ~ 40 mg/kg 时,磷肥用量为作物带走量的 0.5 倍;当土壤有效磷大于 40 mg/kg 时,施磷肥的增产潜力不大,不建议施用磷肥。具体磷肥施肥指标体系见表 11。

表 11　孟津县冬小麦不同肥力水平磷肥施肥指标体系

肥力等级	有效磷(mg/kg)	施入/带出	磷肥用量(kg/亩)		
			高产田	中产田	低产田
极低	<7	2	14	12	8
低	7 ~ 14	1.5	10.5	9	6
中	14 ~ 30	1	7	6	4
高	30 ~ 40	0.5	3.5	3	2
极高	>40	0	0	0	0

注:表中“投入/产出”指作物施肥量比养分带走量。

冬小麦钾肥用量采用肥料效应函数法。肥力等级划分及对应施钾量见表 12。

表 12　孟津县冬小麦不同肥力水平钾肥施肥指标体系

肥力等级	速效钾(mg/kg)	施入/带出	钾肥用量(kg/亩)		
			高产田	中产田	低产田
极低	<70	2	12	8	6
低	70 ~ 100	1.5	9	6	4.5
中	100 ~ 160	1	6	4	3
高	160 ~ 200	0.5	3	2	1.5
极高	>200	0	0	0	0

2.4.2　夏玉米施肥指标体系建立

夏玉米氮肥用量采用以产定氮法(见表 13),即

施氮量 = 目标产量需氮量 + 氮素表观损失 + 土壤氮素残留 - 土壤养分供应

氮肥(总量控制,分期调控):每亩施氮总量的 30% 作为基肥施入,总量的 70% 作为

追肥于十展叶(小喇叭口)期施入。

表13 孟津县夏玉米氮肥推荐用量

级别	目标产量(kg/亩)	氮肥用量(kg/亩)
高	>600	11~13
中	400~500	10~11
低	300~400	9~10

夏玉米磷肥用量采用测土定磷(恒量监控),施肥指标体系见表14。

表14 孟津县夏玉米不同肥力水平磷肥施肥指标体系

肥力等级	有效磷(mg/kg)	投入/产出	钾肥用量(kg/亩)		
			高产田	中产田	低产田
极低	<7	2	12	10	8
低	7~14	1.5	9	7.5	6
中	14~30	1	6	5	4
高	30~40	0.5	3	2.5	2
极高	>40	0	0	0	0

夏玉米钾肥用量采用肥料效应函数法,肥力等级划分及对应施钾量见表15。

表15 孟津县夏玉米不同肥力水平钾肥施肥指标体系

肥力等级	速效钾(mg/kg)	投入/产出	钾肥用量(kg/亩)		
			高产田	中产田	低产田
极低	<70	2	10	8	6
低	70~100	1.5	7.5	6	4.5
中	100~160	1	5	4	3
高	160~200	0.5	2.5	2	1.5
极高	>200	0	0	0	0

3 分区施肥指导意见

3.1 冬小麦分区施肥指导意见

孟津县根据地形地貌及土壤类型分为三大区。

高产田亩产500 kg以上产量水平:①黄河洛河、阶地灌区:24-13-5、24-14-6配方肥50~60 kg/亩;②中部丘陵区井灌区:22-12-8配方肥50~55 kg/亩。

中产田亩产400~500 kg产量水平:①中部黄土台塬区:22-16-8配方肥40~50 kg/亩;②红黄土、红黏土丘陵区:22-12-8配方肥40~50 kg/亩;③基岩丘陵区:22-16-7配方肥40~50 kg/亩。

低产田亩产300~400 kg产量水平:①中部黄土台塬区:18-12-6配方肥50 kg/亩;②红黄土、红黏土丘陵区:18-10-6配方肥50 kg/亩;③基岩丘陵区:18-12-6配方肥50 kg/亩。

3.2 夏玉米分区施肥指导意见

高产田亩产500~600 kg以上产量水平:①黄河洛河28-8-5、阶地灌区26-8-8配方肥50~60 kg/亩;②中部丘陵区井灌区:26-8-8配方肥50~55 kg/亩。

中产田亩产400～500 kg产量水平：①中部黄土台塬区：22－8－8配方肥40～50 kg/亩；②红黄土、红黏土丘陵区：24－6－8配方肥40～50 kg/亩；③基岩丘陵区：22－10－6配方肥40～50 kg/亩。

低产田亩产300～400 kg产量水平：①中部黄土台塬区20－8－6配方肥50 kg/亩；②红黄土、红黏土丘陵区：20－6－6配方肥50 kg/亩；③基岩丘陵区：20－8－6配方肥50 kg/亩。

4　存在问题与讨论

4.1　"3414"试验中第二水平（相对合理施肥量）的确定

对37个田间肥效试验点，进行方程拟合，有部分方程出现最佳施肥量外推的情况（最佳施肥量超出第三水平），也存在施肥水平离最佳施肥量太远，不能准确地捕捉到最佳施肥量，这主要是由于第二水平确定不准造成的。应大量、系统地归纳和总结近年来的田间试验结果，并根据试验田可能获得的目标产量，来设计第二个水平。

4.2　相对产量的分界因试验数据而定

试验点的设置上3/4在中高肥力土壤，相对产量60%以上的试验点几乎没有，75%以下的试验点亦相对较少，钾的相对产量75%以下也缺乏试验数据，划分的低等级的磷、钾指标偏低，对应的养分值外推。若再以50%作丰缺指标的划分界线，势必外推范围更大。因此，依据试验数据，结合孟津县生产水平以小于75%的相对产量为划分低端养分界限。在相对产量75%～95%的范围内试验点集中，且土壤养分差异较大，在界限划分上设为两档，即75%～85%和85%～95%。

4.3　土壤养分不是唯一因素

作物产量是综合作用的结果，建立指标体系时要充分考虑这一点，试验结果表明，在土壤养分基本相同的不同试验点上，相对产量各异。在试验的设置上土壤养分与作物产量水平应共同作为选点依据。

孟州市主要农作物施肥指标体系建立与分区施肥指导意见

张文华[1]　范合琴[2]　胡永平[1]　安翠娟[1]

（1. 孟州市农业技术推广中心 2. 焦作市土壤肥料工作站 · 2009年6月）

摘要：根据田间试验结果等分析，建立了主要作物施肥指标体系，并根据土样检测结果，结合目标产量，提出了分区施肥指导性意见，对指导当地农业生产具有十分重要的现实意义。

关键词：农作物　施肥指标体系　分区施肥　指导意见

孟州市于2005年承担了国家测土配方施肥补贴项目，4年间根据项目实施方案要求,在小麦、玉米、花生上安排肥料“3414”田间肥效试验67个,校正示范试验70个。通过试验结果统计分析,建立三元二次、二元二次、一元二次效应函数,并对各试验点回归分析进行显著性分析,不显著试验点、数据异常点剔除不参与平均汇总分析,建立了孟州市主要作物施肥指标体系。

1 试验结果统计分析

1.1 小麦

小麦高产地块最佳经济参数施氮肥14.09 kg/亩、施磷肥8.94 kg/亩,对应单产为522.6 kg/亩和527.5 kg/亩。最高产量参数施氮肥26.05 kg/亩、施磷肥10.64 kg/亩,对应单产为539.66 kg/亩和529.32 kg/亩。两者相比,施氮量有较大差异,产量结果差别不大。钾肥无显著数据支持。

小麦中产地块最佳经济参数施氮肥23.13 kg/亩、施磷肥5.68 kg/亩、施钾肥5.06 kg/亩,对应单产为599.78 kg/亩、492.49 kg/亩和523.26 kg/亩。最高产量参数施氮肥26.79 kg/亩、施磷肥5.86 kg/亩、施钾肥5.50 kg/亩,对应单产为605 kg/亩、492.68 kg/亩和523.99 kg/亩。两者相比,除施氮量最高产量参数略高外,施磷、钾量数据很接近,相对产量也表现一致。有一定的参考意义。

小麦低产地块最佳经济参数施氮肥13.68 kg/亩、施磷肥3.24 kg/亩,对应单产为440.13 kg/亩和386.88 kg/亩。最高产量参数施氮15.51 kg/亩、施磷肥3.24 kg/亩,对应单产为442.68 kg/亩和386.88 kg/亩。两者相比,基本接近,差别不大。钾肥无显著数据支持。

1.2 玉米

玉米高产地块最佳经济参数和最高产量参数中氮、磷肥,无显著数据支持。最佳经济参数施钾量为8.17 kg/亩,对应产量为530.97 kg/亩;最高产量参数施钾量为9.06 kg/亩,对应产量为531.89 kg/亩。

玉米中产地块最佳经济参数施氮肥10.71 kg/亩、施磷肥5.52 kg/亩、施钾肥7.23 kg/亩,对应单产为512.10 kg/亩、509.56 kg/亩和448.15 kg/亩。最高产量参数施氮肥11.99 kg/亩、施磷肥5.73 kg/亩、施钾肥7.4 kg/亩,对应单产为513.61 kg/亩、509.75 kg/亩和448.31 kg/亩。两者相比,除施氮量最高产量参数略高外,施磷、钾量数据很接近,对应产量也表现一致。有一定的参考意义。

玉米低产地块最佳经济参数施氮肥7.89 kg/亩、施磷肥1.19 kg/亩、施钾肥11.3 kg/亩,对应单产为484.71 kg/亩、384.91 kg/亩和587.81 kg/亩。最高产量参数施氮17.37 kg/亩、施磷肥0.81 kg/亩、施钾肥13.25 kg/亩,对应单产为496.32 kg/亩、384.5 kg/亩和589.81 kg/亩。两者相比,除施氮量最高产量参数相差悬殊外,施磷、钾量数据很接近,对应产量也表现一致。

1.3 花生

其中花生高产地块最佳经济参数施氮肥10.2 kg/亩,对应单产为322.6 kg/亩。最高产量参数施氮肥10.8 kg/亩,对应单产为358.9 kg/亩。两者相比,施氮量有较大差异,产量结果差别不大。磷肥无显著数据支持。最佳经济参数施钾肥5.9 kg/亩,对应单产为

264.5 kg/亩。最高产量参数施钾肥 7 kg/亩，对应单产为 265.5 kg/亩。

花生中产地块最佳经济参数施氮肥 14.3 kg/亩、施钾肥 4.2 kg/亩，对应单产为 271.9 kg/亩、248.9 kg/亩。最高产量参数施氮肥 16.1 kg/亩、施钾肥 4.2 kg/亩，对应单产为 273 kg/亩、250.4 kg/亩。磷肥无显著数据支持。

花生低产地块最佳经济参数施氮肥 16.3 kg/亩，对应单产为 223 kg/亩。最高产量参数施氮肥 19.7 kg/亩，对应单产为 225.1 kg/亩。磷、钾肥无显著数据支持。

2 技术参数分析

2.1 产投比

小麦高产地块的产投比最低，中产地块产投比较高，氮、磷、钾分别为 2.14、5.45 和 0.71，低产地块氮、磷产投比也较好，为 1.94 和 2.51，值得注意的是，各类小麦试验点的钾肥产投比均低，其中高产和低产地块为负值。玉米高产地块产投比较高，氮、磷、钾分别为 2.25、4.19 和 2.78；中产地块的磷、钾产投比较高，分别为 5.66 和 8.94；低产地块产投比较低，氮、磷、钾分别为 0.44、1.13 和 1.32。

2.2 肥料贡献率

小麦试验中氮肥的肥料贡献率最高，高产地块为 19.04%，中低产田分别为 40.58% 和 48.76%；磷肥的肥料贡献率次于氮肥，高产地块为 10.43%，中低产田分别为 31.75% 和 24.4%；钾肥的肥料贡献率最低，高中低地块最高为 7.67%。原因是孟州市土壤中钾元素较为丰富。

玉米试验中，氮、磷、钾的贡献率均较好。高中低地块氮肥贡献率分别为 32.19%、23.14%、18.27%；磷肥贡献率分别为 21.56%、27.37%、12.87%；钾肥贡献率分别为 15.41%、27.75%、13.19%。

2.3 土壤供肥量

小麦试验中氮、磷、钾的土壤供肥量高产地块分别为 12.14 kg/亩、4.75 kg/亩、12.63 kg/亩；中产地块分别为 10.74 kg/亩、3.88 kg/亩、12.07 kg/亩；低产地块分别为 7.06 kg/亩、3.28 kg/亩、9.52 kg/亩。

玉米试验地中氮、磷、钾的土壤供肥量高产地块分别为 32.19 kg/亩、21.56 kg/亩、15.41 kg/亩；中产地块分别为 23.14 kg/亩、27.37 kg/亩、27.75 kg/亩；低产地块分别为 18.27 kg/亩、12.87 kg/亩、13.19 kg/亩。

2.4 100 kg 产量所需养分量

小麦试验中 100 kg 产量所需养分量氮、磷、钾，高产地块分别为 3.02 kg、1.02 kg、2.59 kg；中产地块分别为 3.09 kg、1.02 kg、2.75 kg；低产地块分别为 2.66 kg、1.04 kg、2.72 kg 均与常规值接近。

玉米试验中 100 kg 产量所需养分量氮、磷、钾，高产地块分别为 3.44 kg、1.15 kg、7.02 kg；中产地块分别为 3.52 kg、1.27 kg、8.83 kg；低产地块分别为 3.28 kg、1.07 kg、7.99 kg，其中氮、磷均与常规值接近，只是钾肥数据异常高，可能是测试过程有问题，而由此导致玉米试验中钾素的产投比、肥料贡献率、土壤供肥量、肥料利用率均有异常。

2.5 肥料利用率

小麦试验中氮、磷、钾的肥料利用率,高产地块分别为26.42%、31.46%、3.33%;中产地块分别为30.64%、21.1%、7.08%;低产地块分别为21.03%、20.21%、1.69%。

玉米试验中氮、磷、钾的肥料利用率,高产地块氮为8.52%,磷、钾为负值;中产地块分别为15.26%、17.71%、4.95%;低产地块分别为7.04%、6.6%、1.24%。

3 施肥指标体系建立

参考4年的“3414”试验、校正示范试验、丰缺指标试验等结果及分析结论,结合近年来孟州市的生产实际水平,以及土肥专家意见,作出孟州市耕地中氮、磷、钾含量丰缺指标数据如表1所示。

表1 孟州市土壤养分丰缺指标

丰缺等级		低	中	高	极高
小麦	全氮(g/kg)	≤0.8	0.8~1.3	1.3~1.8	≥1.8
	有效磷(mg/kg)	≤10	10~20	20~40	≥40
	速效钾(mg/kg)	≤50	50~90	100~140	≥140
玉米	全氮(g/kg)	≤1.0	1.0~1.5	1.5~2.0	≥2.0
	有效磷(mg/kg)	≤13	13~25	25~45	≥45
	速效钾(mg/kg)	≤60	60~110	110~150	≥150

同时对小麦、玉米的不同地力水平提出不同的施肥配方建议如表2所示。

表2 孟州市小麦玉米配方施肥建议表

作物	地力	目标产量(kg/亩)	建议用量(kg/亩)		
			N	P_2O_5	K_2O
小麦	高	600	18	10	8
	中	550	15	8	5
	低	450	13	7	4
玉米	高	700	25	10	10
	中	600	22	8	8
	低	500	20	7	5

4 主要作物分区施肥指导意见

孟州市土地总面积541.6 km^2,其中耕地面积43万亩,丘陵、平原和黄河滩区各约1/3,陵区多为褐土,平原区和滩区多为潮土。根据全市近几年土壤养分测试结果,结合小麦、玉米的需肥规律和试验数据,提出孟州市不同类型区主要作物施肥指导意见(见表3)。

4.1 低氮中磷中钾区

包括化工中部和南部,大定的北中部。全氮含量一般0.6~0.7 g/kg,有效磷含量17~22 mg/kg,速效钾含量100~140 mg/kg。在小麦或玉米亩产500~550 kg的目标产量时,亩推荐施纯N 14~15 kg、P_2O_5 7~8 kg、K_2O 5~7 kg。具体施肥方法为:小麦在耕地前先撒 23－13－9 配方肥 35～40 kg/亩，犁垡上再撒 15～20 kg/亩。第二年 1 月上旬和 3 月下旬分别耧施尿素 4～6 kg/亩；玉米于播种后 25 天施 25－8－7 的配方肥 50～60 kg/亩，于播种后 45 天再施尿素 5～10 kg/亩。

4.2 低氮低磷低钾区

主要是西虢南部。全氮含量一般 0.6～0.7 g/kg，有效磷含量 11～17 mg/kg，速效钾含量 70～100 mg/kg。在小麦或玉米亩产 500～550 kg 的目标产量时，亩推荐施纯 N 14～15 kg、P_2O_5 8～9 kg、K_2O 7～10 kg。具体施肥方法为：小麦在耕地前先撒 20－12－8 配方肥 70～80 kg/亩，犁垡上再撒 20～30 kg/亩。第二年 1 月上旬和 3 月下旬分别耧施尿素 4～6 kg/亩；玉米于播种后 25 天施 23－13－9 的配方肥 60～70 kg/亩，于播种后 45 天再施尿素 5～10 kg/亩。

4.3 中氮中磷中钾区

分布于河雍和南庄、槐树的全部，河阳南部，赵和的中部和西部。全氮含量一般 0.7～1.0 g/kg，有效磷含量 17～22 mg/kg，速效钾含量 100～140 mg/kg。在小麦或玉米亩产 500～550 kg 的目标产量时，亩推荐施纯 N 13～14 kg、P_2O_5 7～8 kg、K_2O 5～7 kg。具体施肥方法为：小麦在耕地前先撒 23－16－6 配方肥 35～40 kg/亩，犁垡上再撒 15～20 kg/亩。第二年 1 月上旬和 3 月下旬分别耧施尿素 4～6 kg/亩；玉米于播种后 25 天施 23－13－9的配方肥 50～60 kg/亩，于播种后 45 天再施尿素 5～10 kg/亩。

4.4 中氮中磷高钾区

主要是赵和西北部。全氮含量一般 0.7～1.0 g/kg，有效磷含量 17～22 mg/kg，速效钾含量 140～170 mg/kg。在小麦或玉米亩产 500～550 kg 的目标产量时，亩推荐施纯 N 13～14 kg、P_2O_5 7～8 kg、K_2O 3～5 kg。具体施肥方法为：小麦在耕地前先撒 20－13－5 的配方肥 35～40 kg/亩，犁垡上再撒 15～20 kg/亩。第二年 1 月上旬和 3 月下旬分别耧施尿素4～6 kg/亩；玉米于播种后 25 天施 28－7－5 的配方肥 50～60 kg/亩，于播种后 45 天再施尿素5～10 kg/亩。

4.5 高氮低磷低钾区

主要是谷旦镇全部。全氮含量一般 1.0～1.15 g/kg，有效磷含量 11～17 mg/kg，速效钾含量 70～100 mg/kg。在小麦或玉米亩产 500～550 kg 的目标产量时，亩推荐施纯 N 11～13 kg、P_2O_5 8～9 kg、K_2O 7～10 kg。具体施肥方法为：小麦在耕地前先撒 18－17－10 的配方肥 35～40 kg/亩，犁垡上再撒 15～20 kg/亩。第二年 1 月上旬和 3 月下旬分别耧施尿素4～6 kg/亩；玉米于播种后 25 天施 23－13－9 的配方肥 50～60 kg/亩，于播种后 45 天再施尿素 5～10 kg/亩。

4.6 高氮中磷中钾区

主要是城伯镇中北部和东南部、河阳的东北部。全氮含量一般 1.0～1.15 g/kg，有效磷含量 17～22 mg/kg，速效钾含量 100～140 mg/kg。在小麦或玉米亩产 500～550 kg 的目标产量时，亩推荐施纯 N 11～12 kg、P_2O_5 7～8 kg、K_2O 5～7 kg。具体施肥方法为：小麦在耕地前先撒 18－16－6 的配方肥 35～40 kg/亩，犁垡上再撒 15～20 kg/亩。第二年 1 月上旬和 3 月下旬分别耧施尿素 4～6 kg/亩；玉米于播种后 25 天施 25－12－8 的配方肥 50～60 kg/亩，于播种后 45 天再施尿素 5～10 kg/亩。

表3 孟州市主要作物测土配方施肥推荐

地力类型	分布区域	土壤养分含量			亩产500~550 kg小麦或玉米需施肥(kg/亩)			配方肥推荐			
		全氮(g/kg)	有效磷(mg/kg)	速效钾(mg/kg)	N	P_2O_5	K_2O	小麦		玉米	
								类型	亩用量(kg)	类型	亩用量(kg)
低氮中磷中钾	化工中部南部、大定中北部	0.6~0.7	17~22	100~140	14~15	7~8	5~7	23-13-9	35~40	25-8-7	50~60
低氮低磷低钾	西虢南部	0.6~0.7	11~17	70~100	14~15	8~9	7~10	20-12-8	70~80	23-13-9	60~70
中氮中磷中钾	河雍全部,河阳南部、南庄全部、赵和中部和西部、槐树全部	0.7~1.0	17~22	100~140	13~14	7~8	5~7	23-16-6	35~40	23-13-9	50~60
中氮中磷高钾	赵和西北部	0.7~1.0	17~22	140~170	13~14	7~8	3~5	20-13-5	35~40	28-7-5	50~60
高氮低磷低钾	谷旦镇全部	1.0~1.15	11~17	70~100	11~13	8~9	7~10	18-17-10	35~40	23-13-9	50~60
高氮中磷中钾	城伯镇中北部和东南部、河阳东北部	1.0~1.15	17~22	100~140	11~12	7~8	5~7	18-16-6	35~40	25-12-8	50~60

注:1. 小麦配方肥于耕地时施入,耕翻前先撒2/3,犁垡上撒1/3,然后混耙入土。于第二年1月上旬和3月下旬分别耧施尿素4~6 kg/亩。
2. 玉米配方肥于播种后25天深施盖严,播种后45天再施尿素5~10 kg/亩。

鹿邑县主要农作物施肥指标体系建立及应用

尤 斌 魏 玲

(鹿邑县土壤肥料工作站·2009年6月)

摘要:鹿邑县通过在不同肥力水平区域进行冬小麦、夏玉米田间肥效试验,初步建立了本县主要作物施肥指标体系,并在实践中加以应用和校正,为长期开展测土配方施肥提供技术支撑。

关键词:主要农作物 施肥指标体系 建立 应用

2006~2008年度鹿邑县严格按照农业部《测土配方施肥技术规范》要求,在不同肥力水平区域安排了冬小麦、夏玉米田间肥效试验，旨在建立主要作物施肥指标体系，为长期开展测土配方施肥提供技术支撑。

1　试验概况

1.1　试验方案

根据测土配方施肥补贴项目方案要求，鹿邑县 2006 年安排冬小麦“3414 + 1”试验 10 处；2007 年安排夏玉米“3414 + 1”试验 10 处，安排冬小麦氮肥试验 5 处，养分丰缺指标试验 5 处；2008 年安排夏玉米氮肥试验 5 处，养分丰缺指标试验 5 处，安排冬小麦氮肥试验 5 处，养分丰缺指标试验 5 处。

试验采用“3414”完全实施方案 + “1”设计。试验方案包括 3 因素即氮（N）、磷（P_2O_5）、钾（K_2O），4 水平（0、1、2、3），0 水平为不施肥，2 水平为当地最佳施肥量的近似值，1 水平为 2 水平的 0.5 倍，3 水平为 2 水平的 1.5 倍（为过量施肥水平），冬小麦“3414 + 1”田间肥效试验中“1”为只施有机肥，夏玉米“3414 + 1”田间肥效试验中 1 为全肥 + 锌（$N_2P_2K_2$ + Zn）。共 14 + 1 个处理。各处理不设重复，小区面积 24 ~ 50 m^2，试验地周围设 1 m 保护行。“3414 + 1”田间试验方案分别见表 1、表 2。试验地选择远离村庄、道路、沟渠等有代表性的田块，土体无明显障碍层，地势平坦，肥力均匀，排灌方便（见表 3 ~ 表 5）。

表 1　冬小麦“3414 + 1”试验方案

试验编号	处理	氮	磷	钾
1	$N_0P_0K_0$	0	0	0
2	$N_0P_2K_2$	0	2	2
3	$N_1P_2K_2$	1	2	2
4	$N_2P_0K_2$	2	0	2
5	$N_2P_1K_2$	2	1	2
6	$N_2P_2K_2$	2	2	2
7	$N_2P_3K_2$	2	3	2
8	$N_2P_2K_0$	2	2	0
9	$N_2P_2K_1$	2	2	1
10	$N_2P_2K_3$	2	2	3
11	$N_3P_2K_2$	3	2	2
12	$N_1P_1K_2$	1	1	2
13	$N_1P_2K_1$	1	2	1
14	$N_2P_1K_1$	2	1	1
15	$N_0P_0K_0$ + M	0	0	0

表 2 夏玉米"3414 + 1"试验方案

试验编号	处理	氮	磷	钾
1	$N_0P_0K_0$	0	0	0
2	$N_0P_2K_2$	0	2	2
3	$N_1P_2K_2$	1	2	2
4	$N_2P_0K_2$	2	0	2
5	$N_2P_1K_2$	2	1	2
6	$N_2P_2K_2$	2	2	2
7	$N_2P_3K_2$	2	3	2
8	$N_2P_2K_0$	2	2	0
9	$N_2P_2K_1$	2	2	1
10	$N_2P_2K_3$	2	2	3
11	$N_3P_2K_2$	3	2	2
12	$N_1P_1K_2$	1	1	2
13	$N_1P_2K_1$	1	2	1
14	$N_2P_1K_1$	2	1	1
15	$N_2P_2K_2$ + Zn	2	2	2

养分丰缺指标试验方案：冬小麦 2007 年 5 个处理：$N_0P_0K_0$、$N_0P_8K_6$、$N_{14}P_0K_6$、$N_{14}P_8K_0$、$N_{14}P_8K_6$，3 次重复。2008 年 5 个处理：$N_0P_0K_0$、$N_0P_8K_6$、$N_{14}P_0K_6$、$N_{14}P_8K_0$、$N_{14}P_8K_6$，3 次重复。夏玉米 2008 年 5 个处理：$N_0P_0K_0$、$N_0P_5K_5$、$N_{15}P_0K_5$、$N_{15}P_5K_0$、$N_{15}P_5K_5$，3 次重复。

氮肥用量试验方案：冬小麦 2007 年 5 个处理：$N_0P_6K_6$、$N_7P_6K_6$、$N_{14}P_6K_6$、$N_{21}P_6K_6$、$N_{28}P_6K_6$，3 次重复；2008 年 6 个处理：$N_0P_6K_6$、$N_6P_6K_6$、$N_{12}P_6K_6$、$N_{18}P_6K_6$、$N_{24}P_6K_6$、$N_{12}P_6K_6$ + 一次性底施，3 次重复。夏玉米 2008 年 6 个处理：$N_0P_5K_5$、$N_8P_5K_5$、$N_{16}P_5K_5$、$N_{24}P_5K_5$、$N_{32}P_5K_5$、$N_0P_0K_0$，3 次重复。

表 3 主要作物产量水平划分 （单位：kg/亩）

作物	高	中	低
冬小麦	>550	500 ~ 550	450 ~ 500
夏玉米	>550	500 ~ 550	450 – 500

表 4 冬小麦"3414 + 1"试验不同肥力水平各因素施肥量

施肥水平	高			中			低		
	N	P_2O_5	K_2O	N	P_2O_5	K_2O	N	P_2O_5	K_2O
0	0	0	0	0	0	0	0	0	0
1	6	4	4	5	3	3	4	2	2
2	12	8	8	10	6	6	8	4	4
3	18	12	12	15	9	9	12	6	6

表 5 夏玉米“3414 + 1”试验不同肥力水平各因素施肥量

施肥水平	高			中			低		
	N	P_2O_5	K_2O	N	P_2O_5	K_2O	N	P_2O_5	K_2O
0	0	0	0	0	0	0	0	0	0
1	8	3	3	7	2.5	2.5	9	2	2
2	16	6	6	14	5	5	12	4	4
3	24	9	9	21	7.5	7.5	18	6	6

1.2 供试材料

1.2.1 供试肥料

由县土肥站统一提供，氮肥选用尿素（含 N 46%），磷肥选用过磷酸钙（含 P_2O_5 12%），钾肥选用进口氯化钾（含 K_2O 60%）。10 个试验点按 3:4:3 分布在高、中、低不同肥力土壤上。

1.2.2 供试品种

冬小麦供试品种为矮抗 58，夏玉米供试品种：2007 年为郑单 958，2008 年为中科 11。

2 土壤养分状况

土壤养分丰缺指标是建立在土壤养分测试值和田间试验基础上，因此土壤养分测定的准确性，直接影响到与作物产量的相关性和指标划分的准确性。为了保证土壤养分测试的准确性，我们通过每批土样加标准物质和平行双样对测定结果进行质量控制，共测试试验地土样 40 个，获得分析数据 160 个（表 6）。从表 6 可见，冬小麦供试土壤全氮平均 1.11 g/kg，有效磷平均 17.17 mg/kg，速效钾平均 179 mg/kg。夏玉米供试土壤全氮平均 1.07 g/kg，有效磷平均 14.81 mg/kg，速效钾平均 157 mg/kg。

表 6 试验田耕层土壤养分化验结果汇总

肥力水平	冬小麦			肥力水平	夏玉米		
	全氮 (g/kg)	有效磷 (mg/kg)	速效钾 (mg/kg)		全氮 (g/kg)	有效磷 (mg/kg)	速效钾 (mg/kg)
高	1.31	24.73	224	高	1.22	10.10	186
高	1.09	20.38	175	高	1.27	19.30	226
高	1.18	41.67	370	高	1.21	14.30	218
高	1.46	11.35	222	高	1.25	25.20	248
中	1.13	20.84	110	中	1.10	11.20	188
中	1.26	13.74	198	中	1.21	10.30	263
中	1.20	26.11	225	中	1.12	9.60	120
中	0.98	17.18	154	中	0.91	20.31	95
中	1.19	7.80	216	中	1.08	9.85	104
中	1.14	7.90	227				
中	1.00	9.00	182				
低	1.08	12.14	119				
低	0.90	8.70	96	低	0.78	16.93	81
低	0.92	8.57	98	低	0.81	17.53	80
低	0.82	27.40	62	低	0.89	13.10	78

3 试验结果统计分析

通过“3414+1”试验设计可建立N、P、K三元二次、一元二次肥料效应模型，通过氮肥用量试验可建立N的一元二次肥料效应模型，经过对全县两大粮食作物的37个试验产量与施肥量分别进行回归分析，结果表明，“3414+1”试验中通过三元二次方程拟合性检验冬小麦通过率为50%，夏玉米为28%；全部试验中通过一元二次方程拟合性检验冬小麦N为10%、P为40%、K为10%，夏玉米N为28%、P为14%、K为14%。此外，根据经济学原理，通过边际分析，计算经显著性检验的每个试验点的最佳施肥量，并按不同肥力水平分类统计汇总（见表7、表8）。

表7 2006~2008年冬小麦、夏玉米田间试验肥料效应回归方程汇总

作物	肥力水平	样本数	模型	R^2
冬小麦	高		$Y=396.04+(2.971N)+(19.367P)+(16.017K)+(-0.723N^2)+(-1.807P^2)+(-0.989K^2)+(1.63NP)+(0.363NK)+(-0.874PK)$	0.932 118
	中		$Y=230.341+(18.022N)+(30.829P)+(7.894K)+(-614N^2)+(-1.580P^2)+(-1.048K^2)+(-0.907NP)+(0.556NK)+(-0.403PK)$	0.950 016
	低		$Y=274.579+(3.88N)+(53.313P)+(15.540K)+(-0.830N^2)+(-4.971P^2)+(-3.381K^2)+(1.531NP)+(2.775NK)+(-4.475PK)$	0.939 275
夏玉米	高		$Y=306.5+20.667N-0.639N^2$	0.985 9
	高		$Y=(-1.063P^2)+16.55P+383.7P^2$	0.985 5
	高		$Y=447.4+(1.95K)+(0.188K^2)$	0.871 4
	中		$Y=335.7+19.940N+(-0.780N^2)$	0.989 5
	中		$Y=347.05+38.017P+(3.25P^2)$	0.989
	中		$Y=356.35+24.617K+(-1.917K^2)$	0.661
	低		$Y=337.350+137.463N+(-1.828N^2)$	0.990 2
	低		$Y=398.5+50.750P+(-6.375P^2)$	0.958 9
	低		$Y=510.8+(5.65K)+(-1.875K^2)$	0.897 9

表8 冬小麦、夏玉米不同地力水平氮、磷、钾最佳施肥量

作物	肥力水平	最佳施肥量(kg/亩)		
		N	P_2O_5	K_2O
冬小麦	高	9.87	7.93	4.72
	中	9.27	5.80	3.52
	低	7.27	5.78	0.96
夏玉米	高	13.57	6.53	4
	中	10.65	5.44	5.55
	低	9.33	3.77	0.62

4 技术参数总结

鹿邑县通过2006~2008年冬小麦、夏玉米肥料效应试验和示范校正试验结果统计分析,得出了不同地力水平下养分吸收量、不同地力水平下土壤供肥量、不同施肥水平下增产率、增产量及产投比、不同地力水平下肥料利用率等参数,这为鹿邑县主要农作物施肥指标的建立提供了主要参数。

4.1 不同地力水平下养分吸收量

鹿邑县通过对2006~2008年冬小麦、夏玉米田间试验成熟的植株进行全株养分分析,得出冬小麦、夏玉米100 kg经济产量所需样分量(见表9、表10)。

表9 冬小麦不同地力水平100 kg产量养分吸收量

肥力水平	100 kg产量(籽粒)养分吸收量(kg)		
	N	P_2O_5	K_2O
高肥力	2.89	1.47	2.20
中肥力	2.78	1.58	1.90
低肥力	2.85	1.67	1.82

表10 夏玉米不同地力水平100 kg产量养分吸收量

肥力水平	100 kg产量(籽粒)养分吸收量(kg)		
	N	P_2O_5	K_2O
高肥力	2.28	0.84	2.59
中肥力	2.11	0.72	2.28
低肥力	1.84	0.77	1.41

单位产量养分吸收量=(缺素区籽粒产量×缺素区籽粒含量+缺素区茎叶产量×缺素区茎叶含量)/缺素区籽粒产量

从冬小麦和夏玉米不同肥力水平氮、磷、钾100 kg产量养分吸收量结果来看,氮、磷、钾100 kg籽粒养分吸收量比例,冬小麦为2.84:1.57:1.97,夏玉米为2.07:0.78:2.09。

4.2 不同地力水平下土壤供肥量

土壤供肥量(kg)=不施养分区农作物(冬小麦、夏玉米)产量(kg)×100 kg产量养分吸收量/100

从结果比较来看(见表11),高、中肥力水平下,氮、磷、钾各土壤供肥量,在冬小麦上表现为氮>钾>磷,在夏玉米上表现为钾>氮>磷;而在低肥力水平下,在冬小麦上表现为氮>磷>钾,在夏玉米上表现为氮>钾>磷。

表11 冬小麦、夏玉米不同地力水平土壤供肥量 (单位:kg)

肥力水平	土壤养分供应量(冬小麦)			土壤养分供应量(夏玉米)		
	N	P_2O_5	K_2O	N	P_2O_5	K_2O
高肥力	10.22	5.56	7.99	9.17	3.88	10.35
中肥力	9.47	5.72	6.88	7.56	2.79	8.09
低肥力	7.98	6.16	4.70	5.22	2.41	2.70

4.3 不同施肥水平下增产率、增产量及产投比

通过对测土配方施肥区产量和农民习惯施肥区产量的比较得出了鹿邑县测土配方施肥区的增产率、增产量及产投比(见表12)。

表12 鹿邑县不同地力水平下作物增产率、增收量与产投比参数

肥力水平	冬小麦			夏玉米		
	增产率(%)	增收(元)	产投比	增产率(%)	增收(元)	产投比
高肥力	6.19	49.31	0.78	7.86	37.11	-1.06
中肥力	9.73	54.3	0	6.74	35.07	-1.16
低肥力	31.62	44.29	0.42	11.80	63.95	-0.5

增产率(%)=[(测土配方施肥区产量-农民习惯施肥区产量)/农民习惯施肥区产量]×100%

增收=(施肥区产量-农民习惯施肥区产量)×籽粒价格-(测土配方施肥区肥料用量×肥料价格-农民习惯施肥区肥料用量×肥料价格)

产投比=(测土配方施肥区产量×籽粒价格/肥料用量×肥料价格)-(农民习惯施肥区产量×籽粒价格/肥料用量×肥料价格)

4.4 不同地力水平下肥料利用率

不同地力水平下肥料利用率见表13、表14。

表13 鹿邑县不同地力水平下冬小麦肥料利用率

肥力水平	肥料利用率(%)		
	N	P_2O_5	K_2O
高肥力	32.26	21.48	42.80
中肥力	32.53	22.99	20.42
低肥力	39.71	21.15	20.89

表14 鹿邑县不同地力水平下夏玉米肥料利用率

肥力水平	肥料利用率(%)		
	N	P_2O_5	K_2O
高肥力	21.80	12.08	29.35
中肥力	22.68	7.49	19.33
低肥力	22.27	12.76	31.92

肥料利用率=(施肥区养分吸收量-缺素区养分吸收量)/所施纯养分量

5 指标体系建立

5.1 指标体系建立的依据

施肥指标体系建立的依据:《测土配方施肥技术规范》、土壤养分化验结果、“3414+1”试验结果、土壤养分丰缺指标试验结果、参考氮肥肥效试验和示范校正试验。测土配方施肥技术要览(张富锁)提出参考的对冬小麦、夏玉米轮作地区基于土壤有效磷、速效钾测试和磷素、钾素平衡的冬小麦、夏玉米磷、钾元素施用技术等。2006~2008年,在淤土、两

合土等主要土壤上化验土样 6 680 个;在冬小麦、夏玉米上安排完成“3414 + 1”试验 20 个,土壤养分丰缺试验 10 个,氮肥用量试验 10 个。得出淤土、两合土、轻壤土养分含量,冬小麦、夏玉米生产 100 kg 籽粒养分吸收量,冬小麦、夏玉米不同肥力水平氮、磷、钾最佳施肥量,冬小麦、夏玉米土壤有效磷、速效钾养分丰缺指标。在此基础上建立了鹿邑县冬小麦、夏玉米土壤养分丰缺指标和推荐施肥指标,初步建立了冬小麦、夏玉米施肥指标体系和冬小麦、夏玉米轮作制度下磷、钾元素的施肥技术指标(见表 15、表 16)。

表 15　2006 ~ 2008 年鹿邑县土壤养分分属汇总表

土属	有机质(g/kg)	全氮(g/kg)	有效磷(mg/kg)	速效钾(mg/kg)
两合土	15.79	1.02	16.68	164.9
淤土	16.99	1.12	17.54	210.8
黑底潮土	17.33	1.17	18.5	245
灰质黑老土	16.54	1.13	16.99	229

表 16　土壤有效磷、速效钾养分丰缺指标

指标	极低	极低	低	中	高	极高
相对产量(%)		<50	50 ~ 75	75 ~ 85	85 ~ 95	>95
有效磷(mg/kg)		<4	4 ~ 8	8 ~ 18	18 ~ 28	>28
速效钾(mg/kg)			<70	70 ~ 100	100 ~ 180	>180

5.2　主要作物施肥指标体系建立

根据试验设计中的缺素区产量比全肥区产量的百分比获得相对应的相对产量,建立磷、钾养分丰缺指标。计算相对产量的公式为:

磷的相对产量 = 缺磷区产量/全肥区产量 × 100%

钾的相对产量 = 缺钾区产量/全肥区产量 × 100%

由磷、钾相对产量与相对应的试验田块基础土壤养分磷、钾测试值建立相关关系,其散点分布符合对数曲线模型($y = b\ln x + a$)。经方程拟合,分别配置鹿邑县土壤有效磷、速效钾的对数方程式(见图 1、图 2)。

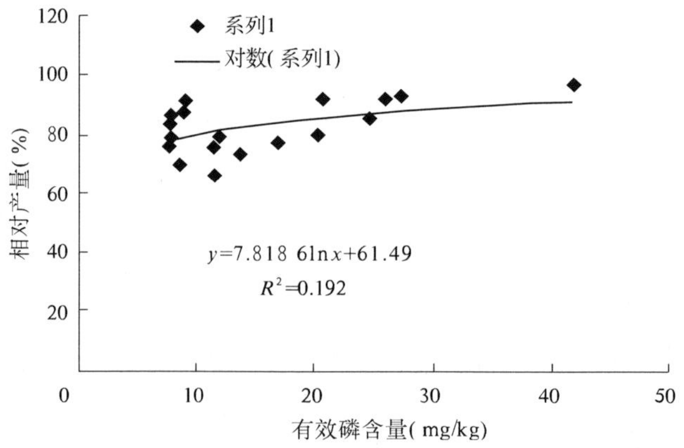

图 1　土壤有效磷含量与作物相对产量的关系

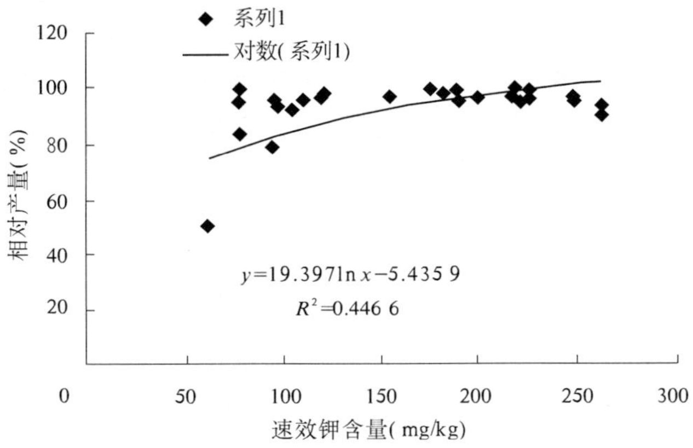

图 2 土壤速效钾含量与作物相对产量的关系

方程经拟合性检验,达到极显著水平。以相对产量小于 50%、50% ~75%、75% ~85%、85% ~95%、大于 95% 为划分标准,把土壤养分丰缺分为极低、低、中、高、极高 5 级。具体为相对产量小于 50% 时,所对应的土壤养分值为极低养分等级;相对产量在 50% ~75% 范围内为低养分等级;相对产量在 75% ~85% 范围内为中等养分等级;相对产量 85% ~95% 范围内为高养分等级;相对产量大于 95% 为极高养分等级。土壤有效磷、速效钾丰缺指标见表 16。

5.2.1 冬小麦施肥指标体系建立

5.2.1.1 冬小麦氮肥用量确定

冬小麦氮肥用量确定采用以产定氮法,即施氮量 = 目标产量需氮量 + 氮素表现损失和土壤氮素残留 - 土壤养分供应(其中目标产量需氮量由丰缺试验全肥区和“3414 + 1”试验处理 6 粒茎分析得到,氮素表现损失和土壤氮素残留由丰缺试验全肥区与缺氮区和“3414 + 1”试验处理 6 与处理 2 分析得到,即没利用的氮的数量,土壤养分供应通过空白区分析得到)(见表 17)。

表 17 鹿邑县冬小麦氮肥推荐用量

肥力等级	目标产量(kg/亩)	氮肥用量(kg/亩)
低	450 ~ 500	10 ~ 11
中	500 ~ 550	11 ~ 12
高	550 ~ 600	12 ~ 13

5.2.1.2 冬小麦磷肥用量确定

冬小麦磷肥用量确定采用恒量监控法,即“3414 + 1”试验和土壤养分丰缺试验,高、中、低产田代表产量 550 kg/亩、500 kg/亩、450 kg/亩时磷的作物带走量(P_2O_5)分别为7.8 kg/亩、6.9 kg/亩、6.26 kg/亩,对比再根据恒量监控理论对磷肥进行管理。当土壤有效磷极低(Olsen - P) <4 mg/kg(P),磷肥的管理目标是通过增施磷肥提高产量和土壤有效磷含量,磷素用量为作物带走量的 2 倍;当土壤有效磷低(Olsen - P)介于 4 ~8 mg/kg(P),磷肥的管理目标仍是通过增施磷肥提高产量和土壤有效磷含量,磷素用量为作物带走量

的 1.5 倍；当土壤有效磷在 8～18 mg/kg(P)时，磷肥的管理目标是维持土壤磷水平，磷素用量为作物带走量；当土壤有效磷处于 18～28 mg/kg(P)时，磷肥的管理目标是适当施磷以保持高产和土壤磷水平，磷素用量为作物带走量的 0.5 倍；当土壤有效磷＞28 mg/kg(P)时，磷肥增产潜力不大，不建议施用磷肥(见表 18)。

表 18　鹿邑县冬小麦磷肥施肥指标体系

肥力等级	Olsen－P(mg/kg)	施入/带出	磷(P_2O_5)用量(kg/亩)		
			高产田	中产田	低产田
极低	<4	2	16	14	12
低	4～8	1.5	12	10.5	9
中	8～18	1.0	8	7.0	6
高	18～28	0.5	4	3.5	3
极高	>28	0	0	0	0

5.2.1.3　冬小麦钾肥用量确定

冬小麦钾肥用量确定采用田间试验函数法，结合恒量监控法，即将“3414＋1”高水平试验，通过并得到的最佳施钾量加以平均，以此代表高产田中等肥力等级，进而得到高产田的施钾指标。同样的方法得到中、低水平的施钾指标(见表 19)。

表 19　鹿邑县冬小麦钾肥施肥指标体系

肥力等级	速效钾(mg/kg)	施入/带出	钾(K_2O)用量(kg/亩)		
			高产田	中产田	低产田
极低	—	2	>13.5	>7.5	>4.5
低	<70	1.5	13.5	7.5	4.5
中	70～100	1.0	9.0	5.0	3.0
高	100～180	0.5	4.5	2	1.5
极高	>180	0	0	0	0

根据试验建立了肥料效应方程拟合图(见图 3～图 5)。

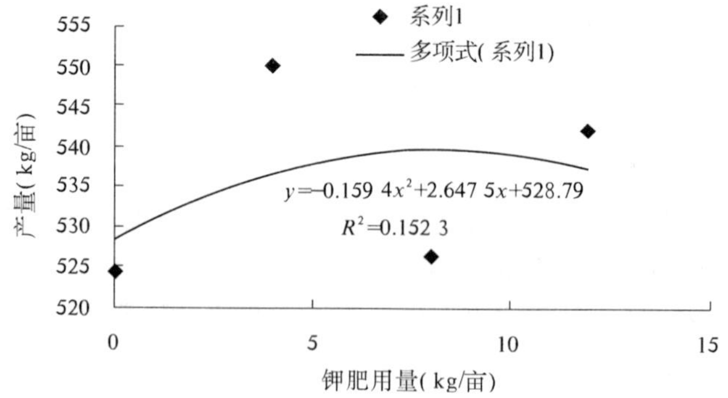

图 3　冬小麦高产田钾肥肥效应方程拟合图

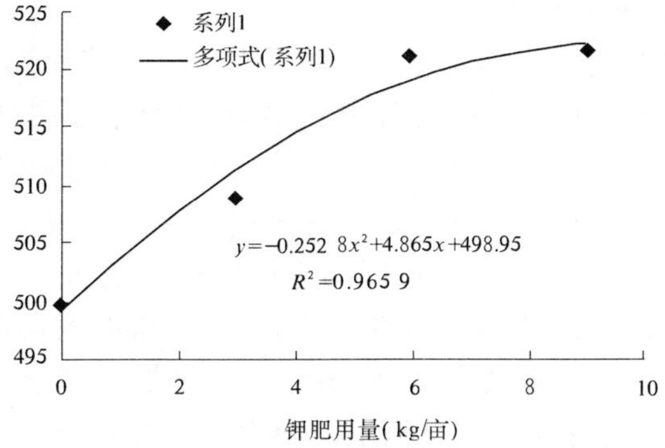

图4 冬小麦中产田钾肥肥效应方程拟合图

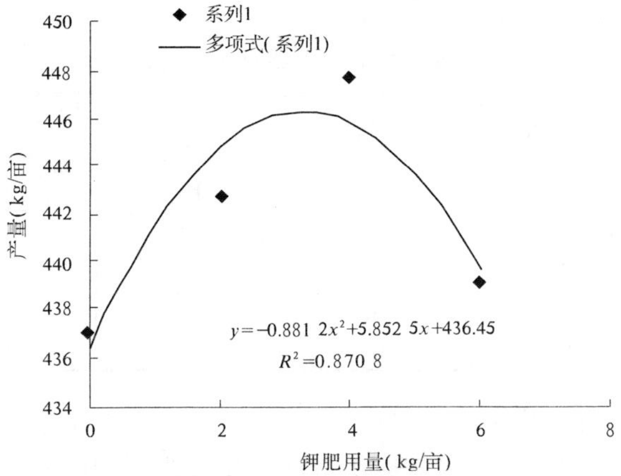

图5 冬小麦低产田钾肥肥效应方程拟合图

5.2.1.4 冬小麦微量元素施用量确定

因微量元素仅化验了铜、铁、锰、锌4项,其结果为:铜、铁、锰全部高于临界值,锌95.5%的地块高于临界值,4.5%的地块低于临界值。根据农技推广站对部分微量元素试验结果,初步提出在缺锌土壤上亩施硫酸锌1 kg。

5.2.2 夏玉米施肥指标体系建立

5.2.2.1 夏玉米氮肥用量确定

夏玉米氮肥用量推荐采用以产定氮法,即施氮量 = 目标产量需氮量 + 氮素表现损失和土壤残留 - 土壤养分供应(式中各要素意义同冬小麦)。氮肥施肥采用分期调控:30%作基肥施入或在夏玉米5叶前作苗肥施入,70%于夏玉米10叶展开时(大喇叭口前期)施入(见表20)。

表20 鹿邑县夏玉米氮肥推荐用量

地力等级	目标产量(kg/亩)	施肥量(kg/亩)
低	450~500	9~11
中	500~550	11~13
高	550~600	13~15

5.2.2.2　夏玉米磷肥用量确定

夏玉米磷肥用量确定采用恒量监控。根据"3414 + 1"试验和土壤养分丰缺指标试验，亩产 600 kg、500 kg、450 kg 时，夏玉米携出磷(P_2O_5)分别是 4.91 kg、3.91 kg、3.25 kg。根据恒量监控理论：当土壤有效磷(Olesn – P) < 4 mg/kg(P)，磷肥的管理目标是通过增施磷肥提高作物产量和土壤有效磷含量，磷素用量为作物带走量的 2 倍；当土壤有效磷(Olesn – P)介于 4 ~ 8 mg/kg(P)，磷肥的管理目标仍是通过增施磷肥提高作物产量和土壤有效磷含量，施磷量为作物带走量的 1.5 倍；当土壤有效磷在 8 ~ 18 mg/kg(P)时，磷肥的管理目标是维持土壤有效磷水平，施磷量等于作物带走量；当土壤有效磷介于 18 ~ 28 mg/kg 时，磷肥的管理目标是适当施用磷肥以保持高产和土壤有效磷水平，施磷量为作物带走量的 0.5 倍；当土壤有效磷 > 28 mg/kg 时，施磷增产作用不大，不建议施用磷肥(见表 21)。

表 21　鹿邑县夏玉米磷肥施肥指标体系

肥力等级	Olsen – P(mg/kg)	施入/带出	磷(P_2O_5)用量(kg/亩)		
			高产田	中产田	低产田
极低	<4	2	10	8	7
低	4 ~ 8	1.5	7.5	6	5 ~ 5.5
中	8 ~ 18	1	5	4	3.5
高	18 ~ 28	0.5	2.5	2	1.5 ~ 2
极高	>28	0	0	0	0

5.2.2.3　夏玉米钾肥用量确定

夏玉米钾肥用量确定采用肥料效应函数法。夏玉米"3414 + 1"得到通过的三元二次拟合或一元二次拟合中，将高、中、低水平的最佳施钾量分别加平均计算即可得到高、中、低肥力水平的最佳施钾量，以此代表高、中、低产田的中等肥力等级，进而得到钾的施肥指标(见图 6 ~ 图 8、表 22)。

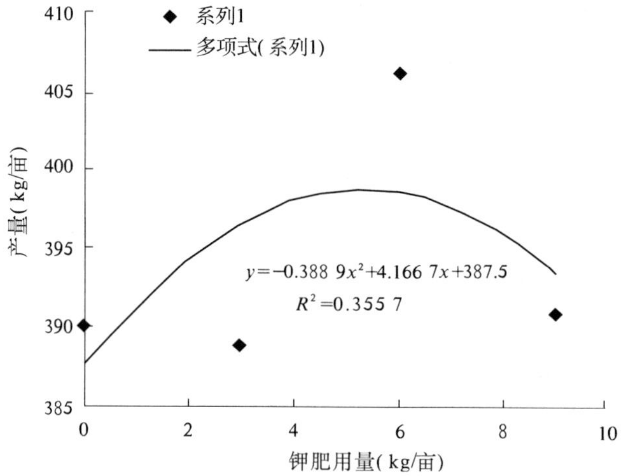

图 6　夏玉米高产田钾肥肥效应方程拟合图

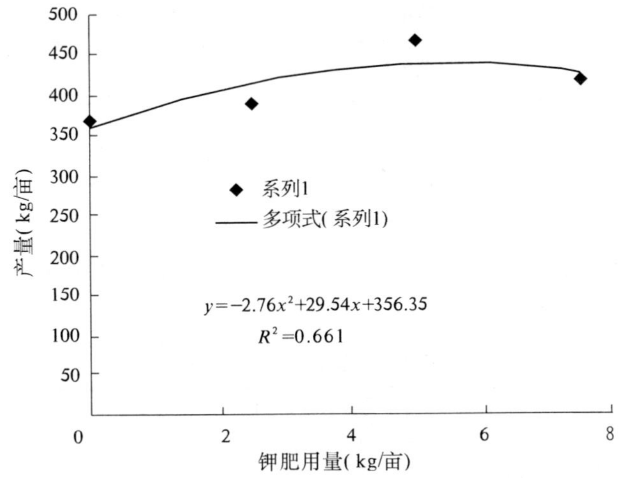

图7 夏玉米中产田钾肥肥效应方程拟合图

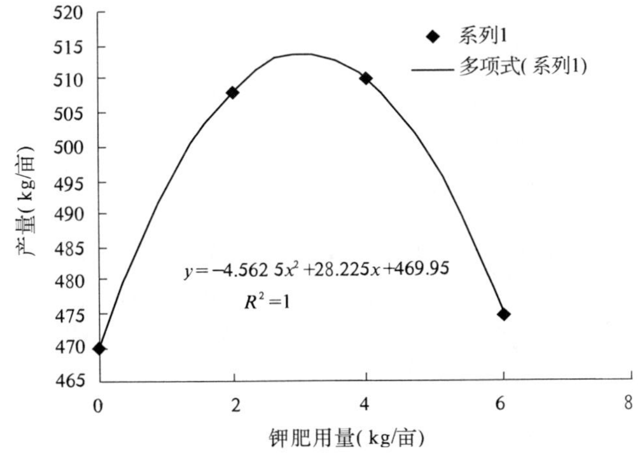

图8 夏玉米低产田钾肥肥效应方程拟合图

表22 鹿邑县夏玉米钾肥施肥指标体系

肥力等级	速效钾(mg/kg)	施入/带出	钾(K_2O)用量(kg/亩)		
			高产田	中产田	低产田
极低	—	2	>9	>7.5	>6
低	<70	1.5	9	7.5	6
中	70~100	1	6	5	4
高	100~180	0.5	3	2.5	2
极高	>180	0	0	0	0

5.2.3 冬小麦、夏玉米轮作施肥指标体系建立

冬小麦、夏玉米轮作氮肥用量:依照冬小麦、夏玉米施肥指标(见表23)。

表 23　冬小麦、夏玉米轮作氮肥施肥指标　　（单位：kg/亩）

产量水平	冬小麦		夏玉米	
	目标产量	氮素用量	目标产量	氮素用量
低产	450～500	10～11	450～500	9～11
中产	500～550	11～12	500～550	11～13
高产	550～600	12～13	550～600	13～15

冬小麦、夏玉米轮作磷肥施肥指标：将冬小麦、夏玉米磷肥施用量加在一起，2/3 用在冬小麦上，1/3 用在夏玉米上（见表 24）。

表 24　冬小麦、夏玉米轮作磷肥施肥指标　　（单位：kg/亩）

作物	产量水平	Olsen－P（mg/kg）				
		<4	4～8	8～18	18～28	>28
冬小麦	高产	17	13	9～10	4.5	0
	中产	14～15	11	7～8	4	0
	低产	12～13	5.5	6～6.5	3～4	0
夏玉米	高产	8.5	6.5	4.5～5	2～2.5	0
	中产	7～7.5	5.5	3.5～4	2	0
	低产	6.5	2～3	3～3.5	1.5～2	0

冬小麦、夏玉米轮作钾肥施肥指标：将冬小麦、夏玉米的施钾量加在一起，1/3 用在冬小麦上，2/3 用在夏玉米上（见表 25）。

表 25　冬小麦、夏玉米轮作钾肥施肥指标　　（单位：kg/亩）

作物	产量水平	速效钾（mg/kg）			
		<70	70～100	100～180	>180
冬小麦	高产	7.5	5	2.5	0
	中产	5	3～3.5	1.5～2	0
	低产	3.5	2～2.5	1～1.5	0
夏玉米	高产	15	10	5	0
	中产	10	6.5	3.5	0
	低产	7	4.5	2.5	0

夏玉米微量元素施用同冬小麦。

6　施肥指标体系田间反馈验证结果

2006～2008 年在冬小麦、夏玉米两种作物上，已完成田间示范试验 40 个，其中高产田 12 个，中产田 16 个，低产田 12 个。从田间示范结果看，冬小麦配方施肥与农户习惯施肥相比，高产田增产率为 0.04%～11.77%，中产田增产率为 2.08%～18.35%，低产田增产率为 2.56%～12.16%；夏玉米配方施肥与农户习惯施肥相比，高产田增产率为 3.4%～14.11%，中产田增产率为 1.44%～10.12%，低产田增产率为 9.81%～13.16%。同时，建立冬小麦百亩示范方 20 个，夏玉米百亩示范方 20 个。示范方冬小麦面积 2 000 亩，夏玉米面积 2 000 亩。示范方冬小麦平均亩产 554 kg，与习惯施肥相比，平均亩穗数增加0.45万,穗粒数增加1.34粒,千粒重增加2.3 g,亩增产37.85 kg,增产率为7.32%,共增小麦7.6万kg,亩增效益56.78元,共增效益11.3万元。示范方夏玉米平均亩产496 kg,与习惯施肥相比亩增产53.87 kg,共增玉米10.8万kg,平均亩增效益75.42元,共增效益15.08万元。

杞县夏玉米施肥指标与相关参数的研究

郭志刚

(杞县农业局土壤肥料站·2009年4月)

摘要:通过夏玉米"3414"试验和夏玉米丰缺指标试验,研究杞县夏玉米施肥指标参数和养分吸收量、土壤养分校正系数、土壤供肥能力、肥料利用率等相关参数,为施肥分区和肥料配方提供理论依据。

关键词:夏玉米　施肥指标　相关参数　研究

1　目的与意义

杞县是河南省重要的玉米产区之一,常年种植夏玉米60万亩,夏玉米产量36万t以上,夏玉米种植面积占杞县总耕地面积的1/2以上。近几年,随着新品种的推广和生产技术的不断更新,夏玉米生产要求的劳动力越来越少,加上农村外出务工的劳动力的增多,致使夏玉米种植面积有不断增加趋势。因此,做好夏玉米生产技术各方面的研究工作是当前夏玉米生产的重要任务,也是促进农村经济发展,农民增收和农业结构调整的一项重要内容。本试验从施肥因素着手,研究杞县夏玉米的生产各项指标,得出杞县夏玉米的施肥指标,以及与夏玉米生产相关的养分吸收量,土壤养分校正系数,土壤供肥能力和肥料利用率等基本参数,构建杞县夏玉米施肥模型,同时也为施肥分区和肥料配方提供理论依据。

2　材料与方法

2.1　试验材料

2.1.1　夏玉米品种

夏玉米国审品种郑单958。

2.1.2　肥料品种

氮肥为大颗粒尿素(含N 46%)、磷肥为河北省产施普丰牌过磷酸钙(含P_2O_5 16%)、钾肥为俄罗斯进口氯化钾(含K_2O 60%)。

2.2　试验设计

2.2.1　"3414"试验设计

按照农业部《测土配方施肥技术规范》中的"3414"完全实施方案设计,即氮、磷、钾3

因素,每个因素分0、1、2、3 4个水平,共14个处理。4个水平的含义:0水平指不施肥(即空白处理),2水平指当地最佳施肥量的近似值,1水平=2水平×0.5,3水平=2水平×1.5(见表1)。按夏玉米高、中、低肥力水平确定施肥量(见表2),试验在不施有机肥的基础上进行。施肥比例与时间为磷肥、钾肥及30%的氮肥拔节期施用,大喇叭口期追施70%氮肥。

表1　"3414"施肥方案设计

试验编号	处理	施肥水平		
		氮	磷	钾
1	$N_0P_0K_0$	0	0	0
2	$N_0P_2K_2$	0	2	2
3	$N_1P_2K_2$	1	2	2
4	$N_2P_0K_2$	2	0	2
5	$N_2P_1K_2$	2	1	2
6	$N_2P_2K_2$	2	2	2
7	$N_2P_3K_2$	2	3	2
8	$N_2P_2K_0$	2	2	0
9	$N_2P_2K_1$	2	2	1
10	$N_2P_2K_3$	2	2	3
11	$N_3P_2K_2$	3	2	2
12	$N_1P_1K_2$	1	1	2
13	$N_1P_2K_1$	1	2	1
14	$N_2P_1K_1$	2	1	1

注:各处理不设重复,小区面积40 m^2,试验地周围设1 m保护行。

表2　2007年杞县夏玉米"3414"田间试验施肥量　　(单位:kg/亩)

水平	600 kg/亩			500 kg/亩			400 kg/亩		
	N	P_2O_5	K_2O	N	P_2O_5	K_2O	N	P_2O_5	K_2O
0	0	0	0	0	0	0	0	0	0
1	8	3	3	7	2.5	2.5	6	2	2
2	16	6	6	14	5	5	12	4	4
3	24	9	9	21	7.5	7.5	18	6	6

2.2.2　丰缺指标试验设计

丰缺指标试验共设5个处理:①(无肥区)$N_0P_0K_0$;②(无氮区)$N_0P_{16}K_{15}$;③(无磷区)$N_{28}P_0K_{15}$;④(无钾区)$N_{28}P_{16}K_0$;⑤(全肥区)$N_{28}P_{16}K_{15}$。试验在不施有机肥的基础上进行,各处理重复3次,随机区组排列,小区面积40 m^2。施肥比例与时间为磷肥、钾肥及30%的氮肥拔节期施用,大喇叭口期追施70%氮肥。

2.3　试验方法

试验于2007~2008年进行,试验点设在杞县的柿元乡、高阳镇、葛岗镇、平城乡、阳固镇、西寨乡。供试土壤为潮土类两合土、黏土、沙土。试验地采用GPS定位,远离村庄(300 m以上)、道路、沟渠(10 m以上),地势平坦,肥力均匀,能排能灌。整地施肥前梅花型20点采集耕层(0~20 cm)土壤样品作为基础土样。田间管理按当地高产水平进行。我们在夏玉米的不同生育时期进行了田间调查,成熟时每小区去边行全收,人工单收单打单晒。

3 试验结果与分析

3.1 最高产量施肥量参数和最佳经济施肥量参数确立

按照“3414”试验设计,分别对2007年夏玉米9个试验点的产量数据进行氮、磷、钾三元二次方程和一元二次方程拟合,结合当年杞县肥料价格,得出每个试验的N、P、K的最高产量施肥量参数和最佳经济施肥量参数。根据拟合的三元二次方程和一元二次方程,汇总出杞县不同地力水平下的夏玉米最高产量施肥量参数和最佳经济施肥量参数(见表3、表4)。

表3 杞县不同地力水平夏玉米最高产量施肥量参数 (单位:kg/亩)

	氮(N)			磷(P_2O_5)			钾(K_2O)		
	高	中	低	高	中	低	高	中	低
	13.70	17.28	16.18	5.99	4.62	3.05	4.89	4.34	2.79
	15.25	18.29	16.37	2.32	9.77	5.28	2.22	6.11	3.53
	13.56	15.04	14.78	6.50	7.89	3.43	4.81	3.99	4.67
	12.40	12.49	13.71	6.97	4.09	4.45	5.71	4.35	3.78
					3.42				
平均	13.73	15.78	15.26	5.44	5.96	4.05	4.41	4.70	3.69

表4 杞县不同地力水平夏玉米最佳经济施肥量参数 (单位:kg/亩)

	氮(N)			磷(P_2O_5)			钾(K_2O)		
	高	中	低	高	中	低	高	中	低
	8.70	10.15	16.21	6.70	3.95	7.56	4.60	3.65	5.73
	9.64	18.17	13.39	3.67	7.45	4.91	2.28	9.40	3.30
	9.81	15.16	12.60	4.06	3.91	3.15	3.94	5.60	4.38
	8.88	11.79	11.86	6.38	3.23	4.19	5.26	3.84	3.48
		10.79						4.13	
平均	9.25	13.21	13.52	5.20	4.63	4.95	4.02	5.32	4.22

经分析(见表3)得,高产水平下,最高产量参数氮平均13.73 kg/亩,磷平均5.44 kg/亩,钾平均4.41 kg/亩;中产水平下,氮平均15.78 kg/亩,磷平均5.96 kg/亩,钾平均4.70 kg/亩;低产水平下,氮平均15.26 kg/亩,磷平均4.05 kg/亩,钾平均3.69 kg/亩。不同产量水平平均为氮14.92 kg/亩、磷5.66 kg/亩、钾6.12 kg/亩。

经分析(见表4)得,高产水平下,最佳经济产量参数氮平均9.25 kg/亩,磷平均5.20 kg/亩,钾平均4.02 kg/亩;中产水平下,氮平均13.21 kg/亩,磷平均4.63 kg/亩,钾平均5.32 kg/亩;低产水平下,氮平均13.52 kg/亩,磷平均4.95 kg/亩,钾平均4.22 kg/亩。不同产量水平平均为氮11.99 kg/亩、磷4.93 kg/亩、钾4.52 kg/亩。

从表 5 中可以看出,杞县高肥力土地由于其本身土壤质地和肥力高的原因,在施用氮肥上可以适当减少,低于中、低肥力。对于中肥力土地,适当的肥料用量增产潜力巨大。

表 5　杞县不同地力水平夏玉米施肥参数参考值　(单位:kg/亩)

肥力水平	最高产量参数			经济最佳参数		
	N	P	K	N	P	K
高肥力	13.73	5.44	4.41	9.25	5.20	4.02
中肥力	15.78	5.96	4.70	13.21	4.63	5.32
低肥力	15.26	4.05	3.69	13.52	4.95	4.22

3.2　100 kg 养分吸收量

通过 2007 年杞县"3414"夏玉米田间肥效试验和 2008 年夏玉米丰缺指标试验分别计算出无肥区($N_0P_0K_0$)、缺氮区($N_0P_2K_2$)、缺磷区($N_2P_0K_2$)、缺钾区($N_2P_2K_0$)和全肥区($N_2P_2K_2$)的 100 kg 养分吸收量(见表 6)。

表 6　杞县夏玉米 100 kg 产量养分吸收量　(单位:kg/亩)

试验点	氮(N)			磷(P_2O_5)			钾(K_2O)		
	无肥区	全肥区	缺素区	无肥区	全肥区	缺素区	无肥区	全肥区	缺素区
柿园乡万寨	1.69	1.72	1.67	0.66	0.77	0.60	1.80	2.17	1.96
葛岗镇西云所	2.58	2.35	1.95	0.92	0.88	0.89	3.29	2.34	2.30
葛岗镇郭寨	1.39	2.117	1.87	0.76	0.76	0.78	1.93	1.73	1.68
平城乡前屯	2.10	1.53	1.46	0.78	0.65	0.70	1.86	1.44	1.58
高阳镇于洼	1.73	1.86	1.97	0.71	0.84	0.69	0.98	1.84	1.86
西寨乡小集	1.40	1.61	1.35	0.87	0.75	0.79	1.58	1.32	1.27
阳固镇北村	1.92	2.50	2.06	0.73	0.91	0.94	2.17	2.40	2.29
葛岗镇晁村	2.84	3.11	3.07	0.41	0.49	0.45	1.27	1.67	1.67
平城乡聂庄	1.81	2.27	1.84	0.37	0.50	0.44	1.67	1.42	1.59
平城乡双楼	1.87	2.40	2.29	0.35	0.48	0.44	1.28	1.61	1.43
柿元乡魏庄	2.05	2.53	1.95	0.44	0.40	0.40	1.37	1.71	1.33
葛岗镇曹寨	2.03	2.04	1.84	0.43	0.37	0.46	1.87	1.76	1.53
平均	1.95	2.18	1.94	0.62	0.65	0.63	1.76	1.78	1.71

结果表明,全肥区(合理施肥区)的养分吸收量最高,即土壤养分的吸收利用量较大,缺素区与无肥区的土壤养分利用量较小。即全肥区夏玉米每形成 100 kg 经济产量所需吸收纯 N 2.18 kg、P_2O_5 0.65 kg、K_2O 1.78 kg。

3.3　土壤养分校正系数

作物地上部分与所测定土壤养分值的利用系数称为土壤养分校正系数。通过缺素区亩产量、该元素单位养分吸收和土壤测定值来计算,其公式为:

校正系数 =(缺素区亩产量 × 该元素单位养分吸收量)/(该元素土测值 ×0.15)

杞县土壤养分校正系数及分析见表 7、表 8。

表7　杞县夏玉米土壤养分校正系数

试验点	校正系数(%)		
	氮(N)	磷(P_2O_5)	钾(K_2O)
柿园乡万寨	0.06	0.41	0.56
葛岗镇西云所	0.08	1.14	0.80
葛岗镇郭寨	0.06	0.85	0.57
平城乡前屯	0.06	0.83	0.58
高阳镇于洼	0.09	0.63	0.81
西寨乡小集	0.05	0.51	0.54
阳固镇北村	0.05	0.70	0.51
葛岗镇晁村	0.12	0.25	0.44
平城乡聂庄	0.04	0.33	0.50
平城乡双楼	0.09	0.35	0.48
柿元乡魏庄	0.10	0.45	0.32
葛岗镇曹寨	0.09	0.73	0.57
平均	0.07	0.60	0.56

表8　杞县夏玉米土壤养分校正系数分析结果

项目	校正系数(%)		
	氮(N)	磷(P_2O_5)	钾(K_2O)
平均	0.07	0.60	0.56
中位数	0.07	0.57	0.55
标准差	0.03	0.26	0.14
最小值	0.04	0.25	0.32
最大值	0.12	1.14	0.81
变异系数(%)	33.84	43.94	24.54

由表8可以看出,氮(N)校正系数平均0.07%,中位数0.07%,标准差0.03,最小值0.04%,最大值0.12%,变异系数33.84%;磷(P_2O_5)校正系数平均0.60%,中位数0.57%,标准差0.26,最小值0.25%,最大值1.14%,变异系数43.94%;钾(K_2O)校正系数平均0.56%,中位数0.55%,标准差0.14,最小值0.32%,最大值0.81%,变异系数24.54%。

3.4　土壤供肥量

根据缺素区籽粒产量和缺素区100 kg养分吸收量,可以计算出该种养分的土壤供肥量(见表9)。

经分析(见表10),氮平均7.61 kg/亩,最大值12.60 kg/亩,最小值3.45 kg/亩,标准差为2.75,变异系数为36.07%;磷平均2.41 kg/亩,最大值4.60 kg/亩,最小值1.18 kg/亩,标准差为0.93,变异系数为38.30%;钾平均6.62 kg/亩,最大值11.90 kg/亩,最小值3.84 kg/亩,标准差为2.22,变异系数为33.56%。

3.5　肥料利用率

通过施肥区养分吸收量、对照区(空白)养分吸收量和施肥区的施肥量,计算肥料利用率。计算公式如下:

肥料利用率=(施肥区养分吸收量-缺素区养分吸收量)/所施纯养分量×100%

表 9　杞县夏玉米土壤养分供应量

试验点	土壤养分供应量(kg/亩)		
	氮(N)	磷(P_2O_5)	钾(K_2O)
柿园乡万寨	6.84	2.47	8.04
葛岗镇西云所	10.07	4.60	11.90
葛岗镇郭寨	6.76	2.83	6.10
平城乡前屯	6.27	3.00	6.79
高阳镇于洼	8.99	3.14	8.47
西寨乡小集	4.56	2.67	4.30
阳固镇北村	3.45	1.58	3.84
葛岗镇晁村	12.60	1.84	6.84
平城乡聂庄	4.96	1.18	4.29
平城乡双楼	11.23	2.14	7.01
柿元乡魏庄	7.67	1.57	5.25
葛岗镇曹寨	7.90	1.95	6.58
平均	7.61	2.41	6.62

表 10　杞县夏玉米土壤养分供应量分析

项目	土壤养分供应量(kg/亩)		
	氮(N)	磷(P_2O_5)	钾(K_2O)
平均	7.61	2.41	6.62
中位数	7.26	2.31	6.68
标准差	2.75	0.93	2.22
最小值	3.45	1.18	3.84
最大值	12.60	4.60	11.90
变异系数(%)	36.07	38.30	33.56

由 2007 年杞县“3414”夏玉米田间肥效试验和 2008 年夏玉米丰缺指标试验,去除非正常数据得出杞县夏玉米肥料利用率(见表 11)。

表 11　杞县夏玉米肥料利用率　(%)

试验点	氮(N)	磷(P_2O_5)	钾(K_2O)
柿园乡万寨	9.90	17.01	34.28
葛岗镇西云所	26.47	15.68	49.01
葛岗镇郭寨	36.44	26.51	52.01
平城乡前屯	16.92	12.33	26.52
高阳镇于洼	18.82	30.38	49.44
西寨乡小集	30.27	6.39	53.98
阳固镇北村	54.05	23.98	69.62
葛岗镇晁村	19.30	10.81	9.56
平城乡聂庄	57.99	11.89	
平城乡双楼	16.69	8.92	27.42
柿元乡魏庄	37.82	9.52	55.24
葛岗镇曹寨	14.50		54.27
平均	28.26	15.76	43.76

分析得(见表12),杞县夏玉米肥料利用率氮平均28.26%,中位数22.89%,标准差15.59,最小值9.90%,最大值57.99%,变异系数为55.15%;磷平均15.76%,中位数12.33%,标准差7.89,最小值6.39%,最大值30.38%,变异系数为50.08%;钾平均43.76%,中位数49.44%,标准差17.22,最小值9.56%,最大值69.62%,变异系数为39.36%。

表12 杞县夏玉米肥料利用率分析 (%)

项目	氮(N)	磷(P_2O_5)	钾(K_2O)
平均	28.26	15.76	43.76
中位数	22.89	12.33	49.44
标准差	15.59	7.89	17.22
最小值	9.90	6.39	9.56
最大值	57.99	30.38	69.62
变异系数(%)	55.15	50.08	39.36

4 结论

(1)在现有生产条件下,可以初步确定杞县夏玉米最佳施肥量是:高产水平氮肥(N)11.5 kg/亩,磷肥(P_2O_5)5.3 kg/亩,钾肥(K_2O)4.2 kg/亩;中产水平纯氮(N)14.5 kg/亩,磷肥(P_2O_5)5.3 kg/亩,钾肥(K_2O)5.0 kg/亩;低产水平纯氮(N)14.4 kg/亩,磷肥(P_2O_5)4.5 kg/亩,钾肥(K_2O)4.0 kg/亩。

(2)杞县夏玉米100 kg产量养分吸收量为氮2.18 kg/亩,磷(P_2O_5)0.65 kg/亩,钾(K_2O)1.78 kg/亩。

(3)杞县夏玉米土壤养分校正系数为氮(N)0.07%,磷(P)0.60%,钾(K)0.56%。

(4)杞县夏玉米土壤养分供应量是:氮为7.61 kg/亩,磷(P_2O_5)为2.41 kg/亩,钾(K_2O)为6.62 kg/亩。

(5)杞县夏玉米氮肥(N)平均利用率28.26%,磷肥(P_2O_5)平均利用率15.76%,钾肥(K_2O)平均利用率43.76 %。

尉氏县冬小麦施肥指标体系的建立研究初报

宋志平 张东生 李卫莲 朱志伟

(尉氏县土壤肥料站·2009年6月)

摘要:通过“3414”田间试验、氮肥用量试验和丰缺指标试验研究,获得了尉氏县潮土耕地冬小麦最高产量施肥量、最佳产量施肥量和有效磷、速效钾养分丰缺指标,同时对土壤养分供应量、肥料利用率、100 kg养分吸收量等相关参数进行了探索,为尉氏县测土配方施肥的推广提供了技术支撑。

关键词:冬小麦 施肥指标体系 建立研究

田间肥效试验是测土配方施肥补贴项目的重要工作之一,其目的是建立施肥指标体系，为测土配方施肥推广提供技术支撑。因此，根据测土配方施肥补贴项目要求，2006年、2007年尉氏县在高、中、低产田上安排2年2季20个点田间试验，其中完成“3414 + 1”试验10个、丰缺指标试验5个、氮肥用量试验5个。通过对试验数据的分析整理，获得了相关的施肥技术参数，初步建立了尉氏县冬小麦施肥指标体系。

1　试验设计与方法

1.1　试验设计

1.1.1　“3414 + 1”试验

按照农业部《测土配方施肥技术规范》中的“3414 + 1”完全实施方案设计，即氮（N）、磷（P_2O_5）、钾（K_2O）三个因素，每个因素设4个水平，其中0水平为不施肥，2水平为当地最佳施肥量的近似值，1水平 = 2水平 × 0.5，3水平 = 2水平 × 1.5。考虑到部分地方有施用有机肥的习惯，在“3414”设计的基础上增加了一个有机肥处理，“ + 1”指只施用有机肥，每亩施有机肥3 000 kg。共15个处理（见表1）。

表1　“3414”施肥方案设计

试验编号	处理	施肥水平		
		氮	磷	钾
1	$N_0P_0K_0$	0	0	0
2	$N_0P_2K_2$	0	2	2
3	$N_1P_2K_2$	1	2	2
4	$N_2P_0K_2$	2	0	2
5	$N_2P_1K_2$	2	1	2
6	$N_2P_2K_2$	2	2	2
7	$N_2P_3K_2$	2	3	2
8	$N_2P_2K_0$	2	2	0
9	$N_2P_2K_1$	2	2	1
10	$N_2P_2K_3$	2	2	3
11	$N_3P_2K_2$	3	2	2
12	$N_1P_1K_2$	1	1	2
13	$N_1P_2K_1$	1	2	1
14	$N_2P_1K_1$	2	1	1
15	$N_0P_0K_0$ + 有机肥	0	0	0

注：各处理不设重复，小区面积24 m^2，试验地周围设1 m保护行。

按小麦高、中、低肥力水平确定施肥量（见表2），施肥品种氮肥选用尿素，磷肥选用过磷酸钙（施用前测定有效磷含量），钾肥选用进口氯化钾。试验在不施有机肥的基础上进行。基、追肥比例与时间依肥力水平而定，高肥力水平磷肥、钾肥及60%的氮肥底施，拔节期追施40%氮肥。中、低肥力产量水平磷肥、钾肥及60%的氮肥底施，拔节期追施40%氮肥。

表 2　尉氏县冬小麦“3414”田间试验施肥量　（单位：kg/亩）

处理	500 kg/亩			400 kg/亩			300 kg/亩		
	N	P_2O_5	K_2O	N	P_2O_5	K_2O	N	P_2O_5	K_2O
0	0	0	0	0	0	0	0	0	0
1	6	4	4	5	3	3	4	2	2
2	12	8	8	10	6	6	8	4	4
3	18	12	12	15	9	9	12	6	6

1.1.2　丰缺指标试验和氮肥用量试验

丰缺指标试验设 5 个处理：$N_0P_0K_0$、$N_0P_8K_6$、$N_{14}P_0K_6$、$N_{14}P_8K_0$、$N_{14}P_8K_6$。

氮肥用量试验设 5 个处理：$N_0P_6K_6$、$N_7P_6K_6$、$N_{14}P_6K_6$、$N_{21}P_6K_6$、$N_{28}P_6K_6$。

以上两个试验在不施有机肥的基础上进行，各处理重复 3 次，随机区组排列，小区面积 20 ~ 30 m^2，各处理 N、P、K 分别指纯 N、P_2O_5、K_2O，用量为 kg/亩，氮肥选用尿素、磷肥用过磷酸钙（施用前测有效磷含量）、钾肥用进口氯化钾。基追比例为：磷肥及 40% 的氮肥底施，返青期追施 60% 的氮肥，磷肥 1/3 撒垡头，2/3 掩底。

1.2　试验方法

试验于 2006 ~ 2008 年进行，试验点设在尉氏县的大桥乡、张市镇、朱曲镇、岗李乡、庄头乡、南曹乡、洧川镇、门楼任乡。供试小麦品种为濮麦 9 号、矮抗 58，供试土壤为潮土类壤土、黏土、沙土。试验地采用 GPS 定位，远离村庄（300 m 以上）、道路、沟渠（10 m 以上），地势平坦，肥力均匀，能排能灌。整地施肥前梅花型采集 20 个点耕层（0 ~ 20 cm）土壤样品，作为基础土样。田间管理按当地高产水平进行。我们在冬小麦的不同生育时期进行了田间调查，成熟时每小区选取有代表性的 3 个 1 m^2，单收单打单晒，室内考种项目有株高、茎粗、穗长、穗粒数、千粒重、籽粒重、茎叶重等。处理 1、2、4、6、8 按方案要求选取植株样品，晒干后化验秸秆，籽粒中全氮、全磷、全钾、水分。每个试验一季一换地块。

土壤养分的测定方法按农业部《测土配方施肥技术规范》中的常规方法进行。

2　试验结果与分析

2.1　冬小麦最高产量施肥量和最佳产量施肥量的确定

当三元二次方程、一元二次方程拟合成功，直接求得氮、磷、钾最高产量施肥量和最佳产量施肥量。当三元二次方程、一元二次方程拟合不成功时，根据“3414”试验中处理 2（0 - 2 - 2）、处理 3（1 - 2 - 2）、处理 6（2 - 2 - 2）、处理 11（3 - 2 - 2）的产量作为氮素单因子试验分析，通过散点图添加趋势线，求得氮的最高产量施肥量和最佳产量施肥量；根据“3414”试验中处理 4（2 - 0 - 2）、处理 5（2 - 1 - 2）、处理 6（2 - 2 - 2）、处理 7（2 - 3 - 2）的产量作为磷素单因子试验分析，通过散点图添加趋势线，求得磷的最高产量施肥量和最佳产量施肥量；根据“3414”试验中处理 8（2 - 2 - 0）、处理 9（2 - 2 - 1）、处理 6（2 - 2 - 2）、处理 10（2 - 2 - 3）的产量作为钾素单因子试验分析，通过散点图添加趋势线，求得钾的最高产量施肥量和最佳产量施肥量。尉氏县冬小麦施肥技术参数详见表 3、表 4。

经分析（见表 4），求得冬小麦最佳产量施肥量为：高产水平下，氮平均 11.33 kg/亩，最大值13.70 kg/亩,最小值7.67 kg/亩;磷平均5.78 kg/亩,最大值7.03 kg/亩,最小值4.81 kg/亩;钾平均7.14 kg/亩,最大值8.58 kg/亩,最小值5.69 kg/亩。中产水平下,氮平均9.68 kg/亩,最大值11.69 kg/亩,最小值7.50 kg/亩;磷平均7.69 kg/亩,最大值9.54 kg/亩,最小值5.95 kg/亩;钾平均5.13 kg/亩,最大值5.73 kg/亩,最小值4.62 kg/亩。低产水平下,氮平均10.67 kg/亩,最大值15.9 kg/亩,最小值7.41 kg/亩;磷平均3.78 kg/亩,最大值4.07 kg/亩,最小值3.33 kg/亩;钾平均4.27 kg/亩,最大值4.81 kg/亩,最小值3.74 kg/亩。

表3　尉氏县冬小麦最佳产量施肥参数　　(单位:kg/亩)

氮(N)			磷(P_2O_5)			钾(K_2O)		
高	中	低	高	中	低	高	中	低
12.31	11.55	8.08	4.81	5.95	3.95	7.13	5.03	3.74
7.67	7.50	8.15	5.49	9.54	4.07	5.69	5.73	4.81
11.27	8.53	7.41	7.03	7.57	3.33	8.58	4.62	4.25
11.7	9.11	15.9		4.96			5.55	
13.7	11.69	13.82						

表4　尉氏县冬小麦最佳产量施肥参数分析　　(单位:kg/亩)

项目	氮(N)			磷(P_2O_5)			钾(K_2O)		
	高	中	低	高	中	低	高	中	低
平均值	11.33	9.68	10.67	5.78	7.69	3.78	7.14	5.13	4.27
最小值	7.67	7.50	7.41	4.81	5.95	3.33	5.69	4.62	3.74
最大值	13.70	11.69	15.9	7.03	9.54	4.07	8.58	5.73	4.81
标准差	2.24	1.87	3.90	1.14	2.00	0.40	1.45	0.50	0.54
变异系数	19.79	19.28	36.59	19.68	26.05	10.51	20.24	9.84	12.53

经分析(见表5、表6),求得冬小麦最高产量施肥量为:高产水平下,氮平均16.41 kg/亩),最大值19.19 kg/亩,最小值14.15 kg/亩;磷平均6.75 kg/亩,最大值7.96 kg/亩,最小值5.24 kg/亩;钾平均9.29 kg/亩,最大值10 kg/亩,最小值8.38 kg/亩。中产水平下,氮平均13.55 kg/亩,最大值21.64 kg/亩,最小值9.81 kg/亩;磷平均8.35 kg/亩,最大值11.7 kg/亩,最小值5.79 kg/亩;钾平均6.5 kg/亩,最大值8.25 kg/亩,最小值5.23 kg/亩。低产水平下,氮平均12.8 kg/亩,最大值19.67 kg/亩,最小值8.46 kg/亩;磷平均4.07 kg/亩,最大值4.28 kg/亩,最小值3.67 kg/亩;钾平均4.94 kg/亩,最大值5.73 kg/亩,最小值4.25 kg/亩。

表5　尉氏县冬小麦最高产量施肥参数　　(单位:kg/亩)

氮(N)			磷(P_2O_5)			钾(K_2O)		
高	中	低	高	中	低	高	中	低
15.96	14.40	9.82	5.24	6.74	4.25	9.48	5.66	4.25
14.27	9.81	9.30	7.05	11.70	4.28	8.38	6.87	5.73
14.15	10.18	8.46	7.96	9.17	3.67	10.00	5.23	4.83
18.48	11.72	16.73		5.79			8.25	
19.19	21.64	19.67						

表 6　尉氏县冬小麦最高产量施肥参数分析　（单位：kg/亩）

项目	氮(N)			磷(P_2O_5)			钾(K_2O)		
	高	中	低	高	中	低	高	中	低
平均值	16.41	13.55	12.80	6.75	8.35	4.07	9.29	6.50	4.94
最小值	14.15	9.81	8.46	5.24	5.79	3.67	8.38	5.23	4.25
最大值	19.19	21.64	19.67	7.96	11.70	4.28	10.00	8.25	5.73
标准差	2.34	4.87	5.06	1.38	2.65	0.35	0.83	1.35	0.74
变异系数(%)	12.19	22.51	25.75	17.35	22.65	8.10	8.29	16.42	12.99

2.2 冬小麦土壤磷、钾养分丰缺指标的建立

由于在"3414"试验中存在统一设定的最佳施肥量不能很好地代表试验点实际最佳施肥水平情况，因此若利用设计最佳施肥量处理计算相对产量，并与基础土壤养分测试值建立土壤养分丰缺指标体系时就可能出现偏差，因此采用两种方法计算相对产量，以寻求在最佳施肥量缺乏针对性条件下合理的计算模式。方法1：根据缺素区作物产量与设计最佳施肥量产量之比计算相对产量。方法2：根据缺素区作物产量与肥料效应方程求得的最高产量之比计算相对产量。

由磷、钾相对产量与相对应的基础土壤养分磷、钾测试值建立相关关系，去掉一些异常值，其散点分布符合对数曲线模型($y=b\ln x+a$)，经方程拟合，分别配置土壤有效磷、速效钾的对数方程式。以相对产量<75%、75%~85%、85%~95%和>95%为界限划分土壤养分等级，对应的肥力等级分为极低、低、中、高。通过比较最高产量施肥量、最佳产量施肥量两种方法计算尉氏县潮土冬小麦有效磷、速效钾指标（见表7、表8）时发现，方法1结果较方法2计算的有效磷、速效钾低，参照土壤养分状况，结合尉氏县的实际，以方法2建立尉氏县土壤有效磷、速效钾的分级指标（见图1~图4）。

表 7　尉氏县冬小麦土壤有效磷丰缺指标　（单位：mg/kg）

计算方法	相对产量			
	<75%	75%~85%	85%~95%	>95%
方法1	<3.9	3.9~12.6	12.6~40.7	>40.7
方法2	<5.6	5.6~13.3	13.3~31.5	>31.5
肥力状况	极低	低	中	高

表 8　尉氏县土壤速效钾丰缺指标　（单位：mg/kg）

计算方法	相对产量			
	<75%	75%~85%	85%~95%	>95%
方法1	<29.6	29.6~61.0	61.0~125.8	>125.8
方法2	<34.6	34.6~65.2	65.2~122.9	>122.9
肥力状况	极低	低	中	高

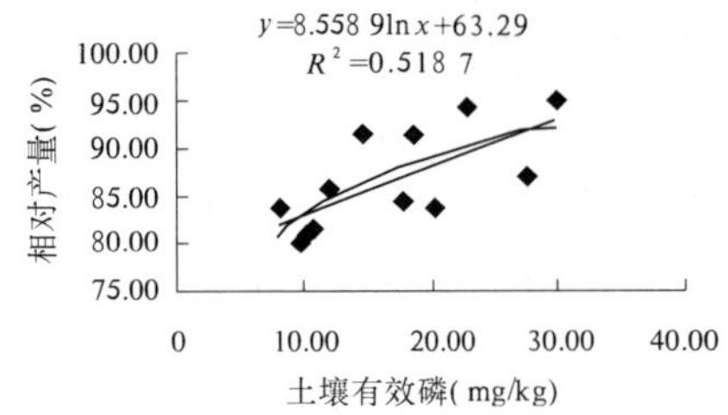

图1　尉氏县潮土区土壤有效磷含量与作物相对产量关系(方法1)

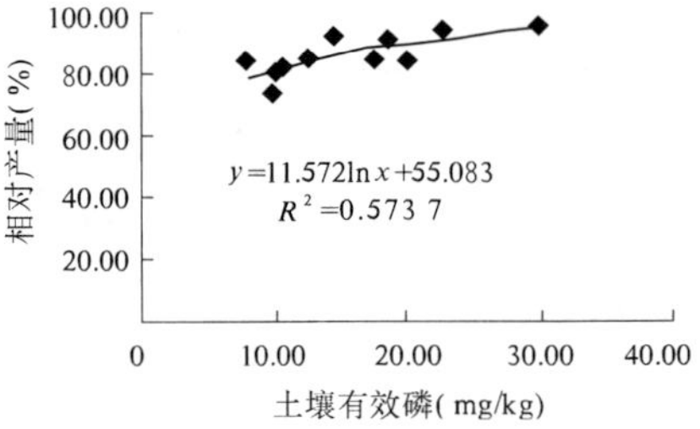

图2　尉氏县潮土区土壤有效磷含量与作物相对产量关系(方法2)

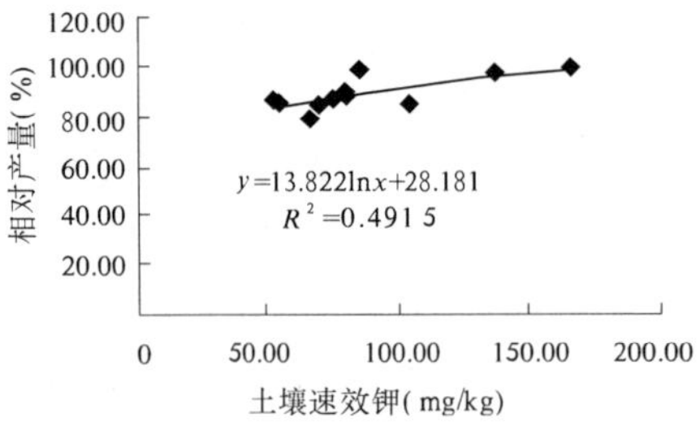

图3　尉氏县潮土区土壤速效钾含量与作物相对产量关系(方法1)

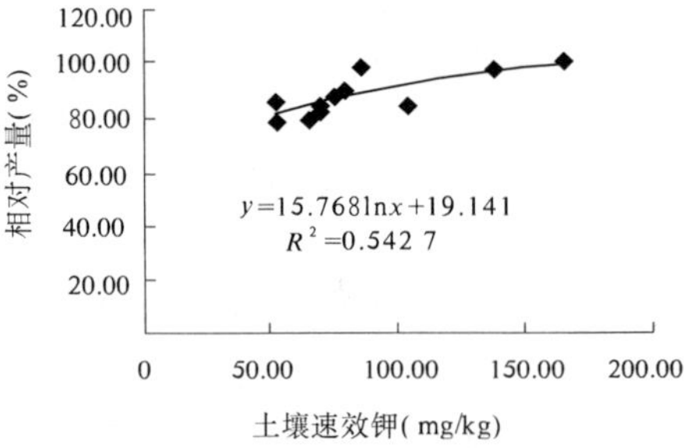

图4　尉氏县潮土区土壤速效钾含量与作物相对产量关系(方法2)

3　相关参数探索

3.1　冬小麦100 kg养分吸收量

根据尉氏县冬小麦的养分吸收量(见表9),分别计算出无肥区(0－0－0)、缺氮区(0－2－2)、缺磷区(2－0－2)、缺钾区(2－2－0)和全肥区(2－2－2)的100 kg产量养分吸收量(见表9)。

表9　尉氏县冬小麦100 kg产量养分吸收量　　(单位:kg)

地块编号	产量水平	氮(N)			磷(P_2O_5)			钾(K_2O)		
		无肥区	全肥区	缺素区	无肥区	全肥区	缺素区	无肥区	全肥区	缺素区
2006A001	高	3.19	3.25	2.76	0.62	1.24	0.47	2.53	2.00	2.06
2006A002	高	2.73	2.91	2.48	0.90	0.96	0.72	1.95	2.29	2.62
2006A003	高	2.40	2.98	2.63	1.08	1.35	0.79	1.75	2.34	2.97
2007A001	高	2.42	2.65	2.72	0.62	0.46	0.74	2.48	3.28	4.55
2006A004	中	2.61	3.03	2.75	1.20	1.23	1.04	2.10	2.47	2.23
2006A005	中	2.67	2.86	2.68	0.90	1.39	0.96	2.55	2.20	2.28
2006A006	中	2.79	3.27	2.77	0.96	1.04	0.56	2.79	2.35	2.92
2006A007	中	2.68	3.17	3.11	1.62	1.38	1.15	1.71	2.66	2.76
2007A002	中	3.21	3.01	2.50	0.58	0.62	0.66	0.88	4.21	5.10
2007A003	中	2.64	2.50	2.78	0.51	0.40	0.52	2.53	3.64	2.53
2006A008	低	2.46	3.32	2.40	1.68	1.16	1.60	2.51	2.10	0.91
2006A009	低	3.04	3.15	2.91	1.20	1.86	2.51	2.11	1.99	3.29
2006A010	低	2.69	3.27	2.64	1.02	1.40	2.41	2.36	1.82	1.67
2007A004	低	1.92	2.84	2.51	0.73	0.73	0.67	2.10	4.73	2.93
2007A005	低	2.70	2.63	2.78	0.46	0.60	0.80	2.57	2.53	2.51

结果表明,全肥区(合理施肥区)的养分吸收量最高,即土壤养分的吸收利用量最大,而缺素区的土壤养分利用量最小。N、P_2O_5、K_2O 表现出同样的趋势(见表10)。即全肥区冬小麦每形成100 kg经济产量所需吸收纯氮2.99 kg、P_2O_5 1.06 kg、K_2O 2.68 kg。

表10 尉氏县冬小麦100 kg产量养分吸收量汇总 (单位:kg)

肥力水平	氮(N)			磷(P_2O_5)			钾(K_2O)			点数
	无肥区	全肥区	缺素区	无肥区	全肥区	缺素区	无肥区	全肥区	缺素区	
高	2.69	2.95	2.65	0.81	1.00	0.68	2.18	2.48	3.05	4
中	2.77	2.97	2.76	0.96	1.01	0.81	2.09	2.92	2.97	6
低	2.56	3.04	2.65	1.02	1.15	1.60	2.33	2.63	2.26	5
平均	2.67	2.99	2.69	0.93	1.06	1.03	2.20	2.68	2.76	15

3.2 冬小麦土壤供肥量

根据缺素区籽粒产量和缺素区100 kg养分吸收量,可以计算出该种养分的土壤供肥量(见表11)。

经分析(见表12),在高产水平下,氮平均11.06 kg/亩,最大值12.57 kg/亩,最小值10.37 kg/亩;磷平均2.88 kg/亩,最大值3.78 kg/亩,最小值1.85 kg/亩;钾平均12.70 kg/亩,最大值17.56 kg/亩,最小值8.08 kg/亩;中产水平下,氮平均8.97 kg/亩,最大值9.68 kg/亩,最小值8.03 kg/亩;磷平均2.9 kg/亩,最大值3.45 kg/亩,最小值1.95 kg/亩;钾平均8.11 kg/亩,最大值10.20 kg/亩,最小值6.83 kg/亩。低产水平下,氮平均8.71 kg/亩,最大值10.31 kg/亩,最小值7.61 kg/亩;磷平均5.72 kg/亩,最大值8.22 kg/亩,最小值2.74 kg/亩;钾平均7.4 kg/亩,最大值12.05 kg/亩,最小值2.88 kg/亩。高、中、低产水平下,氮平均9.58 kg/亩,最小值8.71 kg/亩,最大值11.06 kg/亩;磷平均3.83 kg/亩,最小值2.88 kg/亩,最大值5.72 kg/亩;钾平均9.40 kg/亩,最小值7.4 kg/亩,最大值12.70 kg/亩。

表11 尉氏县冬小麦土壤养分供应量 (单位:kg/亩)

氮(N)			磷(P_2O_5)			钾(K_2O)		
高产	中产	低产	高产	中产	低产	高产	中产	低产
10.80	9.10	7.61	1.85	3.45	5.07	8.08	7.36	2.88
10.37	8.03	7.92	3.00	2.87	6.82	10.96	6.83	8.96
12.57	9.68	9.00	3.78	1.95	8.22	14.19	10.20	5.70
10.49	9.07	10.31	2.87	3.34	2.74	17.56	8.05	12.05
	12.74	9.61		3.37	2.77		26.00	8.67
	8.96			1.68			8.15	

表12 尉氏县冬小麦土壤养分供应量汇总 (单位:kg/亩)

项目	氮(N)			磷(P_2O_5)			钾(K_2O)		
	高产	中产	低产	高产	中产	低产	高产	中产	低产
平均值	11.06	8.97	8.71	2.88	2.90	5.72	12.70	8.11	7.40
最大值	12.57	9.68	10.31	3.78	3.45	8.22	17.56	10.20	12.05
最小值	10.37	8.03	7.61	1.85	1.95	2.74	8.08	6.83	2.88
中位数	10.29	9.06	9.00	2.94	3.11	5.07	12.58	8.1	8.67
标准差	1.02	0.69	1.22	0.79	0.68	2.36	4.09	1.48	3.97
变异系数(%)	9.26	7.66	14.03	27.53	23.55	41.33	32.21	18.25	53.70

3.3　冬小麦肥料利用率

通过施肥区养分吸收量、对照区（空白）养分吸收量和施肥区的施肥量，计算肥料利用率（见表13）。如氮肥利用率（%）=（施氮区氮的吸收量－空白区氮的吸收量）/施氮区氮的施用量。

经分析（见表14），高产水平下，氮平均33.86%，最小值6.53%，最大值50.60%；磷平均44.87%，最小值19.83%，最大值59.73%；钾平均13.88%。中产水平下，氮平均40.87%，最小值6.53%；磷平均37.95%，最小值30.06%，最大值46.50%；钾平均32.56%，最小值15.98%，最大值56.67%。低产水平下，氮平均64.2%，最小值35.97%，最大值80.73%；磷平均11.42%，最小值10.5%，最大值12.33%；钾平均26.30%，最小值5.75%，最大值46.80%，说明低产田钾利用率偏差较大。分析结果说明，氮、钾养分利用率，在高、中、低不同产量水平下，随着产量的提高，呈下降趋势，而磷养分利用率则正好相反，由此尉氏县冬小麦氮肥（N）平均利用率46.31%，磷肥（P_2O_5）平均利用率31.4%，钾肥（K_2O）平均利用率31.08%，此结果有待进一步验证。

表13　尉氏县冬小麦肥料利用率　　（%）

氮（N）			磷（P_2O_5）			钾（K_2O）		
高产	中产	低产	高产	中产	低产	高产	中产	低产
50.60	48.52	80.73	59.73	30.36		13.88	56.67	
30.52	29.20	66.32	19.83	46.50	10.50		25.04	
47.77	52.06	73.78	55.06	44.90				46.80
6.53	33.70	35.97		30.06	12.33		15.98	
	23.40	2.13		1.23				5.75
				0.89			86.09	

表14　尉氏县冬小麦肥料利用率分析　　（%）

项目	氮（N）			磷（P_2O_5）			钾（K_2O）		
	高产	中产	低产	高产	中产	低产	高产	中产	低产
平均	33.86	40.87	64.20	44.87	37.95	11.42	13.88	32.56	26.30
中位数	39.15	33.70	66.32	55.06	30.21	11.42		20.43	26.30
标准差	20.26	11.13	19.72	21.81	8.97	1.30		21.36	100.59
最大值	50.60	52.06	80.73	59.73	46.50	12.33		56.67	46.80
最小值	6.53	29.20	35.97	19.83	30.06	10.50		15.98	5.75

3.4　产量构成因素分析

在“3414”田间试验过程中，供试小麦品种为濮麦9号、矮抗58，通过田间调查和室内考种得知，在耕作一致、基本苗接近的情况下，不同施肥处理对小麦产量构成因素有较大影响。氮肥不足时亩成穗数明显降低，增加氮肥施用量，亩成穗数明显提高，（3－2－2）处理较（0－2－2）处理增加6万穗（每亩），提高16.0%。当施氮量过大时，超量施肥区（3－2－2）在高产田局部没出现倒伏、贪青等不良表现，说明在高产田应控制氮肥用量，而低产田最佳施氮量高于二水平施氮量。磷肥对亩穗数也有明显的促进作用，（2－0－2）处理较（2－3－2）处理亩成穗提高6.4%。而钾肥则对亩成穗的提高无明显促进作用（提高

2.1%)。氮肥对穗结实数的影响,随着施肥量的提高,稍有增加(仅0.9粒/穗),磷肥对穗粒数影响较大,提高1.8粒/穗,而钾肥对穗结实情况,在本试验过程中则无明显影响。

在本试验中氮、磷、钾对千粒重的提高均无明显反映,高水平的氮、磷施用量则使千粒重有降低趋势。原因可能是氮、磷施用量的增加,使成穗数和穗粒数有明显提高,即有效群体增加,单穗结实粒数提高,粒重的形成就要滑坡,这种表现是小麦自身调节功能所致,在栽培学上应加强小麦中后期管理,保穗(保住成穗数和穗粒数)增重(增加粒重),提高单产。

从田间观察结果看,不同施肥量和施肥种类,对冬前群体发育和个体生长都有不同程度的影响。从群体长相上看,不同处理间的差异,从越冬期开始表现出差别,起身拔节后差别缩小,到成熟前又出现明显差异。缺氮处理最为明显(土壤肥力基础过高时,此差异减小甚至消失),表现为群体小、长势弱、苗色浅,穗尖、株低、成熟早等发育不良现象。通过田间调查,各处理间冬前单株分蘖数和单株次生根有较大差异,而茎粗、穗长等性状无明显差异(各考种资料略),除抗寒性稍有差异外,其他抗病虫害能力、抗干热风能力等也无明显差异。

4 结论

(1)在现有生产条件下,尉氏县冬小麦最佳产量施肥量是:高产水平下,最佳产量施肥量为氮(N)7.67~13.7 kg/亩、磷(P_2O_5)4.81~7.03 kg/亩、钾(K_2O)为5.69~8.58 kg/亩,对应产量为550~600 kg/亩;中产水平下,最佳产量施肥量为氮(N)7.5~11.69 kg/亩、磷(P_2O_5)5.95~9.54 kg/亩、钾肥(K_2O)4.62~5.73 kg/亩,对应产量400~500 kg/亩;低产水平下,最佳产量施肥量为氮(N)7.41~15.9 kg/亩、磷(P_2O_5)3.33~4.07 kg/亩、钾(K_2O)3.74~4.81 kg/亩,对应产量为350~400 kg/亩。尉氏县冬小麦最高产量施肥量是:高产水平下,最高产量施肥量为氮(N)14.15~19.19 kg/亩、磷(P_2O_5)5.24~7.96 kg/亩、钾(K_2O)为8.38~10 kg/亩,对应产量为550~600 kg/亩;中产水平下,最高产量施肥量为氮(N)9.81~21.64 kg/亩、磷(P_2O_5)5.79~11.7 kg/亩、钾(K_2O)5.23~8.25 kg/亩,对应产量为400~500 kg/亩;低产水平下,最高产量施肥量为氮(N)8.46~19.67 kg/亩、磷(P_2O_5)3.67~4.28 kg/亩、钾(K_2O)4.25~5.73 kg/亩,对应产量为350~400 kg/亩。当土壤养分含量低时取上限,含量高时取下限。

(2)尉氏县冬小麦土壤有效磷分级指标为:有效磷小于5.6 mg/kg为极低,5.6~13.3 mg/kg为低,13.3~31.5 mg/kg为中,大于31.5 mg/kg为高。速效钾分级指标为:小于34.6 mg/kg为极低,34.6~65.2 mg/kg为低,65.2~122.9 mg/kg为中,大于122.9 mg/kg为高。

(3)尉氏县冬小麦土壤养分供应量是,氮(N)平均8.71~11.06 kg/亩,磷(P_2O_5)平均2.88~5.72 kg/亩,钾(K_2O)平均7.4~12.7 kg/亩。

(4)尉氏县冬小麦氮肥(N)平均利用率46.31%,磷肥(P_2O_5)平均利用率31.4%,钾肥(K_2O)平均利用率31.08%,此结果有待进一步验证。

(5)尉氏县冬小麦每100 kg产量需纯氮(N)2.99 kg、磷(P_2O_5)1.06 kg、钾(K_2O)2.68 kg。

5　讨论

（1）部分试验点对土壤肥力的估计不够准确，肥料效应没有充分发挥，在低肥水平土壤上采用高肥力施肥设计，造成肥料浪费，而在高肥力土壤上使用低肥力水平设计，没达到报酬递减区域，方程拟合通过率较低。

（2）就试验设计而言，试验点有3/4在中高肥力水平上；相对产量60%以下的试验点几乎没有，75%以下的试验点亦较少，因此若再以50%作为丰缺指标的划分界线，势必外推范围更大。因此，依据试验数据，结合尉氏县生产水平以小于75%为极低，75%～85%为低，85%～95%为中，大于95%为高。

（3）作物产量是综合作用的结果，建立指标体系时要充分考虑这一点。试验结果表明，在土壤养分基本相同的不同试验点上，相对产量各异。在试验的设置上土壤养分与作物产量水平应共同作为选点依据。

新安县小麦－玉米施肥指标体系建立探讨

贾建修　李建设

（新安县农业局·2009年6月）

摘要：依据土壤检测、肥效田间试验和目标产量等因素，建立了新安县主要粮食作物——小麦－玉米的施肥指标体系，并进行了田间应用效果验证，为指导全县测土配方施肥技术推广奠定了技术基础。

关键词：小麦－玉米　施肥指标体系　探讨

小麦、玉米是新安县的两大粮食作物，年播种面积59.37万亩，总产量1.78亿kg，播种面积和总产量分别占新安县粮食作物的83%和88%，建立新安县小麦－玉米施肥指标体系，为科学施肥和土壤养分管理提供依据，对于提高肥料利用率、增加粮食产量、减少施肥对农业环境污染等具有十分重要的意义。

1　指标体系建立的依据

1.1　依据土壤养分化验结果

根据2006年、2007年两年的土壤样品测试化验结果分析，新安县土壤养分的基本状况是：有机资平均17.65 g/kg、全氮平均1.04 g/kg、有效磷平均10.24 mg/kg、速效钾平均173.71 mg/kg、缓效钾平均745.99 mg/kg、微量元素铜平均1.49 mg/kg、铁平均12.86 mg/kg、锰平均36.75 mg/kg、锌平均1.22 mg/kg、pH值平均7.84（见表1）。根据新安县的地质地貌将新安县的耕地划分为四个类型区：南部丘陵区、浅山丘陵区、西北中山区和涧河川区。除涧河川区浇灌条件较好外，其他三个区基本上全部为旱作区（具体分区养分情况见表2);依据土壤养分对耕地进行分级、评价(见表3、表4)。

表1 新安县土壤养分统计特征值

项目	最大值	最小值	平均值	标准差	变异系数(%)
有机质(g/kg)	62.99	3.02	17.65	6.40	36.28
全氮(g/kg)	1.96	0.13	1.04	0.24	23.21
有效磷(mg/kg)	58.60	0.20	10.24	7.21	70.41
速效钾(mg/kg)	550.76	70.36	173.71	48.93	28.17
缓效钾(mg/kg)	1 298.00	350.90	745.99	171.82	23.03
铜(mg/kg)	23.87	0.05	1.49	1.15	76.63
铁(mg/kg)	150.00	1.05	12.86	9.40	73.13
锰(mg/kg)	131.17	4.50	36.75	16.97	46.17
锌(mg/kg)	50.00	0.02	1.22	1.48	121.12
pH值	8.90	5.20	7.84	0.39	4.97

表2 2006~2008年新安县土壤区域养分分区情况

项目	南部丘陵区	浅山丘陵区	西北中山区	涧河川区
有机质(g/kg)	16.15	21.00	19.10	20.28
全氮(g/kg)	1.01	1.12	1.12	1.10
有效磷(mg/kg)	10.25	9.63	9.94	11.81
速效钾(mg/kg)	171.78	179.20	187.59	163.55
缓效钾(mg/kg)	737.23	744.16	769.19	797.15
铜(mg/kg)	1.31	1.67	1.52	2.49
铁(mg/kg)	11.40	15.04	18.54	13.46
锰(mg/kg)	33.85	42.95	45.67	35.60
锌(mg/kg)	1.09	1.30	1.22	1.97
pH值	7.91	7.77	7.40	7.87

表3 土壤养分状况分级标准

肥力状况	极低	低	中	高	极高
相对产量(%)	<50	50~75	75~85	85~95	>95
土壤有效磷(mg/kg)	<5	5~10	10~20	20~30	>30
土壤速效钾(mg/kg)	<90	90~130	130~180	180~220	>220

表 4　新安县土壤养分分级评价标准

养分分级	极低	低	中	高	极高
有机质(g/kg)	<6	6 ~ 10	10 ~ 20	20 ~ 30	>30
全氮(g/kg)	<0.8	0.8 ~ 1.0	1.0 ~ 1.2	1.2 ~ 2.0	>2.0
有效磷(mg/kg)	<5	5 ~ 10	10 ~ 20	20 ~ 30	>30
速效钾(mg/kg)	<90	90 ~ 130	130 ~ 180	180 ~ 220	>220
铜(mg/kg)	<0.2	0.2 ~ 0.5	0.5 ~ 1.0	1.0 ~ 2.0	>2
铁(mg/kg)	<2.5	2.5 ~ 4.5	4.5 ~ 10	10 ~ 20	>20
锰(mg/kg)	<10	10 ~ 20	20 ~ 30	30 ~ 40	>40
锌(mg/kg)	<0.3	0.3 ~ 0.5	0.5 ~ 1.0	1.0 ~ 3.0	>3.0

1.2　依据"3414 + 1"、肥效校正试验结果

2006 ~ 2008 年新安县在大宗粮食作物小麦、玉米上安排"3414 + 1"田间试验 36 个，肥效校正试验 30 个，依据土壤养分化验结果、"3414 + 1"、肥效校正试验结果、植株籽粒化验数据得出：冬小麦、夏玉米 100 kg 籽粒吸收量(见表 5、表 6)，小麦 – 玉米不同肥力水平氮、磷、钾最佳施肥量(表 7)，土壤有效磷、速效钾养分丰缺指标(见表 8)，在此基础上建立了新安县主要粮食作物的肥料效应方程(见表 9)和施肥推荐指标体系。

表 5　冬小麦 100 kg 产量(籽粒)养分吸收量　　(单位:kg)

产量水平	不施肥			合理施肥		
	N	P_2O_5	K_2O	N	P_2O_5	K_2O
中	2.70	1.59	2.03	3.16	1.67	2.59
低	2.67	1.52	1.55	2.94	1.46	1.78
平均	2.68	1.54	1.69	3.00	1.52	2.01

表 6　夏玉米 100 kg 产量(籽粒)养分吸收量　　(单位:kg)

产量水平	不施肥			合理施肥		
	N	P_2O_5	K_2O	N	P_2O_5	K_2O
中	2.05	1.65	2.30	2.11	1.65	2.04
低	1.96	1.55	1.77	2.27	1.57	2.14
平均	2.02	1.62	2.12	2.17	1.62	2.07

表 7　小麦 – 玉米不同肥力水平氮、磷、钾最佳施肥量

作物名称	肥力水平	最佳施肥量(kg/亩)		
		N	P_2O_5	K_2O
冬小麦	高	10	6	4
冬小麦	中	9	4	3
冬小麦	低	8	3	2
夏玉米	高	12	6	4
夏玉米	中	10	5	3
夏玉米	低	9	4	2

表8　土壤有效磷、速效钾养分丰缺指标

肥力状况	极低	低	中	高	极高
相对产量(%)	<50	50~75	75~85	85~95	>95
土壤有效磷(mg/kg)	<5	5~10	10~20	20~30	>30
土壤速效钾(mg/kg)	<90	90~130	130~180	180~220	>220

表9　新安县2006~2008年小麦-玉米田间试验肥料效应回归模型汇总

作物	肥力水平	施肥模型	样本数
冬小麦	中	$Y=432.25+22.79N-1.17N^2$	4
		$Y=502.46+26.78P-3.24P^2$	3
		$Y=519.46+16.36K-2.05K^2$	3
冬小麦	低	$Y=246.93+17.29N-0.85N^2$	10
		$Y=258.23+31.03P-3.68P^2$	6
		$Y=297.57+18.6K-2.89K^2$	6
夏玉米	中	$Y=470.89+9.62N-0.33N^2$	5
		$Y=377.26+26.25P-2.3P^2$	2
		$Y=416.98+4.71K-0.27K^2$	2
夏玉米	低	$Y=385.14+7.92N-0.26N^2$	3
		$Y=314.58+19.11P-2.32P^2$	1
		$Y=439.06+2.60K-1.64K^2$	1

2　小麦施肥指标体系建立

小麦氮肥用量采用以产定氮法(见表10),即

施氮量=目标产量需氮量+氮素表观损失+土壤氮素残留-土壤养分供应

表10　新安县冬小麦氮肥推荐用量

级别	目标产量(kg/亩)	氮肥(纯N)用量(kg/亩)
高	500	10~12
中	300~400	8~10
低	<300	8

磷肥用量根据肥料效应函数,采用测土定磷(恒量监控)。具体磷肥施肥指标体系见表11。

表 11　新安县冬小麦不同肥力水平磷肥施肥指标体系

肥力等级	Olsen – P(mg/kg)	投入/产出	磷肥(P_2O_5)用量(kg/亩)		
			高产田	中产田	低产田
极低	<5	2	12	8	6
低	5～10	1.5	9	6	4.5
中	10～20	1	6	4	3
高	20～30	0.5	3	2	1.5
极高	>30	0	0	0	0

注：表中"投入/产出"指作物施肥量比养分带走量。

小麦钾肥用量采用肥料效应函数法。肥力等级划分及对应施钾量见表 12。

表 12　新安县冬小麦不同肥力水平钾肥施肥指标体系

肥力等级	Exchangeable – K (mg/kg)	投入/产出	钾肥(K_2O)用量(kg/亩)		
			高产田	中产田	低产田
极低	<90	2	8	6	4
低	90～130	1.5	6	4.5	3
中	130～180	1	4	3	2
高	180～220	0.5	2	1.5	1
极高	>220	0	0	0	0

微肥用量的确定，考虑到生产中硫、锌对小麦的增产效果，对缺锌土壤每亩施 1 kg 硫酸锌（纯度要求在 95% 以上）。

3　玉米施肥指标体系建立

玉米氮肥用量采用以产定氮法（见表 13），即

施氮量 = 目标产量需氮量 + 氮素表观损失 + 土壤氮素残留 – 土壤养分供应

氮肥（总量控制，分期调控）：每亩施氮总量的 30% 作为基肥施入，总量的 70% 作为追肥于十展叶（小喇叭口）期施入。

表 13　新安县夏玉米氮肥推荐用量

级别	目标产量 (kg/亩)	氮肥(纯 N)用量 (kg/亩)
高	>600	11～13
中	400～500	9～11
低	300～400	8～9

玉米磷肥用量根据施肥模型，采用测土定磷（恒量监控）。施肥指标体系见表 14。

表 14　新安县夏玉米不同肥力水平磷肥施肥指标体系

肥力等级	Olsen - P(mg/kg)	投入/产出	磷肥(P_2O_5)用量(kg/亩)		
			高产田	中产田	低产田
极低	<5	2	12	10	8
低	5 ~ 10	1.5	9	7.5	6
中	10 ~ 20	1	6	5	4
高	20 ~ 30	0.5	3	2.5	2
极高	>30	0	0	0	0

玉米钾肥用量采用肥料效应函数法。肥力等级划分及对应施钾量见表 15。

表 15　新安县夏玉米不同肥力水平钾肥施肥指标体系

肥力等级	Exchangeable - K (mg/kg)	投入/产出	钾肥(K_2O)用量(kg/亩)		
			高产田	中产田	低产田
极低	<90	2	8	6	4
低	90 ~ 130	1.5	6	4.5	3
中	130 ~ 180	1	4	3	2
高	180 ~ 220	0.5	2	1.5	1
极高	>220	0	0	0	0

微量元素采取因缺补缺原则,具体施肥情况见表 16。

表 16　微量元素(因缺补缺)

元素	提取方法	临界指标(mg/kg)	基施用量(kg/亩)
Zn	DTPA	0.5	硫酸锌:1 ~ 2
B	沸水	0.5	硼砂:0.5 ~ 0.75

4　小麦、玉米施肥指标体系的田间应用及效果

4.1　小麦、玉米施肥指标体系的田间应用

4.1.1　小麦

(1)产量水平 500 kg /亩:有机肥料施用量每亩 1 500 kg 左右;氮肥(N)总用量控制在 10 ~ 12 kg/亩;因土施磷、钾肥,一般亩施磷肥(P_2O_5)4 ~ 8 kg;钾肥(K_2O)2 ~ 5 kg。氮肥基肥占 60% ~ 70%,拔节肥占 30% ~ 40%;有机肥、磷肥、钾肥全部基施。缺锌土壤每亩施用硫酸锌 1 kg。

(2)产量水平 400 kg/亩:氮肥(N)8 ~ 10 kg/亩,磷肥(P_2O_5)4 ~ 7 kg /亩,钾肥(K_2O) 2 ~ 5 kg/亩。

(3)产量水平 300 kg/亩左右:氮肥(N)7 ~ 9 kg /亩,磷肥(P_2O_5)4 ~ 6 kg/亩,钾肥(K_2O)2 ~ 4 kg/亩。

4.1.2　玉米

(1)产量水平 400 kg/亩以下:氮肥(N)8 ~ 10 kg/亩,磷肥(P_2O_5)0 ~ 4 kg/亩,钾肥(K_2O)0 ~ 3 kg/亩。

(2)产量水平 400 ~ 550 kg /亩:氮肥(N)10 ~ 12 kg/亩,磷肥(P_2O_5)3 ~ 5 kg/亩,钾肥(K_2O)2 ~ 5 kg/亩。

(3)产量水平 550 kg/亩以上:氮肥(N)11 ~ 13 kg/亩,磷肥(P_2O_5)4 ~ 6 kg/亩,钾肥(K_2O)4 ~ 5 kg/亩。磷肥、钾肥及 30% 的氮肥于定苗后施用,余下 70% 的氮肥在玉米大喇叭口期施用均采用沟施或穴施,施肥深度控制在 15 cm 左右,施后及时覆土;对缺锌土壤每亩补施硫酸锌 1 kg。

4.2　小麦、玉米施肥指标体系的田间应用效果

通过对 2008 年的测土配方施肥示范方和农户调查结果汇总平均,可得出如下结论:

(1)小麦施用配方肥与常规施肥相比,亩穗数增加 0.7 万穗,穗粒数增加 1.1 粒,千粒重提高 1.4 g,亩增产 29.7 kg,增产率 10.1%,每千克小麦按市场现行价 1.70 元计算,亩增效益 50.44 元,每亩节省化肥(折纯)1.22 kg,亩节支 5.25 元,每亩增收节支 55.69 元。示范方 1 100 亩,增加效益 5.55 万元,节省化肥(折纯)1 342 kg,节省投入 5 570.6 元,节本加增效共计增加收入 6.13 万元。其中低产田亩增产 21.3 kg,增产率 8.8%,亩效益 36.3 元,亩节肥 1.12 kg,亩节支 4.82 元,亩增收节支 41.12 元;示范面积 770 亩,可增收节支 3.17 万元。中高产田亩增产 49.1 kg,增产率 12.1%,亩增效益 83.5 元,亩节肥 1.45 kg,亩节支 6.24 元,亩增收节支 89.74 元;示范面积 330 亩,增收节支 2.96 万元。

(2)玉米施用配方肥与常规施肥相比,亩增产 19.8 kg,增产率 6.2%,每千克玉米按市场现行价 1.60 元计算,亩增效益 31.7 元,每亩节省化肥(折纯)1.69 kg,亩节支 7.27 元,每亩增收节支 38.97 元。示范方 1 050 亩,增加效益 3.33 万元,节省化肥(折纯)1 773 kg,节省投入 7 630.4 元,节本加增效共计增加收入 4.09 万元。其中低产田亩增产 17.2 kg,增产率 6%,亩增效益 27.52 元,亩节肥 1.62 kg,亩节支 6.97 元,亩增收节支 34.49 元;示范面积 735 亩,增收节支 2.53 万元。中高产田亩增产 25.9 kg,增产率 6.5%,亩增效益 41.3 元,亩节肥 1.85 kg,亩节支 7.96 元,亩增收节支 49.4 元;示范面积 315 亩,增收节支 1.56 万元。

清丰县小麦 - 玉米施肥指标体系建立及分区施肥指导意见

陈晓燕　刘东亮　杜继修

(清丰县土壤肥料工作站 · 2009 年 6 月)

摘要:2005 ~ 2008 年,清丰县安排大宗粮食作物小麦、玉米“3414 + 1”田间试验 58 个,肥效校正试验 58 个,依据土壤养分化验结果、“3414 + 1”、肥效校正试验结果得出:小麦、玉米100 kg

籽粒吸收量，小麦－玉米不同肥力水平氮、磷、钾最佳施肥量，土壤有效磷、速效钾养分丰缺指标，在此基础上建立了清丰县主要粮食作物的肥料效应方程和施肥推荐指标体系，并提出了分区施肥技术指导意见。

关键词：小麦　玉米　施肥指标体系　分区指导　意见

肥料效应田间试验是获得各种作物最佳施肥量、施肥时期和施肥方法的根本途径，也是筛选和验证土壤养分测试方法，建立推荐施肥指标体系的基本环节。通过田间试验，掌握各个施肥单元不同作物优化施肥量、基追肥分配比例、施肥时期和施肥方法；摸清土壤供肥能力、不同作物养分吸收量和肥料利用率等基本参数；建立基于土壤养分丰缺指标和推荐施肥指标体系；构建作物施肥模型，为施肥分区和肥料配方提供科学依据。

2005～2008 年度，清丰县严格按照农业部统一印发的《测土配方施肥技术规范》要求，在不同肥力水平区域安排了冬小麦、夏玉米田间肥效试验，并对土壤样品、植株样品采用常规分析法进行了测试。

1　试验设计

2005～2006 年采用“3414”完全实施方案“＋1”设计，2007～2008 年采用氮肥用量和丰缺指标设计。

1.1　“3414＋1”试验设计

“3414＋1”试验方案包括 3 因素即氮(N)、磷(P_2O_5)、钾(K_2O)，4 水平(0、1、2、3)，0 水平为不施肥，2 水平为当地最佳施肥量的近似值，1 水平为 2 水平的 0.5 倍，3 水平为 2 水平的 1.5 倍(为过量施肥水平)，小麦“3414＋1”田间肥效试验中 1 为只施有机肥，玉米“3414＋1”田间肥效试验中 1 为全肥＋锌($N_2P_2K_2$＋Zn)。共 14＋1 个处理。各处理不设重复，小区面积 30 m^2，试验地周围设 1 m 保护行。“3414＋1”田间试验方案分别见表 1、表 2。

表 1　冬小麦“3414＋1”试验方案

试验编号	处理	氮	磷	钾
1	$N_0P_0K_0$	0	0	0
2	$N_0P_2K_2$	0	2	2
3	$N_1P_2K_2$	1	2	2
4	$N_2P_0K_2$	2	0	2
5	$N_2P_1K_2$	2	1	2
6	$N_2P_2K_2$	2	2	2
7	$N_2P_3K_2$	2	3	2
8	$N_2P_2K_0$	2	2	0
9	$N_2P_2K_1$	2	2	1
10	$N_2P_2K_3$	2	2	3
11	$N_3P_2K_2$	3	2	2
12	$N_1P_1K_2$	1	1	2
13	$N_1P_2K_1$	1	2	1
14	$N_2P_1K_1$	2	1	1
15	$N_0P_0K_0$＋M	0	0	0

表 2　夏玉米"3414 + 1"试验方案

试验编号	处理	氮	磷	钾
1	$N_0P_0K_0$	0	0	0
2	$N_0P_2K_2$	0	2	2
3	$N_1P_2K_2$	1	2	2
4	$N_2P_0K_2$	2	0	2
5	$N_2P_1K_2$	2	1	2
6	$N_2P_2K_2$	2	2	2
7	$N_2P_3K_2$	2	3	2
8	$N_2P_2K_0$	2	2	0
9	$N_2P_2K_1$	2	2	1
10	$N_2P_2K_3$	2	2	3
11	$N_3P_2K_2$	3	2	2
12	$N_1P_1K_2$	1	1	2
13	$N_1P_2K_1$	1	2	1
14	$N_2P_1K_1$	2	1	1
15	$N_2P_2K_2$ + Zn	2	2	2

根据清丰县小麦－玉米两大粮食作物生产水平和试验区产量现状，确定了高、中、低3个产量类型设计（见表3）和各处理施肥量，每个施肥等级分别见表4、表5。

表 3　主要作物产量水平划分　　（单位：kg/亩）

作物	高	中	低
冬小麦	500	400	300
夏玉米	600	400～500	300～400

表 4　清丰县冬小麦"3414 + 1"试验不同肥力水平各因素施肥量　　（单位：kg/亩）

施肥水平	N			P_2O_5			K_2O		
	高	中	低	高	中	低	高	中	低
0	0	0	0	0	0	0	0	0	0
1	6.0	5.0	4.0	4.0	3.0	2.0	4.0	3.0	2.0
2	12.0	10.0	8.0	8.0	6.0	4.0	8.0	6.0	4.0
3	18.0	15.0	12.0	12.0	9.0	6.0	12.0	9.0	6.0

表 5　清丰县夏玉米“3414 + 1”试验不同肥力水平各因素施肥量　（单位:kg/亩）

施肥水平	N			P_2O_5			K_2O		
	高	中	低	高	中	低	高	中	低
0	0	0	0	0	0	0	0	0	0
1	8.0	7.0	6.0	3.0	2.5	2.0	3.0	2.5	2.0
2	16.0	14.0	12.0	6.0	5.0	4.0	6.0	5.0	4.0
3	24.0	21.0	18.0	9.0	7.5	6.0	9.0	7.5	6.0

表4、表5 中，前 14 个处理，在不施用有机肥的基础上进行，冬小麦“3414 + 1”田间肥效试验第 15 个处理只施有机肥，玉米“3414 + 1”田间肥效试验第 15 个处理为全肥 + 锌（$N_2P_2K_2 + Zn$）。供试肥料由清丰县土肥站统一提供，氮肥选用尿素（含 N 46%），磷肥选用过磷酸钙（含 P_2O_5 12%），钾肥选用进口氯化钾（含 K_2O 60%）。10 个试验点按 3∶4∶3 分布在高、中、低不同肥力土壤上。

1.2　氮肥用量和丰缺指标试验设计

氮肥用量试验设计方案，小麦为 $N_0P_6K_6$（CK）、$N_7P_6K_6$、$N_{14}P_6K_6$、$N_{21}P_6K_6$、$N_{28}P_6K_6$ 五个小区；玉米为 $N_0P_5K_5$（CK）、$N_8P_5K_5$、$N_{16}P_5K_5$、$N_{24}P_5K_5$、$N_{32}P_5K_5$ 五个小区。

丰缺指标试验设计方案，小麦为 $N_0P_0K_0$、$N_0P_8K_6$、$N_{14}P_0K_6$、$N_{14}P_8K_0$、$N_{14}P_8K_6$ 五个小区。

以上试验在不施有机肥的基础上进行，各处理设置 3 次重复，随机排列，小区面积 30 ~ 40 m^2，每个小区之间设埂，防止串水串肥，试验地周围设 1 m 保护行；各处理 N、P、K 分别指纯 N、P_2O_5、K_2O，用量为 kg/亩；氮肥选用尿素、磷肥用过磷酸钙（施用前必须测定有效磷含量）、钾肥用进口氯化钾。

1.3　试验材料

冬小麦供试品种，2005 年为周麦 16，2006 年为新麦 18，2007 年为新麦 18 和矮抗 58；夏玉米供试品种为郑单 958。

整地施肥前，每个试验田多点采集耕层土壤样品，测试土壤有机质、全氮、有效磷、速效钾、缓效钾，微量元素锌、铜、铁、锰、硼。测试方法按农业部《测土配方施肥技术操作规程》规定的土壤养分常规测试方法进行。

2　试验结果统计分析

通过“3414 + 1”设计建立 NPK 三元二次、二元二次、一元二次肥料效应模型（见表 6），对全县两大粮食作物的田间试验的产量与施肥量分别进行回归分析，计算出最佳施肥量（见表 7）。

表6　2005～2007年小麦－玉米田间试验肥料效应一元二次回归方程汇总

肥力水平	模型	作物	样本数	R^2
高	$Y=-1.134N^2+13.942N+362.960$	小麦	6	0.672 5
	$Y=-0.891P^2+17.400P+528.413$		6	0.846 1
	$Y=-1.525K^2+11.540K+425.130$		6	0.945 59
中	$Y=-0.245N^2+9.921N+391.507$	小麦	8	0.981 981
	$Y=-0.014P^2+6.842P+325.775$		8	0.953 498
	$Y=-1.808K^2+16.038K+381.365$		8	0.593 161
低	$Y=-2.335N^2+38.511N+289.605$	小麦	6	0.893 439
	$Y=-1.980P^2+35.494P+295.375$		6	0.995 345
	$Y=-1.750K^2+20.483K+321.150$		6	0.473 311
高	$Y=-0.483N^2+11.395N+499.610$	玉米	6	0.828 815
	$Y=-0.080P^2+6.920P+583.300$		6	0.895 484
	$Y=-1.039K^2+18.694K+578.405$		6	0.891 726
中	$Y=-0.435N^2+5.084N+459.835$	玉米	7	0.671 355
	$Y=-2.519P^2+18.458P+472.315$		7	0.435 799
	$Y=-2.372K^2+23.115K+410.119$		7	0.997 046
低	$Y=-0.080N^2+4.204N+415.635$	玉米	5	0.899 012
	$Y=-0.0202P^2+10.107P+411.972$		5	0.904 27
	$Y=-0.277K^2+16.081K+378.649$		5	0.923 515

表7　小麦－玉米不同肥力水平氮、磷、钾最佳施肥量

作物名称	肥力水平	最佳施肥量(kg/亩)		
		N	P_2O_5	K_2O
冬小麦	高	13	8	7
冬小麦	中	10	7	5
冬小麦	低	10	4	3
夏玉米	高	18	6	6
夏玉米	中	16	5	5
夏玉米	低	13	4	4

3　技术参数总结

3.1　不同地力水平下养分吸收量

对主要粮食作物(小麦－玉米)单位产量养分吸收量(100 kg 籽粒吸收量)进行汇总(见表8、表9)。

表 8 清丰县冬小麦不同肥力水平氮、磷、钾单位产量养分吸收量

肥力水平	100 kg 籽粒养分吸收量(kg)			$N:P_2O_5:K_2O$
	N	P_2O_5	K_2O	
高肥力	2.99	1.59	3.51	1.9:1:2.3
中肥力	2.95	1.62	3.72	1.8:1:2.3
低肥力	2.84	1.56	2.34	1.8:1:1.5

表 9 清丰县夏玉米不同肥力水平氮、磷、钾单位产量养分吸收量

肥力水平	100 kg 籽粒养分吸收量(kg)			$N:P_2O_5:K_2O$
	N	P_2O_5	K_2O	
高肥力	1.91	1.81	2.89	1.1:1:1.6
中肥力	2.07	1.92	2.96	1.1:1:1.5
低肥力	1.93	1.92	2.86	1.0:1:1.5

从结果分析来看,清丰县冬小麦高、中、低肥力水平 100 kg 籽粒养分吸收量分别为 N 2.99 kg、$P_2O_5$1.59 kg、K_2O 3.51 kg,N 2.95 kg、$P_2O_5$1.62 kg、K_2O 3.72 kg,N 2.84 kg、$P_2O_5$1.56 kg、K_2O 2.34 kg,氮、磷、钾吸收量比例分别为 1.9:1:2.3,1.8:1:2.3,1.8:1:1.5。夏玉米高、中、低肥力水平 100 kg 籽粒养分吸收量分别为 N 1.91 kg、$P_2O_5$1.81 kg、K_2O 2.89 kg,N 2.07 kg、$P_2O_5$1.92 kg、K_2O 2.96 kg,N 1.93 kg、$P_2O_5$1.92 kg、K_2O 2.86 kg,氮、磷、钾吸收量比例分别为 1.1:1:1.6,1.1:1:1.5,1.0:1:1.5。说明在清丰县不同地力水平下,氮、磷、钾各养分吸收量,高产水平区 > 中产水平区 > 低产水平区;清丰县冬小麦的养分吸收量较夏玉米高。

3.2 不同地力水平下土壤供肥量

对主要粮食作物(小麦 - 玉米)土壤养分供应量进行汇总(见表 10)。

表 10 清丰县主要粮食作物不同肥力水平土壤养分供应量汇总 (单位:kg/亩)

肥力水平	冬小麦土壤养分供应量			夏玉米土壤养分供应量		
	氮(N)	磷(P_2O_5)	钾(K_2O)	氮(N)	磷(P_2O_5)	钾(K_2O)
高肥力	11.19	4.68	12.18	8.66	8.81	12.41
中肥力	9.15	3.63	11.33	8.49	9.87	10.85
低肥力	8.7	3.21	9.41	7.88	9.68	9.41

从结果分析来看,清丰县冬小麦高肥力地块土壤养分供应量为氮 11.19 kg/亩、磷 4.68 kg/亩、钾 12.18 kg/亩,中肥力地块养分供应量为氮 9.15 kg/亩、磷 3.63 kg/亩、钾 11.33 kg/亩,低肥力地块养分供应量为氮 8.7 kg/亩、磷 3.21 kg/亩、钾 9.41 kg/亩。夏玉米高肥力地块土壤养分供应量为氮 8.66 kg/亩、磷 8.81 kg/亩、钾 12.41 kg/亩,中肥力地块养分供应量为氮 8.49 kg/亩、磷 9.87 kg/亩、钾 10.85 kg/亩,低肥力地块养分供应量为氮 7.88 kg/亩、磷 9.68 kg/亩、钾 9.41 kg/亩。氮、磷、钾各土壤供肥量,在冬小麦上表现为氮 > 磷,但与钾基本持平,在夏玉米上表现为钾 > 氮 > 磷。

3.3　不同施肥区域水平下增产率、增收及产投比

对测土配方施肥区产量和农民习惯施肥区产量的汇总比较，得出了清丰县测土配方施肥区的增产率、增收及产投比（见表 11）。

表 11　清丰县不同地力水平下作物增产率、增收与产投比参数

肥力水平	冬小麦			夏玉米		
	增产率(%)	增收(元/亩)	产投比	增产率(%)	增收(元/亩)	产投比
高肥力	9.46	67.59	4.68	6.10	23.42	5.76
中肥力	14.24	103.14	6.48	5.01	10.79	6.38
低肥力	11.99	85.83	8.22	7.10	26.88	7.15

3.4　不同地力水平下肥料利用率参数

对清丰县主要粮食作物肥料利用率等养分效益参数进行汇总（见表 12）。

表 12　清丰县不同地力水平下冬小麦、夏玉米肥料利用率参数

肥力水平	肥料利用率(%)					
	冬小麦			夏玉米		
	N	P_2O_5	K_2O	N	P_2O_5	K_2O
高肥力	26.71	18.73	29.57	26.6	24.8	38.5
中肥力	36.0	23.1	26.4	21.9	15.5	30.4
低肥力	41.1	22.5	32.0	17.5	16.6	36.6
平均	34.60	21.45	29.33	22.01	18.98	35.17

通过对试验数据汇总分析，得出：冬小麦平均肥料利用率 N、P_2O_5、K_2O 分别为 34.60%、21.45%、29.33%，夏玉米平均肥料利用率 N、P_2O_5、K_2O 分别为 22.01%、18.98%、35.17%。

4　施肥指标体系建立

4.1　土壤丰缺指标的建立

根据“3414”、丰缺指标试验、作物产量和基础土壤养分测试值的数学关系，建立土壤养分丰缺指标体系（见表 13、表 14）。

表 13　清丰县不同土壤类型土壤养分结果汇总

土壤质地	代表面积(万亩)	全氮(g/kg)	有机质(g/kg)	有效磷(mg/kg)	速效钾(mg/kg)
沙土	7.36	0.48	5.61	10.21	58
沙壤土	15.15	0.72	7.40	14.68	65
壤土	67.51	0.76	11.90	15.20	85
黏壤土	1.94	0.77	12.10	15.50	86

表 14　土壤有效磷、速效钾养分丰缺指标

肥力状况	极低	中	高	极高
相对产量(%)	<60	60～80	80～95	>95
土壤有效磷(mg/kg)	<7	7～14	14～25	>25
土壤速效钾(mg/kg)	<60	60～80	80～95	>95

4.2　小麦施肥指标体系建立

小麦氮肥用量采用以产定氮法。

施氮量 = 目标产量需氮量 + 氮素表观损失 + 土壤氮素残留 - 土壤养分供应

氮肥推荐用量见表 15。

表 15　清丰县冬小麦氮肥推荐用量

级别	目标产量(kg/亩)	氮肥用量(kg/亩)
高	500	12～14
中	300～400	10～12
低	<300	9

磷肥用量采用测土定磷(恒量监控):目标产量500 kg/亩时,需磷量(P_2O_5)为7 kg/亩;目标产量300～400 kg/亩时,磷素需求量(P_2O_5)为6 kg/亩;目标产量300 kg/亩时,需磷量(P_2O_5)为4 kg/亩。对于磷肥管理来说,当土壤有效磷(Olsen - P)低于5 mg/kg,磷肥管理的目标是通过增施磷肥提高作物产量和土壤有效磷含量,磷肥用量为作物带走量的2倍;有效磷(Olsen - P)介于5～10 mg/kg(P),磷肥用量为作物带走量的1.5倍;当土壤有效磷在10～20 mg/kg(P)时,磷肥管理的目标是维持现有土壤有效磷水平,磷肥用量等于作物的带走量;当土壤有效磷介于20～25 mg/kg时,磷肥用量为作物带走量的0.5倍;当土壤有效磷大于25 mg/kg时,施磷肥的增产潜力不大,不建议施用磷肥。具体磷肥施肥指标体系见表16。

表 16　清丰县冬小麦不同肥力水平磷肥施肥指标体系

肥力等级	Olsen - P(mg/kg)	投入/产出	磷肥用量(kg/亩)		
			高肥力	中肥力	低肥力
极低	<5	2	10	8	6
低	5～10	1.5	9	7	6
中	10～20	1	7	6	4
高	20～25	0.5	5	4	3
极高	>25	0	0	0	0

注:表中"投入/产出"指作物施肥量比养分带走量。

小麦钾肥用量采用肥料效应函数法。肥力等级划分及对应施钾量见表17。

表 17　清丰县冬小麦不同肥力水平钾肥施肥指标体系

肥力等级	Olsen – P(mg/kg)	投入/产出	钾肥用量(kg/亩)		
			高肥力	中肥力	低肥力
极低	<50	2	8	6	4
低	50 ~ 80	1.5	6	4	3
中	80 ~ 120	1	4	3	2
高	120 ~ 150	0.5	2	1	0
极高	>150	0	0	0	0

4.3　玉米施肥指标体系建立

玉米氮肥用量采用以产定氮法。

施氮量 = 目标产量需氮量 + 氮素表观损失 + 土壤氮素残留 – 土壤养分供应

氮肥(总量控制,分期调控):每亩施氮总量的 30% 作为基肥施入,总量的 70% 作为追肥,于十叶(大喇叭口)期施入。氮肥推荐用量见表 18。

表 18　清丰县夏玉米氮肥推荐用量

级别	目标产量(kg/亩)	氮肥用量(kg/亩)
高	>600	14 ~ 16
中	450 ~ 600	12 ~ 14
低	<450	8 ~ 12

玉米磷肥用量采用测土定磷(恒量监控)。施肥指标体系见表 19。

表 19　清丰县夏玉米不同肥力水平磷肥施肥指标体系

肥力等级	Olsen – P(mg/kg)	投入/产出	磷肥用量(kg/亩)		
			高肥力	中肥力	低肥力
极低	<5	2	8	7	6
低	5 ~ 10	1.5	7	6	5
中	10 ~ 20	1	6	5	4
高	20 ~ 25	0.5	3	2.5	2
极高	>25	0	0	0	0

玉米钾肥用量采用肥料效应函数法。肥力等级划分及对应施钾量见表 20。

表 20　清丰县夏玉米不同肥力水平钾肥施肥指标体系

肥力等级	Olsen – P(mg/kg)	投入/产出	钾肥用量(kg/亩)		
			高肥力	中肥力	低肥力
极低	<50	2	6	4	3
低	50 ~ 80	1.5	5	3	2
中	80 ~ 120	1	4	2	1
高	120 ~ 150	0.5	3	1	0
极高	>150	0	0	0	0

5　清丰县主要作物分区施肥指导意见

清丰县根据土壤类型分为三大区域:西部沙土区、中东部两合土区、东北部重壤淤土区。

5.1　冬小麦分区施肥指导意见

目标产量500 kg/亩以上产量水平:①西部沙土区:每亩底施18－20－12、18－16－16配方肥40 kg,春季小麦拔节初期每亩追施尿素15 kg。②中东部两合土区:每亩底施16－14－10、18－12－10配方肥40 kg,春季小麦拔节初期每亩追施尿素10～12 kg。③东北部重壤淤土区:每亩底施16－14－10、18－14－8配方肥40 kg,春季小麦拔节初期每亩追施尿素10 kg。

目标产量400～500 kg/亩产量水平:①西部沙土区:每亩底施18－14－8、16－14－10配方肥35 kg,春季小麦拔节初期每亩追施尿素12 kg。②中东部两合土区:每亩底施16－14－10、18－12－10配方肥35 kg,春季小麦拔节初期每亩追施尿素10 kg。③东北部重壤淤土区:每亩底施16－14－10、18－14－8配方肥30 kg,春季小麦拔节初期每亩追施尿素10 kg。

5.2　夏玉米分区施肥指导意见

目标产量600 kg/亩以上产量水平:①西部沙土区:在玉米苗期追施26－6－8配方肥40 kg,大喇叭口期每亩追尿素20 kg,透天缨时每亩追尿素5 kg。②中东部两合土区:玉米苗期追施28－6－6配方肥35 kg,大喇叭口期每亩追尿素20 kg。③东北部重壤淤土区:玉米苗期追施25－8－7配方肥35 kg,大喇叭口期每亩追尿素20 kg。

目标产量500～600 kg/亩以上产量水平:①西部沙土区:玉米苗期追施26－6－8、25－8－7配方肥35 kg,大喇叭口期每亩追尿素20 kg。②中东部两合土区:苗期追施25－8－7配方肥30 kg,大喇叭口期每亩追尿素20 kg。③东北部重壤淤土区:玉米苗期追施28－6－6配方肥30 kg,大喇叭口期每亩追尿素20 kg。

汤阴县冬小麦田间肥效试验与施肥指标体系研究

贾改花　许进堂　贾增霞　吴东辉　索自斌　温燕芳
(汤阴县土壤肥料站·2009年6月)

摘要:通过对汤阴县冬小麦2年2季“3414”类20个试验点的田间试验数据分析整理,初步建立了汤阴县冬小麦施肥指标体系,获得了相关的技术参数,为推广测土配方施肥技术奠定了基础。

关键词:冬小麦　田间试验　施肥指标体系　研究

1　试验设计与方法

1.1　试验设计

按照农业部《测土配方施肥技术规范》中“3414”类完全实施方案进行设计，“3414 + 1”试验中有氮、磷、钾 3 个因素，每个因素分 0、1、2、3 四个水平，共 14 个处理；四个水平的含义：0 水平指不施肥（即空白处理），2 水平指当地最佳施肥量的近似值，1 水平 = 2 水平 × 0.5，3 水平 = 2 水平 × 1.5，“ + 1”指有机肥处理。在丰缺指标与氮肥用量试验中各有 5 个处理，每个处理重复 3 次，具体设计见表 1 ~ 表 3。

表 1　“3414”试验不同施肥、产量水平各因素施肥量　　（单位：kg/亩）

施肥水平	高(550 kg/亩)			中(450 kg/亩)			低(350 kg/亩)		
	氮	磷	钾	氮	磷	钾	氮	磷	钾
0	0	0	0	0	0	0	0	0	0
1	6	4	4	5	3	3	4	2	2
2	12	8	8	10	6	6	8	4	4
3	18	12	12	15	9	9	12	6	6

表 2　“3414 + 1”试验施肥方案设计

处理编号	处理	氮	磷	钾
1	$N_0P_0K_0$	0	0	0
2	$N_0P_2K_2$	0	2	2
3	$N_1P_2K_2$	1	2	2
4	$N_2P_0K_2$	2	0	2
5	$N_2P_1K_2$	2	1	2
6	$N_2P_2K_2$	2	2	2
7	$N_2P_3K_2$	2	3	2
8	$N_2P_2K_0$	2	2	0
9	$N_2P_2K_1$	2	2	1
10	$N_2P_2K_3$	2	2	3
11	$N_3P_2K_2$	3	2	2
12	$N_1P_1K_2$	1	1	2
13	$N_1P_2K_1$	1	2	1
14	$N_2P_1K_1$	2	1	1
15	$N_0P_0K_0 + M$	0	0	0

表 3　氮肥用量和丰缺指标试验施肥方案设计　（单位：kg/亩）

项目	处理编号	处理	氮	磷	钾
氮肥用量	1	$N_0P_6K_6$	0	6	6
	2	$N_7P_6K_6$	7	6	6
	3	$N_{14}P_6K_6$	14	6	6
	4	$N_{21}P_6K_6$	21	6	6
	5	$N_{28}P_6K_6$	28	6	6
丰缺指标	1	$N_0P_0K_0$	0	0	0
	2	$N_0P_8K_6$	0	8	6
	3	$N_{14}P_0K_6$	14	0	6
	4	$N_{14}P_8K_0$	14	8	0
	5	$N_{14}P_8K_6$	14	8	6

1.2　试验方法

试验于 2006～2008 年进行，供试小麦品种为当地的主栽品种（矮抗 58、周麦 16），供试土壤有潮土、褐土和砂姜黑土。试验地 GPS 定位，远离村庄、道路、沟渠，地势平坦，肥力均匀，能排能灌。整地施肥前 S 型 20 个点采集耕层土壤样品作为基础土样。氮肥选用大颗粒尿素（含 N 46.3%），磷肥选用过磷酸钙（含 P_2O_5 16%），钾肥选用进口氯化钾（含 K_2O 60%），基、追比例和时间是：高产水平全部磷、钾肥及 50% 的氮肥底施，50% 氮肥拔节期追施；中、低产水平全部磷、钾肥及 60% 的氮肥底施，40% 氮肥返青期追施。底施时磷肥 1/3 撒垡头，2/3 掩底，处理 15 为亩底施有机肥 3 000 kg，田间管理按当地高产水平进行。

2　试验结果统计分析

2.1　汤阴县冬小麦推荐施肥量的确定

通过对氮、磷、钾进行一元二次方程回归分析，直接求得氮、磷、钾最高施肥量和最佳施肥量，从而得出汤阴县不同产量水平的最高产量施肥量和最佳经济效益施肥量（见表 4）。

表 4　不同产量水平最高产量施肥量和最佳经济效益施肥量　（单位：kg/亩）

产量水平	最高产量施肥量			最佳经济效益施肥量		
	N	P_2O_5	K_2O	N	P_2O_5	K_2O
高	13.22	8.9	6.8	11.06	8.29	5.73
中	9.27	5.91	4.72	7.21	5.22	4.01
低	10.43	3.26	4.98	9.54	3.16	4.63

氮肥用量试验中,根据一元二次方程系数计算出试验点纯 N 的最高产量施肥量和最佳经济效益施肥量(见表 5)。

表 5　纯 N 的最高产量施肥量和最佳经济效益施肥量　　(单位:kg/亩)

试验点	最高产量施肥量	对应产量	最佳经济效益施肥量	对应产量
高	20.06	622.02	8.04	603.24
中	24.42	508.90	6.16	480.37
低	22.80	342.49	12.38	326.21

2.2　土壤有效养分丰缺指标的建立

2.2.1　土壤有效磷丰缺指标的建立

根据缺磷区产量与试验设计中的最佳施肥区产量计算其相对产量(见表 6),"3414"试验的缺磷的相对产量 = 处理 4 产量/处理 6 产量 ×100%,丰缺指标试验缺磷的相对产量 = 处理 3 产量/处理 5 产量 ×100%。

由于缺磷区的小麦相对产量与土壤有效磷含量之间的关系表现为非典型的抛物线型。所以,以当前的数据量(20 个点)还不能建立起当地的有效磷养分丰缺指标,此项工作将在以后的试验工作中进一步完善。

表 6　汤阴县冬小麦土壤有效磷相对产量计算

地块编号	产量水平	基础土样有效磷含量(mg/kg)	相对产量(%)	
			二水平	最高
456150E200609251SS001	高	6	87.56	84.10
456150E200609251SS002	低	34	91.82	91.82
456150E200609251SS003	中	11	92.59	92.59
456150E200609251SS004	中	36	95.30	91.59
456150E200609251SS005	中	24	73.92	73.92
456150E200609251SS006	高	11	69.66	69.66
456150E200609251SS007	中	42	80.68	80.68
456150E200609251SS008	高	11	76.25	76.25
456150E200609251SS009	低	5	86.99	86.99
456150E200609251SS010	低	32	81.48	80.77
456150E200709231F001	中	12	88.32	110.66
456150E200709231F002	高	8	91.84	96.05
456150E200709231F003	高	49	92.08	90.92
456150E200709231F004	中	52	88.92	78.16
456150E200709231F005	低	17	82.53	67.35

2.2.2　土壤速效钾丰缺指标的建立

根据缺钾区产量与试验设计中的最佳施肥区产量计算相对产量(见表 7),"3414"试验缺钾的相对产量 = 处理 8 产量/处理 6 产量 ×100%,丰缺指标试验缺钾的相对产量 = 处理 4 产量/处理 5 产量 ×100%。

表 7 汤阴县冬小麦土壤速效钾相对产量计算

地块编号	产量水平	基础土样速效钾含量(mg/kg)	相对产量(%)	
			二水平	最高
456150E200609251SS001	高	92	93.47	89.77
456150E200609251SS002	低	145	87.86	87.86
456150E200609251SS003	中	134	92.37	92.37
456150E200609251SS004	中	155	92.21	88.62
456150E200609251SS005	中	95	84.29	84.29
456150E200609251SS006	高	125	69.66	69.66
456150E200609251SS007	中	158	86.59	86.59
456150E200609251SS008	高	142	88.30	88.30
456150E200609251SS009	低	71	89.99	89.99
456150E200609251SS0010	低	122	88.10	87.32
456150E200709232F001	中	130	81.14	101.67
456150E200709232F002	高	110	88.59	92.65
456150E200709232F003	高	107	85.40	84.32
456150E200709232F004	中	153	85.77	75.39
456150E200709232F005	低	180	87.95	71.77

与土壤有效磷养分丰缺指标建立时遇到同样的问题,相对产量不随土壤速效钾的增加而增加,与理论关系不符,不能建立起对应的丰缺指标。关系式不理想的可能原因是当前土壤的速效钾含量普遍偏高,对肥料钾的信赖性低,或由于气候等其他原因,导致试验数据不理想,具体原因有待进一步查明。根据当前出现的问题,在今后的试验中尽量避免,增加试验的成功率与可靠性,随着数据量的增加,按照上述方法逐步建立起土壤速效钾的丰缺指标体系。

3 相关技术参数探索

3.1 养分吸收量

根据汤阴县冬小麦的养分吸收量,分别计算出无肥区、缺氮区、缺磷区、缺钾区和全肥区的 100 kg 产量养分吸收量(见表 8)。

结果表明,全肥区的养分吸收量最高,即土壤养分的吸收利用量最大,而缺素区的土壤养分利用量最小,N、P_2O_5、K_2O 表现出同样的趋势。

3.2 肥料利用率

通过施肥区养分吸收量、对照区养分吸收量和施肥区的施肥量,计算出肥料利用率,如氮肥利用率(%)=(施氮区氮的吸收量 - 空白区氮的吸收量)/施氮区氮的施用量,经过整理得到汤阴县不同产量水平下的肥料利用率(见表9)。

表8　汤阴县冬小麦100 kg产量养分吸收量　　(单位:kg)

地块编号	产量水平	无肥区			全肥区			缺素区		
		氮	磷	钾	氮	磷	钾	氮	磷	钾
456150E200609251SS001	高	2.47	1.11	3.05	2.68	1.30	3.12	10.04	4.74	10.48
456150E200609251SS002	低	2.70	1.22	2.40	2.91	1.26	2.44	9.47	4.42	7.66
456150E200609251SS003	中	3.09	1.36	2.34	2.97	1.65	2.45	11.23	5.71	10.20
456150E200609251SS004	中	3.33	1.50	3.77	2.76	1.56	3.71	12.08	5.15	9.82
456150E200609251SS005	中	2.55	1.37	2.38	3.03	1.54	2.37	11.48	6.00	9.80
456150D200609251SS006	高	3.07	1.55	2.80	3.04	1.70	2.75	14.27	7.00	11.26
456150D200609251SS007	中	3.14	1.63	2.80	3.09	1.77	2.73	14.77	7.30	11.27
456150D200609251SS008	高	3.22	1.71	2.80	3.15	1.85	2.70	13.69	6.81	10.10
456150D200609251SS009	低	3.30	1.79	2.81	3.20	1.93	2.68	9.45	4.73	6.75
456150D200609251SS010	低	3.38	1.87	2.81	3.26	2.01	2.66	12.99	6.55	9.00
456150E200709231F001	中	2.47	1.11	3.05	2.68	1.30	3.12	11.60	5.48	12.10
456150E200709231F002	高	2.70	1.22	2.40	2.91	1.26	2.44	14.28	6.67	11.55
456150E200709231F003	高	3.09	1.36	2.34	2.97	1.65	2.45	10.08	5.12	9.16
456150E200709231F004	中	3.33	1.50	3.77	2.76	1.56	3.71	12.00	5.12	9.75
456150E200709231F005	低	2.55	1.37	2.38	3.03	1.54	2.37	7.72	4.04	6.59

表9　汤阴县冬小麦不同产量水平肥料利用率

产量水平	肥料利用率(%)		
	氮	磷	钾
高	33.03	24.33	20.33
中	23.82	19.51	45.57
低	19.84	19.79	35.19

由表9可以看出,氮肥利用率高产田 > 中产田 > 低产田,磷肥利用率高产田 > 低产田 > 中产田,钾肥利用率中产田 > 低产田 > 高产田。

3.3　产投比

由于近几年市场价格波动较大,我们采用市场不变价格分别计算测土配方施肥区和常规施肥区的投入成本和产出效益,并计算其产投比(见表10、表11)。

表 10　2006 年汤阴县冬小麦测土配方施肥产投比分析

处理	高肥力				中肥力					低肥力			
	1	2	3	平均	1	2	3	4	平均	1	2	3	平均
配方施肥	4.66	2.93	7.87	5.13	4.94	4.81	6.25	9.88	6.47	4.53	6.54	7.94	6.34
习惯施肥	4.12	2.77	7.12	4.67	4.01	4.90	5.39	7.06	5.34	4.29	4.18	5.83	4.77

表 11　2007 年汤阴县冬小麦测土配方施肥产投比分析

处理	高肥力				中肥力					低肥力			
	1	2	3	平均	1	2	3	4	平均	1	2	3	平均
配方施肥	5.77	5.35	6.77	5.96	6.72	6.35	5.42	6.38	6.22	6.75	5.77	5.38	5.97
习惯施肥	5.31	5.05	5.79	5.53	6.23	5.88	4.62	5.60	5.58	5.05	4.28	4.04	4.46

从表 10、表 11 可以看出,在相同产量水平下,配方施肥产投比要高于习惯施肥;无论是配方施肥还是习惯施肥,产投比都是高产田 > 中产田 > 低产田。

4　施肥指标体系初步建立

应用“3414”每个试验的产量与施肥量进行一元二次回归分析,建立肥料效应函数;通过边际分析,计算每个试验点的最佳施肥量;将多试验点的结果按不同肥力水平汇总,计算不同肥力水平下的平均推荐施肥量(见表 12)。

表 12　不同肥力水平的最佳施肥量与对应产量　　(单位:kg/亩)

产量水平	N		P		K	
	最佳施肥量	最佳施肥量产量	最佳施肥量	最佳施肥量产量	最佳施肥量	最佳施肥量产量
高产田	10.72	544.22		472.93	5.00	558.10
	11.77	683.72	8.46	639.84	6.67	694.05
	10.68	491.93	8.11	562.45	5.52	538.33
平均值	11.06	573.29	8.29	558.41	5.73	596.83
中产田	6.44	432.27	4.39	438.15	4.37	430.04
	6.69	480.88	4.06	505.60	3.36	486.84
	8.38	538.46	5.75	566.43	4.18	578.76
平均值	7.34	527.09	6.67	548.43	4.12	535.19
低产田	7.21	494.68	5.22	514.65	4.01	507.71
	8.36	460.00	3.27	464.15	5.19	499.49
	13.18	549.37	3.21	523.63	2.35	529.54
	7.07	447.43	3.01	487.55	6.36	473.99
平均值	9.54	485.60	3.16	491.78	4.63	501.01

5　结论

（1）汤阴县冬小麦每 100 kg 产量需氮肥 2.68 ~ 3.03 kg、磷肥 1.26 ~ 1.54 kg、钾肥 2.44 ~ 3.12 kg，每亩耕层土壤在夏季可提供氮 7.72 ~ 14.28 kg、磷 4.04 ~ 6.67 kg、钾 6.60 ~ 12.10 kg。

（2）汤阴县冬小麦氮肥利用率 16.38% ~ 26.58%、磷肥利用率 12.07% ~ 18.41%、钾肥利用率 10.36% ~ 72.22%。

（3）汤阴县冬小麦土壤养分亩平均供应量是：氮 11.14 kg、磷 5.28 kg、钾 9.83 kg。

（4）就目前试验数据难以建立起土壤有效磷和速效钾丰缺指标，需进一步补充和完善相关数据。

6　讨论

（1）就试验设计而言，试验点有 3/4 在中高肥力水平上；就汤阴县实际生产水平而言，小麦单产在 300 kg 以下不到 10%，而单产在 500 kg 以上超过 40%，并有逐步上升趋势，因此应修改试验方案中高中低产量水平。同样，相对产量 65% 以下的试验点几乎没有，65% ~ 75% 的试验点并不太多，磷、钾的相对产量应划分为：75% 以下为缺，75% ~ 95% 为中，95% 以上为高。标准档次较少时，基层操作起来易于掌握，利于应用。

（2）实际生产中，小麦产量受气候、生态、生产等多种因素影响，土壤养分不是唯一因素，建立一定条件下的施肥指标体系是相对的；同样，土壤肥力受诸多因素影响，建立一定区域内的土壤养分丰缺指标也是相对的，要在不断变化的生产、生态条件下逐步修订和完善。因此，土壤养分丰缺指标和施肥指标体系的建立，是一项长期性工作，应不断坚持下去。

豫西南砂姜黑土小麦中高产田最佳氮肥用量确定及氮、磷、钾肥合理配比技术探讨

李玉兰　张有成

（邓州市农业技术推广中心 · 2009 年 6 月）

摘要：利用小麦氮肥用量肥效试验方法，建立小麦产量与氮肥用量的肥料效应一元二次方程，并结合小麦和氮肥价格，科学制定豫西南砂姜黑土耕地中高产田小麦氮肥最佳用量。在此基础上，结合砂姜黑土耕地土壤特性，按照 N∶P_2O_5∶K_2O 为 1∶0.4∶0.4 的比例，制定了豫西南砂姜黑土耕地中高产田小麦施肥配方为：每亩施用纯 N 12 kg、P_2O_5 4.8 kg、K_2O 4.8 kg，目标产量 475 kg 以上。

关键词：砂姜黑土　小麦中高产田　最佳氮肥施用量　探讨

邓州市位于河南省西南边缘，南阳盆地西南部，是河南省耕地面积最大的一个县级

市。现有耕地面积243.9万亩,土壤类型有潮土、砂姜黑土、黄棕壤3大土类,细分为5个亚类、11个土属、42个土种。土种较多,土壤结构复杂。

砂姜黑土土类是全市分布较为广泛的一个土类,面积有123.75万亩,占全市总耕地面积的50.7%,在农业生产中占有很重要的地位。该土类在本市只有砂姜黑土1个亚类,分为砂姜黑土、黑老土2个土属,9个土种。在这9个土种中,质地除2个为中壤土外,其余均为重壤到黏质土,结构为碎屑或碎块状。这类土壤总的特点为质地黏重,结构不良,通透性较差,水、气、热矛盾较为突出;土壤中有机质、全氮、全磷含量较高,但速效性较差,加之土性较寒,肥料利用率也较低。

为探究该类土壤上小麦获得最佳产量的氮肥最佳用量,并进行科学配比,2007年秋在该类土壤上安排了两个小麦氮肥肥效试验,依据试验结果,初步构建豫西南砂姜黑土中高产田小麦氮肥用量肥料效应模型,确定小麦氮肥最佳用量和最大用量,探求小麦最佳产量和最高产量,为科学制定豫西南砂姜黑土中高产田小麦最佳氮肥用量及氮、磷、钾肥合理配比奠定了基础。

1 材料与方法

1.1 材料

1.1.1 试验时间、地点安排

本试验从2007年10月开始,至2008年6月,在腰店乡赵楼村董建宇和前齐村齐景顺家责任田中同时进行。

1.1.2 供试土壤(包括土种及养分含量)

腰店乡赵楼村试验地土壤类型为黏质黑老土,有机质含量为13.22 g/kg,全氮为0.92 g/kg,速效钾为160.1 mg/kg,有效磷为8.66 mg/kg;腰店乡前齐村试验地土壤类型为砂姜黑土,有机质含量为11.15 g/kg,全氮为0.9 g/kg,速效钾为139.9 mg/kg,有效磷为10.74 g/kg。

1.1.3 供试肥料

尿素选用大颗粒尿素,N含量为≥46%;磷肥选用颗粒过磷酸钙,P_2O_5含量按实际化验结果折算;钾肥选用进口大颗粒氯化钾,K_2O含量按实际化验结果折算。两个试验点各处理用肥由专人统一称量。

1.1.4 供试作物及品种

供试作物为冬小麦,品种为豫麦70-36。

1.2 方法

1.2.1 处理设计

两个试验点设计处理相同,其中,每个试验点设5个处理,即每个处理小区在磷、钾肥施用量相同的情况下,氮肥施用量依次为0、7 kg/亩、14 kg/亩、21 kg/亩、28 kg/亩。具体为:处理1,$N_0P_6K_6$(表示亩施纯N 0 kg、纯P_2O_5 6 kg、纯K_2O 6 kg。以下同);处理2,$N_7P_6K_6$;处理3,$N_{14}P_6K_6$;处理4,$N_{21}P_6K_6$;处理5,$N_{28}P_6K_6$。

1.2.2 小区面积

两个试验点每个处理小区面积均为20 m^2,其中,长4 m,宽5 m。

1.2.3　田间设计

试验重复 3 次，采用完全随机区组排列。重复与重复间隔 0.5 m，小区与小区间隔 0.5 m，保护行为 0.5 m，排水沟与人行道各 0.5 m。

1.2.4　田间管理与收获

试验地均采用机耕、机播、化学除草等统一的田间管理，肥料施用方法为：60% 的氮肥和全部的磷、钾肥在整地时按小区均匀撒入后，再用耙耧匀；剩余 40% 的氮肥，根据土壤墒情，在拔节起身期顺麦行均匀撒入，再中耕覆土。

2　结果与分析

2.1　试验结果整理

小麦成熟后，按小区分别人工收割、人工脱粒，实打风干折亩产。结果见表 1。

表 1　试验结果整理　（单位：kg/亩）

试验点	重复	处理				
		1	2	3	4	5
赵楼村	Ⅰ	344.3	415.9	435.5	425.2	360.6
	Ⅱ	364.1	407.8	425.9	422.6	384.1
	Ⅲ	339.7	413.5	445.1	424.7	386.4
	平均	349.4	412.4	435.5	424.2	377
前齐村	Ⅰ	342	400.7	443.7	402.2	356.4
	Ⅱ	350.4	412.1	431.9	424.2	326.7
	Ⅲ	343.6	409.2	438.5	404.1	338.7
	平均	345.3	407.3	438	410.2	340.6

2.2　利用肥料效应函数法建立小麦产量与施氮量的肥料效应函数方程

赵楼村：$y = -0.3773x^2 + 11.463x + 349.73$ （$R^2 = 0.9997$）

前齐村：$y = -0.469x^2 + 13.038x + 343.62$ （$R^2 = 0.9948$）

2.2.1　根据氮肥效应方程确定两个试验点的最大氮肥用量和最高小麦产量

根据数学分析求极值原理，欲使小麦的产量 y 达最大值，应使 $y = a + b_1x + b_2x^2$ 效应方程对 x 的一阶导数等于 0，即肥料投入量 x 的边际产量为 0：

$$dy/dx = b_1 + 2b_2x = 0$$

$$x = -b_1/(2b_2)$$

把肥料投入量 $x = -b_1/(2b_2)$ 代入肥料效应方程 $y = a + b_1x + b_2x^2$ 中，得：

$$\hat{y}_{max} = a - b_1^2/(4b_2)$$

根据上述方程，分别求得赵楼村及前齐村试验地小麦最大氮肥用量及最高产量为：

赵楼村：小麦最大氮肥用量 $x = 15.2$ kg/亩

　　　　最高产量 $y = 436.8$ kg/亩

前齐村：小麦最大氮肥用量 $x=13.9$ kg/亩

最高产量 $y=434.2$ kg/亩

2.2.2 两个试验点最佳施氮量和最佳产量的确定

2007～2008 年市场价格：小麦为 $P_y=1.56$ 元/kg，纯 N 肥为 $P_x=4$ 元/kg。根据边际分析原理，当边际产量等于肥料单价与产品单价之比时，求得的氮肥用量就是最佳氮肥用量，在此最佳施氮量下的产量就是最佳产量。

即 $dy/dx=P_x/P_y=b_1+2b_2x$

解得：$x=(P_x/P_y-b_1)/(2b_2)$

$y=a+[(P_x/P_y)^2-b_1^2]/(4b_2)$

据此，可求得两个试验点的最佳施氮量和最佳产量

赵楼村：最佳施氮量 $x=(4/1.56-11.463)/[2\times(-0.3773)]=11.8$(kg/亩)

最佳产量 $y=349.73+[(4/1.56)^2-11.463^2]/[4\times(-0.3773)]$

$=432.4$(kg/亩)

前齐村：最佳施氮量 $x=(4/1.56-13.038)/[2\times(-0.469)]=11.2$(kg/亩)

最佳产量 $y=343.62+[(4/1.56)^2-13.038^2]/[4\times(-0.469)]$

$=430.7$(kg/亩)

2.2.3 邓州市砂姜黑土中高产田小麦最佳氮肥用量的确定及氮、磷、钾肥比例的确定

从上面计算结果可以看出：两个试验点间对比，最大氮肥用量相差 1.3 kg/亩，成本投入差为 5.2 元/亩；最高产量相差 2.6 kg/亩；产品效益差为 4.1 元/亩；成本投入差高于产品效益差。最佳氮肥用量相差 0.6 kg/亩，成本投入差为 2.4 元/亩；最佳产量相差 1.7 kg/亩，产品效益差为 2.6 元/亩；成本投入差基本与产品效益差持平。

就同一试验点内最大氮肥用量与最佳氮肥用量对比：赵楼村相差为 3.4 kg/亩，前齐村相差为 2.7 kg/亩，两点间成本投入差相差 2.8 元/亩。最高产量与最佳产量对比：赵楼村相差为 4.4 kg/亩，前齐村相差为 3.5 kg/亩，两点间产品效益差相差 1.4 元/亩。

由于肥料价格是小麦价格的 2.6 倍，因此最大氮肥用量与最佳氮肥用量之差的经济效应高于最高产量与最佳产量之差的经济效应，即最大氮肥用量与最佳氮肥用量差异较为明显，而最高产量与最佳产量之间差异不明显。因此，在确定小麦氮肥用量时，不仅要结合生产实际，更应充分考虑氮肥最佳用量，并以此为根据进行配方较为合理。

鉴于以上情况，根据本市生产条件和今年小麦生长期间天气状况（长期干旱影响肥效发挥），豫西南砂姜黑土中高产田小麦最佳氮肥用量应以 12 kg/亩为宜；在氮肥施用量确定的前提下，按氮、磷、钾肥比例法确定施肥配方。经过连续两年试验整理，氮肥用量一定的情况下，邓州市小麦氮、磷、钾肥比例按 1:0.5:0.5，与按 1:0.4:0.4 产量差异不大。因此，在设计小麦施肥配方时按 1:0.4:0.4 配肥，即纯 N 为 12 kg/亩，P_2O_5 为 4.8 kg/亩，K_2O 为 4.8 kg/亩，此配方在气候条件基本适宜的情况下（即光、温、水保证率在 75% 以上），砂姜黑土中高产田上，小麦产量可以达到 475 kg/亩以上。

3 结论

利用小麦氮肥用量肥效试验法确定本市砂姜黑土中高产田小麦最佳氮肥用量及氮、

磷、钾肥施用比例，理论依据较为充分，配肥目标明确，使用参数较少，易于操作。但在生产实践中，必须科学选择试验地，认真搞好试验，准确处理试验数据，充分考虑生产实际，这样，才能使制定的配方针对性更强，节本增效效果更明显。

滑县冬小麦施肥指标体系研究初报

赵冬丽　卢中民　刘红君　王冬梅
（滑县农业技术推广中心 · 2009 年 6 月）

摘要：滑县经过 3 年试验，找出了县域范围内冬小麦的施肥指标体系，全氮含量小于 0.6 g/kg 肥力等级为低，0.6～1.2 g/kg 为中，大于 1.2 g/kg 为高；土壤有效磷含量小于 5 mg/kg 肥力等级为极低，5～10 mg/kg 为低，10～20 mg/kg 为中，大于 20 mg/kg 为高；土壤速效钾含量小于 25 mg/kg 肥力水平为极低，25～50 mg/kg 为低，50～120 mg/kg 为中，大于 120 mg/kg 为高。

关键词：冬小麦　施肥指标体系　研究

冬小麦是滑县主要作物。随着农业发展和耕地生产能力的提高，必须不断校正冬小麦施肥指标，才能更好地适应生产实际需要。为了校正施肥技术参数，提高小麦施肥的科学性，滑县土肥站 2006～2008 年安排冬小麦“3414 + 1”试验点 20 个，对小麦施肥指标体系及其技术参数进行了探索研究。

1　材料与方法

1.1　试验材料

试验分别设在滑县高、中、低三种不同的土壤肥力水平上，其中高肥力水平试验点 6 个，中肥力水平试验点 8 个，低肥力水平试验点 6 个（见表 1）。试验地远离村庄、沟渠、林木，土体无明显障碍，地势平坦，肥力均匀，排灌方便。供试作物为冬小麦，品种为新麦 18；试验用肥为鲁西尿素（N 46%）、云南过磷酸钙（$P_2O_5$16%）和俄罗斯进口氯化钾（K_2O 60%）。

表 1　供试土壤养分含量表

试验序号	试验地点	肥力类型	有机质（g/kg）	全氮（g/kg）	有效磷（mg/kg）	速效钾（mg/kg）
1	八里营乡黄琉璃村	高	12.8	1.09	15.6	90
2	留固镇李周村	高	11.2	0.76	16.3	66
3	城关镇东孔庄村	高	13.41	0.84	21.5	71
4	留固镇小营村	高	13.41	0.94	42.97	108
5	城关镇贾古村	高	11.3	0.78	21.14	99

续表 1

试验序号	试验地点	肥力类型	有机质(g/kg)	全氮(g/kg)	有效磷(mg/kg)	速效钾(mg/kg)
6	上官镇陶家村	高	10.31	0.73	16.49	128
7	白道口镇西桃园村	中	11.8	0.73	10.2	98
8	万古镇新庄村	中	9.29	0.62	2.9	83
9	四间房乡李南呼村	中	12.3	1.26	7.0	147
10	枣村乡温庄村	中	9.8	0.64	5.4	80
11	王庄镇郎柳村	中	12.6	0.8	7.1	62
12	万古镇范寨村	中	12.6	0.94	4.35	80
13	白道口桃园村	中	13.8	0.95	17.79	74
14	城关镇东孔庄村	中	14.2	1.00	51.54	77
15	老店镇东马庄村	低	9.88	0.55	11.2	53
16	半坡店乡沙呼沱村	低	4.54	0.29	9.65	54
17	高平镇后候村	低	11.4	0.7	18.0	82
18	上官镇刘庄村	低	8.98	0.66	1.95	66
19	老店镇东马庄村	低	8.5	0.62	3.6	57
20	王庄镇后王庄村	低	11.1	0.73	6.95	48

1.2 试验设计

试验采用“3414”完全实施方案 +“1”设计(见表2),“1”指的是编号15的处理,只施有机肥,不施化肥。表中的“2”指的是正常合理施肥量,“1”指的是正常用量的一半,“3”指的是正常用量的1.5倍。各试验点共设15个处理,田间排列采用三列制,列间有走道,周围设有保护行,各处理随机排列,小区面积30 m^2。　　试验在不施有机肥的基础上进

表 2 “3414 + 1”试验设计

试验编号	处理	N	P	K	有机肥
1	$N_0P_0K_0$	0	0	0	0
2	$N_0P_2K_2$	0	2	2	0
3	$N_1P_2K_2$	1	2	2	0
4	$N_2P_0K_2$	2	0	2	0
5	$N_2P_1K_2$	2	1	2	0
6	$N_2P_2K_2$	2	2	2	0
7	$N_2P_3K_2$	2	3	2	0
8	$N_2P_2K_0$	2	2	0	0
9	$N_2P_2K_1$	2	2	1	0
10	$N_2P_2K_3$	2	2	3	0
11	$N_3P_2K_2$	3	2	2	0
12	$N_1P_1K_2$	1	1	2	0
13	$N_1P_2K_1$	1	2	1	0
14	$N_2P_1K_1$	2	1	1	0
15	$N_0P_0K_0 + M$	0	0	0	3 000 kg/亩

行，其中处理15为在不施化肥的基础上每亩施3 000 kg有机肥，其他处理磷、钾肥全部底施，氮肥于播前底施一次，返青—拔节期追施一次。其他管理措施同大田。

2 结果分析

2.1 施肥模型建立

将高、中、低肥力水平下各处理产量进行计算，得小麦产量与氮(N)、磷(P_2O_5)、钾(K_2O)施用量效应方程见表3。

表3　不同肥力施肥效应

肥力水平	效应方程	可决系数	F值	显著水平
高	$Y=382.66+5.789N+4.509P+4.702K-0.261N^2-0.637P^2-0.605K^2+0.121NP+0.195NK+0.681PK$	$R^2=0.95$	8.48	*
中	$Y=282.549+15.653N+21.639P+15.689K-1.079N^2-2.452P^2-1.944K^2+0.536NP+0.453NK+0.096PK$	$R^2=0.969\ 8$	14.287	*
低	$Y=180.797\ 5+17.555\ 76N+27.335\ 39P+38.252\ 51K-1.977\ 308\ 1N^2-3.628\ 44P^2-3.976\ 92K^2+3.237\ 778NP+0.336\ 225NK-3.988\ 53PK$	$R^2=0.939\ 9$	6.945	*

由表3可以看出，肥料效应方程与实际情况拟合较好，小麦产量与氮、磷、钾施肥量之间存在显著的回归关系。依据施肥模型，高肥力地块小麦最佳经济施用量为：N 10 kg/亩、$P_2O_5$6 kg/亩、K_2O 6 kg/亩，对应产量为470 kg/亩；中肥力地块小麦最佳经济施用量为：N 8 kg/亩、$P_2O_5$5 kg/亩、K_2O 5 kg/亩，对应产量为460 kg/亩；低肥力地块小麦最佳经济施用量为：N 10 kg/亩、P_2O_5 7 kg/亩、K_2O 2 kg/亩，对应产量409 kg/亩。

2.2 氮、磷、钾在不同肥力水平上的增产效应

氮、磷、钾三种肥料合理配合施用增产效果最为显著；肥力水平越高，施用化肥和有机肥增产量越小，增产率越低；肥力水平越低，施用化肥和有机肥增产量越大，增产率也越高；低肥力地块施用有机肥增产效果远远明显高于高肥力地块(见表4)。

表4　氮、磷、钾不同施肥处理小麦增产量和增产率

处理	项目	无肥区	无氮区	无磷区	全肥区	无钾区	有机肥
高肥力	增产量(kg/亩)	—	37.9	51.2	106.4	34.7	12.8
	增产率(%)	—	9.9	13.3	27.7	9.0	3.3
中肥力	增产量(kg/亩)	—	65.2	31.7	115.6	63.9	117.9
	增产率(%)	—	21.7	10.6	38.5	21.3	39.3
低肥力	增产量(kg/亩)	—	52.5	108	166.9	118.1	93.7
	增产率(%)	—	23.3	47.9	74.1	52.4	41.6

高肥力地块氮、磷、钾因子对小麦产量的效应作用为钾肥 > 氮肥 > 磷肥，中肥力地块氮、磷、钾因子对小麦产量的效应作用为磷肥 > 钾肥 > 氮肥，低肥力水平氮、磷、钾因子对小麦产量的效应作用为氮肥 > 磷肥 > 钾肥。在高肥力条件下，钾肥是制约小麦产量的主导因素，生产上首先要保证钾肥用量，适当控制氮肥和磷肥用量；中肥力条件下，磷肥是制约小麦产量的主导因素，小麦高产要适当增施磷肥；低肥力条件下，氮肥是制约小麦产量的主导因素，要首先要保证氮肥用量。

2.3 不同肥力水平肥料利用率

由表5可以看出，土壤肥力水平越高，氮、磷、钾肥的利用率越低；土壤肥力水平越低，氮、磷、钾肥的利用率越高。

表5 不同肥力水平的肥料利用率

肥力类型	氮肥利用率(%)	磷肥利用率(%)	钾肥利用率(%)
高	31.5	14.4	38.4
中	33.7	17.4	45.0
低	37.0	16.2	50.2
平均	36.5	16.3	46.0

3 土壤养分丰缺指标

经过对试验结果进行回归分析，做出土壤养分含量与作物相对产量的散点图，得出不同养分的丰缺指标。

3.1 土壤有效磷丰缺指标

有效磷丰缺指标见表6。

表6 有效磷丰缺指标

肥力等级	相对产量(%)	有效磷(mg/kg)
极低	<70	<4
低	70~80	4~9
中	80~90	9~20.6
高	>90	>20.6

滑县土壤有效磷含量小于5 mg/kg肥力等级为极低，5~10 mg/kg为低，10~20 mg/kg为中，大于20 mg/kg为高。

3.2 土壤速效钾丰缺指标

速效钾丰缺指标见表7。

表7 速效钾丰缺指标

肥力等级	相对产量(%)	速效钾(mg/kg)
极低	<70	<22.4
低	70~80	22.4~52.7
中	80~90	52.7~123.5
高	>90	>123.5

滑县土壤速效钾含量小于 25 mg/kg 肥力等级为极低,25～50 mg/kg 为低,50～120 mg/kg 为中,大于 120 mg/kg 为高。

4 小结

(1)施用氮、磷、钾肥对提高小麦产量具有重要作用,过量施肥会导致产量下降。

(2)高肥力水平下效应作用为钾肥 > 氮肥 > 磷肥,中肥力水平下效应作用为磷肥 > 钾肥 > 氮肥,低肥力水平下效应作用为氮肥 > 磷肥 > 钾肥。

(3)有效磷含量小于 5 mg/kg 为极低,5～10 mg/kg 为低,10～20 mg/kg 为中,大于 20 mg/kg 为高;速效钾含量小于 25 mg/kg 为极低,25～50 mg/kg 为低,50～120 mg/kg 为中,大于 120 mg/kg 为高。

(4)高肥力最佳施用量为:N 10 kg/亩、P_2O_5 6 kg/亩、K_2O 6 kg/亩,对应产量为 470 kg/亩;中肥力地块最佳施用量为:N 8 kg/亩、P_2O_5 5 kg/亩、K_2O 5 kg/亩,对应产量为 460 kg/亩;低肥力地块最佳施用量为:N 10 kg/亩、P_2O_5 7 kg/亩、K_2O 2 kg/亩,对应产量 409 kg/亩。

遂平县田间肥效试验及施肥指标体系建立

靳书喜

(遂平县土壤肥料工作站·2009 年 4 月)

摘要:通过对“3414”田间肥效试验、氮肥用量及丰缺指标田间试验数据进行整理、汇总、分析,摸清了土壤供肥能力、不同作物养分吸收量和肥料利用率等基本参数。通过回归分析,对不同肥力水平下各种作物最佳施肥量、氮磷钾配合比例、施肥方式方法进行探讨,进而建立了遂平县土壤养分丰缺指标体系和主要农作物施肥指标体系,为分区施肥指导和肥料配方推荐提供了科学依据。

关键词:田间肥效试验　施肥指标体系　建立

遂平县位于淮北平原西侧、河南省中南部,全县土地总面积 1 071 km^2,有西部浅山丘陵、南北岗地、中东部平原三个地貌类型区。分布着潮土、砂姜黑土、黄褐土、黄棕壤和石质土五个土壤类型。现有耕地面积 85.25 万亩,农作物播种面积 179 万亩,粮食作物种植面积 140 万亩左右,粮食总产 54 万 t,平均单产 374 kg/亩。

遂平县自 2006 年承担国家测土配方施肥补贴项目以来,先后在小麦、玉米两大作物上安排布置了“3414”田间肥效试验、氮肥用量及丰缺指标田间试验,获得了大量的试验数据。通过对数据的汇总、整理、分析,摸清了土壤供肥能力、不同作物养分吸收量和肥料利用率等基本参数;通过回归分析,建立施肥模型,对不同肥力水平下各种作物最佳施肥量、氮磷钾配合比例、施肥方式方法进行探讨,初步建立了遂平县土壤养分丰缺指标体系和主要农作物施肥指标体系，为分区施肥指导和肥料配方推荐提供了科学依据。

1 试验安排

2006～2008年，按照测土配方施肥补贴项目实施方案，遂平县先后在不同肥力水平区域安排布置小麦"3414"田间肥效试验点10个、氮肥用量试验点10个、丰缺指标田间试验点10个。

2 试验地选择与基本情况

试验地选择在远离村庄、沟渠、林木，土体无明显障碍，地势平坦，肥力均匀，排灌方便的田块。试验地在整地施肥前，采取0～20 cm耕层土壤样品进行基础养分化验（见表1～表3）。

表1 2006～2007年小麦"3414"试验地块基本情况

试验地点	地理坐标		肥力	供试土壤	有机质(g/kg)	全氮(g/kg)	有效磷(mg/kg)	速效钾(mg/kg)
	经度	纬度						
和兴乡席庄村	113:58:27.1	33:14:51.4		壤覆砂姜黑土	9.638	0.833	65.62	118.91
车站镇刘虎庄	114:00:50.3	33:06:17.6		深位黏化洪冲积黄褐土	8.073	0.702	28.83	88.37
和兴乡和兴村	113:59:29.0	33:13:23.8		壤覆砂姜黑土	17.400	1.099	45.29	191.45
县十一三农场	113:50:12.6	33:04:19.7		壤黄土	13.310	0.810	17.54	88.37
车站镇马庄村	114:00:50.3	33:06:17.6		灰小两合土	9.460	0.785	14.79	63.55
花庄乡长寺村	113:48:22.1	33:07:05.0		黏覆砂姜黑土	16.160	0.994	22.24	107.46
常庄乡徐店村	114:02:36.7	33:10:01.3		灰两合土	10.150	0.942	18.36	80.73
沈寨乡双楼村	113:53:52.4	33:17:04.0		壤覆砂姜黑土	10.500	0.623	42.23	92.18
褚堂乡八里刘村	113:58:45.7	33:06:47.4		壤黄土	7.758	0.685	16.05	50.19
县小麦原种场	113:58:21.7	33:14:25.1		深位黏化洪冲积黄褐土	12.440	0.895	20.26	88.37

表 2　2007 ~ 2008 年度小麦氮肥用量试验地块基本情况

试验地点	地理坐标		肥力	供试土壤	有机质(g/kg)	全氮(g/kg)	有效磷(mg/kg)	速效钾(mg/kg)
	经度	纬度						
车站镇马庄村	113:59:27.1	33:09:48.2		灰小两合土	12.694	0.875	10.37	52.34
和兴席庄董庄	113:58:11.5	33:15:0.6		壤覆砂姜黑土	11.123	0.627	33.18	74.05
沈寨乡单楼	113:53:52.4	33:17:04.0		壤覆砂姜黑土	16.920	1.043	17.36	81.28
玉山坡李大月元	113:53:51.2	33:11:9.1		深位黏化洪冲积黄褐土	15.418	0.959	8.04	99.37
车站刘虎庄魏楼	114:00:48.4	33:06:17.3		深位黏化洪冲积黄褐土	10.538	0.672	11.88	70.43

表 3　2007 ~ 2008 年度小麦丰缺指标试验地块基本情况

试验地点	地理坐标		肥力	供试土壤	有机质(g/kg)	全氮(g/kg)	有效磷(mg/kg)	速效钾(mg/kg)
	经度	纬度						
玉山坡李大月元	113:53:51.2	33:11:9.1	高	深位黏化洪冲积黄褐土	15.418	0.959	8.04	99.37
常庄乡小王庄			低	灰小两合土	12.528	0.807	9.07	59.58
花庄长寺山头李	113:48:22.1	33:07:05.0	低	黏覆砂姜黑土	21.793	1.402	9.62	102.98
阳丰朱屯郭茨园			中	深位黏化洪冲积黄褐土	17.080	0.918	14.21	77.66
车站刘虎庄魏楼	114:00:48.4	33:06:17.3	高	深位黏化洪冲积黄褐土	10.653	0.606	13.04	74.05

3　试验处理与方法

3.1　“3414”肥效试验

本试验 2006 ~ 2007 年度共布置试验点 10 个，其中高产点 3 个、中产点 4 个、低产点 3 个。试验前采集耕层土样、小麦成熟后采集第 1、2、4、6、8 处理植株样分析化验。试验不施底肥，不设重复、随机排列，小区面积 20 m^2。成熟后各小区单收单打，分别计产。试验布置见表 4。

3.2　氮肥用量试验

本试验 2007 ~ 2008 年度共布置试验点 5 个，其中高产点 2 个、中产点 2 个、低产点 1 个。试验前采集耕层土样分析化验。试验不施底肥，不设重复、随机排列，小区面积 20 m^2。成熟后各小区单收单打，分别计产。试验布置见表 5。

表4 “3414”肥效试验布置

处理编号	处理	施肥水平			处理编号	处理	施肥水平		
		N	P	K			N	P	K
1	$N_0P_0K_0$	0	0	0	8	$N_2P_2K_0$	2	2	0
2	$N_0P_2K_2$	0	2	2	9	$N_2P_2K_1$	2		1
3	$N_1P_2K_2$	1	2	2	10	$N_2P_2K_3$	2		3
4	$N_2P_0K_2$	2	0	2	11	$N_3P_2K_2$	3	2	2
5	$N_2P_1K_2$	2	1	2	12	$N_1P_1K_2$	1	2	2
6	$N_2P_2K_2$	2	2	2	13	$N_1P_2K_1$	2	2	1
7	$N_2P_3K_2$	2	3	2	14	$N_2P_1K_1$	2	1	1

肥力	各水平亩施纯养分量(kg)								
	氮肥			磷肥			钾肥		
	1	2	3	1	2	3	1	2	3
高	8	16	24	3	6	9	3	6	9
中	7	14	21	2.5	5	7.5	2.5	5	7.5
低	6	12	18	2	4	6	2	4	6

表5 氮肥用量试验布置

处理编号	处理	亩施纯养分量(kg)		
		氮肥	磷肥	钾肥
1	$N_0P_6K_6$	0	6	6
2	$N_7P_6K_6$	7	6	6
3	$N_{14}P_6K_6$	14	6	6
4	$N_{21}P_6K_6$	21	6	6
5	$N_{28}P_6K_6$	28	6	6

3.3 小麦丰缺指标试验

本试验 2007～2008 年度共布置试验点 5 个，其中高产点 2 个、中产点 2 个、低产点 1 个。试验前采集耕层土样、小麦成熟后采集各处理植株样分析化验。试验不施底肥，不设重复、随机排列，小区面积 20 m^2。成熟后各小区单收单打，分别计产。试验布置见表 6。

表6 小麦丰缺指标试验布置

处理编号	处理	亩施纯养分量(kg)		
		氮肥	磷肥	钾肥
1	$N_0P_0K_0$	0	0	0
2	$N_0P_8K_6$	0	8	6
3	$N_{14}P_0K_6$	14	0	6
4	$N_{14}P_8K_0$	14	8	0
5	$N_{14}P_8K_6$	14	8	6

4 试验结果统计与分析

4.1 回归分析与施肥模型建立

通过 2006～2007 年 10 个“3414”试验点产量数据回归分析，分别拟合氮、磷、钾一元二次、二元二次、三元二次回归方程，并对 2007 ~ 2008 年小麦氮肥用量试验 5 个试验点全部处理产量数据回归分析，拟合氮肥效应一元二次回归方程。在此基础上，建立小麦施肥模型，测算当地最佳磷、钾施量下的最高产量施肥量和经济最佳施氮量。

回归分析汇总表中，三元二次方程表达式为：

$$y = b_0 + b_1\mathrm{N} + b_2\mathrm{P} + b_3\mathrm{K} + b_4\mathrm{NP} + b_5\mathrm{NK} + b_6\mathrm{PK} + b_7\mathrm{N}^2 + b_8\mathrm{P}^2 + b_9\mathrm{K}^2$$

二元二次方程表达式为：

$$y = b_0 + b_1x + b_2z + b_3xz + b_4x^2 + b_5z^2$$

一元二次方程表达式为：

$$y = b_2x^2 + b_1x + b_0$$

式中：y 为因变量（亩产量）；x 为自变量（亩施单质养分量）；b_n 为系数。

4.2　边际效应分析与施肥推荐

通过对二次效应函数求导，可以分别得到氮、磷、钾边际效应函数

$$y' = b_m + 2b_nx \text{（}b_m\text{ 为一次项系数，}b_n\text{ 为二次项系数）}$$

当自变量 x 的边际效应 y' 等于 0，产量最高，x 为最大产量施肥量，当自变量 x 的边际效应 y' 等于投入单质肥料养分单价与产出物单价比值（P_x/P_y）时，施肥效益最高，x 为经济最佳施肥量。

根据生物统计学标准及方程对试验的生产意义，将 F 值检验不显著，方程二次项 x^2 的系数为正值，边际分析结果施肥量不切合生产实际的回归方程剔出后，将各元素最大施肥量与最佳施肥量进行汇总，汇总结果如表 7 ~ 表 10 所示。

表 7　2006 ~ 2007 年度“3414”试验拟合最佳施肥量统计（高肥区）

试验点	拟合曲线	最佳施肥			最高施肥		
		N	P_2O_5	K_2O	N	P_2O_5	K_2O
董海银	NPK	7.38	8.13	6.27	14.07	4.25	6.21
	NP	4.96	11.77		6.73	14.87	
	PK		7.46	9.43		8.72	7.55
	N	7.11			11.25		
	K			6.07			9.45
	施量范围	4.96 ~ 7.38	7.46 ~ 11.77	6.07 ~ 9.43	6.73 ~ 14.07	4.25 ~ 14.87	6.21 ~ 9.45
	平均施量	6.48	9.12	7.26	10.68	9.28	7.74
魏焕成	NPK	7.86	4.5	6.54	12.16	8.81	7.98
	NP	13.21			14.07	13.36	
	PK		7.45	5.69		8.84	7.91
	N	8.82			12.47		
	P		2.13			9.24	
	施量范围	7.86 ~ 13.2	2.13 ~ 7.45	5.69 ~ 7.26	12.16 ~ 14.07	8.81 ~ 13.36	7.91 ~ 7.98
	平均施量	9.96	8.93	6.12	12.9	10.06	7.95

续表 7

试验点	拟合曲线	最佳施肥			最高施肥		
		N	P_2O_5	K_2O	N	P_2O_5	K_2O
李德超	NPK	12.02	0.82	13.22	13.38	9.57	11.57
	NP	9.19	8.69		9.94		
	PK		6.22	8.82		8.84	7.91
	N	9.32			11.43		
	P		7.36			10.18	
	施量范围	9.19~12.02	0.82~8.69	8.82~13.22	9.94~13.38	8.84~9.57	7.91~11.57
	平均施量	10.18	5.77	11.02	11.58	9.53	9.74
高肥区均值拟合	NPK	6.72	10.22	3.35	11.27	10.73	8.56
	NP	9.93	1.32			11.78	
	NK				10.92		
	PK		7.1	5.33		8.53	10.39
	N	8.64			11.68		
	P		5.65			9.68	
	K			6.2			9.44
	施量范围	6.72~9.93	1.32~10.22	3.35~6.20	10.92~11.68	8.53~11.78	8.56~10.39
	平均施量	8.43	6.07	4.96	11.29	10.18	9.46
高肥均量		8.87	7.94	7.75	11.62	9.62	8.48
拟合均值		8.65	7.01	6.36	11.46	9.9	8.97

表 8　2006~2007 年度"3414"试验拟合最佳施肥量统计(中肥区)

试验点	拟合曲线	最佳施肥			最高施肥		
		N	P	K	N	P	K
黄志国	NPK	7.44	5.1	2.9	9.75	8.15	4.46
	NP	12.12	0		12.93	0	
	PK		3.67	4.79		3.99	9.74
	N	8.6			10.44		
	P		3.45			6.41	
	K			3.39			4.65
	施量范围	8.6~12.12	3.45~5.1	2.9~4.79	9.75~12.93	3.99~8.15	4.46~9.74
	平均施量	9.39	3.06	3.69	11.04	4.64	6.28
赵书台	NPK	7.69	4.5	3.25	11.65	6.41	7.11
	N	9.24			11.52		
	K			3.98			7.24
	施量范围	7.69~9.24					
	平均施量	8.77	3.78	3.64	11.57	6.41	7.18

续表 8

试验点	拟合曲线	最佳施肥			最高施肥		
		N	P	K	N	P	K
刘中华	NPK	9.03	4.21	4.49	11.68	6.16	6.8
	PK		6.56	8.35		7.81	7.63
	N	9.91				11.91	
	施量范围						
	平均施量	9.47	5.39	6.42	11.68	8.63	7.22
王献群	NPK	10.11	6.41	6.41	9.42	5.7	3.21
	N	9.82			11.97		
	P		2.52			7.68	
	K			0.63			8.13
	施量范围						
	平均施量	9.97	4.47	3.52	10.7	6.69	5.67
中肥区均产拟合	NPK	8.88	4.85	3.54	13.89	8.17	9.89
	PK		8.28				
	N	10.59			13.5		
	P		4.63			8.91	
	K			5.15			9.66
	施量范围	8.88～10.59	4.63～8.28	3.54～5.15	13.5～13.89	8.17～8.91	
	平均施量	9.74	5.92	4.35	13.7	8.54	9.78
各点均值		9.4	4.28	3.8	11.25	6.59	6.59
拟合均值		9.57	5.1	4.08	12.48	7.57	8.19

表 9　2006～2007 年度“3414”试验拟合最佳施肥量统计（低肥区）

试验点	拟合曲线	最佳施肥			最高施肥		
		N	P	K	N	P	K
臧耀武	NPK	9.1	4.16	3.67	11.81	4.38	2.93
	N	9.01			10.31		
	P		3.97			4.99	
	K			2.71			4.18
	施量范围						
	平均施量	9.05	4.07	3.19	11.06	4.69	3.56

续表 9

试验点	拟合曲线	最佳施肥			最高施肥		
		N	P	K	N	P	K
何群柱	NPK	6.04	6.85		10.23	1.39	7.21
	N	8.3			9.95		
	施量范围						
	平均施量	7.17	6.85		10.09	1.39	7.21
李杰	NPK	12.08	7.19	1.64	16.28	11.91	2.79
	N	8.23			9.35		
	K			3.04			4.47
	施量范围						
	平均施量	10.16	7.19	2.34	12.82	11.91	3.63
低肥区均产拟合	NPK	8.63	3.74	2.94	10.31	6	5.2
	PK		6.37			5.18	6.18
	N	8.51			9.84		
	P		3.85			4.92	
	K			3.18			4.55
	施量范围	8.51～8.63	3.74～6.37	2.94～3.18	9.84～10.31	4.92～6.00	4.55～6.18
	平均施量	8.57	4.65	3.06	10.08	5.37	5.31
低肥均值		8.79	6.04	2.77	11.32	6	4.8
拟合平均值		8.68	5.35	2.92	10.7	5.69	5.06

表 10　2007～2008 年度氮肥用量试验拟合最佳施肥量统计

试验地点	回归参数				方差分析		最高施量	最佳施量
	B_0	N	N^2	相关系数(R^2)	F 值	F 检验		
何群柱	323.14	15.689	-0.449	0.934	124.044	极显著	17.48	13.90
董海银	377.46	10.583	-0.309 4	0.886 5	25.561	极显著	17.1	11.91
崔炳录	359.59	11.769	-0.346 6	0.944 5	86.967	极显著	16.98	12.34
王贺勤	380.22	19.27	-0.544 2	0.975 9	119.757	极显著	17.7	14.75
魏焕成	375.49	14.691	-0.479 2	0.936 7	33.487	极显著	15.33	11.97

根据对两年 15 点次试验数据回归分析、边际效应分析，通过数学运算分别测算出了各试点最高产量施肥量和最佳经济施肥量，通过汇总整理，提出了遂平县不同肥力水平下小麦氮、磷、钾最佳施肥量和最佳配方比例（见表 11）。

表 11　遂平县小麦不同地力水平最佳施肥量与最佳配方参考值

地力水平	最高产量施肥量(kg/亩)			最高产量配方比例	经济最佳施肥量(kg/亩)			最佳配方比例
	N	P_2O_5	K_2O		N	P_2O_5	K_2O	
高产区	11.29	10.18	9.45	1.11:1:0.93	8.43	6.07	4.95	1.39:1:0.82
中产区	13.7	8.54	9.78	1.60:1:1.15	9.74	5.92	4.35	1.65:1:0.73
低产区	10.08	5.37	5.31	1.88:1:0.99	8.57	4.65	3.05	1.84:1:0.66

4.3　测土配方施肥技术参数

单位经济产量养分吸收量、土壤养分利用率(校正系数)、肥料当季利用率等技术参数,是科学制定施肥配方的基础和重要依据。它们均来自田间丰缺指标试验,通过对有素区与缺素区的生物产量、经济产量、土壤养分含量、植株养分含量等数据的统计分析而获得。

4.3.1　单位经济产量养分吸收量

单位经济产量养分吸收量,一般采用 100 kg 籽粒吸收量来表达。公式为:

100 kg 经济产量吸收量 = 100 ×(籽粒产量 × 籽粒养分含量 + 对应秸秆产量 × 秸秆养分含量)/籽粒产量

通过对 2006 ~ 2007 年小麦“3414”肥效试验第 1、2、4、6、8 处理,2007 ~ 2008 年小麦丰缺指标试验全部处理的籽粒与秸秆产量、籽粒与秸秆养分含量数据的计算分析,测算出了遂平县小麦不同土壤和肥力条件下的 100 kg 小麦氮、磷、钾养分吸收量,汇总结果如表 12、表 13 所示。

表 12　遂平县不同土壤 100 kg 小麦经济产量养分吸收参数

试验地点	农户	肥力水平	土壤类型	全肥区 100 kg 产量所需养分量(kg)		
				氮(N)	磷(P_2O_5)	钾(K_2O)
褚堂乡八里刘村	刘中华	中	黄褐土	2.515 1	0.833 4	2.136
车站镇刘虎庄	魏焕成	高	黄褐土	2.313 1	1.203 9	2.907
县小麦原种场	王献群	中	黄褐土	2.624 4	0.961 5	2.634 5
玉山镇坡李村	王贺勤	高	黄褐土	2.790 7	0.828 9	3.519 2
阳丰乡朱屯村	郭铁亮	中	黄褐土	2.917 5	1.741 6	3.645 6
车站镇魏楼	魏焕成	高	黄褐土	2.824 7	2.390 0	2.990 0
黄褐土平均				2.664 3	1.326 5	2.972 0
车站镇马庄村	何群柱	低	灰潮土	3.136 3	1.158 9	2.71
常庄乡徐店村	黄治国	中	灰潮土	2.377 3	0.896 6	2.169 8
常庄乡小王庄村	王恩动	低	灰潮土	2.418 0	0.858 4	1.816 2
县十一三农场	臧耀武	低	灰潮土	2.165 6	0.770 8	2.465
灰潮土平均				2.524 3	0.921 2	2.290 2
沈寨乡单楼村	赵书台	中	砂姜黑土	2.565 2	0.866 2	1.696 5
和兴乡席庄村	董海银	高	砂姜黑土	2.577 2	1.069	1.765 3
花庄乡长寺村	李杰	低	砂姜黑土	1.960 7	0.928 5	1.805 3
砂姜黑土平均				2.367 7	0.954 6	1.755 7
平均值				2.593 5	1.086 6	2.396 5

表 13 遂平县不同肥力水平 100 kg 小麦经济产量养分吸收参数

试验地点	农户	肥力水平	土壤类型	全肥区 100 kg 产量所需养分量(kg)		
				氮(N)	磷(P_2O_5)	钾(K_2O)
车站镇刘虎庄	魏焕成	高	黄褐土	2.313 1	1.203 9	2.907
玉山镇坡李村	王贺勤	高	黄褐土	2.790 7	0.828 9	3.519 2
车站镇魏楼	魏焕成	高	黄褐土	2.824 7	2.390 0	2.990 0
和兴乡席庄村	董海银	高	砂姜黑土	2.577 2	1.069	1.765 3
和兴乡和兴村	李德超	高	砂姜黑土	3.296	0.888 4	1.385
高肥田平均				2.760 3	1.276 0	2.513 3
县小麦原种场	王献群	中	黄褐土	2.624 4	0.961 5	2.634 5
阳丰乡朱屯村	郭铁亮	中	黄褐土	2.917 5	1.741 6	3.645 6
常庄乡徐店村	黄治国	中	灰潮土	2.377 3	0.896 6	2.169 8
沈寨乡单楼村	赵书台	中	砂姜黑土	2.565 2	0.866 2	1.696 5
褚堂乡八里刘村	刘中华	中	黄褐土	2.515 1	0.833 4	2.136
中肥田平均				2.599 9	1.059 9	2.456 5
车站镇马庄村	何群柱	低	灰潮土	3.136 3	1.158 9	2.71
常庄乡小王庄村	王恩动	低	灰潮土	2.418 0	0.858 4	1.816 2
县十一三农场	臧耀武	低	灰潮土	2.165 6	0.770 8	2.465
花庄乡长寺村	李杰	低	砂姜黑土	1.960 7	0.928 5	1.805 3
花庄乡长寺村	李杰	低	砂姜黑土	2.420 1	0.902 9	2.301 4
低肥田平均				2.420 1	0.923 9	2.219 6
平均值				2.593 5	1.086 6	2.396 5

从不同土壤类型单位产量养分吸收量汇总结果看,遂平县三大土壤类型小麦养分吸收量也各不相同。黄褐土区平均生产 100 kg 小麦吸收氮(纯 N)、磷(P_2O_5)、钾(K_2O)养分分别为 2.66 kg、1.33 kg、2.97 kg,潮土区分别为 2.52 kg、0.92 kg、2.29 kg,砂姜黑土区分别为 2.37 kg、0.95 kg、1.76 kg。15 个试验点加权平均 100 kg 小麦吸收(纯 N)、磷(P_2O_5)、钾(K_2O)养分量分别为 2.59 kg、1.09 kg、2.40 kg,比例为 2.38∶1∶2.20。

从不同肥力水平单位产量养分吸收量汇总结果看,土壤肥力对养分吸收量影响较为明显,肥力越高单位经济产量吸收量越多。高肥田块平均生产 100 kg 小麦吸收氮(纯 N)、磷(P_2O_5)、钾(K_2O)养分分别为 2.76 kg、1.28 kg、2.51 kg,中肥田块分别为 2.60 kg、1.06 kg、2.46 kg,低肥田块分别为 2.42 kg、0.92 kg、2.22 kg。

4.3.2 土壤供肥量与土壤养分校正系数

土壤养分供应量可以通过测定基础产量、土壤有效养分校正系数两种方法估算。前者是将田间试验中不施养分区作物所吸收的养分量作为土壤供肥量,后者是将土壤有效养分测定值乘一个校正系数,以表达土壤的“真实”供肥量。

4.3.2.1 土壤供肥量

土壤供肥量测算公式为:

土壤供肥量 = 100 kg 产量养分吸收量 × 不施养分区作物产量/100

下面按照不同肥力水平、不同土壤类型将各试验点土壤养分供应量测算结果汇总如表 14、表 15 所示。

表 14　不同肥力水平土壤养分供应量测算结果汇总　（单位：kg/亩）

试验地点	肥力水平	无肥区土壤养分供应量			缺素区土壤养分供应量		
		氮(N)	磷(P_2O_5)	钾(K_2O)	氮(N)	磷(P_2O_5)	钾(K_2O)
玉山镇坡李村	高	9.15	2.63	8.59	9.92	3.17	14.75
车站镇刘虎庄	高	6.95	3.89	11.67	8.68	5.14	16.18
和兴乡和兴村	高	12.27	3.48	6.10	13.29	4.70	9.58
车站镇刘虎庄	高	8.11	4.42	9.04	9.14	5.83	12.86
和兴乡席庄村	高	7.40	3.20	5.98	9.63	4.15	6.48
高产平均		8.78	3.53	8.28	10.13	4.60	11.97
阳丰乡朱屯村	中	8.64	3.53	9.33	10.01	3.86	13.75
县小麦原种场	中	5.70	2.25	4.65	6.31	3.31	10.45
常庄乡徐店村	中	7.05	2.91	3.35	7.79	3.59	4.56
沈寨乡单楼村	中	6.76	2.44	5.28	5.91	3.40	8.97
褚堂乡八里刘村	中	6.18	2.35	4.73	5.59	2.50	7.98
中产平均		6.87	2.69	5.47	7.13	3.33	9.14
常庄乡小王庄村	低	6.28	2.76	5.63	7.81	4.40	6.98
花庄乡长寺村	低	5.69	1.89	6.21	7.81	3.37	9.79
车站镇马庄村	低	6.60	3.08	6.90	6.73	3.07	10.88
花庄乡长寺村	低	3.80	1.99	4.03	4.45	2.88	5.76
县十一三农场	低	4.14	1.76	4.40	5.65	2.42	10.45
低产平均		5.30	2.30	5.43	6.49	3.23	8.77
平均值		6.98	2.84	6.39	7.92	3.72	9.96

表 15　不同土壤类型土壤养分供应量汇总　（单位：kg/亩）

试验地点	土壤类型	无肥区土壤养分供应量			缺素区土壤养分供应量		
		氮(N)	磷(P_2O_5)	钾(K_2O)	氮(N)	磷(P_2O_5)	钾(K_2O)
玉山镇坡李村	黄褐土	9.15	2.63	8.59	9.92	3.17	14.75
车站镇刘虎庄	黄褐土	6.95	3.89	11.67	8.68	5.14	16.18
车站镇刘虎庄	黄褐土	8.11	4.42	9.04	9.14	5.83	12.86
阳丰乡朱屯村	黄褐土	8.64	3.53	9.33	10.01	3.86	13.75
县小麦原种场	黄褐土	5.70	2.25	4.65	6.31	3.31	10.45
褚堂乡八里刘村	黄褐土	6.18	2.35	4.73	5.59	2.50	7.98
黄褐土平均		7.46	3.18	8.00	8.28	3.97	12.66
常庄乡徐店村	灰潮土	7.05	2.91	3.35	7.79	3.59	4.56
常庄乡小王庄村	灰潮土	6.28	2.76	5.63	7.81	4.40	6.98
车站镇马庄村	灰潮土	6.60	3.08	6.90	6.73	3.07	10.88
县十一三农场	灰潮土	4.14	1.76	4.40	5.65	2.42	10.45
潮土平均		6.02	2.63	5.07	7.00	3.37	8.22
和兴乡和兴村	砂姜黑土	12.27	3.48	6.10	13.29	4.70	9.58
和兴乡席庄村	砂姜黑土	7.40	3.20	5.98	9.63	4.15	6.48
沈寨乡单楼村	砂姜黑土	6.76	2.44	5.28	5.91	3.40	8.97
花庄乡长寺村	砂姜黑土	5.69	1.89	6.21	7.81	3.37	9.79
花庄乡长寺村	砂姜黑土	3.80	1.99	4.03	4.45	2.88	5.76
砂姜黑土平均		7.19	2.60	5.52	8.22	3.70	8.11
平均值		6.98	2.84	6.39	7.92	3.72	9.96

从2006～2007年小麦“3414”肥效试验、2007～2008年小麦丰缺指标试验共计15个点次土壤供肥量测算汇总结果看出：

土壤氮、磷、钾养分供应量随着肥力水平提高而增加，高肥力田块氮、磷、钾土壤养分供应量分别是8.78 kg/亩、3.53 kg/亩、8.28 kg/亩，中肥力田块分别为6.87 kg/亩、2.69 kg/亩、5.47 kg/亩，低肥力田块分别为5.30 kg/亩、2.30 kg/亩、5.43 kg/亩。

不同土壤类型间土壤氮、磷、钾养分供应量稍有差别，黄褐土氮、磷、钾土壤养分供应量分别是7.46 kg/亩、3.18 kg/亩、8.00 kg/亩，砂姜黑土分别为7.19 kg/亩、2.60 kg/亩、5.52 kg/亩，潮土分别为6.02 kg/亩、2.63 kg/亩、5.07 kg/亩。

全县氮、磷、钾土壤养分供应量无肥区平均值分别为6.98 kg/亩、2.84 kg/亩、6.39 kg/亩，缺素区平均值分别为7.92 kg/亩、3.72 kg/亩、9.96 kg/亩。

4.3.2.2 土壤养分校正系数

土壤校正系数测算公式为：

$$校正系数(\%)=\frac{缺素区作物吸收该元素量(kg/亩)}{该元素土壤测定值(mg/kg)\times 0.15}$$

通过2006～2007年10个试验点土壤养分校正系数测算结果统计，遂平县冬小麦土壤全氮、有效磷、速效钾校正系数加权平均值分别为5.94%、43.82%、56.65%。

不同肥力条件下土壤全氮、有效磷、速效钾校正系数有一定差别，土壤全氮校正系数随土壤肥力下降而下降，有效磷、速效钾校正系数随土壤肥力的下降呈上升趋势，但有效磷校正系数从低肥到中肥变化不明显（见表16）。

表16 不同地力水平下冬小麦土壤养分校正系数参数计算

试验地点	基础地力	基础土样养分含量			校正系数(%)		
		氮(g/kg)	磷(mg/kg)	钾(mg/kg)	氮	磷	钾
李德超	高	1.10	45.30	191.50	8.06	30.21	27.68
魏焕成	高	0.70	28.80	88.40	8.68	58.89	80.52
董海银	高	0.83	65.60	118.90	7.70	18.40	30.13
高肥平均		0.88	46.57	132.93	8.15	35.83	46.11
赵书台	中	0.62	42.20	92.20	5.96	23.43	53.82
刘中华	中	0.69	16.00	50.20	5.40	64.48	87.96
王献群	中	0.90	20.30	88.40	4.70	47.49	65.40
黄治国	中	0.94	18.40	80.70	5.51	56.93	31.23
中肥平均		0.79	24.23	77.88	5.39	48.08	59.60
何群柱	低	0.79	14.80	63.60	5.72	60.47	94.74
李杰	低	0.99	22.20	107.50	2.98	37.77	29.65
臧耀武	低	0.81	17.54	88.37	4.65	40.12	65.41
低肥平均		0.86	18.18	86.49	4.45	46.12	63.27

按土壤肥力统计，高肥区土壤全氮、有效磷、速效钾校正系数分别为8.15%、35.83%、

46.11%，中肥区分别为5.39%、48.08%、59.60%，低肥区分别为4.45%、46.12%、63.27%。

不同土壤条件下土壤全氮、有效磷、速效钾校正系数有较大差别，土壤全氮校正系数以潮土区最低，黄褐土与砂姜黑土较高，但二者差别不大；有效磷、速效钾校正系数均以砂姜黑土最低，黄褐土最高。按土壤类型统计，黄褐土区土壤全氮、有效磷、速效钾校正系数分别为6.26%、56.95%、77.96%，潮土区分别为5.29%、52.51%、63.79%，砂姜黑土区分别为6.18%、27.45%、35.32%（见表17）。

表17　不同土壤类型土壤养分校正系数汇总

试验地点	基础地力	基础土样养分含量			校正系数(%)		
		氮(g/kg)	磷(mg/kg)	钾(mg/kg)	氮	磷	钾
刘中华	中	0.69	16.00	50.20	5.40	64.48	87.96
魏焕成	高	0.70	28.80	88.40	8.68	58.89	80.52
王献群	中	0.90	20.30	88.40	4.70	47.49	65.40
黄褐土平均		0.76	21.70	75.67	6.26	56.95	77.96
臧耀武	低	0.81	17.54	88.37	4.65	40.12	65.41
黄治国	中	0.94	18.40	80.70	5.51	56.93	31.23
何群柱	低	0.79	14.80	63.60	5.72	60.47	94.74
灰潮土平均		0.85	16.91	77.56	5.29	52.51	63.79
董海银	高	0.83	65.60	118.90	7.70	18.40	30.13
赵书台	中	0.62	42.20	92.20	5.96	23.43	53.82
李杰	低	0.99	22.20	107.50	2.98	37.77	29.65
李德超	高	1.10	45.30	191.50	8.06	30.21	27.68
砂姜黑土平均		0.89	43.83	127.53	6.18	27.45	35.32

4.3.3　*肥料当季利用率*

肥料利用率一般通过差减法来计算，利用施肥区作物吸收的养分量减去不施肥区作物养分吸收量，其差值视为肥料供应的养分量，再除以所施肥料养分量即是肥料利用率。

按照此方法对2006～2007年度10个小麦“3414”肥效试验点肥料利用率测算结果统计，遂平县冬小麦氮肥平均利用率为40.13%、磷肥当季利用率13.47%、钾肥当季利用率23.04%。相比氮肥利用率最高，钾肥次之，磷肥当季利用率最低。

通过对不同肥力水平肥料利用率汇总，高肥田块氮、磷、钾当季肥料利用率分别为32.15%、8.42%、30.30%，中产地块分别为41.06%、10.68%、17.7%，低产地块分别为46.86%、22.22%、29.88%（见表18）。可以看出，施用氮、磷肥的当季利用率随土壤肥力水平的提高、施肥量的增加而下降，钾肥的利用率因为有些数据失常或缺失，其规律性无法判断，有待于进一步研究。

通过对不同土壤类型肥料利用率汇总结果，黄褐土小麦施用氮、磷、钾当季利用率分别为38.52%、11.19%、20.22%，潮土分别为42.77%、18.41%、9.75%，砂姜黑土分别为39.36%、11.47%、30.29%（见表19）。可以看到，不同土壤对肥料的当季利用率有一定差别，对于氮、磷肥潮土利用率最高，其次是砂姜黑土和黄褐土。

表 18 不同地力水平下肥料利用率汇总

试验地点	基础地力	土壤类型	肥料利用率(%)		
			氮	磷	钾
李德超	高	砂姜黑土	42.37	3.17	—
魏焕成	高	黄褐土	24.22	5.46	28.44
董海银	高	砂姜黑土	29.87	16.65	32.16
高肥平均			32.15	8.42	30.30
王献群	中	黄褐土	52.57	15.55	19.45
黄治国	中	灰潮土	26.57	5.84	9.75
赵书台	中	砂姜黑土	46.34	8.77	28.835
刘中华	中	黄褐土	38.76	12.56	12.77
中肥平均			41.06	10.68	17.7
臧耀武	低	灰潮土	37.70	16.68	—
李杰	低	砂姜黑土	38.84	17.29	29.88
何群柱	低	灰潮土	64.03	32.71	—
低肥平均			46.86	22.22	29.88

表 19 不同土壤类型肥料利用率汇总

试验地点	基础地力	土壤类型	肥料利用率(%)		
			氮	磷	钾
刘中华	中	黄褐土	38.76	12.56	12.77
王献群	中	黄褐土	52.57	15.55	19.45
魏焕成	高	黄褐土	24.22	5.46	28.44
黄褐土平均			38.52	11.19	20.22
臧耀武	低	灰潮土	37.70	16.68	—
黄治国	中	灰潮土	26.57	5.84	9.75
何群柱	低	灰潮土	64.03	32.71	—
灰潮土平均			42.77	18.41	9.75
李德超	高	砂姜黑土	42.37	3.17	—
董海银	高	砂姜黑土	29.87	16.65	32.16
赵书台	中	砂姜黑土	46.34	8.77	28.835
李杰	低	砂姜黑土	38.84	17.29	29.88
砂姜黑土平均			39.36	11.47	30.29

4.4 小麦土壤养分丰缺指标

根据“3414”肥效试验和小麦丰缺指标试验的无肥区(CK)、全素区(NPK)、缺素区(即 PK、NK、NP)产量数据,计算缺素区产量占全素区产量的百分数(相对产量),以相对产量的高低来表达该试验地点土壤养分的丰缺状况。然后用缺素区作物相对产量和基础土壤养分测试值,在 Excel 表中作散点图、模拟函数关系曲线。以相对产量 50%、75%、90% 所对应的基础土壤养分含量数值为界限,划分土壤养分丰缺指标。缺素区作物产量低于 50% 的点为极低养分区,相对产量 50% ~75% 范围内的点为低养分区,相对产量 75% ~90% 范围内的点为中养分区,相对产量大于 90% 的点为高养分区。

作物吸收氮素形态主要是无机态氮，受到土壤和气候等环境因子的制约，变化很大，而且土壤氮素的生物有效性与化学提取性之间相关性较差，所以一般不采用氮素丰缺指标作为氮肥推荐依据。

4.4.1　冬小麦土壤有效磷丰缺指标

土壤有效磷丰缺指标的建立需要不同肥力、多点次、多年度大量的试验、土测数据，遂平县现仅有2006年、2007年两年15点次数据，资料较少，建立丰缺指标有一定局限性，为此，将与遂平县各方面条件类似的汝南、平舆两县的3年数据加入一起汇总分析。以土壤有效磷含量为横坐标，相对产量为纵坐标，作散点图（见图1），模拟土壤有效磷含量与相对产量函数关系曲线为：

$$y = 9.7987\ln x + 58.804,\ R^2 = 0.3261$$

并以此推算出土壤有效磷丰缺指标（见表20）。

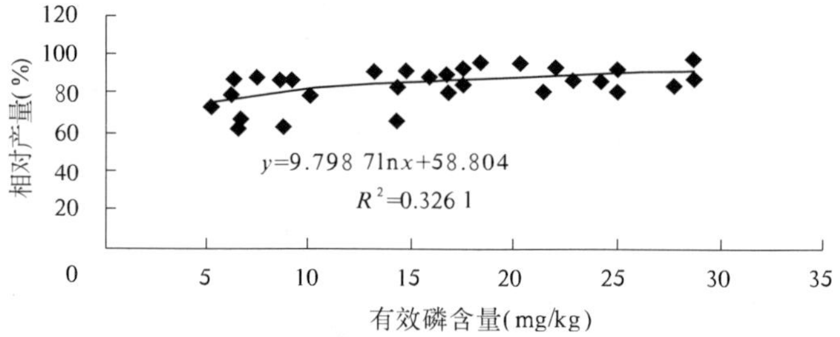

图1　土壤有效磷含量与小麦相对产量函数关系图

表20　土壤有效磷养分丰缺指标

肥力状况	极低	低	中	高	极高
相对产量(%)	<50	50~75	75~85	85~95	>95
土壤有效磷(mg/kg)	<5	5~14	14~24	24~40	>40

4.4.2　冬小麦土壤速效钾丰缺指标

以土壤速效钾含量为横坐标，相对产量为纵坐标，作散点图（见图2），模拟土壤速效钾含量与相对产量函数关系曲线为：

$$y = 28.394\ln x - 43.686,\ R^2 = 0.2265$$

并以此推算出土壤速效钾丰缺指标（见表21）。

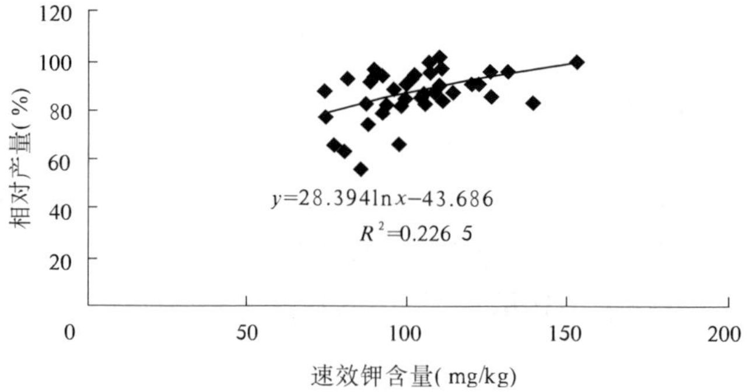

图2　土壤速效钾含量与小麦相对产量函数关系图

表 21　土壤速效钾养分丰缺指标

肥力状况	极低	低	中	高	极高
相对产量(%)	<50	50~75	75~85	85~95	>95
土壤速效钾(mg/kg)	<45	45~65	65~90	90~135	>135

5　小麦施肥指标体系建立

小麦氮肥用量采用以产定氮法,根据地块基础肥力水平确定目标产量,结合不同肥力水平条件下建立的氮肥效应函数(见图 3),测算出的氮肥最佳用量,确定小麦施肥推荐配方(见表 22)。

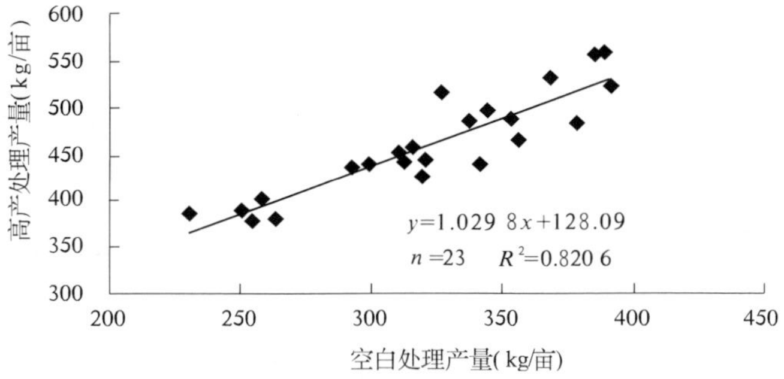

图 3　基础产量与最高产量关系变化趋势图

表 22　遂平县冬小麦氮肥推荐用量

级别	目标产量(kg/亩)	氮肥用量(kg/亩)
高	450	9~11
中	350~450	10~12
低	<350	8~10

磷肥用量采用测土定磷(恒量监控):目标产量 450 kg/亩时,需磷(P_2O_5)量为 5.76 kg/亩;目标产量 350~450 kg/亩时,磷(P_2O_5)需求量为 4.24 kg/亩;目标产量 350 kg/亩时,需磷(P_2O_5)量为 3.22 kg/亩。对于磷肥管理来说,当土壤有效磷(Olsen-P)低于 5 mg/kg(P),磷肥管理的目标是通过增施磷肥提高作物产量和土壤有效磷含量,磷肥用量为作物带走量的 2 倍;有效磷(Olsen-P)介于 5~14 mg/kg(P),磷肥用量为作物带走量的 1.5 倍;当土壤有效磷在 14~24 mg/kg(P)时,磷肥管理的目标是维持现有土壤有效磷水平,磷肥用量等于作物的带走量;当土壤有效磷介于 24~40 mg/kg 时,磷肥用量为作物带走量的 0.5 倍;当土壤有效磷大于 40 mg/kg 时,施磷肥的增产潜力不大,不建议施用磷肥(见表 23)。

钾肥用量采用测土定钾(恒量监控):目标产量 450 kg/亩时,需钾(K_2O)量为 11.3 kg/亩;目标产量 350~450 kg/亩时,钾(K_2O)需求量为 9.8 kg/亩;目标产量 350 kg/亩时,需钾量(K_2O)为 7.8 kg/亩。对于钾肥管理来说,当土壤速效钾(K)低于 45 mg/kg,钾肥管理的目标是通过增施钾肥提高作物产量和土壤速效钾含量，钾肥用量为作物带走量的2倍；速效钾介于45～65 mg/kg，钾肥用量为作物带走量的1.5倍；当土壤速效钾在65～90 mg/kg时，钾肥管理的目标是维持现有土壤速效钾水平，钾肥用量等于作物的带走量；当土壤速效钾介于90～135 mg/kg时，钾肥用量为作物带走量的0.5倍；当土壤速效钾大于135 mg/kg时，施钾肥的增产潜力不大，不建议施用钾肥（见表24）。考虑到秸秆还田因素，在推荐施肥时，将施钾量作减半处理。

表23　遂平县冬小麦不同肥力水平磷肥施肥指标体系

肥力等级	Olsen－P (mg/kg)	投入/产出	磷肥用量(kg/亩)		
			高产田	中产田	低产田
极低	<5	2	12	8	8
低	5～14	1.5	9	6	6
中	14～24	1	6	4	4
高	24～40	0.5	3	2	2
极高	>40	0	0	0	0

注：表中“投入/产出”指作物施肥量比养分带走量。

表24　遂平县冬小麦不同肥力水平钾肥施肥指标体系

肥力等级	速效钾 (mg/kg)	投入/产出	钾肥用量(kg/亩)		
			高产田	中产田	低产田
极低	<45	2	11	10	8
低	45～65	1.5	8	7	6
中	65～90	1	6	5	4
高	90～135	0.5	3	2	2
极高	>135	0	0	0	0

6　结论

（1）通过两年来试验探讨，初步推算出遂平县冬小麦最佳施肥量技术指标：高产田块亩施纯氮（N）9～11 kg，磷肥（P_2O_5）6 kg，钾肥（K_2O）5 kg；中产田块亩施纯氮（N）10～12 kg，磷肥（P_2O_5）6 kg，钾肥（K_2O）4 kg；低产田块亩施纯氮（N）8～10 kg，磷肥（P_2O_5）5 kg，钾肥（K_2O）3 kg。

（2）对遂平县土壤供肥能力、土壤养分校正系数、冬小麦100 kg产量需肥量、肥料利用率等相关农学参数进行了探索。初步测算结果表明：

遂平县平均土壤氮、磷、钾养分供应量分别为6.98 kg/亩、2.84 kg/亩、6.39 kg/亩，肥力水平越高供肥能力越强。遂平县土壤全氮、有效磷、速效钾养分校正系数平均值分别为5.94%、43.82%、56.65%。

全县平均小麦氮肥利用率为 40.13%、磷肥当季利用率 13.47%、钾肥当季利用率 23.04%。相比氮肥最高,钾肥次之,磷肥最低。土壤肥力越高、施肥量越大,肥料利用率越低。

遂平县平均每 100 kg 小麦经济产量吸收氮(纯 N)、磷(P_2O_5)、钾(K_2O)养分分别为 2.59 kg、1.09 kg、2.40 kg,比例 2.38∶1∶2.20。土壤肥力越高,吸收量越多。

(3)初步建立了遂平县土壤有效磷和速效钾分级指标。

(4)根据肥料效应函数、土壤养分丰缺指标和本县生产实际,结合专家意见拟定出了不同肥力、不同土壤养分条件下的氮、磷、钾适宜用量和比例,初步建立了遂平县冬小麦测土配方施肥技术指标体系,为指导农民科学施肥提供依据。

尉氏县夏玉米施肥指标体系建立研究初报

宋志平　靳新荣　李卫莲　朱志伟

(尉氏县土壤肥料站 · 2009 年 6 月)

摘要:通过"3414"田间试验、氮肥用量试验和丰缺指标试验,获得了尉氏县潮土耕地夏玉米最高产量施肥量、最佳产量施肥量和有效磷、速效钾养分丰缺指标,同时对土壤养分供应量、肥料利用率、100 kg 养分吸收量等相关参数进行了探索,为尉氏县测土配方施肥技术推广提供了技术支撑。

关键词:夏玉米　施肥指标体系　建立　研究

尉氏县 2006 年、2007 年先后在高、中、低产田上安排 2 年 2 季 20 个点的田间试验,其中完成夏玉米"3414"试验 10 个、丰缺指标试验 5 个、氮肥用量试验 5 个。通过对试验数据的分析整理,初步建立了尉氏县夏玉米的施肥指标体系,获得了相关的施肥技术参数。

1　试验设计与方法

1.1　试验设计

1.1.1　"3414 + 1"试验

按照农业部《测土配方施肥技术规范》中的"3414 + 1"完全实施方案设计,即氮、磷、钾 3 因素,每个因素设 4 个水平,其中 0 水平为不施肥,2 水平为当地最佳施肥量的近似值,1 水平 = 2 水平 × 0.5,3 水平 = 2 水平 × 1.5。" + Zn"指每亩施硫酸锌 2 kg。共 15 个处理(见表 1)。

按夏玉米高、中、低肥力水平确定施肥量(见表 2),施肥品种氮肥选用尿素、磷肥选用过磷酸钙(施用前测定有效磷含量)、钾肥选用进口氯化钾。试验在不施有机肥的基础上进行。基追肥比例与时间依肥力水平而定,高肥力水平磷肥、钾肥及 60% 的氮肥底施,拔节期追施 40% 氮肥。中、低肥力产量水平磷肥、钾肥及 60% 的氮肥底施,拔节期追施

40% 氮肥。

表 1　"3414"施肥方案设计

试验编号	处理	施肥水平		
		氮	磷	钾
1	$N_0P_0K_0$	0	0	0
2	$N_0P_2K_2$	0	2	2
3	$N_1P_2K_2$	1	2	2
4	$N_2P_0K_2$	2	0	2
5	$N_2P_1K_2$	2	1	2
6	$N_2P_2K_2$	2	2	2
7	$N_2P_3K_2$	2	3	2
8	$N_2P_2K_0$	2	2	0
9	$N_2P_2K_1$	2	2	1
10	$N_2P_2K_3$	2	2	3
11	$N_3P_2K_2$	3	2	2
12	$N_1P_1K_2$	1	1	2
13	$N_1P_2K_1$	1	2	1
14	$N_2P_1K_1$	2	1	1
15	$N_0P_0K_0+Zn$	0	0	0

注：各处理不设重复，小区面积 55 m^2，试验地周围设 1 m 保护行。

表 2　尉氏县夏玉米"3414"田间试验施肥量　　（单位：kg/亩）

处理	500 kg/亩			400 kg/亩			300 kg/亩		
	N	P_2O_5	K_2O	N	P_2O_5	K_2O	N	P_2O_5	K_2O
0	0	0	0	0	0	0	0	0	0
1	8	3	3	7	2.5	2.5	6	2	2
2	16	6	6	14	5.0	5.0	12	4	4
3	24	9	9	21	7.5	7.5	18	6	6

1.1.2　丰缺指标试验和氮肥用量试验

丰缺指标试验共设 5 个处理：$N_0P_0K_0$、$N_0P_5K_5$、$N_{15}P_0K_5$、$N_{15}P_5K_0$、$N_{15}P_5K_5$。

氮肥用量试验设 5 个处理：$N_0P_5K_5$、$N_8P_5K_5$、$N_{16}P_5K_5$、$N_{24}P_5K_5$、$N_{32}P_5K_5$。

以上两个试验在不施有机肥的基础上进行，各处理重复 3 次，随机区组排列，小区面积 20～30 m^2，各处理 N、P、K 分别指纯 N、P_2O_5、K_2O，用量为 kg/亩，氮肥选用尿素、磷肥用过磷酸钙（施用前测有效磷含量）、钾肥用进口氯化钾。基追比例为：磷肥及 40% 的氮肥底施，返青期追施 60% 的氮肥，磷肥 1/3 撒垡头，2/3 掩底。

1.2　试验方法

试验于 2007～2008 年进行，试验点设在尉氏县的大桥乡、张市镇、朱曲镇、岗李乡、庄头乡、南曹乡、洧川镇、门楼任乡。供试玉米品种为济单 8 号、安玉 12，供试土壤为潮土类壤土、黏土、沙土。试验地采用 GPS 定位，远离村庄（300 m 以上）、道路、沟渠（10 m 以上），地势平坦，肥力均匀，能排能灌。整地施肥前梅花形 20 个点采集耕层（0～20 cm）土壤样品作为基础土样。田间管理按当地高产水平进行。在夏玉米的不同生育时期进行田间调查,成熟时每小区去边行全收,人工单收单打单晒。处理1、2、4、6、8按方案要求选取植株样,晒干后化验秸秆,籽粒中全氮、全磷、全钾、水分。室内考种项目有株高、茎粗、穗长、穗粒数、千粒重、籽粒重、茎叶重、水分等。每个试验一季一换地块。

土壤养分的测定方法按农业部《测土配方施肥技术规范》中的常规方法进行。

2 试验结果与分析

2.1 尉氏县夏玉米最佳产量施肥量的确定

当三元二次方程、一元二次方程拟合成功,直接求得氮、磷、钾最高产量施肥量和经济最佳施肥量;当三元二次方程、一元二次方程拟合不成功时,根据“3414”试验中0-2-2、1-2-2、2-2-2、3-2-2处理的产量作为氮素单因子试验分析,通过散点图添加趋势线,求得氮的最高产量施肥量和经济最佳施肥量;根据“3414”试验中2-0-2、2-1-2、2-2-2、2-3-2处理的产量作为磷素单因子试验分析,通过散点图添加趋势线,求得磷的最佳产量施肥量和最高产量施肥量;根据“3414”试验中2-2-0、2-2-1、2-2-2、2-2-3处理的产量作为钾素单因子试验分析,通过散点图添加趋势线,求得钾的最佳产量施肥量和最高产量施肥量(见表3~表6)。

经分析(见表4),求得最佳产量施肥量为:高产水平下,氮平均14.72 kg/亩,最大值23.31 kg/亩,最小值11.60 kg/亩;磷平均9.37 kg/亩,最大值9.42 kg/亩,最小值9.33 kg/亩;钾平均8.05 kg/亩,最大值12.61 kg/亩,最小值3.49 kg/亩。中产水平下,氮平均11.38 kg/亩,最大值15.12 kg/亩,最小值8.90 kg/亩;磷平均4.53 kg/亩,最大值6.17 kg/亩,最小值2.86 kg/亩;钾平均5.66 kg/亩,最大值7.04 kg/亩,最小值2.99 kg/亩。低产水平下,氮平均10.57 kg/亩,最大值16.88 kg/亩,最小值6.37 kg/亩;磷平均3.07 kg/亩,最大值4.01 kg/亩,最小值2.15 kg/亩;钾平均4.64 kg/亩,最大值6.44 kg/亩,最小值2.45 kg/亩。

表3 尉氏县夏玉米最佳产量施肥参数 (单位:kg/亩)

氮(N)			磷(P_2O_5)			钾(K_2O)		
高	中	低	高	中	低	高	中	低
12.38	12.63	6.37	9.42	2.86	2.15	3.49	2.99	6.44
23.31	8.90	8.74	9.33	3.05	3.04	12.61	7.04	2.45
	10.15	10.30		6.05	4.01		6.95	5.04
	15.12			6.17				
11.61	12.00	16.88						
11.60	9.47							

表 4　尉氏县夏玉米最佳产量施肥参数分析　（单位:kg/亩）

项目	氮(N)			磷(P_2O_5)			钾(K_2O)		
	高	中	低	高	中	低	高	中	低
平均值	14.72	11.38	10.57	9.37	4.53	3.07	8.05	5.66	4.64
最小值	11.60	8.90	6.37	9.33	2.86	2.15	3.49	2.99	2.45
最大值	23.31	15.12	16.88	9.42	6.17	4.01	12.61	7.04	6.44
标准差	5.73	2.33	4.51	0.06	1.83	0.93	6.45	2.31	2.02
变异系数(%)	38.93	20.52	42.63	0.63	40.29	30.39	80.07	40.83	43.51

经分析(见表6),求得最高产量施肥量为:高产水平下,氮平均17.49 kg/亩,最大值20.11 kg/亩,最小值15.49 kg/亩;磷平均8.13 kg/亩,最大值9.60 kg/亩,最小值6.67 kg/亩;钾平均8.49 kg/亩,最大值8.66 kg/亩,最小值8.32 kg/亩。中产水平下,氮平均15.79 kg/亩,最大值20.38 kg/亩,最小值11.5 kg/亩;磷平均5.36 kg/亩,最大值6.04 kg/亩,最小值4.6 kg/亩;钾平均6.04 kg/亩,最大值6.44 kg/亩,最小值5.74 kg/亩。低产水平下,氮平均15.06 kg/亩,最大值19.4 kg/亩,最小值10.9 kg/亩;磷平均6.17 kg/亩,最大值7.94 kg/亩,最小值3.83 kg/亩;钾平均4.46 kg/亩,最大值7.24 kg/亩,最小值3.07 kg/亩。

表 5　尉氏县夏玉米最高产量施肥参数　（单位:kg/亩）

氮(N)			磷(P_2O_5)			钾(K_2O)		
高	中	低	高	中	低	高	中	低
20.11	11.50	15.46	6.67	5.07	7.94	8.32	5.74	3.07
15.49	12.71	10.90	9.60	4.60	3.83	8.66	6.44	7.24
	12.17	14.47		6.04	6.74		6.05	3.08
	18.51			5.72			5.93	
17.64	19.45	19.40						
16.70	20.38							

表 6　尉氏县夏玉米最高产量施肥参数分析　（单位:kg/亩）

项目	氮(N)			磷(P_2O_5)			钾(K_2O)		
	高	中	低	高	中	低	高	中	低
平均值	17.49	15.79	15.06	8.13	5.36	6.17	8.49	6.04	4.46
最小值	15.49	11.50	10.90	6.67	4.60	3.83	8.32	5.74	3.07
最大值	20.11	20.38	19.40	9.60	6.04	7.94	8.66	6.44	7.24
标准差	1.96	4.07	3.50	2.07	0.65	2.11	0.24	0.30	2.40
变异系数(%)	11.20	25.78	23.21	25.43	12.07	34.26	2.81	4.94	53.82

2.2　夏玉米土壤养分丰缺指标的建立

由于在“3414”试验中存在统一设定的最佳施肥量不能很好地代表试验点实际最佳施肥水平情况,因此若利用设计最佳施肥量处理计算相对产量,并与基础土壤养分测试值建立土壤养分丰缺指标体系时就可能出现偏差，因此采用两种方法计算相对产量，以寻求在最佳施肥量缺乏针对性条件下合理的计算模式。方法1：根据缺素区作物产量与设计最佳施肥量产量之比计算相对产量。方法2：根据缺素区作物产量与肥料效应方程求得的最高产量之比计算相对产量。

由磷、钾相对产量与相对应的基础土壤养分磷、钾测试值建立相关关系，去掉一些异常值，其散点分布符合对数曲线模型（$y = b\ln x + a$），经方程拟合，分别配置土壤有效磷、速效钾的对数方程式。以相对产量<75%、75%～85%、85%～95%和>95%为界限划分土壤养分等级，对应的肥力等级分为极低、低、中、高。通过比较最高产量施肥量、最佳产量施肥量两种方法计算尉氏县潮土夏玉米有效磷、速效钾指标（见表7、表8）时发现，方法1结果较方法2计算的有效磷、速效钾低，参照土壤养分状况，结合尉氏县的实际，以方法2建立尉氏县土壤有效磷、速效钾的分级指标（见图1～图4）。

表7 尉氏县夏玉米土壤有效磷分级指标 （单位：mg/kg）

计算方法	相对产量			
	<75%	75%～85%	85%～95%	>95%
方法1	<3.6	3.6～7.9	7.9～17.3	>17.3
方法2	<5.7	5.7～9.4	9.4～15.4	>15.4
肥力状况	极低	低	中	高

表8 尉氏县夏玉米土壤速效钾分级指标 （单位：mg/kg）

计算方法	相对产量			
	<75%	75%～85%	85%～95%	>95%
方法1	<23.9	23.9～55.9	55.9～130.8	>130.8
方法2	<30.2	30.2～59.8	59.8～118.4	>118.4
肥力状况	极低	低	中	高

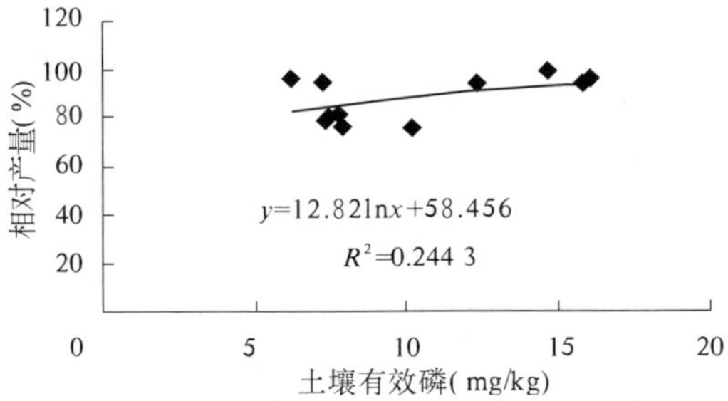

图1 尉氏县潮土区土壤有效磷含量与作物相对产量关系（方法1）

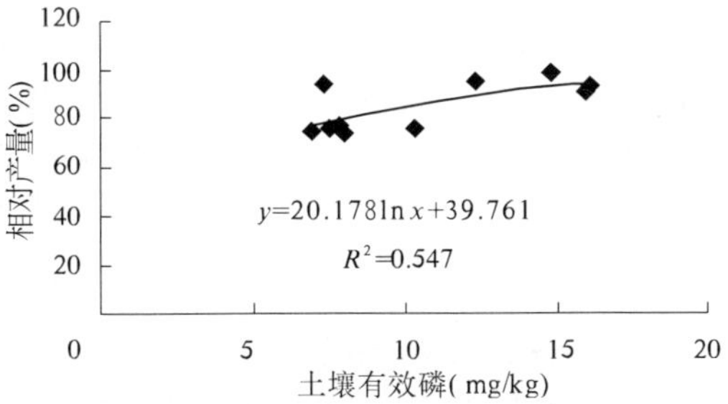

图2 尉氏县潮土区土壤有效磷含量与作物相对产量关系（方法2）

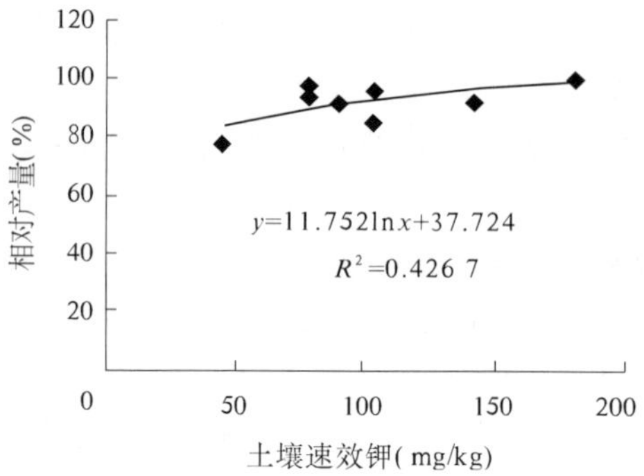

图3　尉氏县潮土区土壤速效钾含量与作物相对产量关系(方法1)

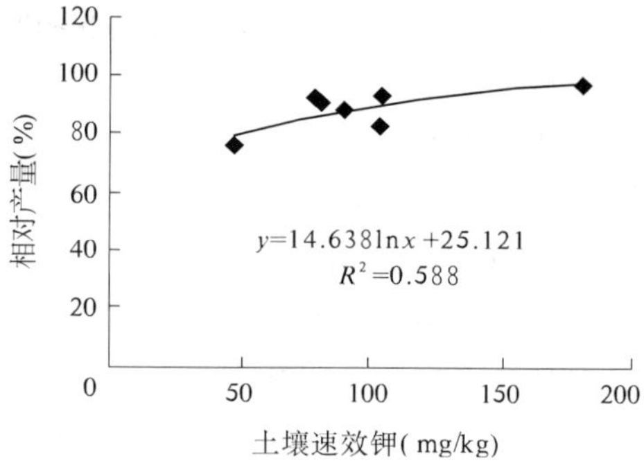

图4　尉氏县潮土区土壤速效钾含量与作物相对产量关系(方法2)

3　相关参数探索

3.1　夏玉米100 kg养分吸收量

根据尉氏县夏玉米养分吸收量(见表9),分别计算出无肥区(0－0－0)、缺氮区(0－2－2)、缺磷区(2－0－2)、缺钾区(2－2－0)和全肥区(2－2－2)的100 kg养分吸收量(见表10)。从表中看出,全肥区(合理施肥区)的养分吸收量最高,即土壤养分的吸收利用量最大,而缺素区的土壤养分利用量最小,N、P_2O_5、K_2O表现出同样的趋势。

表9　尉氏县夏玉米100 kg产量养分吸收量　　(单位:kg)

地块编号	产量水平	氮(N)			磷(P_2O_5)			钾(K_2O)		
		无肥区	全肥区	缺素区	无肥区	全肥区	缺素区	无肥区	全肥区	缺素区
2008A001	高	3.12	2.99	3.32	3.32	1.65	2.74	3.67	3.47	3.57
2007A002	高	3.63	2.83	2.94	3.67	2.05	2.43	3.42	3.78	5.02
2007A001	高	2.73	2.73	2.29	2.22	1.88	2.22	7.74	5.58	6.60
2008A004	中	2.77	3.15	2.56	2.05	2.47	3.00	4.44	2.78	3.29
2008A003	中	3.18	2.94	3.46	2.60	1.56	2.70	3.56	3.41	5.14
2008A002	中	3.04	3.75	2.58	2.26	2.39	2.44	3.28	2.68	3.48
2007A006	中	2.63	3.25	2.62	1.61	2.73	2.55	3.01	3.24	5.59
2007A005	中	1.31	1.43	0.93	1.23	1.23	1.33	0.92	0.92	1.68
2007A004	中	2.39	2.67	2.53	1.92	2.00	2.24	5.75	7.75	7.20
2007A003	中	2.19	2.52	2.00	1.41	2.37	1.85	5.04	7.32	4.86
2008A005	低	2.23	2.92	3.11	2.73	2.66	2.11	2.37	2.01	2.49
2007A009	低	3.50	3.32	2.23	2.92	1.50	1.83	3.70	3.63	3.86
2007A008	低	3.39	3.64	2.56	3.17	2.12	2.11	2.34	1.61	2.59
2007A007	低	1.90	2.12	2.17	1.39	1.28	2.44	5.24	5.17	5.76

3.2　夏玉米土壤供肥量

根据缺素区籽粒产量和缺素区100 kg养分吸收量,可以计算出该种养分的土壤供肥量(见表11)。

经分析(见表12),高产水平下,氮平均9.04 kg/亩,最大值13.67 kg/亩,最小值0.90 kg/亩;磷平均9.14 kg/亩,最大值11.25 kg/亩,最小值5.78 kg/亩;钾平均18.1 kg/亩,最大值21.5 kg/亩,最小值14.67 kg/亩。中产水平下,氮平均5.57 kg/亩,最大值11.33 kg/亩,最小值0.76 kg/亩;磷平均9.61 kg/亩,最大值14.70 kg/亩,最小值5.99 kg/亩;钾平均11.99 kg/亩,最大值22.9 kg/亩,最小值7.57 kg/亩。低产水平下,氮平均4.46 kg/亩,最小值0.75 kg/亩,最大值7.63 kg/亩;磷平均4.32 kg/亩,最大值6.32 kg/亩,最小值3.73 kg/亩;钾平均20.22 kg/亩,最大值61.63 kg/亩,最小值4.56 kg/亩。

表10 尉氏县夏玉米100 kg产量养分吸收量 (单位:kg)

肥力水平	氮(N)			磷(P_2O_5)			钾(K_2O)			点数
	无肥区	全肥区	缺素区	无肥区	全肥区	缺素区	无肥区	全肥区	缺素区	
高	3.16	2.85	2.85	3.07	1.86	2.46	4.94	4.28	5.06	3
中	2.50	2.82	2.38	1.87	2.11	2.30	3.71	4.01	4.46	7
低	2.76	3.00	2.52	2.55	1.89	2.12	3.41	3.10	3.68	4
平均	2.73	2.87	2.53	2.34	1.99	2.30	3.95	3.85	4.42	14

表11 尉氏县夏玉米土壤养分供应量 (单位:kg/亩)

氮(N)			磷(P_2O_5)			钾(K_2O)		
高	中	低	高	中	低	高	中	低
13.67	5.87	7.63	11.25	6.90	5.17	14.67	7.57	6.11
12.57	11.33	4.96	10.40	8.83	4.06	21.50	16.82	8.60
0.90	8.56	4.51	5.78	8.13	3.73		11.58	4.56
	10.73	0.75		10.43	6.32		22.90	61.63
	0.95			14.70				
	0.76			12.32				
	0.82			5.99				

表12 尉氏县夏玉米土壤养分供应量分析 (单位:kg/亩)

项目	氮(N)			磷(P_2O_5)			钾(K_2O)		
	高	中	低	高	中	低	高	中	低
平均值	9.04	5.57	4.46	9.14	9.61	4.32	18.1	11.99	20.22
中位数	12.57	5.87	4.735	10.4	8.83	4.615	18.1	22.9	7.355
标准差	7.08	2.73	1.68	2.94	0.98	0.75	49.49	4.64	2.03
最小值	0.90	0.76	0.75	5.78	5.99	3.73	14.67	7.57	4.56
最大值	13.67	11.33	7.63	11.25	14.70	6.32	21.5	22.9	61.63

3.3 夏玉米肥料利用率

通过施肥区养分吸收量、对照区(空白)养分吸收量和施肥区的施肥量,计算肥料利用率(见表13)。

经分析(见表14),高产水平下,氮平均18.14%,最小值3.98%,最大值26.84%;磷平均19.94%;钾平均24.33%,最小值14.24%,最大值34.42%。中产水平下,氮平均38.30%,最大值64.32%,最小值10.23%;磷平均30.61%,最大值51.68%,最小值9.55%;钾平均47.27%,最大值71.60%,最小值22.95%。低产水平下,氮平均45.04%,最大值55.96%,最小值24.57%;磷平均21.98%,最大值41.69%,最小值2.27%;钾平均

33.83%，最大值62.28%，最小值6.72%。分析结果说明，氮、磷、钾养分利用率，在高、中、低不同产量水平下，随着产量的提高，呈下降趋势。尉氏县夏玉米氮肥(N)平均利用率33.83%，磷肥(P_2O_5)平均利用率24.18%，钾肥(K_2O)平均利用率35.14%。

表13　尉氏县夏玉米肥料利用率　　(%)

氮(N)			磷(P_2O_5)			钾(K_2O)		
高	中	低	高	中	低	高	中	低
3.98	40.36	24.57		9.55		14.23	71.60	32.49
23.59	10.23	54.57	19.94		2.27			62.28
26.84	64.32	55.96		51.68	41.69	34.42	22.94	6.72
	53.50	9.97						
	23.44							
	23.15			64.14				

表14　尉氏县夏玉米肥料利用率分析　　(%)

项目	氮(N)			磷(P_2O_5)			钾(K_2O)		
	高	中	低	高	中	低	高	中	低
平均值	18.14	38.30	45.04	19.94	30.61	21.98	24.33	47.27	33.83
中位数	23.59	31.9	39.57	19.94	51.68	21.98	24.33	47.27	62.28
标准差	12.37	27.10	17.74		29.79	27.88	14.27	34.41	27.80
最小值	3.98	10.23	24.57	19.94	9.55	2.27	14.24	22.95	6.72
最大值	26.84	64.32	55.96	19.94	51.68	41.69	34.42	71.60	62.28

3.4　生物学性状分析

在“3414”田间试验过程中，供试玉米品种为济单8号、安玉12，同一年度品种一样，由于栽培原因两品种密度差异不大，通过田间调查和室内考种，同一品种内各处理间穗粒数、千粒重等有一定差异。从田间观察结果看，不同施肥量和施肥种类，对个体生长都有不同程度影响，但不太明显。不同处理间的差异，前期几乎看不出来，中后期差异明显。缺氮处理最为突出(土壤肥力基础过高时，此差异减小甚至消失)，表现为秆细、色浅、叶尖、株低等发育不良现象，过量施氮没有出现倒伏现象。同一品种内各处理间病株率无明显差异。

4　结论

(1)在现有生产条件下，尉氏县夏玉米最佳产量施肥量是：高产水平氮(N)11.60～17.8 kg/亩，磷(P_2O_5)8.9～12 kg/亩，钾(K_2O)6.37～10.57 kg/亩，对应产量550～600 kg/亩；中产水平纯氮(N)8.9～15.12 kg/亩，磷(P_2O_5)2.86～4.55 kg/亩，钾(K_2O)2.99～7.04 kg/亩，对应产量500～550 kg/亩；低产水平纯氮(N)6.37～10.57 kg/亩，磷(P_2O_5)2.15～4.07 kg/亩，钾(K_2O)2.45～6.44 kg/亩，对应产量400～450 kg/亩。最高产量施肥量是：高产水平氮(N)15.49～20.11 kg/亩，磷(P_2O_5)6.67～9.6 kg/亩，钾(K_2O)8.32～8.66 kg/亩，对应产量550～600 kg/亩；中产水平纯氮(N)11.5～20.38 kg/亩，磷(P_2O_5)4.6～6.04 kg/亩，钾(K_2O)5.74～6.44 kg/亩，对应产量500～550 kg/亩；低产水平纯氮(N)10.9～19.4 kg/亩，磷(P_2O_5)3.83～7.94 kg/亩，钾(K_2O)3.07～

7.24 kg/亩,对应产量400~450 kg/亩。

(2)尉氏县夏玉米土壤速效钾分级指标为:小于30.2 mg/kg为极低,30.2~59.8 mg/kg为低,59.8~118.4 mg/kg为中,大于118.4 mg/kg为高。有效磷分极指标为:小于5.7 mg/kg为极低,5.7~9.4 mg/kg为低,9.4~15.4 mg/kg为中,大于15.4 mg/kg为高。

(3)尉氏县夏玉米土壤养分供应量是:氮(N)为4.46~9.04 kg/亩,磷(P_2O_5)为4.32~9.61 kg/亩,钾(K_2O)为11.99~20.22 kg/亩。

(4)尉氏县夏玉米氮(N)平均利用率33.83%,磷(P_2O_5)平均利用率24.18%,钾(K_2O)平均利用率35.14%,此结果有待进一步验证。

(5)尉氏县夏玉米每100 kg产量需纯氮(N)2.71 kg、磷(P_2O_5)2.21 kg、钾(K_2O)4.07 kg。

5 讨论

(1)部分试验点对土壤肥力的估计不够准确,肥料效应没有充分发挥,在低肥水平土壤上采用高肥力施肥设计,造成肥料浪费,而在高肥力土壤上使用低肥力水平设计,没达到报酬递减区域,方程拟合通过率较低。

(2)就试验设计而言,试验点有3/4在中高肥力水平上;相对产量60%以下的试验点几乎没有,75%以下的试验点亦较少。因此,若再以50%作为丰缺指标的划分界线,势必外推范围更大。因此,依据试验数据,结合尉氏县生产水平以小于75%为极低,75%~85%为低,85%~95%为中,大于95%为高。

(3)作物产量是综合作用的结果,建立指标体系时要充分考虑这一点。试验结果表明,在土壤养分基本相同的不同试验点上,相对产量各异。在试验的设置上土壤养分与作物产量水平应共同作为选点依据。

方城县小麦-玉米田间试验数据分析与最佳施肥量探讨

杨留德 夏书贞

(方城县农业技术推广中心·2009年11月)

摘要:通过对方城县2006~2008年小麦-玉米40个田间校正试验数据进行分析,验证小麦-玉米不同产量水平最佳施肥量,为制定小麦-玉米不同产量水平的肥料配方提供依据。

关键词:小麦-玉米 田间试验 数据分析

1 材料方法

1.1 示范方法与设计

示范设置习惯施肥对照区和测土配方施肥区两个处理,另外加设一个不施肥的空白处理，其中测土配方施肥、农民习惯施肥处理不少于200 m^2，空白（不施肥）处理不少于30 m^2。

1.1.1　习惯施肥处理

严格按照所选定的示范户习惯施肥量（主要指氮、磷、钾肥）、施肥品种和施肥方法确定常规施肥处理方案。

1.1.2　不施肥处理

不施任何化学肥料。

1.1.3　测土配方施肥处理

测土配方施肥见表1、表2。

表1　方城县冬小麦不同地力水平最佳施肥量参考值　　（单位：kg/亩）

地力水平	目标产量	最佳施肥量		
		N	P	K
高产区	500	12	6	6
中产区	400	11	5	5
低产区	300	10	4	4

表2　方城县夏玉米不同地力水平最佳施肥量参考值　　（单位：kg/亩）

地力水平	目标产量	最佳施肥量		
		N	P	K
高产区	600	16	4	4
中产区	500	15	3	3
低产区	400	14	3	3

按照以上参考表，结合土壤化验和“丰缺指标”体系，确定具体施肥量。

1.2　示范要求

1.2.1　示范安排

小麦、玉米每年按不同地力各布置10个示范点，示范点要选择具有代表性的地块安排，其中高肥力示范点尽可能与高产创建“百千万”示范工程相结合。

1.2.2　土壤测试

对选定的示范地块，在施肥前采集0～20 cm土样，并按规范要求的测试方法测定土壤有机质、全氮、有效磷、速效钾、有效硫及速效微量元素。测定要加标样进行检测质量控制。

1.2.3　施肥

配方施肥处理区高产麦田氮肥30%～40%底施、60%～70%返青期至拔节期追施；中产麦田氮肥40%～50%底施、50%～60%返青期追施；低产麦田氮肥70%～80%底施、20%～30%返青期追施；旱地小麦氮肥90%～100%底施，追肥视春季降水由墒情而定。

夏玉米追肥分两次：第一次在玉米5～6叶时追，第二次在玉米11～12叶时追。总施肥量前后比量，高产田为3∶7，中低产田为4∶6。

1.2.4　品种

小麦选用郑麦9023，玉米选用丹玉86。

氮肥选用尿素(含 N 46%),磷肥选用过磷酸钙(含 P_2O_5 12%),钾肥选用进口氯化钾(含 K_2O 60%)。

2 试验结果统计与分析

2.1 农学参数

通过汇总方城县主要粮食作物(小麦-玉米)三区产量(测土配方施肥区产量、习惯施肥区产量、空白区产量),计算其增产率和单位肥料投入增产量(见表3)。

增产率(%)=(测土配方施肥区产量-习惯施肥区产量)/习惯施肥区产量×100%

表3 方城县主要粮食作物农学参数汇总

作物	肥力水平	样本数	配方区产量(kg/亩)	习惯区产量(kg/亩)	增产率(%)	单位肥料投入增产量(kg)	
						习惯施肥区	配方施肥区
2007年小麦	高产区	3	442.5	418.6	5.7	4.5	5
2008年小麦	高产区	3	513.4	479.7	7	4.7	5.2
2007年小麦	中产区	4	413.2	381.7	8.3	4.2	5.3
2008年小麦	中产区	4	425.88	391.8	8.7	4.2	5
2007年小麦	低产区	3	415.2	371.2	11.85	4.1	6.5
2008年小麦	低产区	3	377.2	334.6	12.7	3.8	4.9
2007年玉米	高产区	3	566.5	517.5	9.5	5	6
2008年玉米	高产区	3	592.8	541	9.6	5.3	6.5
2007年玉米	中产区	4	501.7	447.2	12.2	5.8	6.3
2008年玉米	中产区	4	488.4	445.9	9.5	6.3	7.4
2007年玉米	低产区	3	512	436	17.4	7.6	7.7
2008年玉米	低产区	3	467.1	416	12.3	4.7	6.7

表4 方城县小麦-玉米农学参数

作物	肥力水平	样本数	增产率(%)	单位肥料收入增产量(kg)	
				习惯施肥区	配方施肥区
小麦	高产区	6	6.35	4.6	5.1
小麦	中产区	8	8.5	4.2	5.15
小麦	低产区	6	12.28	3.95	5.2
玉米	高产区	6	9.55	5.15	6.25
玉米	中产区	8	10.85	6.05	6.85
玉米	低产区	6	14.85	6.15	7.2

从表4小麦-玉米农学参数可以得出,小麦-玉米配方肥增产率和单位肥料投入增产量的特点如下:

一是增产率:小麦低产区 > 中产区 > 高产区,玉米低产区 > 中产区 > 高产区。

二是单位肥料投入增产量:配方区 > 习惯区,小麦低产区 > 中产区 > 高产区,玉米低产区 > 中产区 > 高产区。

三是从增产率和单位肥料投入量增产量可以看出,中、低产区仍有一定的增产空间。

2.2　经济参数

对主要粮食作物(小麦 - 玉米)的施肥经济效益和产投比等经济参数进行汇总计算(见表 5)。

其中:化肥价格 N 5 元/kg, P_2O_5 6 元/kg, K_2O 8 元/kg;粮食价格小麦/玉米 1.6 元/kg。

表 5　2007 ~ 2008 年主要粮食作物经济参数汇总

作物	肥力水平	样本数	施肥经济效益(元/亩)		投入产出比	
			配方区	习惯区	配方区	习惯区
2007 年小麦	高产区	3	619.5	586	1:4.4	1:4.0
2008 年小麦	高产区	3	821.4	767.5	1:5.2	1:4.7
2007 年小麦	中产区	4	687	587	1:5.3	1:4.6
2008 年小麦	中产区	4	681.4	626.9	1:5	1:4.2
2007 年小麦	低产区	3	567	531	1:5.4	1:4.7
2008 年小麦	低产区	3	603	535.4	1:4.9	1:3.8
2007 年玉米	高产区	3	849.7	776.3	1:6	1:5
2008 年玉米	高产区	3	889.2	811.5	1:6.5	1:5.3
2007 年玉米	中产区	4	752.6	670.8	1:6.3	1:5.8
2008 年玉米	中产区	4	732.6	668.9	1:7.4	1:6.3
2007 年玉米	低产区	3	768	654	1:7.7	1:7.3
2008 年玉米	低产区	3	700.7	624	1:6.7	1:4.7

从表 6 主要粮食作物经济参数可以看出,小麦 - 玉米经济参数的特点如下:

表 6　方城县小麦 - 玉米主要粮食作物经济参数

作物	肥力水平	样本数	施肥经济效益(元/亩)		投入产出比	
			配方区	习惯区	配方区	习惯区
小麦	高产区	6	720.45	676.75	1:4.8	1:4.35
小麦	中产区	8	684.2	606.95	1:5.15	1:4.4
小麦	低产区	6	585	533.2	1:5.05	1:4.25
玉米	高产区	6	869.45	793.9	1:6.25	1:5.5
玉米	中产区	8	742.6	669.85	1:7.55	1:6.8
玉米	低产区	6	734.35	639	1:7.2	1:6

一是经济效益：小麦、玉米不论高、中、低产区，配方肥均大于习惯施肥。

二是产投比：小麦、玉米不分高、中、低产区，配方肥均大于习惯施肥。

三是产投比：小麦中产区 > 低产区 > 高产区；玉米中产区 > 低产区 > 高产区。

四是中、低产田增产空间大于高产田。

2.3 养分效率参数

对主要粮食作物（小麦 - 玉米）的肥料利用率进行汇总（见表7）。

表7 2007～2008年小麦 - 玉米肥料利用率汇总

作物	肥力水平	利用率（%）			样本数
		N	P_2O_5	K_2O	
2007年小麦	低产区	44.19	65.71	30.13	3
2008年小麦	低产区	15.23	13.3	30.5	2
2007年小麦	中产区	44.03	29.44	29.53	4
2008年小麦	中产区	21.05	9.8	22.3	2
2007年小麦	高产区	56.14	18.58	42.99	3
2008年小麦	高产区	60.64	9.03	7.2	1
2007年玉米	低产区	42.7	31.86	50.4	3
2008年玉米	低产区	44.97	2.9	71.5	2
2007年玉米	中产区	35.9	9.44	30.5	4
2008年玉米	中产区	21.77	6.2	50.15	2
2007年玉米	高产区	36.2	13.84	15.5	3
2008年玉米	高产区	18.64	14.58	46.67	1

从表8方城县小麦 - 玉米不同产量水平的肥料利用率可以看出：

一是N肥利用率：小麦是高产区 > 中产区 > 低产区，玉米是低产区 > 中产区 > 高产区。

二是P肥利用率：小麦是低产区 > 中产区 > 高产区，玉米是低产区 > 高产区 > 中产区。

三是K肥利用率：小麦是低产区 > 中产区 > 高产区，玉米是低产区 > 中产区 > 高产区。

表8 方城县小麦 - 玉米肥料利用率

作物	肥力水平	利用率（%）			样本数
		N	P_2O_5	K_2O	
小麦	低产区	29.71	39.5	30.3	5
小麦	中产区	32.54	19.62	25.9	6
小麦	高产区	58.39	13.8	25.1	4
玉米	低产区	43.8	17.5	60.95	5
玉米	中产区	28.84	7.82	40.33	6
玉米	高产区	27.42	14.21	31.09	4

邓州市小麦施肥指标体系建立技术探讨

李玉兰　张有成

（邓州市农业技术推广中心 · 2009 年 8 月）

摘要：在汇总邓州市 3 年来小麦“3414”试验、氮肥用量试验、丰缺指标试验的基础上，以土壤有机质含量和有机质丰缺函数确定耕地肥力水平；以氮肥用量试验，确定不同有机质水平下的氮肥用量；以磷、钾丰缺函数，确定土壤有效磷、速效钾临界值；以“3414”试验 4、5、6、7 处理小区产量与对应磷肥用量建立磷肥效应方程，确定不同产量水平下不同土壤有效磷含量下磷肥用量；以“3414”试验 8、9、6、10 处理小区产量与对应钾肥用量建立钾肥效应方程，确定不同产量水平下不同土壤速效钾含量下钾肥用量；综合不同产量水平下不同土壤有效磷、速效钾含量水平下氮、磷、钾肥用量，初步构建了邓州市小麦施肥指标体系，对指导邓州市小麦科学施肥具有一定的现实意义。

关键词：小麦　施肥指标体系　建立　探讨

邓州市耕地面积 244.42 万亩，每年小麦播种面积在 200 万亩以上。据统计，2008 年邓州市种植小麦 200 万亩，平均每亩用肥量：复合肥 27.5 kg，尿素 15 ~ 17.5 kg（或碳铵 45 kg），平均亩养分用量在 20 kg 以上，按全市小麦平均产量 400 kg 计，每投入 1 kg 养分生产小麦不足 10 kg。为提高肥料在小麦生产上的利用效率，实现节本增收，必须构建科学的施肥指标体系，建立完善的智能配方系统，指导企业科学配肥，指导农民科学施肥。

1　耕地产量水平的确定

土壤有机质含量是反映耕地肥力高低的主要指标之一，利用小麦“3414”试验所得空白产量、空白区相对产量，分别与试验地有机质含量进行相关性分析发现，小麦不同试验点的空白产量与试验地有机质含量的线性方程为 $y = 3.8469x - 22.808$，复相关系数 $R^2 = 0.8104$；空白区相对产量与试验地有机质含量的线性方程为 $y = 20.357x - 144.03$，复相关系数 $R^2 = 0.81$；说明耕地有机质含量的高低对小麦的基础产量影响很大，达显著水平，可以作为划分耕地肥力等级或确定目标产量的依据。因此，把有机质含量确定为划分耕地潜力产量水平的唯一指标，旨在简化耕地产量水平划分办法，并提高以耕地养分为基础的推荐施肥配方的准确性。

2　不同产量水平下氮肥用量的确定

2.1　土壤有机质丰缺指标

通过汇总“3414”试验处理 2 与处理 6 的相对产量、丰缺指标试验处理 2 与处理 5 的相对产量与对应试验点土壤有机质间建立对数函数方程，即丰缺指标函数（见表 1、

图 1)。利用丰缺指标函数方程可以求得对应相对产量水平下的土壤有机质临界值(见表 2),依据有机质临界值,结合邓州市土壤有机质含量范围,可把邓州市耕地有机质划分为三级:<15 g/kg,15 ~22.5 g/kg,>22.5 g/kg。

表 1 土壤有机质与相对产量数据

年度	试验种类	缺氮区	
		有机质(g/kg)	相对产量(%)
2006 ~2007	3414	19.9	60.9
2006 ~2007	3414	22.2	66.1
2006 ~2007	3414	23.1	72.2
2006 ~2007	3414	19.1	60.3
2006 ~2007	3414	17.3	58.9
2006 ~2007	3414	14.3	44.8
2006 ~2007	3414	15.8	43.8
2006 ~2007	3414	18.8	52.8
2006 ~2007	3414	16.5	52.4
2006 ~2007	3414	12.9	39.7
2007 ~2008	丰缺指标试验	22.96	79.6
2007 ~2008	丰缺指标试验	17.27	57.3
2007 ~2008	丰缺指标试验	15.72	52.9
2007 ~2008	丰缺指标试验	11.29	44.3
2007 ~2008	丰缺指标试验	21.14	70.0
2008 ~2009	丰缺指标试验	20.5	72.9
2008 ~2009	丰缺指标试验	17.4	63.5
2008 ~2009	丰缺指标试验	22	67.5
2008 ~2009	丰缺指标试验	15.4	54.1
2008 ~2009	丰缺指标试验	16.8	58.6

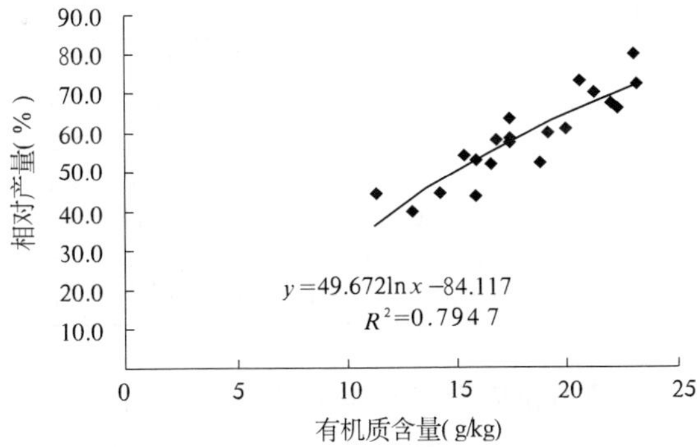

图 1 邓州小麦丰缺函数(有机质)

表 2 不同小麦相对产量水平下土壤有机质临界值

相对产量水平(%)	40	50	60	70	80	90	100
土壤有机质含量(g/kg)	12.2	14.9	18.2	22.3	27.2	33.3	40.7

2.2　确定不同有机质水平下氮肥用量

把 2006 ~ 2007 年小麦“3414”试验的 2、3、6、11 小区调出，建立氮肥效应方程，并与 2007 ~ 2008 年、2008 ~ 2009 年氮肥效应试验建立的氮肥效应方程一起，按高、中、低肥力水平合并、平均，并依据方程求出最大、最佳施氮量和对应的最高产量和最佳产量(见表 3)。

表 3　2006 ~ 2009 年小麦氮肥最佳用量确定

年度	地点	X^2	X	A	R^2	肥料价格(元/kg)	最大施氮量(kg/亩)	最高产量(kg/亩)	最佳施氮量(kg/亩)	最佳产量(kg/亩)	有机质含量(g/kg)	有机质含量范围(g/kg)	使用氮肥量(kg/亩)	目标产量(kg/亩)
2007 ~ 2008	九龙	0.679	21.601	235.8	0.928	4.2	15.9	408	13.8	405	12.5	<15	13.2	450
2007 ~ 2008	牛王	0.531	16.925	253.5	0.883	4.2	15.9	388	13.3	385	12.7			
2008 ~ 2009	赵坡	0.702	21.831	231.7	0.962	5.2	15.5	401	13.4	398	12.9			
2006 ~ 2007	刘楼	1.861	48.701	180.3	0.986	4.2	13.1	499	12.3	498	12.9			
2008 ~ 2009	牛王	0.794	23.848	212.0	0.952	5.2	15.0	391	13.1	388	13.1			
平均		0.914	26.581	222.6	0.942	4.6	15.1	417	13.2	415	12.8			
2006 ~ 2007	五湖村	1.900	45.849	218.9	1.000	4.2	12.1	495	11.3	494	14.3	15 ~ 22.5	12.0	480
2006 ~ 2007	九龙乡后王村	1.845	45.534	209.1	0.996	4.2	12.3	490	11.6	489	15.8			
2006 ~ 2007	尚营村	1.495	39.901	248.4	1.000	4.2	13.3	515	12.4	513	16.5			
2007 ~ 2008	丁屯	0.446	15.030	300.0	0.916	4.2	16.8	427	13.7	422	16.8			
2006 ~ 2007	崔营村	1.161	27.341	233.9	0.973	4.2	11.8	395	10.6	393	17.3			
2008 ~ 2009	丁屯	0.510	16.853	308.5	0.944	5.2	16.5	448	13.5	443	17.3			
2006 ~ 2007	代岗村	1.750	41.151	245.3	0.998	4.2	11.8	487	11.0	486	18.8			
2006 ~ 2007	大路武村	1.293	32.548	301.9	0.926	4.2	12.6	507	11.5	505	19.1			
2007 ~ 2008	前齐	0.829	22.540	347.1	0.907	4.2	13.6	500	11.9	498	19.4			
2006 ~ 2007	榆林村	0.992	27.191	288.0	0.999	4.2	13.7	474	12.3	472	19.9			
平均		1.222	31.394	270.1	0.966	4.3	13.5	474	12.0	472	17.5			
2007 ~ 2008	赵楼	0.777	21.561	361.6	0.956	4.2	13.9	511	12.1	509	20.9	>22.5	11.7	550
2006 ~ 2007	冀寨村	1.023	25.706	322.5	0.991	4.2	12.6	484	11.2	482	22.2			
2008 ~ 2009	九龙	0.683	19.944	376.0	0.952	5.2	14.6	522	12.4	518	23.0			
2006 ~ 2007	丁屯村	0.921	21.873	363.6	0.919	4.2	11.9	493	10.4	491	23.1			
2008 ~ 2009	赵楼	0.613	18.466	418.6	0.965	5.2	15.1	558	12.6	554	23.8			
平均		0.803	21.510	368.5	0.957	4.6	13.6	514	11.7	511	22.6			

在目前产量水平下，当土壤有机质含量小于 15 g/kg 时，目标产量为 450 kg/亩，氮肥用量为 13.2 kg/亩；当土壤有机质含量为 15 ~ 22.5 g/kg 时，目标产量为 500 kg/亩，氮肥用量为 12.0 kg/亩；当土壤有机质含量大于 22.5 g/kg 时，目标产量为 550 kg/亩，氮肥用量为 11.7 kg/亩。

3　不同产量水平下磷肥用量的确定

3.1　土壤有效磷丰缺指标

通过汇总“3414”试验处理 4 与处理 6 的相对产量、丰缺指标试验处理 3 与处理 5 的相对产量与对应试验点土壤有效磷间建立对数函数方程,即丰缺指标函数(见表4、图2)。利用丰缺指标函数方程可以求得对应相对产量水平下的土壤有效磷临界值(见表5),依据有效磷临界值,结合邓州市土壤有效磷含量范围,可把邓州市耕地有效磷划分为三级:<14.5 mg/kg,15~30.5 mg/kg,>30.5 mg/kg。

表4 2006~2009年小麦有效磷丰缺体系汇总

年度	试验种类	缺磷区	
		有效磷(mg/kg)	相对产量(%)
2006~2007	3414	34.6	85.6
2006~2007	3414	12.5	62.2
2006~2007	3414	22.5	80.2
2006~2007	3414	28.6	85.6
2006~2007	3414	29.2	84.7
2006~2007	3414	15.6	70.2
2006~2007	3414	44.6	90.1
2006~2007	3414	21.7	79.1
2006~2007	3414	30.9	85.3
2006~2007	3414	20.4	78.7
2007~2008	丰缺指标试验	52.14	98.6
2007~2008	丰缺指标试验	47.63	92.6
2007~2008	丰缺指标试验	32.85	89.2
2007~2008	丰缺指标试验	24.34	84.6
2007~2008	丰缺指标试验	10.78	71.6
2008~2009	丰缺指标试验	30.13	87.7
2008~2009	丰缺指标试验	21.2	82.6
2008~2009	丰缺指标试验	35.8	91.7
2008~2009	丰缺指标试验	49.61	95.4
2008~2009	丰缺指标试验	8.36	65.0

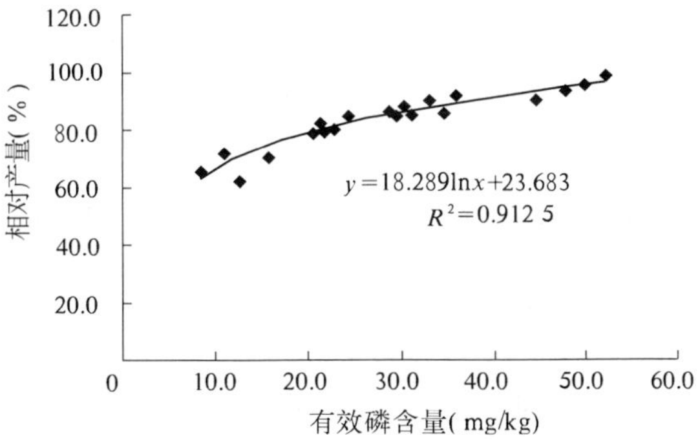

图2 邓州小麦土壤有效磷丰缺函数

表5 不同小麦产量水平下土壤有效磷临界值

相对产量(%)	50	60	70	80	90	100
有效磷含量(mg/kg)	4.2	7.3	12.6	21.7	37.6	64.9

3.2　确定不同有效磷水平下磷肥用量

依据小麦“3414”试验 4、5、6、7 处理，建立全市磷肥效应方程 $Y = -2.886X^2 + 31.764X + 382.1$（$R^2 = 0.97$），见表 6。从方程可以看出，每增施 1 kg 磷肥，可增加产量 31 kg。据此，利用养分差减平衡法确定不同肥力水平和目标产量下的磷肥用量。如耕地肥力为低，目标产量为 420 kg 时，当土壤有效磷含量 <12.5 mg/kg 时，由土壤磷丰缺指标函数知此时土壤的相对产量为 70%，施肥时只需补充 30% 产量所需的磷肥用量即可，即磷肥施用量 =30% ×420 ÷32 ÷0.94（0.94 为校正系数），得 4.2 kg/亩；同理可得，土壤有效磷含量在 14.5 ~30.5 mg/kg 时，磷肥施用量为 2.8 kg/亩；土壤有效磷含量在 >30.5 mg/kg 时，磷肥施用量为 1.4 kg/亩；依次可求得目标产量为 480 kg/亩、550 kg/亩时，土壤不同有效磷含量下磷肥用量见表 7。

表 6　小麦磷肥效应方程（2006 年小麦“3414”试验 4、5、6、7）

地点	X^2	X	A	R^2
湍河办榆林村	-1.726 8	23.749	412.3	0.882 5
赵集镇冀寨村	-3.466 2	51.549	308.46	0.994 1
湍河办丁屯村	-1.698	25.826	409.65	0.989 3
十林镇大路武村	-1.537 1	21.145	430.62	0.999
腰店乡崔营村	-1.625 3	19.689	342.25	0.987 9
张村镇五湖村	-2.657 5	40.108	343.67	0.999 3
九龙乡后王村	-0.921 4	13.065	423.55	0.993 7
高集乡代岗村	-2.251	32.443	365.9	0.949 7
夏集乡尚营村	-4.166 7	36.668	418.35	0.985 7
白牛刘楼	-8.813 2	53.396	366.3	0.952 8
全市平均	-2.886 32	31.763 8	382.102	0.973 4

表 7　邓州市小麦不同产量水平磷肥用量确定

<table>
<tr><th>土壤有机质含量范围（g/kg）</th><th>肥力等级</th><th>目标产量（kg/亩）</th><th>最佳施氮量（kg/亩）</th><th>土壤有效磷分级范围（mg/kg）</th><th>最佳施磷量（kg/亩）</th></tr>
<tr><td rowspan="3"><15</td><td rowspan="3">低</td><td rowspan="3">450</td><td rowspan="3">13.2</td><td><14.5</td><td>4.2</td></tr>
<tr><td>14.5 ~30.5</td><td>2.8</td></tr>
<tr><td>>30.5</td><td>1.4</td></tr>
<tr><td rowspan="3">15 ~22.5</td><td rowspan="3">中</td><td rowspan="3">480</td><td rowspan="3">12</td><td><14.5</td><td>4.8</td></tr>
<tr><td>14.5 ~30.5</td><td>3.2</td></tr>
<tr><td>>30.5</td><td>1.6</td></tr>
<tr><td rowspan="3">>22.5</td><td rowspan="3">高</td><td rowspan="3">550</td><td rowspan="3">11.7</td><td><14.5</td><td>5.5</td></tr>
<tr><td>14.5 ~30.5</td><td>3.7</td></tr>
<tr><td>>30.5</td><td>1.8</td></tr>
</table>

4 不同产量水平下钾肥用量的确定

4.1 土壤速效钾丰缺指标

通过汇总“3414”试验处理8与处理6的相对产量、丰缺指标试验处理4与处理5的相对产量与对应试验点土壤速效钾间建立对数函数方程,即丰缺指标函数(见表8、图3)。利用丰缺指标函数方程可以求得对应相对产量水平下的土壤速效钾临界值(见表9),依据速效钾临界值,结合邓州市土壤速效钾含量范围,可把邓州市耕地速效钾划分为三级:<132 mg/kg,132~240 mg/kg,>240 mg/kg。

表8 2006~2009年小麦速效钾丰缺体系汇总

年度	试验种类	缺钾区	
		速效钾(mg/kg)	相对产量(%)
2006~2007	3414	232.1	92.6
2006~2007	3414	198.7	80.6
2006~2007	3414	195.3	82.6
2006~2007	3414	220.6	83.4
2006~2007	3414	180.2	80.2
2006~2007	3414	170.9	76.2
2006~2007	3414	208.9	82.9
2006~2007	3414	219.9	83.0
2006~2007	3414	190.3	81.8
2006~2007	3414	209.7	86.1
2007~2008	丰缺指标试验	230.5	91.2
2007~2008	丰缺指标试验	259.5	97.2
2007~2008	丰缺指标试验	159.5	72.4
2007~2008	丰缺指标试验	108.3	69.3
2007~2008	丰缺指标试验	220.8	90.2
2008~2009	丰缺指标试验	199.15	86.7
2008~2009	丰缺指标试验	175.89	77.1
2008~2009	丰缺指标试验	243	90.4
2008~2009	丰缺指标试验	189.7	80.3
2008~2009	丰缺指标试验	134.71	69.3

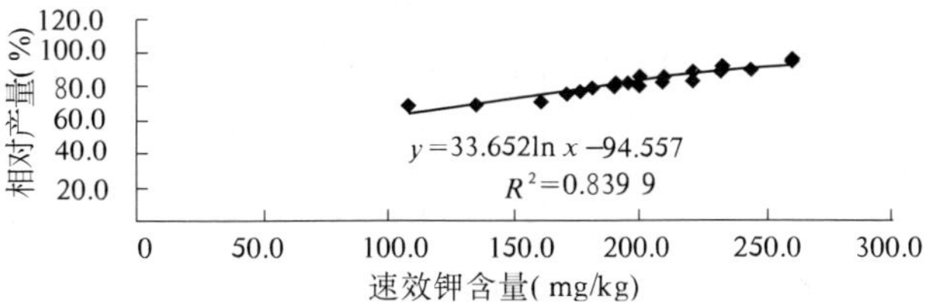

图3 邓州小麦速效钾丰缺函数

表9 不同小麦相对产量水平下土壤速效钾临界值

相对产量(%)	50	60	70	80	90	100
速效钾含量(mg/kg)	73.4	98.8	132.9	179.0	240.9	324.2

4.2　确定不同速效钾水平下钾肥用量

依据小麦“3414”试验8、9、6、10处理，建立的钾肥效应方程 $Y = -2.309\ 4X^2 + 25.943\ 3X + 396.2$（$R^2 = 0.97$）（400～600 kg/亩的产量水平平均），可以得到每增施1 kg钾肥，可增产25 kg；利用养分差减平衡法确定不同肥力水平和目标产量下的钾肥用量；如耕地肥力为低，目标产量为420 kg/亩时，当土壤速效钾含量＜132 mg/kg时，由土壤钾丰缺指标函数知此时土壤的相对产量为70%，施肥时只需补充30%产量所需的钾肥用量即可，即钾肥施用量＝30%×420÷25÷0.99（0.99为校正系数），得5 kg/亩；同理可得，土壤速效钾含量在132～240 mg/kg时，钾肥施用量为3.4 kg/亩；土壤速效钾含量在＞240 mg/kg时，钾肥施用量为1.7 kg/亩；依次可求得目标产量为480 kg/亩、550 kg/亩时，土壤不同速效钾含量下钾肥用量（见表10）。

表10　不同产量水平下钾肥用量

目标产量(kg/亩)	最佳施氮量(kg/亩)	土壤速效钾分级范围(mg/kg)	最佳施钾量(kg/亩)
450	13.2	＜132	5.0
		132～240	3.4
		＞240	1.7
480	12	＜132	5.8
		132～240	3.8
		＞240	1.9
550	11.7	＜132	6.6
		132～240	4.4
		＞240	2.2

5　邓州市小麦施肥指标体系

汇总上述结果，可以确立邓州市小麦施肥指标体系（见表11）。

表11　邓州市小麦优化分级施肥指标体系

土壤有机质含量范围(g/kg)	肥力等级	目标产量(kg/亩)	最佳施氮量(kg/亩)	土壤有效磷分级范围(mg/kg)	最佳施磷量(kg/亩)	土壤速效钾分级范围(mg/kg)	最佳施钾量(kg/亩)
＜15	低	450	13.2	＜14.5	4.2	＜132	5.0
				14.5～30.5	2.8	132～240	3.4
				＞30.5	1.4	＞240	1.7
15～22.5	中	480	12	＜14.5	4.8	＜132	5.8
				14.5～30.5	3.2	132～240	3.8
				＞30.5	1.6	＞240	1.9
＞22.5	高	550	11.7	＜14.5	5.5	＜132	6.6
				14.5～30.5	3.7	132～240	4.4
				＞30.5	1.8	＞240	2.2

6 邓州市小麦施肥指标体系应用说明

6.1 不同土质氮、磷、钾肥用量微调说明

上述施肥指标体系中施肥量的确定没有考虑土质，但在试验中发现，不同土质对氮肥的效应差异明显，黏质土比壤质、沙质土表现的更耐肥一些，而对磷、钾肥的效应则表现不明显。因此，在确定施肥量时，黏土氮肥用量可在平均用量的基础上增加5%～10%，沙土减少5%～10%，壤土不变；黏土磷肥用量可在平均用量的基础上增加3%～5%，沙土、壤土不变；钾肥用量保持不变。

6.2 不同土质、不同肥力水平施肥方法说明

在施肥方法上，对于高产田、超高产创建以及施用氮肥易于流失的壤土、沙壤土来说，最好结合氮肥后移技术；对于中低产田、黏土田而言，可采用"一炮轰"的施肥方法。

方城县小麦－玉米施肥指标体系建立与施肥技术指导意见

杨留德　夏书贞

（方城县农业技术推广中心·2009年11月）

摘要：通过对方城县2006～2008年小麦－玉米20个"3414＋1"正规田间试验和20个氮肥用量试验及丰缺指标试验数据分析，确定了方城县小麦－玉米的施肥模型，建立了基于常规测试方法条件下的不同土壤氮、磷、钾养分极低、低、中、高4级养分丰缺指标，提出了方城县推荐施肥建议，为推广测土配方施肥技术奠定了基础。

关键词：田间试验　施肥模型　指标体系

1 材料与方法

1.1 试验设计

在方城县代表高、中、低三个不同地力水平，不同土质（沙、壤、黏）有代表性（地面平整，地力均匀一致，排灌方便，远离村庄、道路、沟渠）的10个地块，小区面积为30～40 m^2，统一规划为3行排列。

冬小麦供试品种为郑麦9023，夏玉米供试品种为丹玉86。

"3414"试验采用完全实施方案＋"1"设计。"3414"是指3因素、4水平、14个处理的试验。包括3因素即氮（N）、磷（P_2O_5）、钾（K_2O），4水平（0、1、2、3），0水平为不施肥，2水平为当地最佳施肥量的近似值，1水平为2水平的0.5倍，3水平为2水平的1.5倍（为过量施肥水平）。"3414＋1"田间肥效试验中加"1"为第15编号处理。各处理不设重复，试验地周围设1 m保护行。冬小麦－夏玉米试验方案见表1。

表 1　冬小麦 - 夏玉米"3414 + 1"试验方案

试验编号	处理	氮	磷	钾
1	$N_0P_0K_0$	0	0	0
2	$N_0P_2K_2$	0	2	2
3	$N_1P_2K_2$	1	2	2
4	$N_2P_0K_2$	2	0	2
5	$N_2P_1K_2$	2	1	2
6	$N_2P_2K_2$	2	2	2
7	$N_2P_3K_2$	2	3	2
8	$N_2P_2K_0$	2	2	0
9	$N_2P_2K_1$	2	2	1
10	$N_2P_2K_3$	2	2	3
11	$N_3P_2K_2$	3	2	2
12	$N_1P_1K_2$	1	1	2
13	$N_1P_2K_1$	1	2	1
14	$N_2P_1K_1$	2	1	1
15	$N_2P_2K_2$ + Zn(玉米)	2	2	2 + Zn
	$N_0P_0K_0$ + M(小麦)	0	0	0 + 300 kg(有机肥)

氮肥用量试验是在"3414"完全方案的基础上,对氮肥进行了超高量试验增加到 5 水平。同时增加了不施任何肥料,共 6 个处理。磷、钾肥为当地最佳施肥量。每个试验地块按 6 处理 3 重复安排试验。氮肥用量冬小麦 - 夏玉米试验方案见表 2。

表 2　N 肥用量冬小麦 - 夏玉米试验方案

试验编号	处理	N	P	K
1	$N_0P_2K_2$	0	2	2
2	$N_1P_2K_2$	1	2	2
3	$N_2P_2K_2$	2	2	2
4	$N_3P_2K_2$	3	2	2
5	$N_4P_2K_2$	4	2	2
6	$N_0P_0K_0$	(不施任何肥料)		

丰缺指标试验也是在"3414"完全方案基础上单列出来的试验,试验采用 5 处理 3 重复的方式安排试验地点。丰缺指标试验(冬小麦 - 夏玉米)方案见表 3。

表 3　丰缺指标试验(冬小麦 - 夏玉米)方案

试验编号	处理	N	P	K
1	$N_0P_0K_0$	0	0	0
2	$N_0P_2K_2$	0	2	2
3	$N_2P_0K_2$	2	0	2
4	$N_2P_2K_0$	2	2	0
5	$N_2P_2K_2$	2	2	2

以上方案,根据方城县小麦 - 玉米两大粮食作物生产水平和试验区产量现状,确定了高、中、低 3 个产量类型设计(见表 4)和各处理施肥量,每个施肥等级分别见表 5 ~ 表 8。

表 4　主要作物产量水平划分 (单位:kg/亩)

作物	高	中	低
冬小麦	500	400	300
夏玉米	600	500	400

表 5　方城县冬小麦"3414 + 1"试验不同肥力水平各因素施肥量 (单位:kg/亩)

施肥水平	N			P_2O_5			K_2O		
	高	中	低	高	中	低	高	中	低
0	0	0	0	0	0	0	0	0	0
1	6.0	5.0	4.0	4.0	3.0	2.0	4.0	3.0	2.0
2	12.0	10.0	8.0	8.0	6.0	4.0	8.0	6.0	4.0
3	18.0	15.0	12.0	12.0	9.0	6.0	12.0	9.0	6.0

表 6　方城县夏玉米"3414 + 1"试验不同肥力水平各因素施肥量 (单位:kg/亩)

施肥水平	N			P_2O_5			K_2O		
	高	中	低	高	中	低	高	中	低
0	0	0	0	0	0	0	0	0	0
1	8.0	7.0	6.0	3.0	2.5	2.0	3.0	2.5	2.0
2	16.0	14.0	12.0	6.0	5.0	4.0	6.0	5.0	4.0
3	24.0	21.0	18.0	9.0	7.5	6.0	9.0	7.5	6.0

表 7　方城县冬小麦氮肥用量和丰缺指标试验各因素施肥量 (单位:kg/亩)

氮肥用量试验方案					丰缺指标试验方案				
处理代号	处理内容	N	P	K	处理代号	处理内容	N	P	K
1	$N_0P_6K_6$	0	6	6	1	$N_0P_0K_0$	0	0	0
2	$N_5P_6K_6$	5	6	6	2	$N_0P_8K_6$	0	8	6
3	$N_{10}P_6K_6$	10	6	6	3	$N_{14}P_0K_6$	14	0	6
4	$N_{15}P_6K_6$	15	6	6	4	$N_{14}P_8K_0$	14	8	0
5	$N_{20}P_6K_6$	20	6	6	5	$N_{14}P_8K_6$	14	8	6
6	$N_0P_0K_0$	0	0	0					

表 8　方城县夏玉米氮肥用量和丰缺指标试验各因素施肥量　（单位：kg/亩）

氮肥用量试验方案					丰缺指标试验方案				
处理代号	处理内容	N	P	K	处理代号	处理内容	N	P	K
1	$N_0P_5K_5$	0	5	5	1	$N_0P_0K_0$	0	0	0
2	$N_8P_5K_5$	8	5	5	2	$N_0P_5K_5$	0	5	5
3	$N_{16}P_5K_5$	16	5	5	3	$N_{15}P_0K_5$	15	0	5
4	$N_{24}P_5K_5$	24	5	5	4	$N_{15}P_5K_0$	15	5	0
5	$N_{32}P_5K_5$	32	5	5	5	$N_{15}P_5K_5$	15	5	5
6	$N_0P_0K_0$	0	0	0					

1.2　施肥品种

氮肥选用尿素（含 N 46%），磷肥选用过磷酸钙（含 $P_2O_5$12%），钾肥选用进口氯化钾（含 K_2O 60%）。10 个试验点按 3∶4∶3 分布在高、中、低不同肥力土壤上。

冬小麦基、追比与时间依据产量水平而定。高产水平磷肥、钾肥及 60% 的氮肥底施，拔节期追施 40% 的氮肥；中、低产量水平，磷肥、钾肥及 70% 的氮肥底施，拔节期追施 30% 的氮肥。

夏玉米追肥分两次，第一次在定苗后追 30% 的氮肥及全部磷、钾肥，第二次在大喇叭口期追剩下的 70% 的氮肥。

2　施肥指标体系建立与施肥指导

根据“3414”完全实施了试验作物产量和基础土壤养分测试值的数学关系，建立土壤养分丰缺指标体系。首先，根据缺磷、缺钾区作物产量与最高产量的比值计算相对产量。相对产量与基础土壤养分测试值在 Excel 表中作散点图，以 Excel 软件的添加趋势线功能，获得相对产量与土壤养分测试值的数学关系，并绘出趋势线。以相对产量 50%、75% 和 95% 为标准，划分土壤养分丰缺指标，具体为缺素区作物相对产量低于 50% 的点为极低养分区，相对产量 50% ~75% 范围内的点为低养分区，相对产量 75% ~95% 范围内的点为中养分区，相对产量大于 95% 的点为高养分区。

计算方法：

缺磷的相对产量 = 处理 4（$N_2P_0K_2$）产量/最高产量 ×100%

缺钾的相对产量 = 处理 8（$N_2P_2K_0$）产量/最高产量 ×100%

（1）根据 2006 ~2007 年 15 个小麦试验点做磷、钾丰缺指标散点曲线图（见图 1、图 2）。

根据磷数学关系式 $y = 17.451\ln x + 40.791$，计算方城县冬小麦有效磷土壤丰缺指标（见表 9）。

根据钾数学关系式 $y = 29.46\ln x - 55.725$，计算方城县冬小麦速效钾土壤丰缺指标（见表 9）。

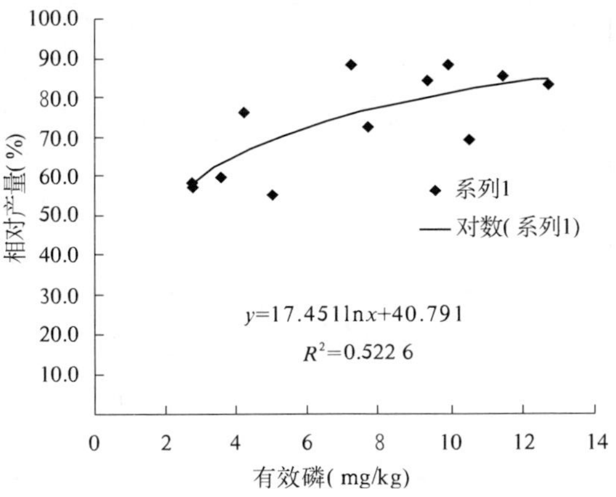

试验点数	土壤有效磷(mg/kg)	缺磷区相对产量(%)
1	3.6	60.0
2	2.8	58.6
3	5.0	55.0
4	4.2	76.0
5	7.7	72.1
6	9.3	83.6
7		
8		
9	9.9	88.58
10	10.5	69.1
11	11.4	84.9
12		
13	12.7	83.3
14		
15	7.2	87.9

图1 小麦2006~2007年连续两年试验有效磷丰缺指标散点图及数学关系式

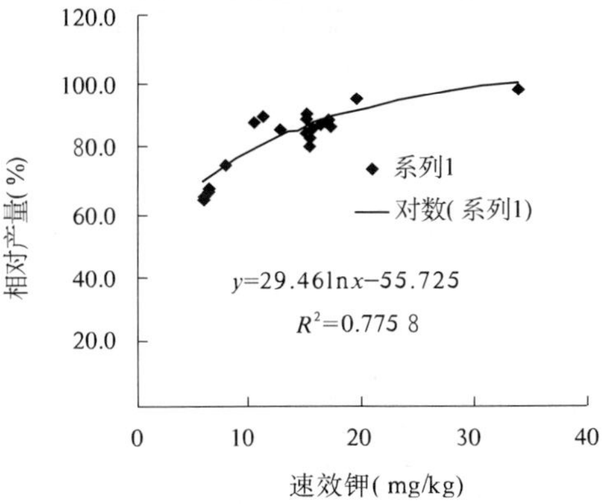

试验点数	土壤速效钾(mg/kg)	缺钾区相对产量(%)
1	80	68.4
2	90	69.5
3		
4	118	83.5
5		
6	118	86.6
7	128	82.7
8	156	90.5
9	98	87.5
10		
11	120	86.5
12		
13	120	85.5
14		
15	102	89.9

图2 小麦2006~2007年连续两年试验速效钾丰缺指标散点图及数学关系式

表9 方城县冬小麦土壤有效磷、速效钾丰缺指标

相对产量(%)	<50	50~75	75~95	>95
土壤有效磷(mg/kg)	<1.7	1.7~7.1	7.1~22.3	>22.3
土壤速效钾(mg/kg)	<36	36~85	85~167	>167
肥力状况	极低	低	中	高

(2)根据2007~2008年15个玉米试验点做磷、钾丰缺指标曲线图(见图3、图4)。

根据磷数学关系式:$y=17.697\ln x+38.409$,计算方城县夏玉米有效磷土壤丰缺指标(见表10)。

根据钾数学关系式:$y=29.536\ln x-52.874$,计算方城县夏玉米速效钾土壤丰缺指标(见表10)。

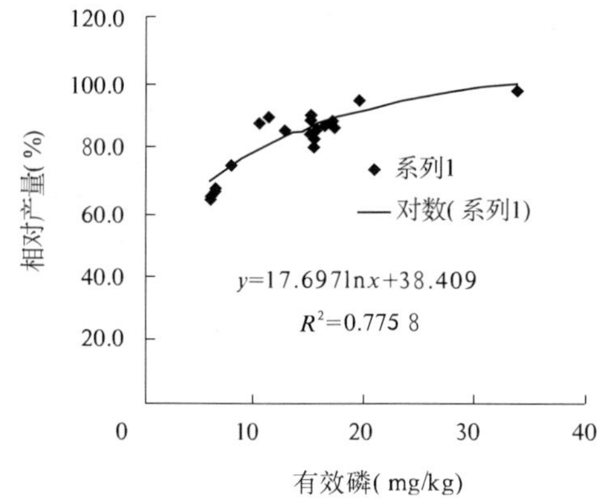

试验点数	土壤有效磷(mg/kg)	缺磷区相对产量(%)
1	5.9	65.0
2	15.2	89.2
3	6.3	67.1
4	12.9	85.7
5	10.3	88.4
6	7.9	75.0
7	17.3	87.2
8	11.3	89.2
9	16.9	87.9
10	15.5	81.2
11	19.6	95.0
12	15.6	85.0
13	34	97.8
14	15.3	83.9
15	16.3	86.9

图3　玉米2007～2008年连续两年试验有效磷丰缺指标散点图及数学关系式

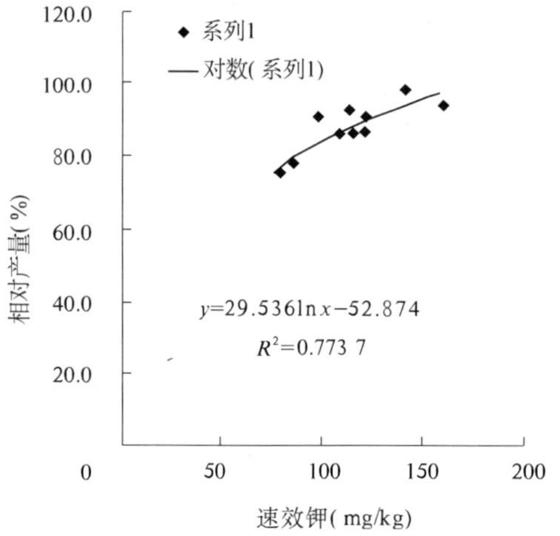

试验点数	土壤速效钾(mg/kg)	缺钾区相对产量(%)
1		
2	124	86.3
3	101	90.1
4	118	85.7
5	125	90.2
6		
7		
8	116	92.1
9	162	93.0
10		
11	88	77.0
12	82	76.1
13	81	75.1
14	144	97.9
15	111	86.0

图4　玉米2007～2008年连续两年试验速效钾丰缺指标散点图及数学关系式

表10　方城县夏玉米土壤有效磷、速效钾丰缺指标

相对产量(%)	<50	50～75	75～95	>95
土壤有效磷(mg/kg)	<1.9	1.9～7.9	7.9～24.5	>24.5
土壤速效钾(mg/kg)	<33	33～76	76～148	>148
肥力状况	极低	低	中	高

(3)根据2006～2008年小麦试验汇总结果,结合当地生产实践,提出不同地力水平条件下的小麦最佳施肥量(见表11)。

表11　方城县冬小麦不同地力水平最佳施肥量参考值

地力水平	目标产量(kg/亩)	最佳施肥量(kg/亩)		
		N	P_2O_5	K_2O
高产区	500	12	6	6
中产区	400	11	5	5
低产区	300	10	4	4

(4)根据 2007 ~2008 年玉米试验汇总结果,结合当地生产实践,提出不同地力水平条件下的夏玉米最佳施肥量(见表 12)。

表 12　方城县夏玉米不同地力水平最佳施肥量参考值

地力水平	目标产量(kg/亩)	最佳施肥量(kg/亩)		
		N	P_2O_5	K_2O
高产区	600	16	4	4
中产区	500	15	3	3
低产区	400	14	3	3

(5)根据小麦、玉米有效磷、速效钾丰缺指标,小麦、玉米在磷、钾施肥上应掌握的原则是:按照最佳推荐施肥参考值(见表 11、表 12),结合丰缺指标。当土壤养分含量中等时,应等量施肥;当土壤养分含量低等时,应施最佳施肥参考量的 1.5 倍;当土壤养分含量为极低等时,应施最佳施肥参考量的 2 倍;当土壤养分含量为高等时,应施最佳施肥参考量的 0.5 倍。

效益分析篇

推广测土配方施肥技术效益研究

蒋建国
（郏县农业局·2009年5月）

摘要：测土配方施肥项目在郏县已实施3年，通过对土样采集与测试、田间试验、配方设计、技术培训及推广测土配方施肥技术等方面取得的成效和经验进行认真调查，累计推广测土配方施肥面积80万亩，辐射带动面积160万亩，肥料利用率提高4个百分点，氮肥每亩节施4 kg，氮、磷、钾比例改善到1:0.4:0.35。项目区每亩粮食增产40 kg，每亩节本增效45元，烟叶节本增效250元。

关键词：测土配方施肥技术　效益　研究

1　推广配方施肥技术的基本情况

自2005年测土配方施肥资金补贴项目实施以来，国家累计投入资金240万元，推广测土配方施肥技术，取得了巨大的经济效益、社会效益和生态效益。

1.1　化验室建设

郏县土肥站拥有农业技术人员38人，专业土肥技术人员8人（其中中级以上2人），中级配方师3人，土壤化验员6人。新建化验楼一栋。化验室面积440 m^2，办公室面积40 m^2，新购设备仪器35台（套），主要承担全县土壤肥力检测、土壤样品化验、肥料品质鉴定、水质和植株样品检测化验等工作。

1.2　土样采集与测试

在全县范围按照土壤类型、肥力水平、轮作制度、作物类型等因素综合考虑，平均每200亩左右耕地采集1个土样，累计分析化验土壤、植株样品累计8 200个（其中土壤样品7 600个，植物样品600个）。累计抽调技术人员130余人，出动车辆1 082辆次，覆盖全县344行政村，涉及农户12万户，调查农户7 600户。

1.3　田间试验

累计安排小麦“3414”肥料试验30个和30个校正试验，安排30个玉米“3414”肥料试验和30个校正试验。摸清了土壤养分校正系数、土壤供肥量、农作物需肥规律和肥料效应模型，确定了作物合理施肥品种和数量，基肥、追肥分配比例，最佳施肥时期和施肥方法，建立了施肥指标体系，为配方设计和施肥指导提供了依据。

1.4　配方设计

在汇总分析土壤测试和田间试验数据结果的基础上，组织有关农业专家，根据气候、地貌、土壤类型、作物品种、耕作制度等差异性，合理划分施肥类型区。审核测土配方施肥参数，建立施肥模型，分区域、分作物制定肥料配方5个。

1.5　肥料的配制与供应

配方确定后，将配方交给县农技配肥站，由配送中心配送给 54 个村级农技推广网点，实施“测、配、产、供、施”一条龙技术服务，3 年全县累计推广各种专用配方肥 8 000 t。

1.6　示范推广

制作本县耕地土壤养分图和作物测土配方施肥分区图，并印发到乡和行政村。研发不同土壤、不同作物配方 5 个，向农户发放测土配方施肥建议卡共计 120 万份，建议卡入户率达 95% 。培训乡镇、村组和示范农户技术骨干 5 000 人次。累计为农民提供测土配方施肥技术服务 5 万户，提升了项目区农民科技种田、合理施肥水平。发放宣传材料 6 万份，培训技术骨干 1 200 人次，出动宣传车辆 200 辆次，为农民增收节支 7 800 多万元。3 年累计在全县 13 个重点乡镇建立 100 亩示范方 92 个，共计 9 200 亩，建立 1 000 亩示范方 39 个，共计 39 000 亩，示范方采取“测、配、产、供、施”的一条龙服务，示范效果明显，发挥了很好的辐射带动作用。

1.7　技术培训

测土配方施肥能否到点、到户，关键在于对农技人员和农户的培训，特别是种植大户和农民技术员的培训，为此积极开展了对乡镇农技人员的培训，内容主要是测土配方施肥的意义、目的、技术要求、实施方法等，培训人数 12 000 余人。在做好对农技人员、种植大户、农户的面对面培训基础上，还通过电视、广播、宣传车等媒体广为宣传，专门拍摄了测土配方施肥专题片在县电视台多次播放，介绍了测土配方施肥的有关情况及农民应用后的效果。另外，把 5 万份测土配方施肥的资料发放到各行政村，还将测土配方施肥技术及要求与种子、栽培、植保等技术一起形成综合性的高产栽培技术小册子发放到农户手中。制定了各个乡镇的测土配方施肥建议卡、示范方的测土配方施肥建议卡，项目区基本达到一户一个明白人。

1.8　数据库建设

通过计算机技术、地理信息系统和全球定位系统，采用规范化的测土配方施肥数据采集系统，经过近两年的努力，已向数据库录入原始数据 25 300 条，累计农户调查档案已建立 6 500 份。

2　取得成效

项目实施 3 年来，年增收节支 2 600 万元。通过推广配方施肥技术，农民追肥的时期、种类和用量趋于科学合理，由返青期改为拔节期，由每亩追 10 ~ 20 kg 尿素降为 5 ~ 10 kg，调查结果显示，2008 年全县 1 500 户科技示范户平均亩产 403. 8 kg，比全县平均亩产 308 kg 增 30% ，辐射带动户平均亩产 355 kg，比全县平均亩产 308 kg 增 15. 2% 。

2.1　市场需求

全县农业人口 51. 73 万人，耕地 68. 81 万亩，通过测土配方施肥的推广应用，农民对测土配方施肥技术的要求越来越迫切，尤其在经济特产作物上更加迫切需要测土配方施肥。在田间调查中，农民主动要求对果园、蔬菜地、烟叶及其他经济特种作物进行取土样分析，并指导施肥。为了更好地满足农民的要求，对全县的主要优势农产品区，如茨芭、长桥、堂街烟叶基地，冢头、长桥日本理想大根基地，广天、薛店蔬菜基地等进行了施肥调查，进一步开展了更小范围的取样,取土样本550多个,农户调查280多户。

2.2 社会需求

项目实施后,郏县共取土壤样品7 600个,进行技术培训12 000多人次,宣传120 000余人次,发放《测土配方施肥技术知识》明白纸120 000份,发放测土配方施肥建议卡120 000份。

2.3 生态改善

传统施肥习惯是重施化学肥料、轻施有机肥料,重施氮磷肥、轻施钾肥,重施大量元素肥料、轻施中微量元素肥料,有机肥与氮、磷、钾及微量元素肥料施用比例不尽合理,在一定程度上限制了作物产量和品质的进一步提高。通过测土配方施肥,可减少农药和化肥的投入,培肥地力,改善生态环境。

2.4 经济发展

施配方肥的小麦经测产亩穗数达到34.8万穗,相比增0.9万穗,穗粒数达到36.9粒,相比增0.6粒,千粒重42.1 g,相比增0.3 g,亩产达到455.6 kg,相比增加22.3 kg,20万亩小麦共增加产量9 620 t,年节本增效2 600余万元,使全县化肥施肥比例趋于合理,施肥结构更趋科学,肥料利用率提高4个百分点,氮肥每亩节施4 kg,氮、磷、钾比例由原来的1∶0.34∶0.22改善到1∶0.4∶0.35。示范方每亩粮食增产45 kg,每亩节本增效45元,烟叶节本增效250元。

3 效益分析

3.1 经济效益

项目实施后,项目区20万亩,按小麦面积15万亩,亩增产节支60元,共计900万元;烟叶面积5万亩,亩增产节支150元,共计750万元;玉米面积10万亩,亩增产节支75元,共计750万元。年增产节支2 600万元。3年累计7 800万元。

3.2 社会效益

项目实施后,辐射带动测土配方施肥40万亩。按小麦面积30万亩,亩增产节支30元,共计900万元;烟叶面积10万亩,亩增产节支75元,共计750万元;玉米面积20万亩,亩增产节支37.5元,共计750万元。合计非项目区年增产节支2 600万元。3年累计7 800万元。

3.3 生态效益

全县化肥施肥比例趋于合理,施肥结构更趋科学,肥料利用率提高4个百分点,氮肥每亩节施4 kg,氮、磷、钾比例由原来的1∶0.34∶0.22改善到1∶0.4∶0.35。

4 结论

测土配方施肥补贴项目是国家发展生态农业的重要组成部分,是增加农民收入、改善农民生活环境、提高农民生活质量、推动全县经济快速发展的重要举措,是一项“富民工程”。有丰富的经验和扎实的基础,项目的实施取得了显著的生态效益、社会效益和经济效益。

原阳县测土配方施肥效益分析

张福胜　秦　磊　黄刘峰　李哲伟
（原阳县农业局·2008年9月）

摘要：对原阳县近年来实施测土配方施肥补贴项目所取得的经济、社会效益及生态效益进行了系统评价，数据翔实，观点明确。

关键词：原阳县　测土配方施肥　效益分析

1　经济效益

原阳县3年来共计推广测土配方施肥面积181.5万亩，推广配方肥料3.38万t，共增产6.311万t，总减少不合理施肥量（纯量）6 176 t，新增纯收益11 156.88万元，总增产节支11 396.08万元。

2005年推广测土配方施肥面积40万亩，配方肥施用面积24.3万亩，配方肥推广8 100 t，总增产粮食2 210万kg，新增纯收益3 562万元，增收节支3 622万元，总减少不合理施肥1 300 t，亩增产52～59 kg，亩减少不合理施肥1～4 kg，每亩节本增效39.2～126元。其中，小麦测土配方施肥技术面积20万亩，平均亩产440 kg，农民习惯施肥区小麦亩产388 kg，亩均增产52 kg，亩均节肥1 kg（折纯量），减少不合理施肥4 kg（减少氮肥4 kg，增加磷肥1 kg，增加钾肥2 kg），增收节支76.8元，增产粮食1 040万kg，新增纯收益1 456万元；水稻测土配方施肥技术面积15万亩，平均亩产469.8 kg，农民习惯施肥区平均亩产410.8 kg，亩增产59 kg，亩均节肥2 kg（折纯量），减少不合理施肥3 kg（减少氮肥3 kg，减少磷肥1 kg，增加钾肥2 kg），增收节支126元，增产粮食885万kg，新增纯收入1 770万元；玉米测土配方施肥技术面积5万亩，平均亩产459.9 kg，习惯施肥区平均亩产403.9 kg，亩增产56 kg，亩均增加肥料7 kg（折纯量），减少不合理施肥1 kg（减少氮肥1 kg，增加磷肥4 kg，增加钾肥4 kg），增收节支39.2元，增产粮食280万kg，新增纯收入336万元。

2006年推广测土配方施肥面积60.5万亩，配方肥施用面积37.5万亩，配方肥推广12 500 t，总增产粮食1 801万kg，新增纯收益3 195.2万元，增收节支3 334.8万元，总减少不合理施肥2 059 t，亩增产22～40 kg，亩减少不合理施肥1～4 kg，每亩节本增效28～84元。其中，水稻测土配方施肥技术面积20万亩，平均亩产454 kg，农民习惯施肥区平均亩产416 kg，亩增产38 kg，亩均节肥2 kg（折纯量），减少不合理施肥3 kg（减少氮肥3 kg，减少磷肥1 kg，增加钾肥2 kg），增收节支84元，增产粮食760万kg，新增纯收入1 520万元；玉米测土配方施肥技术面积5万亩，平均亩产470 kg，习惯施肥区平均亩产430 kg，亩增产40 kg，亩均增加肥料7 kg（折纯量），减少不合理施肥1 kg（减少氮肥1 kg，增加磷肥4 kg，增加钾肥4 kg），增收节支28元，增产粮食200万kg，新增纯收入280万元;小麦测土配方施肥技术面积30万亩,平均亩产441 kg,习惯施肥区平均亩产405 kg,亩增产36 kg,亩均节肥1 kg(折纯量),减少不合理施肥4 kg(减少氮肥4 kg,增加磷肥1 kg,增加钾肥2 kg),增收节支54.4元,增产粮食1 080万kg,新增纯收入1 512万元;花生测土配方施肥技术面积5.5万亩,平均亩产252 kg,习惯施肥区平均亩产230 kg,亩增产22 kg,亩均节肥1.8 kg(折纯量),减少不合理施肥3.8 kg(减少氮肥3.8 kg,减少磷肥1 kg,增加钾肥3 kg),增收节支77.6元,增产粮食121万kg,新增纯收入387.2万元。

2007年推广测土配方施肥面积81万亩,配方肥施用面积39.6万亩,配方肥推广13 200 t,总增产粮食2 300万kg,新增纯收益4 399.68万元,增收节支4 439.28万元,总减少不合理施肥2 817 t,亩增产23~41.5 kg,亩减少不合理施肥1~4 kg,每亩节本增效38.4~145.2元。其中,水稻测土配方施肥技术面积15万亩,平均亩产500.9 kg,农民习惯施肥区平均亩产462 kg,亩增产38.9 kg, 亩均节肥2 kg(折纯量),减少不合理施肥3 kg(减少氮肥3 kg,减少磷肥1 kg,增加钾肥2 kg),增收节支85.8元,增产粮食583.5万kg,新增纯收入1 167万元;玉米测土配方施肥技术面积8.7万亩,平均亩产511.5 kg,习惯施肥区平均亩产470 kg,亩增产41.5 kg,亩均增加肥料7 kg(折纯量),减少不合理施肥1 kg(减少氮肥1 kg,增加磷肥4 kg,增加钾肥4 kg),增收节支38.4元,增产粮食361.05万kg,新增纯收入577.68万元;小麦测土配方施肥技术面积51.3万亩,平均亩产469.6 kg,习惯施肥区平均亩产429 kg,亩增产40.6 kg,亩均节肥1 kg(折纯量),减少不合理施肥4 kg(减少氮肥4 kg,增加磷肥1 kg,增加钾肥2 kg),增收节支64.9元,增产粮食2 082.78万kg,新增纯收入3 124.17万元;花生测土配方施肥技术面积6万亩,平均亩产283 kg,习惯施肥区平均亩产260 kg,亩增产23 kg,亩均节肥1.8 kg(折纯量),减少不合理施肥3.8 kg(减少氮肥3.8 kg,减少磷肥1 kg,增加钾肥3 kg),增收节支145.2元,增产粮食138万kg,新增纯收入828万元。

2 社会效益

2.1 壮大土肥队伍,专业技术水平服务能力得到大的提高

测土配方施肥项目是一个技术含量比较高的项目,通过项目实施培训了人才,更新了设备、知识。包括定点定位采样、先进仪器先进检测方法的化验分析、配方卡的研制、“3414”田间试验及其分析、专家咨询系统建立、农户的施肥培训指导等任务完成过程中,使很多的科技人员摸清了土壤类别,掌握了当地土壤上主要作物的施肥配方,能够正确指导农民施肥。整体专业技术水平的提高,有利于促进农业科学技术的推广应用,进而促进全县农村经济全面发展。

2.2 改变了广大农民施肥观念

测土配方施肥项目改变了农民很多坏的施肥习惯,懂得了节约肥料、保护环境,知道了氮、磷、钾的配合使用,广大农民在购买化肥时只看价格不看养分含量的做法逐渐减少。在施肥方法上,减少撒施、表施现象及盲目施肥现象,提高了肥料利用率。

2.3 改善了耕地质量

推广测土配方施肥技术,推动了耕地质量建设工作的开展,提高农业综合生产能力和建设节约型农业,积极引导积造农家肥,实施秸秆还田,提高了有机肥的利用水平,土壤养

分结构趋于合理化,耕地质量有所改善。

3　生态效益

通过实施项目,还取得了较好的生态效益。测土配方施肥技术的推广,使施肥比例渐趋合理。氮、磷、钾施肥比例由1:0.4:0.1 调整为1:0.45:0.35,化肥利用率由30.2%提高到33.4%。有效地减少肥料在土壤中的残留量,减轻了对土壤和环境的污染,同时由于使用有机肥的宣传推广,使大部分的秸秆直接还田,焚烧现象明显减轻,减少了大气污染。

洛阳市小麦配方肥试验效果研究

席万俊　王宏周　马　明　王颖辉
(洛阳市土壤肥料站 · 2003 年 2 月)

为了使测土配方施肥技术推广深入开展,克服部分农民盲目施肥造成的肥料损失、浪费,以及土壤、地下水污染,实现由配方施肥向施配方肥的转变,近年来,在河南省土肥站的业务指导下,我们坚持测土、配方、试验、推广的原则,根据不同土壤养分含量、作物需肥特性,精心研制出适合洛阳市不同土壤类型、不同产量水平的"科配"牌配方肥,采取试验、示范、跟踪调查、及时总结、科学改进、不断优化的方法,全力服务于农业和农民,开展了多种作物配方施肥效果研究,本文以小麦施用配方肥的试验效果进行探讨。

1　材料与方法

1.1　供试材料

供试肥料采用栾川县45%"沃力"牌配方肥和洛阳市土肥站配制的35%"科配"牌配方肥。其配方肥采用的原料是大颗粒尿素(含 N 46%)、进口大颗粒氯化钾(含 K_2O 60%)、磷酸一铵(含 N 11%、P_2O_5 44%)、过磷酸钙(含 $P_2O_5$12% ~14%),以及硫酸锌、硼酸、硫酸锰等微量元素肥料。供试土壤均为褐土,各试验点供试作物品种、土壤基本理化性状见表1。

1.2　试验处理与方法

试验采用配对试验设计,栾川县秋播试验点配方肥采用栾川县土肥站配制的总养分含量45%的"沃力"牌配方肥,有效成分 N – P – K 为 20 – 12 – 13,亩施肥量 45 kg,习惯施肥(CK)亩施碳铵 62 kg,钙镁磷肥 31.7 kg;偃师市邙岭试验点配方肥采用洛阳市土肥站配制的35%"科配"牌配方肥,有效成分 20 – 9 – 6 + 微肥,亩施 38 kg,习惯施肥(CK)亩施碳铵 62 kg,磷肥 40 kg;偃师市高龙试验点配方肥采用洛阳市土肥站配制的 35%"科配"牌配方肥,亩施 50 kg,有效成分为 21 – 9 – 5 + 微肥,习惯施肥(CK)亩施碳铵 64 kg,磷肥 45.8 kg。施肥方法为底施,不追肥。在小麦种植同一区域除施肥量不同外,其地力水

表 1　配方肥试验调查结果

地点编号	试验地点及处理	作物品种	基础地力			施肥情况			亩穗数（万个）	穗粒数（个）	千粒重（g）	产量（kg/亩）	增产率（%）
			碱解氮（mg/kg）	有效磷（mg/kg）	速效钾（mg/kg）	纯 N（kg/亩）	P_2O_5（kg/亩）	K_2O（kg/亩）					
Ⅰ	栾川县秋播 45 kg/亩配方肥	温麦 6 号	85.0	11.0	96.3	9.0	5.4	5.9	33.2	36.3	38.5	464.0	13.8
	CK 碳铵 62 kg/亩、钙镁磷肥 31.7 kg/亩	温麦 6 号				10.6	3.8	—	32.8	35.7	34.8	407.5	
Ⅱ	偃师市邙岭 38 kg/亩“科配”牌配方肥	豫麦 18	55.3	30	135	7.6	3.42	2.3	26.3	30.7	41.2	332.7	11.57
	CK 碳铵 62 kg/亩、磷肥 40 kg/亩	豫麦 18				8.5	4.8	—	16.3	29.0	39.1	298.2	
Ⅲ	偃师市高龙“科配”牌配方肥 50 kg/亩	温麦 6 号	98.2	9	155	10.5	4.5	2.5	40.5	33.8	38.1	521.5	7.7
	CK 碳铵 64 kg/亩、磷肥 45.8 kg/亩	温麦 6 号				10.9	5.5	—	35.2	36.2	38.0	484.2	

平和管理措施完全一致。

2　结果与分析

2.1　Ⅰ点试验结果分析

从Ⅰ地力基础得知，土壤氮水平较高，磷、钾水平低，配方采取稳氮、增磷、补钾的原则，配方肥区较习惯区亩施氮水平调低 1.6 kg，P_2O_5 增加 1.6 kg，K_2O 增加 5.9 kg。从调查结果的产量三因素分析（见表 1），配方肥处理较习惯施肥亩穗数增加 0.4 万个，穗粒数增加 0.6 个，千粒重增加 3.7 g，亩产量增加 56.5 kg，增加 13.8%。同时配方肥地块锈斑病病株率 1.3%，而习惯施肥地块锈病叶片发病严重，病株率达 15%，防治 3 次后被控制。这说明，氮、磷、钾等营养元素结构调整后，不仅能够增产，而且植株抗病能力增强，节约了农药的开支和田间投工。

2.2　Ⅱ点试验结果分析

从Ⅱ地力基础情况看，氮含量水平较低，磷较高，钾一般，配方考虑稳氮、施磷、施钾、配微，氮素配肥区较习惯区每亩调低 0.9 kg，磷素配肥区较习惯区每亩调低 1.38 kg，配方肥区亩施 K_2O 2.3 kg，同时增加微肥。从成产三因素看，配方肥亩穗数与习惯施肥相同，均为 26.3 个，穗粒数 30.7 个，较习惯施肥的 29.0 个增加 1.7 个，千粒重 41.2 g，较习惯施肥 39.1 g 增加 2.1 g，每亩产量 332.7 kg，较习惯施肥 298.2 kg 增加 34.5 kg，增幅 11.6%。同时，使用配方肥地块较习惯施肥受冻害轻，茎秆粗壮，落黄好，籽粒饱满，无青秆现象。

2.3　Ⅲ点试验结果分析

从Ⅲ地力基础情况看，氮、钾含量水平较高，磷一般，采用控氮、施磷、补钾、增微的方针配方，施氮水平较习惯区亩减少 0.4 kg，施 P_2O_5 较习惯区降低 1.0 kg，补施 K_2O 2.5 kg，同时增加微肥。其成产三因素亩穗数 40.5 万个，较习惯施肥 35.2 万个增加 5.3 万个，穗粒数 33.8 个，较习惯施肥 36.2 个减少 2.4 个，千粒重 38.1 g，较习惯施肥 38.0 g 增加 0.1 g，每亩产量 521.5 kg，较习惯施肥 484.2 kg 增加 37.3 kg，增长 7.7%。另外，使用配方肥麦田较习惯施肥受冻害轻，茎秆较粗壮，小麦落黄好。

3　结论

氮、磷、钾加微配方肥处理能促进氮、磷和钾的吸收，施配方肥较习惯施肥增产 7.7% ~13.8%，土壤含钾量在 96.3 ~155 mg/kg 范围内增施钾肥均有增产效果；氮、磷、钾加微肥配合施用，能提高作物抗病、抗寒等抗逆能力。因此，应不断优化配方肥配方，大力推广。

平顶山市小麦配方施肥技术研究

柴文安[1] 靳广来[1] 闫红娜[1] 常鸿杰[2]
（1. 平顶山市土壤肥料站 2. 平顶山市农科所·2002 年 10 月）

为探讨不同肥料配施对小麦产量的影响，促进平顶山市夏粮生产的发展，特安排本试验。

1 材料与方法

2001～2002 年度，平顶山市土肥站结合全市土壤类型，在宝丰县石桥镇石桥村安排本试验。土壤为潮土，地势平坦，土壤肥沃。供试小麦品种为温麦 4 号，播期 10 月 10 日，田间管理措施除各处理施肥量不同外，其余均相同。

本试验共设五个处理：①施尿素 20 kg/亩（CK）；②施尿素 20 kg/亩，过磷酸钙 40 kg/亩；③施尿素 20 kg/亩，氯化钾 10 kg/亩；④施尿素 20 kg/亩，过磷酸钙 40 kg/亩，氯化钾 10 kg/亩；⑤施尿素 20 kg/亩，覆盖 300 kg/亩玉米秸秆。

试验采用随机区组设计，3 次重复，15 个小区，每个小区面积 66.7 m^2。施肥在 10 月 9 日一次施入。

2 结果与分析

2.1 配方施肥对小麦生长发育的影响

据表 1，处理 2、3、4、5 的小麦株高分别比对照平均增高 4.2 mm、5.4 mm、7.9 mm、1.4 mm，增长率为 19.4%、25%、36.6%、6.5%；主茎叶片分别增多 0.4 个、0.5 个、1 个、0.1 个，增加 5%、6.3%、12.5%、1.3%；分蘖分别增加 1 个、1.5 个、2.5 个、0.5 个，增加率为 22.2%、33.3%、55.5%、11.1%；次生根分别增多 1.6 条、2.7 条、6 条、0.7 条，增多 17%、28.7%、63.8%、7.4%；茎基部直径分别增大 0.08 mm、0.1 mm、0.19 mm、0.03 mm，增大 20%、25%、47.5%、7.5%。以上生育性状，尤以处理 4 增加最多。由此可见，在其他条件相同的情况下，配施磷、钾肥可促使小麦根系发达，茎秆长而粗壮，分蘖增多，生长旺盛。

表 1 配方施肥对小麦生长发育的影响

处理	株高（mm）	主茎叶片（个）	分蘖（个）	次生根（条）	茎基部直径粗（mm）
1	21.6	8.0	4.5	9.4	0.4
2	25.8	8.4	5.5	11.0	0.48
3	27.0	8.5	6.0	12.1	0.5
4	29.5	9.0	7.0	15.4	0.59
5	23.0	8.1	5.0	10.1	0.43

2.2　配方施肥对小麦千粒重的影响

据表 2 可看出:处理 2、3、4、5 的小麦千粒重分别比处理 1 增加 3.7 g、5.3 g、7.6 g、1.7 g,分别增加 13.7%、19.6%、28.1%、6.3%,尤以处理 4 增加最多。由此可见,在亩施 20 kg 尿素的基础上,配施 40 kg 过磷酸钙、10 kg 氯化钾对增加小麦千粒重效果较佳。

表 2　配方施肥对千粒重的影响　（单位:g）

处理		1	2	3	4	5
重复	Ⅰ	28	30	33	35	29
	Ⅱ	27	33	33	34	29
	Ⅲ	26	29	31	35	28
平均		27	30.7	32.3	34.6	28.7
增量			3.7	5.3	7.6	1.7

2.3　配方施肥对小麦产量的影响

从表 3 可以看出,处理 2、3、4、5 比对照均有增产,亩分别增加 24.7 kg、32.0 kg、80.9 kg、22.2 kg,增产 7.7%、10%、25.2%、6.9%。产量结果经方差分析,处理间产量差异达极显著水平。

为了进一步选择最佳配方施肥方案,用 L · S · D 法进行多重比较(见表 4)。

表 3　小麦配方施肥增产效果统计　（单位:kg/亩）

处理		1	2	3	4	5	总数
重复	Ⅰ	308.7	355.4	353.2	400.8	347.0	1 765.1
	Ⅱ	323.5	330.2	351.6	389.3	345.8	1 740.4
	Ⅲ	332.4	353.0	355.7	417.2	338.4	1 796.7
总数		964.6	1 038.6	1 060.5	1 207.3	1 031.2	5 302.2
平均		321.5	346.2	353.5	402.4	343.7	
增幅(%)			7.7	10	25.2	6.9	
F 值		26.68**					

注:$F_{0.05}=3.84$, $F_{0.01}=7.01$。

表 4　小麦配方施肥产量分析　（单位:kg/亩）

处理	平均产量	$\bar{X}-321.5$	$\bar{X}-343.7$	$\bar{X}-346.2$	$\bar{X}-353.5$
4	402.4	80.9**	58.7**	56.2**	48.9**
3	353.5	32.0**	9.8	7.3	
2	346.2	24.7*	2.5		
5	343.7	22.2*			
1	321.5				

从表 4 的多重比较中可以得出下列结论:

(1)处理 2、3、4、5 均较对照增产,且产量差异显著或极显著水平。

(2)处理 2、3、5 间差异不显著,肥效无差异,处理 4 与其他处理间产量差异均达极显著水平。说明在亩施 20 kg 尿素的基础上配施 40 kg 过磷酸钙、10 kg 氯化钾对小麦的增产效果较佳。

2.4 经济效益分析

从表5可以看出,处理2、3、4、5亩平均利润分别为364.44元、381.84元、420.88元、374.44元。与对照尿素肥料的处理亩平均利润357.80元相比,平均每亩分别增加利润6.64元、24.04元、63.08元、16.64元,尤以处理4增加最多。由此可知,处理4获得亩利润最高,效益最佳。

表5 配方施肥对小麦增产效果经济效益分析

处理	产量(kg/亩)	配料成本(元/亩)	每千克小麦价(元/kg)	总产值(元)	亩利润(元)	比对照增利润(元/亩)
4	402.4	62	1.2	482.88	420.88	63.08
3	353.5	42	1.2	423.84	381.84	24.04
5	346.2	41	1.2	415.44	374.44	16.64
2	343.7	48	1.2	412.44	364.44	6.64
1	321.5	28	1.2	385.80	357.80	

3 小结

根据试验结果看,在亩施20 kg尿素的基础上配施40 kg过磷酸钙、10 kg氯化钾比对照亩增产80.9 kg,增25.2%,亩平均利润增加60.8元,增幅极显著。氮、磷、钾肥的适宜配比有待进一步研究。

平顶山市配方施肥对玉米产量的影响研究

柴文安 靳广来 张俊丽

(平顶山市土壤肥料站·2002年10月)

随着玉米高产新品种的推广应用,习惯施肥已不能满足玉米生产需要,因此探讨玉米配方施肥,对于促进玉米稳产高产具有十分重要的意义。

1 材料与方法

试验设在湛河区北渡镇北渡村。土壤为潮土,地势平坦,土壤肥沃。供试玉米品种为豫玉22,播期为5月20日,密度3 896株/亩,田间管理措施除各处理施肥量不同外,其他管理措施同一般大田。

本试验共设5个处理:①亩施尿素20 kg(CK);②亩施尿素20 kg,过磷酸钙40 kg;③亩施尿素20 kg,氯化钾10 kg;④亩施尿素20 kg,过磷酸钙40 kg,氯化钾10 kg;⑤亩施尿素20 kg,覆盖250 kg麦糠。

试验采用随机区组设计,3次重复,15个小区,每个小区面积66.7 m^2。肥料在7月

10 日一次施入。

2　结果与分析

2.1　不同处理对玉米生育性状的影响

田间调查表明:各处理间株高无明显差异,处理 2、3、4、5 茎粗比对照都有增加。秃尖则分别为 2.23 cm、2.5 cm、2.1 cm、2.52 cm,分别比对照缩短 0.44 cm、0.17 cm、0.57 cm、0.15 cm,以处理 4 秃尖缩短最大(见表 1)。综上所述,在亩施 20 g 尿素的基础上增施磷肥或钾肥或覆盖麦糠较对照玉米秃尖均缩短,且为氮、磷、钾配施效果最佳。

表 1　玉米配方施肥试验考种(平均值)

处理(平均)	穗粒数(个)	百粒重(g)	茎粗(cm)	穗长(cm)	秃尖(cm)
1	463.7	26.17	1.813	18.46	2.67
2	464.9	28.13	1.866	20.27	2.23
3	451.8	29.53	2.05	20.67	2.50
4	501.6	30.3	2.10	22.13	2.10
5	478.2	27.13	1.94	19.93	2.52

2.2　不同处理对玉米产量构成因素的影响

由表 1 可以看出,处理 4 比对照穗粒数增 37.9 个,其他处理穗粒数增减不明显,处理 2、3、4、5 百粒重比对照有明显增加,分别比对照的 26.17 g 增 1.96 g、3.36 g、4.13 g、0.96 g,以处理 4 增幅量大。说明在亩施 20 kg 尿素的基础上配施磷、钾肥,增加玉米的穗粒数,增加百粒重。

2.3　不同处理对玉米产量的影响

统计分析各处理产量结果:处理 2、3、4、5 比对照均有增产,分别比对照增加 30.8 kg/亩、40.0 kg/亩、101.1 kg/亩、27.8 kg/亩,增产 7.7%、9.9%、25.2%、6.9%(见表 2),且处理间产量差异达极显著性水平。

表 2　玉米配方施肥增产效果产量统计　　(单位:kg/亩)

处理		1	2	3	4	5	总数
重复	Ⅰ	385.9	444.3	441.5	501.0	433.7	2 206.4
	Ⅱ	404.4	412.7	439.5	486.6	432.3	2 175.5
	Ⅲ	415.5	441.2	444.6	521.5	423.0	2 245.8
总数		1 205.8	1 298.2	1 325.6	1 509.1	1 289.0	6 627.7
平均		401.9	432.7	441.7	503.0	429.7	
增幅(%)			7.7	9.9	25.2	6.9	
F 值		26.65**					

注:$F_{0.05}=3.84$, $F_{0.01}=7.01$。

为了进一步选择最佳配方施肥方案,用 L·S·D 法进行多重比较。

从表3的比较中可以得出下列结论：

(1)在亩施20 g尿素的基础上增施磷肥或钾肥或覆盖麦糠，均较对照显著提高了玉米产量。

(2)处理2、3、5间差异不显著，肥效无差异，处理与其他处理间产量差异均达极显著水平。

表3 玉米配方施肥产量分析 (单位:kg/亩)

处理	平均产量	$\bar{X}-401.9$	$\bar{X}-429.7$	$\bar{X}-432.7$	$\bar{X}-441.9$
4	503.0	101.1**	73.3**	70.3**	61.1**
3	441.9	40.0**	12.2	9.2	
2	432.7	30.8*	3.0		
5	429.7	27.8*			
1	401.9				

3 小结

根据试验结果看，氮、磷、钾配施区比对照显著提高了玉米产量，亩增产101.1 kg，增产量为25.2%。氮、磷、钾肥的适宜配比有待进一步研究。

周口市小麦、花生施用配方肥效果试验初报

王 平 朱春霞 杨金丽 朱西琴
(周口市土壤肥料站·2001年6月)

配方肥是根据作物需肥规律、土壤供肥规律和科学施肥原理，将两种或两种以上粒径相近的含氮、磷、钾等的优质化肥经过机械掺混均匀而成的配方肥料。配方肥养分含量全面、浓度高、针对性强，具有配制工艺简便、配方调整灵活的特点，可根据当地土壤条件和作物对营养元素的需求，调整掺混基础肥的比例，配制有针对性的专用肥。由于从基础肥料上易辨真假，不易被制造商仿造，可提高信赖度；养分含量高，施用量少，使用方便、省工，且适于机械化施用；颗粒大，肥料利用率高，有利于保护环境，同时增产效果显著。配方肥的推广加速了测土配方施肥技术的推广，为农民增产、增收起到了很好的作用。为加速配方肥在周口市的推广应用，我们于1999～2000年在周口市选择4个具有代表性的试验点进行小麦施用配方肥的试验，3个有代表性的试验点进行花生施用配方肥试验。

1 小麦配方肥试验

在底施有机肥一致的情况下，进行小麦底施配方肥与常规施肥对照试验。每亩施总养分含量为53%小麦专用配方肥40 kg，对照按农民习惯施肥，每亩用碳铵50 kg加过磷酸钙50 kg、氯化钾5 kg。小麦生长期进行田间调查，冬前施用配方肥的麦田，苗期麦苗叶

色浓绿,分蘖开始早,冬前分蘖比对照区每亩平均增加 5 万;年后起身拔节期,起身拔节早,生长快,此时株高较对照提高 1.6 cm,单株分蘖增加 0.8 个;抽穗后,较对照每亩穗数平均增加 2.7 万穗;生长后期,施配方肥的小麦生长良好,不早衰;麦收后,取样进行室内考种,施配方肥的小麦单穗粒数平均比对照多2.3 个,千粒重增加1.1 g,每亩增产38 ~70 kg,平均增产 54 kg。综上所述,在小麦生产上施用配方肥较习惯施肥前期生长旺健,成熟期不早衰,而且改善产量构成因素。小麦施用配方肥方便简单、养分全面,可为小麦不同生育时期提供多种养分,满足小麦生长发育的需求。

2　花生配方肥试验

在花生施用配方肥与常规施肥对照的对比试验中,施配方肥的处理每亩施养分总含量52%的花生专用配方肥25 kg;对照区每亩施尿素10 kg、钙镁磷肥25 kg、氯化钾10 kg。花生为夏直播,每亩种 12 000 穴,每穴 2 粒,收获时取 20 株进行室内考种。据在花生生长期田间观察,施用配方肥的花生出苗快而且整齐,开花也较早,整个生育期长势稳健,后期不早衰,病害较轻。收获后室内考种,施配方肥的花生比对照增加株高 1 cm、单株有效分枝数 0.8 个、饱果数 1.5 个、百果重比对照增加 10 g。施配方肥的处理每亩平均产量为 278 kg,比对照平均产量 257 kg 增产 8.2% ,减少秕果数 1.2 个。试验表明:花生施用花生专用配方肥能明显改善花生的农艺性状,可增多有效分枝数,增加饱果数,减少秕果数,提高百果重,增产效果明显。

新乡市强筋小麦高产优质优化施肥决策研究

田　芳　江春平　王向前
(新乡市土壤肥料站 · 2002 年 6 月)

为配合新乡市大力推广优质小麦,从施肥技术上探讨提高强筋小麦的产量和品质,特进行氮、磷、钾优化施肥技术研究,在统一磷肥施用量的基础上,研究不同产量水平氮、钾不同配合施用量及施肥时期的增产效应,通过试验,以期建立新乡市强筋小麦优化施肥模型,为指导新乡市强筋小麦合理施肥提供理论依据。

1　材料与方法

供试强筋小麦品种为高优 503,试验在磷肥统一用量情况下,选用氮、钾及追肥时期三个因素为研究对象,试验采用最优回归设计,全试验共分 11 个施肥处理组合,分高产及中产两种不同产量水平设计施肥区,高产田施肥试验设在获嘉县陈位庄,试验地前茬作物为玉米,亩产 450 kg,土壤养分含量为:有机质 1.421% 、全氮 0.085% 、有效磷 25.2 mg/kg、速效钾 189 mg/kg;中产田施肥试验设在延津县小店村,前茬玉米,土壤肥力中等,土壤养分含量为:有机质 1.110% 、全氮 0.071% 、有效磷 34.4 mg/kg、速效钾 132.5

mg/kg。小区面积均为 33.35 m^2,试验因素水平编码值列于表 1。

表 1　因素水平编码

因素		水平				
		-2.106 -2.450	-0.751 -1	0 0	0.751 1	2.106 2.450
施肥期(x_1)		底施	越冬	拔节	返青	孕穗
高产	施氮量(x_2,kg/亩)	0	8.4	13.0	17.6	26.0
	施钾量(x_3,kg/亩)	0	4.7	8.0	11.3	16.0
中产	施氮量(x_2,kg/亩)	0	7.1	14.9	14.9	22.0
	施钾量(x_3,kg/亩)	0	4.7	11.3	11.3	16.0

注:1. 表中 N 肥及 K_2O 施用量 70% 作底肥,30% 作追肥。
2. 高产田施肥试验底施 P_2O_5 10 kg,中产田底施 P_2O_5 8 kg。

2　试验结果与分析

2.1　试验结果

(1)试验各小区施肥量及追肥时期处理组合与产量结果两类产量水平施肥试验的小麦产量结果分别列于表 2 及表 3。

(2)氮、钾肥施肥量及施肥时期对小麦产量影响的数学模型根据表 2、表 3 试验的产量结果分别建立,高产及中产田产量目标函数,氮、钾施用量及施肥时期施肥效应模型如下:

表 2　高产田施肥处理组合及产量结果

处理序号	施肥期(x_1)		施 N 量(x_2)		施 K_2O 量(x_3)		产量(kg/亩)
	码值	施肥期	码值	实施值(kg/亩)	码值	实施值(kg/亩)	
1	0	返青	0	13.0	-2.45	16	450.4
2	0	返青	0	13.0	2.45	0	437.8
3	-0.751	越冬	2.106	26.0	1	11.3	504.2
4	2.106	孕穗	0.751	17.6	1	11.3	468.0
5	0.751	拔节	-2.106	0	1	11.3	420.2
6	-2.106	底施	-0.751	8.4	1	11.3	440.2
7	0.751	拔节	2.106	26.0	-1	4.7	485.0
8	2.106	孕穗	-0.751	8.4	-1	4.7	425.6
9	-0.751	越冬	-2.106	0	-1	4.7	413.6
10	-2.106	底施	0.751	17.6	-1	4.7	476.8
11	0	返青	0	13.0	0	8	456.8

表 3　中产田施肥处理组合及产量结果

处理序号	施肥期(x_1)		施 N 量(x_2)		施 K_2O 量(x_3)		产量(kg/亩)
	码值	施肥期	码值	实施值(kg/亩)	码值	实施值(kg/亩)	
1	0	返青	0	11.0	-2.45	16	308.7
2	0	返青	0	11.0	2.45	0	344.0
3	-0.751	越冬	2.106	22.0	1	11.3	406.3
4	2.106	孕穗	0.751	14.9	1	11.3	375.0
5	0.751	拔节	-2.106	0	1	11.3	362.0
6	-2.106	底施	-0.751	7.1	1	11.3	339.7
7	0.751	拔节	2.106	22	-1	4.7	370.7
8	2.106	孕穗	-0.751	7.1	-1	4.7	362.0
9	-0.751	越冬	-2.106	0	-1	4.7	339.7
10	-2.106	底施	0.751	14.9	-1	4.7	333.0
11	0	返青	0	11.0	0	8	366.7

高产田

$$y = 447.74 - 2.94x_1 + 19.33x_2 + 3.86x_3 + 0.76x_1^2 + 1.58x_2^2 - 0.28x_3^2 - 1.58x_1x_2 + 2.48x_1x_3 + 0.45x_2x_3\ (R^2 = 0.9926^{**})$$

中产田

$$y = 359.62 + 6.21x_1 + 1.30x_2 - 0.44x_3 - 0.95x_1^2 - 3.59x_2^2 - 5.76x_3^2 - 3.02x_1x_2 - 2.16x_1x_3 + 3.81x_2x_3\ (R^2 = 0.9848^{**})$$

2.2　试验分析

2.2.1　模型的优化与解析

为挖掘模型中所蕴藏的信息,使之为生产服务,采用数学模拟因素取值频率分析,结合模糊综合选优及专家经验,筛选出两类产量水平氮、钾最适施用量及时期决策方案列于表4。

表 4　新乡市强筋小麦不同产量水平施肥决策方案

产量水平(kg/亩)		追肥时期	施 N 量(kg/亩)	施 K_2O 量(kg/亩)	施 P_2O_5 量(kg/亩)
≥450	码值	-0.285 6 ~ 0.003 9	1.151 8 ~ 1.306 7	0.066 9 ~ 0.335 6	10
	优化决策	越冬期—返青期	20.15 ~ 21.06	8.02 ~ 9.16	
≥350	码值	0.764 2 ~ 1.303 7	0.898 6 ~ 1.246 2	-0.406 3 ~ 0.752 0	8.0
	优化决策	拔节期—孕穗期	14.78 ~ 16.20	5.50 ~ 6.67	

注:N、K_2O 施肥量中 70% 作底肥,30% 作追肥。

由表 4 可知,亩产 450 kg 以上优化施肥决策为:在高肥力地力基础上,施纯氮总量 20.15 ~ 21.06 kg/亩,K_2O 总量 8.02 ~ 9.16 kg/亩,其中 70% 作底肥,30% 于越冬后返青前作追肥施入,另外亩施 P_2O_5 10 kg 作底肥。亩产 350 kg 以上的优化施肥决策为:施纯氮总量 14.78 ~ 16.20 kg/亩，K_2O 总量 5.50 ~ 6.67 kg/亩，其中 70% 作底肥，其余 30% 于拔节后至孕穗前追施，另外亩施 P_2O_5 8 kg 作底肥。

2.2.2 单因素效应分析

由于诸因素的取值水平已经过无量纲的变码变换，可由偏回归系数的大小判明各因素对产量影响程度的大小，直接判定结果，高产田以 N 肥(x_2) > K_2O(x_3) > 施肥期(x_1)，说明要想获得高产，增施肥料至关重要。中产田以施肥期(x_1) > 氮肥(x_2) > K_2O(x_3)，表明中产田应掌握在拔节至孕穗期追肥有利于防止后期脱肥早衰，增加粒重，获得增产。

2.2.3 氮、钾互作效应分析

对氮、钾施用量及施用期肥料效应方程，固定 x_1 于零水平分别求得两类产量水平肥力效应的二元二次回归解析子方程为：

高产田 $y = 447.74 + 19.33x_2 + 3.86x_3 + 1.58x_2^2 - 0.28x_3^2 + 0.45x_2x_3$

中产田 $y = 359.62 + 1.30x_2 - 0.44x_3 - 3.95x_2^2 - 5.76x_3^2 + 3.81$

以 x_2x_3 不同取值水平所得理论产量列于表 5。

表 5 氮、钾互作效应表

产量水平	x_2			x_3		
		−2.450	−1	0	1	2.450
高产田	−2.160	405.22	410.33	414.04	416.64	419.49
	−0.751	423.80	430.31	434.11	435.57	441.06
	0	455.51	443.60	447.74	451.32	455.51
	0.751	471.75	463.89	463.15	467.06	471.75
	2.106	481.99	490.00	495.45	499.98	505.55
中产田	−2.160	327.10	343.66	340.95	326.73	285.61
	−0.751	329.68	354.16	366.19	349.24	315.20
	0	326.09	354.30	359.62	358.48	323.94
	0.751	318.03	350.39	358.57	355.23	329.90
	2.106	306.55	333.09	346.43	348.25	330.42

从表 5 可以看出，高产田在低氮情况下，随着 K_2O 的增加，小麦产量逐渐提高，但产量增幅不大，小麦产量随 K_2O 增加而提高的回归方程为 $y = 413.144 + 2.95x$ ($r = 0.9903^{**}$)，方程表明，当 K_2O 每增加 1 个码值，等同每亩增施 K_2O 3.26 kg，仅增产小麦 2.95 kg；反之在低 K_2O 情况下增施氮肥的增产作用较大。产量随氮肥施用量增加而提高的回归方程 $y = 438.55 + 23.97x$ ($r = 0.8182$)，分析表明，施 N 量每增加 1 个码值等同增施纯 N 6.19 kg 可增产小麦 23.97 kg。氮、钾互作的产量效应以 x_2 取 2.106、x_3 取 2.450 等同亩施纯 N 26 kg、K_2O 16 kg，互作产量为 505.55 kg，协同效应达峰值。中产田在低氮情况下，随着 K_2O 的增加产量渐次提高，当 K_2O 施用量超过 0 水平，产量又趋下降；反之在低钾情况下随着氮肥施用量的增加，而产量递次下降。由此可知，在增施氮肥的同时，必须配合施用钾肥，方能显示出肥料的增产效应，氮钾互作以氮取 0 ~ 0.751 水平，K_2O 取 0 ~ 1水平，等同在亩施纯 N 11 ~ 14.9 kg、K_2O 8 ~ 11.3 kg 的情况下，互作产量达 358.48 ~ 359.62 kg，协同效应达峰值。

3　小结

（1）高产小麦在高肥力的地力基础上，亩产强筋小麦 450 kg 以上，总纯 N 施用量为 20.15～21.06 kg/亩，K_2O 8.02～9.16 kg/亩，其中70%作底肥，30%越冬后返青前作追肥施入，另外，亩施 P_2O_5 10 kg 作底肥。亩产强筋小麦 350 kg 以上，每亩应施纯 N 总量 14.78～16.2 kg，K_2O 总量 5.5～6.67 kg，70%作底肥，其余 30%于拔节后至孕穗前施入，另外亩施 P_2O_5 8 kg 作底肥。

（2）单因素效应直接判定结果，高产田以 N 肥（x_2）>K_2O（x_3）>追肥期（x_1），中产田以追肥期（x_1）>N 肥（x_2）>K_2O（x_3）。

（3）互作效应分析表明，高产田以亩施纯 N 26 kg，K_2O 16 kg，互作产量 505.55 kg，产量最高，中产田以亩施纯 N 11～14.9 kg，K_2O 8～11.3 kg，互作产量 358.48～359.62 kg/亩，协同效应达峰值。

新乡市氮磷钾不同配比对强筋小麦产量和品质的影响

田　芳

（新乡市土壤肥料站 · 2002 年 6 月）

近年来，随着生活水平的提高和食品加工业的发展，人们对小麦品质逐渐重视，高产、优质成为小麦生产发展的必然趋势。在关于栽培条件对小麦产量、品质的影响中，肥料单质元素研究的较多，氮、磷、钾不同组合配比，报道的较少，为此，本试验旨在探讨高产栽培条件下，氮、磷、钾的不同组合配比对强筋小麦产量和品质的影响。

1　材料与方法

1.1　试验材料与试验设计

本试验于 2000～2001 年在原阳县师寨镇王柳集村和延津县位邱乡前西南庄进行，延津试验点土质为沙壤土，供试土壤耕层养分：有机质 0.912%，全氮 0.058%，有效磷 22.9 mg/kg，速效钾 90 mg/kg；原阳县供试土质为河灌淤土，前茬作物为水稻，肥力均匀，排灌方便，耕层养分：有机质 1.138%，全氮 0.073%，有效磷 94 mg/kg，速效钾 136.1 mg/kg。

试验选用强筋小麦高优 503，设置 6 个处理，见表 1。

底肥在播种前一次性施入，不施有机肥以清除其中钾的影响，氮、磷、钾分别施用尿素、磷酸一铵和氯化钾。

每个处理均设 2 个重复，随机区级排列，小区面积 66.6 m^2，播期为 11 月 6 日。

1.2　试验方法

每个小区设定一个固定观察点，调查基本苗数、叶片数、株高和次生根，小麦收获时每小区实收 4 个 1 m^2 进行脱粒，晒干称重，然后折合成亩产量，并留出 3 kg 作为小麦品质化验用，同时每小区随机抽取 20 株，进行室内考种，计算出穗粒数、千粒重和角质率。

表 1　氮、磷、钾不同配比处理表

处理号	1	2	3	4	5	6
亩施底肥（kg）	50 kg 过磷酸钙 50 kg 碳铵	$N_6P_6K_6$	$N_{8.4}P_6K_6$	$N_{7.5}P_6K_{2.5}$	$N_{6.25}P_4K_2$	$N_7P_5K_{1.5}$
返青期追碳铵（kg）	25	25		25	25	25
拔节期追尿素（kg）		7.5	7.5	7.5	7.5	7.5

2　试验结果分析

2.1　氮、磷、钾不同配比对小麦籽粒品质影响

氮、磷、钾的相互作用影响作物对养分的收入，增施钾肥可提高旗叶光合速率和可溶蛋白质含量，由表 2 看出，各处理的质量指标明显高于对照。穗粒数、角质率以处理 3 为最好，说明返青期追肥对品质影响不大。千粒重以处理 2 为最高，每千粒种子比对照高 2.45 g，说明适宜的钾素能够改善小麦的籽粒品质，但并不是随着施钾水平的提高各项指标也随之提高。

表 2　氮、磷、钾不同配比对小麦籽粒品质的影响

处理号	成穗数（万穗/亩）	穗粒数（粒）	千粒重（g）	角质率（%）	黑胚率（%）
1	38.6	33.5	33.55	75.6	1
2	39.4	35.5	36.00	83.3	2
3	38.3	35.6	35.3	86.3	1
4	39.1	35.3	34.9	85.7	1
5	38.9	34.1	35.4	79.9	2
6	38.9	34.5	34.0	77.7	2

2.2　不同土质条件对小麦角质率影响

由图 1 可知，不同土壤条件对小麦角质率影响很大，反映了土壤养分含量的差异，有机质高低和土壤的物理性状不同，小麦品质也不同，沙质土壤小麦角质率明显低于河灌区，两者平均相差 18.61%，沙质土壤以处理 2、处理 3 为最高，达到 76.7%，而河灌区以处理 4 最好，角质达到 98.1%。

2.3　不同土质条件对小麦千粒重影响

由图2看出，小麦千粒重也是以河灌区为高，平均比沙质土壤高出3.7 g。沙质土壤增施钾肥，小麦千粒重显著增长，$N_6P_6K_6$的处理比对照高出3.9 g，而河灌区最高比对照高1.1 g，说明在沙质土壤补钾作用最为明显。

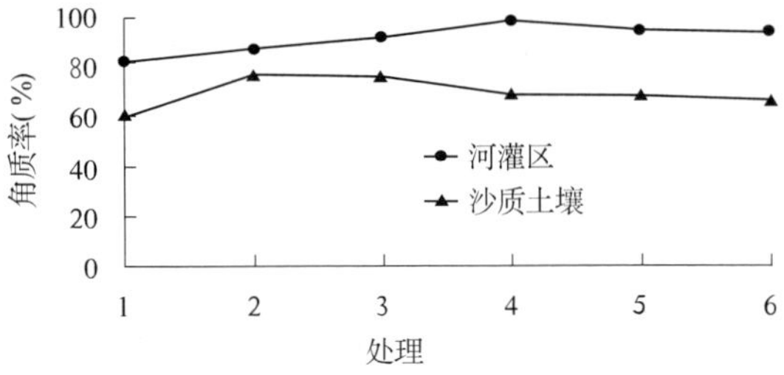

图1　小麦角质率的变化

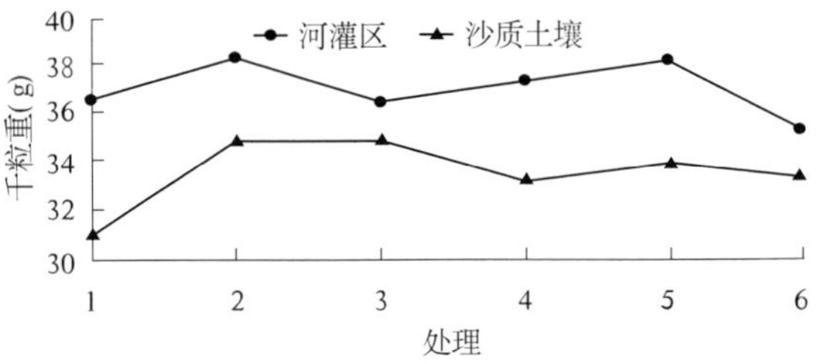

图2　小麦千粒重的变化

2.4　氮、磷、钾不同配比对小麦产量的影响

由表3看出，氮、磷、钾的不同配比，显著提高了小麦的次生根数、叶片数和单位产量，以处理2、处理3为最好，分别比对照增产55 kg/亩和39.2 kg/亩。

表3　氮、磷、钾不同配比对小麦产量的影响

处理号	次生根(条)	叶片数(片)	株高(cm)	产量(kg/亩)
1	1.3	1.1	9.6	354.1
2	2.1	1.3	10.12	409.1
3	2.1	1.6	10.02	393.3
4	1.7	1.3	10.64	392.4
5	1.5	1.2	10.30	375.3
6	1.5	1.3	10.37	367.3

3　小结

（1）氮、磷、钾的不同配比影响作物对养分的吸收，能显著提高小麦的次生根数、叶片数和单位产量，适宜的钾素能够提高小麦的籽粒品质，但各项指标并不是随着施钾水平的提高而提高。

（2）不同土质条件对小麦品质和产量有明显影响，沙质土壤的小麦角质率和千粒重明显低于河灌区。

信阳市超级杂交优质水稻最佳施肥技术研究

王　勤　余殿友　邓艳军
（信阳市土壤肥料站　信阳市农业技术推广站·2004 年 12 月）

1 试验目的

采用农业部肥料试验设计新成果“3414”试验设计，研究适合信阳市种植的超级杂交水稻最佳施肥技术模式。

2 材料与方法

2.1 试验地点、供试品种和供试土壤

试验地点设在淮滨县试验农场，供试品种为红莲优 6 号，供试土壤为潴育型水稻土。取土化验结果为：有机质 1.2%，碱解氮 91 mg/kg，有效磷（P_2O_5）10 mg/kg，速效钾（K_2O）90 mg/kg，肥力中等。

2.2 试验设计与方法

本试验为“3414”试验设计，3 因子 4 水平 14 个处理，不设重复，随机排列，小区面积为 5 m×7 m，小区间筑埂分开，中间人行道宽 0.5 m，四周设 1 m 以上保护行，实行排灌分开，严防串水串肥。

处理中 N_0、N_1、N_2、N_3 分别按每亩施纯 N 0、7 kg、14 kg、21 kg，P_0、P_1、P_2、P_3 分别按每亩施 P_2O_5 0、3 kg、6 kg、9 kg，K_0、K_1、K_2、K_3 分别按每亩施 K_2O 0、3 kg、6 kg、9 kg。氮肥为尿素，磷肥为信阳磷肥厂产钙镁磷肥，钾肥为国产氯化钾。磷、钾及 70% 氮肥作底施，30% 氮肥用于返青拔节时施用。

（1）试验移栽时打线定穴，每小区行株距 20 cm×16.7 cm，穴数相等，每小区 35 行，每行 29 穴，每小区总穴数 1 015 个。

（2）播种期 4 月 21 日，插秧期 5 月 28 日。5 月 30 日撒丁烯颗粒除草剂，6 月 9 日返青节时追施氮肥的 30%。

（3）水稻整个生育期间气候情况：从 6 月 29 日至 7 月 20 日，阴雨天多，7 月 22 日至 8 月 8 日前后，高温少雨，在抽穗高峰期 8 月 11 日至熟期，阴雨连绵。

3 试验结果与分析

（1）由表 1 可以看出，不同施肥组合对水稻生育期和抗逆性影响明显，处理 10、11、12 始穗期与其他处理相比提前 3～7 天，齐穗期也比其他处理提前 1～3 天，可以得出抽穗时间与氮、磷、钾的施肥水平有关。但就抗病虫性、倒伏情况来看，随着氮肥用量增加，抗逆性降低，随着磷、钾肥增加抗逆性增强，同时氮肥对成熟期影响较大，不施氮肥或施氮肥

表 1　不同处理对水稻生育期及抗逆性的影响

生育性状	处理 1 $N_0P_0K_0$	处理 2 $N_0P_2K_2$	处理 3 $N_1P_2K_2$	处理 4 $N_2P_0K_2$	处理 5 $N_2P_1K_2$	处理 6 $N_2P_2K_2$	处理 7 $N_2P_3K_2$	处理 8 $N_2P_2K_0$	处理 9 $N_2P_2K_1$	处理 10 $N_2P_2K_3$	处理 11 $N_3P_2K_2$	处理 12 $N_1P_1K_2$	处理 13 $N_1P_2K_1$	处理 14 $N_2P_1K_1$
始穗期（月-日）	08-08	08-08	08-08	08-10	08-08	08-12	08-10	08-08	08-08	08-05	08-05	08-05	08-06	08-12
齐穗期（月-日）	08-14	08-14	08-14	08-15	08-14	08-16	08-16	08-14	08-14	08-13	08-13	08-13	08-13	08-16
抗病性	好	较好	较好	差	差	差	一般	差	一般	一般	差	一般	一般	差
抗虫性	好	较好	一般	差	差	差	一般	差	一般	一般	差	一般	一般	差
倒伏情况	未	未	未	60%	60%	90%	95%	65%	70%	30%	95%	50%	70%	90%
成熟期（月-日）	09-18	09-18	09-18	09-23	09-23	09-24	09-24	09-24	09-24	09-23	09-23	09-24	09-24	09-24
成熟期落色	好	好	好	较好	较好	较好	较好	一般	较好	一般	较好	一般	一般	一般

表 2　不同处理对水稻分蘖率、有效穗、成穗率的影响

项目	处理 1 $N_0P_0K_0$	处理 2 $N_0P_2K_2$	处理 3 $N_1P_2K_2$	处理 4 $N_2P_0K_2$	处理 5 $N_2P_1K_2$	处理 6 $N_2P_2K_2$	处理 7 $N_2P_3K_2$	处理 8 $N_2P_2K_0$	处理 9 $N_2P_2K_1$	处理 10 $N_2P_2K_3$	处理 11 $N_3P_2K_2$	处理 12 $N_1P_1K_2$	处理 13 $N_1P_2K_1$	处理 14 $N_2P_1K_1$
分蘖率（%）	75	77	84	90	88	88.9	87.4	88.5	88.4	91.7	91.8	88.5	88.5	91
有效穗（个）	6	6.2	7	9.2	9	7.2	7.4	6.8	8	7.2	8.8	7.6	8.2	7.2
成穗率（%）	85.7	88.6	82.4	92	90	80	90.5	75.6	80.5	75.2	88	84.4	83.5	76.5

少的处理水平，成熟期比其他处理早5~6天，而且成熟落黄好。

（2）从表2可以看出，氮肥高的一般分蘖多，但成穗率并不一定高。磷、钾肥对分蘖率和成穗率有相同趋势，但影响差异不大，有待进一步观察分析。同时还可以看出，穗粒数以中等施氮配施磷肥最好，但穗实数最多和空秕率最小的是低氮量施肥处理（见表3）。

（3）从表4可以看出，随着氮、磷、钾肥增加，水稻产量有增高趋势。以磷、钾肥增加显著，而施肥量对旗叶长和穗长不成规律性。

将试验结果上微机处理，得到 $R=0.958$，$F=6.760$，$F_{0.05}=5.999$，$F_{0.01}=14.659$，$Y=527.05-35.417N+37.359P+45.976K+1.477NP+3.353NK-14.993PK+0.505N^2+3.597P^2-1.897K^2$

其中：Y 为产量，单位为kg/亩，N、P、K指亩施用量，单位为kg/亩，N指纯N，P指 P_2O_5，K指 K_2O。

最高产量：$Y_{最高}=540.7$ kg/亩，施用量为：N=12.46 kg/亩，$P_2O_5=4.30$ kg/亩，$K_2O=5.63$ kg/亩。

最佳产量：$Y_{最佳}=538.9$ kg/亩，施肥量为：N=10.8 kg/亩，$P_2O_5=4.1$ kg/亩，$K_2O=5.5$ kg/亩，N∶P_2O_5∶K_2O=1∶0.38∶0.51。

表3　不同处理对水稻产量的影响

处理	穗粒数（粒）	穗实数（个）	穗空秕率（个）	千粒重（g）	产量（kg/亩）
1 $N_0P_0K_0$	219.2	163	25.7	26.9	526.2
2 $N_0P_2K_2$	223.2	163.1	26.7	26.8	542
3 $N_1P_2K_2$	221.2	152.2	31.6	25.5	543.4
4 $N_2P_0K_2$	209.6	133.8	36.8	24.9	613
5 $N_2P_1K_2$	189	124.7	36.1	25.4	570.1
6 $N_2P_2K_2$	219.8	143.5	35.3	24.8	515.5
7 $N_2P_3K_2$	248.9	167	32.9	25.5	630.3
8 $N_2P_2K_0$	247.4	175.2	28.6	25.4	605.2
9 $N_2P_2K_1$	209.1	148.9	28.9	25.3	602.7
10 $N_2P_2K_3$	199.3	131.3	25.8	25.6	484
11 $N_3P_2K_2$	218.1	140.5	35.9	26	642.9
12 $N_1P_1K_2$	204.1	142	29.7	26	612
13 $N_1P_2K_1$	231.4	147.7	37.1	26.6	644.3
14 $N_2P_1K_1$	200.1	129.6	36.1	25	466.6

表4　不同处理的室内考种结果

处理	穴株数（株）	株高（cm）	穗长（cm）	穗茎长（cm）	旗叶长（cm）	穗粒数（粒）	实粒数（粒）	穗空秕率（%）	千粒重（g）	产量（kg/亩）
1 $N_0P_0K_0$	6	112.9	26.4	3.2	30.5	219.2	163	25.7	26.9	526.2
2 $N_0P_2K_2$	6.2	113.2	26.9	3.5	29.9	223.2	163.1	26.7	26.8	542
3 $N_1P_2K_2$	7	120.6	26.2	2	31.9	221.2	152.2	31.6	25.5	543.4
4 $N_2P_0K_2$	9.2	118.6	25.1	1.2	37.4	209.6	133.8	36.8	24.9	613

续表 4

处理	穴株数（株）	株高（cm）	穗长（cm）	穗茎长（cm）	旗叶长（cm）	穗粒数（粒）	实粒数（粒）	穗空秕率（%）	千粒重（g）	产量（kg/亩）
5 $N_2P_1K_2$	9	119.2	25.6	1.0	35.9	189	124.7	36.1	25.4	570.1
6 $N_2P_2K_2$	7.2	117.8	25.6	1.8	34.5	219.8	143.5	35.3	24.8	515.5
7 $N_2P_3K_2$	7.4	118.9	26.5	-0.26	36.9	248.9	167.0	32.9	25.5	630.3
8 $N_2P_2K_0$	6.8	121.5	25.9	0.7	37.5	247.7	175.2	28.6	25.4	605.2
9 $N_2P_2K_1$	8	117.7	24.7	2.2	34	209.1	148.9	28.9	25.3	602.7
10 $N_2P_2K_3$	7.2	121.6	24.9	1.5	34.2	199.3	131.3	25.8	25.6	484
11 $N_3P_2K_2$	8.8	120.4	25.7	1.7	38.4	218.1	140.5	35.9	26.0	642.9
12 $N_1P_1K_2$	7.6	121.8	27.2	4.3	34.1	204.1	142.0	29.7	26.0	61.2
13 $N_1P_2K_1$	8.2	121.7	26.7	2.5	35.4	231.4	147.7	37.1	26.6	644.3
14 $N_2P_1K_1$	7.2	117.1	24.1	-1.1	37.2	200.1	129.6	36.1	25.0	466.6

4　结论

在信阳市中等肥力潴育型水稻土上种植优质杂交稻红莲优 6 号，合理施用氮肥可以提高有效穗数，合理配施磷、钾肥可以提高千粒重，从而提高产量。建议在中等肥力水稻土上种植红莲优 6 号每亩施用 10.8 kg 纯氮、4.1 kg P_2O_5，5.5 kg K_2O，可以达到降低成本、增加效益的目的。

宝丰县优质小麦施用配方肥试验研究

楚胜宾[1]　楚战强[2]　张玉红[1]

（1. 宝丰县土壤肥料站　2. 宝丰县赵庄乡农技站 · 2002 年 11 月）

近年来，随着优质小麦面积的不断扩大，在宝丰县高水肥区形成了 10 万亩优质小麦生产基地。为探索优质小麦需肥规律和最佳施肥量，宝丰市土壤肥料站从 1998 年开始，对优质小麦需肥量进行了试验研究，逐渐摸清了高水肥区优质小麦需肥量，其最佳施肥量为：每亩施纯 N 8 kg、$P_2O_5$4 kg、K_2O 5 kg。现以 2001 年配方肥试验为例加以说明。

1　试验材料与方法

1.1　材料

供试小麦品种为豫麦 47，供试肥料为宝丰县测配站配制的高肥区配方肥。

1.2　处理

本试验设 4 个处理：

处理 1，配方肥(21∶8∶10)；处理 2，配方肥(21∶9∶11)；处理 3，配方肥(20∶10∶11)；处

理4,配方肥(20:10:12)。

本试验设3次重复,随机排列,10月9日播种,亩播量4 kg,小区面积67 m^2,配方肥施用量为40 kg/亩。各处理除施肥配方不同外,其余管理措施同一般优质小麦大田。

2 配方肥对优质小麦产量的影响

分析试验结果,处理2比处理1、3、4产量分别增79.0 kg、69.2 kg、60.9 kg,增产16.6%、14.2%和12.3%,方差分析表明(见表1),处理间产量差异达极显著水平,又经多重比较(见表2),处理1与其他各处理间的产量差异均达极显著水平,说明配方肥的养分配比以处理2较佳。

表1 不同处理对小麦产量的影响 (产量:kg/亩)

重复	处理1	处理2	处理3	处理4	合计
1	462.5	546.8	477.4	488.1	1 974.8
2	485.1	561.1	511.7	498.5	2 046.4
3	482.3	599.1	480.3	497.6	2 019.3
合计	1 429.9	1 667	1 459.4	1 484.2	6 050.5
平均	476.6	555.6	486.4	494.7	

注:$F=68.46^{**}$。

表2 多重比较

处理	平均	显著性比较	
		0.05	0.01
1	555.6	a	A
2	494.7	bc	BC
3	486.4	cd	CD
4	476.6	d	D

3 小结

一年试验表明,在宝丰县高水肥区优质小麦配方肥的最佳配比为21:8:10,施肥量为40 kg/亩。

灵宝市配方肥在小麦上的试验研究

郑香玲

(灵宝市土壤肥料站·2002年6月)

1 试验目的

进一步了解配方肥的增产效果,鉴定配方肥在灵宝市小麦生产上的作用和适应性及经济效益,为大面积推广提供科学依据。

2 试验处理

处理 1:空白(不施任何肥料)。

处理 2:习惯施肥(CK 对照)(N 8.5 kg/亩、$P_2O_5$6 kg/亩)。

处理 3:测土配方肥 N 11.5 kg/亩、P_2O_5 5 kg/亩、K_2O 3.5 kg/亩)。

处理 4:与配方肥等养分含量的湖北洋丰复合肥(N 7.5 kg/亩、P_2O_5 5 kg/亩、K_2O 7.5 kg/亩)。

3 试验田基本情况及田间设计

本试验在灵宝市尹庄镇涧口村 7 组卢西埂责任田,坐落南坪农科站门前,地势平坦,肥力一致,属丰水肥地,前茬作物玉米,产量 600 kg/亩,小麦参试品种为温麦 6 号,2001 年 10 月 1 日机耕,10 月 7 日播种。

小区设计长 8 m、宽 2.5 m,小区面积 20 m^2,随机区组排列,四周设有保护区,重复间设有保护行。

4 田间管理情况

2001 年 10 月 1 日机耕,10 月 7 日播种。

2002 年 3 月 2 日、4 月 27 日、5 月 14 日浇水 3 次,病虫害防治 2 次,拔草中耕 3 次,6 月 4 日收获。

5 结果与分析

田间调查与室内考种表明(见表 1 ~ 表 3):

处理 1(空白)长势最差,产量构成因素均低于对照,抽穗迟,成熟早,不整齐。比习惯施肥亩减产 60.3 kg,减产率为 21.9%。

处理 2(习惯施肥)长势差,不整齐,抗病虫抗旱能力差,产量排列第三。

处理 3(配方肥)春季长势表现良好,整齐度好,分蘖早,成熟率高,落黄好,抗病虫、抗干旱,较对照亩增产 48.6 kg,增产率为 17.6%。

处理 4(复合肥)小麦整齐度较好,抗病虫一般,比习惯施肥增产 24.5 kg,增产率 8.9%。

方差分析表明,处理间产量差异达极显著水平,又经多重比较,各处理间差异均达显著、极显著水平。说明在小麦生产上使用测土配方肥,与习惯施肥相比,显著提高小麦产量的原因可能是配方肥在提高氮肥用量的基础上配施了钾肥;与使用等养分的复合肥相比,提高产量的原因可能是氮、磷、钾肥的比例更趋于合理。

6 小结

一季试验表明,小麦施用测土配方肥较习惯施肥产量提高 17.6%,较等养分通用复合肥产量提高 8.9%,处理间差异均达显著水平。

表 1　生育期调查结果

处理	播种期	出苗期	返青期	拔节期	抽穗	开花	成熟
1	10-07	10-14	02-25	03-20	04-17	04-19	05-28
2(CK)	10-07	10-14	02-24	03-19	04-18	04-18	06-01
4	10-07	10-14	02-24	03-18	04-18	04-18	06-01
3	10-07	10-14	02-24	03-18	04-18	04-18	06-01

表 2　产量构成因素调查结果

处理	株高(cm)	亩穗数(万头)	穗粒数(粒)	千粒重(g)
1	62.1	26.3	28.2	34
2(CK)	66.9	31.3	32.5	35.1
4	67.2	32.4	34.7	35.4
3	67.3	32.5	35.9	35.4

表 3　实产调查结果

处理	重复			合计	平均亩产(kg)	比照相增减(kg)	增产率(%)	位次
	Ⅰ	Ⅱ	Ⅲ					
1	212.3	213.4	220	645.7	215.2	-60.3	-21.9	4
2(CK)	275.9	281.2	269.4	826.5	275.5	—	—	3
4	296	291.5	314.5	900	300	24.5	8.9	2
3	315.7	327.4	329.2	972	324.1	48.6	17.6	1

$F = 106.76^{**}$　　$S_y = 4$

尉氏县小麦施用配方肥肥效及效益分析

宋志平　付秀云　李　栋　靳海舟

(尉氏县土壤肥料站 · 2002 年 7 月)

配方肥是根据不同作物的需肥规律、不同土壤类型的供肥能力、不同肥料的利用率配制而成的各种养分含量的专用肥。配方肥的出现,解决了“测、配、产、供、施”脱节问题,使技术与物资融为一体,实现了技术与产品的同步推广。配方肥在尉氏县推广 5 年来,通过大量的试验、示范和积极推广,应用作物逐步增多,面积不断扩大,产量稳步提高,经济和社会效益明显,受到广大干部群众的欢迎。现将尉氏县小麦施用配方肥的肥效及效益作一介绍与分析。

1　试验材料与方法

1.1　材料

本试验于 2001 年 10 月安排在尉氏县大桥乡七里河村周丙坤的责任田内,地势平坦,土壤类型为潮土,肥力水平中等,代表面积 50 万亩,土壤养分含量为有机质 0.9%、速效氮 65 mg/kg、有效磷 9.5 mg/kg、速效钾 80 mg/kg,前茬作物为棉花,亩产籽棉 250 kg,供试小麦品种为豫麦 18，播期为 10 月 28 日，播量为每亩 12.5 kg。

1.2　方法

试验共设 3 个处理：

处理 1：习惯施肥（亩施尿素 20 kg、二铵 25 kg）。

处理 2：配方肥（含量为 N 18%、P_2O_5 10%、K_2O 8%，每亩底施 50 kg）。

处理 3：市场上销售的复合肥（含 N 20%、P_2O_5 12%、K_2O 8%，亩施 30 kg 复合肥和 10 kg 尿素）。

小区面积 24 m^2，重复 3 次，随机区组排列。

2001 年 10 月划分小区，按要求施入肥料、整地。10 月 28 日播种，播量 12 kg/亩，户主于 3 月初打除草剂一次，抽穗期、扬花期、灌浆期各治病虫 1 次，全生育期浇水 2 次。5 月 26 日田间调查，各小区成熟期表现不一致，处理 1 由于施氮肥量偏大，造成贪青晚熟，成熟期推迟，6 月 2 日成熟；处理 2 由于施肥合理，熟相好，5 月 30 日成熟；处理 3 于 5 月 31 日成熟。各小区收获取样时间为 6 月 1 日，各小区单打单收计产，随机抽取 20 株作室内考种用。

2　试验结果与分析

2.1　施用配方肥对小麦产量构成因素的影响

由表 1 可看，施配方肥的处理除有效穗数低于施复合肥的处理，穗粒数、千粒重、产量均居第一位。从成熟期来看，施配方肥的处理小麦长势长相好，成熟落黄好。因此，合理的施肥促进了小麦的健壮生长。

表 1　试验考种与调查记载

处理	重复	有效穗数（万头/亩）	穗粒数（粒）	千粒重（g）	小区产量（kg/24 m^2）	折亩产（kg）	比配方肥增产（kg/亩）	成熟期
1	Ⅰ	26.5	25.9	49.2	11.43	317.5		6 月 2 日
	Ⅱ	26.8	25.7	49.6	11.06	307.2		
	Ⅲ	26.2	26.0	48.0	11.08	307.8		
	平均	26.5	25.9	48.93	11.19	310.8	-44.22	
2	Ⅰ	29.3	27.7	50.7	13.41	372.5		5 月 31 日
	Ⅱ	30.1	25.6	51.0	12.96	360.0		
	Ⅲ	31.6	26.9	45.3	11.97	332.5		
	平均	30.3	26.8	49.0	12.78	355.0		
3	Ⅰ	31.0	26.7	48.0	12.60	350.0		5 月 31 日
	Ⅱ	30.2	27.4	47.2	12.14	337.2		
	Ⅲ	31.6	25.7	49.8	12.79	355.3		
	平均	30.9	26.6	48.33	12.51	347.5	-36.7	

2.2 施用配方肥对小麦产量的影响

分析各处理小麦产量结果(见表2):方差分析表明,处理间产量差异达显著水平,又经 PLSD 多重比较(见表3),处理3和处理2之间的差异不显著,处理3、处理2与处理1之间差异达显著水平,说明无论是施用配方肥,还是施用复合肥加尿素,均较习惯施肥提高小麦产量,且肥效一致。

表2 各施肥处理小区产量结果统计 (单位:kg/24 m^2)

处理	重复			合计	平均
	Ⅰ	Ⅱ	Ⅲ		
1	11.43	11.06	11.08	33.57	11.19
2	13.41	12.96	11.97	38.34	12.78
3	12.6	12.14	12.79	37.53	12.51
合计	37.44	36.16	35.84	109.44	

$F = 9.47^{*}$

表3 多重比较

处理	小区平均值(kg)	差异显著性	
		0.05	0.01
2	12.78	a	A
3	12.51	a	A
1	11.19	b	A

2.3 效益分析

成本折算:

处理1:常规施肥,投资:尿素 20 kg×1.2 元/kg=24 元,二铵 25 kg×1.8 元/kg=45 元,共69元。

处理2:当地生产配方肥,投资50元。

处理3:市场销售复合肥,投资:复合肥30 kg×1.44 元/kg=43.2 元,尿素 10 kg×1.2 元/kg=12 元,共55.2 元。小麦价格按1元/kg。

由表4可知,施用配方肥的处理投资最少,产量最高,因此经济效益也最高。施用复合肥的处理投资第二,其产量、经济效益均居第二,而常规施肥处理由于氮肥量偏大,施肥不合理,造成肥料投入成本大,小麦产量低,其经济效益也最低。

表4 各施肥处理效益分析

处理	肥料成本(元/亩)	亩产量(kg)	每亩效益(元)	纯收入(元)
1 常规施肥	69	310.8	310.8	241.8
2 配方肥	50	355	355	305
3 复合肥	55.2	347.5	347.5	292.3

3　结论

通过以上的分析可以看出,在小麦上施用配方肥针对性强,效果好。能促进小麦的稳健生长,增加小麦的穗粒数、千粒重,显著提高小麦的产量,在增加产量同时,其肥料投资成本也最低,每亩可获得 305 元的纯收益。

孟津县小麦施用配方肥试验研究

李玛瑙　李海军　宁红军　马继红　秦传锋　陈全虎

(孟津县土壤肥料站 · 2003 年 7 月)

为了促进测土配方施肥技术推广,探讨配方肥在小麦生产上的增产机理和进一步完善改进配方,使配方肥在农业生产中发挥更大的作用,2002 年安排试验 3 个,分布在孟津西部煤窑、中部送庄、东部平乐,现将试验情况总结如下。

1　试验地的选择与安排

试验地选择在交通便利、地势平均、肥力均匀,具有代表性,能够代表当地肥力水平的地块,施肥量的选择和当地施肥水平基本保持一致,试验设两个处理:配方区和习惯区,小区面积 0.5 亩,2 次重复,随机排列。

2　试验结果与分析

2.1　配方肥对小麦生育性状的影响

从春季苗情调查结果看,使用配方肥的麦田,受冻害较轻,送庄镇朱寨村选用豫麦 18,弱春性品种,由于冬前气温偏高,春季出现几天气温突降,小麦出现严重冻害,但使用配方肥的麦田,冻害较轻。

从冬季苗情调查结果看(见表 1),施用配方肥的麦田,较习惯施肥麦田麦苗长势好,大分蘖增加 1 ~ 2 个,次生根多 2 ~ 3 条,说明施用配方肥较习惯施肥能够更好地促进小麦的生长发育。

后期,天气比较干旱,大部分麦田出现不同程度的青干现象,可是使用配方肥的麦田,后期成色好,籽粒饱满,无青干现象。

2.2　施配方肥对小麦产量的影响

从测产结果看(见表 2),在小麦生产上施用配方肥较习惯施肥提高小麦产量 7% ~ 16%,其中:煤窑旱薄地增产效果最显著,平均增产 14%,送庄旱地肥力水平中等,增产 11%,平乐水浇地肥力水平中上等,增产 7%,说明施用氮、磷、钾配比较为合理的配方肥较习惯施肥可提高小麦产量。

表 1 冬季苗情调查结果

地点	处理	基本苗（万头）	冬前群体（万头）	最大分蘖（个）	次生根（条）	播期（月-日）
煤窑	配方肥 25 kg	15.3	67	8	8.9	10-07
	碳铵 50 kg 二铵 7.5 kg	16.3	69.8	6	7	10-07
	配方肥 25 kg	16	57.3	4	6.9	10-03
	尿素 10 kg 二铵 12.5 kg	16	68	4	5.5	10-03
送庄	配方肥 30 kg	15.8	62	6	8.8	10-05
	碳铵 60 kg 磷肥 40 kg	16	61.5	5	6	10-05
平乐	配方肥 40 kg	12.6	69	11	19	10-01
	硝酸碳肥 40 kg	14	69	9	15	10-01

表 2 不同处理小麦产量及构成因素调查结果

地点	处理	产量（kg/亩）	增产率（%）
煤窑	配方肥 25 kg	343.6	16
	碳铵 50 kg、二铵 7.5 kg	285.3	
	配方肥 25 kg	358.2	13
	尿素 10 kg、二铵 12.5 kg	311.2	
送庄	配方肥 30 kg	331.6	11
	碳铵 50 kg、磷肥 40 kg	294.1	
平乐	配方肥 40 kg	517.6	7
	山西硝酸磷 40 kg	480	

3 结论

使用配方肥不仅方便，省时省力，而且节本增效，增产效果显著，适合在当地大力推广使用，生产使用配方肥，是推广平衡施肥技术的必要手段，是粮食增产的必要措施。

灵宝市小麦施用配方肥试验研究

郑香玲[1]　张社云[2]　杨艳平[2]
(1. 灵宝市土壤肥料站　2. 灵宝市城关镇农技站 · 2003 年 7 月)

1　试验目的

试验观察小麦专用配方肥在灵宝市城关镇小麦栽培中的增产效果和适应性能,以及与空白、习惯施肥后的增产辐度对比,为进一步推广测土配方施肥技术提供可靠依据。

2　试验处理

处理 1:每亩底施 2.5 m^3 鸡粪。

处理 2:每亩底施 2.5 m^3 鸡粪和 30% 含量配方肥 40 kg。

处理 3(CK):每亩底施 2.5 m^3 鸡粪和 30% 含量"鲁宝"牌复合肥 50 kg。

处理 4:每亩底施 2.5 m^3 鸡粪和 40% 含量配方肥 40 kg。

3　试验安排及田间管理情况

试验安排在北田村一组张转牢责任田,地势平坦,土壤肥力水平一致,深翻,机播,底墒一般。2002 年 10 月 8 日播种,品种温 6 优系,播量 5.5 kg/亩。4 个处理,1 次重复。每个小区面积 0.1 亩。12 月中旬、2 月中旬各浇水一次,浇水后分别中耕一次,4 月下旬拔草一次,2005 年 6 月 6 日收获。

4　试验结果

田间调查和室内考种结果看(见表 1 ~ 表 3),在同等条件下,4 个处理中,从处理 1→处理 2→处理 3→处理 4,亩穗数、穗粒数、千粒重、单产依次增加,结论如下:

(1)处理 4:小麦单产 467.1 kg/亩,居第一位。产量结构合理,田间表现茎秆粗壮,穗大籽饱,生长整齐,抗性好,熟相好。

(2)处理 2:小麦单产 447.5 kg/亩,居第二位。产量结构和长势长相也比较好。

(3)处理 3:小麦单产 373.1 kg/亩,居第三位。产量一般,结构不太合理,亩穗数、穗粒数偏低,长势也较弱。

(4)处理 1:小麦单产 303.3 kg/亩,居第四位。产量结构不合理,亩穗数和穗粒数都很低,田间表现生长不整齐,生长势弱,抗性差。

综上所述,小麦专用配方肥试验增产效果明显,适应性强,可大面积推广。

表 1　小麦配方肥试验越冬期苗情调查

处理	单株分蘖(个)	比 CK ±	单株次生根(条)	比 CK ±	叶令	比 CK ±
1	3.3	-0.9	5.1	-0.4	4.1	-0.5
2	4.8	+0.6	6.5	+1.0	5.2	+0.6
3(CK)	4.2	—	5.5	—	4.6	—
4	6.3	+2.1	6.8	1.3	5.8	+1.2

表 2　小麦配方肥试验拔节期苗情调查

处理	单株分蘖(个)	比 CK ±	单株次生根(条)	比 CK ±	叶令	比 CK ±
1	3.8	-1.0	6.8	-0.8	5.6	-1.2
2	5.2	+0.4	8.1	+0.5	7.1	+0.3
3(CK)	4.8	—	7.6	—	6.8	—
4	6.6	+1.8	9.8	+2.2	7.3	+0.5

表 3　灵宝市城关镇小麦施用配方肥肥效试验产量结构

处理	亩穗数(万头)	比 CK ±	穗粒数(粒)	比 CK ±	千粒重(g)	比 CK ±	单产(kg/亩)	比 CK ±	比 CK ±(%)	位次
1	29.6	-3.9	29.4	-1.6	41	-1	303.3	-69.8	-18.7	4
2	35.8	+2.3	34.2	+3.2	43	+1	447.5	+74.4	+19.9	2
3(CK)	33.5	—	31	—	42	—	373.1	—	—	3
4	36.1	+2.6	34.6	+3.6	44	+2	467.1	+94	+25.2	1

项城市小麦施用配方肥效果浅析

杨社民　董艳梅　任俊美　栾小钢
(项城市土壤肥料站 · 2001 年 8 月)

本试验以项城市土肥站配制的“沃力”牌高效多元配方肥为主。该肥是项城市土肥站根据土壤养分状况、小麦需肥规律、施用技术要求等，在省土肥站指导下设计配方，将几种优质基础肥料通过机械掺混而成的一种新型复混肥料。该肥料养分齐全，配比合理，肥效高、稳，配方灵活，物理性状好，施用方便，价格低廉，是适合当前广大农村应用的一种高科技肥料。

2000 年麦播期间，在项城市郑郭、城郊、南顿、三店、官会等 10 余个乡(镇)的 50 多个行政村进行推广施用，据对13个农户施配方肥情况进行调查和测产，配方肥较常规施肥亩穗数增加0.46万头，穗粒数增加2.13粒，千粒重提高1.82 g，产量增加54 kg/亩，增产率13%。并表现出如下特点：

（1）养分齐全，可满足作物对各种养分的需要。配方肥中不但有氮、磷、钾，还有锌、硼、铁等中微量元素，能满足小麦对各种养分的需要。

（2）养分配比合理。配方肥是根据当地土壤养分状况、小麦需肥规律，按作物缺啥补啥、缺多少补多少的原则配制的，各种养分供应均衡，不因某种养分过剩而旺长倒伏，也不会因某种养分缺乏引起生理性病害而减产。

（3）速效缓效搭配，养分持续供应。在配肥时我们把速效肥料、缓效肥料合理搭配，养分能均衡供应，因而作物前期不旺长，后期不早衰，成熟落黄好，生长稳健，产量提高。

（4）能维护土壤良好的生态环境。配方肥是常量与中、微量元素复混，可以平衡养分协调供应，有效弥补盲目施肥的缺陷，并使土壤养分向有益的方向发展，维护良好的土壤环境，减少化肥污染，促进农业的可持续发展。

（5）养分含量高，使用方便。配方肥中氮、磷、钾总含量达45%以上，一亩一袋即可满足作物需要，不需再加其他肥料，使用非常方便。

由于配方肥优点突出，增产显著，因而配方肥是施肥技术的一项重大改革，是新世纪农业用肥的发展方向，各级农技推广部门应采取得力措施，尽快推广普及。

（原载2001年《土肥协作网信息》第17期）

获嘉县"沃力"牌配方肥施用效果试验研究

韩秀英　王　平　郭永祥

（获嘉县土壤肥料站·2002年4月）

为提高农民施用配方肥的自觉性，促进获嘉县农业的发展，县土肥站2001年分别在中和、亢村、黄堤等乡镇布置了多点次的配方肥试验示范，现将试验示范情况总结如下。

1　材料与方法

水稻试验示范区设在亢村镇郭堤村、黄堤镇安仪村和徐营镇东浮庄，面积分别为20亩、10亩、15亩。试验示范区的各农户一半地施用配方肥，另一半地按习惯施肥（二铵与碳铵配合）。

玉米试验示范区设在位庄乡陈位庄、石佛和中和镇羊二庄，面积分别为10亩、15亩、50亩。玉米追肥时，试验示范区的各农户一半地施用配方肥，一半地按习惯施肥（硝酸磷或碳铵）。

小麦试验示范区设在中和镇羊二庄、冯庄镇冯庄和位庄乡石佛村，面积分别为50亩、30亩、15亩。羊二庄和石佛两点在麦播时，试验示范区的各农户一半地施用配方肥作基肥,另一半地按习惯施肥(硝酸磷或二铵加碳铵作基肥);冯庄为稻茬撒播麦,年前追肥时试验示范区的各农户一半地用配方肥,另一半地追硝酸磷或二铵加碳铵。

播前对各点试验示范地块的耕层土壤进行取土化验,测试结果见表1。

表1 试验示范养分状况

地点	有机质(%)	有效磷(mg/kg)	速效钾(mg/kg)
郭堤	1.19	46.1	77.7
安仪	1.38	25.2	140.3
东浮庄	0.88	71.0	87.7
陈位庄	1.42	25.2	189.1
石佛	1.45	40.1	361.4
羊二庄	1.42	27.5	122.7
冯庄	1.41	34.9	119.8

所用配方肥均为获嘉县农技中心土壤肥料测配部配制的“沃力”牌配方肥,供试作物品种为本县主推品种。

2 结果与结论

2.1 水稻施用效果

生育期间观察,施用配方肥的地块水稻植株生长健壮,抗倒、抗病虫害能力增强,尤其是抗青枯病。成熟期取样调查,结果表明:亩穗数、穗粒数、千粒重分别较对照增加1.8万头、1.5粒、0.42 g,亩增产稻谷61.5 kg,增产率为11.1%,亩增效61.5元(稻谷价格按1.00元/kg计)。

2.2 玉米施用效果

生育期间观察,玉米施用配方肥,大小斑病较轻,抗倒能力强。成熟期取样考种,结果表明,株高下降4 cm,穗位降低5 cm。穗粒数、百粒重增加40.7粒和0.75 g。亩增产42.1 kg,增产率8.3%,亩增效44.6元(玉米价格按1.06元/kg计)。

2.3 小麦施用效果

2001~2002年度小麦施用配方肥后,目前植株健壮,干尖、黄叶少,返青期大分蘖较对照多2~3个,次生根较对照多3~5条。

3 小结

水稻、玉米、小麦施用“沃力”牌配方肥,抗倒、抗病能力增强,增产效果显著。

孟津县玉米、红薯施用配方肥试验示范

李玛瑙　秦传锋　宁红军　马继红　李海军　陈全虎
（孟津县土壤肥料站 · 2002 年 11 月）

为了促进测土配方施肥技术推广顺利开展，我们在连续多年测土化验的基础上，认真做好配方肥在红薯、玉米上的试验、示范，然后运用于大田生产，取得了显著成效。

1　配方肥在红薯上试验、示范、推广

1.1　试验

不同作物有不同的需肥特点，从氮、磷、钾三元素对红薯的需要量来看，以钾肥最大，氮和磷次之。但农户习惯偏施氮肥和磷肥，不重视钾肥，随着人们对红薯优质、高产、高效的需求，原有的施肥模式不能满足当前需要。为了探索红薯最佳的施肥模式，选择最佳配方，为配方肥配制提供依据，特安排本试验。

1.1.1　试验地点

本试验安排连续进行 3 年，每年 2 个点，即孟津县红薯专业村朝阳镇北陈村和城关镇贾呼沱村，第一年每个试验区 6 个处理，3 次重复，小区面积 60 m^2，随机排列，各处理管理措施与当地相同。

1.1.2　试验方案与设计

朝阳镇北陈村试验点（单位：kg/亩）

处理 1：N 14　P_2O_5 10

处理 2：N 10　P_2O_5 14

处理 3：N 14　P_2O_5 10　K_2O 6

处理 4：N 10　P_2O_5 14　K_2O 11

处理 5：N 14　P_2O_5 10　K_2O 11

处理 6：N 10　P_2O_5 14　K_2O 6

城关镇贾呼沱村试验点（单位：kg/亩）

处理 1：P_2O_5 10

处理 2：N 14　P_2O_5 10

处理 3：N 14　P_2O_5 10　K_2O 6

处理 4：N 14　P_2O_5 10　K_2O 11

处理 5：N 10　P_2O_5 14　K_2O 6

处理 6：N 10　P_2O_5 14　K_2O 11

1.1.3　测产结果

测产结果见表 1、表 2。

1.1.4　结果分析

从表 1 可以看出：处理 4 产量水平最高。

（1）处理 1 比处理 2 增产 70.5 kg/亩，增产率 4.2%。

（2）处理 4 比处理 2 增产 150 kg/亩，增产率 8.5%。

（3）处理 5 比处理 3 增产 67.5 kg/亩，处理 4 比处理 6 增产 135 kg/亩，说明氮、磷不变的情况下，加大钾肥量有增产作用。

表 1　朝阳镇北陈村试验点测产结果(3 000 株/亩)

处理	每株产量(kg)				平均产量(kg/亩)
	重复 1	重复 2	重复 3	平均	
1	5.25	6	6.25	5.83	1 750.5
2	6	5.5	5.25	5.58	1 680
3	5.75	5.25	5.25	5.42	1 620
4	6.5	6.25	5.5	6.08	1 830
5	5.5	5.75	5.63	5.63	1 687.5
6	5.5	5	6.5	5.67	1 695

表 2　城关镇贾呼沱村试验点测产结果(3 755 株/亩)

处理	每株产量(kg)				平均产量(kg/亩)
	重复 1	重复 2	重复 3	平均	
1	7	8	6.9	6.95	2 609.8
2	7	7.2	6.9	7.05	2 647.3
3	7.25	5.95	6.8	7.65	2 497.1
4	7.4	7.3	7.25	7.3	2 741.2
5	6.9	7.4	7.55	7.35	2 760.0
6	6.95	7.4	8.5	7.6	2 853.8

(4)处理 4 比处理 5 增产 142.5 kg/亩,处理 6 比处理 3 增产 76 kg/亩,说明钾肥量不变的情况下,氮肥量低产量高。

从表 2 可以看出:处理 6 产量水平最高。

(1)处理 2 比处理 1 增产 37.5 kg/亩,说明氮、磷配合较单施磷肥增产。

(2)处理 4 比处理 3 增产 244.1 kg/亩,处理 6 比处理 5 增产 93.8 kg/亩,说明在氮、磷不变的基础上,增大钾肥施用量有增产作用。

(3)处理 5 比处理 3 增产 262.9 kg/亩,处理 6 比处理 4 增产 112.6 kg/亩,说明钾不变的情况下,氮低磷高增产。

1.1.5　结论

(1)红薯施肥,氮、磷、钾配合施用较单施磷或氮、磷配合都有不同程度的增产作用。

(2)氮、磷配合较单施磷有增产作用。

(3)氮、磷、钾配合比以 N10、$P_2O_5$14、K_2O 11 效果最佳。

(4)红薯施肥总的原则应是:减氮、稳磷、增钾。

1.2　示范、推广

从试验结果看,氮、磷、钾配合施用是提高红薯优质、高产、节本增效的最佳施肥模式,经过 3 年的试验、示范,共推广含量为 35% 红薯配方肥 1 250 t,面积 5 万亩,亩用量中低产田 15 ~ 20 kg，高产田 25 ~ 30 kg，底施、追施均可，亩平均增收 150 元，创经济效益 750 万元。

2　配方肥在玉米上试验、示范、推广

2.1　试验

玉米是一种高产作物，吸肥力很强，对氮、磷、钾三要素的需要量大，习惯施肥是只追氮肥，不施磷、钾肥，磷、钾肥靠利用前茬作物的后效，但随着玉米产量的提高，磷、钾肥需要量相应增加，习惯施肥已不能满足玉米高产优质的需要，投资不增收的现象普遍存在，为探讨玉米最佳施肥模式，选择最佳配方，我们特安排本试验。

2.1.1　试验地点

安排在白合镇沟口村 500 亩配方施肥示范区内周丙坤家责任田里，小区面积 20 m^2，试验地地势平坦，排灌方便，各处理管理措施相同。

2.1.2　试验方案与设计

采土化验结果，有机质 1.0%，碱解氮 70 mg/kg，有效磷 12 mg/kg，速效钾 100 mg/kg。

试验方案共设 4 个处理，3 次重复，随机排列。

处理 1：尿素 25 kg/亩。

处理 2：尿素 25 kg/亩 + 颗粒过磷酸钙 29 kg/亩。

处理 3：尿素 25 kg/亩 + 颗粒过磷酸钙 29 kg/亩 + 氯化钾 4.15 kg/亩。

处理 4：尿素 25 kg/亩 + 颗粒过磷酸钙 29 kg/亩 + 氯化钾 4.15 kg/亩 + 硫酸锌 1 kg/亩（底施）。

2.1.3　测产结果

测产结果为 3 次重复平均值（见表 3）。

表 3　测产结果

处理	穗长（cm）	穗行	穗粒数（粒）	百粒重（g）	单株亩产（kg）	产量（kg/亩）
1	14.4	16.8	542.1	33.1	0.178	502.3
2	16.4	17.7	611.6	33.0	0.2	565.1
3	16.7	17.2	629.6	34.9	0.205	615.2
4	16.5	16.6	585	32.2	0.185	529.2

2.1.4　结果分析

从表 3 中可以看出，处理 1 产量水平最低，处理 3 最高，处理 2 较处理 1 增产 62.8 kg，增产率 12.5%，处理 3 较处理 1 增产 112.9 kg，增产率 22.5%，处理 3 较处理 2 增产 50.1 kg，增产率 8.87%，处理 4 较处理 1 增产，较处理 2、处理 3 均下降。

2.1.5　结论

（1）氮、磷配合较仅施尿素多投入 11.6 元，增产 62.8 kg，产投比为 4.3。

（2）氮、磷、钾配合较仅施尿素多投入 17 元，增产 112.9 kg，增资 90.32 元，产投比为 5.3。

(3)氮、磷、钾配合较氮、磷配合多投入5.4元,增产50.1 kg,增资40元,产投比为7.4。

(4)氮磷钾+硫酸锌减产,与预期结果不相符。第二年试验改为在玉米苗期及拔节期进行0.1%硫酸锌液喷施,较氮、磷、钾配合不喷施硫酸钾效果明显。

2.2 示范、推广

从试验结果看,玉米施肥应从单施氮肥向氮、磷、钾配合转变,氮、磷、钾配合是提高玉米产量的最佳施肥选择,近几年我们在试验、示范的基础上,研究出了一套最佳施肥模式,此模式为:

(1)氮、磷、钾配合施足底肥。施肥技术对玉米产量影响很大,增施肥料和改进施肥技术,在玉米增产中起到25%~30%的作用,尤其玉米拔节后生长速度加快,对水肥十分敏感,施肥得当可收到事半功倍的效果。高产玉米施肥底肥应每亩施尿素10 kg(折碳铵30 kg),颗粒磷肥30 kg,氯化钾5 kg,苗期穴施或犁地时随犁沟条施。在拔节期中产田,每亩追施尿素10 kg或碳铵30 kg;对于高产田采用二次追肥法,拔节期每亩追施尿素10 kg或碳铵30 kg,灌浆期每亩追施尿素5 kg,促进灌浆,达到穗大粒饱的作用。

(2)增施锌肥。玉米为喜锌作物,目前,根据河南省土壤检测情况,河南省大部分地区土壤缺锌,在玉米四叶期和九叶期结合治虫每亩喷硫酸锌50 g/次,浓度0.1%,每次喷施每亩只需投资0.5元,每亩却可增收100元。

此技术实施后,使玉米的产量有了明显提高,高产田产量水平可达500~600 kg/亩,每亩可降低投资30元,亩平均增收110元。

汝州市花生配方施肥的增产效果及经济分析

潘占社

(汝州市土壤肥料站·2002年11月)

1 目的

为探索测土配方施肥对花生生长发育和产量的影响,为配方肥在花生生产上大面积推广应用和最佳配方确定提供理论依据。

2 材料与方法

2001~2002年连续两年试验安排在汝州市尚庄乡郭拐里村,供试土壤为潮土,质地中壤,pH值7.6,有效N 81.6 mg/kg,P_2O_5 11.8 mg/kg,K_2O 92.5 mg/kg。试验以当地习惯施肥作对照,比较氮、磷、钾不同施用比例的增产与收益情况。小区面积3 m×4 m=12 m^2,重复3次,随机区组排列。试验品种为豫花7号,播期6月8日,密度144穴/小区。

试验设不同配方比例4个处理(见表1),试验钾肥选用氯化钾(含K_2O 60%),氮肥选用尿素(含N 46%),磷肥选用磷酸一铵(含N 10%,P_2O_5 45%),施肥方法60%底施,

40% 花生初花期追施。其他田间管理(浇水、中耕等)按当地习惯进行。收获时小区单独计产,并在每小区取 10 株考察主要经济性状。

表 1　试验方案

处理	施肥量(kg/亩)		
	N	P_2O_5	K_2O
1(R)	16	1	0
2	16	3	1
3	16	4	2
4	16	5	3

3　经济效益分析

由表 2 可知,处理 3 花生荚果产量最高(281.1 kg/亩),肥料配比为 16 - 4 - 2,比当地习惯施肥增产 27.0% 。处理 1 与处理 2、处理 3、处理 4 花生荚果产量差异达显著水平,处理 2 与处理 3、处理 3 与处理 4 花生荚果产量差异达显著水平,说明不同配比之间花生荚果增产差异明显,且处理 3 增产效果最佳。从经济效益分析结果看,最大利润的获得与最高产的处理是一致的,即处理 3(16 - 4 - 2)产值为 703 元,利润 643 元,比习惯施肥增加 27.0% ,增产 59.7 kg/亩。

表 2　试验处理花生荚果产量与经济效益分析

处理	荚果产量(kg/亩)	增产		产值(元/亩)	成本(元/亩)	利润(元/亩)	产投比
		kg	%				
1	221.4	—	—	554	48	506	12
2	261.9	40.5	18.3	655	56	599	12
3	281.1	59.7	27	703	60	643	12
4	265.3	43.9	19.8	663	65	598	10

注:1. N、P_2O_5、K_2O、花生荚果的价格分别为 2.0 元/kg、2.9 元/kg、2.0 元/kg、2.5 元/kg。

2. 以上数据为两年试验结果的平均值。

4　配方施肥对花生主要经济性状的影响

施用氮、磷、钾配方肥对花生的生长发育影响非常明显,收获前对花生主要经济性状的调查表明(见表 3),配方施肥能明显增加单株分枝数和单株根瘤数,每穴平均果数中饱果数增加,秕果数减少。花生配方施肥还有延长侧枝的作用,处理 3 较对照侧枝增长 5.2 cm。此外,单株结果数和单株根瘤数,处理 3 比对照分别高出 2.0 个和 13.3 个,表明配方施肥效果理想。

从经济性状分析,花生的百果重、出仁率都有增加,处理 3 比对照分别增加 8.5 g 和 4 个百分点。

表 3　配方施肥对花生主要经济性状的影响

处理	主茎高（cm）	侧枝长（cm）	单株分枝（个）	单株结果（个）	百果重（g）	单株根瘤（个）	500 g 果数（个）	出仁率（%）
1	44.0	46.6	10.5	6.4	152.8	18.9	359	68
2	45.9	53.1	12.3	8.0	154.1	28.0	320	71
3	45.1	51.8	11.5	8.4	161.3	32.2	315	72
4	46.2	51.1	10.9	8.5	162.0	30.9	310	73

注：以上数据为两年试验结果的平均值。

5　小结

在相同的条件下，施用配方肥（亩施 N 16 kg、P_2O_5 4 kg、K_2O 2 kg），增产幅度大，经济性状好。因此，花生生产中，在重施有机肥的基础上，应重点推广最新的测土配方施肥技术，以期达到高产、高效、优质、安全、生态的目的。

桐柏县花生使用配方肥试验示范效果研究

许世杰　李本银
（桐柏县土壤肥料站 · 2002 年 12 月）

桐柏县是我国优质花生的主要产区之一，年种植面积在 30 万亩以上，是农民经济收入的主要来源。多年来，由于施肥技术落后，施肥结构不合理，花生产量一直低而不稳，每亩产量徘徊在 180 kg 左右，在很大程度上制约了农民收入的进一步提高。

2002 年，桐柏县土壤肥料站组建了土壤肥料测配中心，通过组织科技人员深入调查和土壤检测，发现群众在施肥上存在着很大的盲目性。由于长期施用单一氮肥和劣质磷肥等不良的施肥习惯，造成土壤供肥不平衡，表现出氮的含量基本稳定，磷的含量高低不均，钾的含量严重不足，特别是硼、钼等花生比较敏感的微量元素严重缺乏，形成了对土壤的掠夺性经营，不但产量不高，而且品质也越来越差。针对这一情况，桐柏县土壤肥料站在测土化验的基础上，根据主导品种的需肥规律，研究配制了花生配方肥 500 t，分别在毛集、黄岗等 3 乡（镇）花生重点产区岗丘沙壤地开展试验、示范 2 万亩。其中试验区面积 15 亩，土壤为潮土，设 4 个小区，每小区面积 3.75 亩，3 次重复 1 个对照。品种为“鲁花 3 号”，播期为 4 月 20 日，播量每亩 11 kg，试验区每亩施含量为 35% 的配方肥 40 kg，对照区按群众习惯每亩施碳铵 50 kg，钙镁磷肥 40 kg，收获期为 9 月 5 日。

通过对试验区花生各生育阶段的观察，施用配方肥区比对照叶色稍淡，呈黄绿色，分枝平，节间短，花早花多，结果集中，果型大小一致，百果重平均增加 21.7 g，平均增产 33.18%，出仁率提高 5.6%（见表 1）。同时表现出耐旱抗倒伏，适应性强，前期高抗花生青枯病，中后期叶斑病发生不明显，比对照区表现出明显的高产、稳产的长势长相。

表 1　试验区与对照区花生经济性状对比

重复	株高(cm)	荚果数(株)	果仁率(%)	饱果率(%)	百果重(g)	死棵率(%)	产量(kg/亩)
Ⅰ	35	22	85.2	76	210	3.7	1 282.5
Ⅱ	34.8	22.4	83.6	74.8	208	2.6	1 243
Ⅲ	35.4	23.1	81.9	76.3	211.2	4.1	1 260
CK	38.3	18.5	73	69	188	28.4	947.5

示范区 2 万亩，平均每亩产量 288 kg，比常规施肥区平均每亩产量 193 kg 增产 95 kg，扣除每亩多投入的 15 元，增收 270 元，总增收 538 万元。这一结果为今后推广配方肥打下了良好的群众基础，也为下一步研制配方肥料积累了经验，同时也为领导决策宣传配方肥提供了科学依据。

宝丰县辣椒配方施肥研究

楚胜宾[1]　张玉红[1]　庞榜义[2]　楚战强[2]

（1. 宝丰县土壤肥料站　2. 宝丰县赵庄乡农技站 · 2001 年 3 月）

宝丰县种植辣椒有三四百年的历史。近几年来，随着市场对辣椒需求量的增加，种植面积不断扩大，逐渐形成了以赵庄乡为中心，向四周辐射的辣椒生产基地。为探索辣椒高产栽培模式和需肥规律，于 1996～2000 年对辣椒的合理施肥进行了研究。

通过 5 年的连续试验，在传统种植模式及施肥方法与施肥量上，进行了一些改革：一是改过去麦收后定植为 5 月中下旬麦垄套种，麦收后及时提沟封根；二是改过去 80 cm × 80 cm 等行距栽培为 80 cm × 100 cm 宽、窄栽培；三是改过去大畦育苗为营养钵育苗，苗床土用五氯硝基苯和代森锰锌合剂严格消毒，避免苗床病虫害发生；四是改过去 50% 化肥底施为 20% 底施，采收盛期每大采一次，追施 20%。

1　试验材料与方法

1.1　试验材料

供试辣椒品种为“湘研 10 号”，供试肥料为宝丰县测配站配制的辣椒专用肥。

1.2　试验设计

本试验设 3 个处理，每个处理 3 次重复，随机排列，小区面积 0.1 亩。

处理 1：常规施肥，每亩施尿素 60 kg，俄罗斯三元素 50 kg。

处理 2：亩施配方肥（N、P_2O_5、K_2O 含量为 20－5－20）120 kg，50% 底施，50% 追肥。

处理3：亩施配方肥（N、P_2O_5、K_2O 含量为 20－5－20）120 kg，20%底施，80%追肥。

试验地设在赵庄乡大韩村，土壤为潮土，试验地耕层养分状况（1996 年）为有机质 1.48%，碱解氮 72 mg/kg，有效磷 13.2 mg/kg，速效钾 130 mg/kg。

2 结果与分析

从试验结果产量来分析，处理2 和处理3 比对照均有不同的增产，分别增产25.66 kg/亩和47.33 kg/亩，增产7.9%和14.5%，增产效果比较明显（见表1）。为了检验各处理间的差异显著情况，对试验结果进行方差分析，结果表明，处理间差异极显著（见表2）。进行多重比较（LSR 法），处理3 与其他两个处理差异达到显著水平，是最佳的处理（见表3）。处理3 与处理2 施肥量相同，产量却不一样，说明肥料20%底施、80%追施效果较好。

表1 不同处理小区对辣椒产量的影响 （单位：kg/亩）

重复	处理1	处理2	处理3	合计
1	311	343	370	1 024
2	336	356	371	1 063
3	326	351	374	1 051
合计	976	1 050	1 115	3 138
平均	324.333	350	371.666	

表2 方差分析结果

变异因素	平方和	自由度	方差	F 值	$F_{0.05}$	$F_{0.01}$
处理间	3 368.666	2	1 684.333	57.94**	5.69	13.27
重复间	266	2	133	4.57	5.79	13.27
误差	145.334	4	29.067			

表3 多重比较

处理	平均值（kg/亩）	显著性比较	
		0.05	0.01
3	371.67	a	A
2	350	b	AB
1	324.33	c	B

3 结论

通过连续5 年辣椒配方施肥的研究，已初步探索出宝丰县高、中肥力区辣椒高产栽培的合理模式与配方肥最佳配方，其 N、P_2O_5、K_2O 最佳配方为 20－5－20，最佳配方肥施用量为 120～140 kg/亩，有机肥 3 000 kg/亩。

平舆县西瓜应用配方肥效果研究

孙林侠　方　平　王　宁　黄小明
（平舆县土壤肥料站 · 2001 年 11 月）

西瓜作为一种高产值的经济作物深受广大农民的喜爱，尤其是近几年来，随着农业种植结构调整，平舆县西瓜种植面积迅速扩大，并且诞生了像五里庄等全省闻名的西瓜基地。但是，由于在化肥施用上忽视了科学施肥，西瓜炭疽病、枯萎病等逐年加重，含糖量、产量下降，综合效益呈递减趋势。配方肥作为测土配方施肥技术的物质载体，集有机肥、微肥和化肥优势为一体，具有养分齐全、改良土壤结构、培肥地力、提高作物产量、改善作物品质的作用。为了验证配方肥的作用特点，探讨西瓜种植适应当前市场需求的可持续发展模式，我们进行了配方肥与习惯施肥的对比试验。

1　材料与方法

1.1　供试材料

试验于 2001 年在平舆县东皇庙乡五里村两块地内进行，试验地土壤均为砂姜黑土，土壤肥力中等；供试西瓜品种为郑抗 3 号，西瓜专用配方肥由平舆县测配站提供。

1.2　试验处理

遵循等价投入的设计原则，共设配方肥和习惯施肥两个处理，每处理 3 次重复，随机区组排列，小区面积 0.45 亩。配方肥处理为每亩施西瓜专用配方肥 50 kg，习惯施肥处理为每亩施尿素 25 kg、磷酸二铵 25 kg。各处理肥料均作底肥一次性施入。

1.3　试验地及田间管理

试验用西瓜苗 2 月 12 日加温拱棚育苗，3 月 14 日定植小拱棚内。田间管理采取常规浇水。全生育期每亩追施 100 kg 碳酸氢铵。6 月 13 ~ 14 日开始收获。

2　结果与分析

2.1　配方肥对西瓜产量的影响

收获时各小区均单独称重计产，产量结果见表 1。从表 1 可以看出，配方肥处理与习惯施肥相比，每亩增产西瓜 471 ~ 499 kg，增产幅度为 13.4% ~ 13.9%。统计分析表明，试验点处理间产量差异均达极显著水平，说明在西瓜生产上施用专用配方肥较等价的习惯施肥显著提高西瓜产量。

2.2　配方肥对西瓜农艺性状的影响

西瓜膨瓜期调查农艺性状，施用配方肥的处理与习惯施肥相比，平均增加叶片数一片，叶片扩展度 14 cm^2，主蔓增长 5 cm，茎粗 0.27 mm（见表 2）。营养生长的旺盛为后期提供经济学产量奠定了基础，尤其是叶片扩展度和叶片的增加，提高了西瓜植株的光合作用效率,有利于干物质的积累。调查结果表明,施用配方肥可改善西瓜的农艺性状。

表 1 不同肥料西瓜产量对比 (单位:kg/亩)

试验重复		一号试验地		t 值	二号试验地		t 值
		配方肥	习惯施肥		配方肥	习惯施肥	
Ⅰ		3 938	3 480		4 096	3 593	
Ⅱ		4 031	3 506	19.48**	4 103	3 608	65.42**
Ⅲ		3 956	3 525		4 076	3 551	
平均		3 975	3 504		4 083	3 584	
增加	kg	471			499		
	%	13.4			13.9		

表 2 膨瓜期农艺性状对比

处理	叶片数(个)	叶片扩展度(cm^2)	主蔓长(cm)	主蔓粗(mm)	瓜重(kg)
配方肥	22	394	214	7.77	1.5
习惯施肥	21	380	209	7.50	1.3
增加	1	14	5	0.27	0.2

2.3 配方肥对西瓜含糖量的影响

由表 3 可以看出,施用配方肥比农民习惯施肥西瓜的含糖量增加 0.6% ~0.7%,说明施用配比合理的西瓜专用配方肥,可提高西瓜的含糖量。

表 3 西瓜成熟期含糖量 (%)

试验重复	一号试验地		二号试验地	
	配方肥	习惯施肥	配方肥	习惯施肥
Ⅰ	11.3	10.8	11.5	11.0
Ⅱ	11.5	10.8	11.4	10.8
Ⅲ	11.7	11.2	11.8	10.8
平均	11.5	10.9	11.6	10.9
增加	0.6		0.7	

2.4 施用配方肥的抗病性

在西瓜采收初期,随机取样本 100 株,对西瓜角斑病、炭疽病进行调查,其中施配方肥的处理西瓜感病率为 3%,习惯施肥为 19%。施用配方肥西瓜发病率低,进而叶片光合作用能正常进行,植株适应外界环境的能力也相应增加,有助于产量的提高。

2.5 经济效益分析

从表 4 可以看出,在等价投入下,施配方肥的处理较习惯施肥每亩增加产值 235.5 ~249.5 元,增值率为 14.3% ~14.8%,投入产出比,施配方肥的处理为 1∶19,习惯施肥的为 1∶17。试验证明,施用配方肥比习惯施肥有较好的收益。

3 结论

(1)施配方肥比习惯施肥对西瓜有较好的增产效果,一般每亩增产 471 ~499 kg,增产率为13.4%～13.9%，增加产值235.5～249.5元，投入产出比为1∶19。

（2）施用配方肥提高西瓜的品质和抗病能力提高。一般含糖量比农民习惯施肥提高0.6%～0.7%，发病率减少16%。

（3）为尽快使配方肥应用于农业生产，应进一步扩大使用面积和范围，以校验其肥效，使配方肥的配方和使用技术更科学合理。

表4　施配方肥经济效益分析

考察项目		一号试验		二号试验	
		配方肥	习惯施肥	配方肥	习惯施肥
产量（kg/亩）		3 975	3 504	4 083	3 584
施肥量（kg/亩）		150	150	150	150
总收益（元/亩）		1 987.5	1 752	2 041.5	1 792
总投入（元/亩）		105	105	105	105
纯效益（元/亩）		1 882.5	1 647	1 936.5	1 685
增加	元	235.5		249.5	
	%	14.3		14.8	

注：1. 西瓜销售价按0.50元/kg计。

2. 配方肥1 400元/吨，尿素1 100元/t，磷酸二铵1 700元/t，碳酸氢铵350元/t。

安阳市优质强筋小麦使用配方肥肥效调查

郭金凤　徐玉森　吴志勇　郑利峰　单　斐　郭伟伟

（安阳市土壤肥料站·3002年11月）

安阳市是全国优质强筋小麦最佳生产区域之一，优质强筋小麦也是安阳市近年来农业种植结构调整的重要举措。近两年来，在安阳市滑县八里营乡、汤阴县伏道乡、内黄县高堤乡和安阳县辛店乡分别建立了优质强筋小麦优化施肥示范区，重点推广测土配方施肥技术，经初步试验示范，取得了明显效果。

1　制订方案

测土配方施肥是土壤肥料的重点工作，结合安阳市的优质强筋小麦的开发，以配制推广配方肥为突破口，安阳市选择有代表性的4个县进行万亩示范区示范。总体要求是示范区内每亩节约化肥纯养分2 kg，亩增加产量10%以上，小麦品质提高一个等级。各示范区按照市总体布置，制订具体的实施方案，对示范区内的土壤集中进行取土化验，然后根据不同土壤养分状况，配制优质强筋小麦专用配方肥。

2　优化施肥

安阳市常年小麦种植面积400万亩左右，习惯施肥为每亩底施有机肥2～3 m^3，碳铵50 kg，磷肥50 kg，少数地块施钾肥6 kg，折合每亩共投入纯养分17～20 kg。根据调查结果分析,各县示范区经取土化验,研究分析土壤养分状况,有针对性地确定配方,配制优质强筋小麦专用肥。滑县测配站根据本县土壤养分化验结果,多次召开高级配方师和相关专业技术人员大会,并结合省土肥站领导专家的意见,确定了配方肥的配方,从而保证了配方的科学性、针对性和合理性,有效地减少了肥料的结构性浪费,提高了肥料利用率,降低了配制成本,保证了施用效果。安阳县、内黄县和汤阴县也针对所选示范区的土壤养分情况,配制出了适合该地区的不同养分含量的配方肥。示范区内基本做到了统一取土、统一化验、统一配方、统一配肥、统一供肥、统一指导。

3 科学管理

随着农业生产技术的不断提高,小麦生长各个阶段的管理无论是习惯施肥,还是示范区施肥,在技术管理上都采用了“前氮后移”技术。即在施足基肥的前提下,春季第一次追肥由以往的返青期推迟到拔节期进行,并结合浇水每亩追尿素 6 kg。第二次追肥在挑旗—扬花期进行,结合浇水每亩追尿素 4 kg 左右。扬花后喷 1% ~2% 的尿素溶液 50 ~60 kg/亩。

防治病虫草害方面,在足墒下种的基础上,返青期控制浇水,加强中耕,抵制春蘖和杂草的滋生;4 ~5 月密切注意小麦锈病的发生情况,发现有锈病的田块,立即用 15% 的粉锈宁可湿性粉剂进行喷雾防治,并兼治白粉病。当百株有蚜 500 头时,立即用百虫净 30 mL 或氧化乐果 75 mL 兑水 40 ~50 kg 进行喷雾防治。

4 效果分析

经过对示范区取样测产发现,在科学配方的基础上施用配方肥,平均亩产达到 400.3 kg,比全市小麦亩平均单产 336 kg 增产 64.3 kg,增产率达 19.1%。示范区亩平均投入纯养分 14.7 kg,比常规施肥亩节约纯养分 2.3 kg。仅此一项,示范区肥料投入亩成本降低 10 元左右,4 个万亩示范区可为农民节本增效 40 万元。

配方肥的施用既满足了小麦对肥料的需求,又节约了肥料,降低了成本,减轻了土体污染,社会、经济效益均十分显著,对优质、高产、高效、生态、安全农业的发展起到了积极的推动作用,是今后农业用肥的发展方向。

漯河市小麦配方肥施用效果调查报告

陈庆来

(漯河市土壤肥料站·2002 年 7 月)

2002 年 6 月 15 ~19 日,漯河市土壤肥料站组织有关人员对全市的小麦配方肥施用效果进行了全面调查,涉及 5 个乡 5 个村 320 户,调查面积 355 亩,土壤类型为砂姜黑土、潮土。现将调查结果汇总分析如下。

1　配方施肥区均衡增产,产量高,效益好

全市共调查 15 个配方施肥点,其中高肥力点 5 个,面积 113 亩;中肥力点 5 个,面积 138 亩;低肥力点 5 个,面积 104 亩。具体产量情况见表 1。

表 1　配方施肥区产量对比

耕地类型	高肥力	中肥力	低肥力
面积(亩)	113	138	104
平均单产(kg/亩)	435	395.7	344
较习惯施肥亩增(kg)	73	76	66
增幅(%)	20.2	23	24
亩增收(元)	65	67	59
新增收益(元)	50	54	50

从表 1 对比分析中可以看出,实行配方施肥的麦田,无论是高产田还是中低产田,均有极显著的增产效果。

2　配方施肥使小麦品种的优良特性得到了充分体现

调查涉及的小麦品种有郑麦 9023、温麦 6 号、新麦 9 号、温麦 4 号等 7 个,涵盖了漯河市的所有主导品种。调查表明,同一品种、同一田间管理措施,配方区比习惯区都有较大幅度的增产,比如,漯河市舞阳县辛安乡沟李村,土壤类型潮土,品种均为温麦 6 号,配方区小麦平均亩产 425 kg,比习惯区的 325 kg 亩增 100 kg,增产 30.8%。同时,调查中还发现,优质小麦品种加上配方施肥,该品种的优良特性能充分表现出来,比如,郑麦 9023、豫麦 47 两个优质麦调查面积 100 亩,平均亩产 417.5 kg,比配方区的亩产 393 kg 还多 24.5 kg,并且品质好。

3　抗逆能力明显增强

测土配方施肥麦田,实行氮、磷、钾全量施肥,养分配比基本按照小麦需肥规律进行搭配,为小麦生长发育奠定了较好的物质基础。因而,在小麦灌浆前已搭好了丰产骨架,提高了抗倒、抗病能力。2002 年,由于种种原因,病虫害发生严重,造成小麦减产一成以上,而配方区平均亩产 393 kg,比习惯区的 322 kg 亩增产 71 kg,由此可见,配方区的小麦综合抗性较强。

4　全量施肥,运筹合理

为了加强对配方施肥麦田的技术指导,麦播前,我们组织全市土肥技术部门对有代表性的耕地进行取土化验,根据化验分析结果,提出科学配方施肥方案,实行测、配、产、供、施一条龙服务。从这次调查情况看,配方施肥区平均亩施纯 N 12.5 kg、P_2O_5 4.5 kg、K_2O 4 kg,氮、磷、钾投入比为 1:0.36:0.32;习惯施肥平均亩施纯 N 11 kg、P_2O_5 6 kg、K_2O 为 0。配方区与习惯区相比,肥料养分全,配方合理,有利于作物生长发育。

5　小麦穗头多、粒多、粒重

调查显示,配方施肥区其千粒重、亩穗数、穗粒数比习惯区均有不同程度的增加,据多

点考种测定，配方区平均千粒重达41.5 g，穗粒数34.8粒，亩穗数38万穗，分别比习惯增加5.5 g、2.1粒、1.7万穗，其中，郑麦9023、新麦9号千粒重增幅较大，两个品种千粒重分别达44.3 g和46 g，较习惯区增加8.3 g和10 g。

平顶山市小麦施用配方肥肥效调查

闫红娜[1]　靳广来[1]　庞榜义[2]
（1. 平顶山市土壤肥料站　2. 宝丰县李庄乡农技站·2002年7月）

平顶山市土肥站自1998年开始配制并推广"沃力"牌配方肥。为了进一步验证配方肥肥效，为大面积推广提供科学依据，组织专人对2002年度小麦施用配方肥情况进行了跟踪调查。

1　调查目的

验证本站配制的不同肥力类型的小麦配方肥肥效，为来年调整配方肥配方提供科学依据。

2　调查方法

按照高、中、低三种土壤肥力水平分区进行调查，不同肥力水平下，配方肥与习惯施肥各调查5户，进行比较。

3　调查结果

调查结果见表1。

表1　调查结果

县(市)	肥力类型	配方肥配方($N:P_2O_5:K_2O$)	产量(kg/亩)	习惯施肥区产量(kg/亩)	比习惯施肥区增产(%)
宝丰	高	19:12:15	481.6	418.3	15.1
	中	18:10:14	376.3	328.4	15.7
	低	21:10:9	291.4	252.6	15.3
郏县	高	19:12:14	485.3	420.5	15.4
	中	18:10:12	371.8	318.2	16.8
	低	21:10:9	298.5	260.4	14.6
汝州	高	19:12:14	488.7	424.8	15.0
	中	18:10:12	380.2	331.5	14.7
	低	21:10:9	301.5	257.3	17.1
叶县	高	19:12:14	479.6	415.8	15.3
	中	18:10:12	369.4	324.1	13.9
	低	21:10:9	289.8	252.9	14.6

注：表中各数据为5户平均值。

4　结果分析

根据表 1 调查结果可知,本站配制的不同肥力区的配方肥,比习惯施肥均有增产,增产幅度在 13.9% ~17.10% 。其中:高肥力区配方(19∶12∶14)每亩施用量 40 kg,平均增产 15.2% ;中肥力区配方(18∶10∶12)每亩施用量 45 kg,平均增产 15.2% ;低肥力区配方(21∶10∶9)每亩施用量 40 kg,平均增产 15.40% 。增产效果均比较明显。

5　小结

根据 2002 年度本站配制的配方肥施用肥效的调查结果,可以得出以下结论:①本站配制的三种肥力区的配方肥增产效果均比较明显。②高肥区配方(19∶12∶14)总养分含量 45% ,每亩用量 40 ~50 kg 为佳;中肥区配方(18∶10∶12)总养分含量 40% ,每亩用量 45 kg 左右为佳;低肥区配方(21∶10∶9),总养分含量 40% ,每亩用量 40 ~50 kg 为佳。

项城市小麦配方肥施用效果调查

杨社民
(项城市土壤肥料站 · 2002 年 9 月)

项城是一个拥有 100 万亩耕地的农业大市,年化肥施用量达 15 万 t。如何科学合理地施用化肥,始终是困扰土肥工作者的一大难题。配方肥的问世,为测土配方施肥技术的全面推广提供了良好的物质载体。

项城市土肥站 2000 年开始在全市引进、示范配方肥,目前推广面积已达 20 多万亩。为进一步搞好配方肥的推广工作,我们对项城市小麦配方肥的施用效果进行了深入的调查和研究。

1　小麦配方肥施用效果

通过对试验、示范和推广结果的综合分析,小麦施用配方肥与习惯施肥相比,亩成穗、穗粒数、千粒重、亩产量分别增加 1.34 万头、2.12 粒、2.67 g 和 66.4 kg,增产幅度 18.66% ,配方肥对小麦具有显著的增产效果(见表 1)。

表 1　小麦施用配方肥与习惯施肥成产因素及产量统计

调查项目	亩成穗(万头)	穗粒数(粒)	千粒重(g)	产量(kg/亩)
配方肥	36.43	31.89	42.37	422.3
习惯施肥	35.43	29.77	39.7	355.9
比较(±)	+1.34	+2.12	+2.67	+66.4

从综合经济效益看,施用配方肥每亩可减少化肥投资10元,增产66.4 kg,按当年小麦市场价0.9元/ kg计算,亩增加收入59.76元;小麦品质提高1~2个等级,收购部门加价10%收购,亩产收入38.00元,三项合计每亩增加收入107.76元。三年来配方肥的推广已为项城农民增加收入2 000万元。

同时,与普通施肥相比,施用配方肥的小麦,前期苗色正常,冻害减轻,单株次生根增加1~3条,单株成穗分蘖多0.6~0.8个,基部节间短1~1.2 cm;中期叶片浓绿,光泽度好,小麦锈病、叶枯病等发病时间推迟,程度降低;后期成熟落黄好,籽粒饱满,光泽好,商品性高,小麦在各个生长时期都表现出明显的生产优势。

大量调查显示,施用配方肥的小麦,生长稳健、抗性增强、产量高、品质好。项城市2002年小麦生长阶段,前期高温干旱,旺长;后期低温阴雨,病害严重,全市较2001年亩均减产75 kg。而施用配方肥的小麦基本不减产,并涌现出一大批增产典型,如范集乡的马吉廷、三店乡的董松山等,亩增产幅度都在50 kg以上,孙店镇的崔运河增产达100 kg以上。

2 存在的问题

配方肥具有明显的增加产量、提高品质的作用,已被越来越多的群众所接受。但在调查中,也发现一些不足之处,应引起注意,并采取措施加以解决:

(1)配方比较单一。由于土壤类型和施肥水平不同,造成土壤肥力差异较大,一个县(市)采用一个或两个配方,难以满足实际生产的需要。

(2)微肥添加不够准确。目前项城市土壤中微量元素的含量还不十分清楚,添加微肥具有一定的盲目性。

(3)掺混不够均匀。由于各种化肥的颗粒大小不匀,掺混的均匀度稍差,加上部分农户施肥操作不当,个别地块有生长不匀现象。

(4)推广速度慢。目前项城市配方肥的推广还处于初级阶段,宣传力度小,群众发动不够充分,直接制约了推广面积的扩大。

3 改进措施

针对上述问题,必须采取相应措施加以改进,尽快使这一先进的施肥技术推广普及。

(1)灵活制定配方。在广泛测土的基础上,按区域和土壤类型制定配方,以适应不同地力条件的需要。

(2)合理添加微肥。尽快查清土壤中各种微量元素含量,有针对性地添加微肥,最大限度地发挥微肥的增产潜力。

(3)根据地力情况,进行具体指导。在当前土地分散经营条件下,地力水平相差很大,就是有几个配方,也难以满足所有农户、所有地块的需要,因而要求农技人员必须对群众进行具体施肥指导,因地制宜,确定合理的施肥量。

(4)广泛宣传,提高认识,加快配方肥推广速度。利用多种形式,广泛宣传配方肥的施用效果和施用技术,使广大群众充分认识并积极施用配方肥,尽快把配方肥这一科研成果转化为生产力。

台前县小麦施用配方肥效果显著

刘凤芝　丁传峰　王东钰　曹玉军
（台前县农业技术推广站 · 2002 年 6 月）

台前县位于河南省东北边陲黄河北岸，现有耕地 27 万亩，常年小麦种植面积 24 万亩。经测土化验，全县耕地平均碱解氮 58.43 mg/kg，有效磷 25.58 mg/kg，速效钾 129 mg/kg。其中两合土、沙土地有效磷、速效钾含量普遍较低，沙土地严重缺钾，氮、磷、钾比例失调，严重制约了小麦的产量提高和优质生产。

自 2000 年开始，在省、市业务部门指导下，我们在全县范围内开始推广测土配方施肥技术，尝试在小麦上配制推广专用配方肥。通过 3 年的实施，效果极为显著，在夏粮生产中发挥了重要作用。

配方肥是根据耕地养分含量，作物需肥规律，通过测土化验和作物需要进行配方，土壤缺哪一种"营养"就配上哪一种营养，从而使土壤既不因"营养"不良而贫血，又不致其因"营养过剩"而造成浪费和污染；既有科学性，又有针对性。通过对全县不同土质多点调查，全部增产，增产幅度 11% ~23%，淤土地增产 11%，沙土地增产 23%，两合土地增产 18.9%。由于沙土地磷素不足，钾素缺乏严重，因此在沙壤地中表现更为显著。小麦专用配方肥的施用效果，具体可总结如下：

（1）肥效高，成本低。由于配方肥养分全，配比合理，针对性强，科技含量高，使用方便，因此利用率高，成本低。据调查，施用配方肥的小麦长势好，茎秆粗壮，根系发达，耐寒、抗旱，病虫害发生相对较轻。3 年来施用专用配方肥的小麦无倒伏现象，且比习惯施肥每亩可减少 5 ~8 元的投入。

（2）产量高，品质好。小麦专用配方肥中除含有小麦生长发育的大量元素氮、磷、钾外，还含有多种小麦生长所必需的微量元素（如硼、锰、锌、铜、钼等），能提高千粒重和籽粒的蛋白质含量。硼参与蛋白质合成，施硼可提高籽粒的蛋白质及氨基酸含量；锰是小麦体内硝化还原酶的活化剂，施锰蛋白质、赖氨酸含量增加；施锌能增加籽粒产量和蛋白质含量，据多次千粒重测定，平均千粒重增加 0.8 ~1.2 g，增产十分明显。

（3）抗寒、抗旱能力强。小麦专用配方肥中养分全并含有适量磷元素，大大增强了小麦抗御不良环境能力，特别是在灾害性年份，表现更为明显。如在 2002 年小麦中后期，连续一个多月的低温寡照，全县小麦普遍减产，而施用配方肥的小麦，减产幅度不大，有的地块不但没减产，反而还增产。

总之，小麦施用专用配方肥，根系发育好，根群扩大，增强了根系的吸水吸肥能力；茎秆粗壮，长势好，壮而不旺，抗倒伏能力强；大分蘖增多，分蘖成穗率高；幼穗分化快，利于成大穗；中后期叶子不早衰，小麦抗旱、抗干热风能力强，灌浆速度快，落黄好，千粒重高，品质好，是台前县发展优质、高产小麦的重要肥料，且能广泛应用于其他作物。

获嘉县小麦施用配方肥效果调查

王庆安

（获嘉县土壤肥料站·2002年7月）

为了摸清获嘉县小麦配方肥的实际施用效果，促进测土配方施肥技术推广，县土肥站在2001～2002年度的小麦生产中布置了多点次的施用配方肥试验示范。近日，农技中心又选派农技干部对全县各个乡镇配方肥与习惯施肥进行了调查。现将调查结果报告如下。

1 试验示范

1.1 材料和方法

试验示范区设在中和镇羊二庄、冯庄镇冯庄、位庄乡石佛，面积分别为50亩、30亩、15亩。羊二庄和石佛两点在麦播时，试验示范区的农户一半地施用配方肥作基肥，另一半地按习惯施肥（硝酸磷或二铵加碳铵作基肥）；冯庄为稻茬撒播麦，一半地追施配方肥，另一半地按习惯施肥冬前追尿素，年后追硝酸磷肥或二铵。

1.2 结果与分析

生育期间观察，小麦施用配方肥，植株生长健壮，抗倒、抗病虫害能力增强。返青期调查，大分蘖增加2～3个，次生根增加3～5条。成熟期取样调查结果表明（见表1），亩穗数、穗粒数、千粒重平均比习惯施肥分别增加0.44万头、0.27粒、1.37 g，亩增产小麦41.16 kg，增产率为10.5%。

表1 小麦施用配方肥试验示范结果

地点	施肥方法	品种	亩穗数（万头）	穗粒数（粒）	千粒重（g）	产量（kg/亩）	比习惯增产	
							kg	%
羊二庄	习惯施肥	豫麦	40.76	30.1	41.77	390.8	—	
	施配方肥	34	41.10	29.7	42.68	436.7	45.9	11.7
石佛	习惯施肥	高优	41.10	32.6	32.80	430.5	—	
	施配方肥	503	42.05	32.9	34.19	469.9	39.4	9.2
冯庄	习惯施肥	温麦	33.8	31.6	38.50	349.5	—	
	施配方肥	6号	33.9	32.5	40.90	387.7	38.2	10.9

2 调查情况

6月20日至6月22日，农技中心选派14名技术人员，分赴全县14个乡（镇）进行了调查。全县各乡镇施用配方肥均有不同程度的增产（见表2），县域北部小麦－玉米轮作区增幅较小，县域南部水稻－小麦轮作区增幅较大，其中中和镇增幅最小，亩增产10.6

kg,增产率 2.6%;亢村镇增幅最大,亩增产 60.9 kg,增产率 18.1%。全县平均亩增产 37.7 kg,增产率 10.0%。

在回访调查中,发现了很多典型户。如张巨乡将村朱福海和位庄乡石佛村韩道生都是在砖瓦窑复垦地上施用配方肥,产量达 375 kg,比邻居增产 75 kg 左右。张巨乡高庙村施用配方肥的麦田,在今年蚜虫大暴发的情况下,蚜虫明显少于其他麦田,平均产量也高于其他麦田 25.9 kg,增产率 7%;亢村镇为稻茬撒播麦田,播种较早,加上暖冬,密度较大,年后出现黄苗现象,施用配方肥的地块明显好于习惯施肥的地块,产量也明显高于习惯施肥地块。

试验示范和回访调查结果表明,小麦施用配方肥,抗倒、抗病虫害和抗自然灾害能力增强,增产效果显著。

表 2　小麦配方肥和习惯施肥调查情况

地点	土壤类型	质地	肥力水平	习惯施肥			施配方肥			比习惯增产	
				户数（户）	面积（亩）	产量（kg/亩）	户数（户）	面积（亩）	产量（kg/亩）	kg	%
城关镇	褐潮土	两合土	中等	8	40.8	398.4	12	36.5	426.5	28.1	7.1
位庄镇	褐潮土	两合土	中等	6	33.0	356.9	14	58.8	386.7	29.8	8.3
照镜镇	黄潮土	淤土	中等	11	88.0	398.7	9	32.4	432.6	33.9	8.5
黄堤镇	褐潮土	两合土	中等	13	61.8	421.5	7	67.9	443.5	22.0	5.2
史庄镇	黄潮土	两合土	中等	9	50.4	388.5	11	37.4	426.3	37.8	9.7
丁村乡	黄潮土	两合土	低	15	165.0	327.2	5	48.0	380.2	53.0	16.2
太山乡	黄潮土	两合土	中等	12	94.8	387.5	8	54.4	431.2	43.7	11.2
中和镇	褐潮土	两合土	上中等	3	10.5	389.9	17	88.7	400.5	10.6	2.6
徐营镇	黄潮土	两合土	中下等	10	98.0	403.6	10	81.0	436.7	33.1	8.2
亢村镇	黄潮土	两合土	上中等	7	40.6	335.6	13	68.2	396.5	60.9	18.1
冯庄镇	黄潮土	两合土	上中等	14	63.5	357.1	6	33.5	410.9	53.8	15.1
大辛庄乡	黄潮土	两合土	上中等	15	51.5	398.4	5	13.5	411.1	21.7	5.6
张巨乡	黄潮土	两合土	中下等	9	36.6	371.7	11	38.5	397.6	25.9	7.0
大呈乡	黄潮土	两合土	中等	11	38.5	382.6	9	39.2	401.9	19.3	5.0
总计	潮土			143	873	375.5	137	698.0	413.2	37.7	10.0

汝州市红薯专用配方肥试验研究

潘占社

（汝州市土壤肥料站 · 2002 年 3 月）

1　试验目的

为了提高红薯单产,改善品质,提高竞争力,并筛选出适宜汝州市红薯测土配方施肥的科学配方,特安排此试验。

2 试验内容

处理1:习惯性施肥CK(亩施牛圈粪)8 m^3。

处理2:亩施红薯专用肥50.0 kg(洛阳市汝化化工有限公司提供,总养分25%,其中$N-P_2O_5-K_2O$为12-6-7。

处理3:亩施N 6.0 kg、P_2O_5 3.0 kg、K_2O 3.5 kg。

处理4:亩施N 6.0 kg、P_2O_5 3.0 kg、K_2O 6.0 kg。

氮肥选用尿素,磷肥选用过磷酸钙,钾肥选用氯化钾。所施肥料60%底施,40%在栽后40天时追施。

3 试验设计

试验按照河南省土肥站统一方案,采用随机区组设计,重复3次。小区长10 m,宽4 m,小区面积40 m^2。红薯品种为徐薯18,亩栽红薯1 462株。栽植日期2001年5月10日。

4 试验地概况与田间管理

试验安排在汝州风穴林场,褐土,中壤,属丘陵旱地,地势较平坦,无灌溉条件。常年种植红薯,亩产鲜薯1 500 kg左右。试验地南北走向,重复小区排列由东向西。生长期内中耕3次,2001年11月13日收获,实收实测,严格按照方案操作。

5 试验结果分析

从表1可以看出,处理2、3、4均较常规施肥(对照)增产,增产幅度在5.9%~10.9%。增产幅度最大的是处理3,增产10.9%(亩施N 6.0 kg,P_2O_5 3.0 kg,K_2O 3.5 kg);其次为处理4,增产8.9%(N 6.0 kg,P_2O_5 3.0 kg,K_2O 6 kg);增产幅度最小是处理2(红薯专用肥),增产5.9%。由此可看,处理3的配方比例宜在汝州市推广。

表1 红薯配方施肥产量统计 (单位:kg)

处理	实际产量				亩产	较对照增减(%)
	Ⅰ	Ⅱ	Ⅲ	平均		
1	102.4	119.0	108.0	109.8	1 832.0	
2	122.3	127.2	100.2	116.4	1 940.4	5.9
3	120.3	121.0	124.2	121.8	2 032.5	10.9
4	111.2	131.4	116.4	119.7	1 994.6	8.9

6 结语

在相同的条件下,施用配方(N 6.0 kg,P_2O_5 3.0 kg,K_2O 3.5 kg),增产幅度最大。因此,在红薯生产中应该重点推广配方施肥,提高红薯产量,改善红薯品质。

焦作市夏玉米高产高效配方施肥技术研究

宋福海　席新顺
（焦作市农业局·2005 年 8 月）

由于夏玉米生长在一年中气温高、光照足、雨水充沛的季节里，如何实现既增产又增收的目标，在生产上开展测土配方施肥非常重要。对此，我们在施肥种类、施肥量、施肥方法、施肥效果上开展了一系列试验研究。

1　研究目的

通过对氮、磷、钾不同用量组合，不同施肥时期、施用效果、经济效益等方面的研究，找出最佳配方与合理施肥技术，为推广配方施肥技术提供科学依据。

2　试验地基本情况

试验分别设在博爱县苏家作乡、金城乡和武陟县西滑封村，试验地土壤养分状况见表 1。

表 1　试验地土壤养分含量测定结果

地点	有机质(%)	全氮(%)	水解氮(mg/kg)	有效磷(mg/kg)	速效钾(mg/kg)
苏家作	1.44	0.082	107.63	21.36	124.75
金城乡	1.38	0.791	96.61	17.32	104.5
西滑封	1.56	0.84	127.3	25.4	165.2

供试品种为郑单 958、农大 108。除设计处理不同外，其他管理同大田。

小区面积均为 33.4 m^2，采用随机区组设计，重复 3 次。

3　设计与分析

3.1　氮、磷、钾不同配施对玉米产量的影响

配方处理见表 2。

供试品种为郑单 958。

从表 2 中可以看到，在施 N 量同等条件下，增施 P 肥即 N、P 配施比单施 N 肥增产 30.7%；在 N、P 施量同等条件下增施 K 肥即 N、P、K 配施比 N、P 配施增产 6%。因此，在焦作市目前生产和地力条件下，要想使玉米优质高产需要 N、P、K 合理配施。

3.2　钾肥不同用量对玉米的影响

处理见表 3。供试地点在武陟县西滑封村，品种为农大 108。

表 2　氮、磷、钾不同配施试验结果

配方处理	施肥要点（亩施用量）	亩穗数（头）	穗粒数（粒）	千粒重（g）	亩产（kg）	比 CK ±（kg/亩）	比 CK ±（%）
（1）N、P 配合	40 kg 尿素 40 kg 过磷酸钙	4 576	513	320	666	103	18.3
（1）CK：N	40 kg 尿素	4 600	423	318	563	—	—
（2）N、P、K 配合	40 kg 尿素 40 kg 过磷酸钙 15 kg 硫酸钾	4 538	600	315	771.9	187.2	30.7
（2）CK：N	40 kg 尿素	4 545	507	294	609	—	—
（3）N、P、K 配合	40 kg 尿素 40 kg 过磷酸钙 15 kg 硫酸钾	5 130	507	324	710.2	40.6	6.0
（3）CK：N、P 配合	40 kg 尿素 40 kg 过磷酸钙	5 130	507	306.4	672	—	—

注：氮肥苗期施 30%，大喇叭口期施 70%。

表 3　钾肥不同用量施用效果试验结果

处理	亩施肥量	亩穗数（头）	穗粒数（粒）	千粒重（g）	产量（kg/亩）	较 CK ±	增长率（%）	比 CK 亩增效益（元）	投入产出比
（1）CK	17.5 kg 尿素 6 kg 过磷酸钙	4 947	377.6	270.3	504.9	—	—	—	1∶7.49
（2）	17.5 kg 尿素 6 kg 过磷酸钙 5.5 kg 硫酸钾	4 929	413.6	285.8	582.6	+77.7	15.4	65.2	1∶6.31
（3）	17.5 kg 尿素 6 kg 过磷酸钙 7.5 kg 硫酸钾	4 807	450.9	291.8	632.5	+127.6	25.3	108.85	1∶7.34
（4）	17.5 kg 尿素 6 kg 过磷酸钙 9.5 kg 硫酸钾	4 967	432.2	291.3	625.4	+120.5	23.9	95.52	1∶6.77
（5）	17.5 kg 尿素 6 kg 过磷酸钙 12.5 kg 硫酸钾	4 910	426.5	290	607.3	+102.4	20.3	71.15	1∶6.16

从表 3 中试验结果告诉我们，在 N、P 施量相同条件下，亩增施 K_2O 7.5 kg 即处理 3 产量最高，效益最好。

3.3　氮、磷不同组合对玉米产量效益的影响

处理及测产结果见表 4。

从表 4 中可以看出，处理 4 产量最高，但从效益看，处理 5 效果最好。处理 5 虽比处理 4 亩产降低 21.9 kg，但施肥成本每亩减少 44.1 元，效益每亩提高 22.2 元；与对照相比亩增效益 167.7 元，投入产出比达 1∶8.1，为大田推广提供了依据。

表 4　氮磷不同组合经济用量

处理	亩施肥量	亩穗数（头）	穗粒数（粒）	千粒重（g）	理论产量（kg/亩）	实际产量（kg/亩）	比 CK 亩增效益（元）	投入产出比
(1)CK		4 848	266.5	283	365.6	329.0	—	—
(2)	20 kg 尿素	4 747	413.2	291.3	571	513.9	131.9	1:3.5
(3)	6 kg 过磷酸钙	5 037	306.3	283.7	440.9	396.8	46.8	1:3.2
(4)	20 kg 尿素 4.2 kg 过磷酸钙	4 848	421.6	294.7	602.4	542.2	145.5	1:3.1
(5)	8.7 kg 尿素 2.6 kg 过磷酸钙	4 646	416.7	298.6	578.1	520.3	167.7	1:8.1
(6)	14 kg 尿素 6 kg 过磷酸钙	4 927	382.2	299.6	569.4	512.5	120.4	1:2.9

注：磷肥苗期施入，氮肥苗期施 30%，大喇叭口期施 70%。

3.4　不同施肥技术对玉米产量的影响

试验田供试品种为郑单 958，玉米密度 4 500 株/亩，亩施纯氮量为 20 kg。

处理设计：(1) 种肥 10% + 拔节前 30% + 大口肥 50% + 粒肥 10%；(2) 拔节期 30% + 大口肥 60% + 粒肥 10%；(3) 拔节期 40% + 大口肥 60%；(4) 拔节期 60% + 大口肥 40%；(5) 大口肥 100%（对照）。试验结果见表 5。

表 5　不同施肥方式试验结果

处理	株高（cm）	穗位高（cm）	茎粗（cm）	穗长（cm）	穗粗（cm）	秃尖（cm）	穗粒数（粒）	千粒重（g）	折亩产（kg）	比对照 ±（%）
(1)	245	94	1.89	17.7	5.2	1.2	606.1	292.9	775.3	23.7
(2)	248	88.4	1.83	17.8	5.2	0.8	595.8	297.8	774.7	23.6
(3)	249	90.5	1.76	18.2	5.2	1.2	558.2	283.5	696.3	11.1
(4)	248	96.73	1.8	17.4	5.1	1.2	568.8	276	690	10.1
(5)	241	87.5	1.75	18	5	1.2	514.1	279.4	626.7	0

从表 5 中可以看出，在肥料用量相同的情况下，分期追施比 1 次施入效果好，且产量随着施肥次数的增多而递增，经用新复极差法进行差异显著性检验结果，4 次、3 次、2 次施肥产量均显著高于 1 次施肥，但 4 次施肥与 3 次施肥产量无显著差异。3 次施肥比 2 次施肥增产显著，2 次施肥又比 1 次施入（“一炮轰”）增产显著；同是 2 次施肥，采用前轻后重比前重后轻效果好。这为玉米配方施肥提供了依据。

4　结论

(1) 在高肥力基础的生产条件下，只有氮、磷、钾合理配施，才能实现高产。土壤速效钾含量较高（大于 150 mg/kg）的地块，只有合理施用钾肥，才可获得一定的收益。

(2) 从增产增收的角度综合考虑，氮、磷、钾适宜比例应为(2.9 ~ 3.3)∶1∶1.6，施氮量应结合测土化验来确定用量。

(3) 在施肥技术上，磷、钾肥宜一次苗期施入。氮肥应分期施用，最好采取前轻后重。

高肥地配方施肥对小麦产量与品质影响

宋福海　李建设　席新顺　任家亮　魏世清
（焦作市农业局·2005年8月）

焦作市位于河南省西北部，肥力基础较高，是全国小麦高产区之一。为适应新时期的发展需要，加快小麦优质高产开发步伐，结合焦作市的生态条件和生产条件，开展了测土配方施肥对小麦产量与品质的研究。

1　研究目的

（1）研究不同追氮时期对小麦产量和品质的影响。

（2）研究氮、磷、钾配方施肥对小麦产量和品质的影响。

2　试验地基本情况

试验分别设在温县和博爱，试验地土壤养分状况见表1。供试品种分别为豫麦34、豫麦41、豫麦47。

表1　试验地土壤养分含量测定结果

地点	有机质(%)	全氮(%)	水解氮(mg/kg)	有效磷(mg/kg)	速效钾(mg/kg)
温县	1.44	0.082	112.63	21.36	94.75
博爱	1.47	0.087	105.61	17.32	106.11

2.1　不同追氮时期对小麦品质和产量的影响

试验设4个处理，在底施有机肥3 000 kg/亩、氮肥3.5 kg/亩的基础上，分别于起身（二棱）期（处理1）、拔节（雌雄蕊原基形成）期（处理2）、挑旗（四分体）期（处理3）、开花期（处理4）追施氮肥3.5 kg/亩。随机区组排列，3次重复。其余管理措施同大田。

2.2　氮、磷、钾配方施肥对小麦产量和品质的影响

试验设10个处理：（1）CK（不施肥）；（2）N_8；（3）N_{16}；（4）P_8；（5）N_8P_8；（6）$N_{16}P_8$；（7）$N_{24}P_8$；（8）$N_{16}P_{16}$；（9）$N_{16}P_{16}K_{16}$；（10）M（有机肥）2 000 kg/亩。3次重复，随机排列。小区面积20 m^2。N_8、N_{16}和N_{24}分别为施纯氮（N）8 kg/亩、16 kg/亩和24 kg/亩，P_8和P_{16}分别为施P_2O_5 8 kg/亩和16 kg/亩，K_{16}为施K_2O 16 kg/亩。供试品种为豫麦47，磷肥、钾肥和有机肥均在小麦播种前一次做底肥施入；氮肥为2/3底施，1/3在拔节期追施。

3　结果分析

3.1　不同追氮时期对小麦品质和产量的影响

3.1.1　追氮时期对籽粒蛋白质含量的影响

试验表明，籽粒发育过程中蛋白质的含量呈“V”字形变化，随追氮时期后移，蛋白质

含量虽呈增加的趋势，但拔节期、挑旗期和开花期追氮差异不显著，而追氮时期过早（起身期）会显著降低籽粒蛋白质含量。

3.1.2 追氮时期对籽粒容重和出粉率的影响

由表2可以看出，追氮时期对两品种籽粒容重和出粉率的影响趋势一致，以开花期追氮的处理最低，起身期追氮的处理次之，拔节期和挑旗期追氮的处理间差异不显著，且最高。

3.1.3 追氮时期对面粉湿面筋含量、沉淀值、面团稳定时间和籽粒产量的影响

追氮时期对两品种面粉湿面筋含量、沉淀值和面团稳定时间的影响趋势一致（见表3）。以挑旗期追氮的处理最高，拔节期追氮的处理次之，起身期追氮的处理最低，开花期追氮的处理居第三位。表明拔节期和挑旗期追氮可以显著提高面粉的湿面筋含量和沉淀值，延长面团稳定时间；追施氮肥时期过早（至起身期）或过晚（至开花期）均显著降低面粉的湿面筋含量和沉淀值，面团稳定时间变短。从表3还可看出，豫麦41以拔节期追施氮肥的处理籽粒产量最高，而豫麦34拔节期和挑旗期追氮的处理差异不显著且最高。

表2 追氮时期对小麦籽粒容重和出粉率的影响

品种	处理时期	籽粒容重(g/L)		出粉率(%)	
		温县	博爱	温县	博爱
豫麦41	起身期	735.66e	723.33g	83.5e	82.3e
	拔节期	741.78d	740.23d	84.6d	83.7d
	挑旗期	743.59d	741.69d	84.3d	83.5d
	开花期	727.14f	725.78f	82.2f	81.0f
豫麦34	起身期	808.96b	806.14b	85.6b	84.5b
	拔节期	814.38a	812.77a	86.3a	85.9a
	挑旗期	816.36a	813.62a	86.9a	86.2a
	开花期	799.39c	796.43c	84.7c	83.3c

注：表中具有相同小写字母的平均数表示在0.05水平下差异不显著。下同。

表3 追氮时期对小麦面粉湿面筋含量、沉淀值、面团稳定时间和籽粒产量的影响

品种	处理	湿面筋含量(%)		沉淀值		面团稳定时间(min)		产量	
		博爱	温县	博爱	温县	博爱	温县	博爱	温县
豫麦41	起身期	34.2h	33.4h	28.6h	26.8h	1.9g	1.7g	8 435.55d	8 270.85d
	拔节期	36.7f	35.6f	31.2f	29.5f	2.9e	2.8e	9 535.80a	9 365.58a
	挑旗期	37.8e	36.5e	32.8e	31.1e	3.0e	2.9e	9 017.16b	8 863.96b
	开花期	35.5g	34.3g	29.9g	28.0g	2.6f	2.3f	7 867.35f	7 862.55e
豫麦34	起身期	40.2d	39.2d	52.7d	51.8d	12.9d	12.8d	8 174.51e	7 923.42e
	拔节期	42.3b	41.8b	47.5b	46.9b	14b	14b	8 791.80c	8 676.24c
	挑旗期	44.4a	43.2a	49.8a	48.7a	14.6a	14.5a	8 661.38c	8 457.93c
	开花期	41.1c	40.4c	45.4c	44.3c	13.4c	13.5c	7 744.26f	7 598.81f

综合分析可以看出，拔节期或挑旗期是影响小麦优质高产的追氮时期。对中筋小麦

豫麦41而言,以拔节期最好,是在不降低品质的基础上提高了籽粒产量。对强筋小麦豫麦34而言,以挑旗期最好,是在不降低产量的前提下,改善了籽粒品质。

3.2 氮、磷、钾配方施肥对小麦产量和品质的影响

3.2.1 不同施肥处理对产量的影响

表4中说明,施用有机肥处理与无肥区比较,产量增加248.9 kg/亩,增产140.0%。从多重比较结果看,施有机肥处理与单施氮肥(N_8,N_{16})和单施磷(P_8)处理比较,产量差异达极显著性水平。

还可看出,氮、磷配施及氮、磷、钾配施处理产量较无肥区增产124.9~331.1 kg/亩,较单施氮肥和单施磷肥处理增产100.5~313.4 kg/亩;氮、磷配施处理与单施氮肥和单施磷肥处理比较,产量差异达极显著水平。

表4 不同施肥处理对小麦产量和品质的影响

处理	产量(kg/亩)						较对照增产		品质性状	
	Ⅰ	Ⅱ	Ⅲ	平均			kg/亩	%	稳定时间(min)	湿面筋含量(%)
1 CK	205.3	156	172	177.8	a	A	—	—	8.0	32.3
2 N_8	220	206.7	180	202.2	ab	A	24.4	13.7	9.3	35.5
3 N_{16}	193.3	189.3	204	195.5	a	A	17.7	10.0	10.2	35.4
4 P_8	180	177.3	244	200.4	ab	AAB	22.6	12.7	12.0	30.8
5 N_8P_8	342.7	281.3	284	302.7	b	C	124.9	70.2	10.4	32.5
6 $N_{16}P_8$	424	398.7	524	448.9	c	C	271.1	152.5	11.5	43.9
7 $N_{24}P_8$	422.7	528	576	508.9	c	C	331.1	186.2	12.6	43.2
8 $N_{16}P_{16}$	420	453.3	642.7	505.3	c	C	327.5	184.2	12.6	38.1
9 $N_{16}P_{16}K_{16}$	437.3	446.7	578.7	487.6	c	C	309.8	174.2	12.2	42.2
10 M	404	294.7	581.3	426.7	c	BC	248.9	140.0	9.8	35.6

注:数字后面标有不同字母表示差异显著。$LSD_{0.05}$ = 106 kg/亩,$LSD_{0.01}$ = 145.2 kg/亩。

从氮、磷配施及氮、磷、钾配施对小麦产量的影响看,N_8P_8 与其他4个氮、磷配施处理($N_{16}P_8$,$N_{16}P_{16}$,$N_{24}P_8$,$N_{16}P_{16}K_{16}$)比较,产量明显较低,且差异均达极显著性水平,而4个氮、磷配施处理间的产量差异不显著。说明在本试验条件下,强筋小麦的适宜施氮水平为16 kg/亩。

3.2.2 不同施肥处理对品质的影响

不同施肥措施对小麦品质性状有较大影响。表中表明,氮、磷配施和氮、磷、钾配施处理的稳定时间、湿面筋含量一般明显高于无肥处理、单磷处理和单有机肥处理,氮、磷配施和氮、磷、钾配施处理的稳定时间在10.4~12.6 min,湿面筋含量在32.5%~43.9%,无肥处理、单施磷处理和单施有机肥处理的稳定时间在8~12 min,湿面筋含量在30.8%~35.6%;氮和钾能明显改善小麦品质性状,施氮处理($N_{16}P_8$)较不施氮处理(P_8)稳定时间相差不多,但湿面筋含量显著增加达42.5%;施钾处理($N_{16}P_{16}K_{16}$)较不施钾处理($N_{16}P_{16}$)稳定时间无明显差异,但湿面筋含量增10.8%。

综合考虑产量以及湿面筋含量和面团稳定时间两个主要品质指标,本试验条件下较理想的处理组合为$N_{24}P_8$、$N_{16}P_8$和$N_{16}P_{16}K_{16}$。

4　结论

4.1　追氮时期对小麦籽粒品质和产量的影响

通过本试验得出，不同追氮时期对籽粒蛋白质含量、湿面筋含量、沉淀值、面团稳定时间和籽粒产量有明显影响，即拔节期、挑旗期是小麦优质高产兼顾的追氮时期。对中筋小麦豫麦 41 而言，以拔节期最好，与挑旗期相比，是在不降低品质的基础上提高了籽粒产量。对强筋小麦豫麦 34 而言，以挑旗期最好，与拔节期相比，是在不降低产量的前提下，改善了籽粒品质。

4.2　氮、磷、钾配方施肥对小麦产量和品质的影响

通过本试验得出：①实现小麦优质高产，要在施用有机肥的基础上，应避免氮、磷肥单施；②氮、磷、钾配方施肥可显著提高籽粒产量、改善小麦品质性状。施用氮、钾可明显提高面粉湿面筋含量；③综合考虑产量和品质性状，在高肥地条件下，种植强筋小麦较为理想的施肥配方为 $N_{16}P_5K_7$，种植中筋小麦较为理想的施肥配方为 $N_{14}P_5K_7$。

焦作市大豆配方施肥试验研究

李腊妮　任家亮

（焦作市土壤肥料站 · 2001 年 10 月）

1　试验目的

大豆在焦作市常年播种面积 5 万亩，由于施肥不合理，产量一直很低。为了研究大豆初花期配方施肥对产量的影响，我们安排了该试验，旨在为大面积生产提供施肥依据。

2　试验处理

本试验共设 9 个处理，见表 1。

表 1　处理项目及配方施肥量

处理	施肥量（kg/亩）			
	N	P_2O_5	K_2O	多元微肥
1	0	0	0	0
2	5	0	0	0
3	0	6	0	0
4	0	0	9	0
5	5	6	0	0
6	5	0	9	0
7	0	6	9	0
8	5	6	9	0
9	5	6	9	1

试验所用氮肥为尿素，含氮量为 46%，磷肥为过磷酸钙，含 P_2O_5 13%，钾肥为氯化钾，含 K_2O 50%，多元微肥为硫酸锌。

3 试验设计

本试验设在博爱县农科所，小区长 7.4 m，宽 9 m，面积为 0.1 亩，顺序排列，不设重复。按处理要求，使用氮肥每区施尿素 1.1 kg，磷肥每区施过磷酸钙 4.6 kg，多元微肥（硫酸锌等）每区 0.1 kg。追肥期为 7 月 23 日（初花期）。收获期为 9 月 25 日，割方计产面积为 6 m^2。

4 产量结果

产量结果见表 2。

表 2 大豆配方施肥试验结果

处理代号	株高 (cm)	百粒重 (g)	单株重 (g)	割方产量 (kg/6 m^2)	折合实产 (kg/亩)	较对照增		位次
						kg	%	
1	98	24.0	9.0	0.945	105.0	0	0	9
2	100	23.6	17.5	1.130	125.6	20.6	19.6	8
3	96	22.9	17.5	1.250	138.9	33.9	32.3	6
4	94	23.2	15.5	1.285	142.8	37.8	36.0	5
5	87	22.2	22.0	1.215	135.0	30.0	28.6	7
6	92	24.3	26.5	1.370	152.2	47.2	43.0	3
7	81	23.4	18.0	1.332	148.0	43.0	41.0	4
8	85	23.0	25.0	1.425	158.0	53.0	50.8	2
9	90	24.5	24.5	1.450	161.1	56.1	53.3	1

5 结果分析

（1）从产量结果看，大豆施单一肥料或配方施肥，都比对照（不施肥）有增产作用，处理 2 最低增产 20.6 kg/亩，处理 9 最高增产 56.1 kg/亩。

（2）大豆施用单一肥料，以处理 4（钾肥）增产率最高，为 36%，处理 3（磷肥）次之，处理 2（氮肥）最低，为 19.6%。

（3）两种肥料配合施用，以处理 6（氮、钾）增产率最高，为 43.0%，处理 7（磷、钾）次之，处理 5（氮磷）最低，为 28.6%。

（4）处理 8 以氮、磷、钾三种肥料配合施用，增产率为 50.8%，与单一施肥或两种肥料配合施用相比，增产作用最好，处理 9 增施了多元微肥，增产率为 53.3%，居首位。

另外，从田间观察看到，单施氮肥，株高增加结荚少，单株粒重最低（1.130 g），配合施用磷、钾肥的，株高稍低，单株粒重较高。

6 小结

(1)大豆根瘤菌虽然有很强的固氮作用,但要使大豆高产,还必须施用氮、磷、钾肥料,其增产作用为:三种肥料配合 > 两种肥料配合 > 单一肥料。

(2)用单一肥料,其增产作用为:钾 > 磷 > 氮。

(3)大豆施用两种配合,其增产作用为:氮、磷 > 磷、钾 > 钾、磷。

(4)多元微肥(硫酸锌为主)在大豆上的增产作用不显著。

建议在大豆初花期以追施钾肥为主,配合施用一定量氮、磷肥,将有明显的增产作用。

焦作市小麦、玉米配方肥试验研究

任家亮　李腊妮

(焦作市土壤肥料站·2005 年 7 月 4 日)

小麦、玉米是焦作市主要粮食作物,常年播种面积 300 万亩左右,由于肥料施用不科学,常常造成倒伏、病虫害加重和肥料利用率低的问题。本试验的目的是通过田间试验寻求适宜于焦作市小麦、玉米高产的最佳施肥量和 N、P、K 最佳配方,以提高肥料利用率和产出比。

1 小麦配方施肥试验

1.1 试验地点

试验地点为焦作市农科所东南地。

1.2 供试品种

供试品种为焦麦 D_1。

1.3 试验处理及田间设计

处理 1:底施配方肥 25 - 12 - 5 氯型 30 kg/亩。

处理 2:底施配方肥 25 - 12 - 5 氯型 40 kg/亩。

处理 3:底施配方肥 25 - 12 - 5 氯型 50 kg/亩。

处理 4:底施配方肥 25 - 12 - 5 氯型 40 kg/亩 + 尿素 5 kg/亩。

处理 5:底施配方肥 25 - 12 - 5 氯型 40 kg/亩 + 二铵 5 kg/亩。

处理 6:底施配方肥 25 - 12 - 5 氯型 40 kg/亩 + 氯化钾 5 kg/亩。

处理 7:当地习惯施肥:“郑冠”牌复合肥底施 40 kg/亩。

试验采用随机区组排列,重复 3 次,每个小区长 12 m,宽 2.7 m,小区面积 32 m^2。

1.4 试验进展情况

试验于 2004 年 10 月 10 日播种,播量 8 kg/亩,10 月 16 日出苗,11 月 1 日进入分蘖期,2005 年 3 月 14 日开始拔节,4 月 24 日开始抽穗,4 月 28 日扬花,5 月 5 日进入灌浆期,6 月 7 日成熟,6 月 8 日收割。收割时,每小区调查取样,调查亩穗数、穗粒数和千粒重,小区单收计产。每个处理 3 个重复的平均产量为该处理的实际产量。

1.5 试验结果分析

1.5.1 不同处理对小麦发育影响

基本苗、年前越冬群体、年后最高群体等农艺性状见表 1。

从表 1 可以看出,处理 4 小麦长势好,发育快,分蘖多。处理 1、处理 2、处理 3 虽然年前长势略有差异,但年后最高群体基本一致,说明在高水肥试验田,亩施配方肥 30 kg 已能满足其生长发育需求,增加施肥量不能促进其更快地分蘖以增加群体。

表 1 不同处理的小麦发育情况

处理	基本苗(万头/亩)	年前越冬基数(万头/亩)	最高群体(万头/亩)
1	14.5	99.3	111.7
2	14.5	102.5	108.0
3	14.3	96.0	108.7
4	14.5	113.3	128.1
5	15.0	103.0	111.6
6	14.9	101.1	112.3
7	14.5	101.4	115.8

1.5.2 不同处理对小麦产量及产量结构的影响

不同处理对小麦产量及产量结构的影响见表 2。

表 2 不同处理小麦产量及产量结构调查

处理	产量(kg/亩)	比对照±	增幅(%)	亩穗数(万头)	穗粒数(粒)	千粒重(g)
1	624.6	+103.8	+19.9	53.3	36.0	38.5
2	558.9	+38.1	+7.3	48.8	34.4	39.1
3	531.9	+11.1	+2.1	47.2	34.5	37.9
4	563.8	+43.0	+8.3	50.0	35.5	37.7
5	520.2	-0.6	-0.1	47.3	33.5	38.1
6	591.2	+70.4	+13.5	53.5	34.9	37.3
7	520.8			49.3	34.1	38.1

从表 2 可以看出,处理 1 产量最高,产量结构也最为合理。随着施用量的增加,产量逐步递减。说明当施肥量能满足小麦生长以后,增加施肥量对小麦生长反而起到抑制作用,造成减产。而当增施氮肥或钾肥时,则激活了小麦生长,提高了肥效,故我们提倡 N、P、K 配方施肥,切莫单纯用某类肥料,盲目增加施肥量。

1.6　问题与讨论

本试验田土壤肥力较高,每年小麦产量均在 500 kg 以上。由于肥力基础较好,故对施肥量要求不大,其他地块施肥量应根据肥力基础而定,切忌照搬照抄,机械模仿。

2　玉米配方施肥试验

2.1　试验设计及处理

试验共设 7 个处理:

处理 1:空白对照。

处理 2:当地施肥习惯每亩施 30 kg 尿素。

处理 3:亩施配方肥 24 - 10 - 6,30 kg。

处理 4:亩施配方肥 24 - 10 - 6,40 kg。

处理 5:亩施配方肥 24 - 10 - 6,50 kg。

处理 6:亩施配方肥 24 - 10 - 6,25 kg + 尿素 20 kg。

处理 7:当地习惯常用复合肥 40 kg(“郑冠”牌)。

试验采用顺序排列,重复 3 次。小区面积 36 m^2,4 行区,小区株数 192 株,密度 3 500 株/亩,玉米品种郑单 17。

在玉米不同生育期进行挂牌照相,成熟进行田间考种,全区收获测产。

2.2　试验田概况及田间管理

试验田设在焦作市农科所南地粮作室玉米试验田内,前茬小麦,亩产 500 kg 左右,6 月 4 日收获,6 月 6 日整地,6 月 8 日播种,6 月 14 日出苗,6 月 28 日定苗,7 月 1 日施甲基 1605 乳剂 60 mL 防治玉米螟,7 月 13 日按方案要求进行施肥处理,一次性追施。7 月 11 日拔节,7 月 15 日进入小喇叭口期,7 月 31 日抽雄,8 月 2 日散粉,8 月 10 日进入灌浆期,9 月 23 日成熟。

2.3　调查与记载

主要调查不同处理的产量性状及产量结构,结果见表 3、表 4。

2.4　结果分析

从表 3 可以看出:①随着施肥量的增加,产量明显提高,亩施配方肥 30 kg 亩产 561.9 kg,亩施配方肥 40 kg,亩产 596.5 kg,亩施配方肥 50 kg,亩产 626.9 kg,分别比空白对照增产 22.84%、30.4% 和 37.1%。②与当地习惯施肥相比,配方肥具有明显的增产作用,亩施 30 kg 配方肥时与亩施 30 kg 尿素和亩施 40 kg 的当地习惯用复合肥“郑冠”牌复合肥产量相当。而当亩施配方肥 40 kg 时比亩施 30 kg 尿素增产 4.8%,比亩施 40 kg“郑冠”牌复合肥增产 6.2%。而当亩施配方肥 50 kg 时,则增产幅度达 10.2% 和 11.6%。③亩施配方肥 25 kg + 20 kg 尿素时产量最高,分别比当地习惯施肥 30 kg 尿素和当地习惯用复合肥亩施 40 kg 增产 11.0% 和 12.5%。

从表 4 可以看出,配方肥比当地习惯施肥的增产作用,主要是由于增加了行粒数和千粒重,从而使产量提高。

2.5　结论

亩施 25 kg 配方肥 + 20 kg 尿素产量最高,建议按氮、磷比例进行配方施肥。

表3　配方肥试验产量

处理	各重复产量(kg)			小区平均产量(kg)	折合亩产(kg)	增产幅度(%)	位次
	Ⅰ	Ⅱ	Ⅲ				
1	23.22	24.96	25.92	24.70	457.4		
2	31.29	30.96	29.94	30.73	569.1	24.4	5
3	30.26	29.8	30.96	30.34	561.9	22.8	4
4	32.43	32.94	31.26	32.21	596.5	30.4	3
5	34.56	34.11	32.88	33.85	626.9	37.1	2
6	34.14	34.47	33.69	34.10	631.5	38.1	1
7	30.93	30.60	29.43	30.32	561.5	22.8	6

表4　配方肥试验考种结果

处理	穗长(cm)	虚尖(cm)	穗行	行粒	千粒重(g)	理论产量(kg/亩)	实际产量(kg/亩)
1	18.5	2.8	17.4	29.2	297.3	480.8	457.4
2	20.4	1.7	17.2	32.3	310.2	602.3	569.9
3	19.4	1.6	17.6	32.1	305.5	604.8	561.9
4	19.8	1.4	17.4	34.7	309.5	653.9	596.5
5	21.8	1.5	17.6	36.1	312.1	694.5	626.9
6	21.6	1.3	17.6	36.4	313.2	702.6	631.5
7	19.6	1.7	17.3	32.1	306.3	594.6	561.5

微肥在小麦生产上的肥效研究

徐俊恒　白丽娟

（河南省土壤肥料站·2005 年 9 月）

河南省第二次土壤普查结果表明，土壤中微量元素含量普遍不足，部分严重缺乏。其中，缺锌面积为44.5%，缺硼面积为83.9%，缺钼面积为80.5%，大部分地区缺铜、缺钼，有效锰、有效铁处于中低水平，缺乏面积达1/4。近年来，全省氮、磷、钾化肥用量增加了1倍，产量提高了近1/3，微量元素肥料投入相对甚少。为了解微肥在河南省小麦上的施用效果，2001～2002年安排单元微肥、多元微肥肥效试验，研究它们在小麦上的施用肥效及应用技术。

1　叶面喷施类肥料在小麦上的肥效

1.1　试验设计

选取微肥品种中的锌肥、锰肥、铁肥及市售的复合微肥安排试验，试验设计见表1。

1.2　小麦叶面喷施锌肥、锰肥、铁肥及市售的复合微肥对产量的影响

从表2、表3看出，无论在何种肥力水平下小麦叶面喷施单元微肥、复合微肥增产率在4.2%～13.8%，经配对检验达显著水平，说明喷施微肥对小麦有显著的增产作用。

1.3　小麦叶面喷洒锌肥、锰肥、铁肥对产量构成因素的影响

分析产量构成因素可知，自小麦返青期喷施单元微肥亩穗数略有增加，自拔节期喷施

单元微肥对小麦的亩穗数无影响,二者对穗粒数、千粒重影响都较大。5 个试点中的 4 点小麦穗粒数增加 0.2 ~1.1 粒,千粒重增加 1.1 ~4.2 g ;只有 1 试点 E_2、E_3 处理穗粒数增加较高(2.7 ~3.3 粒),千粒重降低,但综合效应仍为增加。

2　小麦底施锌肥、锰肥肥效研究

2.1　试验设计

选取微肥品种中的锌肥、锰肥、铁肥及市售的复合微肥安排试验,试验设计见表 4。

表 1　叶面喷施试验设计

地点	处理	编码	微肥品种	喷洒时期	用量(g)	喷洒时期	用量(g)
宝丰	1	A_1		拔节期		抽穗期	
	2	A_2	Fe_SO_4	拔节期	25	抽穗期	25
	3	A_3	$FeSO_4$	拔节期	50	抽穗期	50
	1	B_1		拔节期		抽穗期	
	2	B_2	高效增产王	拔节期	125	抽穗期	125
	1	C_1		拔节期		抽穗期	
	2	C_2	双效活力素	拔节期	50	抽穗期	50
	1	D_1		拔节期		抽穗期	
	2	D_2	金农活力素	拔节期	50	抽穗期	50
新郑	1	E_1		拔节期		抽穗期	
	2	E_2	$FeSO_4$	拔节期	25	抽穗期	25
	3	E_3	$FeSO_4$	拔节期	50	抽穗期	50
	1	F_1		拔节期		抽穗期	
	2	F_2	高效增产王	拔节期	125	拔节期	125
尉氏	1	G_1		返青期		拔节期	
	2	G_2	$ZnSO_4$	返青期	100	拔节期	100
	3	G_3	$MnSO_4$	返青期	100	拔节期	100
	1	H_1		返青期		拔节期	
	2	H_2	$ZnSO_4$	返青期	100	拔节期	100
	3	H_3	$MnSO_4$	返青期	100	拔节期	100
	1	I_1		返青期		拔节期	
	2	I_2	$ZnSO_4$	返青期	100	拔节期	100
	3	I_3	$MnSO_4$	返青期	100	拔节期	100
	1	J_1		拔节期		抽穗期	
	2	J_2	高效增产王	拔节期	125	抽穗期	125
	1	K_1		拔节期		抽穗期	
	2	K_2	高效增产王	拔节期	125	抽穗期	125
新安	1	L_1		拔节期			
	2	L_2	金农活力素	拔节期	50		

注:1. 处理 1 均为各喷肥时期喷清水 50 kg;

2. 处理 2、处理 3 均为喷肥时期喷设计量微肥加 50 kg 清水;

3. 尉氏试验 G、H、I 分别设于高、中、低肥力水平上,J、K 分别设于高、中肥力水平上。

2.2 底施锌肥、锰肥对小麦产量的影响

从表5、表6看出，除杞县试点 M_4 由于磷肥用量增加锌肥肥效降低外，其他各处理小麦底施微肥增产率在6.0%～19.0%。经配对检验达显著水平，说明底施微肥显著的增产作用。$ZnSO_4$、$MnSO_4$ 每亩用量1.5 kg的增产作用较好。

表2 小麦叶面喷施微肥产量统计 （单位：kg/亩）

编码	肥力水平	产量	CK 产量	较 CK 增减	增产率(%)	t
A_3	中	339.8	306.7	33.1	10.8	14.54**
B_2	中	363.5	328.0	35.5	10.8	
C_2	中	277.4	248.3	29.1	11.7	
D_2	中	226.8	208.8	18.0	8.6	
E_3	中	329.5	298.0	30.9	10.3	
F_2	中	318.9	298.6	20.3	6.8	
G_2	高	407.5	376.5	31.0	8.2	
G_3	高	399.1	376.5	22.6	6.0	
H_2	中	392.9	370.0	22.9	6.2	
H_3	中	385.6	370.0	15.6	4.2	
I_2	中	329.1	289.3	39.8	13.8	
I_3	中	313.4	289.3	24.1	8.3	
J_2	中	373.2	332.4	40.8	12.3	
K_2	高	406.7	374.2	32.5	8.7	
L_2	高	370.7	339.5	31.2	9.2	

表3 小麦叶面喷施单元微肥考种结果

编码	亩穗数(万头)		较 CK 增减(万头)	穗粒数(粒)		较 CK 增减(粒)	千粒重(g)		较 CK 增减(g)
	处理	CK		处理	CK		处理	CK	
A_2	31.3	31.3	0	29.4	29.2	0.2	41.3	39.5	1.8
A_3	31.3	31.3	0	29.2	29.2	0.0	43.7	39.5	4.2
E_2	34.0	34.0	0	29.4	26.7	2.7	38.2	38.7	-0.5
E_3	34.0	34.0	0	30.0	26.7	3.3	38.0	38.7	-0.7
G_2	30.8	30.8	0	34.7	34.1	0.6	38.9	36.2	2.7
G_3	30.8	30.8	0	34.6	34.1	0.5	38.8	36.2	2.6
H_2	37.1	37.0	0.1	29.4	28.3	1.1	40.2	38.2	2.0
H_3	37.0	37.0	0	28.7	28.3	0.4	39.3	38.2	1.1
I_2	29.7	29.5	0.2	29.2	28.9	0.3	36.5	33.5	3.0
I_3	29.8	29.5	0.3	29.2	28.9	0.3	34.6	33.5	1.1

表 4　底施试验设计　　　　（单位：kg/亩）

地点	处理	编码	微肥种类	微肥用量	N	P_2O_5	K_2O
杞县	1	M_1			10	5	5
	2	M_2	$ZnSO_4$	1	10	5	5
	3	M_3			10	10	5
	4	M_4	$ZnSO_4$	1	10	10	5
偃师	1	N_1			14	6	12
	2	N_2	$MnSO_4$	1	14	6	12
	3	N_3	$MnSO_4$	1.5	14	6	12
	4	N_4	$ZnSO_4$	1	14	6	12
	5	N_5	$ZnSO_4$	1.5	14	6	12
	6	N_6	$ZnSO_4 + MnSO_4$	1.5 + 1.5	14	6	12
濮阳	1	O_6			9	5	
	2	O_2	锌钾肥	15	9	8	
扶沟	1	P_6			18.5	8	7
	2	P_2	锌钾肥	15	18.5	8	7

表 5　小麦底施微肥产量统计　　　　（单位：kg/亩）

编码	肥力水平	产量	CK 产量	较 CK 增减	增产率（%）	t
M_2	高	542.4	499.6	42.8	8.6	
M_4	高	529.0	524.5	4.5	0.9	
N_2	高	516.7	486.7	30.0	6.0	
N_3	高	537.0	486.7	50.3	10.3	
N_4	高	520.7	486.7	34.0	7.0	4.30**
N_5	高	541.0	486.7	54.6	11.2	
N_6	高	579.0	486.7	92.3	19.0	
O_2	高	457.3	424.0	33.3	7.8	
P_2	中	426.0	367.0	59.0	16.1	

表 6　小麦底施微肥考种结果

编码	亩穗数（万头）		较 CK 增减	穗粒数（粒）		较 CK 增减	千粒重（g）		较 CK 增减
	处理	CK	（万头）	处理	CK	（粒）	处理	CK	（g）
M_2	46.7	46.7	0	31.8	33.3	-1.5	41.5	37.8	3.7
M_4	43.9	45.6	-1.7	34.3	32.2	2.1	41.3	42.0	-0.7
N_2	39.7	38.1	1.6	35.7	34.4	1.3	44.7	42.5	2.2
N_3	40.5	38.1	2.4	35.4	34.4	1.0	44.7	42.5	2.2
N_4	36.9	38.1	-1.2	35.9	34.4	1.5	44.6	42.5	2.1
N_5	40.8	38.1	2.7	36.4	34.4	2.0	45.0	42.5	2.5
N_6	43.0	38.1	4.9	36.6	34.4	2.2	45.6	42.5	3.1
O_2	33.0	32.4	0.6	32.9	32.5	0.4	46.8	44.7	2.1
P_2	33.4	33.3	0.1	30.8	28.7	2.1	41.0	38.3	2.7

2.3 底施锌肥、锰肥对小麦产量构成因素的影响

分析小麦底施微肥考种结果可以发现，底施锌肥、锰肥对小麦的成穗数、穗粒数、千粒重有一定的增加作用，增加幅度分别为0.1万~4.9万头、0.4~2.2粒、2.1~3.7 g。个别点虽然某单项减少，但各因素综合，总体上仍呈增加趋势。

3 小结

（1）叶面喷施微肥及底施微肥对小麦有显著的增产作用，叶面喷施主要体现在穗粒数、千粒重的增加上，最终产量提高4.2%~13.8%；底施微肥为亩穗数、穗粒数、千粒重的增加，即使某单项减少，但各因素综合总体仍呈增加趋势，最终产量提高6.0%~19.0%。

（2）小麦底施$ZnSO_4$、$MnSO_4$均以1.5 kg增产效果较好。

其　他

滑县土壤取样与测试技术创新初探

刘红君　卢中民　王冬梅　赵冬丽
(滑县农业技术推广中心·2009年5月)

摘要:土样采集和测试是测土配方施肥的关键环节,由于时间短、任务重,各地都在不断探讨与创新。本文从实际出发,系统总结了集中取土采样与检测化验有效方法。

关键词:土壤取样　测试技术　创新

在测土配方施肥项目实施过程中,滑县严格按照操作规范,大胆改革创新取土方法与测试技术,不断探索和应用新技术、新方法,确保了化验测试质量,为测土配方施肥项目的扎实实施奠定了基础。

1　取土方法与工具的改进

1.1　取样工具改进

取样工具由原来的铁锨改为规范的不锈钢土钻,避免土壤受外界污染,保证每个土样的纯净度,速度更快捷,工作效率高;由过去大概目测确定方位改为GPS定位仪定位,为绘制土壤分布图、开发测土配方施肥专家系统、科学指导农民施肥提供了方便;由原来简单土样混合改为统一配备分样布充分混合,保证了样品的均匀性和代表性。

1.2　取样方法的改进

一改过去的秋后或收麦后取样为秋作物收获后小麦播种施肥前采集,时间规定在9月25日至10月5日的10天时间;二改过去的野外随机取土为室内定点、野外定位、均匀布点的取土方法;三改以前的5点取样为15~20点取样,保证了样品的代表性;四改过去由行政村人员取土为取土专业队取土;五改多地块取土为选择有代表性的一个地块取土,便于调查和个性化服务指导。

1.3　样品处理方法改进

改过去的分散晾干为相对集中晾干,把采回的土壤样品及时放在晾土室内,摊在木桌上的晾土纸上,或专用的风干盘内,由专业人员负责,按照规范并将大土块捏碎,剔除土壤以外的侵入体。自然风干,严禁阳光照射和灰尘污染。风干过程经常翻动土样,早上打开门窗,晚上关闭门窗。风干后的土样及时装入统一制备的样品袋中,内外各附一个标签,填好送样总表,送交县测土配方施肥工作办公室保存备用,保证了风干质量,土壤不受污染。

1.4　土壤样品储存方法改进

为了使土壤样品在储存过程中不受污染,专设储放样品室2间,室内防潮、防鼠、防尘设施齐全,购置专用土壤样品储放柜14组,制作了专用的土壤样品储存袋,每个土壤样品储放柜有 24 个抽屉，每个抽屉盛放土壤样品 21 个，每个储放柜可存放样品 504 个，共 14 组储放柜，可存放土壤样品 7 056 个。基本上保证了项目实施以来所有土壤样品的安全存放。而且每个抽屉上都附有标签，标明抽屉内的样品数量和编号，抽屉可以抽出和移动，便于称取样品时查找、搬运，每个抽屉上都有锁，便于管理人员的管理和样品的长期存放。

2　创新土壤测试技术

2.1　优化化验环境，保证化验质量

为了高标准完成化验任务，滑县农业技术推广中心首先从硬件入手，对原土壤化验室进行大规模整修改造。在国家测土施肥中心专家白由路的指导下，参考中国农科院国家测土施肥中心化验室，制订出整修改造方案，按方案及时整修改造。整修后化验室清晰透明，布局合理，仪器摆放有序。室内分 11 个小区室：加液室、制剂室、分析一室、分析二室、总控室、天平室、标准室、样品室、登记室、蒸馏室和试剂室，重新封闭门窗。安装了冷暖空调 4 部，除湿机 1 台，改善了化验室环境条件，使化验室内温湿度均匀一致，保护仪器设备正常运转，保证了化验的质量。

2.2　增添化验设备，扩大测试范围

为了测土配方施肥项目的顺利实施，滑县增添了很多新设备、新仪器，如原子吸收光谱仪、示波极谱仪、纯水器、定氮仪、多联搅拌机、自动加液器、瓶口分配器、移液器、稳压器、多联体塑料杯等，不但使化验变得方便快捷，还拓展了化验范围，土壤化验项目由原来的 6 项增加到现在的 14 项，新增了有效铜、有效铁、有效锌、有效锰、有效硼、有效钼、有效硫、缓效钾等项目，化验项目更加齐全，指导意义更加大，实用性更强。

2.3　加强内部管理，提高工作效率

(1)整合力量，充实队伍。农业技术推广中心大力整合技术力量，增添年轻技术人员，充实化验队伍，化验室原有 3 名化验员，业务娴熟，工作认真，技术过硬。新增熟悉电脑的年轻化验员 2 名，他们相互配合，取长补短，相互学习，提高了专业技术水平，工作能力不断提高。

(2)建章立制，严格程序。化验室建立健全了各项规章制度，从样品制备、仪器使用、试剂配制、化验分析等都制定了严格的规章制度，使化验工作的各个环节操作规范化、管理制度化，保证化验工作有序、扎实、细致、准确、快速进行。

(3)分工合作，责任到人。化验是一项严格、系统的工作，为了减少误差，对人员进行分工，定仪器、定人员、定任务、定责任、定奖惩。每人负责一个项目的测定，最大限度地减小系统误差产生。大家相互配合，分工合作，增强了责任感，提高了化验速度和化验质量。

2.4　严格质量控制，确保数据准确

滑县土壤化验，每一个项目都固定仪器设备、固定专人操作，减少化验系统误差。同时，加强化验过程中整体质量控制，力争数据准确。自制参比样品 150 kg，化验的每批样品都加入参比样，进行对照，如标样结果异常，立即查明原因，该批样品重新化验，直至达到标样的允许误差为止；不同的化验员之间、不同的仪器之间、不同的时间之间经常进行化验数据对比，滑县土肥化验室与兄弟县化验室之间经常进行化验数据对比和经验交流，

从而严格控制系统误差，确保化验数据精确。2006 年 11 月滑县检测中心顺利通过农业部对测土配方施肥化验室检测质量考核，测试项目全部合格。

2.5 改进操作环节，提高测试速度

在化验过程中积极探索，勇敢创新，改蒸馏水为软化水处理器处理水，每小时生产纯水 30 L，满足批量化验用水；使用多联搅拌机、示波极谱仪、定氮仪、原子吸收光谱仪、自动加液器、移液器、多联体塑料杯等先进仪器，实现化验工作机械化，操作过程自动化，加快了化验速度，大批量操作，每批可处理样品 70 ~ 100 个，大大提高化验进度；数据计算利用计算机表格处理，建立电子档案和文字档案。化验数据及时进行计算机计算和整理，文字档案每年度装订成册。

土壤有效硼常规法快速测试技术设备改良与方法探讨

张有成

（邓州市农业技术推广中心·2009 年 5 月）

摘要：通过对沸水浸提－姜黄素比色法测试土壤有效硼过程进行设备改良和测试步骤改进，测试速度提高 5 ~ 10 倍以上，能耗降低 5 倍以上，时间节约 4/5，资源利用率也有很大提高，测试值重现性良好，达 95% 以上，基本实现利用常规法批量化验的目的。

关键词：有效硼　快速测试　设备改良　探讨

在测土配方施肥补贴项目实施过程中，农业部在《测土配方施肥技术（试行）》（修订稿）中把沸水浸提－甲亚胺-H 比色法或姜黄素比色法测定土壤有效硼作为标准测试方法。因为这两种方法均有灵敏度高、重现性好的特点而被广泛应用。但沸水浸提－姜黄素比色测试土壤有效硼的操作步骤中也存在着操作难、批量化验难的问题。一是石英冷凝管的重量重于石英三角瓶，而其高度几倍于三角瓶，在冷凝管安装于三角瓶上后进行冷凝时会出现重心不稳现象，单个测试还可，但测试速度太慢，且耗能太高，而批量冷凝则不能实现；二是在操作步骤中规定"文火煮沸并保持微沸 5 min，移开热源，继续回流冷凝 5 min，对于这一点，由于在基层化验一般采用电热板加热，热源较难准时移开。

鉴于以上原因，在化验过程中积极探索，对现有设备加以改良，对原来操作过程加以改进，以期提高化验速度，降低测试成本，提高资源利用率，实现批量化验。

1 材料与方法

1.1 对冷凝回流装置的改良

以一次冷凝 12 个样品为例。

1.1.1　制作冷凝架

用直径 20 mm 不锈钢管制成。高度可依据冷凝管长度、加热板大小而定。一般为长 85 ~95 cm，宽 50 cm，高 95 ~ 100 cm。冷凝架分两层，最上层高度距支架底为 95 ~ 100 cm。上层支架除四周边梁外，在中间与长边平行且间隔相等地再固定两道横梁，并在这两道横梁及一道边梁上分别固定 4 个挂钩共计 12 个，用于悬挂冷凝管；下层架高距支架底为 25 ~30 cm，能容下电热板，且能使电热板自由移出；在下层支架上安有升降架，用于使加热平台升高和下降（具体见图 1）。

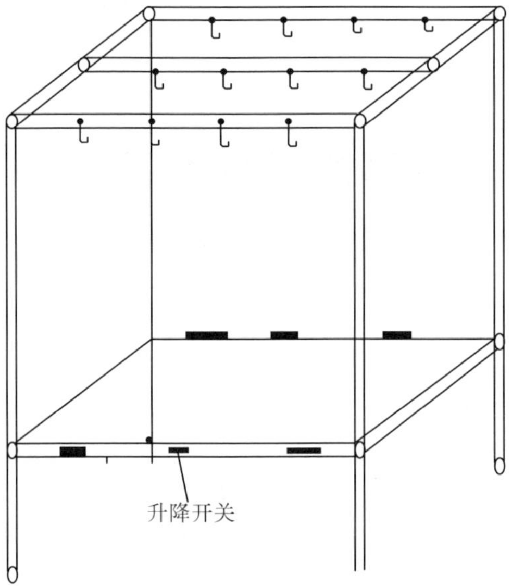

图 1　冷凝架

1.1.2　制作冷凝进水装置

选用一个容积达 1 ~2 L 的优质聚乙烯瓶，在其瓶盖上引出一个粗进水管，并对接上一个自来水开关（用于控制进水），能与自来水管相连；在聚乙烯瓶壁上按次序焊接出水细管 12 个，能通过接细橡胶管与冷凝管进水口相连（见图 2）。

1.1.3　制作加固增稳装置

可选用 3 ~5 mm 厚优质木板为原料，其大小依据电热板形状和大小而定。木板大小确定后，按在加热板上加热三角瓶时的实际的摆放位置摆放三角瓶，并依据该位置在木板上打圆孔，孔的大小以能套入三角瓶上端 1/3 ~ 1/2 为宜，但必须使带孔木板套在三角瓶上后，木板处于水平为宜，且能套紧每一个电热板上的每一个三角瓶（见图 3）。

1.1.4　制作加热平台

最好选用铜质板材，厚度 1 ~2 mm 为宜，大小与电热板上面相当。在铜板两侧打下小孔，利于安装升降支架。此即为操作平台，用来加热三角瓶。再安装好升降架用来操作加热平台。升降架应固定于冷凝架下层支架上，使加热平台升能与冷凝架下层支架平，降能平稳落于电热板上。该操作平台有一个开关控制。

1.1.5　改良水浴加热蒸发装置

购置一个控温电炉和一个直径在 50 cm 以上的大不锈钢水盆。用这两件物品代替恒温水浴箱。在水浴加热时往盆中加满水，等温度升到所需温度时，通过调节控温电炉的电压来控制水盆的温度，可以达到比恒温水浴箱更好的加热效果。

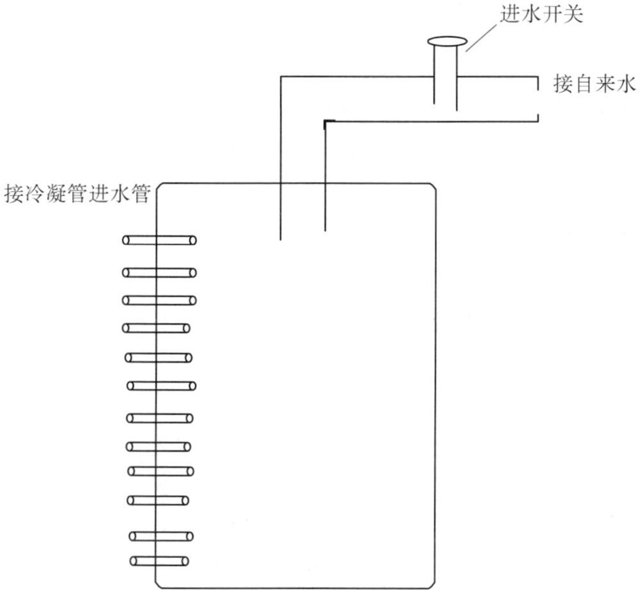

图 2　冷凝进水装置

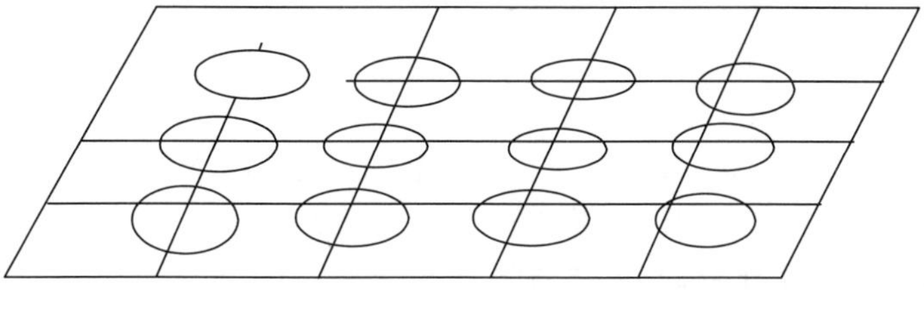

图 3　加固增稳装置

1.2　离心澄清液吸取过程改进

溶液离心澄清后，若直接用移液管吸取离心管中澄清液，不仅降低离心速度，而且由于离心管底沉集了大量的泥土，稍不小心会使移液管底端插入泥中，不仅不能吸取澄清液，还会使澄清液变浑，造成二次离心。因此，在实际操作中，我们把离心后的澄清液先倒入洗净、烘干编号后的聚乙烯小烧杯中，等离心到一定数量样品后再统一吸取澄清液。

1.3　对过滤比色过程的改进

改直接过滤于具塞容器为先过滤于聚乙烯小烧杯中，再倒入比色皿中比色。两人配合，边过滤边比色。

2　结果

2.1　实现批量离心

改直接离心移液为离心转移澄清液后再移液，过程虽增加一步，但没有发生二次离心现象，化验进度大大提高，准确度没有丝毫降低。

2.2　实现批量冷凝

从一次冷凝加热1个到一次冷凝加热12个以上，可以说是一个质的飞跃，不仅提高了冷凝加热速度，还降低了能耗；而冷凝架和加热增稳装置的制作和应用，增强了仪器的稳定可靠性以及使用安全性，使化验操作者可以从紧张的手工操作中解放出来，并能保障仪器的安全。

2.3　实现加热时间精准化

加热平台的运用，可以使加热过程随时中止，且冷凝架的配合、电热板的可移动，均能确保加热停止后无余热加热过程，冷凝管存放安全，加快了冷凝速度，加热冷凝时间更为准确，提高了化验精度。

2.4　实现大批量水浴蒸发

常用的水浴恒温箱一次仅能蒸发8～10个蒸发皿，且水浴箱中水层较浅，水面离箱顶又较高，不利于挥发；采用大水盆蒸发，水盆中水层较深，水面又基本达到盆沿，蒸发皿在敞开环境下挥发，挥发速度一致，更符合测硼要求，且一次蒸发样品数量多，一次可以蒸干30个左右的样品。据我们化验观察，同时放入水盆中进行水浴加热的蒸发皿，蒸干速度基本一致。一般盆中心比盆边的快20 s左右，而紧靠盆边的又比盆中心的快15 s左右。这与盆内水温分布有关，在水浴箱中也有此现象。在实际操作中，我们尽量不让蒸发皿靠近盆边，以求蒸干的一致性。利用水盆加热，增加加热样品数量，提高了化验速度，节能大概在3倍以上。

2.5　实现快速比色测定

把比色液过滤入聚乙烯烧杯，再倒入比色槽的办法（两人配合），每测三个样品大概需时不到1.5 min，实现无挥发比色，提高了化验准确性。

2.6　降低了能耗，缩短了化验时间，提高了化验速度

从改进的过程来看，批量冷凝、批量蒸发以及间接过滤比色等过程的改进，用电量成倍以上的节约；集中冷凝，回流水的二次利用，可以节约大量的水。同时批量化验，化验速度大大提高，化验进程加快，促进了测土配方施肥项目的顺利实施。

3　结语

尽管对仪器改良、化验步骤改进后，化验可操作性更强了，化验过程简单多了，但我们毕竟处于基层，材料有限、设备有限、资金有限，不可能实现精装改良，以上改良实在还有许多不尽人意之处，如冷凝水进入管可以直接设计于冷凝架上，不必另外设计进水装置；加热平台升降操作应该更灵活一些；为方便水浴蒸发，也可在盆中制作一个水浴加热控制架，专门用于在水浴加热时放蒸发皿，防止蒸发皿在加热时随意游动以及蒸发皿浸水现象，流出的冷凝水还可二次利用。

县级测土配方施肥化验室质量控制与测试技术分析探讨

姜玉琴 董文全 管云玲 郭素红 柴志杰 李绍丽 李志苹
（浚县土壤肥料工作站 · 2009 年 6 月）

摘要：化验室要有严格的管理制度，只有建立严格的质量管理体系，才能打造出高质量的化验室，才能培养出高素质的检测人员。只有严格按照国家标准操作，在质量控制体系的保证下，检测结果才有可信性、可靠性、有效性。

关键词：化验室 质量控制 测试技术 探讨

实验室检测分析数据质量客观地反映出了人员素质水平、分析方法的科学性、实验室质量体系的有效性和符合性及实验室管理水平。在检测过程中由于受被检样品（均匀性、代表性）、测量方法（检测条件、检测程序）、测量仪器（本身的分辨率）、测量环境（温度、湿度）、测量人员（分辨能力、习惯）等的影响，使测试结果存在一定的误差，影响结果的精密度和准确性。只有在了解其产生误差的原因，估计误差的大小，采取适当的、有效的、可行的措施加以控制的基础上，科学地处理试验数据，才能获得满意的效果。因此，化验室管理与建立配套体系十分必要。

1 化验室质量控制体系

1.1 土肥实验室内部检测质量控制方法步骤

1.1.1 检测前

（1）样品确认（确保样品的唯一性、安全性）。

（2）检验方法确认（当同一项目有几种检测方法时）。

（3）检测环境确认（温度、湿度及其他干扰）。

（4）检测用仪器设备的状况确认（标志、使用记录）。

1.1.2 检测中

（1）严格执行标准、规程或规范。

（2）重复试验，控制精密度。在批量样品测定中，每个项目首次分析时均需做 100% 的重复试验，结果稳定后，重复次数可减少，但最少须做 10% ~15% 的重复样。

（3）带标准样或参比样，判断检验结果是否存在系统误差。

（4）加标试验。当选定的项目无标准物质或参比样时，可用加标回收试验来检查测定准确度。

（5）空白试验。空白值包含了试剂、蒸馏水中杂质带来的干扰，从待测试样的测定值中扣除，可消除上述因素带来的系统误差。

（6）校准曲线。标准系列应设置 6 个以上浓度点，根据浓度和吸光值绘制校准曲线或求出一元线性回归方程，计算其相关系数，当 $r \geqslant 0.999$ 时为通过；当待测液的浓度超标时不能外推，应适当稀释后测定，应控制在直线线形范围内。

（7）仪器设备状况（稳定性）。在仪器使用中应密切注意稳定性的变化，每测几个或几十个样品须用标准溶液进行校验，检查仪器状况。

详细、如实、清晰、完整记录检测过程，使检测条件可再现、检测数据可追溯。凡是对检测质量有影响的因素必须在原始记录上反映出来，对测量过程中出现的异常情况也应及时记录，以利查找原因。记录的填写、更改应制定相应程序。当检测由一人读数一人记录时，记录人员要复述所记的数据，以免数字传递时发生差错。

1.1.3　检测后

（1）对原始记录校核、审核，确保数据准确无误。核查检验方法、计量单位、检验结果是否正确；重复试验结果是否超差、控制样的测定值是否准确；空白试验是否正常、校准曲线是否达到正常、记录是否齐全等，发现问题及时研究、解决。

（2）异常值处理。分析产生异常的原因，提出处理意见。

（3）凡属下列情况之一者，须进行复检。

①重复试验测定结果超过允许误差时；②当仪器出现故障，可能影响故障出现前的测定结果时；③数据被认为是不符合常规时，数据被认为可疑、但检测人员无法解释时，空白试验异常时；④标准样或参比样结果超标时。

（4）使用计算机采集、处理、运算、记录、报告、存储检测数据时，应制定相应的控制程序，保证数据安全。

（5）检验报告的编制、审核、签发。检验报告是实验室工作的最终成果。检验报告应做到完整、准确、清晰、结论正确。必须坚持三级审核制度，明确制表、审核、签发人的职责。报告的更改发放应有相应控制程序。

1.2　实验室间检测质量控制

（1）由上级领导单位统一发放考核样品，了解各实验室测试分析水平。考核样品统一编号、确定分析项目、分析方法、完成时间。填写考核汇总表。

（2）两个相近的实验室之间的比对。两个实验室对同一个土壤样品、运用同样的检测方法，进行各项目的测试分析，然后对检测结果进行分析，符合化验室之间的允许误差时，过关；否则重新复检，直至符合相关标准。

2　取样方法和工具

土壤样品的采集非常重要，是测土配方施肥工作的基础，从采样人员、采样时间、土样分布到取样工具、取样方法等都要做到详细安排。

2.1　对采样人员进行培训

在现场进行示范操作，印制土样采集资料，让采样人员在心里有充分的重视。由于该项目取样范围广，取样量大，又由于农业自身的特点，在收秋种麦期间取样，时间很紧，因此采样人员合理地和乡里、村里三级组成有效采样小组，共同完成采样工作。

2.2 采样时间统一安排

集中在秋收后到犁地前，即9月5日到9月25日之间。

2.3 在全县耕地范围内均匀分布采集土壤样品

采样小组到田间后，根据地形地势，避开路边、田埂、沟边、肥堆，远离村庄和公路，采用“随机”、“等量”、“多点混合”的原则，采用“S”形路线，进行15点取样，采样深度定为20 cm，土样上下均匀采取，15个点样混匀后，用四分法取1 kg多重，装在用白色棉布制作的取样袋里。

2.4 取样工具

取土工具可以采用不锈钢土钻和不锈钢铲，不锈钢土钻在土壤比较干旱时或黏土地上使用比较费力。大的不锈钢铲成本高，携带也不方便。购置小的不锈钢铲，到村里和铁铲并用，大铁铲挖20 cm深的土坑，小钢铲修面，取土方便，使用又经济。

2.5 做好记录工作

在采样的同时，用GPS定好经、纬度和高程，在乡级地图上标注好取样位置，详细填写取土标签和取样农户的基本情况调查表，取土标签填好后袋子内外各放一张。

采集土样时，三人一组，一人记录，一人持取土工具，一人混土，分工合作，大铁锹和小钢铲合用，有利于提高工作效率。

2.6 新技术在取样中的应用

在土壤样品采集的过程中使用了两种GPS：一种是有单一功能的GPS定位仪，另一种是带有田间信息调查功能的GPS定位仪。通过对这两种定位仪的使用，认识到单一功能GPS定位仪价格低廉、操作简单，能快速、准确地获取所采土样地块的海拔、经度、纬度，这些数据可以直接记录填表，特别适用于采土样时间集中、人手紧张的工作性质；带有田间信息调查的GPS定位仪价格高，在田间进行信息输入，虽然比单一GPS定位仪数据详细丰富，但是在实际工作中速度慢、工作量较大。另外，用带干电池的定位仪比充电的定位仪方便，我们到田间采样，受条件限制，充电不方便，而干电池定位仪，买备用电池放在包里，没电了，换上即可。

2.7 土样处理

土样从野外取回后，登记编号，然后将采回的土样放在塑料晾土盘里，摊成薄薄的一层，置于室内通风阴干，在风干过程中，将大土块捏碎，同时注意剔除土壤以外的侵入体和新生体，以除去非土壤的组成部分。土样风干后，开始处理粉碎，使之全部通过2 mm孔径的筛子，再用四分法取出部分土，研细后全部过0.25 mm的筛子，再在0.25 mm的基础上用四分法取出部分土，研细后全部过0.149 mm的筛子混匀、装袋，袋子内写好标签，把土样按乡（镇）分开存放在土样架上，留做不同的项目分析用。全程注意土壤样品不被污染。

在土样粉碎过程中，分取后先直接过2 mm筛，过不去的再用机器处理。后再混匀，能大大提高土样粉碎速度。土样袋用自封口塑料袋比印刷的纸制的土袋方便，经济、实用。晾土盘塑料的比不锈钢的经济得多。

3 分析测试技巧

3.1 有机质

称样量要少,最好称在0.100 0~0.150 0 g,要用干燥的油浴管。空白可以不加任何样品,油温和煮沸时间要严格按标准进行,否则结果偏差较大。加入10.00 mL重铬酸钾时,必须精确,因为重铬酸钾—硫酸溶液很稠,放完后,等待的时间要基本一致,大约30 s,否则结果偏差很大。重铬酸钾—硫酸溶液易出现针状结晶,可以加几滴蒸馏水,摇均,使之消除。

3.2 全氮

称样时以称0.500 0 g时为好,称样量大时,有时会蒸馏不完全。消煮时,铁粉不能粘到消化管壁上,否则起不到还原作用,消煮时加入5 mL浓硫酸即可,蒸馏时加入的氢氧化钠要过量少许,一般是加酸的5~6倍即氢氧化钠加入约30 mL,否则铵态氮蒸馏不出来,当馏出液为粉红色时,就是氨没有蒸出来,加的碱少,当馏出液为蓝绿色时,为正常。另外在蒸空白之前,先空蒸几分钟。在定氮仪使用上,加碱后要注意用水清洗,否则氢氧化钠易结晶堵塞碱泵。

3.3 有效磷

在测试分析中温度的影响较大,浸提温度和显色时的温度都很关健,显色时室温不能低于20 ℃,否则会出现蓝色沉淀,如果温度低于20 ℃时,可造小环境以保证显色温度;钼酸铵如果不合格,配制显色剂时会出现样品显色不明显,导致结果不准确;抗坏血酸易变质,当发现瓶内药品有紫红色(本身为浅黄白色)时,表明抗坏血酸已有变质,要更换;配制硫酸钼锑贮备液时,要按顺序,而且容器要干净,否则溶液颜色会由杏黄色变成黄绿色,使样品显色不正确,影响结果;显色时容器可以采用60 mL的塑料烧杯,使CO_2易逸出,易清洗。比色皿用完后,短时间不用可以放在蒸馏水中,长时间不用,要清洗干净,放在比色皿盒里。如果污染了,可以用10%的铬酸溶液浸泡1~2 min,不能时间过长,否则比色皿会裂开,再用清水冲洗;在仪器使用上注意保持仪器内部干燥。比色槽下的两根滑杆,若滑动不畅,使光路不在一条直线上,可以在滑杆上涂上凡士林;配置稳压器,可以延长氘灯寿命。

3.4 速效钾和缓效钾

用原子吸收分光光度计时,标准样和土壤样品要进行倍数稀释后才能上机,《测土配方施肥操作技术规程》上要求的浓度,比较适用于火焰光度计。过滤时可以采用100 mL的大口三角瓶,直接把滤纸放在三角瓶上,可以省去过滤漏斗,但倒液时,要少量多次,否则滤液会滤出瓶外。缓效钾油浴过程中,试管笼子放入时,要先转动几圈,使之迅速受热均匀。做钾用6400型火焰光度计,仪器操作简单,成本低。

3.5 pH值

复合电极放在上层澄清液中,不能插入泥土中,不能搅动,否则,结果不稳定。

3.6 微量元素

在微量元素测试分析中,点火前,一定要检查水封管里是否有水封着,否则会有火从水封管内窜出的危险。配制锌和锰标准系列时,为上机操作方便,可以由标准浓度将系列相应的减少1倍。结果偏大时,应按倍数稀释后再重新上机读数。燃烧头上有污物时,即火焰有缝隙时,不要用刀片对着刮,可以平着抹,也不能用酸液泡,用自来水冲洗即可。乙炔气必须要用纯度99%以上的,否则燃烧头容易出现堵塞。

3.7　有效硫

硫的标准曲线在含量低时不易做好,可以采用25 μg/mL浓度的硫标准溶液配制曲线。在电热板上加热时,加热时间视溶液颜色和多少而掌握。搅拌时间1 s和静止沉淀时间5～30 s,整批样品要基本一致。

在测试过程中,配制药品按批量样品操作,采用大容器配制药品,吸液采用了移液器和瓶口分配器,样品分析时采用了加标土样和平行样进行质量控制,数据采用计算机处理和存储,同时先进设备的应用,如定氮仪、紫外分光光度计、原子吸收分光光度计、纯水器等,大大提高了测试速度和准确性。

内黄县土壤样品采集与测试技术创新探讨

刘市锋　王书州

（内黄县土壤肥料站·2009年6月）

摘要:内黄县在项目实施中,在保证高质量的完成土壤采集及化验工作的同时,总结经验,集思广益,大胆探索,提高了工作效率和测试水平。

关键词:土样采集　测试技术　创新

内黄县作为首批测土配方施肥项目试点县,严格按照《测土配方施肥项目技术规范》的总体要求,进行了土样采集和样品分析,2005～2008年共采集土化验样7 103个,化验项次达到5万余项次,在保证高质量的完成土壤采集及化验工作的同时也积极采取措施,总结经验,集思广益,对测试方法进行了一些改进,提高了工作效率和测试水平。现将土壤采集及样品化验有关技术改进作简要介绍。

1　均匀布点,规范采样

推广测土配方施肥,土样采集工作量大、技术性强,土样采集准确与否,直接关系着化验结果及其使用价值。所以,在采样前,参照内黄县土壤图、土地利用现状图绘制了样品分布图,平均每个采样单元为100～150亩,以便田间示范追踪和建立施肥分区需要,采取集中在采样单元中心位置的典型地块,采用GPS定位,记录经、纬度,并测定海拔。采土深度为0～20 cm,同一地块,采样时采用五点取样或蛇形取样,取样器垂直于地面,每个采样点采土上下均匀一致,各样点土样用四分法处理,保留0.5～2 kg,送回室内晾干备用。由于2005年取土任务重,内黄县土肥站人员少,在取土前,2005年内黄县测土配方施肥项目领导小组召开了由各乡镇农业乡(镇)长和农技人员参加的土样采集专题培训会议,技术指导人员详细讲解了土样采集的技术要求和操作规程。县技术指导组成员分包乡镇,召开专题会议,对本乡镇土样采集工作任务进行具体部署,县土肥站技术人员与包村干部一道深入采样区,进行了土样采集,这样,即解决了本站技术人员少的问题又确保采样准确。2006 ~2007 年,为了确保采样准确本站技术人员亲自深入田间,按省土肥站要求,规范用标准取样器取土,采用 15 点取样法进行土样采集,从源头上确保取样质量。

2　测试工作创新探讨

2.1　制作一些简单而实用的小设备,有效地配合了化验工作的进行

在有机质测定进行样品油浴时,按照油浴锅大小和试管情况,制作了一些铁丝笼,将样品试管放入铁丝笼里进行油浴,一次可油浴二十几个样品,同时在铁丝笼上绑上温度计,可监控温度。当温度变化大时,可转动或适度抬升铁丝笼散热,降低温度。使油浴温度始终在要求范围内。铁丝笼底的存在,还可防止试管底部与锅底接触。此法在保证样品处理效果的同时,有效地提高了工作效率。在全氮消煮时,制作了试管架,与消煮炉配套使用,也较为方便适用。同时还可避免高温消煮后从消煮炉上拿取试管时被烫伤。

2.2　加强对试验过程中各阶段处理和化学变化的认识

通过对试验原理和化学变化的更进一步的了解与学习,可使人员在试验过程中根据情况作出适时的调整和应对。对于影响试验结果的关键环节更为重视,做到细之又细,保证了试验效果。在滴定环节上,使用微量或半微量滴定管,使测试结果准确。在土壤消煮处理时,在消煮一定时间的基础上,应主要根据样品消煮的颜色来判断是否消煮完毕,必要时可适时延长消煮时间,使土壤消化更完全。

2.3　合理安排试验时间,提高测试速度

根据试验情况,合理安排试验时间,可有效地提高时间的利用效率,保证在适宜的时间内完成结果的测定,使整个试验过程紧凑、高效。例如有效钼需要浸提后过夜放置,此时应选择下午进行称样处理,第二天测试出结果。全氮消煮需要 2 h 的时间,可利用中午的时间进行。

2.4　数据处理上,利用 Excel 表格配制的功能对试验数据进行计算

将试验的数据编入计算公式中,利用计算机进行结果计算,准确而方便。将试验时得出的标准曲线的结果代入图表中,得到相关曲线的分布情况,容易对曲线有方便直观的印象。当标准曲线的某一结果不正确时,可以很快做出判断。

3　小结

测土配方技术推广工作中,土壤样品测试工作极为重要,是其他工作得以顺利的开展前提和基础。在测试中严格按照相关检测标准进行化验,务求化验结果的准确有效十分关键。在该项工作中,不断创新,摸索了上述这些在采样和化验工作中积累的经验与改进方法,提高了测试速度和工作效率,为科学施肥技术推广、耕地地力评价及耕地质量建设提供了客观、真实、准确的土样测试值,推动了测土施肥项目推广工作的开展。

土壤样品采集及测试技术创新探讨

李玛瑙　郑会晓
（孟津县土壤肥料工作站·2009年5月）

摘要:自2005年以来,孟津县作为首批测土配方施肥项目试点县,按照《测土配方施肥项目技术规范》的要求,进行了土样采集和样品分析,2005～2007年共采集土样6 495个,化验项次达到50 340余项次。在时间紧、任务重、人手少的情况下,加班加点,高质量完成了土样采集与测试任务,在土样采集与测试技术方面取得了一定经验,为推广测土配方施肥技术提供了依据。

关键词:样品采集　测试技术　创新

2005年农业部启动了测土配方施肥项目,孟津县作为首批实施县,通过3年的工作,测土配方施肥技术得到了大面积推广和应用。其中,土样采集技术和测试技术有了很大程度的提高,积累了一定的工作经验。

1　采样工具选择

1.1　慎重选择取样工具,确保取样质量

土样采集工作量大、技术性强,土样采集正确与否,直接关系着化验结果的准确性与使用价值。取样时遇到的最大难题是取样工具,工具选择不好,不仅影响取样速度,而且影响取样质量。按《测土配方施肥项目技术规范》要求,经广泛调研,在采集土壤样品时,选用不锈钢管焊制成取土器。该取样器上下贯通,下口向里收1 cm,钢管外壁标有刻度,距上端20 cm处带有手柄,使用方便。使用这种自制的取土器,可以准确取出0～20 cm的土样,取出的土样可以从另一端完全倒出,并且土样上下层比例相同,没有损失和污染。既可做大量元素分析,也满足做微量元素分析需要。使用快捷方便,适合豫西地区使用。

1.2　GPS定位仪的选择

在土壤样品采集的过程中,使用有单一的GPS定位仪和带有田间信息调查的GPS定位仪,通过对这两种定位仪的使用,可以看出单一的GPS定位仪价格低、操作简单、节省时间,能使快速、准确地了解到所采土样地块的海拔、经度、纬度,这些数据可以直接填表和记录,特别适用于采土时间集中、人手紧张的工作性质;带有田间信息调查的GPS定位仪价格高,在田间进行信息输入,虽然比单一GPS定位仪数据详细准确,但是在实际工作中速度慢、工作量较大。

2　分析化验技巧与探讨

2.1　氮测定技巧

(1)要严格控制消煮炉的温度和消煮时间。如果温度低于360 ℃或时间不够,会使

部分含氮有机化合物不能充分反应,转化为铵态氮,而导致结果偏小,温度高于400 ℃,会导致氮素损失。

(2)使用硼酸指示剂时,一定要把 pH 值控制在4.5。

(3)蒸馏时加入的氢氧化钠应过量少许,以利于把铵态氮完全蒸馏出来。

(4)在仪器使用上,KDN 型比原来玻璃式龙科 A 定氮仪简单实用,因为老式定氮仪用电炉丝加热,不易控制,并且容易出现倒吸现象,致使处理好的样品报废,降低了成功率。KDN 型定氮仪没有倒吸现象,自动加入氢氧化钠成功率较高,两者相比,后者操作简单,而且更安全。做碱解氮时注意扩散皿口的上部边缘是否平整,不平则会使扩散皿漏气,致使样品报废,所以在使用扩散皿时应认真仔细挑选。

2.2　土壤有效磷测定技巧

(1)土壤有效磷测定中温度对测定结果影响较大,一定要控制在25 ℃ ±1 ℃,它包括恒温振荡器的温度和室温。

(2)最好安排在春秋季节测试,以利控制温度,要选择知名厂家的试剂,例如使用不合格的钼酸铵,配制显色剂时会出现样品显色不明显,导致结果不准确。

(3)所使用的比色皿必须保持无划痕和无污染,有划痕时会影响结果,每次用完以后可以用10%的铬酸溶液浸泡1 ~2 min,再用清水冲洗。

(4)标准曲线样品的处理与土壤样品的处理必须同步进行。

(5)必须使用无磷碳粉和无磷滤纸。

(6)在仪器使用上紫外分光光度计比722 分光光度计效率高、准确度高、操作简单,同时注意保持这两种分光光度计内部干燥。

2.3　土壤速效钾测定技巧与注意事项

(1)640 型火焰光度计与原子吸收分光光度计相比,前者使用时,计算麻烦、灵敏度低、效率低,原子吸收分光光度计自动化计算,灵敏度高、效率高,所以原子吸收分光光度计比640 型火焰光度计使用方便、快捷。缓效钾化验中,如果用油浴的方法,一定要把消煮管外壁的水晾干,否则易溅油,发生危险。

(2)用原子吸收分光光度计时,标准样必须经过稀释。因为《测土配方施肥操作技术规程》上要求的浓度比较适用于火焰光度计,当使用原子吸收分光光度计,测 K 时样品浓度太大无法读取数据,必须稀释后才可以读数。

(3)土壤样品也要进行倍数稀释后才能在原子吸收分光光度计上使用。

(4)仪器的使用和保养针对于原子吸收分光光度计来说非常重要。毛细管要保持清洁,发现堵塞要及时处理。燃烧头上有污物时,不要用刀片刮,用自来水冲洗即可。

(5)乙炔气必须要用纯度98%以上的,否则机器容易出现堵塞,火焰颜色发红。

2.4　有机质测定技巧

(1)有机质化验时油温要控制在175 ~185 ℃,煮沸时间5 min ±0.5 min。温度和时间控制不好,使测定结果产生偏差。

(2)加入0.4%重铬酸钾时,必须精确到0.01 mL。

(3)必须冷却后再滴定。

2.5　pH 值测定技巧与注意事项

甘汞电极放在上层澄清液中，否则结果很不稳定。一批样品尽量快速做完，否则结果偏小。

2.6　微量元素测定技巧与注意事项

在微量元素化验中，结果偏大时，应稀释倍数再读数。

3　结论

通过这 3 年的工作，化验技能和水平有了较大提高，积累了测试经验，摸索了测试技巧，对县级测土施肥实验室测试技术工作，将起到借鉴作用。

原阳县土壤取样与测试技术创新

王彦芬　毛喜梅　秦　磊　黄刘峰　李　娟
（原阳县农业局·2009 年 5 月）

摘要：本文从实践出发，较为系统地总结了土壤取样及测试的基本方法。

关键词：土壤取样　测试技术　创新

1　坚持“四统一”，严把取样质量关

土壤样品的采集很重要，是测土配方施肥工作最基础的工作，土样的准确与否关系到整个工作的成败，因而非常重视该项工作，从采样人员、采样时间、土样分布、样点数、取样工具、方法等安排的都非常仔细。

1.1　统一培训

对采样人员首先进行培训，由于取样范围广、任务重，我们抽调 40 多名人员，组成 15 个组进行采样，在采样前，对所有采样人员进行了培训，使他们懂得了取样的重要性及怎样取好土样。

1.2　统一时间

采样时间统一集中在秋收后到麦播前。

1.3　统一样点分布与取样点数、深度

样品分布除第一年是按 250～300 亩取一个样外，第二年开始取样前先在室内确定样品位置，根据经、纬度到田间取样，到田间后，根据地形地势，避开路边、田埂、沟边、肥堆，采用 S 形、X 对角线形进行 15 点取样，取土工具是统一制作的圆形管不锈钢专用工具，采样深度统一为 20 cm，土样上下均匀十分准确，15 个点样混合，四分法舍弃多余土样，留 1 kg 备用。样品袋是用棉布制作的布袋，在采样的同时，调查土样所属农户的基本情况。

1.4　统一标签及填写要求

填写标签，在专门制作的标签上填写样品编号、土壤名称、代表面积、采样日期及采样人、

地块名称、采样深度、方法、样点数、前茬作物、农户姓名等,用铅笔填写好后内外各放一张。

2　应用 GPS,准确定位

2006 年在取样当中,先确定位置,对第一年采集点少的土壤进行先确定经纬度,然后根据经纬度利用 GPS 定位仪直接到地块取样,这样避免了人为误差,也填补了空缺。利用 PDA 田间信息调查可大幅度减轻室内外工作量。

3　按技术规范,做好样品测试

3.1　做好样品前处理,为准确测试打基础

测试人员把从野外取回的土样,经登记编号后,全部经过风干、磨细、混匀、装袋,以备各项测定之用。在样品制备过程中,测试人员非常注意剔除土壤以外的侵入体和新生体,以除去非土壤的组成部分,适当磨细,充分混匀,以减少称样误差。风干样品时,测试人员将采回的土样放在塑料布上,摊成薄薄的一层,置于室内通风阴干,在土样半干时,为了避免土样完全干后结成硬块,难以磨细,又将大土块捏碎。风干后的土样,用土样粉碎机粉碎,使之全部通过 2 mm 孔径的筛子,充分混匀后用四分法分成 2 份,1 份作为物理分析用,一份作为化学分析用。为了保证样品不受到污染,测试人员非常注意制样的工具、容器与储存方法等。

3.2　坚持按技术规范,采用规定测试方法

(1)在分析测试时测试人员主要测试了土壤有机质、土壤酸碱度、土壤有效磷、土壤速效钾、土壤缓效钾、土壤全氮、土壤有效铜、土壤有效锌、土壤有效铁、土壤有效锰,以及土壤样品中硼、钼、硫三种微量元素。

(2)土壤 pH 值测定,测试人员使用通常的电位法,为了接近自然土壤的实际水分状况,避免水分过多时对测定结果的影响,全部采用 2.5∶1 的水土比例;土壤有机质测定采用广泛使用的重铬酸钾氧化 - 外加热法;土壤有效磷测定采用我国目前使用最广的钼锑抗比色法;土壤速效钾测定采用的是 1.0 mol/LNH_4OAc 浸提 - 火焰光度法;土壤全氮测定采用现在广泛使用的以 K_2SO_4 - $CuSO_4$ - Se 为加速器的半微量开氏法;土壤有效铁、锰、铜、锌的测定采用 DTPA - 浸提 - 原子吸收分光光度法;土壤有效硼测定采用吸光光度法;土壤有效硫测定采用 $NaHCO_3$ - $BaSO_4$ 比浊法;土壤有效钼测定采用草酸 - 草酸铵浸提 - 极谱法;植株样品全氮、磷、钾的测定采用的是目前使用最广泛的 H_2SO_4 - H_2O_2 法。

商丘市睢阳区不同土壤肥力下大豆“3414”试验分析

马庶晗　朱　敏　董长青
(商丘市睢阳区土壤肥料站·2009 年 6 月)

摘要:为给大豆合理施肥提供科学依据,按照《2008 年河南省测土配方施肥补贴项目实施方案》的要求,研究了不同土壤肥力下大豆产量与氮、磷、钾养分投入量间的数量关系及土壤养

分的供应潜力。初步建立了高、中、低肥力土壤上的大豆产量与氮、磷、钾肥的效应方程,求其最佳施肥量和最高施肥量。

关键词:大豆　不同肥力　试验　分析

化肥对我国粮食生产起着重要作用。随着农业发展,我国化肥用量逐年增加。据资料统计,我国化肥用量增加84%,而粮食只增产12%。过量施肥,尤其是过量施用氮肥增产作用下降甚至引起减产,同时由于高产耐肥品种的推广应用,一定范围内即使过量施肥作物产量也不会降低,而是维持相对稳定,但过量施肥会引起环境恶化。科学合理施肥,提高肥料利用率可以使这一问题减轻。目前,在大豆上关于其最佳施肥量的研究已有部分报道,但针对不同土壤肥力水平条件下,氮、磷、钾肥最佳施用量及土壤养分供应潜力的系统研究尚少。睢阳区在大豆种植中,施肥重氮轻磷、钾的现象较普遍,因此本研究是在高、中、低土壤肥力水平下,研究氮、磷、钾肥的最佳施用量,以期为大豆的合理施肥提供依据。

1　材料与方法

1.1　供试土壤

试验于2008年在睢阳区进行,选择试验地远离村庄、道路、沟渠,较有代表性,土体无明显障碍层,且地势平坦,肥力均匀,排灌方便。高、中、低3种肥力水平的代表性地块,每个肥力水平选3个试验点布置试验。土壤是质地为二合土。前茬为冬小麦。土壤基础养分见表1。

表1　不同土壤肥力水平的基础养分

土壤肥力	有机质(g/kg)	全氮(g/kg)	有效磷(mg/kg)	速效钾(mg/kg)
高	12.00~15.00	1.00~1.50	20.00~40.00	150.00~200.00
中	10.00~12.00	0.80~1.00	10.00~20.00	100.00~150.00
低	6.00~10.00	0.50~0.80	5.00~10.00	50.00~100.00

1.2　供试材料

氮肥为尿素(含N 46%)、磷肥为过磷酸钙(含P_2O_5 16%)、钾肥为氯化钾(含K_2O 50%)。供试品种为中黄13。

1.3　试验方法

试验是在不施有机肥的基础上进行的,3次重复,24行区,行长5 m,行距40 cm,株距13 cm,小区面积48 m^2,3次重复,随机排列,小区之间、重复之间设置保护行,保护行外垄起田埂,以防窜水窜肥。收获时,每小区只收中间20行计产,第一重复连续选10株进行室内考种。

采用"3414"回归设计模型确定N、P、K的施肥方案。不同土壤肥力条件下的养分投入量见表2。睢阳区大豆贴茬播种,磷肥、钾肥、氮肥严格按方案要求于播种后30天一次性施入,施肥方法为顺行开沟条施,施肥深度5~7 cm,力求施肥均匀。其他管理措施同大田。不同土壤肥力条件下的养分投入量见表2。

表2　土壤肥力、因素水平与养分投入量　(单位:kg/hm^2)

水平	高肥力			中肥力			低肥力		
	N	P_2O_5	K_2O	N	P_2O_5	K_2O	N	P_2O_5	K_2O
0	0	0	0	0	0	0	0	0	0
1	60.00	30.00	22.50	45.00	30.00	22.50	30.00	30.00	15.00
2	120.00	60.00	45.00	90.00	60.00	45.00	60.00	60.00	30.00
3	180.00	90.00	67.50	135.00	90.00	67.50	90.00	90.00	45.00

注:各处理N、P、K分别指纯N、P_2O_5、K_2O的用量。

2　结果与分析

2.1　氮、磷、钾肥用量对大豆产量的影响

2.1.1　不同处理对高肥力土壤上大豆产量的影响

表3表明,在高肥力土壤上,对照产量3 169.21 kg/hm^2,合理配施氮、磷、钾肥大豆增产17.55% ~31.74%。磷、钾肥用量中等时,产量随施氮量增加而增加,施纯氮120 kg/hm^2增产率最高,而再增加施氮量增产率反而下降,磷、钾肥用量对大豆产量的影响与氮肥表现趋势相似。处理3、6、7、9与其他处理相比明显增产,但考虑其产投比,处理6($N_2P_2K_2$)最优。

表3　不同土壤肥力下各处理的大豆产量及增产

编号	处理	高肥力		中肥力		低肥力	
		产量(kg/hm^2)	增产(%)	产量(kg/hm^2)	增产(%)	产量(kg/hm^2)	增产(%)
1	$N_0P_0K_0$	3 169.21 g	0	2 771.48 h	0	2 216.12 h	0
2	$N_0P_2K_2$	3 783.79 gef	19.39	3 572.46 ef	28.90	2 741.56 cd	29.56
3	$N_1P_2K_2$	4 154.19 a	31.08	3 710.29 ab	33.87	2 784.14 bc	31.57
4	$N_2P_0K_2$	3 725.34 f	17.55	3 347.15 g	20.77	2 498.35 fg	21.84
5	$N_2P_1K_2$	4 001.04 b	26.25	3 642.71 bc	31.44	2 578.71 efg	22.38
6	$N_2P_2K_2$	4 175.17 a	31.74	3 849.13 a	38.88	2 831.45 ab	33.80
7	$N_2P_3K_2$	4 149.19 a	30.92	3 794.25 a	36.90	2 902.76 a	37.17
8	$N_2P_2K_0$	3 757.64 ef	18.57	3 548.17 bce	28.02	2 698.49 de	27.52
9	$N_2P_2K_1$	4 056.27 b	27.99	3 738.45 a	34.89	2 599.16 def	22.83
10	$N_2P_2K_3$	4 010.42 b	26.54	3 742.37 a	35.03	2 812.33 b	32.90
11	$N_3P_2K_2$	3 957.44 b	24.87	3 714.85 ab	34.04	2 859.59 ab	35.13
12	$N_1P_1K_2$	3 856.48 cd	21.69	3 694.72 b	33.31	2 595.92 ef	22.67
13	$N_1P_2K_1$	3 864.27 c	21.93	3 675.16 bc	32.61	2 709.43 cde	28.04
14	$N_2P_1K_1$	3 813.32 cde	20.32	3 607.84 ce	30.18	2 623.14 de	23.96

注:小写字母表示差异达0.05显著水平。

2.1.2 不同处理对中肥力土壤上大豆产量的影响

表3还表明，在中肥力土壤上，合理配施肥料大豆增产28.02%～38.88%。此地力条件下，当N、P、K中任两种养分以中等用量配合时，产量均随另外一种养分量的增加有相似的趋势，即随施肥量增加，大豆增产幅度符合报酬递减律。综合考虑产量差异性和产投比，处理6($N_2P_2K_2$)最优。

2.1.3 不同处理对低肥力土壤上大豆产量的影响

由表3可见，在低肥力土壤上，通过配比施肥使产量有不同幅度的增加。磷、钾肥用量中等时，产量随氮肥用量增加而增加，增加幅度较大。当氮、钾肥用量中等时，产量随磷肥用量增加而增加，增加幅度大于钾肥，小于氮肥。此地力条件下，氮、磷、钾肥对大豆产量的贡献是氮>磷>钾。处理3、6、7、10、11与其他处理相比差异显著。

2.2 不同土壤肥力下施肥量与大豆产量的关系及最佳施用量

2.2.1 不同土壤肥力水平的肥料效应方程

回归分析(见表4)表明，在三种不同肥力水平的土壤上，大豆产量与氮、磷、钾肥的投入量均呈显著或极显著二次曲线相关。

表4 不同土壤肥力下的肥料效应方程

土壤肥力	肥料效应方程
高	$y=3\,130.67+17.96N+9.17P+6.22K-0.19N^2-0.07P^2-0.03K^2+0.02NP-0.02NK+0.01PK$ $F=13.94^{**}$ $R^2=0.942\,2$
中	$y=2\,771.36+29.57N+15.61P+5.53K-0.44N^2-0.17P^2-0.05K^2+0.01NP-0.02NK+0.03PK$ $F=12.85^{**}$ $R^2=0.951\,3$
低	$y=2\,172.36+19.47N+16.33P+4.51K-0.54N^2-0.13P^2-0.04K^2+0.01NP-0.03NK+0.02PK$ $F=13.375^{**}$ $R^2=0.942\,7$

2.2.2 不同土壤肥力条件下大豆最高产量施肥量及最佳产量施肥量

根据达到最高产量时，边际产量 $dy/dx=0$ 解的原理，求得表4各种回归方程的一阶偏导，并令其等于零，即可求得各土壤肥力水平的最高施肥量。将所得施肥量分别代入相应的回归方程中，可得出不同土壤肥力水平的最高产量(见表5)。

根据最佳施肥量应符合边际收益等于边际成本的原则，求得不同肥力的最佳施肥量。将所得最佳施肥量代入表4的回归方程，得出相应的最佳产量(见表5)。高、中、低肥力比较，最佳施磷和钾量比较接近，由低肥力到高肥力施氮降低很多，说明要维持高产应根据不同的地力条件适度提供氮素营养，平衡磷、钾养分。

表5 最佳施肥量与最高施肥量

土壤肥力	基础产量(kg/hm^2)	最佳施肥量(kg/hm^2)			最佳产量(kg/hm^2)	最高施肥量(kg/hm^2)			最高产量(kg/hm^2)
		N	P	K		N	P	K	
高	3 130	36.31	41.16	15.00	3 871.02	41.74	69.37	107.05	4 157.43
中	2 771	28.29	36.33	13.04	3 658.20	31.45	51.20	73.47	3 839.53
低	2 172	20.24	29.48	11.54	3 459.27	22.81	38.46	46.18	3 475.13

3 讨论与结论

在不同土壤肥力条件下，合理配施氮、磷、钾肥，均使大豆产量有不同幅度的增加。在高肥力土壤上，大豆产量随着施氮量的增加而增加，但当纯氮用量超过 120 kg/hm^2 时，增产率反而有所下降。因此，提出在此肥力条件下，大豆高产适当控制氮肥用量，化肥施用应采取控氮、平衡磷钾的原则。在中肥力土壤上，大豆产量随施肥量的增加，增产幅度符合报酬递减规律。大豆产量随各养分用量增加的幅度基本相同，说明在中等肥力的地块上，应注意氮、磷、钾养分的均衡配施，化肥施用应采取氮、磷、钾养分适度增加的原则。在低肥力土壤上，氮、磷、钾肥对大豆产量的贡献是氮肥 > 磷肥 > 钾肥。在此肥力条件下，既要提供适量的钾素营养，还要平衡提供氮、磷养分，化肥施用上，应采取重氮磷补钾的原则。不同土壤肥力肥料最佳施用量的上限不同，从氮肥的角度看，有肥力水平低，施肥量相对多的趋势，而磷、钾肥不符合此规律。

配方肥配方制定与推广实践

尤　斌　魏　玲

（鹿邑县土壤肥料工作站 · 2009 年 6 月）

摘要：本文系统介绍了鹿邑县在测土配方施肥补贴项目中，如何制定科学合理制定肥料配方、如何落实到户，并对其应用效果进行了客观评价。

关键词：配方法　配方制定　推广实践

配方肥是根据不同作物不同生长时期在不同土壤上对养分的需求，根据测土配方施肥技术成果，科学制定配方，将单质氮、磷、钾及微量元素经科学调配而成的高浓度散装肥料。因此，配方肥是一种将作物需肥—土壤供肥—科学施肥三者有机结合，推行测土配方施肥技术的有效措施。

1 配方制定

配方制定是测土配方施肥的关键环节，也是衡量测土配方施肥最终能否实现节本增效的关键。鹿邑县测土配施肥补贴项目实施中配方的制定，既有测土配方施肥补贴项目实施前多年的土壤测试、大田试验、农户施肥调查、用肥习惯、作物特性，又有国家测土配方施肥补贴项目中技术规范的内容，正规的田间试验要求、专家的技术指导、施肥的田间评价以及经济效益分析。因此，鹿邑县的配方制定具有一定的经验性、实践性和科学性。

1.1 配方制定的依据

2006 年测土配方施肥补贴项目在鹿邑县开始启动，在当年的实施运作中，为找出适合本县不同地方的肥料配方和作物施肥技术指导，县土肥站安排专人负责，广泛收集整理分析与测土配方施肥有关的技术资料,包括第二次土壤普查、土壤监测、地力调查、田间肥效试验和施肥情况调查在内的历年各种数据资料。同时做好作物施肥情况调查结果统计与分析工作,特别做好当地种植水平较高的典型农户与科技示范户的施肥情况调查结果统计分析。由于当时测土配方施肥工作刚刚起步,基础差,为不误农时,及时指导肥料企业抓紧生产专用配方肥,引导农民科学施肥,在施肥参数不齐,又没有最新的土壤养分测试数据的情况下,采用氮、磷、钾比例法开展测土配方施肥工作,即通过总结全县前3年内不同土壤、不同作物田间试验得出氮、磷、钾的最适用量,然后计算出三者之间的比例关系,确定其中一种主要养分的施肥定量,然后按各种养分之间的比例关系推荐其他养分的肥料用量,如以氮定磷钾、以磷定氮,等等。在秋季,制定出了全县不同土壤类型的分片的小麦施肥配方,同时制定了《鹿邑县2006年小麦测土配方施肥技术指导意见》(见表1),在土壤取样区和农户调查区发放测土配方施肥建议卡。

表1　2006年鹿邑县小麦参考施肥量

目标产量(kg/亩)	建议施肥量(kg/亩)		
	N	P_2O_5	K_2O
500~600	26	12	6~8
400~500	22~24	10~12	5~6
300~400	20	10	4~5

2007~2008年,为了进一步准确掌握全县各类作物及土壤的施肥参数,在2006年取样3 864个的基础上,2007年、2008年全县分采集土样2 015、801个,采集的土样基本涵盖了全县的所有乡镇、土类、不同土壤质地,做到了平均100~200亩一个样。对采集土样全部进行分析化验,在测土的基础上,根据需要开展了植株、籽粒分析,为制定配方提供了基础数据。同时,按照农业部《测土配方施肥技术规范》要求,3年共布置小麦和玉米"3414"田间试验50个,通过土壤测试和田间试验,摸清了土壤养分校正系数、土壤供肥量、农作物需肥规律和肥料利用率等参数。在通过对土壤测试和田间试验数据的汇总,技术专家组根据鹿邑县的气候、地貌、土壤类型、作物品种、耕作制度等差异性,合理划出了施肥类型区,建立了不同施肥分区主要作物的氮、磷、钾肥料效应模型,确定作物合理施肥品种和数量,基肥、追肥分配比例,最佳施肥时期和施肥方法,制定不同区域的肥料配方。2007~2008年小麦的施肥配方提出:在氮肥施用上,采取总量控制、分期调控的方法确定亩施氮总量和追肥时期、数量。氮肥施用总量要依据小麦目标产量确定,一般亩施肥量控制在10~13 kg(纯氮)。在此基础上,重点根据水浇条件、降水、播期、品种特性等进行分期调控,确定合理的基肥、追肥分配比例,一般基肥和追肥的比例控制在7∶3。在磷、钾肥施用上,推广磷钾养分恒量监控施肥技术,根据测试土壤有(速)效磷钾含量水平和磷钾的肥效反应,确定磷钾肥用量。依据近两年"3414"试验数据汇总结果,结合生产实际,提出磷钾丰缺指标和施肥推荐(见表2、表3)。

表 2　鹿邑县小麦磷肥施肥指标体系

肥力等级	有效磷(mg/kg)	施入/带出	磷(P_2O_5)用量(kg/亩)		
			高产田	中产田	低产田
极低	<4	2.0	16.0	14.0	12.0
低	4~8	1.5	12.0	10.5	9.0
中	8~18	1.0	8.0	7.0	6.0
高	18~28	0.5	4.0	3.5	3.0
极高	>28	0	0.0	0	0

表 3　鹿邑县小麦钾肥施肥指标体系

肥力等级	速效钾(mg/kg)	施入/带出	钾(K_2O)用量(kg/亩)		
			高产田	中产田	低产田
极低	—	2.0	>13.5	>7.5	>4.5
低	<70	1.5	13.5	7.5	4.5
中	70~100	1.0	9.0	5.0	3.0
高	100~180	0.5	4.5	2.0	1.5
极高	>180	0	0	0	0

1.2　配方制定的过程、配方种类以及田间验证

依据2006~2008年全县6 680个农户施肥调查、6 680个土壤样品养分含量的测试结果，小麦、玉米田间试验结果和主要作物的需肥规律，设定目标产量，按照养分平衡法和养分丰缺指标计算小麦、玉米不同产量水平和不同质地土壤条件对纯N、P_2O_5、K_2O的需要量，然后根据全县不同土壤状况制定小麦、玉米、大豆的配方肥配方。小麦施肥配方：亩产550~600 kg高产田配方淤土地为30－16－6，两合土地30－16－8；500~550 kg中产田配方为淤土地28－14－6，两合土地28－14－8；450~500 kg低产田淤土地配方26－12－6，两合土地配方26－12－8；轻壤土地配方26－12－10。夏玉米施肥配方：亩产550~600 kg产量水平高产田配方为淤土地30－6－8，两合土地30－6－10；亩产500~550 kg中产田产量水平配方淤土地28－5－6，两合土地28－5－8，轻壤土地配方28－5－10；亩产450~500 kg低产田配方淤土地26－4－4，两合土地26－4－6；轻壤土地配方为26－4－8。这些配方肥的配方用田间试验进行校验。

2　配方肥的开发

2.1　配方肥的开发、生产、供应

鹿邑县从2006年开始实施测土配方施肥补贴项目以来，通过组织有关专家汇总土壤测试、田间试验数据结果，全面掌握耕地养分状况和基础地力信息，摸清土壤供肥能力，不同产量水平小麦、玉米需肥规律和肥料利用率等基本施肥指标体系，依据土壤类型、养分状况，当地施肥品种、模式、方法，确定了全县不同区域不同作物的配方肥配方。在配方肥的配方设置上，做到了小到田块，大到区域，对配方肥配方根据实际进行灵活调整。主要分区域配方肥配方为：北部粮、棉、烟、桐间作区5个乡(镇)和中部涡南沿线区4个乡(镇)，土种较复杂，两合土面积占有相当比例，小麦配方：①高产田。曾3年亩产500 kg以上，目标产量550~600 kg，以30－16－8配方为主，其中氮肥60%底施，40%返青至拔

节期追施。②中产田。曾3年亩产达到450~500 kg,目标产量500~550 kg,以28-14-8配方为主,其中氮肥60%底施,40%返青至拔节期追施。③低产田。曾2年亩产400 kg左右,目标产量450~500 kg,以26-12-8配方为主,氮肥60%底施,40%返青至拔节期追施。玉米配方:①高产田。目标产量550~600 kg,以30-6-8配方为主,其中氮肥50%底施,50%大喇叭口前期追施。②中产田。目标产量500~550 kg,以28-5-7为主,其中氮肥50%底施,50%大喇叭口前期追施。③低产田。目标产量450~500 kg,以26-4-6配方为主,其中50%氮肥在小喇叭口至大喇叭口前期追施。

中南部扇型重壤区和西部粮、棉、豆、林网区,淤土面积大。小麦配方:①高产田。曾3年亩产500 kg以上,目标产量550~600 kg,以30-16-6配方为主,提倡40%氮肥追施。②中产田。曾3年亩产450 kg,目标产量500~550 kg,以28-14-6为主,提倡40%氮肥追施。③低产田。曾2年亩产400 kg,目标产量450~500 kg,以26-12-6配方为主,提倡40%氮肥追施。玉米配方:①同北部粮、棉、烟、桐间作区和中部涡南沿线区。此外配方也得到合理调整。如2006年取样测试时间紧、任务重,小麦施肥配方中氮指标20~26个,磷指标10~12个,钾指标6~14个。2007年通过对化验数据和试验示范数据分析,小麦施肥配方氮、磷、钾用量依次提高到24~28 kg/亩、12~18 kg/亩、6~12 kg/亩。2008年根据小麦产量的提高和高产开发对养分的需求,配方中氮、磷、钾用量依次提高到26~30 kg/亩、14~20 kg/亩、6~10 kg/亩。夏玉米施肥配方也得到进一步调整。3年的测土配方施肥项目实施,共开发不同区域不同作物专用配方肥配方41个,其中提供给肥料企业19个(小麦11个、玉米6个、大豆2个)。配方肥含量涉及总养分,涉及作物为小麦、玉米、大豆等。在配方肥生产上,首先由鹿邑县土肥站根据全县土壤肥力状况、试验数据、主要农作物目标产量等提供配方肥配方;其次从省农业厅认定的企业中进行选择,再经实地考察确定最终的配方肥生产企业,严格按协议指定的配方、数量、时间,以单质肥料进行配方肥的生产。配方肥的配送和供应主要由配方肥的生产厂家通过网点开发进行配送和定点供应,土肥站组织厂家进行电视讲座、技术培训、发放技术宣传资料、现场宣传等方式进行推广。

2.2 配方肥产品质量控制

2006年以来,鹿邑县在认真总结前些年推动企业参与测土配方施肥工作的基础上,进一步完善和规范了配方肥定点生产企业招标认定办法,积极鼓励肥料企业参与配方肥生产供应。在对配方肥生产企业进行招标过程中,严格对企业的生产条件、设施、规模、信誉、质量保证体系等进行了审核,并通过竞争方式与省土肥站确定的测土配方施肥定点企业名单密切合作,努力扩大配方肥生产供应,保证农民用上质优价廉的配方肥。3年来,共确定了省测土配方施肥定点企业4个作为本县配方肥的供应单位:河南诚信肥业有限公司、周口市农科院科技开发公司、商丘市沃力农业技术服务鹿邑代理处、鹿邑益田肥业有限公司。4家企业在测土配方施肥肥料配送过程中,严格按照专家所提出的区域配方进行生产,配方肥生产过程中,对原料品种提出具体要求,生产之前必须进行养分含量化验,生产中原料用量记录,产品批批有检验,不合格不出厂。在销售网点,首先根据配送量做到进货有台账,售出有记录。同时测土配方施肥领导小组定期对生产单位和配方肥销售网点结合农业执法部门联合进行企业生产情况检查,对市场和网点销售的配方肥进行定期不定期抽样化验，从而确保农户用上质量放心，适合自己土壤的配方肥。3 年来，全县共推广应用配方肥使用面积 80 万亩，推广施用各类作物专用配方肥 3 万多 t。

3　配方肥推广与使用效果

3.1　以不同方式搞好施肥建议卡的发放入户工作

为解决农业技推广"最后一公里"的问题，特别是测土配方施肥补贴项目实施过程中技术与物质配套脱钩的问题，提高测土配方施肥技术的覆盖率和到位率，通过土壤测试、田间试验并结合作物的需肥规律，为项目区所有取样农户建立了测土配方施肥建议卡。而施肥建议卡能否真正发放到农民手中，是落实配方施肥的关键。因此，对施肥建议卡的发放入户工作高度重视。首先，县测土配方施肥领导小组召开会议，进行专门部署，并深入各乡镇督促检查施肥建议卡的发放入户工作；其次，利用良种补贴点、配方肥销售网点、科技入户工程、科技赶集等形式发放施肥建议卡；再次，土肥站全体人员组成 5 个建议卡发放小组，在核心项目示范区入户发放施肥建议卡；最后，通过电视、广播、开培训会等形式加大宣传力度，营造良好的舆论氛围，扩大影响，在宣传的同时发放施肥建议卡。3 年来发放宣传培训资料 15.7 万份，张贴测土配方施肥技术挂图 1 万份，发放施肥建议卡 19 万份，建议卡项目区入户率达 95%。

3.2　配方肥推广情况

根据农业部测土配方施肥技术规范，结合鹿邑实际编写《小麦测土配方施肥推介》和《鹿邑县测土配方施肥技术问答》以加强培训，此外采取多种宣传手段多渠道、多形式、多层次宣传配方肥。多渠道表现在：与科技下乡相结合、与各种补贴项目相结合、与配方肥销售工作相结合，进行配方肥宣传推广工作。多形式表现在：举办培训班集中培训、进村入户具体指导、开办电视专场讲座、发放宣传材料、制作宣传版面、开展技术咨询、利用多媒体技术播放配方肥使用专题片等形式提高广大农民测土配方施肥意识，普及推广配方肥。多层次表现在：对县、乡技术人员进行业务培训，对配方肥厂家和配方肥经销商人员进行配方肥的经营管理培训，对乡镇包村干部进行业务技能培训。3 年来，共举办各类培训班 87 期次，培训技术骨干、科技示范户 1.5 万人次，发放宣传资料 15.7 万份，进行电视专题技术讲座 249 期，制作墙体广告及宣传条幅 161 条，召开配方肥推广现场会 144 次。通过以上措施，共推广测土配方施肥面积 80 万亩次，推广配方肥 3 万 t。

3.3　配方肥应用的增产、增收、节肥

通过推广应用配方肥，作物增产效果非常显著，2006 ~ 2008 年全县推广测土配方施肥 210 万亩，节约化肥 452 t，节约化肥成本 2 124 万元；增产小麦、玉米 84 500 t，增产增值 12 482 万元，效益 12 730 万元，其中小麦测土配方施肥 180 亩，平均每亩节约化肥 0.69 kg，折成本 3.24 元，共节约化肥成本 580 万元；每亩增产小麦 37.87 kg，亩增收56.78 元，实现效益 10 800 万元。玉米测土配方施肥 30 万亩，平均每亩节约化肥 2.59 kg，降低投肥成本 12.17 元，每亩增产玉米 53.87 kg，亩增效 75.42 元，实现效益 1 930 万元。

测土配方施肥技术的推广，尤其是配方肥的实际应用，推动了广大农户信科学、用科学的积极性，科学施肥观念日益增强。一是配方肥料的推广实现了测土配方施肥技术与物质配送的有机结合，解决了群众既要领会技术又要结合实际的问题，配方肥的配送减少

了技术推广的中间环节，做到了技术与物质直接应用。二是配方肥的应用能够节本增效。配方肥的应用与传统施肥相比，省时省工省钱，节约投资，减少劳动强度，因此科学的氮、磷、钾养分配比，减少了土壤过量施肥的危害，既增加了产量，改善了品质，又节约了成本，提高了综合效益。三是通过配方肥的推广应用，培养了一批技术应用带头人。通过技术培训、印发技术资料、开展宣传报道、办示范片、设置对比试验等，使大多数农户在应用测土配方施肥过程中，学到了配方施肥技术，为今后的推广奠定了基础。

孟津县测土配方施肥技术应用效果与推广模式

李玛瑙　刘艳艳

（孟津县土壤肥料工作站·2009年8月）

摘要：孟津县农业局紧抓当前国家重视、社会关注、农民欢迎这一难得机遇，转变观念，努力将测土配方施肥工作由技术措施提升为一项支农惠农的政策，由部门行为提升为政府行为，推动测土配方施肥工作的全面开展。自2005年开展测土配方施肥工作以来，取得了明显的经济、社会效益和生态效益，为促进粮食增产、农业增效、农民增收发挥了积极作用。在技术推广方面，坚持“突出重点、示范带动、稳步推进”的原则，形成了发卡服务、技物结合、种植大户带动、厂村直接挂钩的技术推广模式。

关键词：测土配方施肥　应用效果　推广模式

测土配方施肥是提高农业综合生产能力，促进粮食增产、农业增效、农民增收的一项重要措施，是建设社会主义新农村、加速现代农业发展的一项基础性工作，是当前和今后一个时期科技入户的重点工程。孟津县土肥站在测土配方施肥技术示范应用方面，坚持“突出重点、示范带动、稳步推进”的原则，取得了明显的应用效果，形成了发卡服务、技物结合、种植大户带动、厂村直接挂钩的技术推广模式。

1　测土配方施肥技术应用效果

2005～2007年，全县累计推广测土配方施肥面积181.1万亩，节约化肥2 105.55 t，为农民节约化肥成本736.43万元，总计节本增收7 950.07万元。其中小麦平均每亩节省化肥（折纯）1.33 kg，节省化肥成本4.65元，共节省化肥成本476.625万元；每亩增产小麦28 kg，亩增收节支44.52元，共增产2 870万kg，增加产值4 305万元，节本增效4 781.625万元。

玉米平均每亩节省化肥（折纯）1.3 kg，节省化肥成本4.55元，共节省化肥成本248.43万元；每亩增产玉米38.2 kg，亩增收节支58.6元，共增产2 085.72万kg，增加产值2 920.008万元，节本增效3 168.438万元。

项目实施区内，一是通过测土配方施肥，调整氮、磷、钾三要素施用比例，实行以产定氮,一方面减少了氮肥施用量,提高了化肥的利用率,另一方面减少了因过量或盲目施用化肥造成的养分流失,减少了对地表水和地下水的污染,降低了水质和蔬菜中硝酸盐与亚硝酸盐的含量。二是通过大面积推广施用以农作物秸秆为主的有机肥料,实现了农业废弃物的再利用,项目区内基本杜绝了田间地头焚烧秸秆的现象,减少了农业废弃物对环境的污染。三是通过推广测土配方施肥,农作物生长健壮,增强了抵抗病虫害的能力,一般农药施用量减少 20% 以上,从而有效地控制了农业面源污染。

2　主要技术推广模式

2.1　发卡服务模式

在抓好土壤常规化验分析的同时,广泛收集整理第二次土壤普查、土壤监测、地力调查、田间肥效试验资料,认真做好全县小麦、玉米等主要农作物施肥情况调查,总结当地高产典型施肥经验,掌握当地土壤养分的变化趋势和基本规律。运用测土配方施肥"三类六法"中的"养分丰缺指标法",根据不同土壤养分含量和不同作物的需肥特点制定测土配方施肥建议卡。由县、乡两级农业技术推广部门的技术人员将测土配方施肥建议卡送到农民手上,并对农民进行施肥技术指导。

2.2　技物结合模式

孟津县土壤肥料工作站根据不同土壤养分含量和不同作物的需肥规律研制肥料配方,将肥料配方交给测土配方施肥项目中标的定点生产企业,由肥料企业按配方生产作物专用配方肥,建立起"测土、配方、生产、供应、施肥技术指导"一条龙的服务体系。这种模式把肥料作为测土配方施肥技术的载体,使农民在购买肥料的同时就得到了科学施肥技术,既简化了农民的操作手续,又强化了测土配方施肥技术的推广。2005 ~ 2007 年全县共研制出不同土壤、不同作物的肥料配方 14 个,招标配方肥定点加工企业 7 个,加工生产各种配方肥 32 290 t,推广施用配方肥面积 807 250 万亩。

2.3　种植大户带动模式

随着农村联产承包责任制的不断发展和深化,农村中涌现出了一大批种植大户,如种粮大户和各种经济作物种植大户,这些种植大户大多是种田能手,对农业科学技术态度积极,接受能力快,同时,他们的行为对当地农民群众具有较大的影响。在测土配方施肥行动中,我们对这些种植大户实现了三个优先:一是优先为这些种植大户举办测土配方施肥技术培训班,二是优先为他们取土化验分析,制定不同土壤和不同作物的肥料配方,三是由配方肥定点加工中标企业优先为他们按配方和定单生产不同作物的专用配方肥。实践证明,这种模式是带动和引导农民推广测土配方施肥技术的最有效途径。

2.4　厂村直接挂钩模式

由县土肥站按当地乡(镇)、村农民的要求,根据当地不同类型土壤养分化验结果与不同作物的需肥特点开出配方,由中标的配方肥定点加工企业根据配方生产适合于不同土壤和不同作物的专用肥,直接销售给农民。如孟津县土肥站根据崔窑村、卫坡村、寨沟村等 30 个村的土壤养分化验结果,制定小麦、玉米等肥料配方,交与签订中标的洛阳汝化集团生产的配方肥,同时在这些村组中发放购肥优惠卡,每袋肥料优惠 3 ~ 5 元,通过优惠广大农户广泛使用"汝河"牌配方肥,销售量 3 年来达到 2 915 t,建立了"汝河"牌配方肥使用示范村;根据孟津县平乐村、老城村、官庄村等30个村的土壤养分化验结果,制定小麦、玉米等肥料配方,交与签订中标的山东鲁西肥业集团生产的配方肥,在这些村组中发放购买该种肥料的优惠卡,每袋肥料优惠3元,通过优惠广大农户积极使用"鲁西"牌配方肥,销售量达到3 665 t,建立了"鲁西"牌配方肥使用示范村等。

2.5 成立技术服务中心

2008年孟津县积极探索配方肥推广模式,与洛阳市启禾科技生态有限公司共同组建了孟津县测土配方施肥技术服务中心、孟津县配方肥料配送中心。设立乡级服务站10个、村级服务店100个,形成了"一乡一站、一村一店"的技术推广模式。中心店作为测土配方施肥技术推广窗口常年设立技术咨询电话,每天都有专家坐诊,接受群众咨询,从而指导群众科学施肥、方便群众购肥、大力推广配方施肥。中心自成立以来,接受群众咨询200余次,推广配方肥2 000余t。

3 结论

测土配方施肥项目在孟津县通过示范和推广,取得了明显的经济效益和社会效益,促进了孟津县粮食增产、农业增效、农民增收。孟津县土肥站在长期的工作中,摸索出了许多切实可行的经验,探索出了多项行之有效的工作模式,为长期测土配方施肥技术示范和推广提供了保障。

测土配方施肥技术示范推广模式探索

刘红君 卢中民 赵冬丽

(滑县农业技术推广中心·2009年6月)

摘要:本文详细介绍了滑县在测土配方施肥补贴项目中,为保证技术落实到位而进行的示范推广探索,全面介绍了在实践的形成的"53121"推广模式的内容、含义、作用和操作方式。

关键词:测土配方施肥 示范推广 模式 探索

测土配方施肥技术能否进村入户、落实到位,示范推广是一个的重要环节。滑县在测土配方施肥补贴项目实施过程中,坚持宣传与培训相结合,样板引导与技术讲解相结合,努力推进技术入户,积极探索,锐意创新,构建了"53121"测土配方施肥工作新模式,有效地促进了测土配方施肥技术推广。

1 多措并举,强力造势

滑县在测土配方施肥技术推广工作中高度重视宣传发动工作,营造了"领导抓测土,农民盼测土,技术人员指导测土"的良好社会氛围。

1.1　利用行政力量进行宣传，层层发动

每年春、秋两次召开由各乡镇长、农业副乡镇长、科技示范户、村两委成员参加的千人大会，宣传动员，鼓劲加压。

1.2　利用媒体进行宣传

在滑县电视台、滑县农业信息网和滑县农技推广网分别创办了《测土配方施肥》栏目，利用广播、报纸、网络等现代传媒，广泛宣传，达到家喻户晓，人人皆知。

1.3　利用“三级阵地”进行宣传发动

在县、乡农业科技服务大厅（科技服务站）设立测土配方施肥技术咨询服务专区，开通测土配方施肥技术咨询服务热线电话；在重点村建立村级农业科技文化大院，配备电视、图书、光盘、磁带等测土配方施肥声像资料，定期不定期举办培训班。

1.4　利用专题简报进行宣传

创办了《滑县测土配方施肥简报》，及时总结经验，宣传典型，通报工作动态。

2　健全队伍，强化培训

2.1　建立健全技术培训队伍

以县农业系统技术骨干为主，成立测土配方施肥技术专家组；以包乡技术人员和乡农业服务中心为主，成立 22 个技术指导组；以村科技推广专干（科技示范户）为主，成立 1 000多个测土配方施肥技术推广行动小组，组成了县、乡、村三级测土配方施肥技术推广队伍。

2.2　提高技术培训队伍素质

先后邀请中国农业科学院国家测土施肥中心实验室白由路主任、河南农大马新明博士、河南省农科院寇长林博士对技术骨干进行集中培训；县技术专家组对县、乡技术骨干进行培训，提高了技术队伍的业务素质。

2.3　利用科技入户模式进行培训

在村农业科技文化大院不定期举办培训班，培训骨干农户，测土配方施肥技术推广行动小组组织农民广泛开展技术交流活动。技术人员采取一张培训卡、一张明白纸、一张科技光盘、一本技术手册“四个一”模式，入户到田讲解技术要点，面对面、手把手指导农民应用测土配方施肥技术。项目实施 3 年来，共发放技术明白纸 40 多万份，光盘 65 张，技术手册 1 万册，施肥建议卡 17 万份。

2.4　整合项目资源进行培训

在实施农业科技入户示范工程项目、新型农民培训项目和主要农作物科技提升项目过程中，把测土配方施肥技术作为实现农作物高产优质的首推技术和培训骨干农户的重要内容，做到项目捆绑联动，全面推广测土配方施肥技术。

3　树立样板，展示引导

项目实施 3 年来，滑县先后建立了小麦测土配方施肥万亩示范区 3 个、玉米测土配方施肥万亩示范区 3 个，小麦测土配方施肥千亩示范方 12 个、玉米测土配方施肥千亩示范方 8 个，小麦测土配方施肥百亩示范田 66 个、玉米测土配方施肥百亩示范田 60 个，对示

范区农户免费测土化验，免费供应土壤处理剂，以每吨优惠80元的价格供应配方肥。技术人员经常进村到户，深入田间地头对示范区农户进行技术指导，进行全程技术服务。示范区常年设立标示牌，让农民群众看得见、学得会、信得过、推得开，以点带面，引导广大农民应用测土配方施肥技术。通过示范，不仅展示了测土配方施肥效果，让广大农民看到了测土配方施肥的显著成效，同时也带动了周围农民学习应用测土配方施肥技术，有力地推动了测土配方施肥工作的开展。

4　探索长效工作机制，构建“53121”工作模式

滑县在测土配方施肥技术推广工作中，积极探索，大胆创新，构建了“53121”工作模式，即建立“五个支撑”，完善“三级阵地”，创建“一个网络”，强化“两个结合”，实现“一个目标”。

4.1　建立“五个支撑”

4.1.1　建立一支高素质的技术服务队伍

以县农业局、农技中心为主，聘请河南农大马新明博士，成立了测土配方施肥技术专家组；抽出50名科技人员，每2～3个人分包一个乡（镇），成立了22个技术指导组；各乡（镇）成立了技术服务小组；各行政村成立科技行动小组。组成了县、乡、村三级测土配方施肥技术推广队伍。

4.1.2　建立一个完善的土壤肥力监测体系

（1）打造高水准化验室。为了保质、保量、按时完成测土配方施肥项目土壤样品的化验任务，滑县对原土肥化验室进行了大规模的整修改造，整修后的化验室完全符合《测土配方施肥技术规范》的要求，达到全国县级先进水平。

（2）充实培训化验队伍。滑县土肥化验室原有化验人员3名，为保证项目化验任务顺利完成，又选派几名年富力强的大学生充实到化验室，同时整合农产品检测中心设备、人员、场地等，全面服务于项目实施。

（3）加强质量控制。①环境控制。安装了冷暖空调4部，除湿机1台，重新封闭了门窗，确保室内温湿度均匀一致。②化验每一项目都固定仪器设备、固定专人操作，以减少化验的系统误差。③制备标样，整体控制。滑县制备了150 kg标准大样，每个化验项目、每个化验批次都要加入标样，如果标样结果异常，必须查明原因，该批样品重新化验。④建立健全规章制度。滑县从样品制备、仪器使用、配制试剂、化验分析等都制定了严格的规章制度，从各个方面进行规范，确保化验工作顺畅运转，化验数据准确可靠。⑤及时进行数据整理与归档。化验数据必须及时计算和整理，以便快速运用于农业生产，发现并及时纠正可能出现的错误。同时，对每年度的化验结果汇总整理，装订成册，编号归档。

4.1.3　建立一套完整的试验、示范、展示推广基地

试验、示范是测土配方施肥的重要内容，为了切实搞好这项工作，滑县在全县22个乡（镇）分别建立试验、示范、展示推广基地，由县、乡技术人员具体负责该乡（镇）的试验示范推广工作。

4.1.4　建立一个县域测土配方施肥专家咨询系统

为了不断提升测土配方施肥技术水平，滑县农技中心与河南农业大学联合开发了

"测土配方施肥专家系统",建立了县、乡、村三级农民科学施肥指导站,农民直接在电脑触摸屏幕上点击,就可以得到一套施肥建议卡,使一项复杂的测土配方施肥技术简单化。

4.1.5 建立一个县级配方肥配送中心

统一协调供肥企业,开展配方肥宣传推广,按农民所需及时供应优质配方肥料,最大限度地让利于农户、方便于农民。

4.2 完善"三级阵地"

(1)完善县级农业科技服务大厅,设立测土配方施肥专区,配套"放心农资"超市。

(2)完善乡级科技服务站(服务大厅),在重点乡(镇)实行集中技术咨询、培训服务、"放心农资"供应和土壤速测为一体的一站式服务。

(3)完善村级农业科技文化大院。在重点村建立村文化大院,配备电视、图书、光盘、磁带等科技资料,普及测土配方施肥知识。

4.3 构建"一个网络"

农技部门与配肥企业结合,构建了配肥企业生产配方肥料、"三级阵地"宣传促销、放心农资网点直供农户的配方肥配送网络。

4.4 强化"两个结合"

(1)农技推广部门与配肥企业相结合,提高配方肥的科技含量,促进测土配方施肥技术转化。

(2)测土配方施肥技术与农业生产相结合,一户一张施肥建议卡,促进测土配方施肥技术应用。

4.5 实现"一个目标"

通过"五个支撑"、"三级阵地""一个网络"和"两个结合",实现农业节本增效的目标。

5 建立配方法配送网络,保证技术落实到位

配方肥配送网络是"53121"工作模式的核心,也是其活力所在。这个网络由农技推广部门、农业科技"三级阵地"、配方肥生产企业、"放心农资"配送网点构成。农技推广部门为配肥企业提供配方,配肥企业负责生产优质配方肥料;"三级阵地"负责宣传促销,配送网点负责直供农户。在配方肥入户过程中,滑县始终坚持"让利农民,优质服务"的宗旨。网点推广的配方肥统一粘贴"豫滑丰优放心农资"防伪标识,以每吨比市场低 50 ~ 80 元的价格直接供应给农户,实行让利销售。在网络运行过程中,配肥企业支持科研开发,农技部门加强测土、试验,使配方肥技术含量不断提高,产品竞争力持续增强;"三级阵地"搞好宣传服务,配送网点支持阵地建设,形成了以"放心农资"经营支撑科技阵地,以科技阵地推进"放心农资"入户的良性循环。同时,"三级阵地"与配送网点紧密结合,采取免费测土化验、举办测土配方施肥培训班、发放技术资料、专家咨询等方式进行售前引导,宣传技术物化的优点,让广大农民充分认识施用配方肥就是应用测土配方施肥技术;采取开通技术服务热线电话、深入田间技术指导等方式,为农民提供售后技术服务,从而使农民既能从经济上得到实惠,又能从服务上得到满足,有效地促进了测土配方施肥技术与农业生产的零距离对接。

土壤养分优化分级技术在邓州市小麦分区配方施肥中的运用探讨

李玉兰
(邓州市农业技术推广中心·2009年6月)

摘要:土壤养分优化分级技术是在丰缺指标法对土壤全氮、有效磷、速效钾进行分级的基础上,把土壤全氮、有效磷、速效钾所分等级进行完全组合,再对耕地养分状况进行划分等级。利用这种分级方法进行分区配方,克服了同一等级耕地因土壤养分不均衡而造成的配方不合理现象,是对丰缺指标分区配方施肥技术的改进和发展,是对实施精准配方施肥技术的有益探索。把这一技术应用于2007~2008年度邓州市小麦分区配方施肥中,肥料效应明显,增产效果显著。

关键词:土壤养分　优化分级　小麦配方施肥　探讨

在测土配方施肥技术推广过程中发现,利用丰缺指标法对耕地土壤单项养分如全氮、有效磷、速效钾等进行分级后,再依据一定的标准,如全氮含量高,有效磷或速效钾含量高,则耕地肥力水平高,或全氮含量低,有效磷和速效钾含量高,耕地肥力水平也高等,对所采土样所代表的耕地肥力进行分区。利用这种方法,对一个县(市)所有耕地进行分等划级,然后根据不同等级进行配方,同一等级中的耕地,在所种作物相同时,施肥配方相同。这种分区配方施肥方法,容易造成同一等级耕地的不同样点中土壤养分含量相差悬殊,如在同一等级耕地中,会出现高氮、磷低钾现象,或低氮高磷、钾现象,这样,耕地养分相差悬殊的不同地块,共用同一施肥配方,很容易出现配方针对性不强,增产效果不明显,甚至会造成减产或肥料浪费现象。那么,采用什么分区方法才能改变这种局面呢?怎样制定的配方才更有针对性、增产效果更明显呢?对此,我们在丰缺指标分区配方法的基础上,结合土样化验和田间试验结果,提出了土壤养分优化分级技术。利用这一技术对耕地进行分级,并制定目标产量,再针对目标作物进行分区配方,这样,制定的施肥配方更有针对性,节本增产效果更明显。我们在2007~2008年小麦生产中对这一技术进行了验证,效果相当显著。

1　土壤养分优化分级技术介绍

土壤养分优化分级技术是以丰缺指标土壤养分分级法为基础,对制定施肥配方关系最为密切的土壤全氮、有效磷、速效钾养分进行优化分级,再把各个养分分级进行完全组合,这样,每一个组合就是一个耕地养分等级,最后,依据这样的等级进行分区、配方。如丰缺指标法把土壤全氮、有效磷、速效钾分别分为极低、低、较低、中、较高、高等六个等级。如按这种分法,再完全组合,有6×6×6即216种耕地养分组合,分类太多,在生产上不实用，配方难度较大；而我们用丰缺指标法先把耕地全氮、有效磷、速效钾养分分别分为3、4、4个等级，再把它们组合，可以组成3×4×4即48种组合，也就是把全市耕地分成48个养分类型区，再把每个养分类型区所包括的所有土壤全氮、有效磷、速效钾化验结果平均，得到48个养分类型区的全氮、有效磷、速效钾等平均养分含量；根据48种平均养分含量，结合施肥参数，给每种主要作物如小麦、玉米等分别建立48个分区配方模型即可。这就是土壤养分优化分级技术。

利用土壤养分优化分级技术进行分区推荐配方，是以土壤养分含量为基础，以对应土壤养分含量范围的土壤氮、磷、钾校正系数和氮、磷、钾肥料利用率为配方参数而建立的施肥模型，这样设计的配方完全符合测土配方施肥的意义，是以节本增效为目的，完全避免了因丰缺指标分区配方施肥法造成的配方不合理现象。如丰缺指标分区配方施肥法，在给耕地划分等级时，是以土壤有机质含量高，则耕地等级为高，土壤全氮、有效磷、速效钾中任两项含量高，则耕地等级也高的分类方法，其他依次类推，这样可以把高有机质、高氮、低磷、低钾（例，有机质含量 >20 g/kg，全氮 >1.2 g/kg，有效磷 <7.5 mg/kg，速效钾 <120 mg/kg），高有机质、低氮、高磷、低钾（有机质含量 >20 g/kg，全氮 <0.75 g/kg，有效磷 >25 mg/kg，速效钾 <120 mg/kg），高有机质、高氮、低磷、高钾（有机质含量 >20 g/kg，全氮 >1.2 g/kg，有效磷 <7.5 mg/kg，速效钾 >200 mg/kg）等统统划分为高等级，在分区配方时，若按高氮、低磷、低钾土壤养分进行配方，会造成低氮、高磷、低钾的高肥力耕地氮、钾肥供应不足，磷肥供应剩余，造成高氮、低磷、高钾型类耕地钾肥供应剩余等配方现象，尤其是在耕地养分差异较大的地方，进行大区域配方，这种现象更为明显。必须按照土壤养分优化分级技术对耕地进行分区配方，才能实现节本增效。

2 土壤养分优化分级技术在小麦分区配方施肥中的应用

2007年秋，为做2007～2008年度小麦测土配方施肥技术推广工作，我们在对2006年所采土样化验结果和2006～2007年小麦“3414”试验结果整理的基础上，先用丰缺指标法对所采土样进行分区划等：全氮划为 <0.66 g/kg、0.66～0.85 g/kg、≥0.85 g/kg 三个等级；有效磷（P_2O_5）划为 <7.5 mg/kg、7.5～17 mg/kg、17～25.5 mg/kg、≥25.5 mg/kg 四个等级；速效钾（K_2O）划为 <100 mg/kg、100～150 mg/kg、150～200 mg/kg、≥200 mg/kg 四个等级；接着，把全氮划分的3个区，有效磷划分的4个区，速效钾划分的4个区进行完全组合，组成[全氮 <0.66 g/kg、P_2O_5 <7.5 mg/kg、K_2O <100 mg/kg]、[全氮 <0.66 g/kg、P_2O_5 <7.5 mg/kg、K_2O <100 mg/kg]……[全氮≥0.85 g/kg、P_2O_5≥25.5 mg/kg、K_2O≥200 mg/kg]等48个组合；然后，根据划分的48个组合的全氮、有效磷、速效钾养分含量范围，结合采集土样的化验结果（以全氮为主，依次为有效磷、速效钾，均按升序排序），把2006年所采集的4 000个土样划分为48个等级；再把已经划分为48个等级的土壤样品的全氮、有效磷、速效钾结果进行平均；最后依据土样平均结果，结合“3414”试验取得并加以修正的土壤氮、磷、钾校正系数、小麦氮、磷、钾肥料利用率，以及小麦氮、磷、钾肥料需肥规律等技术参数，建立不同耕地等级的小麦施肥模型，分别求出48个等级耕地在对应目标产量下所需氮、磷、钾肥料的用量，并利用电子表格的下拉功能分别求出每一个采样地块的施肥配方。利用这种方法，在2007年小麦整地施肥前，建立了48个小麦施

肥模型，并分别为2006年所有采样地块提供一份资料详细、针对性较强的施肥建议卡，指导农民科学施肥。

3 土壤养分优化分级配方施肥技术效果验证

在2008年小麦收获前，对全市项目区12个核心乡(镇)100户示范户270亩配方田和30亩习惯施肥田测产调查，并进行施肥效果评价。与习惯施肥田相比，小麦配方田增产率在7.8%～12.6%，平均为9.7%；亩节本增收在45～96.5元，平均为72.4元/亩；产投比在5.6～7.2，平均为6.15。与推荐施肥目标产量相比，偏离差均小于20 kg，偏离百分率平均小于5%；100户农户中，高出目标产量5%的农户有17户，占调查农户的17%，面积有49亩，占调查面积的18.15%；低出目标产量5%的农户有22户，占调查农户的22%，面积有65亩，占调查面积的24.1%；在目标产量±5%范围的有61户，占调查农户的61%，面积有156亩，占调查面积的57.8%。

4 结论

土壤养分优化分级技术在分区配方施肥中，以土壤养分含量为分区指标，使施肥配方与土样化验结果结合较为紧密，针对性更强，可以实现节本增效的目的，减少盲目配方或大配方施肥造成配方效果不明显，甚至减产的现象。

当然，利用土壤养分优化分级技术对一个县(市)的耕地进行分区配方，可能会造成同一作物配方太多，无法进行工业化生产；但在工业化生产配方肥增产不明显、推广难度较大、推广风险较高的情况下，不如尊重农民意愿，改推广配方肥为向农民推荐施肥配方，可能意义更大，效果更明显，农民更容易接受。

邓州市不同肥力水平下小麦配方施肥氮磷钾肥料利用率变化情况探讨

张有成

(邓州市农业技术推广中心·2009年6月)

摘要：以豫西南黄棕壤和砂姜黑土为研究对象，对小麦测土配方施肥技术参数即氮、磷、钾肥料利用率变化与耕地氮、磷、钾养分含量关系进行了初步探讨。结果表明，小麦测土配方施肥技术参数氮、磷、钾肥料利用率与土壤中全氮、有效磷、速效钾的含量均呈负相关。土壤中全氮含量低于0.7 g/kg时，氮肥利用率高于50%，全氮含量在0.7～1.0 g/kg时，氮肥利用率在30%～45%变化；全氮含量高于1 g/kg时，氮肥利用率低于25%。土壤中有效磷含量低于7.5 mg/kg时，磷肥利用率高于30%，土壤中有效磷含量在7.5～17 mg/kg时，磷肥利用率为20%～30%；土壤中有效磷含量高于25 mg/kg时，磷肥利用率低于15%。土壤中速效钾含量低于130 mg/kg时，钾肥利用率高于60%；土壤中速效钾含量为130～192 mg/kg时，钾肥利用率为 40% ~50%；土壤中速效钾含量高于 192 mg/kg 时，钾肥利用率低于 30%。

关键词：小麦　配方施肥　肥料利用率　探讨

氮、磷、钾肥料利用率是测土配方施肥技术的重要参数。在实际推广测土配方施肥技术的过程中，尤其是进行配方、配肥时，所依据的参数是根据“3414”试验所得的平均值或经验值，据此进行配方、配肥，简化配方难度，利于工业化生产。但在生产实践中发现，不同肥力水平下的耕地，氮、磷、钾的肥料利用率是不同的。经过连续两年对邓州市 8 000 个土样中全氮、有效磷、速效钾等化验结果（2006 年、2007 年）整理发现，耕地中土壤养分含量差异极大，不仅表现在不同土壤类型（基础不同）上，而且在同一乡镇（施肥习惯不同），甚至在同一村组、同一耕地的不同种植户间（施肥水平不同），土壤养分差异也达几个等级。针对这种情况，采用大配方进行配肥，不仅不现实，还会造成减产或肥料浪费。对于一个县（市），推广测土配方施肥技术必须进行分区配方，多配方配肥。

根据地力等级进行分区配方，多配方配肥时，如何确定不同等级耕地配方的氮、磷、钾肥料利用率呢？在不同等级的耕地上，利用同一氮、磷、钾等肥料利用率进行不同配方的配肥是否合理呢？对此，笔者利用邓州市 2007 ~ 2008 年度小麦丰缺指标试验结果，对不同土壤肥力状况下氮、磷、钾校正系数和氮、磷、钾肥料利用率进行了探索性研究。

1　材料与方法

1.1　试验材料

本试验于 2007 年 10 月至 2008 年 6 月分别安排在河南省邓州市高集乡赵坡村、穰东镇周楼村、湍河办李庄村、裴营乡军杨村、玉皇村等 4 个乡（镇）5 个村，涉及砂姜黑土、黄棕壤两大土类，老黄土、青黑土、黏质黑老土、黄老土等四大土种。前茬作物均为玉米。试验前对 5 个试验点分别取 0 ~ 20 cm 土样（晾干），试验后对 5 个试验点各处理区小麦植株样品取样（经风干、脱粒，把籽粒、秸秆分别粉碎），采用常规方法分析土壤全氮、有效磷、速效钾和植株样籽粒、秸秆的全氮、全磷、全钾，其结果见表 1 ~ 表 3；供试小麦品种为豫麦 70 – 36；试验所用尿素为天脊中化高平化工有限公司生产的大颗粒尿素，磷肥选用粒状过磷酸钙，钾肥选用加拿大进口大颗粒氯化钾。肥料养分含量均按实际化验结果，按处理要求折算。各试验点、各小区用肥由专人统一称量。

表 1　各试验点基本情况统计

试验地点		土壤类型	土壤养分含量		
			氮（g/kg）	有效磷（mg/kg）	速效钾（mg/kg）
试验点 1	穰东镇周楼村	青黑土	0.99	27.81	205.45
试验点 2	裴营乡玉皇村	黄老土	0.62	32.85	106.4
试验点 3	高集乡赵坡村	浅黏僵黄沙泥土即老黄土	0.69	28.94	252.4
试验点 4	湍河办李庄村	黏质黑老土	0.71	29.44	119.9
试验点 5	裴营乡军杨村	青黑土	0.85	17.82	266.06

表 2 2007～2008 年各试验点小麦籽粒含量 （%）

项目	N					P_2O_5					K_2O				
	1	2	3	4	5	1	2	3	4	5	1	2	3	4	5
试验点 1	2.23	2.19	2.14	2.11	2.25	0.66	0.71	0.71	0.75	0.77	0.47	0.52	0.41	0.45	0.58
试验点 2	2.12	2.07	2.15	2.17	2.22	0.68	0.70	0.73	0.75	0.76	0.48	0.48	0.51	0.44	0.56
试验点 3	2.24	2.10	2.12	2.28	2.30	0.66	0.71	0.74	0.76	0.77	0.51	0.51	0.48	0.45	0.59
试验点 4	2.38	2.25	2.21	2.21	2.31	0.65	0.72	0.74	0.75	0.76	0.47	0.50	0.42	0.41	0.52
试验点 5	2.27	2.25	2.11	2.30	2.32	0.72	0.74	0.74	0.76	0.78	0.52	0.52	0.51	0.48	0.59

表 3 2007～2008 年各试验点小麦秸秆含量 （%）

项目	N					P_2O_5					K_2O				
	1	2	3	4	5	1	2	3	4	5	1	2	3	4	5
试验点 1	0.32	0.3	0.42	0.42	0.44	0.21	0.22	0.2	0.23	0.25	1.47	1.46	1.59	1.61	1.67
试验点 2	0.29	0.28	0.34	0.35	0.39	0.21	0.22	0.23	0.22	0.24	1.41	1.4	1.47	1.57	1.62
试验点 3	0.27	0.27	0.34	0.35	0.41	0.2	0.2	0.22	0.21	0.25	1.35	1.41	1.58	1.63	1.65
试验点 4	0.3	0.29	0.35	0.33	0.41	0.19	0.22	0.23	0.24	0.26	1.38	1.41	1.36	1.58	1.59
试验点 5	0.34	0.32	0.35	0.35	0.42	0.2	0.23	0.24	0.23	0.25	1.4	1.42	1.58	1.42	1.62

1.2 试验设计

每个试验点设 5 个处理,3 次重复,采用随机区组排列,小区面积为 20 m^2。磷肥、钾肥及 40% 的氮肥作底肥,60% 的氮肥返青期追施。各处理设计分别为:

处理 1:$N_0P_0K_0$,即亩施纯 N 0 kg、P_2O_5 0 kg、K_2O 0 kg。

处理 2:$N_0P_8K_6$,即亩施纯 N 0 kg、P_2O_5 8 kg、K_2O 6 kg。

处理 3:$N_{14}P_0K_6$,即亩施纯 N 14 kg、P_2O_5 0 kg、K_2O 6 kg。

处理 4:$N_{14}P_8K_0$,即亩施纯 N 14 kg、P_2O_5 8 kg、K_2O 0 kg。

处理 5:$N_{14}P_8K_6$,即亩施纯 N 14 kg、P_2O_5 8 kg、K_2O 6 kg。

1.3 分析方法

$$\text{肥料中氮的利用率} = \frac{\text{全肥区小麦吸收氮总量} - \text{缺氮区小麦吸收氮总量}}{\text{施用氮肥总量}} \times 100\%$$

$$\text{肥料中磷的利用率} = \frac{\text{全肥区小麦吸收磷总量} - \text{缺磷区小麦吸收磷总量}}{\text{施用磷肥总量}} \times 100\%$$

$$\text{肥料中钾的利用率} = \frac{\text{全肥区小麦吸收钾总量} - \text{缺钾区小麦吸收钾总量}}{\text{施用钾肥总量}} \times 100\%$$

土壤养分含量与肥料利用率间建立自然对数函数方程,计算不同土壤养分含量下的肥料利用率。

2 试验结果与分析

2.1 试验结果

试验结果见表 4～表 6。

表 4　各试验点小区产量汇总　　（单位:kg/亩）

试验点	项目	1 区	2 区	3 区	4 区	5 区
试验点 1	籽粒	313.5	344.2	418.8	396.2	475.2
	秸秆	526.9	488.9	549.8	521.5	596.9
	相对产量	65.97	72.43	88.13	83.38	100
试验点 2	籽粒	203	264	249	368	397
	秸秆	291	357	354	457	476
	相对产量	51.13	66.5	62.72	92.7	100
试验点 3	籽粒	260	296	401	325	480
	秸秆	366.7	430.7	527.7	449.5	586.7
	相对产量	54.17	61.67	83.54	67.71	100
试验点 4	籽粒	273.5	331.9	436.4	462.8	529.6
	秸秆	555.8	601.2	691.1	743	730.9
	相对产量	51.64	62.67	82.4	87.39	100
试验点 5	籽粒	213.1	229.2	435.9	342.5	517.5
	秸秆	298.8	342.4	573.6	461.7	635.4
	相对产量	41.18	44.29	84.23	66.18	100

表 5　各试验点土壤校正系数与肥料利用率

试验点	土壤校正系数			肥料利用率(%)		
	氮	磷	钾	氮	磷	钾
试验点 1	0.06	0.98	0.33	30.95	13.1	42.32
试验点 2	0.06	0.91	0.55	59.14	12.21	74.01
试验点 3	0.08	1.1	0.37	47.2	14.24	16.66
试验点 4	0.07	0.95	0.47	40.15	12.8	55.84
试验点 5	0.06	1.01	0.21	29.58	19.52	29.76

表 6　各试验点土壤养分含量与肥料利用率

试验点	土壤养分			肥料利用率(%)		
	N(g/kg)	P_2O_5(mg/kg)	K_2O(mg/kg)	氮	磷	钾
试验点 1	0.99	27.81	205.45	30.95	13.1	42.32
试验点 2	0.62	32.85	106.4	59.14	12.21	74.01
试验点 3	0.69	28.94	252.4	47.2	14.24	16.66
试验点 4	0.71	29.44	119.9	40.15	12.8	55.84
试验点 5	0.85	17.82	266.06	29.58	19.52	29.76

2.2　土壤养分含量与氮、磷、钾肥料利用率间函数关系分析

5 个试验点土壤全氮、有效磷、速效钾含量与对应的氮、磷、钾肥料利用率间建立自然对数函数方程分别为：

$y_N = -59.3053\ln x + 25.225(R^2 = 0.8093^{**})$

$y_{P_2O_5} = -12.27\ln x + 54.73(R^2 = 0.9539^{**})$

$y_{K_2O} = -49.158\ln x + 298.3(R^2 = 0.8783^{**})$

依据上述方程，分别建立氮肥利用率在 >75%、75% ~ 60%、60% ~ 45%、45% ~

30%、30% ~20%、<20%,磷肥利用率在>50%、50% ~40%、40% ~30%、30% ~20%、20% ~15%、<15%,钾肥利用率在>75%、75% ~60%、60% ~50%、50% ~45%、45% ~30%、30% ~25%、<25%情况下,对应的土壤全氮、有效磷、速效钾养分范围。具体见表7~表9。

表7 不同土壤全氮含量对应氮肥利用率

土壤全氮含量(g/kg)	≤0.43	0.43~0.66	0.66~0.72	0.72~0.85	0.85~1.0	1.0~1.2
氮肥利用率(%)	≥75	75~50	50~45	45~35	35~25	25~14.4

表8 不同土壤有效磷含量对应磷肥利用率

土壤有效磷(mg/kg)	≤7.5	7.5~17	17~25.5	≥25.5
磷肥利用率(%)	≥30	30~20	20~15	≤15

表9 不同土壤速效钾含量对应钾肥利用率

土壤速效钾(mg/kg)	≤80	80~100	100~150	150~200	200~240	≥240
钾肥利用率(%)	≥83	83~72	72~52	52~37.9	37.9~28.9	≤28.9

3 结论与讨论

3.1 结论

在测土配方施肥技术推广过程中,采用土壤养分含量与对应肥料利用率建立函数进行耕地分区和分区配方配肥,使配方配肥参数指标更具体,针对性、操作性更强,比采用丰缺指标法仅对耕地进行分区,再进行配方配肥,更有实践意义,是配方施肥技术的一次有益探索。

3.2 讨论

由于在试验过程中各试验点土壤养分差异不大,尤其是土壤有效磷,3个点养分差异很小,利用函数方程建立的肥料利用率范围有一定偏差,且该试验仅进行一年,有关数据有待今后进一步试验校正。

孟津县配方施肥技术开发与应用

李玛瑙 张永辉

(孟津县土壤肥料工作站·2009年9月)

摘要:通过土壤养分含量测定,小麦、玉米田间“3414”肥料试验、校正试验及百亩示范方的试验示范结果与分析,利用计算机数据处理系统,进行小麦、玉米的配方制定;与配方肥生产企业合作进行配方肥的开发与推广,通过发放施肥建议卡,指导农民科学使用配方肥,起到了增产增收的效果。

关键词:配方制定 配方肥开发 配方肥推广与使用效果

1　配方制定

1.1　配方制定的依据、过程

依据2005～2007年全县6 495个土壤养分含量的测试结果，小麦、玉米"3414"试验及校正试验各20个的试验结果与分析，对不同土壤、不同地域、不同产量水平、不同作物养分需求量等，按照农业部测土配方施肥技术规范的要求，利用计算机数据处理系统进行数据处理，制定了孟津县小麦、玉米不同施肥配方，在指导农民科学合理施肥方面发挥了重要作用。

1.2　配方的种类与适用范围

为了客观评价测土配方施肥效果，孟津县土肥站通过不断校正配方施肥技术参数，优化肥料配方，针对全县不同区域土壤状况，3年来共确定小麦施肥配方8个，玉米施肥配方6个。

1.2.1　小麦施肥配方

高产田亩产500 kg以上产量水平：

①黄河洛河阶地灌区：24－13－5、24－14－6配方肥50～60 kg/亩。

②中部丘陵区井灌区：22－12－8配方肥50～55 kg/亩。

中产田亩产400～500 kg产量水平：

①中部黄土台塬区：22－16－8配方肥40～50 kg/亩。

②红黄土、红黏土丘陵区：22－12－8配方肥40～50 kg/亩。

③基岩丘陵区：22－16－7配方肥40～50 kg/亩。

低产田亩产300～400 kg产量水平：

①中部黄土台塬区：18－12－6配方肥50 kg/亩。

②红黄土、红黏土丘陵区：18－10－6配方肥50 kg/亩。

③基岩丘陵区：18－12－6配方肥50 kg/亩。

1.2.2　夏玉米施肥配方

高产田亩产500～600 kg以上产量水平：

①黄河洛河阶地灌区：28－8－5、26－8－8配方肥50～60 kg/亩。

②中部丘陵区井灌区：26－8－8配方肥50～55 kg/亩。

中产田亩产400～500 kg产量水平：

①中部黄土台塬区：22－8－8配方肥40～50 kg/亩；

②红黄土、红黏土丘陵区：24－6－8配方肥40～50 kg/亩。

③基岩丘陵区：22－10－6配方肥40～50 kg/亩。

低产田亩产300～400 kg产量水平：

①中部黄土台塬区20－8－6配方肥50 kg/亩。

②红黄土、红黏土丘陵区：20－6－6配方肥50 kg/亩。

③基岩丘陵区：20－8－6配方肥50 kg/亩。

1.3　配方田间验正效果

1.3.1　小麦配方田间验正效果

三区对比校正试验表明（见表1、表2），配方施肥与农户习惯施肥相比增产效果明显。从2005～2006年小麦田间肥效试验结果汇总表(见表3)可以看出,配方施肥较习惯施肥高产田平均亩增产59.18 kg、增产率10.55%,配方区产投比平均为10.8,较习惯区7.35提高3.45,节本增效148元;中产田平均亩增产58.3 kg、增产率平均14.45%,配方区产投比平均为9.89,较习惯区6.15提高3.74,节本增效104元;低产田平均亩增产69.95 kg、增产率平均22.7%,配方区产投比平均为8.8,较习惯区7.9提高0.9,节本增效92元。

表1 2005年小麦肥效校正试验结果

项目 地点	配方区氮、磷、钾比例	习惯区氮、磷、钾比例	配方较习惯增产(kg/亩)	增产率(%)	配方区产投比	习惯区产投比	亩节本增效(元)
王庄村	22－10－8	20－15－5	102.56	26.6	12.23	4.77	162.54
雷河村	22－10－8	16－16－16	90.23	30.76	9.4	4.34	162.49
园艺场	20－8－5	24－6－8	66.0	11.08	16.99	10.76	119.81
梁凹村	22－10－8	25－11－13	52.3	13.9	8.27	4.2	117.59
朱寨村	18－6－8	22－8－10	21	5.4	10.04	7.38	45.34
会缠村	18－12－5	22－8－10	195.7	41.32	19.9	5.21	361.51
朱坡村	20－9－6	16－7－5	8.8	2.92	8.62	6.48	25.27
朝阳村	28－6－10	5－5－5	118.8	41.16	10.4	10.6	161.98
文公村	22－10－8	17－12	114.7	35.59	10.84	8.73	166.74
张庄村	20－9－6	17－12	76.7	20.7	11.37	10.38	109.14

表2 2006年小麦肥效校正试验结果

项目 地点	配方区氮、磷、钾比例	习惯区氮、磷、钾比例	配方较习惯增产(kg/亩)	增产率(%)	配方区产投比	习惯区产投比	亩节本增效(元)
农科所	21－14－10	23－16－6	12.9	2.4	7.58	7.63	16.57
沟口村	21－14－10	23－16－6	23.79	3.7	9.38	9.37	32.9
园艺场	21－14－10	23－16－6	59.58	11.6	8.03	7.37	86.58
护庄村	22－10－8	22－8－10	52.25	10.5	10.87	9.77	78.18
裴坡村	22－10－8	22－8－10	57.13	18.3	7	5.79	85.5
朱寨村	22－12－6	24－10－6	16.67	4.5	7.54	5.94	108.59
崔窑村	22－12－6	24－10－6	62.56	26.8	6.91	4.66	94
明达村	23－16－6	25－14－6	29.78	9.6	7.28	6.53	44.83
横水村	23－16－6	25－14－6	29.78	9.6	7.28	6.53	44.83
寒水村	23－16－6	25－14－6	50.02	21.2	5.95	4.72	75.19

表3 2005～2006年小麦田间肥效试验结果汇总

年度产量水平	配方较习惯亩增产(kg)	增产率(%)	配方区产投比	习惯区产投比	亩节本增效(元)
2005年高产田	86.26	12.8	12.8	6.6	148
2006年高产田	32.09	8.33	8.8	8.1	148.28
平均	59.18	10.55	10.8	7.35	148
2005年中产田	69.45	13.9	11.7	5.8	117.59
2006年中产田	47.15	15	8.08	6.5	91
平均	58.3	14.45	9.89	6.15	104
2005年低产田	103.4	32.4	10.87	9.9	132
2006年低产田	36.5	13.4	6.8	5.9	5.9
平均	69.95	22.7	8.8	7.9	92

1.3.2　玉米配方田间验正效果

三区对比校正试验结果表明(见表4、表5),配方施肥与农户习惯施肥相比增产效果明显。从2005～2006年玉米田间肥效试验结果汇总表(见表6)可以看出,高产田配方施肥较习惯施肥平均亩增产25.25 kg、增产率5%,配方区产投比平均为11.38,较习惯区12.75提高－1.37,节本增效30.16元;中产田平均亩增产99.38 kg、增产率平均24.8%,配方区产投比平均为12.3,较习惯区14.62提高－2.32,节本增效133元;低产田平均亩增产64.2 kg、增产率平均12.2%、配方区产投比平均为15.48,较习惯区26.71提高－11.23,节本增效70.44元。

表4　2006年玉米肥效校正试验结果

地点	配方区氮、磷、钾比例	习惯区氮、磷、钾比例	配方较习惯增产(kg/亩)	增产率(%)	配方区产投比	习惯区产投比	亩节本增效(元)
沟口村	29.2－6.4－5.6	27.6－0－0	23.8	5.73	9.96	14.33	19.29
农科所	29.2－6.4－5.6	27.6－0－0	38.5	8.46	9.36	13.13	34.54
梁凹村	21.9－4.8－4.2	18.4－0－0	74.2	16.66	13.49	19.74	89.73
朱寨村	21.9－4.8－4.2	18.4－0－0	93.0	28.3	10.78	14.33	117.93
新庄村	21.9－4.8－4.2	18.4－0－0	126.6	34.4	12.8	16.15	168.33
会缠村	14.6－3.2－2.8	13.8－0－0	7.17	2.09	13.59	20.15	0.93
朱坡村	14.6－3.2－2.8	13.8－0－0	45.7	10.8	18.71	25.32	50.97

表5　2007年玉米肥效校正试验结果

地点	配方区氮、磷、钾比例	习惯区氮、磷、钾比例	配方较习惯增产(kg/亩)	增产率(%)	配方区产投比	习惯区产投比	亩节本增效(元)
沟口村	25－11.6－3.6	20－6.4－5.6	17	2.66	13.49	10.5	40.95
园艺场	25－4.8－3.6	20－6.4－5.6	36.17	5.45	14.66	11.45	66.75
农科所	25－12－6	20－6.4－5.6	4.87	0.63	11.25	13.39	－7.4
七里村	23－3.6－6	15－4.8－3.6	166	33.95	18.3	8.27	227.23
朱寨村	23－3.6－6	15－4.8－3.6	67.57	13.4	9.83	11.6	82.21
护庄村	23－3.6－6	23－0－0	99.75	26.05	8.13	11.75	115.18
农场	23－3.6－6	23－0－0	73.72	19.49	13.12	18.37	140.96
伯乐村	18.4－9.6－4.8	13.8－0－0	71	11.72	12.98	32.69	60.84
横水村	18.4－6.4－3	13.8－0－0	114.68	20.64	15.74	29.89	138.94
明达村	18.4－6.4－3	13.8－0－0	120.65	22.07	15.7	29.48	147.9

表6　2006～2007年玉米田间肥效试验结果汇总

年度产量水平	配方较习惯亩增产(kg)	增产率(%)	配方区产投比	习惯区产投比	亩节本增效(元)
2006年高产田	31.15	7.95	9.66	13.73	26.91
2007年高产田	19.35	2.91	13.1	11.78	33.4
平均	25.25	5	11.38	12.75	30.16
2006年中产田	97.0	26.4	12.3	16.74	125
2007年中产田	101.76	23.2	12.3	12.5	141
平均	99.38	24.8	12.3	14.62	133
2006年低产田	26.43	6.4	16.15	22.74	25
2007年低产田	102	18	14.8	30.68	115.89
平均	64.2	12.2	15.48	26.71	70.44

2　配方肥开发

2.1　组成专家组共同研究科学确定配方

2005年为了做好配方肥的推广和技术研发，孟津县农业局成立了测土配方施肥项目技术指导组，在配方肥技术研发和配方确定方面，我们多次召开专题会议研究讨论，在尊重配方肥生产厂家大配方的前提下，结合本县土壤状况，在试验示范的基础上，确定孟津县的生产配方。2005～2007年在田间试验的基础上，共确定小麦生产配方8个，玉米生产配方6个。

2.2　通过田间试验示范、农户跟踪调查不断修正完善配方

为了验证配方的准确性，2005～2007年共安排小麦田间试验20个、玉米田间试验20个，农户施肥情况调查6 000余户，对所提配方进行验证。2005年在小麦试验的基础上确定22－10－8、21－14－10、23－12－6、22－12－6等配方，2006年通过继续试验进一步验证配方。通过试验配方肥均较习惯施肥增产，试验结果表明，孟津县高产田土壤钾含量在101～150 mg/kg范围内，增钾效果显著，配方区较常规区亩增产12.9～59.58 kg、增产率3.4%～11.6%，亩节本增效16.57～86.58元；中产区土壤养分含量：全氮0.8～1.09 g/kg，有效磷20～30 mg/kg，速效钾100～150 g/kg，小麦施肥在增施有机肥的基础上，以降氮、增磷、稳钾为主，适当增施微量元素，氮、磷、钾比例22－12－6较24－10－6增产效果显著，肥料利用率高，中产区小麦施肥推荐氮、磷、钾配比22－12－6，亩用量50～55 kg；孟津县低产区土壤养分含量有机质平均14.0 g/kg，全氮平均0.94 g/kg，有效磷平均13.9 mg/kg，速效钾平均158 mg/kg，氮高、磷低、钾处于中等水平，因此小麦施肥应以降氮、增磷、稳钾为主，增施有机肥提高地力，适当补充微量元素；氮、磷、钾配比以23－16－6效果最佳，增产率平均为18.5%，投入产出比平均为1∶4.7，因此建议：低产区小麦施肥，氮、磷、钾配比为23－16－6，亩用量40～50 kg。从2005年的玉米试验看，配方施肥均较单施氮肥增产效果显著，从2006年的玉米试验看，高产田氮控制在12.5 kg/亩，最佳配方25－5－4；中产田氮控制在11.5 kg/亩，最佳配方23－4－6；低产田氮控制在9 kg/亩，最佳配方18－6－3。

3　配方肥应用的增产、增收、节肥等效果

3.1　配方肥在小麦上的应用效果

从2007年的测土配方施肥示范方调查结果看，测土配方施肥区与常规施肥相比，平均亩增产51.84 kg，每千克小麦按市场现行价1.50元计算，亩增效益77.8元，示范方1 095亩，可增加效益8.52万元。其中低产田亩增产45.45 kg，亩增效益68.18元，示范面积305亩，可增效益2.08万元；中产田亩增产49.58 kg，亩增效益74.37元，示范面积468亩，可增效益3.48万元；高产田亩增产32.1 kg，亩增效益48.15元，示范面积322亩，可增效益1.55万元。测土配方施肥示范方肥料利用率提高3个百分点，每亩节省化肥(折纯)1.852 kg，共节省化肥(折纯)2 027.94 kg，节省投入8 760元，节本加增效共计增加收入9.4万元。

3.2　配方肥应用在玉米上的效果

2007年夏玉米示范方田间测产结果和实际收获结果相比，全示范区平均亩产424.67

kg,比全县平均亩产 369.6 kg 亩增产 55.07 kg,总增产 5.86 万 kg,按玉米现行市场价 1.4 元/ kg 计算,共增收 8.2 万元,平均每亩增收 77.1 元。其中低产田亩增产 55.45 kg,亩增效益 77.63 元,示范面积 318 亩,可增效益 2.4 万元;中产田亩增产 59.58 kg,亩增效益 83.41 元,示范面积 450 亩,可增效益 3.7 万元;高产田亩增产 54.69 kg,亩增效益 76.5 元,示范面积 320 亩,可增效益 2.4 万元。夏玉米测土配方施肥示范区,肥料利用率提高 3 个百分点,亩均节省化肥(折纯)3.38 kg,全示范区共节省化肥(折纯)3 609.84 kg,降低施肥成本 14 952 元。全示范区节本加增效共计 9.7 万元。

健全配方肥供肥网络的重要作用与有效方法

吴　明　宋建设

(固始县农业技术推广中心·2009 年 6 月)

摘要:本文从配方肥配制推广的实践出发,阐明了建立公费网络、推广供应配方肥的重要作用和具体操作发放,并对下一步工作开展提出了具体对策。

关键词:配方法　供肥网络　作用　方法

固始县位于河南省东南部,属河南省农业大县。县域总面积 2 916 km^2,全县总耕地面积 170 万亩,常年种植水稻 140 万亩,小麦 60 万亩,油菜 70 万亩。全年化肥施用量达 23.50 万 t。2006 ~2009 年,固始县实施了农业部下达的“测土配方施肥”项目。在实施项目的过程中,我们认识到:配方肥是测土配方施肥技术物化载体,建立健全供肥网络,向农户及时充足供应优质配方肥,是确保测土配方施肥技术落实到位的一条捷径。固始县在测土配方施肥补贴项目实施中,从 2008 年起,结合本县实施,与测土配方施肥定点企业和有关部门密切合作,组建配方肥研制、生产、供肥联合体,形成了实验室 + 生产车间 + 基层供肥站三位一体的供肥网络,加快了配方肥推广步伐,并取得了良好效果。

1　配方肥供肥网络的重要作用

1.1　促进配方肥推广应用,发挥增产效益

固始县测土配方施肥补贴项目于 2006 年开始启动实施,到 2007 年,已完成大部分面积的土壤养分测定工作。全县农民群众对测土配方施肥寄予厚望,希望早日应用配方肥,达到增产增收的目的。但是,由于县级农业部门偏重于技术方面的研究指导,缺乏资金、设施和人力,只是试验性地配制少量配方肥。全县肥料生产销售企业,因无农业肥料部门的认可,没有适合当地作物的肥料配方,无法配制生产适合当地作物的配方肥。而一些不法商贩则打着配方肥的旗号,兜售配方不对路的肥料欺骗农民。测土配方施肥处于测土与施肥脱节状态,农民只能“望梅止渴”,反应强烈。从 2008 年开始,为把配方法及时供应到农民手中,固始县在全县范围内建立了配方肥配供肥网络,农民应用配方肥困难的局

面大为改观。2007 年,全县配方肥施用作物只限于小麦、水稻、油菜三大作物,全年施用总面积 15 万亩。2008 年,由于供肥网络的建立,配方肥的施用面积迅速扩大。施用作物有水稻、小麦、油菜、花生、红薯、麻类、蔬菜、瓜果、茶叶等,施用总面积 160 万亩。施用配方肥,达到了增产、提高农产品品质的效果。粮食作物普遍增产 1% ~16%,经济作物增产 8% ~12%,施用配方肥,全县新增效益总计达到 1.88 亿元。

1.2 稳定肥料价格,减轻农民负担

近几年,农业生产资料的价格上涨过快,主要肥料品种的上涨幅度达到 15%,稀缺品种甚至达到 30% 左右。加之一些肥料经销商哄抬物价,肥料价格更是居高不下。固始县地处河南省最东南端,经济条件相对落后,肥料价格的上涨,增大了农业投资,加重了农民经济负担。供肥网络建立后,以保护农民利益,增加农民收入为根本出发点,从严控制肥料销售价格,发挥平抑市价的作用,以优惠的价格向农民提供肥料。控制肥料价格的措施是"抓源头,控中间,限末端"。抓源头:从购进原材料入手,采用批量进货、淡季进货、招标进货的方法,降低原材料成本价格。控中间:加强管理,降低运输成本,减轻流通环节费用。限末端:对农民施用的肥料价格实施末端限制,控制最高价,鼓励村级供肥点薄利多销,不得加价,以限定价格向农民供肥。自建立供肥网络以来,农民施用肥料的价格平均每 kg 降低 0.12 元,每亩每年降低肥料投资 4.6 元,网络供肥区农民共降低肥料投资 736 万元。

1.3 消除假劣肥料,保证用肥质量

固始县有规模不同的肥料经销商 500 多家,但良莠不齐,缺乏有效管理,经销假劣肥料现象时有出现。据县肥料站调查,2007 年全县有 30 多家经销商销售过假劣肥料。抽样化验,三个复合肥品种养分含量达标合格率 60%,两个硼肥品种养分含量为零。全县施用假劣肥料的农田有 20 多万亩。建立供肥网络后,严把原材料进入关口,做到不是正规厂家的肥料不进。没有批准文号的肥料不进。没有经过检测达标的肥料不进。同时,注重生产加工贮运技术管理,保证加工、贮运过程符合质量标准,保证网络区农民施上放心肥,杜绝了假劣肥料坑农害农渠道,受到农民普遍好评。

1.4 保障充足供应,满足农民用肥需要

固始县是农业大县,耕地总面积达 170 万亩,用肥量大,且地处偏僻,交通距离较远,本地肥料经销商不愿经销运输成本高、利润低的产品,因此每年都会发生不同品种的肥料缺货现象。以 2006 年为例,磷酸氢铵缺口 1 200 t,硼肥缺口 5 t,钾肥缺口 120 t,磷酸二氢钾缺口 5 t。建立了供肥网络后,根据网络区农民的用肥需要,生产配供配方肥,农民用什么规格肥料,用多少肥料,什么时候用,都有村级供肥站送肥到田,彻底解决了农民购肥用肥的难题,极大地方便了群众。

1.5 普及技术,解决农技推广"最后一公里"问题

目前,我国农技推广体制是以县、乡为主,村级缺乏农技推广机构,农业技术推广不能及时地落实到村组,出现了"最后一公里"问题。正是这"最后一公里"问题,农技推广不能"一竿子扎到底",形成断层,影响了农技推广的实效。供肥网络形成后,建立了村级供肥点。供肥点农民技术员以供肥为依托,向农民宣传农业技术,指导农民科学种田,一个供肥点就是一个小小的农技站,占领了农技推广的前沿阵地,发挥出越来越大的作用。

2 广泛宣传,发动群众

2.1 广泛宣传,发动群众

测土配方施肥是一项科学施肥、增产增效的重要措施,但因大部分农民群众对此还缺乏深入的了解和认识。为让广大农民群众认识、接受并自觉运用测土配方施肥技术,使用配方肥,固始县2007年下半年及2008年初,组织11个配方肥应用技术宣讲组,深入全乡590个行政村,宣传测土配方施肥的作用、意义,普及测土配方施肥技术,发动农民群众参加全县配方肥供肥网络。这次大规模的宣传活动,涉及全县32个乡(镇)570个行政村,农户21万户,农业人口81万人。通过宣传发动,广大农户纷纷要求应用测土配方施肥技术,愿意参加全县统一供肥网络。

2.2 签订供肥合同,建立网络农户档案

固始县动员农民参加供肥网络,全凭农民自愿参加,不搞强迫命令。经与农民协商,凡同意参加供肥网络者,签订网络会员合同,规定双方的责任、权利和义务。参加供肥网络的农户,建立档案,包括住址、农户户主、文化水平、联系方式,种植情况包括农田面积、土壤类型、肥力等级、作物种植形式、产量水平等,档案进行微机管理。至2008年底,发展供肥网络户12.8万户。

2.3 多方联合,组建覆盖广泛的网络系统

推广配方肥技术,涉及行业机构多,覆盖农户多,生产供肥数量多,动用资金多,需相关方联合行动,才能奏效。固始县以县土肥站为牵头单位,联合配方肥定点生产企业、肥料经销公司、各乡农业服务公司、项目区农民等组建成完整的配方肥供肥网络——固始县配方肥产供联合体。供肥网络由县—乡—村—农民四级构成。各级职能任务不同。县级主要负责全县供肥网络人员技术培训、考核,土壤养分测定,配方肥配方设计、肥料试验、配方校正及肥效跟踪调查工作,同时负责全县供肥网络的协调管理工作。乡级主要是负责采购配方肥原材料,按照配方生产,贮存配方肥,并负责将配方肥运送到村级供肥点。村级供肥点负责对供肥农户宣传指导,跟踪服务,并将配方肥适时、适量地提供给农户。网络会员农户要求积极应用配方肥,及时反馈配方肥应用效果及改进意见,提出本季度肥料计划。组建供肥网络的措施是:一是制定工作章程,规定网络组织运行规划,参与方责任、权利、利益、保障及监管制度等;二是选择认真执行国家政策、法规,信誉优良的企业加盟;三是定期举行业务活动,学习政策,通报信息,总结成绩,检查不足,保证供肥网络建康有序地运营。

2.4 加强监管,保证供肥网络健康运营

建立配方肥供肥网络,涉及国家有关政策的执行,关系到科研部门、肥料经销商及农民的切身利益。需要加强管理监督,防止有违犯国家法规制度、政策,侵犯农民利益及内部经济安全事故现象发生。为强化监督责任,成立了包括县土肥站负责人、乡农业服务中心负责人、配方肥生产企业负责人、农民代表参加的供肥网络监管组。监管组定期或不定期地抽查各网络节点,对违反管理制度的供肥站点采取警告、查改、摘牌、取消、资格的处理。

3 发展思路

建立配方肥供肥网络,是推行农业技术新形式的有益探索,实践证明,这是一种推行农业新技术的有效途径。但是,由于供肥网络尚处在初级阶段,加之现实社会的许多限制因素,网络运行发展还面临诸多问题和困难。其突出的方面有:缺乏强力部门支持,农资市场环境不良,融资困难,管理机制不完善等。

3.1 争取政府及业务主管部门支持,优化网络发展空间

一是争取县委、县政府,各级乡政府、村委会的支持,争取优惠政策,资金补贴,组织支持农民应用配方肥,协调解决工作中的困难和问题。二是争取省、市土肥站,各乡农业服务中心的支持,争取土壤肥料技术,专家指导,先进的加工设施、科研仪器等方面的支持,拓展优化测配供肥网络生存空间,使之发展壮大。

3.2 加强监管力度,净化农资市场环境

目前,农资市场较为混乱,不少商家为扩大销售,把通用复合(混)肥也打着配方肥的旗号进行促销,甚至哄抬物价,囤积居奇。工商、农业、技监、物价等部门要联合执法,联手打击假劣配方肥产品,规范肥料标签标识和广告宣传,净化农资市场,进一步发挥测配供肥网络作用,保障农民群众用上优质优价肥料。

3.3 积极筹措资金,满足生产需求

生产供应配方肥,资金使用周期短,短期需要资金量大,融资困难,形成重要限制因素。一是寻求政府部门支持,从财政资金、项目资金上给予支持;二是参与网络人员内部集资;三是争取网络区农民会员提供肥料预付金;四是争取金融部门贷款资金,保证配方肥生产资金需要。

3.4 完善网络管理机制,构建覆盖全县的供肥网络

目前网络还处于初建摸索阶段,通过不断实践,总结网络运行中的经验教训,完善管理机制,逐步建成覆盖全县的配方肥供肥网络,实现全县范围内施肥技术的重大变革。

测土配方施肥技术推广模式探讨

单红杰 董运平 雷 敏
(内黄县土壤肥料站·2009年6月)

摘要:本文全面介绍了内黄县3年测土配方施肥技术推广实际中所做的种种努力和探索,以及取得的显著经济、社会效益。

关键词:测土配方施肥 技术推广 模式 探讨

测土配方施肥补贴项目实施以来,内黄县根据农业部及河南省测土配方施肥项目实施方案的总体要求,认真实施方案规定的各项目标和任务。特别在技术示范与推广模式上进行了认真研究和探讨,摸索出了一套适合内黄县情的技术示范与推广模式。

1 加强领导,成立组织

2005年项目确立后,及时向县领导进行了汇报,得到了县领导的大力支持,成立了由抓农业的副县长为组长,农业局局长、财政局局长为副组长,相关单位领导为成员的项目领导小组。领导小组下设办公室,办公室设在农业局,农业局副局长任办公室主任,土肥站站长、配肥站站长为副主任。办公室具体负责制订实施计划,项目实施、项目落实,准备项目实施后的验收等工作。各乡镇也明确了抓农业的乡镇长为各乡镇的项目负责人,由各乡镇的农业服务中心的技术人员负责具体实施。

2 分解任务,目标管理

围绕方案的内容,将各项目标任务都分解到各个乡镇,并以县政府的名义对各乡镇签订了目标管理责任书,同样,各乡镇对项目村也签订了目标管理责任书。使项目涉及的乡镇、村,任务明确、具体。年底进行检查评比,完成任务好的给予表彰和鼓励,比较落后的提出批评。

3 宣传发动,搞好培训

为普及测土配方施肥技术,通过各种渠道、利用各种会议、采用各种形式进行宣传发动。如通过广播、电视、明白纸、现场会等形式进行培训,在电台、电视台举办测土配方施肥专栏和讲座。3年来,共在电台举办测土配方施肥技术专栏18期,专题技术讲座26期,印发明白纸18万份,技术宣传资料15万份,召开现场会8次,下乡深入乡村宣传150场次。举办专题技术培训班24期,培训技术人员1 200人次,培训农民达14 000人次。

4 因地制宜,配方供肥

在土壤测试和田间试验的基础上,将各个乡镇都划分为不同的施肥区,配送不同配方的配方肥料,根据各村实际及推广的可操作性,选择1~2个肥料品种进行推广。针对农户地块化验结果和不同的作物,制定测土配方施肥建议卡,由乡镇农技人员和村委会发放入户,并由户主签名确认,测土配方施肥建议卡入户率达到95%以上,其中豆公、马上、高堤、卜城、六村、中召等6个万亩示范方配方施肥建议卡入户率达到100%。

5 县乡联动,搞好服务

该项目的实施,落脚点应该在配方肥料的推广落实上。内黄县以县土肥站为龙头,以配方肥料生产企业为载体,以乡镇农业服务中心为基础,以广大农民为对象,形成了“测、配、产、供、施”一条龙服务推广模式。各单位分工明确,责任清楚。县土肥站负责土壤的化验,根据化验结果和内黄县的种植结构情况,提出施肥配方,然后将配方提供给合作企业,搞好技术全方位的宣传、产品宣传和服务,并对企业生产的肥料质量进行监测,发现问题及时解决,并负责协调企业在运作中出现的各种问题。企业需根据县土肥站提供的配方,生产出质量合格的配方肥料,并和各乡镇结合,将配方肥料送到农民群众手中。

在实践中探索了两个具体的推广模式,一是对以前农业局下属单位的事业人员进行了技术培训,通过考试合格后,筛选出 17 人聘用为技术人员,下派到各个乡镇,每人负责一个乡镇的测土配方施肥工作,并实行持证上岗制度。每个乡镇由农业技术服务中心指定 1 人(经过专业技术培训人员)配合农业局下派技术人员工作,包括取土、填表、宣传、发明白卡、送肥等工作。农业局下派人员和乡镇技术人员都可从肥料中获取一定的服务报酬。二是在各个乡镇建立两个测土配方施肥百亩示范方,示范方用肥由土肥站与企业结合,将所需配方肥料直接供应农户,减少中间环节。示范方内肥料每袋比市场价优惠 10 元钱,由土肥站印制优惠券,发放到农户手中,农民可凭优惠券到指定门市购肥。全县选出 500 个种田大户,享受示范方内农户的待遇。

6 抓好典型,以点带面

将每个乡镇的百亩示范方、科技示范户及 500 个种田大户作为工作的重点,每个示范方明确一名负责人,具体负责示范方内的土样采集、施肥明白卡发放、施用配方肥数量的统计、配方肥料施用户签名、配方肥料的发放等工作,保证将配方肥料在示范方内 100% 落实到户。对科技示范户及 500 个种田大户,采取和示范方同样的优惠政策,优惠供应肥料,保证技术服务及时到位。以此辐射带动周围农户科学施肥,扩大配方肥料推广面积。

在项目实施过程中,出现了许多施用配方肥料增产的实例,东庄镇吴村农民张献英用上配方肥后,在一般农民小麦倒伏严重的情况下,他家的小麦没有倒伏现象,并且长势非常好,产量比常规的亩增产 65 kg, 投入也明显比往年少 15.4 元,他逢人就夸,配方肥就是中! 井店镇堂上村王彦军自 2005 年施用配方肥以来,近 3 年小麦亩产量均在 500 kg 左右,比往年平均增长至少 65 kg,而且他反映,施用配方肥后,病虫害也明显减少。楚旺镇南沟村四组村民李军伟 2008 年小麦施用了配方肥后,小麦长势非常好,籽粒饱满。每亩投资比往年至少减少 10 元,产量比往年增加 70 kg 左右。

7 配方施肥,效果显著

7.1 引起了有关部门和新闻媒体的重视

县委宣传部多次指派有关人员了解情况,并在《河南城乡经济报》、《河南日报农村版》、《安阳日报》等报纸上发表,在农业信息网上发布。县广播电视局《走进电视》栏目组主动联系,共同制作科普节目在施肥关键季节反复播放。广播电视局新闻组也对测土配方施肥进行多次采访报道。

7.2 广大农民群众的施肥观念发生了转变

农民从过去重施氮肥、磷肥,少施甚至不施用钾肥和微肥的状况,到现在主动到土肥站要求化验土壤,主动施用配方肥料。充分说明了农民施肥意识上的转变,说明了测土配方施肥工作的影响和所取得的社会效益。

7.3 产生了巨大的经济效益

2005 ~ 2007 年内黄县测土配方施肥推广面积累计达 180 万亩,配方肥料施用面积累计达 80 万亩。每亩节约纯养分 3.84 kg,节约成本 15.36 元,总节肥量达 15 030 t,降低成本 2 764.8 万元;亩增加产量 36.7 kg,总增产 66 060 t,增加收益 10 569.6 万元,共增收节支 13 334.4 万元。

配方肥的配方制定与推广

李明军　张福胜　孟素梅　黄刘峰
（原阳县农业局 · 2009 年 9 月）

摘要：本文从实践出发，对原阳县在测土配方施肥技术推广过程中，就配方肥配方制定、生产、推广等进行了系统总结，并对其应用效果进行了概括评述。

关键词：配方肥　配方制定　推广

1　配方制定

在测土配肥施肥工作中，区域配肥主要通过土壤养分含量测定，结合推荐施肥技术在区域范围内实现"一袋子"肥，使农民在施用复合（混）肥料的同时享受测土配肥施肥技术。目前，原阳的区域配肥还存在少数是针对一种或一类作物一生的营养特点设计"万能作物专用肥"，这类作物专用肥既不能满足作物各个生长期的营养需求，又没有充分利用土壤养分供应，易造成氮肥分配不合理、磷钾肥施用过量等问题。因此，区域配肥时，应同时考虑小麦、水稻、玉米及花生等作物在不同生育阶段营养的需求和不同乡镇土壤养分供应特点，从区域推荐施肥技术出发、针对不同土壤养分含量获取方法制定相应区域配肥策略。

配方制定过程中，根据土壤养分含量测定值，氮、磷、钾等大量元素变化特点，不同作物的需求规律等制定了不同的配方原则：氮肥通过目标产量和氮素吸收总量确定；磷、钾肥根据原阳不同乡镇、土壤类型范围内土壤有效磷、速效钾的监测和作物多年施肥的反应，确定磷、钾肥的相对用量，作为配方制定的依据；对于微量元素，主要通过土壤测试、植株样品测试，确定一定区域范围内中微量元素施用范围。就原阳而言，根据当地土壤类型、肥力水平、种植习惯和施肥现状，应该"减氮、稳磷、增钾、补锌"。

总之，原阳县根据专家建议确定一定区域范围内土壤养分分布状况，结合当地土壤养分含量均值、作物产量、养分需求量、区域推荐施肥技术和当地农事操作习惯，确定每种作物配方，养分配方一是直接以施肥建议卡的形式发给农民，二是将不同区域养分配方整理、分类，进行区域配肥。

通过推广测土配方施肥技术，作物增产效果非常显著，小麦亩增产 36 ~ 52 kg，亩减不合理施肥（纯量）4 kg，亩节本增效 54.4 ~ 76.8 元；水稻亩增产 38 ~ 59 kg，亩减不合理施肥量（纯量）3 kg，亩节本增效 84 ~ 126 元；玉米亩增产 40 ~ 56 kg，亩减不合理施肥（纯量）1 kg，亩节本增效 28 ~ 39.2 元；花生亩增产 22 ~ 23 kg，亩减不合理施肥（纯量）1.8 kg，亩节本增效 77.6～145.2 元。

2 配方肥开发

原阳县测土配方施肥领导小组紧紧围绕当地农民实际需求开发生产各类配方肥，配方种类有：N、P、K 分别为 20－15－10、20－20－5、18－18－9、15－10－5、20－10－10 等多个配方，同时开发出“沃力”牌小麦、水稻、玉米、花生专用配方肥品种 5 个，“天晓”牌小麦、水稻、玉米、花生专用配方肥品种 5 个，“农丰”牌小麦、水稻、玉米、花生专用配方肥品种 5 个，以及“沃力”牌玉米和花生追施肥 2 个，共计 17 个品种，其中 3 个品种填补省内空白。产品卖出后，该项目技术小组还为每名用户建立台账、档案，每年至少回访 2 次，对存在的问题及用户需求“对症下药”逐一解决，从而很好地开拓了市场。

3 配方肥推广与使用效果

为了更好、更全面地落实原阳县测土配方施肥补贴项目各项任务，更好地促进粮食增产、农业增效、农民增收，进一步适应测土配方施肥工作要求，原阳县测土配方施肥领导小组与获得了河南省测土配方施肥定点企业称号的新乡市农丰土壤肥料有限公司、河南省中原大化集团、山东鲁西化工股份有限公司、山东施可丰化工有限公司签订测土配方施肥合作协议。依据配方，以各种单质或复混肥为原料配制配方肥，主要采取两种方式：一是农民根据配方建议卡自行购买各种肥料配合施用；二是由配肥企业按配方加工配方肥，农民购买施用。并且利用“放心农资”配送网络，实行连锁配送，直供到农户，并为配肥企业提供相配套的施肥技术指导和诚信服务，建立覆盖项目区的富有活力的配送推广体系。

3 年来发放测土配方施肥技术小册子约 1 万本，张贴测土配方施肥技术挂图 500 份，发放施肥建议卡 170 000 份，建议卡项目区入户率达 100%，覆盖 400 多个行政村，涉及 9 万多农户，3 年来共推广各种配方肥 33 800 t，配方肥施用面积达 101.4 万亩，项目区农户对测土配方施肥技术满意度 95% 以上，应用效果非常显著。

3.1 增产节支效果明显

3 年来全县通过测土，发放测土配方施肥建议卡或推广使用配方专用肥的形式，广泛推广测土配方施肥技术，推广以有机肥为基础，实行用养结合，培肥地力。同时，开展测土配方施肥，实行营养调控，减轻了作物病虫害的发生。据统计，施配方肥总减不合理施肥量（纯量）3 450 t、总增产节支 7 443 万元，共增产粮食 4.207 万 t。

3.2 培养了一批技术应用带头人

通过技术培训、印发技术资料、开展宣传报道、办示范片、设置对比试验等，使近 9 万多户农民在应用测土配方施肥过程中，学到了配方施肥技术，为今后的推广奠定了基础。

3.3 农民施肥观念有了进一步的改变

农民在应用测土配方施肥技术过程中，改变了施肥观念，从盲目施肥改为测土配方施肥，从多种作物一配方转为按土壤按作物需肥量，实行测土配方施肥。

超级稻高产栽培测土配方施肥技术初探

胡传中　谈昌国　刘家军
（潢川县农业技术推广中心 · 2009 年 6 月）

摘要：根据超级稻高产栽培的需肥量和需肥规律，结合测土配方施肥技术成果，针对潢川县水稻生产中存在的问题，提出生产建议和管理措施，促进超级稻生产发展。

关键词：超级稻　高产栽培　测土配方施肥

1　水稻生产现状

1.1　种植面积

潢川素有“鱼米之乡”之称，水稻种植历史悠久，分布广泛。2007 年全县种植水稻 112.01 万亩，占全县粮食播种面积的 59.03%，占农作物复播总面积的 43.68%，较 2001 年水稻面积的 89.92 万亩扩大了 22.09 万亩。

1.2　产量水平

2007 年水稻总产达 475 637 t，占全县粮食作物总产 623 283 t 的 76.3%，稻谷商品率达 75% 以上，水稻总产较 2001 年增加 306 169 t，增长 180.7%。全县水稻平均亩产 556.5 kg，最高亩产达 821.6 kg，平均亩产高出信阳市平均亩产 5%。

2　水稻生产存在的问题

2.1　品种多、乱、杂

根据调查，2005 年全县种植的水稻品种（组合）有 85 个，2007 年全县水稻品种多达 104 个，其中超级稻品种就达 20 个以上，平均每个品种种植面积仅 1 万亩左右，推广面积最大的品种只有 10 万亩，品种多、乱、混、杂，小规模种植不利于区域化布局、产业化生产，也给技术指导带来了不便，更增加了假冒劣质种子对水稻生产的潜在风险。

2.2　稻作配套栽培技术推广速度缓慢

测土配方施肥技术、旱育稀植、盘育抛秧等节本增效、省工省时适用技术推广缓慢，2004 年三项技术应用面积分别为 15 万亩、5 万亩、10.8 万亩，占全县水稻种植面积的 16.7%、5.6%、12%；2005 年实施测土配方施肥补贴试点项目后，虽然加快了此项技术应用速度，但 2007 年全县水稻应用平衡施肥技术才达 60%。

3　优质超级稻示范适应性研究

潢川县从 2002 年开始引进超级稻组合进行适应性研究，进而不断探索超级稻综合栽培模式。

3.1 超级稻品种组合及生物学特性

潢川县引进示范研究的超级稻品种组合有两优培九、粤优938、D优527、Ⅱ优7954、Ⅱ优航1号(生育期较长,适合作早稻种植)、两优932、准优527(生育期较短,适合小麦茬种植)。这些超级稻生物学共同特性是:生育期较长,生长旺盛,生物量大,需肥量大,株叶形态结构合理,茎秆粗壮,分蘖成穗率高,穗大粒多,产量高。

3.2 优质超级稻生产的资源优势

3.2.1 自然优势

潢川县气候属北亚热带与暖温带的过渡类型,四季分明,冬季干寒,夏季多雨,雨热同季,降水充沛,干湿交替,光照充足,平均气温15.3 ℃,年降水量1 046.8 mm,年日照时数为2 092 h,无霜期226天。全县有5条主要河流、4大灌区,尤其是中、南部稻区湖、塘、堰、库星罗棋布,布局合理,灌溉保证率达75%以上,光、温、水条件能满足超级稻需求。

3.2.2 土壤优势

全县耕地土壤共分水稻土、黄棕壤、潮土3大土类,7个亚类、14个土属、61个土种,水稻土占全县耕地面积的77.92%,水稻土以黄棕壤性淹育型、潴育型和漂洗型水稻土为主,主要土种为黄胶土(泥)和白散土(泥)。2005年实施测土配方施肥补贴项目后,开展土样测试、田间试验等大量基础性工作,并进行了耕地地力评价,根据地力评价结果,全县一等地25.40万亩,二等地26.55万亩,分别占全县耕地面积的19.48%和20.36%,一、二等地共51.95万亩,占全县耕地面积的39.84%,主要分布在潢川县南部冲谷、岗地下部或中部、垄岗阔冲平畈及沿河平原,土壤发育好,熟化程度高,养分含量高,质地适中,有利于超级稻生产开发。

3.2.3 技术优势

经过4年测土配方施肥补贴项目的实施,通过宣传培训,农户施肥观念有了很大改变,氮、磷、钾的施肥比例更趋合理,单一施肥,重施氮肥、单质肥,低含量肥的现象逐渐减少,施肥模式进一步完善,施肥时期也由原来的一次施肥改为基肥、追肥配合施用,农民对使用有机肥、微量元素有了进一步的认识,科学施肥的氛围逐步形成。

3.2.4 超级稻测土配方施肥技术日趋完善

潢川县从2002年引进示范超级稻,连续多年筛选出了适宜本县种植的超级稻品种(组合),2005年开始研究、探索配套测土配方施肥技术。目前,已经基本掌握两优培九、粤优938、D优527、Ⅱ优航1号、Y两优1号等超级稻组合的高产栽培的需肥量和需肥规律,通过核心区示范2007年创亩产821.6 kg纪录,为开发超级稻产业,指导超级稻生产奠定了技术基础。

4 推广测土配方施肥技术,推进优质超级稻整体开发

为推进超级稻整体开发,潢川县在肥水条件较好的南、中部的传流店、张集、黄寺岗等乡镇,集中连片建立1万亩超级稻核心区,亩产指标850 kg;在双柳树、仁和、白店、江家集、传流店、张集、桃林铺、黄寺岗、伞陂寺等乡镇建立10万亩,单产指标750 kg超级稻示范区;通过核心区、示范区辐射,带动全县60万亩超级稻生产,实现全县110万亩,单产650 kg,总产达71.5万t的水稻生产近期目标。

在开展超级稻示范适应性研究过程中，坚持以全面推广测土配方施肥技术为关键环节，根据土壤养分含量状况，结合超级稻需肥规律，制订超级稻生产施肥技术方案。

4.1　施肥原则

根据测土配方施肥补贴项目田间肥效试验，坚持以土定产，以产定肥，因缺补缺，有机无机相结合，氮、磷、钾平衡施肥的原则，在高产水平下，每 100 kg 籽粒吸收量 N、P_2O_5、K_2O 分别为 2.38 kg、1.35 kg、2.45 kg。综合考虑土壤供肥性能、肥料利用效率以及生产水平等因素，施用肥料中氮、磷、钾配比应为 1∶(0.4 ~ 0.5)∶(0.5 ~ 0.6)。

4.2　确定施肥量

核心区施肥量为：N 16 ~ 18 kg，P_2O_5 7 ~ 8 kg，K_2O 8 ~ 9 kg，硫酸锌 1 kg。

示范区施肥量为：N 15 ~ 16 kg，P_2O_5 6 ~ 7 kg，K_2O 7 ~ 8 kg，硫酸锌 1 kg。

大面积超级稻施肥量为：N 13 ~ 14 kg，P_2O_5 5 ~ 6 kg，K_2O 6 ~ 7 kg，硫酸锌 1 kg。

4.3　肥料运筹方式

在肥料运筹上，推行氮素实时监控，磷钾养分恒量监控技术，即氮肥 50% ~ 60% 作底肥，30% ~ 35% 作分蘖肥，10% ~ 15% 作穗肥；磷钾及中微量元素肥料全部底施。

4.4　施肥方案

底肥：以有机肥为主，辅以化肥。一般在亩施土杂肥 2 ~ 3 m^3 或沼液、沼渣 1 ~ 2 m^3 的基础上，施用尿素 10 ~ 15.2 kg、磷肥 33 ~ 60 kg、钾肥 8.5 ~ 13 kg、硫酸锌 1 kg 或相应含量的复合肥、配方肥。

追肥：分蘖肥，在栽移后 5 ~ 7 天，结合三合一杀虫除草，亩追施尿素 10 ~ 13.5 kg；穗肥，晒田复水时（或圆秆期），亩追施尿素 4.5 ~ 5.8 kg。

通过这样运作，2008 年全县应用测土配方施肥技术栽培 50 万亩，平均亩产达 646 kg，较常规种植平均增产 15% 以上，其中双柳镇付营村王槽坊组建立的 10 亩超级稻 Y 两优 1 号高产攻关田，经市专家组测产验收，亩产达到 875.5 kg，为全县水稻生产最好水平，也为以后推广超级稻测土配方施肥技术积累了丰富的经验。